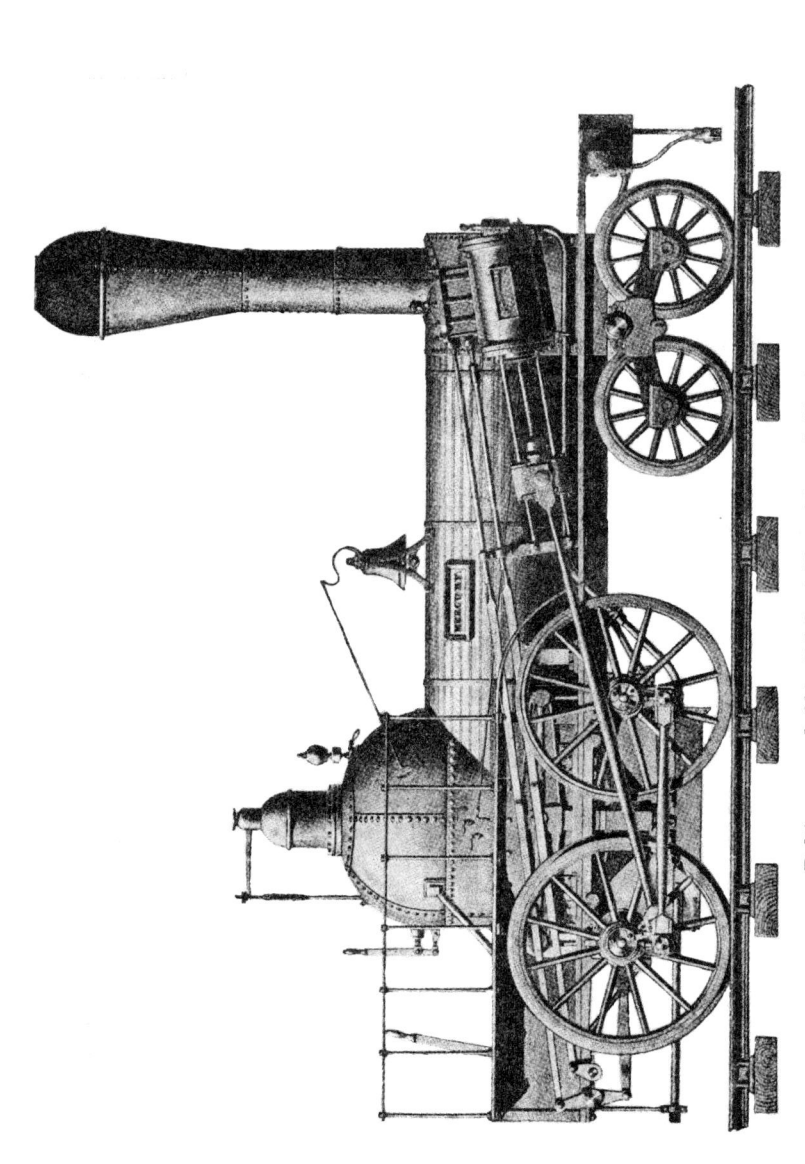

Baltimore and Ohio Rd 1842 Eastwick und Harrison.
(13); x x (6,3); (305); (457) (1219).

Die Dampflokomotive

in Entwicklungsgeschichtlicher
Darstellung ihres Gesamtaufbaues

von

Professor John Jahn

Technische Hochschule der freien Stadt Danzig

Mit 332 Abbildungen im Text
und auf 4 Tafeln

Horst Hamecher Kassel

1976

Fotomechanischer Nachdruck der Ausgabe 1924
Mit freundlicher Genehmigung des Springer–Verlages Berlin–Heidelberg–New York

ISBN 3-920307-23-2

Printed in Western Germany. Druck und Einband: Hain-Druck KG
Meisenheim/Glan

Vorwort.

Belehrung in Wort und Schrift müht sich, die Erfahrung zu ersetzen. Daß sie dieses Ziel niemals völlig erreichen kann, ist ebenso gewiß, wie, daß ihre Absicht löblich ist. Der Kreis, in dem der einzelne seine Erfahrungen zu sammeln vermag, ist ja auch für den Begünstigten nur ein winzig kleines Teilchen seines Berufsgebietes, und mehr noch als räumliche Grenzen beengen ihn die Schranken der Zeit. Wer dreißig Jahre mit offenen, verständnisvollen Augen hat sammeln dürfen, ist begnadet zu nennen, aber der Augenblick naht, da er sein Handwerkzeug zur Seite stellt. Nun ersetzt er anderen die Erfahrung, die sie nicht haben können, durch sein Wort — oder er schweigt. Über die räumlichen Grenzen hilft dem Forschenden und Suchenden ein reichhaltiges Schrifttum seines Faches hinweg, an den Schranken der Zeit findet er einige Schwierigkeiten. Ich wage es, mich für den Lokomotivbau hier als Führer anzubieten, nachdem ich es mir einige Mühe und Zeit habe kosten lassen, an Hand des Überlieferten die Gedanken noch einmal zu durchdenken, die man in hundert Jahren auf unserm Gebiete dachte, noch einmal zu empfinden, was man an Genugtuung bei Bewährung, an Zweifeln bei schwankenden Ergebnissen, an Enttäuschungen bei Mißerfolgen empfand.

Bei meinem Leserkreis darf ich Fachkenntnisse voraussetzen. Dies war der leitende Gesichtspunkt für die Fassung des Textes und die Auswahl der Abbildungen. Die bildliche Darstellung neuzeitlicher, die Entwicklung abschließender Formen, z. B. von Rahmenanordnungen und Drehgestellen, konnte deshalb erspart oder durch Hinweis auf bekannte Werke der Fachliteratur ersetzt werden.

Einem älteren Fachgenossen, dem Herrn Oberingenieur Dr. Ing. e. h. v. Helmholtz, habe ich hier für manche Mitteilung aus dem reichen Schatze seiner Erfahrungen zu danken. Das geschieht hiermit von Herzen. Dem Verlag gebührt mein Dank für das gefällige Gewand, das er meiner Arbeit gegeben hat.

Danzig, im April 1924.

J. Jahn.

Inhaltsverzeichnis.

Seite

Die Dampflokomotive in entwicklungsgeschichtlicher Darstellung ihres Gesamtaufbaus *1*

Die Herausbildung von Bauregeln und Zahlenwerten *1*. — Erfahrung, Erfolg und Mißerfolg *2*. — Der Wechsel der Anschauungen *7*.

Bezeichnung der Lokomotiven und Abkürzungen *7*

Die Anpassung der Bauarten an den Verwendungszweck . . . *9*

Die Spaltung in Personen- und Güterbeförderung *9*. — Lokomotiven für gemischten Dienst. Engste Anpassung an einen Verwendungszweck oder vielseitige Verwendbarkeit *10*. — Tenderlokomotiven. Bestrebungen zu ihrer allgemeinen Verwendung *11*. — Schöpfeinrichtungen *12*.

Die Aufwärtsentwicklung der Bauarten *13*

Lokomotiven mit freier Triebachse *14*

Stephensons Rocket als letztes Glied der Vorgeschichte; Planet als erste Dauerform *14*. — Die Kegelform der Radreifen; James (1825), Winans (1829), Wright (1829), Laignel (1830). Das Anschlußgleis in Feurs. Oliviers Stufenräder *15*. — Churchs T L *17*. — Der Rahmenbau der L von Stephenson, Bury, Forrester *20*. — Adams L für Kleinzüge *23*. — Der Umbau der 1 A Mercury; die 1 A 1 Patentee (1834) *24*. — Das Unglück auf der L B S. C. Ry und bei Versailles (1842) *25*. — Mamby für zweiachsige L Buryscher Bauart *26*. — Burys kühner Versuch *27*. — De Pambours Vorschläge *27*. — Weiterentwicklung des Rahmenbaus: Sharp, Forrester, Hall, Stirling *27*. — Allans Um- und Neubauten (1840 bis 1842) *34*. — Buddicoms Rahmenanordnung *36*. — Ramsbottom (1859). Das Suchen nach günstigster Lage der Außenzylinder *38*. — Deutsche Formen von Borsig, Schichau, Hartmann, Vulcan *38*. — Die Jenny Lind (1847) *40*. — Stirlings 1 A 1 mit verschiebbarer Vorderachse (1885) *43*. — Die 1 A 1 T von Krauss (1907) *45*. — Sturrocks 2 A 1 (1853); Mißerfolg mit deren Drehgestell *47*. — Neuzeitliche Formen *48*. — Stephensons long boiler L 1 A 1 (St—) vom Jahre 1842 *50*. — Unfälle. Sein Streit mit Pasley. Der Standpunkt Heusingers *52*. — Das Unglück von Gütersloh (1851); Umbauten *55*. — Die Drehgestell-L von Jervis *55*. — Alte Drehgestelle: Chapman (1812), Winans-Eastwick, Baldwin *56*. — Dessen 2 A mit Halbkropfachse (1834). Col Stephen Long & Norris. Besuch Schönerers in Amerika (1838) *59*. — Norris in Wien. Seine Modelle *60*. — Norrissche Formen bei Borsig und Meyer *61*. — Bodmers L mit gegenläufigem Kolben (1845) *62*. — Haswells Duplex (1861) *63*. — Stephensons 2 A (St—) (1845) *63*. — Seine Dreizylinder-L *65*. — Die Crampton-L *66*. — Ihre Abarten; die L mit Blindwelle *69*. — Die Gegengewichte: Forrester, Sharp, Fernihoughs Rechnungen (1845); die Versuche von Nollau (1847) und Lechatelier (1848) mit der schwebenden L *73*.

Inhaltsverzeichnis. VII

Seite

Lokomotiven mit zwei gekuppelten Achsen 76

Schnelle Zunahme des Güterverkehrs auf der L & M Ry. Die B Samson und Goliath (1831) *76*. — Die B als einfachste L mit größter Verwendungsmöglichkeit bei Bury und Krauss *77*. — Die B in der Schweiz; Maey (seit 1866) *78*. — Die B im Verschiebedienst *82*. — Die B für Kleinzüge von Lentz (1880) *83*. — Die B als Werklokomotive, Umbauten aus B in B 1 *84*. — Englische und deutsche Formen *85*. — Entgleisungen von 1 B (St-); der Kommissionsbericht vom Jahre 1853 *86*. — Die Form der B 1 bei der Oberschlesischen Eisenb. (1866) *87*. — Gouin (1849); Polonceau (1857) *88*. — Mißerfolge bei hohen Rädern *89*. — Stroudley *90*. — Alte B 1 T mit verschiebbarer Endachse *92*. — Die B 2 T mit hinterem Drehgestell *95*. — Die 1 B G L La Victorieuse (1838) *99*. — Die Crewe goods von Allan (1845) *100*. — Alte Steinkohlenfeuerungen: Beattie (1855), Cudworth (1857). Ihre Überbleibsel *101*. — Die Weiterentwicklung der 1 B zur P- und S L *102*. — Baldwins 1 B für Württemberg (1845) *106*. — Borsigs Schwanken zwischen Außen- und Innenzylindern *107*. — Formenreichtum und Normalisierung. Stockender Fortschritt *109*. — Die neue S L für Berlin—Stendal—Hannover (1885) *110*. — Die Ruhr—Sieg L *112*. — Große 1 B für Holland *113*. — Die 1 B bei der Comp de l'Ouest *114*. — Die Form der 1 B (St —) bei Egestorff, Henschel, Schichau, Maffei *117*. — Vorliebe für die 1 B (St —) in Frankreich *120*. — Stephensons und Hartmanns 1 B (St —) mit hinter der Laufachse liegendem Zylinder *123*. — Radialachsen: die Wagen von Kraft und Gerstner auf der Linz-Budweiser Pferdeb (1826 bis 1828) *124*. — Goullons Versuche mit einem Wagen der sächsich-thüringischen Eisenb (1843) *126*. — Der Wagen des Stellmachers Themor für die Berlin-Frankfurter B (1844) *127*. — Die 1 B von Nowotny (1870) *127*. — Die Deichselachse von Bissel (1857) *128*. — Die 1 B (St +) mit hinter der Laufachse liegendem Zylinder: Haswell (1857), Urban (1864); ihre Fortbildung in Deutschland und Frankreich *129*. — Die Verbund-L von v. Borries und Lindner *130*. — Die Ausrüstung der 1 B mit Deichselachse und Dreiecksstelze in der Schweiz *131*. — Die 1 B T für Nahverkehr *133*. — Die 2 B und die Weiterentwicklung des Drehgestells. Geometrische, statische und dynamische Betrachtungsweise *137*. — Campbell (1837) *139*. — Eastwick & Harrison und die Erfindung des Ausgleichhebel (1837) *140*. — Umsteuerung mit Kreuzkanälen. Die „Gowan-Marx" für Anthrazitfeuerung *143*. — Die russischen Obersten Melnikoff und Krafft veranlassen die Verlegung der Firma nach Rußland. Die 2 B für die Petersburg-Moskauer B *144*. — Die Weiterentwicklung des Drehgestells in Amerika: Griggs, Mc Queen (1851). Die „James Guthrie" von Mason (1852). Abschluß (um 1856) *145*. — Das Deichseldrehgestell von Bissel (1857) *148*. — Drehgestelle mit Wiege (um 1871) *149*. — Verkennung des Drehgestells in Europa *152*. — Die 2 B „Rittinger" (1873) *155*. — Haswells Verbesserungen (1857) *156*. — Der Drehgestellzapfen als Halbkugel von Kamper (1874) *157*. — Die 2 B mit gezogenem Deichseldrehgestell von Elbel und Kamper (1874) *158*. — Die 2 B v von v. Borries und Gölsdorf *160*. — Die 2 B in England; Stephensons 2 B T (1855) *164*. — Fortbildung ihres Drehgestells durch Adams (1863 bis 1868) *165*. — Mißerfolg der 2 B Crampton *167*. — Die 2 B im englischen und schottischen Bergland *168*. — Ihre Weiterentwicklung zur S L *170*. — Ihre Ausgestaltung als Vierzylinder - L in Frankreich *171*. — 2 B T *176*. — 2 B 1 *180*. — Lenkachsen im Lokomotivbau *181*. — Die 1 B 2 T mit Krauss-Helmholtz' Drehgestell

188. — 2 B 2 T 190. — Die radial einstellbaren Achslager von Riener (1854), die Deichselachsen von Zeh (1855), das Patent von Roy (1857), die Radialachsen von Adams (1863), sein „White Raven" 193. — Elastische Radreifen 194. — Nichtbewährung der 1 B 1 T bei höheren Geschwindigkeiten auf der Schwarzwaldb. 196. — 1 B 1 T von Busse 197. — Die Entstehung der 1 B 1 aus der 1 B 1 T in Amerika, aus der 1 B (St —) in Europa 198. — Kloses und Webbs Dreizylinderverbund-L 201.

Lokomotiven mit drei gekuppelten Achsen 204

Stephensons „Herkules" für die Leicester & Swannington Ry (1834); Cabrys Versuche und Berichte 204. — Entwicklung der C zur P L in England und Belgien 207. — Die Form von Cudworth auf der Niederschlesisch-Märkischen B. (1865) 208. — Die C (St —) als „Rampen-L" in Deutschland: Die „Crodo" für Vienenburg—Harzburg (1843), Maffeis C für Neuenmark—Hof (1847), Keßlers C für die Geislinger Stiege (1849) 210. — Längliche Kesselquerschnitte; Explosionen 212. — Formen mit Innen- und Außenrahmen 213. — Französische Formen 215. — Versuche, die C (St —) als P L zu benutzen. Das Unglück von Hugstetten (1882) 217. — Schwierigkeiten der Lastverteilung bei größerem Rost 219. — Bauart Behne-Kool (1861) 221. — Die allmähliche Höherlegung der Kessel 225. — Versuche zur Erhöhung der Geschwindigkeitsgrenze für die C (St +) 226. — D'Estrades mißglückter Entwurf 229. — Die C T 229. — Die Bevorzugung der C T für Nahverkehr in Frankreich 234. — Die Stütztender-L von Engerth auf dem Semmering 235. — Die Anfänge der C in Amerika. Das Baldwin-Gestell (1842) 236. — Die C von Norris (1844). Verzicht auf weitere Ausbildung 238. — Die 1 C von Harrison & Winans für Petersburg—Moskau mit Baldwin-Gestell (1846) 239. — Milhollands Anthrazitbrenner (1852) 240. — Neuzeitliche Formen 244. — Die 1 C in Italien und Rußland 246. — 1 C T 248. — C 1 zur Ermöglichung großer Roste 250. — C 2 T zur Unterbringung großer Vorräte 253. — Die 2 C entwickelt sich in Amerika ähnlich der 2 B 255. — Die 2 C auf der Isabella B, der Oberitalienischen B, in Ungarn 257. — Weiterentwicklung zur S L und Vierzylinder L 263. — Zögernde Einbürgerung in England 266. — Die 1 C 1 T von Zeh (1856), in Belgien 268. — Goelsdorfs Arbeiten an der Ausgestaltung der 1 C 1 272. — Die 2 C 1 auf der Milwaukee & St. Paul-Rd (1889) 274. — Schwierigkeiten in der Längenentwicklung 275. — Die Anordnung von Flamme 276. — Trapezförmiger Grundriß des Stehkessels 278. — Die 1 C 2 von Goelsdorf (1908) 280. — Die 1 C 2 T von Krauss (1908) 281. — Die 2 C 2 T mit großen Vorräten 283.

Lokomotiven mit vier gekuppelten Achsen 284

Anthrazitbrenner von Winans. Seine und Baldwins D (seit 1846) 284. — Unbeliebtheit der „Camels" 285. — Haswells Achsgehäuse und seine D 287. — Die Fortentwicklung der D in Österreich bis 1870 289. — Die D auf dem Gotthard (1880) 291. — Verschiedenartige Verwendung der D in Deutschland, Frankreich und England 294. — Petiets D T 296. — D T für Verschiebedienst in Baden (1907) 298. — Doppel-L. von Fairlie, Meyer, Mallet-Rimrott 299. — Die 1 D von Mitchell (1866) und ihre Fortentwicklung 303. — Die 1 D mit Hohlachse von Klien-Lindner (1902) 306. — 2 D 308. — D 2 310. — Die schnelle Entwicklung der 1 D 1 311. — Hartmanns 1 D 1 (1918) 312.

Lokomotiven mit fünf gekuppelten Achsen 314

Forquenots E T mit Mißtrauen betrachtet (1867) 315. — Die E T für Madison—Indianapolis von Reuben Wells als Ersatz für eine Zahnrad-L

Inhaltsverzeichnis. IX

(1868) *316*. — E mit seitlich verschiebbaren Achsen von Goelsdorf (seit 1901) *317*. — Zusammenstellung älterer L mit seitlich verschiebbaren Achsen *318*. — Die Weiterführung der Goelsdorfschen Gedanken durch Maffei (1911) *320*. — Desgl. durch Flamme (1909) *321*. — 2 E *323*. — 1 E 1 T *324*. — Verbund-L *325*. — Heißdampf-L *327*.

Lokomotiven mit sechs und mehr gekuppelten Achsen *328*
    Milhollands F T ohne Kohlenbehälter (1857) *328*. — 1 F von Goelsdorf für die Tauernb *329*. — F und 1 F 1 der Hanomag *330*. — Große Fairlie L. Große Doppel-L der Neuzeit *331*.

Der Kohlen- und Dampfverbrauch *336*
    Die Messungen Grimshaws, Palmers, Woods und Stephensons an den Lokomotiven der Killingworth Ry (um 1825). Der Pendelwagen von Wood und Stephenson *337*. — De Pambours Versuche (1834 bis 1836); seine Formeln und sein Handbuch *338*. — Die Zunahme der Dampfspannung. Die Einführung der Schieberüberdeckungen um 1840 durch Sharp, Dewrance, Flachat, Petiet *341*. — Die Einführung von Kesseln mit längeren Heizrohren durch Stephenson (1842) *342*. — Die Verbesserung der Steuerung durch Gray (1839) und Stephenson (1842). Das Zeitalter der Doppelschiebersteuerungen, der Nachweis ihres geringen Nutzens durch Stimers (1861) und Bauschinger (1865) *343*. — Ersparnisanteile für die Lokomotivmannschaft *344*. — Die Ermittlung der „Eisenbahn-Konstanten" durch Lardner (1837). Versuche über die „Schnabelform" der Fahrzeuge. Versuch von Wood und Scott Russel. Die Teilnahme Brunels *344*. — Die Wirtschaftlichkeit der Crampton-L *345*. — Die Untersuchung der „La Gironde" mit dem Indikator (1838). Seine Benutzung durch Gooch auf der G W Ry (um 1850), durch Büttner und Grimburg auf der österreichischen Staatsb. (1860) und durch Bauschinger in Bayern (1865) *346*. — Die Einführung der Steinkohlenfeuerung *346*. — Franks Versuche über Zugwiderstand auf den Reichsbahnen (1879) *348*. — Verbundwirkung, Heißdampf, Vorwärmer *349*.

Die Unterhaltungskosten *350*
    Billigkeit in der Unterhaltung und im Kohlenverbrauch sind vielfach Gegensätze *350*. — Der Einfluß der Einfachheit. Die Verbesserung der Werkstattechnik *351*. — Umbau oder Neubau? *352*. — Die Ausbesserungen der alten Zeit sind fast Neubauten *353*.

Schlußwort *355*

Die Dampflokomotive in entwicklungsgeschichtlicher Darstellung ihres Gesamtaufbaus.

Die grundlegenden Regeln für den Aufbau der Lokomotive als Kraftträger und Fahrzeug in wenige Sätze zusammenzufassen, bedeutet heute keine schwierige Aufgabe:

1. Der Radstand soll möglichst lang im Verhältnis zum Lokomotivkörper sein, und zwar um so länger, je höher die Geschwindigkeit sein soll. Je höher diese ist, um so ängstlicher muß man darauf bedacht sein, schwere überhängende Massen zu vermeiden; es soll also weder der Stehkessel ohne Unterstützung über die letzte Achse nach hinten, noch sollen die Zylindergußstücke über die erste Achse nach vorn überhängen. Es ist das eine dem Gefühl ohne weiteres zugängliche Forderung. Ein Mann, der den Auftrag erhält, eine Stange mit zwei auf ihr verschiebbaren Kugeln recht schnell von Ort zu Ort zu befördern, wird diese Kugeln sicher eng zusammenschieben, ehe er die Stange auf die Schulter nimmt. Er fürchtet mit Recht, daß die Stange andernfalls bei raschem Lauf zumal auf krummer Straße in Schwingungen geraten könnte, deren er nicht Herr zu werden vermöchte.

2. Wenn der Radstand unter Beachtung dieser Grundsätze eine gewisse Länge überschreitet, so sind besondere Anordnungen für die Einstellung in Krümmungen erforderlich. Das beste Mittel hierfür ist das Drehgestell. Ein solches soll die ersten beiden Achsen der Lokomotive umfassen, mit anderen Worten: es soll die Maschine führen. Seine vorzügliche Eignung für diese Zwecke erkennt man, wenn man es als einen wagerechten Hebel auffaßt, dessen lotrechte Drehachse durch die Mitte der hinteren Achse des Drehgestells geht. Auf die vordere Achse wirkt der Spurkranzdruck, der beim Einlauf in Krümmungen entsteht und mit dem Drehgestell als Hebel die Lokomotive in die neue Richtung hineindreht. Die Richtungskraft wird am Drehzapfen auf den Rahmen übertragen. Dieser Drehzapfen soll ungefähr in der Mitte zwischen erster und zweiter Achse liegen. Dann erfolgt die Kraftübertragung im Verhältnis 1:2, also mit entsprechend geringen Kräften am Spurkranz der führenden Achse. Es ist das besonders wichtig gegenüber den Massenkräften, die auftreten, wenn die Lokomotive durch den Übergangsbogen in eine Gleiskrümmung einläuft. Diese Massenkräfte werden merkwürdigerweise in der Literatur gegenüber den Reibungswiderständen vernachlässigt. Die Lokomotive wird während des Laufs durch den Übergangsbogen in eine Drehung um eine lotrechte

Achse versetzt, deren Winkelgeschwindigkeit von dem Werte Null in der Geraden so lange zunimmt, bis die Lokomotive den im Kreisbogen liegenden Teil der Krümmung erreicht hat. Hierzu ist ein Moment erforderlich. Das weit vorn laufende Drehgestell erzeugt dies Moment wegen der großen Entfernung vom Schwerpunkt der Lokomotive und in seiner Eigenschaft als Hebel mit geringem Spurkranzdruck. Lokomotive und Schiene werden geschont. Das Drehgestell soll also zur Ausnutzung dieser Eigenschaft möglichst weit vom Schwerpunkt entfernt liegen, d. h. weit vorgeschoben werden. Seine Einstellbarkeit in Krümmungen ermöglicht eine solche vorgeschobene Lage. Sie hat den weiteren Vorteil, schlingernde Bewegungen des Hauptrahmens im geraden Gleis mit geringem Gegendruck am Drehzapfen abfangen zu können. Hat der Drehzapfen seitliches Spiel, so muß er, um diese Wirkung nicht zu beeinträchtigen, durch eine sogenannte Rückstellvorrichtung in der Mittellage festgehalten werden. Es können das Federn sein, die mit Anfangsspannung eingesetzt sind, oder ähnlich wirkende Vorrichtungen. Jener Gegendruck verteilt sich gleichmäßig auf die beiden Drehgestellachsen, weil der Drehzapfen in der Mitte zwischen ihnen liegt, kann also niemals Momente im Drehgestell wachrufen. Dieses würde unter dem Einfluß solcher Momente seinerseits Schlingerbewegungen machen, die durch den Drehzapfen wiederum auf den Hauptrahmen zurückwirken und so Anlaß zu unruhigem Lauf geben würden. Das sind große Vorzüge des Drehgestells üblicher Bauart, die es in doppelter Hinsicht dem Deichseldrehgestell (Abb. 135, 142) und der Deichselachse (Abb. 113, 240) überlegen machen. Diese können nicht als Hebel wirken, und eine Schlingerbewegung des Hauptrahmens bewirkt wegen der seitlichen Verschiebung des Deichseldrehzapfens eine Schrägstellung der Deichselachse oder des Deichseldrehgestells. Diese beginnen also zu schlingern, und diese Schlingerbewegungen werden wieder zurück auf den Hauptrahmen übertragen. Rückstellvorrichtungen, wie z. B. die Keilflächen in Abb. 135, die Dreieckstelze in Abb. 240, die Pendel in Abb. 142, 250, 257 können diese Mängel mildern, aber nicht aufheben.

3. Ein Drehgestell kann nur ausgeführt werden, wenn mindestens zwei Laufachsen vorhanden sind. Ist nur eine vorhanden, so kann man diese als radial einstellbare Achse ausführen, sollte aber die so gewonnene Form aus den unter 2. angegebenen Gründen auf Lokomotiven mit nicht allzu hoher Geschwindigkeit beschränken. Das Drehgestell seinerseits ist für Tenderlokomotiven nur von bedingtem Wert, weil es nur voranlaufend seine Vorzüge voll entfalten kann, eine Tenderlokomotive aber in beiden Richtungen gleich sicher laufen soll. Für diese ist daher, zumal da sie meist für geringere Geschwindigkeiten bestimmt ist, je eine radial einstellbare Achse an den beiden Enden am Platz.

4. Sind sämtliche Achsen gekuppelt, so ist die radiale Einstellbarkeit einzelner Achsen unausführbar. Es kann für diese Lokomotiven, die niemals für hohe Geschwindigkeiten bestimmt sind, eine vollkommen befriedigende Krümmungseinstellung durch seitliche Verschiebbarkeit einzelner Achsen erzielt werden.

5. Nie soll eine Achse mit hohen Rädern vorn laufen. Wenn nämlich eine solche Achse ein wenig schräg im Gleis steht und mit dem Spurkranz eines Rades an die Schiene anläuft, so schleift der Spurkranz an der Innenseite des Schienenkopfes, und zwar geschieht dies vom Berührungspunkt zwischen Rad und Schiene aus gerechnet in der Fahrtrichtung etwas vor diesem. Man kann sich leicht vorstellen, daß jene Schleifbewegung in schwacher Neigung von oben nach unten erfolgt. Die Neigung wird offenbar um so geringer, je größer der Raddurchmesser ist. Um so geringer geneigt ist also auch die durch die Reibung wachgerufene Gegenkraft, die das Rad zum Aufsteigen am Schienenkopf veranlassen möchte. Je geringer aber diese Neigung ist, um so näher liegt die Gefahr, daß die Achse, auf dieser geringen Neigung aufsteigend, entgleist. Gegen den Voranlauf einer hohen Achse spricht noch ein anderer Grund: Die vorn laufende Achse nimmt den Spurkranzdruck beim Einlauf in Krümmungen auf. Dieser sucht die Welle zu biegen. Eine hohe Achse bietet dieser Kraft einen größeren Hebelarm als eine niedrige.

6. Der Kessel soll unbesorgt so hoch gelegt werden, als es die Ausbildung des Rostes. die Verteilung der Achsen und sonstige Rücksichten wünschenswert machen. Durch hohe Kessellage, also hohe Schwerpunktslage wird nämlich die Dauer der einzelnen Schwingung, die der Lokomotivkörper quer zur Bahnachse auf seinen Federn macht, vorteilhafterweise verlängert. Die Änderungen der Radbelastungen zeigen also mehr die Merkmale einer allmählichen Druckzu- und -abnahme als die einer stoßweisen, Schiene und Lokomotive hart mitnehmenden Erschütterung

7. Auf die Kraftübertragung zielt folgende einfache und einleuchtende Regel ab: Zylinder, Triebachslager und Zugvorrichtung müssen an einem durchgehenden, möglichst ebenen und ohne Kröpfungen ausgeführten Bauteil der Lokomotive, dem Rahmen, befestigt sein. Den auf die Zylinderdeckel wirkenden Dampfdruckkräften, die den Zylinder bald vom Triebachslager und der Zugvorrichtung zu entfernen, bald diesen zu nähern suchen, stehen ja die Druck- und Zugkräfte im Triebachslager und der Zugvorrichtung als Gegenkräfte gegenüber. Beide müssen im Rahmen ihren Ausgleich finden, und jede Bildung von Momenten muß auf das unumgängliche Maß herabgedrückt werden. Keiner jener Kräfte darf durch unzweckmäßige Befestigung des Zylinders, Triebachslagers oder Zugkastens Gelegenheit gegeben werden, in andere Bauteile der Lokomotive oder gar den Kessel abzuirren. Es müßte dies unbedingt zu unzulässigen Beanspruchungen der zu Unrecht belasteten Teile und somit zur Steigerung der Unterhaltungskosten führen. Die Unbestimmtheit in der Leitung der ständig Größe und Richtung wechselnden Kräfte vom Zylinder über das Triebachslager zum Zugapparat würde überdies schwingende Formänderungen und somit Erschütterungen im ganzen Lokomotivkörper hervorrufen.

Diese grundlegenden Bauregeln haben etwas ungemein Einleuchtendes und Überzeugendes. Auch wer nicht Lokomotivbauer ist, wird sie sich ohne Widerspruch zu eigen machen. Und doch müssen wir mehr oder minder große Abschnitte der Lokomotivgeschichte durchmessen, ehe wir sie anerkannt und allgemein angewandt finden. Was ist der Grund dieser zögernden Aufnahme? Sehen wir näher zu, so finden wir ihn in einer fast allen diesen Bauregeln gemeinsamen Eigenschaft. Sie bieten sich uns nämlich, abgesehen von der letzten — unter 7. angeführten — nur in zahlenmäßig ganz unbestimmter Form dar. So heißt es z. B. in der ersten: „Je höher die Geschwindigkeit ist, um so ängstlicher muß der Überhang schwerer Teile vermieden werden". Wo ist nun aber die Grenzgeschwindigkeit, bis zu der ich zur Erzielung gewisser Vereinfachungen im Bau einen solchen Überhang ganz oder teilweise zulassen darf? Hierüber gibt kein Nachdenken, keine Rechnung Aufschluß, sondern nur die langsam sich häufenden Erfahrungen von Jahrzehnten. Stephenson griff mit seiner 1 A 1 Patentlokomotive in dieser Hinsicht noch durchaus fehl (Abb. 40). Im Jahre 1853 sprach eine preußische Kommission richtige Grundsätze über die Wichtigkeit unterstützter Stehkessel aus (S. 87), aber ohne scharfe Zahlenangaben. In den sechziger oder siebziger Jahren legte man die Geschwindigkeitsgrenze für Lokomotiven mit beiderseitigem Überhang im allgemeinen auf 45 km fest. Ausnahmen, die man zuließ, rächten sich bei dem furchtbaren Unglück bei Hugstetten bitter (S. 218). Um die Wende der achtziger und neunziger Jahre verdichten sich die Erfahrungen weiter zur Bauform der C-Lokomotive mit überhängenden Zylindern, Unterstützung des Stehkessels unter dessen vorderem Ende, und einer Geschwindigkeitsgrenze von 60 bis 65 km (Abb. 220, 221). — Die unter 2. wiedergegebenen Grundsätze über die Erzielung der Krümmungsbeweglichkeit machen die Vorzüge des Drehgestells einleuchtend. Aber nur die langsam kristallisierende Erfahrung konnte nach Jahrzehnten Aufschluß darüber geben, welchen Radstand man diesem Drehgestell geben müsse, um seine Vorzüge voll in Erscheinung treten zu lassen. Nur langsam konnte sich die Erkenntnis Bahn brechen, daß man einem solchen Drehgestell mit genügend großem Radstand seitliche Verschiebbarkeit geben könne, ohne Überbeweglichkeit befürchten zu müssen. Zahlloser Betriebs- und Werkstattserfahrungen bedurfte es, um die richtigen Anfangsspannungen für die Rückstellfedern und ähnliche Vorrichtungen zu finden. — Daß nach Regel 4 die seitliche Verschiebbarkeit einzelner Achsen die Forderung der Einstellbarkeit in Krümmungen befriedigt, kann sich jedermann mit wenigen Bleistiftstrichen klarmachen. Aber wird eben diese Bleistiftskizze etwa einer Lokomotive mit fünf gekuppelten Achsen, von denen drei seitlich verschiebbar sind, nicht sehr bedenklich stimmen? Wird nicht jeder, der an die strengen Methoden des Maschinenbaus gewöhnt ist, diese augenscheinlich in geradem Gleis überbewegliche Anordnung für betriebsgefährlich halten müssen? Nur die Erfahrung konnte hier allmählich das Gefühl der Sicherheit schaffen, indem man erst eine, dann zwei und endlich mehr Achsen seitlich verschiebbar machte. Übrigens wurde in diesem Falle — eine nicht eben häufige Erscheinung im Lokomotivbau — der Erfahrung durch sehr gründliche theoretische Untersuchungen vorgearbeitet, die zu dem Wagnis einer größeren Anzahl seitlich verschiebbarer Achsen ermutigten.

Nie soll, so lautet die 5. Regel, ein hohes Rad vorn laufen. So überzeugend die Begründung dieser Forderung auch ist, so sagt sie doch ganz und gar nichts über die zahlenmäßige Größe aus. Daß die Grenze etwa bei 1650 mm liegt, kann nicht bewiesen und nicht errechnet werden. Nur die Summe aller Mißerfolge, die sich in Jahrzehnten sammelte (s. z. B. bei Abb. 73), konnte mit unerwünschter Langsamkeit zu diesem Werte führen. — Daß endlich die Erkenntnis von der Zulässigkeit hoher Kessellage so sehr spät Allgemeingut wurde, findet seine einfache Erklärung und vielleicht Entschuldigung in der Furcht vor dem Kippmoment, das hochaufgebaute Lokomotiven zu bedrohen schien. Erst als man Jahrzehnte hindurch Eisenbahnen betrieben hatte, und noch immer keine Lokomotive umgefallen war — auch nicht die wenigen, denen ein mutiger Mann einen etwas höher gelegenen Kessel mit auf den Weg gegeben hatte — erst da getraute man sich, einen großen Schritt weiter zu tun und durch entschlossenes Hochrücken des Kessels dem Lokomotivbau neue Entwicklungsmöglichkeiten zu erschließen.

Eine Ausnahmestellung nimmt die 7. Regel ein. Hier führt schon die bloße Überlegung auf eine ganz bestimmte Forderung: Ein einheitliches Rahmenstück muß ununterbrochen und ohne Kröpfung vom Zylinder über das Triebachslager zum Zugkasten durchgehen. Und doch hat auch hier die Erfahrung mitzusprechen gehabt! Und doch hat erst der Mißerfolg die Lokomotivbauer auf den richtigen Weg weisen müssen. Wir stehen hier vor einem Rätsel. Wie ist es möglich, daß ein anscheinend so einfacher Zusammenhang, wie der des Kräftespiels im Trieb- und Rahmenwerk in den ersten Jahrzehnten so gar nicht erkannt wurde? Die Ausführungen jener Zeit sind ein wildes Durcheinander von grundverkehrten, halbrichtigen und zufällig richtigen Ausführungen (Abb. 6, 7, 13, 24, 102, 109). Vielleicht hat der und jener die richtige Erkenntnis schon besessen; dann hat er sie aber verschwiegen. Ausgesprochen wurde sie meines Wissens zuerst von Weißbach[1]). Dieses Unvermögen der damaligen Lokomotivbauer, über ein so einfaches Problem der Mechanik ins klare zu kommen, ist in doppelter Hinsicht bemerkenswert. Wir erkennen daraus die Wichtigkeit theoretischer Vorbildung, die damals im argen lag. Wir sehen ferner, daß wichtige Probleme und ihre Lösung oft an der Oberfläche liegen und doch nicht gefunden werden, weil sie rein äußerlich mit einer Fülle von Nebensächlichkeiten umkleidet erscheinen. So steht es beim Trieb- und Rahmenwerk der Lokomotive mit ihrem verwirrenden Durcheinander von Trieb- und Kuppelrädern, Achslagern, Federn und Ausgleichhebeln und der bisher ungewohnten Kraftübertragung durch Reibung am Radumfang. Aus diesen Gründen ist der allmählichen Herausbildung der richtigen Anschauungen und Anordnungen auf diesem Gebiet in den folgenden Blättern besondere Aufmerksamkeit gewidmet.

Wir wollen in diesen Schilderungen die Entstehung der Bauarten verfolgen, wie sie sich aus tausend Erfahrungen, aus tausend Erfolgen

---

[1]) Die Mechanik des Dampfwagens. Zivilingenieur 1856, S. 1. Vgl. auch Jahn: Der Antriebsvorgang bei Lokomotiven. Z. d. V. d. I. 1907, S. 1046.

und Mißerfolgen herausgebildet haben. Da ist noch ein Wort darüber am Platz, wie denn die Sammlung von Erfahrungen und ihre Bewertung als Erfolg oder Mißerfolg im Lokomotivbetrieb vor sich geht. Diese Tätigkeit des Sammelns und Sichtens kann notgedrungen nur sehr langsam fortschreiten. Das muß man sich klarmachen, um die Lokomotivgeschichte verstehen zu können. Es handelt sich bei allen unseren Bauregeln um Grundsätze, die ruhigen Lauf und Schonung von Lokomotiven und Gleis anstreben. Ein wie dehnbarer Begriff ist aber der „ruhige Gang" einer Lokomotive; wie abhängig ist er vom persönlichen Empfinden! Wie schwierig ist die richtige Einschätzung, da niemals zwei Lokomotiven gleichzeitig zur Abwägung ihrer Eigenschaften gegeneinander untersucht werden können und auch nur höchst selten Vergleichsfahrten in unmittelbarer Aufeinanderfolge vorgenommen werden können! Wie schwer ist es, wenn man z. B. die Wirkung eines neuen Drehgestells feststellen will, den Einfluß anderer Eigenheiten der Lokomotive, des Spielraumes in den Achslagern, des Zustandes der Federn, der Anspannung der Tenderkupplung usw. und vor allen Dingen des Gleises tatsächlich oder in der Bewertung der Ergebnisse auszuschalten. Es bedarf oft vieler Jahre, um allmählich aus dem Urteil vieler Beobachter ein einigermaßen sicheres Gesamturteil zu bilden. Zur Gewinnung mancher Ergebnisse genügt die planmäßige Beobachtung überhaupt nicht, sondern wir können nur urteilen oder vielmehr aburteilen, nachdem schlimme Ereignisse uns bewiesen haben, daß wir auf falschem Wege sind. So ist es z. B. mit dem Raddurchmesser der führenden Achse (Regel 5); die Beobachtung verrät uns hier nichts. Erst wenn eine Entgleisung hier, eine andere dort eingetreten ist, werden wir uns einer Entgleisungsgefahr bewußt, und nur der aufmerksame Ingenieur erkennt das Gemeinsame der Erscheinungen und zimmert sich seine Regel daraus.

Fast noch schlimmer sieht es mit den Erfahrungen aus, die wir über den Einfluß der Bauart auf die Schonung der Lokomotive, also auf ihre Unterhaltungskosten gewinnen möchten. Was oben über die Schwierigkeit der Ausschaltung von Nebeneinflüssen gesagt wurde, gilt hier erst recht. Es bedarf schon recht derber, immer an gleicher Stelle, z. B. an den Radreifen auftretender Schäden, um die Werkstätten auf die Ursachen hinzuweisen. Die hohen Unterhaltungskosten[1]) der ersten Lokomotiven sind sicher auf ihren falschen Rahmenbau (Regel 7) zurückzuführen, und doch zog man vorerst nicht die richtige Nutzanwendung aus jener Höhe der Unterhaltungskosten, die dem Lokomotivbetriebe in den ersten Jahren fast verhängnisvoll geworden wären.

Und nun gar der Einfluß aufs Gleis! Wenn man bedenkt, daß über ein Gleis ganz verschiedenartige Lokomotiven und Wagen hingleiten, so scheint es fast unmöglich, wo vorzeitige Zerstörungen beobachtet werden, diese auf den Einfluß einer bestimmten Gattung zurückzuführen. Und doch ist dies in nicht seltenen Fällen möglich gewesen

---

[1]) S. z. B. Matschoss: Die Entwicklung der Dampfmaschine. Bd. I. S. 793. Berlin 1908.

(z. B. S. 70, 91, 167). Freilich fühlen wir uns in solchen Fällen zuweilen von der unbehaglichen Empfindung bedrückt, daß eine solche Deutung auch eine irrige, und die Ursache vorzeitigen Gleisverschleißes an falscher Stelle gesucht worden sein könnte.

Ein Blick in alte Zeitschriften kann uns recht nachdenklich stimmen, wenn wir fest begründete Erfahrungssätze, über die heute niemand mehr streitet, im Lichte vergangener Jahrzehnte betrachten, wenn wir z. B. lesen, mit welcher Wärme in den siebziger Jahren Nepilly und Tilp für Außenrahmen gegen Innenrahmen, für Deichselgestelle gegen solche mit Mittelzapfen eintraten[1]). Und das waren doch auch tüchtige Fachmänner, die ihre Meinungen durch die Betriebserfahrungen von Jahrzehnten gesichert wähnten.

Wenn eine Lokomotive neuer Bauart das Werk verlassen hat, so veranstaltet man wohl eine Probefahrt unter Beteiligung von Fachmännern. Wir werden in diesen Blättern von mancher solchen Fahrt, die „glänzend verlief", zu berichten haben. Sie verlaufen immer glänzend. Nicht immer will aber das gut dazu stimmen, was wenige Zeilen nachher berichtet werden muß. Man verlernt es, sich über solche Widersprüche zu wundern, wenn man es gelernt hat, das Wörtlein „Erfahrung" in der Welt des Flügelrades richtig zu werten.

Soviel zur Rechtfertigung der folgenden lokomotivgeschichtlichen Untersuchungen, wenn eine solche Rechtfertigung überhaupt notwendig ist. In der Auswahl der Bauarten, die in Wort und Bild festgehalten wurden, wird nach dem Gesagten niemand so etwas wie „Musterkonstruktionen" unserer oder vergangener Jahre und Jahrzehnte erwarten. Im Gegenteil! Neben Bewährtem erscheint auch so manches, was, mit großen Hoffnungen in die Welt gesetzt, sich später als Fehlschlag erwies. Maßgebend war für die Auswahl, ob der Lokomotivbau an den Ausführungen gelernt hat oder nicht. Bekanntlich kann man aber an einem Mißerfolg unter Umständen mehr lernen als an einem Erfolg.

Bezeichnung der Lokomotiven und Abkürzungen.

Die Bezeichnung der Lokomotiven erfolgt in der vom Verein deutscher Eisenbahnverwaltungen angenommenen Weise, d. h. es werden von vorn beginnend, die Laufachsen mit arabischen Ziffern, die angetriebenen Achsen mit großen lateinischen Buchstaben gezählt. Wo erforderlich, wird auch die allgemeinere Bezeichnungsweise verwendet. Diese gibt in Bruchform im Zähler die Zahl der gekuppelten, im Nenner die Gesamtzahl der Achsen an. Eine 1 B-Lokomotive, ebenso aber auch die B 1 sind also 2/3 gekuppelte Lokomotiven.

Um einige weitere wesentliche Eigenschaften der Lokomotive ohne Schwerfälligkeiten im Ausdruck wiedergeben zu können, soll der Triebraddurchmesser, wenn es wünschenswert ist, durch eine dem

---

[1]) Organ 1874, S. 162 und 1876, S. 94/95.

Achsensymbol in Klammer hinzugefügte Zahl angegeben werden. Ferner soll der Zusatz (St —) oder (St +) erforderlichenfalls angeben, ob alle Achsen vor dem Stehkessel liegen, so daß dieser überhängt (long boiler Bauart), oder ob eine oder mehrere Achsen unter oder hinter ihm liegen, so daß er durch diese unterstützt ist. Durch Zusatz eines T wird angedeutet, daß es eine Tenderlokomotive ist. Es bedeutet also 1 B (1750) (St +) eine Lokomotive mit besonderem Tender, die zwei gekuppelte Achsen von 1750 mm Durchmesser und vor diesen eine Laufachse hat. Es liegen nicht sämtliche Achsen vor dem Stehkessel, sondern dieser ist durch eine — unter Umständen auch mehrere — hinter oder unter ihm liegende Achsen unterstützt. — Entsprechend C (1080) T.

Bei den neuzeitlichen Bauarten werden noch die auch sonst üblichen Abkürzungen für Heißdampf (h), Verbundwirkung (v) und Zylinderzahl und -anordnung angewandt; z. B. 2 C 2 (1750) h v (4 Zyl) de Glehn. Wo nichts anderes bemerkt, bedeutet h den Schmidtschen Überhitzer. Außerdem werden noch folgende Abkürzungen benutzt: L = Lokomotive; T L = Tenderlokomotive; S L = Schnellzuglokomotive; P L = Personenzuglokomotive; G L = Güterzuglokomotive; Gem L = Lokomotive für gemischten Dienst oder gemischte Züge; S-, P-, G-Zug = Schnell-, Personen-, Güterzug; B = Bahn; Ry = Railway; Rd = Railroad; i. J. = im Jahre.

In den Fußnoten und unter den Abbildungen bedeutet: E. d. G. = Eisenbahntechnik der Gegenwart, Band I, Abschnitt 1, Teil 1 „Die Lokomotiven" Erste Hälfte, und zwar, sofern nichts besonders bemerkt, 3. Auflage; Dingler = Dinglers Polytechnisches Journal; Organ = Organ für die Fortschritte im Eisenbahnwesen; Lokomotive = Zeitschrift „Die Lokomotive", Wien; Z. d. V. d. I. = Zeitschrift des Vereins deutscher Ingenieure; Eng. = Engineer; Engg. = Engineering; R. gaz. = Railroad gazette; Rev. gén. = Revue générale des chemins de fer; Loc. Mag. = The Locomotive Magazine, London; Wishaw = Wishaw, „The Railways of Great Britain and Ireland", London 1842; Tredgold = Tredgold, „The principles and practice and explanation of the machinery of locomotive engine", London 1850; Clark = Clark, „Railway machinery", Glasgow, Edinburgh, London u. New York 1855; Clark u. Colburn = Clark and Colburn, „Recent practice in the Locomotive Engine", Glasgow, Edinburgh, London 1860; Z. Colburn = Zerah Colburn, „Locomotive Engineering", London 1871; Stretton = Stretton, „The locomotive engine and its development", 6. Auflage, London 1903; Sinclair = Sinclair, „Development of the Locomotive Engine", New York 1907; Flachat = Le Chatelier, Flachat, Petiet, Polonceau, „Guide du mécanicien constructeur" Paris 1859; Couche = Couche, „Voie, matériel roulant et exploitation technique des chemins de fer", Paris 1870, Band II[1]).

---

[1]) Eine sehr reichhaltige Zusammenstellung von Quellen zur Geschichte der L befindet sich in der „Allgemeinen Maschinenlehre" von Rühlmann, Bd. III „Straßen- und Eisenbahnfuhrwerke usw." 2. Aufl. Braunschweig 1877.

Jeder Abbildung ist eine Zahlentafel beigefügt, die wichtige Abmessungen der Lokomotive in folgender Anordnung enthält: Dienstgewicht; Heizfläche, Rostfläche, Dampfspannung; Zylinderdurchmesser, Kolbenhub, Triebraddurchmesser; Inhalt des Wasserbehälters, Inhalt des Kohlenbehälters. Die letzte Zahlenreihe ist nur bei T L und bei denjenigen L mit Tender ausgefüllt, bei denen dieser in der Abbildung dargestellt ist. Besitzt die L einen Überhitzer und einen Vorwärmer, so ist die Heizfläche in Form einer Summe angegeben, also z. B. 120 + 30 oder 120 + 30 + 10. Unter der Abbildung ist auch die Quelle vermerkt, die in erster Linie zur Zeichnung des Bildes benutzt wurde. Für Text und Zahlentafel wurden aber alle erreichbaren, oft aber sehr zerstreuten Angaben mit herangezogen. Wo letztere zuverlässiger erschienen, wurden sie bevorzugt. Dies zur Erklärung etwaiger Unstimmigkeiten in den Angaben von Text und Zahlentafel einerseits und denen der Quelle andrerseits. Ein fehlendes Maß ist durch ein x, ein unsicheres durch Einklammerung angedeutet. Wenn im Schriftsatz die Maße einer nicht abgebildeten L angegeben werden, so erfolgt die Angabe in der gleichen Reihenfolge, die eben für die Abbildungen aufgestellt wurde.

Die Anpassung der Bauart an den Verwendungszweck.

Die Entwicklung der Eisenbahnen als öffentliche Verkehrsanstalten, die der Beförderung von Menschen und Gütern dienen, hebt mit dem Jahre 1829 an. Die L hatte eine entwicklungsfähige Form gewonnen. Ihre Geschichte soll von diesem Jahre an verfolgt werden. Man kannte in dieser ältesten Zeit noch nicht Unterschiede des Verwendungszweckes. Überwog die Personenbeförderung — und das war damals meist der Fall — so zeigten die L in der Form 1 A und 1 A 1 die Merkmale der P L (Abb. 5, 8, 11, 16, 17, 18, 21). Überwog die Güterbeförderung, oder waren die Steigungsverhältnisse schwierig, so wurden die Formen B und B 1, also L für Gem- und für G-Zugdienst bevorzugt (Abb. 57, 58, 67). Eine Ausnahme machte die Liverpool-Manchester Ry, die eine Trennung von P- und G-Zugsdienst schon i. J. 1831 vornahm.

In Deutschland wurde diesen Anschauungen getreu bis weit in die vierziger Jahre hinein auf den meisten Bahnen der ganze Betrieb als gemischter Betrieb durchgeführt und fast ausschließlich mit ungekuppelten L besorgt. So eröffnete noch i. J. 1846 die Main-Neckarb ihren Gesamtbetrieb mit 18 ungekuppelten L (Abb. 41). Die Badische Staatsb ließ ihren seit dem Jahre 1840 beschafften 41 ungekuppelten L erst i. J. 1845 die ersten gekuppelten folgen. Auch auf der Preußischen Ostb wurde unmittelbar nach ihrer i. J. 1851 erfolgten Eröffnung keine grundsätzliche Trennung des G- und P-Zugdienstes vorgenommen. Es liefen in jeder Richtung zwei P-Züge, die auch Güterwagen zu befördern hatten. Nur wenn der Güterverkehr es verlangte, sollten besondere

G-Züge zwischen Stettin und Kreuz einen um den andern Tag verkehren. Man ging von dem Grundsatz aus, daß besondere G-Züge nicht nötig und nur in den äußersten Fällen zuzulassen seien. In diesem Sinne genehmigte der Minister im August gleichen Jahres gemischte Tageszüge zwischen Bromberg, Posen und Stettin mit der Maßgabe, daß sie auch für den Güterverkehr nutzbar gemacht werden sollten. Er gestattete, um einen G-Zug zu sparen, die Beförderung von Güterwagen auch in Nachtzügen wenigstens von Endstation zu Endstation, soweit die Zuggeschwindigkeit dadurch nicht beeinträchtigt wurde. Zum Verständnis des Vorstehenden ist daran zu erinnern, daß der damalige Weg nach dem Osten über Stettin, Stargard, Kreuz nach Bromberg ging[1]).

Bis in die neueste Zeit hinein hat man für Bahnen mit einfachen Betriebsverhältnissen, auf denen nur mäßig schnelle P- und mäßig schwere G-Züge verkehren, L für Gem-Dienst, also Gem L beschafft. Sie stehen zwischen der P- und der G-L. Als eine für diesen Zweck geeignete Form ist z. B. bis in die neunziger Jahre hinein die B 1 (Abb. 68 bis 72 und Tafel I, 3) mit 1500 bis 1700 mm Triebraddurchmesser, auch die 1 C und 2 C mit gleichem Triebraddurchmesser beschafft worden (ähnlich Abb. 239, 254). Die Verwendung solcher Gem L bringt wirtschaftliche Vorteile, weil bei Verwendung nur einer Bauform für zwei Zuggattungen an Maschinenzahl, Ersatzstücken, Modellen usw. gespart wird. Die Sache darf jedoch nicht übertrieben werden und darf nicht dazu ausarten, mit einer Gattung für S- und G-Züge auskommen zu wollen. Dies würde dazu führen, daß diese weder für den einen noch für den anderen Dienst so recht geeignet ist. Sie arbeitet dann vor beiden Zuggattungen mit schlechten Wirkungsgraden und verhindert die Aufstellung guter Fahrpläne. Da die Gem L zwischen der P- und G L steht, so ist sie auch für gewisse Sonderzwecke brauchbar, z. B. für die Beförderung von P-Zügen auf Strecken mit starken Steigungen, von Eil G-Zügen oder von den in England vorkommenden Fischzügen. Während man im Ausland diese Gattung ganz zutreffend als ,,Mixed traffic engine", ,,locomotive mixte", also als L für gemischten Dienst bezeichnet, spricht man in Deutschland zuweilen auch von L für Gem-Züge. Der Ausdruck hat heute kaum noch Berechtigung. Die sogenannten Gemischten Züge der Neben- und Kleinbahnen sind natürlich nichts als G-Züge mit Personenbeförderung und die zugehörigen L sind G L schwerer oder leichterer, auf Kleinbahnen meist leichtester Bauart. Auf Hauptbahnen aber verkehren heute nur ausnahmsweise noch Gem-Züge. In älterer Zeit war das freilich anders, weil der Verkehr weniger dicht war. So zeigen z. B. Tafel I, 3, II, 1 und Abb. 70 L, die vor 40 Jahren vielfach vor gemischten Zügen auf Hauptbahnen benutzt wurden.

Die Einführung der S-Züge um die Mitte des vorigen Jahrhunderts veranlaßte viele Verwaltungen zur Einführung besonderer S L. Aber der Unterschied zwischen S L und P L kann im Betrieb häufig nicht scharf berücksichtigt werden, indem die S L, um genügend ausgenutzt

---

[1]) Born: Die Entwicklung der kgl. preußischen Ostb. Archiv für Eisenbahnwesen 1911, S. 879.

zu werden, auch P-Züge befördern muß. Abgesehen hiervon fließen diese beiden Gattungen vielfach ineinander, indem z. B. eine S L für schwierigere Neigungsverhältnisse von der P L für schwere P-Züge auf günstigen Strecken kaum zu unterscheiden ist. Daher sind vielfach Stimmen laut geworden, die einen solchen Unterschied in der Bezeichnungsweise nicht mehr gelten lassen wollen. In Amerika kennt man ihn nicht, sondern faßt S- und P L unter der Bezeichnung „Passenger locomotives" zusammen. Ich habe gleichwohl die Unterscheidung von S L und P L nicht völlig fallen gelassen, denn es gibt durchaus Bauarten, denen man die Bestimmung zur Beförderung von S-Zügen sofort ansieht. Eine solche ist z. B. die englische 2 A 1 (Abb. 36 bis 39); ebenso ist die 2 B 1 (Abb. 167 bis 175) eine vorzügliche S L für das Flachland, aber wegen des im Verhältnis zur Kesselgröße kleinen Reibungsgewichtes eine schlechte P L.

Die Bezeichnungen G L, Verschiebe-L, Kleinb-L usw. erklären sich von selbst. Die Verschiebe-L steht der T L für kurze Nebenbahnen nahe. Einer Erläuterung bedarf der Ausdruck: „L für P-Zugdienst im Nahverkehr", von dem häufig Gebrauch gemacht wird. Man findet statt dessen die Bezeichnung „Vorortzug-L". Diese Bezeichnung gibt das Verwendungsgebiet nicht allgemein genug an, denn die betreffenden T L werden nicht nur für Vorortverkehr gebraucht, sondern überhaupt für solche Fälle, in denen aus irgend einem Grunde die durchmessene Strecke nicht sehr lang ist, so daß die Vorräte, die eine T L mitführen kann, genügen. Ein solcher Fall tritt z. B. ein, wenn vor weitdurchlaufenden Zügen wegen der Nähe der Landesgrenze der Lokomotivwechsel sehr bald erfolgt. Die Bezeichnung „für Kleinzüge" betrifft jene aus wenigen Wagen zusammengesetzten Züge, die man heute vielfach auf weniger befahrenen Strecken oder zu verkehrsarmen Stunden einschiebt, um die Verkehrsverhältnisse zu verbessern, und an deren Stelle man häufig auch elektrische oder Dampftriebwagen laufen läßt.

T L. Die erste T L, freilich ungewöhnlicher Form, war Braithwaite und Ericsons Novelty, eine der Mitbewerberinnen um den Preis, den Stephensons berühmte Rocket i. J. 1829 gewann. Dann trat eine Pause im Bau von T L ein. Der eigentliche Anlaß für ihren Bau fehlte damals noch. Man baut ja heute T L 1. für Nahverkehr, um die L nicht in kurzen Zeitabständen drehen zu müssen, 2. für Gebirgsstrecken, um das Tendergewicht zu sparen, 3. für Verschiebedienst, um die Beweglichkeit der L und die Streckenübersicht bei Rückwärtsfahrt zu verbessern. Damals gab es noch keinen Nahverkehr, keine Gebirgsbahnen, und der Verschiebedienst hatte ganz geringen Umfang. Allerdings machten sich von jeher und auch in neuester Zeit gelegentlich Bestrebungen bemerkbar, der T L ein erweitertes Anwendungsgebiet zu verschaffen, sie ganz allgemein wie die L mit Tender zu verwenden. Eigentlich war Ericsons Novelty schon eine solche T L, und auch die A 1 T des Dr. Church aus dem Jahre 1838 (Abb. 3) müssen wir so auffassen. Unverkennbar finden wir diese Betriebsweise auch auf der South Devon Ry vor, die später ein Bestandteil der Great Western

Ry wurde. Man versah hier den gesamten Dienst bei einer Länge der Hauptstrecke von 85 km mit 2 B T aus dem Jahre 1852 und C T aus dem Jahre 1860. In neuerer Zeit bekamen diese Bestrebungen einen besonderen Anstoß durch die Erfindung von Schöpfeinrichtungen, die Füllung der verhältnismäßig kleinen Wasserbehälter der T L während der Fahrt gestatten (Abb. 269), und durch die Fortschritte im Bau vielachsiger L (Abb. 279). Auf einen zusammenhängenden Verlauf der Dinge werden wir aber nur bei Benutzung der oben gegebenen Dreiteilung geführt.

In England entwickelte sich der Nahverkehr schon zu einer Zeit, als noch die ungekuppelte L herrschte. Sogar die älteste Dauerform, die 1 A, ist schon als T L gebaut worden. Es sind das drei i. J. 1835 von Forrester für die irische Dublin-Kingstown Ry gelieferte L (ähnlich Abb. 8). Seit den vierziger Jahren fand die 1 A 1 T große Verbreitung (Abb. 34). In Deutschland gab es damals noch keinen Nahverkehr. Die 1 A 1 T ist deshalb in Deutschland fast unbekannt geblieben. Eine 2 A T baute Heusinger v. Waldegg i. J. 1850 für die Taunusb. Sie war mit einem Dampftrockner ausgerüstet und zeigte die Urform der später so bekannt gewordenen Heusingersteuerung. I. J. 1853 übernahm sie die Stadt Lüttich als Bau-L[1]). Einige 1 A 1 T entstanden i. J. 1854 auf der Badischen Staatsb durch Umbau älterer aus den Jahren 1841 bis 1843 stammender L gelegentlich des Übergangs von der Breit- zur Normalspur. An Neubeschaffungen sind nur zwei 1 A 1 T der Nassauischen B vom Jahre 1857 zu nennen. — Die 1 B T und die B 1 T englischer Herkunft ist selten (Abb. 119, 120, 75), weil man bald die Formen 1 B 1 und B 2 bevorzugte (Abb. 182, 184, 185, 79, 82). Das gleiche gilt für Amerika (Abb. 189, 80); in diesem Lande hat man für T L überhaupt nicht viel übrig. Dagegen wurden die Gattungen 1 B T und B 1 T im Nahverkehr der deutschen Bahnen seit den sechziger Jahren sehr beliebt (Abb. 121, 122, 76 bis 78). Ebenso in Frankreich schon seit 1849, aber stets in der Form 1 B (St —), die Abb. 124 in späterer Ausführung zeigt. Seit 1883 kann man in Frankreich eine große Vorliebe für die C T im Nahverkehr beobachten (Abb. 230).

Die Verwendung der T L für Gebirgsstrecken setzte in den fünfziger Jahren in verschiedenen Ländern fast gleichzeitig ein. Stephenson lieferte i. J. 1854 B T zum Betriebe der 1 : 28 geneigten schiefen Ebene bei Giovi auf der Strecke Genua—Turin. Jeder Zug wurde von zwei mit dem Führerstand einander zugekehrten L befördert. Nötigenfalls wurde eine weitere B T als Schiebe-L zugegeben. — I. J. 1855 wurden C-Berg-L von der Rheinischen B und i. J. 1857 von der Hannoverschen Staatsb beschafft (Abb. 227). Aus dem Jahre 1855 stammt auch die bemerkenswerte österreichische 2 B T der Abb. 162. In Petiets D T vom Jahre 1858, der ältesten D T überhaupt, sehen wir eine sehr erfolgreiche Gattung (Abb. 291), während der ältesten, ebenfalls französischen, E T eine günstige Aufnahme versagt blieb (Abb. 309). Spanische Gebirgs-T L belgischer Herkunft zeigen die Abb. 164, 255, eine belgische Abb. 293

---

[1]) Organ 1851, S. 121 und 1854, S. 90.

T L für den Verschiebedienst bürgerten sich ebenfalls seit den fünfziger Jahren ein, aber nur sehr allmählich. Es sind etwa zu nennen C T der Midland Ry aus dem Jahre 1854 und aus dem gleichen Jahre die recht bemerkenswerten schmalspurigen 1 B 1 T mit Deichselachsen für Bauzwecke (Abb. 181), die, in Österreich entworfen, i. J. 1855 auch auf den oberschlesischen Schmalspurbahnen Eingang fanden; endlich zwei 2 B T aus dem Jahre 1856 und eine C T aus dem Jahre 1858 der Saarbrücker B. Diese L hatten das für jene Zeit ganz ungewöhnlich hohe Dienstgewicht von 48,5 t, also einen Achsdruck von über 16 t. Vielleicht meinte man, daß dies bei der geringen Fahrgeschwindigkeit von Verschiebe L nichts zu sagen habe. Später nahm man es mit den Vorschriften genauer, und so kam es i. J. 1882 zum Umbau. Sie erhielten einen besonderen Tender. Ein solcher Umbau kommt selten vor. Viel häufiger ereignete sich der Umbau einer L mit Tender in eine T L.

Jenen immerhin frühen Beschaffungen von T L für Verschiebedienst folgten manche Verwaltungen erst sehr spät, z. B. die Berlin-Stettiner B trotz ihrer großen Güter- und Hafenbahnhöfe in Berlin, Stettin usw., wenn man von zwei etwas sagenhaften englischen „Hofmaschinen" „Kameel" und „Dromedaar" aus dem Jahre 1847 absieht, erst i. J. 1871 mit einigen B 1 T, und die preußische Ostb im gleichen Jahre mit den B T der Abb. 64. Um 1874 wurde es etwas lebhafter, aber die Stargard-Posener und die Breslau-Schweidnitzer B z. B. haben niemals T L beschafft. Die meisten Eisenbahnverwaltungen sahen in den siebziger und achtziger Jahren auf Grund einer einleuchtenden wirtschaftlichen und technischen Erwägung von der Einführung besonderer Verschiebe L ab. Der Güterverkehr nahm nämlich damals rasch an Umfang zu. Dem entsprach eine ebenso schnelle Entwicklung der G L. Hierzu rechnet vor allem die Einführung der C an Stelle der bisher benutzten 1 B und B 1. Zur Ausmusterung waren diese größtenteils noch zu jung. Darum lag der Gedanke nahe, sie als Verschiebe L zu benutzen und so Platz für neue kräftigere Zugmaschinen zu schaffen.

Ein rasch anwachsendes Anwendungsgebiet fand die T L besonders auch in Deutschland auf den zahlreichen, mit Beginn der achtziger Jahre entstehenden kurzen Nebenbahnen, und zwar in Norddeutschland zunächst als B T, ähnlich der Abb. 66, und als C T (Abb. 228).

Die Aufwärtsentwicklung der Bauarten.

Die Aufwärtsentwicklung der Bauarten im Lauf der Jahrzehnte folgt einem eigentümlichen Gesetz. Die einst als G L geschaffene Bauart wird nämlich allmählich unter Vergrößerung ihres Triebraddurchmessers zur P L oder gar S L. Es hat das seinen Grund in den zunehmenden Anforderungen an Zugkraft und somit Reibungsgewicht. In den vierziger Jahren genügte zur Fortschaffung der damaligen leichten P-Züge eine ungekuppelte L, also z. B. die 1 A 1 durchaus, und ebenso für G-Züge eine L mit zwei gekuppelten Achsen, z. B. die 1 B. Ende der sechziger Jahre aber waren die Ansprüche auch im Flachland so weit gewachsen, daß für P-Züge statt einer zwei, und für G-Züge statt zweier drei gekuppelte Achsen notwendig wurden. Es verdrängte also die C aus dem G-Zugdienst die 1 B, und diese aus dem P-Zugdienst die 1 A 1. Diese ihrerseits konnte sich noch einige Zeit auf solchen Bahnen behaupten, die wegen ihres dichten Verkehrs besondere L nur für S-Züge halten konnten. So ist die Beschaffung von 1 A 1 noch i. J. 1875 bei der Berlin-Stettiner B (Abb. 29) zu verstehen. Diese Erscheinungen erklären sich aus einem einfachen Zusammenhang. In dem Produkt ,,Zugkraft × Geschwindigkeit", das die Leistung der L darstellt, erscheint bei einer L für schnelle Züge der zweite Faktor auf Kosten des ersten vergrößert. Gleiche Leistung verschiedener L vorausgesetzt, wird bei einer solchen für schnellste Fahrt das Reibungsgewicht nur einer Achse am längsten genügen. Die angedeutete Entwicklung verläuft auf gebirgigen Strecken natürlich besonders schnell. In Württemberg hat z. B. die 1 A 1 kaum Fuß gefaßt, und schon i. J. 1845 stellte sich die 1 B (Abb. 92) und die C ein (vgl. Abb. 234). Am Beispiel der 1 B ist die Aufwärtsentwicklung gut zu verfolgen für die englische Form an den Abb. 83 bis 90, für die deutsche an den Abb. 103, 104, 91, 93 bis 96, 98. Sie bekundet sich auch in der Zunahme des Triebraddurchmessers und bei den deutschen in der Rückkehr zum unterstützten Stehkessel, nachdem zeitweise der überhängende sehr beliebt gewesen war. Gleiche oder ähnliche Entwicklungsgänge werden in der nun zu betrachtenden Geschichte der Bauarten eine große Rolle spielen.

Lokomotiven mit freier Triebachse: A 1, 1 A, 1 A 1, 2 A 1, 2 A, 3 A.

A 1. Die Vorgeschichte der L soll nicht in diesen Blättern behandelt werden, weil sie gewissermaßen die Zeit der Vorversuche, der negativen Ergebnisse darstellt. Man wurde sich erst einmal darüber klar, wie die Sache nicht zu machen sei. Man lernte begreifen, daß mit den bisher benutzten Kesseln nicht auszukommen sei[1]), daß die von der Balanciermaschine her gewohnte Art der Kraftübertragung für die L zu viel Platz beanspruche, daß Ketten, Zahnräder, verwickelte Gradführungen vom Übel seien. Die

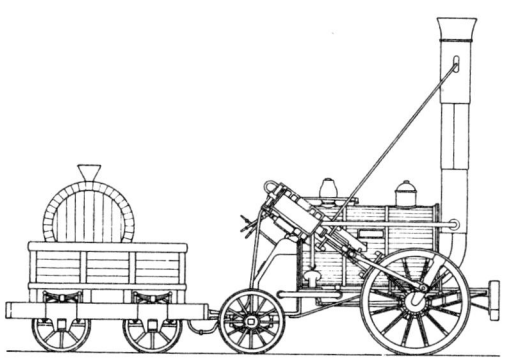

Abb. 1. Liverpool-Manchester Ry 1829. Stephenson
4,5; 12 0,56 3,5; 203 419 1435.
(Nach Eng. 1880, II, S. 210.)

---

[1]) Vgl. Links in the History of the Locomotive Engine. Eng. 1879, II, S. 275. Die Aufsatzfolge erstreckt sich durch viele Jahrgänge, enthält wertvolle Beiträge und im besonderen auf S. 322 einen alten Kessel erwähnter Art.

Rocket von Stephenson (Abb. 1) erscheint uns in diesem Sinn mehr als Abschluß der Vorgeschichte, denn als erste Stufe in der Geschichte der L. Das berühmte Preisausschreiben der Direktoren der Liverpool-Manchester Ry vom Jahre 1829 mußte die Bewerber bestimmen, alle Erfahrungen des bisherigen Lokomotivbaus auf die einfachste Form zu bringen. So ist es kein Wunder, daß nur zweiachsige L zum Wettbewerb erschienen. Deren eine war die Rocket. Grundlegende Fehler waren vermieden, aber eine Dauerform, die auch nur wenige Jahre vorgehalten hätte, war in ihr noch nicht gewonnen. Diese Bedeutung

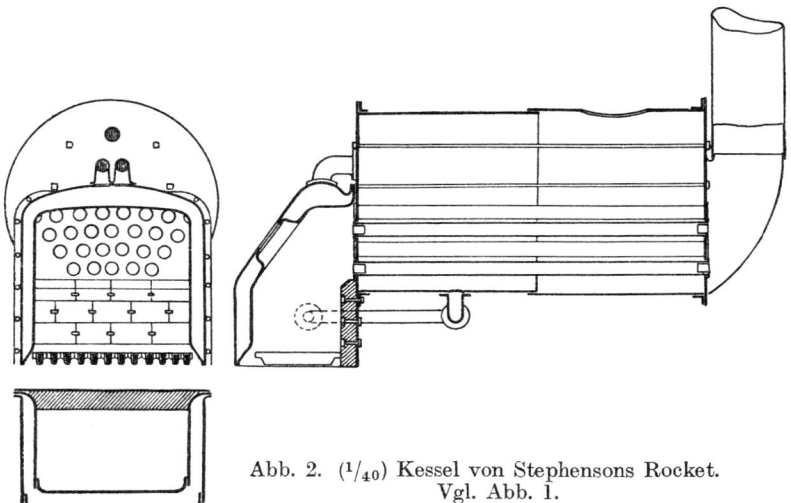

Abb. 2. ($^1/_{40}$) Kessel von Stephensons Rocket.
Vgl. Abb. 1.

kann erst der 1 A-Bauart „Planet" Stephensons vom Jahre 1830 zugesprochen werden (ähnlich Abb. 5). Durch die Lage ihrer Zylinder verrät die Rocket die Abhängigkeit von ihren Vorgängerinnen. L mit dieser Zylinderlage, zwei, auch drei gekuppelten Achsen und schwerfälligen Flammrohrkesseln waren in den zwanziger Jahren mehrfach für die Güterbahnen jener Zeit gebaut worden. Jene eigenartige Anordnung der Zylinder wurde wohl gewählt, weil man sie in den Bereich des überwachenden Maschinisten legen zu müssen glaubte. Daß die Schräglage störende Federschwingungen zur Folge haben würde, machte man sich noch nicht klar. Auch der Kessel der Rocket zeigte noch erhebliche Abweichungen von jener bekannten Form, die er in großen Zügen nun bald ein Jahrhundert besitzt. Der Stehkessel bildete noch einen besonderen Anbau, dessen Dampf- und Wasserraum durch Rohranschlüsse mit dem Langkessel verbunden waren (Abb. 2). Eine eigentliche Rauchkammer war nicht vorhanden.

Kegelform der Radreifen. Wir wissen nicht, ob die Rocket schon kegelförmige Radreifen gehabt hat, aber dieses sehr zweifelhafte Mittel zur Erleichterung des Krümmungslaufes ist schon in ganz früher Zeit angewandt worden, so daß hier der Ort ist, davon zu sprechen. Schon in den zwanziger Jahren finden wir da und dort bei Eisenbahnfahrzeugen starke Ausrundungen zwischen Lauffläche und Spurkranz. Sie sollten aber nur ein Anschaben des Spurkranzes an die Schiene und somit Arbeitsverluste vermeiden. Ein Patent von James vom Jahre 1825 schlug aber schon Kegelform der Reifen (genauer „Steeps of different diameter") mit der deutlichen Begründung vor, daß in Krümmungen das Außenrad auf dem größeren Durchmesser laufen solle usw. Ähnliche Patente erwarben i. J. 1829 Winans, der die Vorgänge des Krümmungslaufes schon recht eingehend untersuchte, und Wright, i. J. 1830 der Franzose Laignel. Laignel geriet dermaßen in den Bann des neuen Gedankens, daß er die Eisenbahnen nur noch aus geraden Strecken und aus Krümmungen von 32 m Halbmesser zusammensetzen wollte. Es ist das der Halbmesser des Kreises, den ein Radsatz damaliger Ausführung zwanglos rollend beschreibt, wenn man ihn außen auf dem größeren, innen auf dem kleineren Umfang seines kegelförmigen Reifens laufen läßt. Laignel führte ein Modell vor und konnte sich auch auf ein nach seinen Grundsätzen angelegtes Anschlußgleis in Feurs an der Loire B berufen[1]). Der Erfinder wurde von der société d'encouragement pour l'industrie nationale mit einer „goldenen Medaille 2. Klasse" belohnt, bald darauf aber durch ungünstige Berichte von der erwähnten Versuchsbahn enttäuscht. Olivier suchte die Fehler in seinen Überlegungen aufzudecken und machte Vorschläge für eine andere Ausgestaltung des Gedankens[2]). Jeder Radreifen sollte außer dem Spurkranz zwei zylindrische Stufen von etwas verschiedenem Durchmesser erhalten. Im geraden Gleis laufen die Räder auf dem äußeren kleineren. In Krümmungen, die wie bei Laignel nur nach einem einheitlichen Halbmesser ausgeführt werden, rollt das außen laufende Rad auf der größeren Stufe, weil in der Krümmung der Außenstrang um die Stufenbreite nach innen verschoben ist.

Diese Künsteleien wurden überwunden, aber die kegelförmigen Radreifen doch ziemlich allgemein eingeführt. Schon die ältesten 1 A und B besaßen sie. Wir wissen heute, daß kegelförmige Radreifen schon bei zweiachsigen Fahrzeugen nicht so wirken, wie es sich James, Laignel und nach ihnen viele andere vorstellten, denn die zweite Achse läuft, falls die Geschwindigkeit nicht sehr groß ist, nicht außen an, sondern stellt sich radial ein, so daß sie unter gewissen Umständen sogar den entgegengesetzten Kegel erhalten müßte. Stroudley gab dem Mittelrad bei seiner B 1 sinngemäß eine zylindrische Lauffläche (Abb. 74). Offenbar muß man dann aber Schienen mit gewölbter Fahrfläche verwenden, denn die kegelförmigen Reifen der End- und die zylindrischen der Mittelachsen können nicht gleichzeitig die ebenen Fahrflächen der Schienen auf der ganzen Breite berühren. Die Kegelform der Reifen ist ein seltsames und heute kaum zu beseitigendes Überbleibsel. Die Amerikaner verwenden seit langer Zeit zylindrische Reifen.

---

[1]) Bulletin de la société d'encouragement pour l'industrie nationale 1832, S. 186.
[2]) Bulletin de la société d'encouragement pour l'industrie nationale 1834, S. 331.

Man erreichte mit der Rocket, um zu dieser zurückzukommen, schon Geschwindigkeiten von 46 km, aber der Gang befriedigte aus den angegebenen Gründen nicht. Darum wurde ein Umbau vorgenommen, bei dem die Zylinder tiefer gelegt wurden. Die Abbildungen der Rocket aus älterer Zeit sind unzuverlässig. Es wurde aber mit Erlaubnis der Firma Stephenson unter Zuhilfenahme aller Unterlagen von einem Herrn Phipps nachträglich eine Zeichnung angefertigt und veröffentlicht (Abb. 1). Ein Modell der Rocket, das sich aus alter Zeit im Besitze der Firma Stephenson befindet, zeigt einige Abweichungen. Die Rocket im South Kensington Museum in London ist das Schlußergebnis des Umbaus und mehrfacher Abänderungen[1]). Ein Modell der Rocket befindet sich auch im Bau- und Verkehrsmuseum zu Berlin.

Nur noch sieben weitere L nach dem Vorbild der umgebauten Rocket, aber mit vergrößertem Stehkessel wurden beschafft, und zwar i. J. 1830. Es war die Northumbrian-Klasse. Sie hatten schon $7^{1}/_{2}$ t Gewicht. Eine genaue Zeichnung der Northumbrian-Gruppe ist nicht bekannt, aber die vorhandenen Ansichtsskizzen zeigen, daß der Lokomotivkessel mit ihnen seine Dauerform fand[2]). Er hat diese Form bis in die Gegenwart hinein im ruhigen Fluß der Entwicklung weitergebildet, nicht aber grundsätzlich geändert. Zwei Wendepunkte gab es freilich, die diesen ruhigen Fluß zu stören drohten und vorübergehend zu seltsamen Gestaltungen führten. Das war die Einführung der Anthrazitfeuerung in Amerika (Abb. 236, 280, 282) und der Steinkohlenfeuerung in Europa (Abb. 85) um die Wende der vierziger und fünfziger Jahre. Dort entstanden die Pawnees und Camels (Abb. 237, 281), deren Namen für ihr wunderliches Äußere zeugte. Hier wich man zwar nicht so weit vom Gewohnten ab, aber seltsam genug muten uns die verwickelten Feuerungen englischer L jener Zeit doch an (Abb. 85). Abb. 86 gibt nur den Ausklang.

A 1 T. Man erreichte mit der Northumbrian-Bauart schon eine Geschwindigkeit von 58 km. Aber auch diese A 1 mit wagerecht liegendem Zylinder konnte nicht zur Dauerform werden. Die Zylinderlage ist eine unnatürliche, denn der Weg des Abdampfes zum Schornstein ist zu weit. Eine einmal gewonnene Bauform geht aber niemals wieder vollständig verloren: irgendein Vorzug wird ihr stets zu eigen sein, der ausschlaggebend werden kann, wenn im Laufe der Jahre neue Verwendungsmöglichkeiten auftauchen. Ein solcher Vorzug der A 1 ist ihre Eignung zur T L. Die Triebachse und die Behälter für Kohle und Wasser lassen sich nämlich bei der A 1 T bequem in eine solche gegenseitige Lage bringen, daß die Belastung jener mit der Ab- und Zunahme der Vorräte wenig schwankt. Dies dürften die Erwägungen gewesen sein, die Dr. Church in Birmingham i. J. 1838 veranlaßten, auf die Form A 1 beim Entwurf seiner L, der ersten T L, zurückzugreifen (Abb. 3). Dr. Church schuf etwas in jeder Hinsicht Eigenartiges. Er scheint den Lokomotivbau seiner Zeit sehr genau studiert zu

---

[1]) Eng. 1876, I, S. 481; s. auch 1884, II, S. 191.
[2]) Dingler 1831, Bd. 39, S. 1 und Verhandlungen des Vereins zur Förderung des Gewerbefleißes in Preußen 1831, S. 223.

haben, denn der kuppelförmige Überbau des Stehkessels und die Anwendung zweier Dome waren zu jener Zeit noch ganz neue Erscheinungen. Jener stammt von Norris, diese von Tayleur in Warrington. Das Gewicht, wie auch die Abmessungen waren für jene Zeit außergewöhnlich groß. Die Zylinder liegen wagerecht, die Triebräder dem Schwerpunkt nahe, so daß von den 14 t des Gesamtgewichtes 9 t als Reibungsgewicht nutzbar gemacht wurden. Die Triebräder haben einen nie zuvor in dieser Größe ausgeführten Durchmesser von 1892 mm, weil der Erbauer es auf große Geschwindigkeiten abgesehen hatte. Das übliche Maß war damals 5′ = 1524 mm. Tayleur führte freilich schon 1710 mm aus. Diese hohen Räder führten wieder auf eine ungewöhnlich hohe Kessellage. Dr. Church scheint einen Ausgleich für wünschenswert gehalten zu haben. Darum sind die Wasserbehälter seitlich ziemlich tief angebracht. Zum ersten Male tritt uns hier jenes Vorurteil entgegen, das zu einer so schweren Hemmung für den Lokomotivbau werden und erst rund sechs Jahrzehnte später endgültig gebrochen werden sollte. Die L soll einmal 12 englische Meilen in 12 Minuten zurückgelegt haben. Das sind 96 km stündlich. Weiteres verlautet über ihr Schicksal nicht. Nachbeschaffungen unterblieben. Wir würden uns nicht wundern, wenn wir von Mißerfolgen, vielleicht gar Entgleisungen hören würden, denn mit dem vorn laufenden hohen Rad verstößt sie gegen eine Grundregel. Sie konnte sich nur bewähren, wenn sie im Zugdienst nur rückwärts laufend verwandt worden sein sollte.

Abb. 3. London-Birmingham Ry 1838. Church. 14,2; ~ 34 ~ 0,63 x; 286 610 1892; x x (Nach Clark, S. 14.)

Einen Fortschritt bedeutete mit ihren niedrigeren Triebrädern die A 1 T von Adams für die Eastern Counties Ry aus dem Jahre 1847[1]). Anlaß für Wahl der Achsanordnung A 1 war auch für Adams der Wunsch, das Reibungsgewicht der vorn laufenden Triebachse möglichst unabhängig vom Gewicht der hinten aufgebrachten Vorräte zu halten. Auch bei dieser L lagen die Zylinder wagerecht zwischen Lauf- und Triebachse. Im übrigen wich die Bauart aber sehr vom Üblichen ab, denn der Kessel stand lotrecht. Adams hat seine A 1 auch mit gewöhnlichem Kessel gebaut[2]). Da der Wasserbehälter aber vorn lag, so ist es schwer, eine Begründung für diese Bauart zu finden. I. J. 1847 waren die Ansprüche an die Leistungsfähigkeit schon weit gestiegen.

---

[1]) Z. Colburn, S. 75.   [2]) Clark, S. 184.

Adams L hatten für diese Zeit nur eine geringe Zugkraft. Sie waren also die ersten L für „Kleinzüge", deren Verkehrszweck heute durch Triebwagen erfüllt wird.

Noch viel deutlicher spricht die Absicht einer solchen Verwendung aus Elbel-Gölsdorfs A 1 T (Abb. 4). Der oben hervorgehobene Vorzug der Achsanordnung A 1, daß hinten aufgebrachte Vorräte das

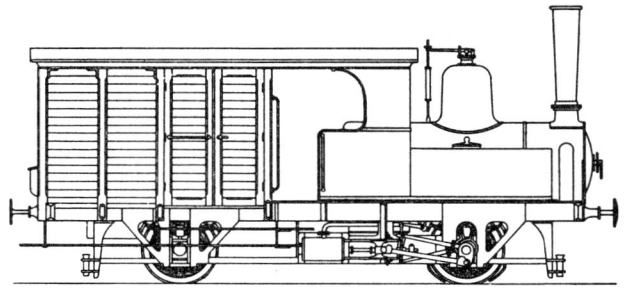

Abb. 4. Österreich. Nordwest B 1879, Elbel; Floridsdorf 20; 39 0,64 10; 225 400 1015; 1 l.
(Nach Organ 1880, S. 52.)

Reibungsgewicht der Triebachse ziemlich unverändert lassen, ist hier noch weiter ausgenutzt; man hat sie mit einem Gepäckraum ausgestattet, um so die Mitführung eines Gepäckwagens zu ersparen. Trotz nicht zu leugnender Vorzüge hat die Bauart A 1 T keine große Verbreitung gefunden: Altona-Kiel 1883: A 1 (1080) T.

1 A. I. J. 1829 war die Bauart A 1 mit der Rocket geschaffen worden — und schon ein Jahr später wurde sie zugunsten der Bauart 1 A verlassen. In diesem Jahre lieferte Stephenson die „Planet" und wenige Monate später die „Mercury" für die Liverpool-Manchester Ry. Die in Abb. 5 dargestellte L der gleichen B ist der Mercury fast genau gleichartig. Wahrscheinlich ist es die i. J. 1831 gelieferte „Jupiter". Sicher ist es eine von jenen, mit denen der Graf de Pambour seit 1833 seine berühmten Versuche anstellte. Die „Planet" unterschied sich insofern von Abb. 5, als der Außenrahmen tiefer lag, so daß das Triebachslager über statt unter ihm angeordnet war. Ferner lag die Laufachse etwa um den Radhalbmesser nach vorn verschoben, und ihre Federn unterhalb des Achslagers. Wir beobachten also von der Rocket über die Planet zur Mercury eine ständige Zunahme des Überhanges am Vorderende. Ebenso aber auch am Hinterende. Die glückliche Idee des unterstützten Stehkessels der Rocket mußte Stephenson ja bei

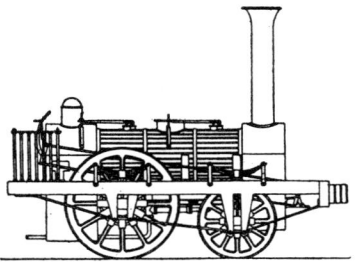

Abb. 5. Liverpool-Manchester Ry (1831) Stephenson. 8; 22 0,57 3,5; 279 406 1524.
(Nach de Pambour: Theoretisch Praktisches Handbuch über Dampfwagen, deutsch von Schnuse, Braunschweig 1841.)

seiner neuen Bauform fallen lassen, denn die Innenzylinder bedingten eine vor dem Stehkessel liegende Triebachse, die zudem so weit vorgeschoben werden mußte, daß die Innenkurbeln und Schubstangenköpfe Platz fanden. Von der Erkenntnis der Schädlichkeit überhängender Massen war man also noch weit entfernt. Der Schritt von der A 1 „Rocket-Northumbrian" zur 1 A „Planet" ist gleichwohl ein großer. Die Zylinder sind in die Rauchkammer verlegt. Das hohe Triebrad läuft nicht mehr vorn. Der Rahmenbau, von dem noch eingehender zu sprechen sein wird, ist nach ganz neuen Gesichtspunkten entworfen. Stephenson hat also von vorn angefangen. Die Erfahrungen mit der A 1 „Rocket-Northumbrian" müssen nicht gerade ermutigend gewesen sein. Klare Anschauungen über die Kraftübertragung und die Bedingungen ruhigen Ganges waren gleichwohl nur insoweit gewonnen, als

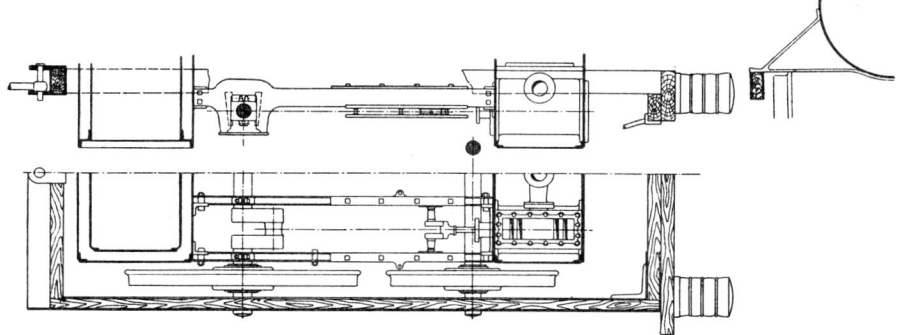

Abb. 6. Rahmenbau der 1 A nach Abb. 5.
($1/_{50}$) (Nach Armengaud: „L'industrie des chemins de fer", Paris 1839. T. 1 bis 6 bearbeitet.)

man die Schädlichkeit schräger Zylinderlage erkannt hatte. Sie liegen bei der „Planet" vollständig wagerecht in der Rauchkammer. Aus ihrer Anordnung an dieser Stelle und ihrer fehlerhaften Lage zum Rahmenbau ist aber zu schließen, daß mehr die geschützte Lage und die Vermeidung von Abkühlungsverlusten, überhaupt die verbesserte Dampfführung für jene Wahl maßgebend waren, als irgendwelche klaren Vorstellungen über die Wechselbeziehungen zwischen Zylinder, Triebachslager und Zugapparat. Wir besitzen zwar von der „Planet" keine Schnittzeichnungen, auch nicht hinreichend genaue zur Abb. 5, wohl aber von einer sehr ähnlichen L namens „Jackson", die i. J. 1834 von Fenton, Murray und Jackson für die Paris-St. Germain B geliefert wurde, und deren Rahmenbau den ersten Stephensonschen gleichartig gewesen ist. Dieser Rahmenbau ist sehr verwickelt (Abb. 6). Zunächst sind Außenrahmen vorhanden. Ferner gehen aber von der nach unten verlängerten und die Zylinder umschließenden Rauchkammer vier je aus zwei Blechen bestehende Rahmen zur Triebachse, die sie mit nachstellbaren Lagern umfassen, und weiter zum Stehkessel. Die L hat also im ganzen sechs Rahmen; zwei von den inneren liegen dicht innerhalb der Radebenen. Sie sind 200 mm von der Mittellinie des nächstgelegenen Zylinders entfernt, und symmetrisch zu ihnen verlaufen die beiden andern Innenrahmen. Die Gleitbahnen sind in diesen Rahmenpaaren gelagert. Die Kreuzköpfe laden also um 200 mm seitlich aus. Die vier Innenrahmen sind an die Vorderwand des Stehkessels angeschlossen. Würde nun der Zugapparat an dessen Rückseite befestigt sein, so würden wir zwar bemängeln müssen, daß jener durch die Zugkraft beansprucht wird, aber die Kraftübertragung erwiese sich als klar erkannt. Der Zugapparat hängt aber zwischen den Außenrahmen. Die Zugkraft (= Zylinderdeckeldruck — Lagerdruck) muß also durch die Konsolen hindurch, mit denen sich der Kessel auf den Außenrahmen stützt. Sie sind in der Abb. 5 an der Rauchkammer, der Mitte des Langkessels

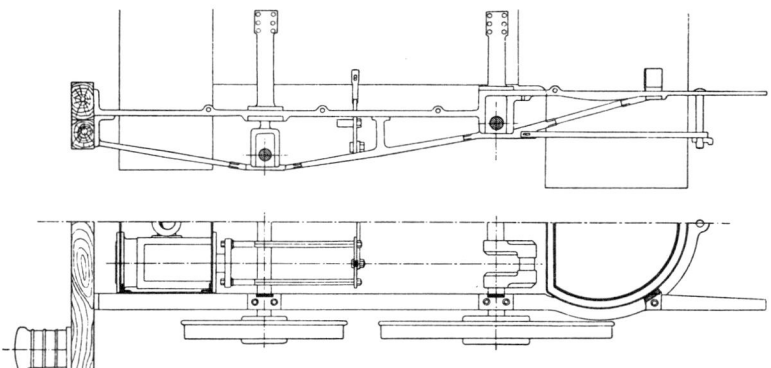

Abb. 7. Rahmenbau Buryscher L; vgl. Abb. 58.
($^1/_{50}$) (Nach Armengaud: „L'industrie des chemins de fer", Paris 1839, T. 29.)

und dem Stehkessel sowie im Querschnitt der Abb. 6 sichtbar und nichts weniger als zur Aufnahme dieser Momente bildenden Kräfte geeignet — ganz zu schweigen von den Störungen, die durch die Wärmeausdehnung des Kessels gegen den Rahmen eintreten. Der Entwurf verrät mit seiner sechsfachen Lagerung der Triebachse eine lebhafte Besorgnis, die sich durch zahlreiche Brüche der Kropfwelle als nur allzu begründet erwies. Aber diese Besorgnis hat den Urheber des Entwurfs gegen das Kräftespiel im Rahmen selbst blind gemacht.

Im gleichen Jahre 1830 nahm Bury den Lokomotivbau auf. Abb. 58, 59 zeigen das Eigenartige der Bauweise deutlich am Beispiel einer B, die seinen 1 A ganz gleichartig ist. Der Kessel weist zum erstenmal einen domförmigen Überbau auf, der in Amerika bald Nachahmung und weitere Durchbildung erfuhr (Abb. 45, 127, 252). Der Rahmen ist ein Barrenrahmen (Abb. 7). Stephenson hatte auch bei der Rocket einen Barrenrahmen ausgeführt, diese Bauweise aber sofort wieder fallen gelassen. Burys Rahmen ist weit einfacher als der Stephensonscher L. Nur ein innerhalb der Radebene liegender Barren ist vorhanden. Er umfaßt den im Grundriß halbkreisförmig gestalteten Stehkessel und nimmt hinter diesem die Zugvorrichtung auf. Der Stehkessel ist also vorteilhafterweise nicht ins Kräftespiel einbezogen. Die Zylinder stehen aber in keiner unmittelbaren Verbindung weder mit dem Triebachslager noch mit dem Rahmen, so daß wir es doch wieder mit einer sehr unvollkommenen Kraftübertragung zu tun haben. Der Barrenrahmen fand in Amerika Aufnahme, weitere Ausbildung und schließlich herrschende Stellung.

Eigene Wege wandelte auch Forrester in Liverpool, der i. J. 1834 seine erste L, die „Swiftsure" für die Liverpool-Manchester Ry lieferte[1]). Er muß es verstanden haben, sofort die Aufmerksamkeit weiter Kreise auf seine Neuerungen zu lenken, denn drei L gleicher Bauart gingen im gleichen Jahr nach Irland (Abb. 8) und eine nach Amerika auf die Boston-Providence Rd. Forrester verstand es auch, neu auftretende Bedürfnisse wahrzunehmen und ihnen zu genügen; er ist der Erfinder der T L für den Nahverkehr. Er lieferte nämlich seine A 1 als T L i. J. 1835 für die Dublin-Kingstown Ry und i. J. 1836 für die London-Greenwich Ry[2]). Seine L hat Außenrahmen und Außenzylinder. Die Zylinder sind am Rahmen befestigt, der Zugapparat wohl unzweifelhaft auch. Da im gleichen Rahmen die Triebachse gelagert ist, so begegnen wir hier zum erstenmal einer Anordnung, die hinsichtlich der Kraftübertragung richtig durchdacht ist. Leider fand dieses gute Beispiel in den nächsten 15 Jahren noch fast gar keine Nachahmung. Forrester mußte darauf bedacht sein, seinen Außenzylindern keinen größeren Überhang zu geben, als ihn die Innenzylinder bei den Stephensonschen und Buryschen L aufgewiesen hatten. Darum mußte, wie die Zylinder, auch der Rahmen außen liegen, denn am innenliegenden Rahmen befestigt, hätten jene ja weiter nach vorn verschoben werden müssen, um den Laufrädern aus dem Weg zu gehen. Der Stehkessel hängt freilich wie bei den älteren 1 A über, aber um einen geringeren Betrag, denn die Radwelle konnte, weil die Kurbelkröpfungen fortfallen, näher an den Stehkessel herangeschoben werden. Eigenartig ist die Gradführung, die Forrester aber schon bei den oben genannten Lieferungen der Jahre 1834/35 zugunsten der gewöhnlichen mit Kreuzköpfen verließ. Ein leitender Gesichtspunkt war die gute Zugänglichkeit der Zylinder und aller bewegter Teile. Alles in allem sehen wir einen wohldurchdachten Entwurf vor uns, der Schule machte, wenn auch nicht als 1 A, sondern in der Form 1 A 1 (Abb. 18). Die Gangart der

Abb. 8. Dublin-Kingstown Ry 1834. Forrester. x; 24 x; 279 457 1524. Spur: 1600.
(Nach Eng. 1883, I, S. 150 und 1898, I, S. 250.)

---

[1]) Fußnote S. 14; im besonderen 1883, I, S. 150 und 159.
[2]) Bennet: The first railway in London. London 1913.

1 A befriedigte nämlich nicht recht. Man glaubte zunächst, die Störungen auf die Außenlage der Zylinder zurückführen zu müssen, die ja freilich infolge der gleichzeitigen Außenlage der Rahmen einen großen Querabstand erhalten hatten. Ein neuer Gedanke tauchte auf. Man baute Gegengewichte in die Triebräder ein. Eine wesentliche Verbesserung der Gangart scheint gleichwohl nicht erzielt worden zu sein. Die ältesten Forresterschen L verdanken diesen unerfreulichen Eigenschaften den Beinamen „boxer". Man versuchte es nun mit einem Mittel, das uns noch häufig begegnen wird. Man baute nämlich schon i. J. 1836 hinter dem Stehkessel der „Swiftsure" eine weitere Laufachse ein. Sie wurde also zur 1 A 1 gemacht, als welche sie uns in eben genannter

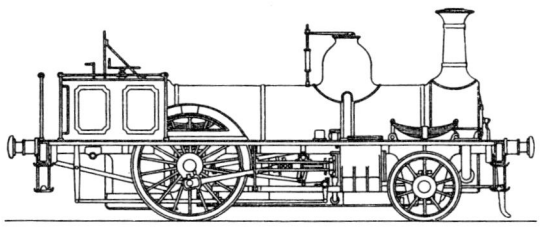

Abb. 9. x 1853 Stephenson.
13,2; x 0,65 x; 279 457 1524; ∼ 1,8 ∼ 0,6.
(Nach Clark, S. 220.)

Abb. 18 nochmals begegnen wird. Diese Umständlichkeiten, die Forresters L verursachten, dürften eine Hauptursache der Abneigung sein, die man in England seitdem den Außenzylindern entgegenbrachte.

1 A T. Weder Stephenson noch Forrester setzten den Bau der 1 A und überhaupt zweiachsiger L in irgendwie wesentlichem Umfange fort. Nur Bury hielt zäh an dieser Bauart fest. Bei der Entwicklungsgeschichte der 1 A 1 wird hierüber noch zu berichten sein. Die 1 A verschwand also zunächst. Aber man besann sich auf sie, als neue Verwendungszwecke auftauchten. Wieder war es die Einführung der ersten Kleinzüge im Anfang der fünfziger Jahre, also das Bedürfnis nach

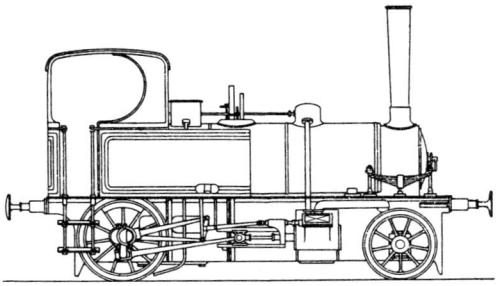

Abb. 10. Oldenburgische Staatsb. 1885 bis 1891, Hohenzollern.
16,3; 30 0,54 12; 220 440 1200; 2,3 0,85.
(Nach Organ, Ergänzungsband 10, 1893, S. 48.)

einer ganz leichten L, das die Erinnerung an die 1 A wachrief. Inzwischen hatten die Abmessungen so zugenommen, daß man unter dem Langkessel hintereinander Laufachse, Zylinder und Triebachse unterbringen konnte. Die Zylinder hängen also nicht mehr über (Abb. 9). Adams, den wir oben als Erbauer von A 1 T für Kleinzüge kennenlernten, baute i. J. 1850 auch die erste 1 A geschilderter Bauart für diesen Zweck[1]).

---

[1]) Clark, S. 185; Z. Colburn, S. 75; Eisenbahnzeitung 1849, S. 98.

Der Tender enthielt gleichzeitig einen Gepäckraum und ein Abteil für Personenbeförderung. Es ist also ein ähnlicher Gedanke, wie der in Abb. 4 verkörperte. Eine für die Eastern Union Ry bestimmte 1 A T nach Adams Entwurf stellte die Firma Kitson-Thomson & Hewitson i. J. 1851 in London aus[1]). Eine ähnliche zeigt Abb. 9. Ihre Heimatbahn ist unbekannt; es ist sogar nicht einmal sicher, ob sie nicht vielleicht nur Entwurf geblieben ist.

In den achtziger Jahren wurde das Bedürfnis nach L für Kleinzüge auch in Deutschland wach. Die kleinen Kessel, die man für diesen Zweck benutzte, gestatteten es, den Radstand verhältnismäßig sehr lang zu wählen und daher die Triebachse hinter den Stehkessel zu legen. So verschwand auch dessen Überhang (Abb. 10). Die erste deutsche Verbund-L von Schichau nach dem Entwurf von Borries i. J. 1880 für die preußische Eisenbahndirektion in Hannover ausgeführt, ist eine solche[2]). Sie ist mit Gepäckraum versehen, von dessen mehr oder minder starker Belastung das Reibungsgewicht freilich im Gegensatz zu der Abb. 4 stark beeinflußt wird. Es wurden zum Vergleich zwei Zwillings- und zwei Verbund-L beschafft. Bei der Lieferung vom Jahre 1883 verzichtete man auf den Gepäckraum.

Abb. 11. Liverpool-Manchester Ry 1834, Stephenson. 12,2; 41 0,85 3,5; 305 457 1524. (Nach Tredgold, sixth paper.)

Ähnlich, aber ohne Verbundwirkung: Badische Staatsb 1882 1 A (1240) T ohne Gepäckraum; Oldenburgische Staatsb 1885 bis 1891: Sechs L nach Abb. 10. Sie sollten im Flachland vier Wagen mit 60 km Geschwindigkeit befördern; Schwedische Staatsb 1882 und 1888: je eine 1 A (1106) T.

1 A 1. Die Klagen über den unruhigen Gang der 1 A Mercury auf der Liverpool-Manchester Ry ließen schon i. J. 1833 den Entschluß zum Umbau reifen. Dieser Umbau wurde auf Grund folgender Überlegungen ausgeführt: Der Schwerpunkt lag bei der 1 A dicht vor der Triebachse. Das hat zur Folge, daß bei nickenden Bewegungen infolge schneller Fahrt die führende Laufachse eine gefährliche Entlastung erfährt. Diese nickenden Bewegungen konnten durch eine hinter dem Stehkessel einzubauende Achse abgefangen werden. Man entschloß sich also, die Mercury durch Hinzufügung einer solchen Laufachse zu verbessern. Der Umbau bewährte sich. Eine neue, außerordentlich lebensfähige Dauerform, die 1 A 1, war geschaffen. Schon i. J. 1834 erschien sie auch als Neubau. Es ist Stephensons „Patentee" der Liverpool-

---

[1]) Loc. Mag. 1905, S. 6 und 189.
[2]) Glasers Annalen 1882, I, S. 51 und 1884, I, S. 180.

Manchester Ry. Abb. 11 zeigt noch fast genau die gleiche Anordnung. Nur war bei der Patentee die Lage des Dampfdomes und des Mannloches über dem Stehkessel gegeneinander vertauscht[1]). Eine solche 1 A 1 war eigentlich nichts anderes als eine 1 A mit einer hinten untergeschobenen Laufachse, die aber im Ruhezustand fast unbelastet war und nur die nickenden Bewegungen während der Fahrt abzufangen hatte. Bei der ersten i. J. 1835 nach Belgien gelieferten 1 A 1 lasteten z. B. von 9 t Gesamtgewicht 5,4 t auf der Treibachse. Erst bei Weiterentwicklung der Bauart zog man die hintere Laufachse allmählich als Tragachse für das immer größer werdende Kesselgewicht heran. — Mit dem Bau dreiachsiger L mußten die Untersuchungen über den Krümmungslauf von neuem angeschnitten werden. Bei zweiachsigen L hatte man sie mit der Einführung kegelförmiger Spurkränze abgeschlossen, oder abschließen zu können geglaubt. Daß ein kegelförmiger Reifen für das Mittelrad eines dreiachsigen Fahrzeuges eigentlich sinnwidrig ist, wurde schon auf S. 16 ausgeführt. Einwandfrei ist aber das bei der Patentee angewandte und Stephenson i. J. 1833 patentierte Verfahren, den Spurkranz an der Mittelachse fortzulassen. Man benutzte es aber in England später durchaus nicht immer, in Amerika dagegen in größtem Umfange, in Deutschland erst in neuerer Zeit. Stephenson sah den Hauptvorzug dieser Anordnung in dem Fortfall des Spurkranzdruckes an der Triebachse, deren Kropfwelle somit weniger der Bruchgefahr ausgesetzt ist. Die Führung muß nun die neu hinzukommende Laufachse übernehmen. Er hob in seinem Patentanspruch die Möglichkeit hervor, sie zum Tragen eines vergrößerten Kessels heranzuziehen.

Mit der Patentee war eine vorzügliche S L geschaffen. Wie wenig geklärt aber damals noch die Anschauungen waren, kann man daraus entnehmen, daß sie in einer ausführlichen Veröffentlichung jener Zeit als „vorzüglich geeignet zur Erdbewegung bei Bahnbauten" bezeichnet wurde[2]). Der Rahmenbau der Patentee ist insofern gegenüber der 1 A verbessert, als der Zugapparat an der Rückseite des Stehkessels befestigt ist. Da die Kraftübertragung durch die Innenrahmen an dessen Vorderseite angriff, so war das ganz folgerichtig, aber im ganzen ist die Anordnung noch immer sehr fehlerhaft, denn die Zugkraft = (Zylinderdeckeldruck — Lagerdruck) wandert nun durch den Stehkessel, ihn ganz unzulässig beanspruchend. Die Bauform der Patentee und ihres altertümlichen Rahmens ist im Bau- und Verkehrsmuseum zu Berlin und im Verkehrsmuseum zu Nürnberg genauer Betrachtung zugänglich, denn die dort aufgestellten Modelle der ersten L „Adler" der Nürnberg-Fürther B zeigen fast genau das Bild der Patentee. Die Verdrängung der 1 A durch die neue Form wurde im folgenden Jahrzehnt durch einige schwere Unglücksfälle beschleunigt. Am 2. Oktober 1841 entgleiste auf der Strecke London—Brighton eine 1 A, die als Vorspann einen Zug

---

[1]) Die ältere Form in Gestalt der ersten für die Linie Brüssel—Antwerpen gelieferten 1 A 1 nebst Beschreibung s. Verhandlungen des Vereins zur Beförderung des Gewerbefleißes in Preußen S. 183, 1835.
[2]) Tredgold: Sixth Paper.

zusammen mit einer 1 A 1 beförderte. Das Unglück hatte große Zerstörungen im Gefolge und ward bei dieser Bahn Anlaß zum Umbau aller 1 A in die Bauform 1 A 1 durch Zufügung einer hinteren Laufachse. Eine besonders traurige Berühmtheit erlangte das Eisenbahnunglück zu Versailles vom 8. Mai 1842, das zu einem Verbot der 1 A für P-Züge in Frankreich führte. Die betreffende 1 A fuhr ebenfalls als Vorspann. Bei der für die damalige Zeit sehr hohen Geschwindigkeit von 65 km brach die Vorderachse dicht neben der Nabe des rechten und neben der des linken Rades, so daß der Wellenschaft zwischen die Schienen fiel, wo er später gefunden wurde. Die L lief noch etwa 45 m auf den Schienen weiter, um sodann auf einem Überweg zu entgleisen. Die Streichschienen, die auf diesem zur Freihaltung der Spurrinne dienten, scheinen den letzten Anstoß hierzu gegeben zu haben. Die Wagen bildeten einen Trümmerhaufen, der sich an dem verstreuten glühenden Koks entzündete. Es gab zahlreiche Tote, und viele waren bis zur Unkenntlichkeit verbrannt[1]).

Dieses erste schwere Eisenbahnunglück fand seinen Widerhall bei Berufenen und Unberufenen. Die Fachpresse jener Tage ist mit den Erörterungen über die Ursachen des Unglücks und mit Verbesserungsvorschlägen angefüllt[2]). Sehr bald verdichtete sich das Durcheinander der Vorschläge und Vorwürfe zu zwei Leitsätzen: 1. Es ist gefährlich, zwei Lokomotiven an der Spitze eines Zuges zu verwenden, denn die erste wird, wenn ihr Führer infolge eines Schadens oder auf ein Haltesignal hin den Dampf abstellt, geschoben und sucht sich nun quer zu stellen, also zu entgleisen. 2. Zweiachsige Lokomotiven sind zu verwerfen, denn der Bruch einer Achse muß sie zum Entgleisen bringen, während eine dreiachsige die Führung durch zwei Achsen behält, so daß sie zur Not weiterlaufen kann. Der erste Leitsatz hat keine deutlichen Spuren in Bestimmungen und Verordnungen hinterlassen. Der zweite aber brachte die Anhänger der zweiachsigen L auf die Beine. Perdonnet betonte, daß die dreiachsige L Stephensonscher Bauart auch bei einem Bruche der Vorderachse nach vorn überfalle, weil ihr Schwerpunkt ja vor der Mittelachse liege. Ihre Entgleisung müsse die weitere unausbleibliche Folge sein, da an der Mittelachse ja der Spurkranz fehle; ein bedenklicher Mangel sei ferner ihre statische Unbestimmtheit, die zu gefährlichen Entlastungen einzelner Achsen führen könne; die entsprechende Mehrbelastung einer anderen Achse steigere die Häufigkeit der Achsbrüche. Eine besondere Wendung verstanden Bury und sein Anhänger Mamby dem Kampf gegen die dreiachsige L zu geben. Sie kämpften nämlich nicht nur gegen diese, sondern auch gegen die zweiachsigen L Stephensonscher Bauart (Abb. 5, 9, 57) zugunsten der Buryschen Bauart (Abb. 58, 59). Mamby nimmt für diese nicht mit Unrecht folgende Vorzüge in Anspruch: Die Triebachse ist nur in zwei innen liegenden Lagern gelagert, der Kraftverlauf also

---
[1]) Dingler 1842, Bd. 84, S. 462.
[2]) Comptes Rendus, Mai 1842 mehrere Aufsätze und Zuschriften von den oben erwähnten Fachmännern und anderen. Deutsch Dingler 1842, Bd. 85, S. 90ff. und auch S. 156.

statisch bestimmt; die Zugkraft wird ohne Beanspruchung des Kessels vom Lager an die im Rahmen liegende Zugvorrichtung weitergeleitet; weil die Lager innen liegen, heben sich die Biegungsmomente, die vom Federdruck, und die, die vom Spurkranzdruck herrühren, zum Teil in ihrer Wirkung auf die Welle auf. Diese Gründe lassen sich hören. Er unterstützte sie mit der Berufung auf die Erfahrung, daß die Achsen der Bury L seltener brechen, und daß sie mit gebrochener Achse noch kilometerweit laufen können. Mamby nahm die Gelegenheit wahr, auch andere Vorzüge der Bury-Bauart ins Licht zu rücken, die nichts mit dem Entgleisungsvorfall zu tun hatten. Das Feuer, so führte er aus, brennt auf den halbkreisförmigen Rosten besser (Abb. 7) als auf den rechteckigen Stephensons, in deren Ecken es tot liegt. Soweit Mamby. Alle Welt aber war sich darüber einig, daß eine vierachsige L leichter und mit kleinerem Anschneidwinkel durch Krümmungen gehe. Bury selbst scheint weniger ein Mann der Erörterungen als waghalsiger Versuche gewesen zu sein. Hierüber berichtet ein Herr Prevost aus Birmingham ein seltsames Stück: Bury ließ die Vorderachsen einer seiner Lokomotiven nahe dem Rad zum Teil durchsägen. Man hängte ihr einige Wagen an und fuhr ab, natürlich mit dem Erfolge, daß die Achse brach. Die Fahrt wurde nun über 32 km ausgedehnt, ohne daß sich etwas ereignete. Dann wurde sie mit einer Geschwindigkeit von rund 30 km fortgesetzt. Erst nach einer Strecke von 75 km entgleise die L, aber ohne ernsten Unfall.

In manchen Köpfen zeitigte die Erregung über das schreckliche Unglück seltsame Blüten. Wenn de Pambour empfiehlt, man solle dreiachsige L so mit dem Tender verbinden, daß sie bei einem Bruch der Vorderachse nicht vorn überfallen könne, so läßt sich das hören. Kopfschüttelnd aber vernehmen wir seinen Vorschlag, der Führer solle die L durch einen Handgriff, wenn ihr ein Unfall zustoße, vom Zuge trennen können. Dieser solle aber gleichzeitig durch Ausbreiten großer dem Luftwiderstand ausgesetzter Blechwände gebremst und so das gefährliche Schieben der L durch den Zug verhütet werden. — Über die französischen Bahnen aber ging ein Hagel von Verordnungen hernieder, von denen manche zweifelhafter Natur, manche aber sehr berechtigt waren. Die Anwendung zweiachsiger L für P-Züge wurde verboten; zwischen L und einen Zug von fünf Wagen mußte ein Wagen ohne Fahrgäste gestellt werden. Deren zwei mußten es sein, wenn der Zug mehr als fünf Wagen führte. So erhielten die Eisenbahnen das gelegentlich auch lästig empfundene Geschenk des „Schutzwagens"[1]). Bei der Talfahrt Versailles—Paris durfte künftig eine Geschwindigkeit von 39 km nicht überschritten werden. —

Um nun aber zunächst von der Patentee und ihren unmittelbaren Nachfolgerinnen auszugehen, so kann es bei ihrer Bewährung nicht wundernehmen, daß man an der Bauart festhielt — in manchen Punkten sogar zu ängstlich. Abb. 12 zeigt noch fast alle Merkmale der „Patentee". Auch der mehrfache Rahmen ist beibehalten (Abb. 13). Der innere

---

[1]) Jahn: Der Schutzwagen. Organ 1920, S. 19.

Abb. 12.
23,4; 91 1,3 x; 406 533 1727.
Shrewsbury and Birmingham Ry
1849 Fairbairn.
(Nach Clark, S. 197.)

Rahmen, der der Kraftübertragung dienen soll, ist aber nicht mehr doppelt ausgeführt, wie bei Abb. 6 beschrieben, sondern er besteht aus einer einfachen Blechwand, die nicht von der Rauchkammer, sondern wie der Außenrahmen von der vorderen Puffer-bohle ausgeht. Das ist eine Verbesserung. Eine wesentliche Verbesserung ist es auch, daß die Zylinder sorgfältig mit diesem Rahmen verschraubt sind. Daß dieser Rahmen nun aber bis zum Zugapparat durchgeführt werden mußte, hat man sich noch immer nicht klargemacht. Er ist an den Stehkessel angeschlossen, wie bei der ältesten 1 A. Bei der „Patentee" hatte man nun wenigstens folgerichtigerweise den Zugapparat an die Rückseite des Stehkessels gelegt. Hier ist er aber wieder, wie bei den alten 1 A, mit dem Außenrahmen verbunden, so daß die dort geschilderten bösen Nebenbeanspruchungen bei der Übertragung der Zugkraft an den Zugapparat entstehen. Gemildert wird dieser Übelstand durch die sehr sorgfältige, im Grundriß der Abb. 13 vor der Laufachse sichtbare Verbindung zwischen Innen- und Außenrahmen.

Auch in Abb. 14 ist das Vorbild der „Patentee" noch vollkommen erkennbar, und

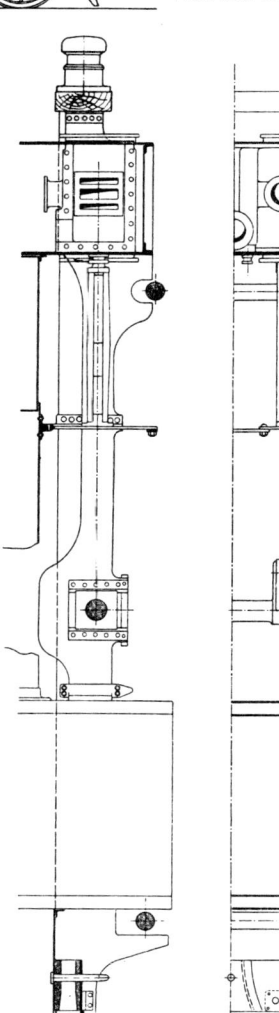

Abb. 13. ($^1/_{40}$) Rahmenbau der 1 A 1 nach Abb. 12.

doch waren rund 30 Jahre seit deren Erscheinen verflossen. Das Vorbild verrät sich auch im Fehlen der Spurkränze an der Mittelachse. An Stelle des Spurkranzes findet sich ein schwacher Gegenkegel (Abb. 15). Die Rahmenanordnung ist wieder äußerst verwickelt. Es ist ein durchgehender Außenrahmen vorhanden. Ein Innenrahmen läuft beiderseits von der Pufferbohle bis zum Gleitbahnträger. An ihm sind die Zylinder befestigt. Vom Gleitbahnträger bis zum Stehkessel läuft ein Mittelrahmen. Die Triebachse ist in ihm gelagert. Der Zugapparat aber liegt an der hinteren Pufferbohle, steht also nur mit dem Außenrahmen im Zusammenhang. Der Querschnitt zeigt, daß die Schieberkästen nicht zwischen den Zylindern, sondern nach außen gerichtet liegen. Diese Verbesserung ist aber durch die hängende Zylinderbefestigung, die den Dampfkräften Gelegenheit zur Bildung von Momenten gibt, zu teuer erkauft. Die L ist von Cockerill wahrscheinlich anfangs der sechziger, frühestens Ende der fünfziger Jahre gebaut. Die Heimatbahn hat sich nicht ermitteln lassen. Es ist die letzte Ausführung eines nicht einwandfreien Rahmenbaues.

Abb. 14.
x x Cockerill. x; x 1,1 x; 375 550 1810.
(Nach Atlas du portefeuille de John Cockerill, Paris u. Lüttich 1866, T. 175 bis 177.)

Der Stephensonschen Bauform steht die von Sharp nahe, die aber erst i. J. 1837 geschaffen wurde (Abb. 16). Auch der Rahmenbau ist fast der gleiche. Während aber die Triebachse bei der „Patentee" im Außenrahmen und den beiden Innenrahmenpaaren, im ganzen also sechsmal gelagert ist, lagerte Sharp die Triebachse nur im Außenrahmen und den beiden der Mittelebene der L zunächst liegenden Innenrahmenblechen, also viermal. Die beiden Rahmenbleche hingegen, die dicht innerhalb der Radebene liegen, haben nur einen Ausschnitt für die Radwelle, aber kein Lager. Der Zugapparat ist wie bei der Patentee am Stehkessel befestigt, die Übertragung der Zugkraft also noch unübersichtlicher als dort. Sharp hat als erster und schon bei seinen ersten L Gegengewichte angebracht. Hinsichtlich der Ausbildung der Einzelteile und der äußeren Ausstattung weisen seine L eine ausgesprochene Eigenart auf. Diese Eigenart — auch in Äußerlichkeiten — wurde von Sharp auf viele Jahre hin beibehalten, so daß man seine L z. B. an dem Dom mit seiner Verkleidung und der Federwage sofort erkennen kann. Gelegentlich des Zusammenbaues der in Abb. 16 dargestellten L in Heidelberg im Mai 1840 wurde sie in allen Teilen durch den Artilleriewachtmeister Kiefer, der Zeichenlehrer an der Karlsruher Kriegsschule war, genau auf-

Abb. 15. ($^1/_{40}$) Rahmenbau der 1 A 1 nach Abb. 14.

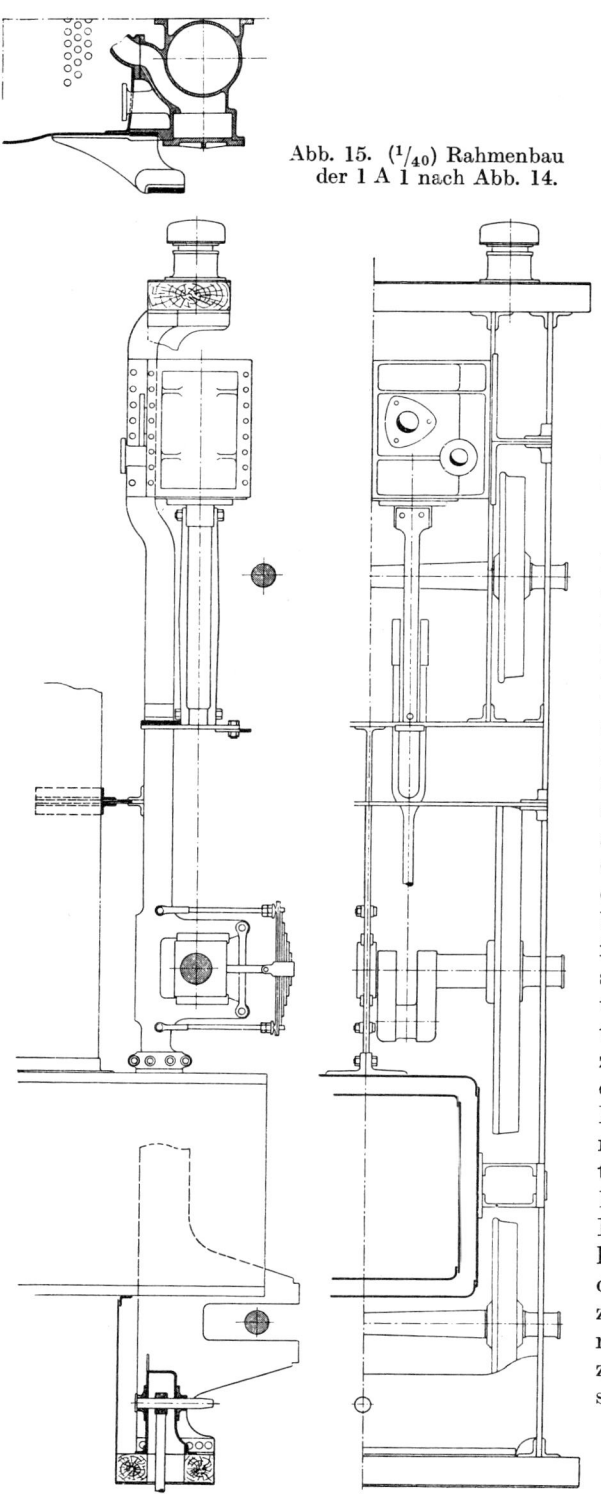

genommen. Die Zeichnungen wurden vom Baurat Keller veröffentlicht. Sie erstrecken sich auf die kleinsten Einzelteile und würden einen Neubau sofort möglich machen.

Bei Besprechung der 1 A hatten wir gesehen, daß neben Stephenson auch Bury sofort als Lokomotivbauer auf den Plan trat, als in der Form 1 A eine lebensfähige Bauart gewonnen war. Bury machte den Schritt zur 1 A 1 aber durchaus nicht mit. Er war ein äußerst konservativer Mann, der zäh an dem einmal als brauchbar Erkannten festhielt. Im besonderen war er, wie schon berichtet wurde, ein zäher Verfechter der zweiachsigen Bauart. Als locomotive superintendent der i. J. 1837/38 eröffneten London-Birmingham Ry wußte er deren Direktoren zur Einführung seiner vierrädrigen L zu bewegen. Bury sah ihren Vorzug in ihrer Einfachheit, dem geringen Raumbedarf und der Fähigkeit, sich dem Geleise in Krümmungen gut anzuschmiegen. Er hielt an seiner Vorliebe für die zweiachsigen L noch fest, als ihre Zeit im Grunde schon abgelaufen war. Selbst die schon erwähnten Unglücksfälle mit vierrädrigen L haben ihn augenscheinlich nicht an seiner Ansicht irre gemacht. Als i. J. 1846 die London-Birmingham Ry in der London & North Western Co aufging, ordneten die Direktoren dieser Gesellschaft an, daß die S-Züge zwischen London, Rugby und Birmingham von nun an durch sofort zu beschaffende sechs- und achträdrige L befördert werden sollten. Bury widersetzte sich dem Auftrag und mußte seine Stellung verlassen[1]). Aber auch die Firma Bury, Kurtis und Kennedy, als deren Begründer Bury i. J. 1830 seine erste L herausgebracht hatte, konnte sich dem Zug der Zeit nicht widersetzen, und so erlebte man das Erscheinen dreiachsiger L, die im übrigen durchaus alle Merkmale Buryscher Bauweise zeigten, vor allen Dingen den Barrenrahmen (Abb. 17). Es war freilich eine der letzten, die die Firma überhaupt geliefert hat.

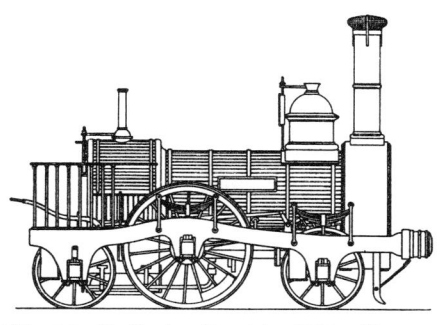

Abb. 16. Badische Staatsb. 1839. Sharp. 16,5; 38 0,9 x; 305 457 1676. Spur: 1600. (Nach F. Keller: Konstruktionen des Eisenbahnbaues, Karlsruhe 1842, T. 11 bis 23.)

Zur Abb. 8 war schon der Umbau der 1 A „Boxer" Forresters in 1 A 1 gemeldet worden. Die Abb. 18 stellt diese L oder vielleicht auch einen Neubau dar, der nach den beim Umbau gewonnenen Erfahrungen i. J. 1836 ausgeführt ist. Die in englischen Quellen verbreitete Darstellung, es sei ein Neubau aus dem Jahre 1834 und ihr Name „Swiftsure" kann aus manchen Gründen nicht gut zutreffen; ebensowenig, daß sich der Spitzname „boxer" auf sie bezogen habe. Wie schon bei Forresters 1 A hervorgehoben, ist auch bei seiner 1 A 1 die Kraftübertragung besser durchdacht, als bei irgendeiner anderen

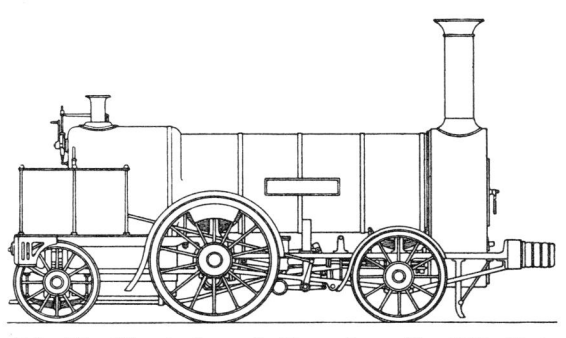

Abb. 17. Birmingham & Shrewsbury Ry. 1850 Bury, Kurtis u. Kennedy. x; 98 1,4 x; 381 508 1702. (Nach Tredgold, eight paper.)

---

[1]) Stretton: S. 69.

L jener Zeit[1]). Im übrigen hat Forrester den Grundsatz guter Zugänglichkeit aller bewegten Teile bei ihr noch weiter durchgeführt, als bei seinen 1 A. Durch eine Hebelwelle ist es nämlich ermöglicht, daß die von Innenexzentern angetriebenen Schieber außen über den Zylindern liegen. Diese Anordnung hat bekanntlich in Amerika so lange Nachahmung gefunden, bis sie in neuester Zeit durch Einführung der Heusingersteuerung überflüssig wurde. Wir beobachten eine lange Nachwirkung Forresterscher Gedanken im europäischen Lokomotivbau.

Abb. 18. Liverpool-Manchester Ry 1836 Forrester. x; 29 (0,8) 3,5; 279 457 1524. (Nach Z. Colburn, S. 41.)

Fünf seiner L wurden von 1838 bis 1843 für die Braunschweigische Eisenb geliefert, und als i. J. 1843 eine Kommission die Grundzüge für die Lieferung von Außenzylinder-L für die Bayrische Staatsb aufstellte, da haben sicher bei dem von Kessler in Karlsruhe nach Anweisung der Kommission aufgestellten Entwurf jene Braunschweigischen L als Anhalt gedient, denn sie waren damals die einzigen mit Außenzylindern in Deutschland — ausgenommen die Bauart Norris, die aber als ganz anders geartet (Abb. 45) hier nicht in Betracht kommt. Die Lieferung erfolgte i. J. 1844 an die Bayrische Staatsb und wurde grundlegend für den Aufbau des Lokomotivbestandes dieser Verwaltung. Zwar versuchte man es zwischendurch mit den Bauarten 1 A 1 (St —) nach Abb. 41 und 1 A 1 (St +) nach Stephenson, aber erstere hatten zu kurze Radstände und letztere zu kurze Kessel, und so kehrte man denn

Abb. 19. Bayrische Staatsb. 1853 Maffei. (23); 78 1,1 7; 381 559 1829. (Nach Heusinger v. Waldegg. Abbildung und Beschreibung der Lokomotivmaschine, S. 157, Wiesbaden 1858.)

i. J. 1852 wieder zur Forrester L zurück. Eine bemerkenswerte Neuerung, die wir vor dieser Zeit nur bei den L der Abb. 22 finden, war die Lage der hinteren Laufachse unter statt hinter dem Stehkessel. Man war dadurch freier in der Wahl des Radstandes im Verhältnis zur

---

[1]) Über den Rahmenbau Förresterscher L gibt eine Zeichnung der 1 A 1 „Jupiter" der Dublin & Kingstown Ry Aufschluß, die im Eng. 1898, I, S. 609 veröffentlicht ist.

Kessellänge geworden. Die späteren Ausführungen aus dem Jahre 1853/54 (Abb. 19) zeigten außerdem Exzenterkurbeln, d. h. die Exzenterscheiben und der Kurbelhals waren aus einem Stück gefertigt. Nun war der Forrestersche Gedanke, die wesentlichen bewegten Teile

Abb. 20. Kaiser-Ferdinand-Nordb 1871 Stroußberg.
33; 107 1,8 8,65 (1876 auf 10 erhöht); 382 632 1980.
(Nach Photographie und Maßskizze.)

nach außen zu verlegen, ganz bis zu Ende verfolgt, indem jetzt nicht nur Triebwerk und Schieber, sondern auch die Exzenter außen lagen. Die Bauart ist als Ausstellungs-L von Maffei aus dem Jahre 1854 bekannt geworden. I. J. 1859 wurden zwölf ähnliche für die Bayrische Ostb geliefert. Von allen diesen L Forresterscher Bauweise schreibt sich die Vorliebe, die man seitdem jahrzehntelang in Bayern für Außenrahmen und Hallsche Kurbeln beobachten konnte, her.

Die Forrester L nahm ihren Weg weiter nach Österreich. Zwischen Bayern und Österreich waren die Beziehungen damals noch eng. Hall, der Direktor der Maffeischen Lokomotivfabrik, die schon seit 1848 viel für Österreich gearbeitet hatte, ging i. J. 1858 dauernd nach Österreich. Hier dürfte also die Ursache dafür zu suchen sein, daß die Österreichische Kaiser-Ferdinand-Nordb i. J. 1862 bei Sigl fünf 1 A 1 mit Außenzylindern und Außenrahmen in Auftrag gab. Eine Weiterentwicklung dieser Form zeigt Abb. 20. Sie hat übrigens statt der Hallschen Kurbeln, die bekanntlich mit dem Nabenhals im Achslager laufen, gewöhnliche Aufsteckkurbeln, und ist bis 1873 nachgebaut worden. Somit ist also eine Nachwirkung der Forresterschen Gedanken bis zu diesem Jahre nachgewiesen.

Wenig Schule hat Forrester in England selbst gemacht. Schuld waren daran wohl die geschilderten Erfahrungen mit seinen „Boxers". Seitdem haben die Engländer im großen und ganzen eine tief eingewurzelte Abneigung gegen Außenzylinder, die freilich nicht ganz ohne Ausnahme geblieben ist. Als solche muß das Interesse gelten, das Stirling der neuen Bauform entgegenbrachte und das abermals zur Schaffung einer neuen Form führte (Abb. 21). Stirling lernte die 1 A 1 Forresters bei einem Besuch der Liverpool-Manchester Ry kennen. Er beschloß, es auch mit Außenzylindern zu versuchen. Wie Forrester, stellte er leichte Zugänglichkeit aller Teile in den Vordergrund. Wir finden daher auch den außenliegenden Schieberkasten wieder. Der Rahmen aber liegt innen. Stirling ist sicher zu dieser Abweichung von Forresters Anordnung gekommen, weil er deren unruhigen Gang durch Verringerung des Zylinderquerabstandes mildern wollte. Auch stellte der Ersatz der Kurbel durch einen Einsteckzapfen eine Vereinfachung dar. Die Zusammenstellung Innenrahmen und Außenzylinder ergibt aber starken Überhang der letzteren, wenn man sie wagerecht legt, weil sie den Vorderrädern aus dem Wege gehen müssen. Die Schädlichkeit des Überhanges muß Stirling also klar erkannt haben, denn er legt seine Zylinder schräg.

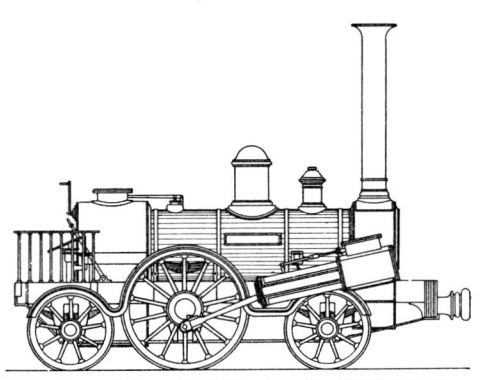

Abb. 21. Arbroath & Forfar Ry 1838 Stirling. x; 44 0,9 x; 305 457 1524. Spur: 1676. (Nach Whishaw. T. 4.)

Die Ersparnis an Baulänge wird hierbei für ihn mitbestimmend gewesen sein. Dieser Einfall hat eine lange Nachwirkung gehabt (Abb. 22, 23, 42, 84, 107, 120, 156). Aber Stirling wählte die Neigung gar zu stark, und so kam er aus dem Regen in die Traufe, denn die starke Zylinderneigung gibt Anlaß zu neuen Störungen. Wie bei Forresters L, so ist auch bei Stirlings die Kraftübertragung weit besser durchdacht, als bei Stephenson, Bury und Sharp. Daß Stirling die Kraftübertragung mit größter Sorgfalt berücksichtigte, ersieht man auch aus der Durchbildung der Gleitbahn, die in einem merkwürdigen Gegensatz zu Forresters Gradführrnng bei seiner 1 A steht (Abb. 8). Nach unserer Anschauung ist sie freilich zu schwer. Es wurden drei solcher L i. J. 1838 für die Arbroath-Forfar Ry geliefert. Von weiteren Ausführungen der genauen Stirlingschen Form hören wir nichts. Wohl aber lebt sie in etwas geänderter Ausführung weiter. Die Arbroath-Forfar Ry ging nämlich später an die Caledonian Ry über, und mit ihr die Stirlingschen L, die sich so gut bewährt hatten, daß Allan, der Erfinder der bekannten Kulissensteuerung, hierdurch zur Verwirklichung eigener ähnlicher Pläne ermutigt wurde. Allan, der einst Direktor bei Forrester gewesen war, also mit dessen Gedankengängen vertraut war, war bei der Grand Junction Ry angestellt. Nun ereigneten sich zu dieser Zeit Triebachsbrüche an drei Stephensonschen 1 A 1, deren Anlaß Allan in der Kröpfung der Wellen erkannte. Er beseitigte diesen gefürchteten Mangel der Innenzylinder-L durch einen Umbau, indem er gerade Wellen, Außenzylinder und Steckzapfen bei den Triebrädern verwandte. Nun konnte natürlich die Triebradwelle nur noch innen gelagert sein. Im Außenrahmen, den ja alle Stephensonschen L jener Zeit besaßen, blieben nur die Laufräder gelagert. Die Umbauten stammen aus den Jahren 1840/41/42[1]). Allan führte die neue Form sofort auch als Neubau aus. Die Neubauform erschien fast gleichzeitig auf der London & South Western Ry[2]) und auf der Caledonian Ry (Abb. 22)[3]). In ihr begegnet uns eine vollkommen richtige und sorgfältig durchdachte Bauart des Rahmens. Innen- und Außenrahmen gehen in ganzer Länge durch. Der Zylinder ist sorgfältig mit zwei Flanschen an beiden befestigt, wie dies in der Nebenskizze zu der Allanschen 1 B in Abb. 84 dargestellt ist, und seine Schräglage ist, wie bei dieser, auf ein unschädliches Maß vermindert.

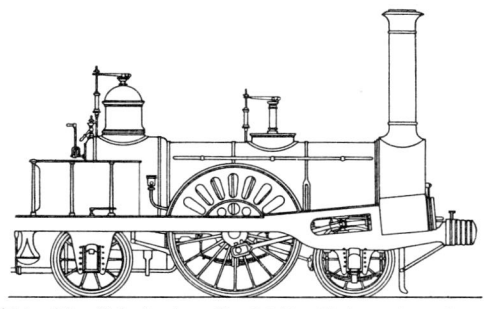

Abb. 22. Caledonian Ry 1842. Vulcan foundry.
x; 64 1,0 4,2; 381 609 1829.
(Nach Tredgold; seventh paper.)

Die Triebachse ist nur im Innenrahmen gelagert, an diesem auch der Zugkasten befestigt. Der Außenrahmen, der also in erster Linie einer unverrückbar festen Lagerung der Zylinder dient, ist außerdem der Lagerung der beiden Laufachsen nutzbar gemacht. Gegenüber der Lagerung am Innenrahmen hat dies räumliche Vorteile besonders für die in Stehkesselnähe liegende hintere Laufachse und schafft bessere Zugänglichkeit, vielleicht für letztere auch eine verringerte Gefahr des Heißlaufens. Bei der L der Caledonian Ry hat man diese Vorteile dazu ausgenutzt, die zweite Laufachse unter das hintere Ende des Stehkessels statt hinter diesen zu legen.

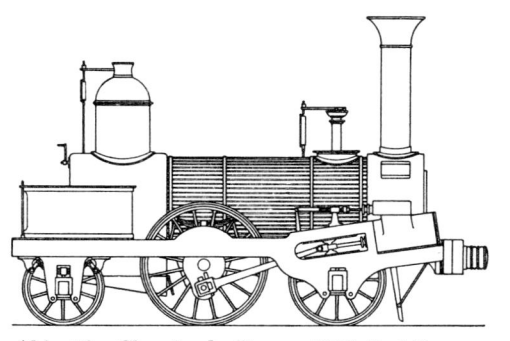

Abb. 23. Chemin de Rouen 1845 Buddicom.
17; 65 1,1 5,63; 356 535 1675.
(Nach Flachat, T. 57.)

Der Vorteil dieser Anordnung ist schon bei Abb. 19 besprochen. Nach ganz gleichen Grundsätzen sind Allans eben genannte 1 B (Abb. 84) durchgebildet. Nur entfällt natürlich die hintere im Außenrahmen gelagerte Laufachse. Der Fortschritt im Rahmenbau war ein bedeutender. Um so eigentümlicher berührt es, daß dieser Fortschritt nicht Gemeingut wurde. Wir werden das beispielsweise

---

[1]) Stretton, S. 88.   [2]) Loc. Mag. 1903, S. 181.
[3]) Fußnote S. 14; im besonderen 1883, II, S. 500.

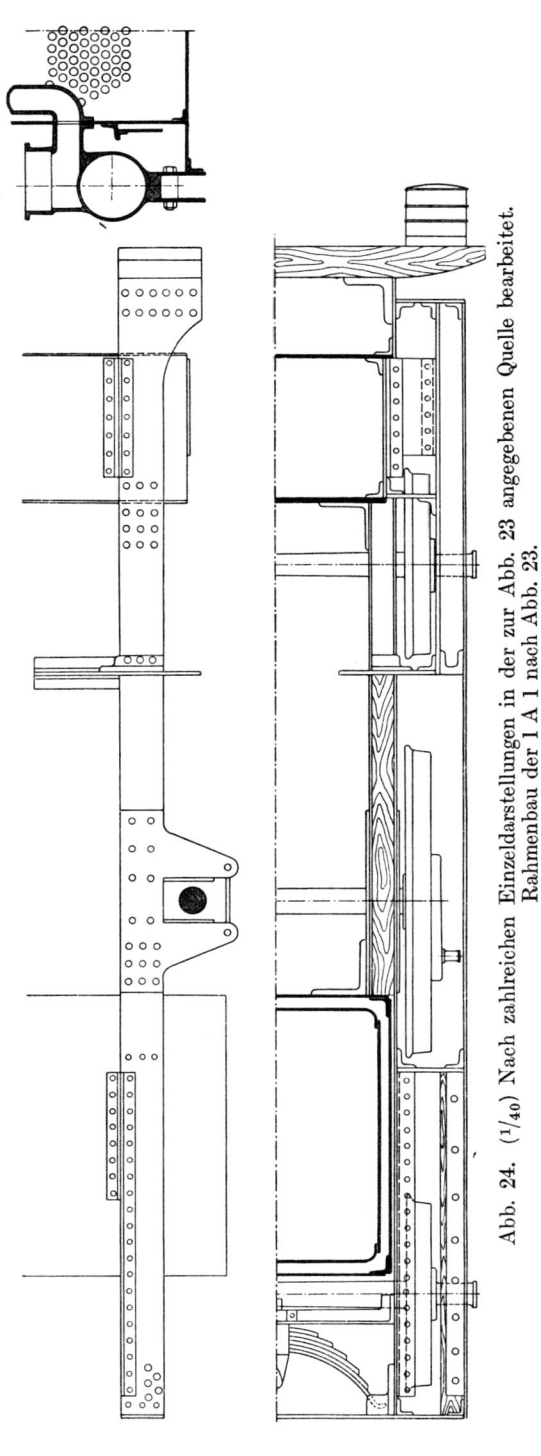

Abb. 24. (1/40) Nach zahlreichen Einzeldarstellungen in der zur Abb. 23 angegebenen Quelle bearbeitet. Rahmenbau der 1 A 1 nach Abb. 23.

bei Besprechung der Abb. 30 sehen. Wir werden es auch sogleich bei Buddicoms L erleben. Die Versteifung der Zylinder einer Außenzylinder-L durch zwei beiderseits der Zylindermittellinie liegende Rahmenbleche ist ein äußerst gesunder Gedanke. Die Zylinderdeckeldrücke werden auf diese Weise wie bei einer Innenzylinder-L zentrisch aufgenommen und können keine Momente bilden. Man hat später aus Gründen der Gewichtsersparnis fast immer auf diese Anordnung verzichtet. Zuweilen führte man den Außenrahmen zwar noch aus, aber lagerte keine Achse mehr in ihm (Abb. 153, Tafel III, 2). Später schrumpfte er mehr und mehr zusammen (Abb. 172, 122), bis nur ein das Gangblech säumender Winkel übrig blieb.

Buddicom war der Chef Allans gewesen und ging dann nach Frankreich zur Rouen B. Hier schuf er die nach ihm genannte L (Abb. 23). Sie ist auch für jene Zeit sehr leicht. Äußerlich zeigt sie das eben beschriebene Bild. Aber näher betrachtet, erweist sich der Rahmenbau gegenüber Allans Entwurf, der doch unter Buddicoms Augen entstanden war, als eine kaum begreifliche Verschlechterung (Abb. 24). Der Innenrahmen, ein blecharmierter Holzträger, läuft zwar bis zum Zugkasten durch, ist aber überflüssigerweise mit dem Stehkessel verbunden. Der Außenrahmen ist ein Blechrahmen, der seinerseits wieder vom Gleitbahnträger bis zum Vorderende der Zylinder doppelt ausgeführt ist. Der Zylinder greift mittels eines unten an ihm angebrachten

Abb. 25. Great Eastern Ry 1862 bis 1867, Schneider, Creuzot.
30; 88 1,4 8,45; 406 610 2159.
(Nach Couche. T. 22, 23.)

Flansches zwischen diese beiden Bleche. Auf diese Weise ist also eine im Lokomotivbau einzig dastehende — durch große Leichtigkeit ausgezeichnete — Art der Zylinderbefestigung herbeigeführt. Der Außenrahmen ist auffallenderweise nicht bis zur Pufferbohle durchgeführt, und seine Verbindung mit dem Innenrahmen ist, wie der Querschnitt zeigt, wenig zuverlässig. Der Zugapparat liegt am Innenrahmen. Die ganze Bauart beweist also, daß der Konstrukteur kein klares Bild von der Kraftübertragung hatte. Diese L ist in ziemlich großer Stückzahl beschafft

Abb. 26. London and North Western Ry 1859—1865, Ramsbottom; Bahnwerkst. Crewe.
27; 93 1,4 x; 406 609 2324.
(Nach Z. Colburn, T. 1.)

worden. Ein Teil von ihnen wurde später in T L umgebaut[1]).

In England hielt man an der bewährten Form, die Allan geschaffen, fest. Ihr Verwendungsgebiet blieb ja zwar bei der Abneigung der Engländer gegen Außenzylinder ein beschränktes. Immerhin eroberte sie

---

[1]) Loc. Mag. 1906, S. 118; 1910, S. 203.

sich aber noch neue Gebiete, wie Abb. 25 beweist, die uns gleichzeitig zeigt, welche Gestalt sie i. J. 1862 angenommen hatte. Die Great Eastern Ry beschaffte von 1862 bis 1867 31 L dieser Gattung für ihren S-Zugdienst. Von 1873 bis 1882 wurden sie teilweise umgebaut, indem man ihnen neue Kessel, größere Zylinder und zweien von ihnen sogar ein Drehgestell gab. Seit 1879 gaben sie den S-Zugdienst an die 2 A 1 der Abb. 37 ab[1]). — Die bei Abb. 22 erwähnte Grand Junction Ry war i. J. 1846 in der London & North Western Ry aufgegangen. Allans Außenzylinder-L wurde beibehalten, aber Ramsbottom gab ihr eine außerordentlich einfache Form, indem er den ganzen Außenrahmen fortließ (Abb. 26). Die Zylinderneigung ist ganz gering geworden. Wir beobachten also einen allmählichen Übergang von ziemlich stark geneigten zu schwächer geneigten — später sogar zu wagerecht liegenden Zylindern (Abb. 87). Wir werden die gleiche Beobachtung auch bei Borsigschen L und auch bei anderen Bauarten machen. Es handelt sich da um ein vorsichtig tastendes Abwägen zwischen Vor- und Nachteilen bei mehr oder weniger starker Schräglage der Zylinder. Schräglage vermindert den Überhang und die Baulänge, erschwert aber eine rücksichtlich der Kraftübertragung einwandfreie Befestigung der Zylinder und ruft störende lotrechte Kraftkomponenten wach. Ramsbottoms Bauart ist von 1859 bis 1865 ausgeführt worden und war zur Beförderung der S-Züge auf dem nördlichen Teil des Netzes der London & North Western Ry bestimmt. Als eine hervorragende Leistung wird angeführt, daß eine L dieser Gattung am 7. Januar 1862 209 km mit einer mittleren Geschwindigkeit von 87 km, ohne anzuhalten, zurückgelegt habe. Eine von ihnen, namens „Lady of the Lake", ist dadurch bekannt geworden, daß sie i. J. 1862 in London ausgestellt war. Gleichzeitig stellte die North Western Ry eine Innenzylinder-L aus, und es ist bezeichnend für ein bekanntes und verbreitetes Vorurteil jener Zeit, daß man einen wesentlichen Vorzug der Außenzylinder-L in der Möglichkeit sah, den Kessel, also den Schwerpunkt, tiefer zu legen, da die Innenkurbeln fortfallen.

Übrigens ist Ramsbottom nicht der erste gewesen, der die 1 A 1 mit einfachem Innenrahmen, also die ursprüngliche Stirlingsche Form wieder aufnahm. Wilson in Leeds lieferte sie schon i. J. 1847 für die Leeds, Dewsbury & Manchester Ry, und zwar mit genau wagerecht liegenden Zylindern[2]). Man nannte die Gattung „Jenny Red Legs". Auch Borsig in Berlin, der i. J. 1842 den Lokomotivbau aufgenommen hatte, wandte sich nach einigen Versuchen mit amerikanischen Formen (Abb. 46) der von Stirling geschaffenen zu. Eine solche L war auf der Gewerbeausstellung in Berlin i. J. 1844 ausgestellt[3]). Ein Modell ist

---

[1]) Eingehenden Aufschluß über diese und andere L der gleichen B (Abb. 90) gibt Loc. Mag. 1901, S. 89 und folgende Jahrgänge: The Locomotives of the Great Eastern Ry.

[2]) Eng. 1896, I, S. 528; Loc. Mag. 1903, S. 369.

[3]) A. Borsig: Berlin 1837 bis 1902, Festschrift zur Feier der 5000. L, und Verhandlungen des Vereins zur Beförderung des Gewerbefleißes in Preußen 1846, S. 75. Borsig: Beschreibung der in seiner Maschinenbauanstalt erbauten L „Beuth".

neuerdings hergestellt worden und befindet sich im Besitz der Firma. Seit 1846 führte Borsig seine 1 A 1 endlich mit genau wagerecht liegenden Zylindern aus. Das Modell einer solchen i. J. 1858 für die Köln-Mindner B gelieferten L steht im Bau- und Verkehrsmuseum in Berlin. Diese Form wurde von ihm und vielen anderen, vor allen Dingen norddeutschen Fabriken, in großer Stückzahl beschafft. Sie fand hier so großen Beifall, weil sie die einfachste Lösung darstellt. Auf Einfachheit legte man in Norddeutschland stets größten Wert. Wir werden das bei der 1 B erneut bestätigt finden (Abb. 98). Abb. 27 zeigt diese deutsche 1 A 1 in Gestalt der ersten

Abb. 27. Preußische Ostb 1860 Schichau.
30; 82 1,0 7,3; 381 508 1676.
(Nach Lokomotive 1914, S. 173.)

beiden i. J. 1860 von Schichau, Elbing, gelieferten L. Die ähnliche L der Abb. 28 war zur Beförderung der S-Züge zwischen Dresden und Bodenbach bestimmt. Diese Strecke hat Neigungen bis zu $10^0/_{00}$. Gleichwohl entschied man sich für die 1 A 1 als S L auf dieser Strecke. Eine ähnliche Auffassung wird uns bei Abb. 29 noch i. J. 1875 begegnen. Der kuppelförmige Überbau des Kessels war eine Eigenheit auch der Borsigschen L bis tief in die fünfziger Jahre hinein; auch die oben erwähnten beiden Maschinenmodelle zeigen diese Kesselform, die Borsig dann aber wegen ihres großen Gewichtes und der

Abb. 28. Leipzig-Dresdener B 1868 Hartmann.
31; 86 0,9 7; 380 508 1840.
(Nach Organ 1872, S. 73.)

Schwierigkeit, sie gegenüber den wachsenden Dampfdrücken dicht zu halten, zugunsten einfacherer Formen fallen ließ[1]). Mit dem Beginn

---

[1]) Über Borsigs und Hartmanns L. Organ 1858, S. 47 und 236. Diese beiden Veröffentlichungen streiten in nicht sehr erquicklicher Weise über die Vorzüge Borsigscher und Hartmannscher L. Wir erhalten dabei aber manchen Aufschluß über die Anschauungsweise jener Zeit und über ihre Wertschätzung der Borsigschen „Feuerkastendome".

40   Lokomotiven mit freier Triebachse: 1 A 1.

der siebziger Jahre ließen die Beschaffungen der 1 A 1 in Deutschland auch im Flachland sehr nach. Für den P-Zugdienst genügte ihr Reibungsgewicht nicht mehr. Auch für den S-Zugdienst war es bei der damals auf 14 t bemessenen Höchstbelastung einer Achse zu gering, denn die deutschen S-Züge jener Zeit hatten häufige Aufenthalte, so daß die Züge immer wieder von neuem in Gang gebracht werden mußten.

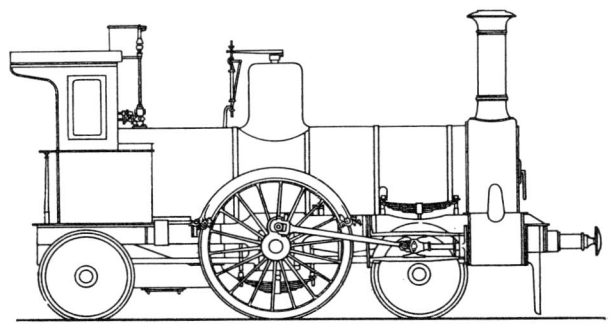

Abb. 29. Berlin-Stettiner B 1875 Vulcan.
29; 72 1,4 8; 381 559 1993.
(Nach Zeichnung.)

Auch gab es nur auf einer verschwindend kleinen Anzahl von Strecken soviele S-Züge, daß eine Gattung lediglich der Beförderung dieser Züge hätte dienen können. Tafel 1 zeigt eine 1 A 1 aus der Zeit, da sie in Deutschland auf der Höhe der Entwicklung stand. In Abb. 29 sehen wir die letzte für eine deutsche B i. J. 1875 beschaffte 1 A 1. Acht an der Zahl, waren sie für die Berlin-Stettiner B und davon vier für deren hinterpommersches Netz, Stargard i. P.—Danzig, bestimmt. Auf dieser Strecke waren damals nämlich „Kurierzüge" eingerichtet worden, um für den Verkehr Berlin—Danzig in Wettbewerb mit der Ostb treten zu können. Die Strecke besitzt auf dem Abschnitt Stolp—Danzig, ebenso wie die oben genannte Dresden—Bodenbach lange Steigungen von $10^0/_{00}$. Der Kurierzugbetrieb hat sich übrigens nur kurze Zeit aufrechterhalten lassen. Er war damals wirtschaftlich noch nicht möglich.

Abb. 30. London-Brighton & South Coast Ry 1847.
Joy, Wilson, Railway Foundry, Leeds
25; 68 1,2 8,4; 381 508 1829.
(Nach Eng. 1896, I, S. 36ff.)

In einer Entwicklungsgeschichte der L darf die „Jenny Lind" nicht

Tafel I.

1. Rechte Oder-Ufer-Eisenb 1868 Vulcan.
31; 90 1,0 8,77; 405 523 1831.

2. Oldenburgische Staatsb 1867 Krauß.
21; 75 1,0 10; 355 560 1500.

3. Oberschlesische Eisenb 1867 Wöhlert.
38; 98 1,3 8,57; 432 630 1410.

fehlen (Abb. 30). In der englischen Fachliteratur ist bis in die neueste Zeit selbst über die „Rocket" kaum so viel geschrieben worden, wie über die „Jenny Lind" — und das will etwas heißen[1]). Was hat ihr diese Sonderstellung verschafft? Wir wollen versuchen, diese Frage aus ihrer Entstehungsgeschichte zu beantworten. Mit dem Entwurf einer S L für die London-Brighton Ry betraut, stellte sich Joy, Oberingenieur der Railway foundry Co in Leeds, deren Chef Wilson und deren Generaldirektor Fenton war, die Aufgabe, aus allen bisherigen Konstruktionen das Beste auszuwählen und so etwas Außerordentliches zu schaffen. Joy scheint sich bei seinen Arbeiten stark an L angelehnt zu haben, die Hackworth nach Entwurf des Lokomotivsuperintendenten der London Brighton & South Coast Ry, Gray, geliefert hatte. Im Engineer 1896, I, S. 528 ist eine solche Graysche L abgebildet, die äußerlich in wesentlichen Teilen mit der „Jenny Lind" übereinstimmt. Das Verdienst Joys liegt in der Durchbildung der Einzelteile und der klugen Bestimmung der Masse. Es soll nicht angetastet werden. Viel wurde entworfen und wieder verworfen, und schließlich die „Jenny Lind" auf folgenden Grundsätzen aufgebaut: „Innenzylinder zur Erzielung ruhigen Ganges; Schieberkästen zwischen den Zylindern liegend, damit der Abdampf mit geringstem Rückdruck durch ein lotrecht stehendes Blasrohr entweichen kann (Abb. 31); Innenrahmen, weil an diesem die Befestigung der Innenzylinder am bequemsten und mit geringstem Überhang ausführbar ist. Sinngemäß wurde in diesem Innenrahmen die Triebachse gelagert. Damit nun aber dieser Innenrahmen nicht die Rostbreite einschränkt, wurde er nur bis zum Stehkessel durchgeführt und an diesem befestigt (!). Es war nun natürlich noch ein Außenrahmen notwendig, um die hintere Laufachse zu lagern. Da er nun einmal da war, so wurde auch die vordere Laufachse in ihm gelagert. Die Lagerung der Laufachsen im Außenrahmen bringt den weiteren Vorteil einer größeren Standsicherheit der L wegen der großen Entfernung der Außenlager einer Achse voneinander. Der Schwerpunkt wird möglichst tief gelegt." — Wir können von unserem heutigen Standpunkt aus in diesen Gesichtspunkten keinen wesentlichen Fortschritt gegenüber älteren Anschauungen erkennen. Die Befestigung des Innenrahmens am Stehkessel müssen wir für falsch erklären, die Maßnahmen zur Verbesserung der Standsicherheit für ebenso und aus ähnlichen Gründen verfehlt, wie die Tieflage des Schwerpunktes. Wir müssen also annehmen, daß die Erfolge der „Jenny Lind" weniger grundsätzlichen Eigenheiten, als der sorgfältigen Wahl der einzelnen Maße zuzuschreiben sind. Eins fiel

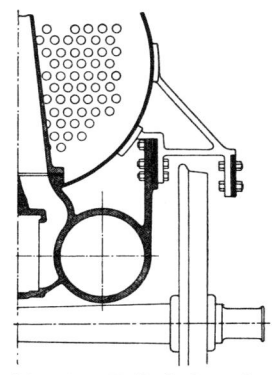

Abb. 31. Zylinderlage der 1 A 1 nach Abb. 30. ($^1/_{35}$) (Nach Eng. 1896, I, S. 246.)

---

[1]) S. z. B. Eng. 1896, I, S. 25, 246, 422, 527, 539.

hierbei sicher besonders in die Wagschale. Joy hatte den Dampfdruck, wie damals üblich, auf 80 bis 90 Pfund bemessen wollen. Fenton aber bestimmte ganz unvermittelt, er sei auf 120 Pfund gleich 8,44 Atm. zu bemessen. Das war für jene Zeit außergewöhnlich hoch und bedeutete sicher eine wesentliche, vielleicht die ausschlaggebende Steigerung der Leistungsfähigkeit. In der wenige Jahre vorher erfundenen Stephensonschen Kulisse war das Mittel gegeben, diese höhere Spannung wirtschaftlich auszunutzen. Dem englischen Geschmack mit Recht Rechnung tragend, wurde die L äußerlich sorgfältig ausgestattet. Der Kessel erhielt eine Verkleidung aus Mahagoniholz. Die Bauart „Jenny Lind" wurde berühmt. Viele Bahnverwaltungen, z. B. die Midland Ry beschafften sie sofort, und sie wurde so etwas wie eine Fabriknormalie der Railway foundry in Leeds. — Berühmter Männer bemächtigt sich die — meist mehr oder weniger geschickt erfundene — Anekdote. Berühmter Lokomotiven auch. Die Anekdote stellt die Entstehung der Jenny Lind anders dar, als es eben geschehen ist. Es wird erzählt, bei einer L mit vollständigem Doppelrahmen und vierfach gelagerter Triebachse sei deren Außenlager heiß gelaufen, und der Schenkel zerstört worden. Aus der Tatsache, daß sie ihre Fahrt fortsetzen konnte, habe man die Folgerung gezogen, diese Lagerung im Außenrahmen bei Neubauten überhaupt fortzulassen — und die Jenny Lind-Bauart sei fertig gewesen. Dieses Geschichtchen ist natürlich aus mehr als einem Grunde ins Reich der Fabel zu verweisen, aber es bezeugt, wie viele ähnliche, die Anteilnahme des Engländers am Werden und Vergehen seiner L. — In Deutschland sind Jenny Lind L von Egestorff z. B. i. J. 1853 für die Braunschweigischen B, i. J. 1862 für die damals dänische B Altona—Kiel geliefert worden. Im übrigen war ihre Verbreitung außerhalb Englands nicht eben bedeutend.

Für die Außenzylinder-L hatten also schon die ersten Erbauer Forrester und Stirling (Abb. 8, 18, 21) eine Rahmenanordnung gefunden, die eine einwandfreie Kraftübertragung ergab. Allan hatte dieser bei seinen Umbauten eine besonders durchdachte Form gegeben. Die berühmte Innenzylinder-L Jenny Lind vom Jahre 1847 hingegen können wir, wie soeben gezeigt, in diesem Sinne nicht gelten lassen. Es entsteht die Frage, wann dieser Fortschritt auch für die Innenzylinder-L gelang. Die Firma Stothert & Slaughter hat, soweit aus Abb. 199 zu schließen, schon i. J. 1846 das Richtige gefunden. Weiteren Aufschluß gibt eine Zuschrift der „Hawthorn Engine Works" an die Zeitschrift Engineer[1]. Es hatte jemand mit vollem Recht darauf hingewiesen, daß das Triebwerk und der Kessel einer L vollständig unabhängig voneinander angeordnet werden müssen, um schädliche Beanspruchungen des Kessels zu vermeiden. Hawthorn weist nun unter Veröffentlichung einer Zeichnung nach, daß nach diesem Grundsatz schon seit 1847, also seit eben dem Jahre, in dem die Jenny Lind erschien, bei seiner Firma entworfen werde. Die Zeichnung zeigt eine 1 B mit Innenzylindern und vollständigem Doppelrahmen. Im Außenrahmen sind alle Achsen ge-

---

[1] Eng. 1856, I, S. 61.

Lokomotiven mit freier Triebachse: 1 A 1. 43

lagert, im Innenrahmen nur die Triebachse. An diesem Innenrahmen sind die Zylinder befestigt — zweifelsohne auch der Zugapparat, der aber in der Zeichnung merkwürdigerweise fehlt. Hier liegt also zum ersten Male eine einwandfreie Rahmenanordnung für eine Innenzylinder-L vor. In der Beschreibung von Hawthorn wird aber nur die Bequemlichkeit hervorgehoben, mit der man den Kessel und Zylinder für sich austauschen kann. Vom Kräftespiel ist nicht die Rede. Hieraus und aus dem Fehlen des Zugapparates in der Zeichnung muß man schließen, daß die Wichtigkeit eines geordneten Kräfteverlaufes damals noch immer nicht klar erkannt worden war. Immerhin! Der Fortschritt war gemacht. Er bürgerte sich aber keineswegs sofort bei allen Lokomotivbauanstalten ein.

Als eine Fortbildung der Jenny Lind können wir eine L Stirlings vom Jahre 1868 für die Greath Northern Ry auffassen, die bis 1894 mit

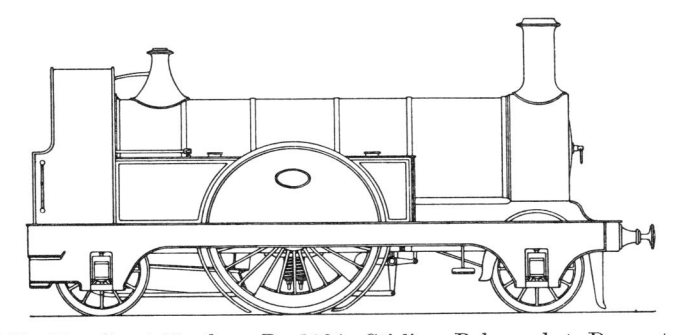

Abb. 32. Great Northern Ry 1894. Stirling Bahnwerkst. Doncaster.
43; 94 1,7 11,2; 470 660 2325.
(Nach Ry Eng. 1891, S. 225.)

allmählich zunehmenden Abmessungen geliefert wurde (Abb. 32). Natürlich ist bei dieser der Rahmenbau vollkommen einwandfrei. Seit 1870 beschaffte Stirling aber außerdem für seine Verwaltung eine 2 A 1 ähnlich der Abb. 37, die uns als Inbegriff einer S L erscheint. Sehr merkwürdig sind nun die Gründe, die Stirling zur Weiterbeschaffung der 1 A 1 neben der 2 A 1 veranlaßten. Diese 2 A 1 hatte er nur der Not gehorchend herausgebracht. Die Notlage war die: Stirling hatte einen Kolbenhub von 711 mm gewählt. Innenkurbeln für einen so außergewöhnlich großen Hub hätten eine hohe Kessellage notwendig gemacht. Eine solche hielt man damals für schädlich. Darum legte Stirling die Zylinder nach außen. Er konnte sich aber nicht, wie Ramsbottom (Abb. 26), entschließen, sie zur Verminderung des Überhanges schräg zu legen, denn er hatte strenge Anschauungen über die Bedingungen ruhigen Laufes. Er beseitigte also ihren Überhang durch Anwendung eines Drehgestells. Als es nun aber i. J. 1885 gelang, der schon i. J. 1868 geschaffenen 1 A 1 solche Abmessungen zu geben, daß sie der 2 A 1 gleichwertig wurde, da zog er sie der letzteren vor, weil sie billiger in der Unterhaltung sei und größere Geschwindigkeiten erziele. Die Vergrößerung der Abmessungen der 1 A 1 durfte aber nach Ansicht Stirlings nicht zu stärkerem Zylinderüberhang führen. Darum mußte der Radstand, der schon bei der L vom Jahre 1868 groß gewesen war, noch weiter vergrößert werden. Er erreichte den für dreiachsige L ganz außergewöhnlichen Wert von 5816 mm. Die Laufachse mußte deshalb seitliches Spiel erhalten. Wir stehen also vor der merkwürdigen Tatsache, daß ein englischer Lokomotivkonstrukteur von Ruf noch i. J. 1894 für schnelle Züge die 1 A 1 mit seitlich verschiebbarer Vorderachse der 2 A 1 mit führendem Drehgestell vorzog. Freilich hatte erstere Innen-, letztere Außenzylinder. Merkwürdig und etwas widerspruchsvoll ist übrigens, daß die 2 A 1 neben der 1 A 1 bis zum Jahre 1895 weiter beschafft wurde. Die L der Abb. 32 entstammt der letzten Lieferung. Von den seit 1885 voraufgehenden unterscheidet sie sich wesentlich nur

Abb. 33. London-Brighton & South Coast Ry 1881 Stroudley; Bahnwerkst. Brighton. 34; 100 1,6 10,5; 432 610 1981.
(Nach Ry Eng. 1892, S. 279.)

dadurch, daß die Triebachse eine Wickel- statt einer Blattfeder aufweist. Sie dürfte überhaupt die letzte in England beschaffte 1 A 1 sein.

Außen- und Innenrahmen, Außen- und Innenzylinder ermöglichen vier Spielarten des Gesamtaufbaus, die wir sämtlich kennengelernt haben — die einfachste, nämlich die Vereinigung von Innenrahmen mit Innenzylindern, aber nur in Burys Bauweise mit eisernem Barrenrahmen. Mit Blechrahmen oder blechbewehrtem Holzrahmen begegnete uns diese Spielart noch nicht. Sie war z. B. von Hawthorn schon i. J. 1835 als B angewandt worden. Stephenson führte sie erstmalig bei seiner 1 A 1 (St —) aus. (Abb. 40), die uns noch eingehender beschäftigen wird. Da vorläufig noch die 1 A 1 (St +) mit Tender zur Besprechung steht, so sind nur solche der Birmingham & Gloucester Ry von Mc. Connel aus dem Jahre 1844/45 zu nennen. Mc. Connel führte als Lokomotivsuperintendent der London & North Western Ry, Southern division, i. J. 1850 für seine Linie eine ähnliche L namens „Bloomer" aus, die, weil in London 1862 ausgestellt, bekannter geworden ist[1]). Abb. 33 zeigt eine jüngere dieser Art, die von Stroudley, dessen Name uns öfter begegnen wird, eingeführt wurde, nachdem auf der London-Brighton &

---

[1]) The british Express Locomotive. Loc. Mag. 1899, Christmas number.

South Coast Ry bis zum Anfang der sechziger Jahre die Jenny Lind und dann die 1 A 1 nach Abb. 12 geherrscht hatte. Sie wurde bis 1882 beibehalten, um dann gekuppelten Platz zu machen (Abb. 74). Die in Abb. 33 erreichte Einfachheit der äußeren Erscheinung kann nicht mehr überboten werden. Keine Gestängebewegung, kein spielendes Lager beeinträchtigt die Ruhe des Bildes.

1 A 1 T. Da die 1 A 1 Jahrzehnte hindurch die herrschende P L war, so konnte auch ihre Verwendung als P L im Nahverkehr nicht ausbleiben. Eine frühe Ausführung zeigt Abb. 34. Nach dem Eröffnungsjahr ihrer Heimatbahn zu schließen, dürfte sie i. J. 1851 gebaut sein. Sie besitzt keine Kulissensteuerung, sondern an jeder Seite nur ein Exzenter. Zwischen den Exzentern sitzt eine in der Wellenrichtung verschiebbare Scheibe, die mit keilförmigen Ansätzen in Schlitze der Exzenterscheiben

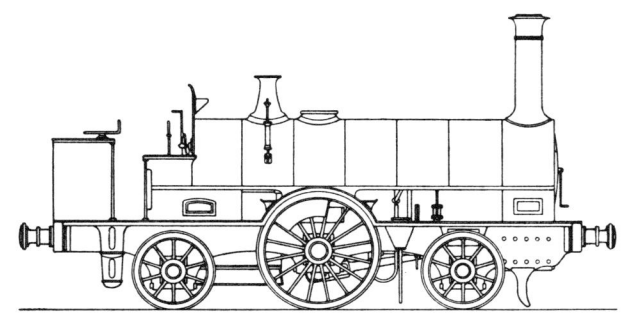

Abb. 34. Dublin & Wicklow Ry (1851) Vulcan Foundry.
x; 73 1,1 x; 330 508 1600; 2,0 x; Spur: 1600.
(Nach Clark u. Colburn, S. 79.)

greift und diesen je nach ihrer Stellung größere oder kleinere Exzentrizitäten und Voreilwinkel gibt[2]). Diese Steuerung von Dodd ist also kinematisch den Kulissensteuerungen gleichwertig — ist ihnen aber in jeder anderen Hinsicht unterlegen. Der Wasservorrat befindet sich in einem Sattelbehälter, der sich außerhalb Englands nirgends recht hat einbürgern können, weil er den Kessel unzugänglich macht. — Das Reibungsgewicht einer 1 A 1 T genügte sehr bald für die häufig haltenden Züge des Nahverkehrs nicht mehr. Sie wurde daher schon in den sechziger Jahren für diesen Zweck kaum mehr beschafft.

Für die Kleinzüge der jüngsten Zeit liegen die Verhältnisse etwas günstiger (Abb. 35). Eine T L läuft immer etwas unruhiger als eine solche mit Tender. Man hat darum im vorliegenden Fall den Überhang der Zylinder beseitigt, indem man sie hinter die Laufachse schob. Die Triebachse mußte nun bis unter die Vorderkante des Stehkessels zurückverlegt werden. Diese Maßnahme läßt die L so recht deutlich als ein Erzeugnis neuzeitlicher Anschauungen erscheinen, denn sie zwingt dazu, den Kessel im Verhältnis zu seinem Durchmesser ungewöhnlich hoch zu legen. Die Biegebleche, durch die der Kessel getragen wird, tragen

---
[2]) Z. Colburn, S. 60.

noch zur Hebung dieses Eindruckes bei. Der Radstand wird nun freilich mit 5050 mm so groß, daß die letzte Achse radial einstellbar gemacht werden mußte. Den in Österreich damals herrschenden Anschauungen Gölsdorfs entsprechend ist diese Achse mit keiner Rückstellvorrichtung versehen. Man fühlt sich zunächst versucht, hieraus ungünstige Schlüsse für die Rückwärtsfahrt zu ziehen, denn in diesem Fall muß nun die Treibachse führen. Diese Bedenken zerstreuen sich aber, wenn man

Abb. 35. Österreichische Staatsb. 1907 Krauß.
32; 50 + 3,5 1,0 15; $^{260}/_{400}$ 550 1410; 3 1,4.
(Nach Zeichnung.)

beachtet, daß letztere eine sehr große Entfernung von der vorderen Laufachse hat, so daß der feste Radstand ein sehr großer Bruchteil des gesamten ist. Die L arbeitet mit Verbundwirkung und Zwischenüberhitzung. Der Verbinder ist zu diesem Zweck in ein Rohrbündel von 3,5 m² Heizfläche aufgelöst. Ein nennenswertes wirtschaftliches Ergebnis kann ein so kleiner Überhitzer nicht haben, vielleicht aber den bei Verbund L gefürchteten Wasserauswurf etwas vermindern. Es wird mitgeteilt, daß der Widerstand der L den eines Eisenbahnwagens nur wenig überschreite. Sie erreichte Geschwindigkeiten bis zu 102 km[1]).

Wenn wir uns bemühen, die eben betrachteten Beispiele aus der Entwicklungsgeschichte der 1 A 1 zu einem Gesamteindruck zu vereinigen, so ergibt sich folgendes: Die 1 A 1 entstand als Verbesserung der 1 A durch Beseitigung des Stehkesselüberhanges. In ihren älteren Ausführungen P L bewährte sie sich bei Aufkommen des S-Zugverkehrs ganz besonders bei Beförderung dieser Züge, und als er genügend dicht geworden, da vollzog sich schon früh ihre Entwicklung zur S L. Für die P-Züge führte man dann die 1 B, seltener B 1 oder 2 B ein. Die 1 A 1 mit Innenzylindern wird in ihren Eigenschaften als S L, was Leichtigkeit und Ruhe des Ganges anbetrifft, nur durch die 2 A 1 übertroffen. Sie wurde deshalb in England bis 1894 beschafft (Abb. 32). Mit Außenzylindern und Innenrahmen läuft sie wegen der stärker überhängenden Zylinder nicht ganz so ruhig. Sie war aber in dieser Gestalt

---

[1]) Z. d. V. d. I. 1907, S. 1080 und Lokomotive 1907, S. 153.

in Deutschland sehr beliebt. Die preußische Ostb z. B. beförderte bis zum Jahre 1868 P- und S-Züge ausschließlich mit der 1 A 1, dann erst bezog sie, und zwar nun ausschließlich 1 B. Die Berlin-Stettiner B beschaffte die 1 A 1 für S-Züge neben der 1 B für P-Züge bis 1875 (Abb.29). Auf die Verwendung von 1 A 1 oder anderen ungekuppelten Bauarten verzichtete man nur für Strecken mit starken Steigungen, wie die Bergisch-Märkische B und die Württembergische Staatsb sie aufweisen, oder auf Bahnen mit so einfachen Betriebsverhältnissen, daß P- und G-Züge mit einer Gattung befördert werden konnten, wie z. B. in Oldenburg durch die B (Tafel I, 2). Die 1 A 1 ist eine durchaus europäische Erscheinung. Der Amerikaner will von schnellfahrenden L ohne Drehgestell nichts wissen. Auch liebt er ungekuppelte L wegen des geringen Reibungsgewichtes nicht. Es ist eine Eigentümlichkeit der 1 A 1 üblicher Anordnung, daß die hintere Laufachse gering, die vordere wesentlich höher belastet ist. Für die sichere Führung ist diese hohe Belastung der vorderen Laufachse günstig. Nun nahmen aber die Anforderungen an die Leistungsfähigkeit zu. Die Triebachse war von jeher mit dem höchstzulässigen Gewichtsanteil belastet worden, um möglichst große Zugkräfte ausüben zu können. War also eine Gewichtsvermehrung notwendig, so drohte bald eine Überlastung der vorderen Laufachse. Um dem vorzubeugen, konnte man sie erstens weit nach vorn schieben, mußte sie dann aber wegen Vergrößerung des Radstandes einstellbar machen. Diesen Weg schlug Stirling ein (Abb. 32). Man konnte zweitens Schwerpunkt und Triebachse rückwärts verschieben. Diese Verschiebung des Schwerpunktes kann man bei einer T L durch richtige Anordnung der Vorratsräume für Kohlen und Wasser herbeiführen. So verfuhr Krauß (Abb. 35). Drittens gab es ein durchschlagendes Mittel im Ersatz der vorderen Laufachse durch ein Laufachsenpaar. Dieses Mittel wandte zuerst Gooch an. Der Anlaß war folgender: Die Great Western Ry hatte eine Spurweite von $7' = 2134$ mm. Man wünschte das Für und Wider der Breitspur durch Vergleichsfahrten breit- und regelspuriger L zu entscheiden. Die Great Western Ry hatte als Vertreterin der Breitspur i. J. 1846 eine besonders kräftige 1 A 1 namens ,,Great Western" beschafft. Deren Vorderachse brach aber, ein Vorfall, der nach dem oben Gesagten recht verständlich ist. Darum ging Gooch zur 2 A 1 über. Das vordere Laufradpaar lag aber nicht etwa in einem Drehgestell, sondern war wie die anderen Achsen fest im Rahmen gelagert[1]). Diese Gattung erhielt nach dem Namen der ersten ihrer Art die Bezeichnung ,,Iron Duke"-Klasse. Sie wurde bis 1888 nachbeschafft. Die letzten von ihnen hatten 194 m² Heizfläche und trotz des großen Radstandes von 5,8 m ebensowenig ein Drehgestell wie die ersten. Wir dürfen aber nicht vergessen, daß diese Werte mit denen regelspuriger L nicht ohne weiteres vergleichbar sind.

2 A 1. Die Scheu vor dem Drehgestell überwand in England erst Sturrock, der es freilich bei seiner 2 A 1 in unvollkommener Form anwandte (Abb. 36). Es scheint dem Baldwin-Gestell ähnlich gewesen zu

---

[1]) Tredgold, First Paper.

sein (Abb. 233). Die L, die als einzige ihrer Art geliefert wurde und keine unmittelbaren Nachfolgerinnen gehabt hat, wurde im Sommer des Jahres 1853 in Betrieb gestellt. Sie war mit einem großen Tender versehen, um aufenthaltslose Fahrt über große Strecken zu ermöglichen. Dem Erbauer schwebte nämlich die Verwirklichung eines S-Zugfahrplans für die Strecke London—Edinburgh mit acht Stunden Fahrzeit und Aufenthalt nur in Grantham, York, Newcastle und Berwick vor. Der Plan ist freilich nicht zur Ausführung gekommen. — Wie die Abbildung zeigt, berührten sich Hauptrahmen und Drehgestellrahmen. Bei feuchtem Wetter quoll das Holz, aus dem der letztere gefertigt war, und es entstanden Hemmungen bei der Einstellung des Drehgestelles, die zu Entgleisungen führten. Man konnte zwar jene Mängel

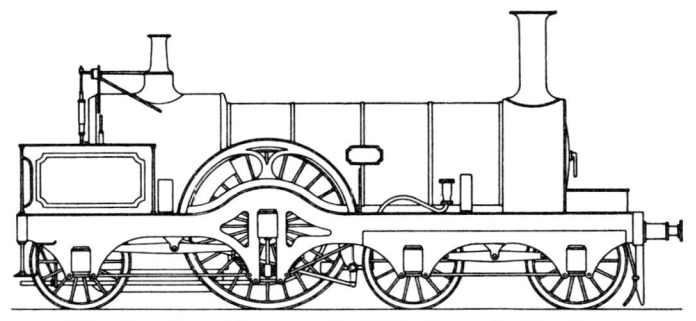

Abb. 36. Great Northern Ry 1853 Sturrock; Hawthorn.
38; 144 1,9 x; 432 610 2286.
(Nach Bird The locomotives of the G. N. Ry, London 1910.)

durch Schaffung eines Spielraumes und Ausbildung eiserner Gleitflächen beseitigen, aber die Lösung blieb unvollkommen, und man wandte sich auch auf der Greath Northern Ry wieder der 1 A 1 zu. Wir sahen bei Besprechung der Abb. 32, daß sich diese Schwenkung von der 2 A 1 zurück zur 1 A 1 auf der Great Northern Ry rund 30 Jahre später wiederholte.

Bei der 2 A 1 macht das Reibungsgewicht nur einen sehr geringen Bruchteil des Gesamtgewichtes aus. Sie ist darum eine S L ersten Ranges und nur für sehr schnelle und sehr wenig haltende Züge bei günstigen Neigungsverhältnissen brauchbar. Es ist darum kein Zufall, daß sie fast nur in England heimisch wurde, und ebensowenig ist es Zufall, daß sie nach jenem ersten mißglückten Versuch von neuem auf der Great Northern Ry erschien — freilich erst 17 Jahre später und in fortgeschrittener Form. Sie wurde hier i. J. 1870 von Stirling eingeführt (vgl. S. 43). Entgegen den sonstigen Gepflogenheiten dieser und der meisten anderen englischen Verwaltungen erhielt sie Außenzylinder. Die Gründe sind schon auf S. 43 mitgeteilt. Die Triebräder haben den größten je ausgeführten Durchmesser von 2477 mm. Es ist bei Besprechung der Abb. 32 erzählt worden, wie Stirling durch Schaffung jener 1 A 1 besonderer Form von der 2 A 1 loszukommen suchte.

Leichtigkeit und Einfachheit war ihm alles. Gleichwohl muß die 2 A 1 der Great Northern Ry als eine sehr bewährte Bauart gelten. Sie ist bis 1895, also auch noch nach jener 1 A 1 gebaut worden und fand ihre gelungene Fortbildung in der 2 B 1 nach Abb. 174. — Eine ähnliche Gesamtanordnung zeigen die 2 A 1 der Great Eastern Ry (Abb. 37). Der S-Zugdienst auf ihren Hauptstrecken war durch die 1 A 1 der

Abb. 37. Great Eastern Ry 1879 bis 1882 Bromley; Dübs & Co.
42; 100 1,6 9,8; 457 610 2286.
(Nach Loc. Mag. 1911, S. 52.)

Abb. 25 bewerkstelligt worden. I. J. 1879 entschloß man sich zum Entwurf der neuen kräftigeren Form. Die Übertragung der Steuerungsbewegung von innen auf den außen liegenden Schieber durch eine Hebelwelle scheint sich nicht bewährt zu haben, denn sie wurden z. T. von

Abb. 38. Great Central Ry 1900. H. Pollitt; Gorton works.
48; 100 2,3 14,1; 495 660 2362.
(Nach Eng. 1901, I, S. 380.)

1885 bis 1888 auf reine Innensteuerung mit geneigten Außenzylindern umgebaut. Sie erreichten wegen mangelnden Reibungsgewichtes kein hohes Alter, taten zuletzt nur auf Nebenbahnen Dienst und wurden schon in den Jahren 1890 bis 1893 abgebrochen, als sie neue Kessel hätten erhalten müssen. Es braucht das nicht gegen die Gattung als solche geltend gemacht zu werden. Auf manchen Bahnen war damals eben auch in England die Zeit ungekuppelter L vorbei, weil die Zuggewichte zu schwer geworden waren. Auf andern hielten sie länger vor. Dies beweist die noch i. J. 1900 beschaffte 2 A 1 der Great Central Ry (Abb. 38). Die Vorliebe der Engländer für ein glattes, ruhiges Äußere tritt hier besonders deutlich in Erscheinung.

Mit dem äußeren Eindruck beginnt man auch unwillkürlich, wenn man die 2 A 1 der Abb. 39 bespricht. Dieser Eindruck wird natürlich von der Linienskizze nicht in dem Maße erzielt, wie es die wirkliche L mit ihren Raum- und Farbenwirkungen vermag. Auch dem Anstrich schenkt der Engländer ja volle Aufmerksamkeit. Immerhin gibt die Abbildung einen Begriff von der sorgfältigen Führung der Umrißlinien bei an sich nebensächlichen, aber räumlich sehr auffallenden Teilen, wie

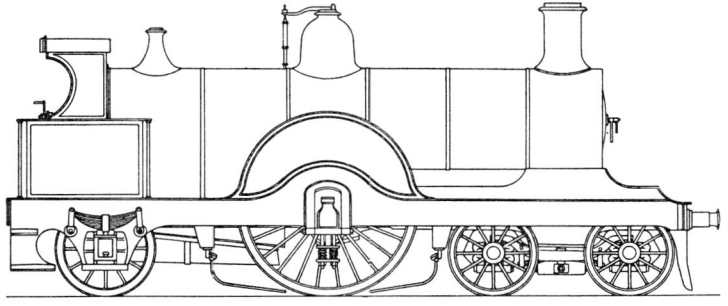

Abb. 39. Midland Ry 1900. Bahnwerkst. Derby.
52; 102 2,4 12,7; 495 660 2375.
(Nach Engg. 1900, I, S. 682, 713.)

es die Verkleidungen des Schornsteins, der Ventile, des Doms sind. Die Midland Ry hatte zu den wenigen Verwaltungen gehört, die schon seit dem Ende der sechziger Jahre ihre S-Züge mit gekuppelten, und zwar mit 1 B beförderten. Um so deutlicher spricht es für die in England herrschende Vorliebe für ungekuppelte L, daß sich auch diese Bahnverwaltung noch i. J. 1887 zur Einführung der 2 A 1 entschloß. Auf der Ausstellung in Paris i. J. 1889 erregte sie Aufsehen. Sie wurde unter ständiger Verstärkung bis 1900 weiter beschafft. Die älteren hatten S-Züge von etwa 90 t, die jüngsten von 250 t Gewicht zu befördern. Die L hat einen Doppelrahmen; im Innenrahmen ist nur die Triebachse, diese im ganzen also viermal gelagert. — Mit der Midland Ry ist die Geschichte der 2 A 1 abgeschlossen. Es ist nur noch die ganz vereinzelte Lieferung von 2 A 1 mit Außenzylindern durch Kerr, Stuart & Co. i. J. 1910 für die Shanghai-Nanking B zu nennen[1]).

Die 2 A 1 ist, wie die viel ältere 2 A (Abb. 51), reine S L. Es fehlt daher bei ihr die Entwicklung zu einem anderen Verwendungszweck. Als T L ist sie niemals gebaut worden.

1 A 1 (S t —). Diese Bilder aus der Geschichte der 1 A 1 und 2 A 1 erwecken vielleicht den Eindruck, als ob ihre Entwicklung ganz stetig,

---

[1]) Eng. 1910, II, S. 121.

ohne Irrwege und ungestört durch Wettbewerb vor sich gegangen sei. Es hat aber Irrwege gegeben und es hat nicht an Wettbewerberinnen gefehlt. Stephenson selbst war es, der den Irrweg ging, und zwar veranlaßt durch die Beobachtung der sehr hohen Rauchkammertemperaturen bei seinen 1 A und B. Er stellte die Temperatur in der Rauchkammer fest, indem er Stücke aus Blei, Zinn und Zink einbrachte. Das Zinn war nach kurzer Zeit verschwunden, das Blei schmolz, das Zink, das bei Weißglut flüchtig ist, verdampfte bald[1]). Der Schluß war also berechtigt, daß die Heizgase schlecht ausgenützt würden. Eine Verlängerung der Heizrohre von 9′ = 2743 mm auf 13′ bis 14′ = 3962 mm bis 4267 mm wurde beschlossen. So weit war alles ganz gut und richtig. Nun waren die Anschauungen über die Zulässigkeit größerer Radstände damals aber noch gar nicht geklärt. Stephenson verlängerte den Kessel, aber er scheute sich, den Radstand diese Verlängerung mitmachen zu lassen, weil er meinte, die Krümmungsbeweglichkeit der L werde hierdurch beeinträchtigt. Indem er also die Achsen gewissermaßen stehen ließ und den Kessel nach hinten streckte, wurde aus der 1 A 1 (St +) die 1 A 1 (St —) (Abb. 40). Die Bauart wurde als „long boiler L" bekannt. Die Wirtschaftlichkeit war verbessert, aber die S L war verdorben worden. Eine Neuerung, wenigstens für Stephensonsche L, war auch die Ausführung eines Innenrahmens.

Abb. 40. Northern & Eastern Ry (heute Teil der Great Eastern Ry) 1842 Stephenson. 15; 67 0,85 x; 356 508 1676; Spur: 1524. (Nach Eng. 1879, II, S. 396.)

Genaue Zeichnungen liegen nicht vor, aber wir wissen, daß noch i. J. 1850 bei den 1 B der Abb. 111 der Zugapparat am Stehkessel befestigt war, und der Innenrahmen wie in Abb. 13 an der Stehkesselvorderwand endigte; von einer einwandfreien Kraftübertragung war Stephenson also noch weit entfernt. Ähnlich sah es bei anderen Firmen aus (S. 41). Ein wichtiger Fortschritt aber, den eine der ersten Lieferungen brachte, war die Kulissenumsteuerung, die unter Stephensons Namen bekannt geworden ist. Der eigentliche Erfinder ist Howe, ein Werkmeister Stephensons[2]). Die Kulisse scheint dem Erfinder aber nur als Mittel erschienen zu sein, den Vorgang der Umsteuerung sich stetig vollziehen zu lassen. Daß aber auch die Zwischenstellungen benutzt und so veränderliche Füllungen erhalten werden können, war ihm entgangen, denn der Führungsbogen für den Steuerungshebel auf dem Führerstand enthielt keine Rasten

---

[1]) Stretton, S. 83.   [2]) R. gaz. 1872, S. 58.

für Zwischenstellungen. Erst die Lokomotivführer haben solche Rasten eingefeilt und so die eigentliche Bedeutung der Steuerung entdeckt. Die Erstlinge der neuen Bauart gingen i. J. 1842 an die North Midland Ry. Sie zeigten fast genau das Äußere der in Abb. 40 dargestellten, die übrigens noch nicht Kulissen-, sondern Gabelsteuerung hatte[1]). Die Bauart gewann in England und Frankreich eine gewisse, in Deutschland große Verbreitung. Die Berlin-Hamburger und die Badische Staatsb beschafften sie schon i. J. ihres Erscheinens. Die Niederschlesisch-Märkische, die Hannoversche Staatsb, die Thüringische und die Taunusb folgten bald. Die Freude über diesen neuesten Fortschritt des Lokomotivbaues war so groß, daß man sogar alte 1 A 1 (St +) durch Einbau eines weiteren Kesselschusses in 1 A 1 (St —) verwandelte. So geschah es auf der Berlin-Anhalter und auf der Taunusb. Eine Ausführung für die Altona-Kieler B aus dem Jahre 1844 ist in einem Bild festgehalten, das im Bau- und Verkehrsmuseum zu Berlin hängt. Aber schon im Dezember 1844 wies ein bekannter deutscher Eisenbahnfachmann, E. Heusinger v. Waldegg, auf die Mängel hin, die der Bauart infolge des überhängenden Stehkessels anhaften müssen[2]). Wie die eben mitgeteilten Beschaffungen beweisen, fand seine Warnung aber wenig Beachtung. Auch in England war man noch nicht aufmerksam geworden. Das beweist folgende Tatsache: I. J. 1845 suchte man den Streit, ob die Breitspur der Great Western Ry von 2134 mm oder die Regelspur zweckmäßiger sei, durch die schon bei der 2 A 1 erwähnten Vergleichsfahrten zu erledigen. Da hielt man es nun für zulässig, Stephensons 1 A 1 (St —) zu diesen Versuchen auf der Great North of England Ry hinzuzuziehen, obgleich doch möglichst hohe Geschwindigkeiten erzielt werden sollten. Für sie sprach ja allerdings die gute Ausnutzung der Heizgase in den langen Rohren. Die Sache ging aber böse aus. Bei einer Geschwindigkeit von 77 km entgleiste die L, riß den Zug mit von den Schienen und schlug um. Die long boiler L war damals doch schon drei Jahre alt. Wie ist es möglich, daß ihre bedenklichen Eigenschaften noch nicht klar erkannt worden waren? Die Sache liegt nicht so einfach. Es währt meist sehr lange, bis aus vielen Einzelbeobachtungen und Einzelurteilen eine sichere Schätzung der Gangsicherheit gewonnen ist. Allen Einzelbeobachtungen und Einzelurteilen haftet zu viel Persönliches an, weil es zu wenig zu messen gibt. Der eben geschilderte Unglücksfall beleuchtet diese Tatsache besonders deutlich. Gooch, der bekannte Lokomotivsuperintendent der Great Western Ry und Erfinder der nach ihm benannten Kulissensteuerung, hatte die Unglücksfahrt auf der L mitgemacht. Er berichtete, die Gangart sei vor der Entgleisung beängstigend unruhig gewesen. Der Lokomotivführer aber behauptete, die L sei ganz außerordentlich sanft gelaufen. Im Dezember des gleichen Jahres ereignete sich auf der Norfolk Ry[3]) ein gleicher Unfall. Der Generalinspektor der Bahn, General Pasley, suchte die Ursache in dem Mißverhältnis zwischen Rad-

---

[1]) Fußnote S. 14; im besonderen 1879, II, 396 und die Zuschrift auf S. 414.
[2]) Organ 1846, S. 8.   [3]) Eisenbahnzeitung 1846, Nr. 6.

stand und Kessellänge, das seitliche Schwingungen und Entgleisungsgefahr hervorrufe. Hiergegen verwahrte sich Stephenson in einem Schreiben an die Gesellschaft. Er berief sich darauf, daß über 150 L dieser Gattung im Dienst seien, und daß er auf der Strecke Darlington-York mit einer solchen bei ruhigem Lauf eine Geschwindigkeit von 96 km erreicht habe. Freilich müsse man darauf achten, daß der Führer nicht etwa die Federn der Triebachse zur Erhöhung des Reibungsgewichtes zu stark anspanne. Dieses sei auch die Ursache des Unfalls auf der Great North of England Ry gewesen. General Pasley sei bei Abgabe seines Urteils gewiß durch das Streben nach Wahrheit geleitet worden, aber weder seine Bildungslaufbahn noch seine Erfahrung machten ihn zu einem solchen Urteil fähig. — Wir sind freilich heute anderer Ansicht und finden, daß der General ins Schwarze traf. Wir müssen heute sein Urteil noch durch den Hinweis auf die ganz gefährliche Lastverteilung ergänzen. Es betrug nämlich der Schienendruck der vorderen führenden Laufachse nur 15%, der Triebachse 60%, der hinteren Laufachse 25% des Gesamtgewichtes.

Von einer Bewährung der 1 A 1 (St —) kann also nicht gesprochen werden, und Neubauten sind nach dem Jahre 1855 kaum erfolgt. Gleichwohl ist ihr Erscheinen sehr fruchtbar geworden, weil man die zweckmäßigste Länge für die Heizrohre gefunden hatte, ferner weil die (St —)-Bauart für langsamer fahrende L große Erfolge brachte, wie sich bei der Betrachtung der 1 B (St —) und C (St —) zeigen wird, und endlich, weil sie mittelbar und auf Umwegen die Erkenntnis zuwege brachte, daß man auf Strecken mit nicht zu ungünstigen Krümmungsverhältnissen den festen Radstand weit größer als bisher wählen könne. Man fand bei den zahlreichen Umbauten, von denen bei Schilderung ihrer weiteren Schicksale sogleich zu berichten sein wird, rein zahlenmäßig seine obere Grenze.

In Deutschland bevorzugte man, wie immer, auch für die 1 A 1 (St—) Außenzylinder (Abb. 41, 42). Merkwürdigerweise fand sie in dieser Form auch in England auf der London-Brighton & South Coast Ry i. J. 1845 und auf der South Eastern Ry — von Stephenson geliefert — i. J. 1846 Eingang. Letztere bewährten sich aber so wenig, daß sie sämtlich — sieben an der Zahl — umgebaut wurden, und zwar bemerkenswerterweise in die Form 2 A Crampton[1]) (Abb. 51). Eine 1 A 1 (St —) mit Außenzylindern lieferte Stephenson i. J. 1845 an die badische Staatsb. Es darf nicht verschwiegen werden, obwohl es zu den eben gemachten Ausführungen schlecht paßt, daß man bei der badischen Staatsb ihren ruhigen Gang sehr lobte. Auch rühmte man ihr rasches Anziehen. Man erklärte sich dieses aus dem besseren Wirkungsgrad einer Außenzylinder-L. Wegen der kleinen Triebzapfendurchmesser seien die Reibungsverluste geringer. Mit ähnlichen L begann die Main-Neckar B i. J. 1846 ihren Betrieb (Abb. 41). Mit der Lieferung dieser vier Maschinen begann Keßler den Lokomotivbau. Ähnliche von anderen Firmen folgten. Sie wurden später teils in 1 A 1 (St +), teils in B um-

---

[1]) Eng. 1910, II, S. 10.

gebaut. Es wurde oben angedeutet, daß man bei den andernorts vorgenommenen Umbauten in 1 A 1 (St +) ganz von selbst auf die Möglichkeit großer Radstände geführt wurde. Die Gelegenheit, diese Erkenntnis zu gewinnen, verpaßte man bei der Main-Neckar B. Man verkürzte nämlich den Langkessel, damit die L in ihrer neuen Gestalt mit hinter dem Stehkessel liegender Laufachse nur ja keinen größeren Radstand als vor dem Umbau — es waren 3975 mm — zu erhalten brauchte. Es handelte sich also um eine bedingungslose Rückkehr zur alten Stephensonschen Anordnung aus der Zeit vor 1842 mit ihrer schlechten Brennstoffausnutzung. — Auch die erste von Egestorff gebaute L vom Jahre 1846 war eine Außenzylinder-L (Abb. 42). Die Firma hatte sich beim Entwurf nach zwei von Sharp i. J. 1843 gelieferten 1 A 1 (St +) zu richten, aber sie nach long boiler-Art zu bauen. Jene Sharp-

Abb. 41. Main-Neckarb. 1846 Kessler.
x; x x x; x x 1524.
(Nach Scheyrer: Geschichte der Main-Neckarb, S. 60, Darmstadt 1896.)

Abb. 42. Hannoversche Staatsb 1846 Egestorff.
22; 63 0,9 4,0; 356 559 1524.
(Nach Hanomag-Nachrichten 1914, Heft 4, S. 3 und 1915, S. 188.)

schen L hatten — wahrscheinlich auf Wunsch der Bestellerin und gegen den sonstigen Sharpschen Brauch — Außenzylinder und Innenrahmen. Bei Benutzung dieses Vorbildes entstand nun, wie ein Vergleich von Abb. 42 mit Abb. 21 zeigt, das außergewöhnliche Bild einer Stirlingschen long boiler L. Die Lieferung wurde fortgesetzt, aber schon i. J. 1847/48 mit wagerechten Zylindern. Die L nach Abb. 42 wurden i. J. 1861/62 in C T umgebaut, vielleicht wegen unruhigen Ganges, vielleicht auch, weil sie wegen ihrer geringen Abmessungen für den Streckendienst nicht mehr genügten. Auch die der späteren Lieferung von 1847/48 verfielen bald dem Umbau in 1 B und C T[1]).

Die Bauart 1 A 1 (St —) mit Außenzylindern ist natürlich wegen des starken Überhanges, den letztere erhalten müssen, um den Laufrädern aus dem Wege zu gehen, und weil die Außenlage der Zylinder an sich die Neigung zum Schlingern und Wanken verstärkt, noch weniger für schnelle Züge geeignet als die der Abb. 40. Es mußte wieder blutiges Lehrgeld mit ihnen gezahlt werden. Die London-Brighton and South Coast Ry erlebte in den Jahren 1846 und 1847 zwei folgenschwere Entgleisungen mit ihren oben erwähnten 1 A 1 (St —). Ein ähnlicher Unfall in Preußen führte hier zur Abkehr von der Bauart. Am 21. Januar 1851 entgleiste ein Zug, der von einer solchen L geführt wurde und in dem sich Prinz Friedrich Wilhelm, der nachmalige Kaiser Friedrich, befand, bei der Station Gütersloh der Köln-Mindener Eisenb[2]). Ein Fahrgast und zwei Beamte wurden getötet. Da man den Anlaß zu dem Unfall in dem unruhigen Gang der 1 A 1 (St —) erkannte, so ging man nicht nur auf der Köln-Mindener, sondern auch auf allen anderen preußischen Bahnen an deren Umbau, und zwar nicht nur der Außenzylinder-, sondern auch der Innenzylinder-L heran. Dieser wurde aber nicht wie bei der Main-Neckar B durch Verkürzung des Kessels, sondern durch Verlängerung des Radstandes bewirkt, indem man die zweite Laufachse hinter den Stehkessel verlegte. Auch die anderen deutschen Verwaltungen vollzogen diesen Umbau, und ebenso z. B. die französische Nordb, wie Reiseberichte aus jener Zeit zu erzählen wissen. Eine eigentümliche Stellung nahm hierbei aber die badische Staatsb ein. Sie beschränkte den Umbau nämlich auf die Innenzylinder-L. Wir hatten schon oben gesehen, wie zufrieden man in Baden mit dem Lauf der 1 A 1 (St —) mit Außenzylindern war. Man baute sie nicht um, ,,weil infolge des stärkeren Überhanges wagerecht liegender Außenzylinder die führende Laufachse stärker als bei den Innenzylinder-L belastet und deshalb eine stärkere Gewähr gegen Entgleisung gegeben sei''. Derartige Widersprüche in der Beurteilung von L kommen nun einmal vor. Sie finden ihre Erklärung in der Schwierigkeit der Urteilsbildung, von der schon häufig die Rede war. — Durch den Umbau der 1 A 1 (St —) in 1 A 1 (St +) wuchs der Radstand von rund 2900 bis 3000 mm auf die bisher ganz ungewohnten Werte von 4300 bis 4500 mm. Er bewährte sich. Eine neue wertvolle Bauregel war gewonnen. Noch heute geben die ,,Technischen Vereinbarungen'' 4500 mm als obere Grenze des festen Radstandes an.

2 A. Dies war der Irrweg in der Entwicklungsgeschichte der 1 A 1, aber, wie wir sahen, ein Irrweg, der doch schließlich nicht umsonst zurückgelegt worden ist. Und nun zu den Wettbewerberinnen der 1 A 1! Sie stammen zum großen Teil aus Amerika und sind aus dem Versuch entstanden, die 1 A zu verbessern. Die Klagen über die Gangart der 1 A

---

[1]) Geschichtliche L der Hanomag. Hanomagnachrichten 1915, H. 11.
[2]) Loc. Mag. 1912, S. 218.

der Planet-Mercury-Bauart huben dort nämlich bald an. Der Oberbau der Mohawk & Hudson Rd galt für jene Zeit als gut, aber er war der hämmernden Einwirkung der „Robert Fulton", die der Planetklasse angehörte, nicht gewachsen. Darum versuchte es Jervis, der Chefingenieur jener B, i. J. 1832 mit einer Anordnung, bei der die Triebachse hinter dem Stehkessel und vorn ein Drehgestell lag. Die Fähigkeit des Drehgestelles, der L eine gute Krümmungsbeweglichkeit zu geben, ist also der Gewinnung eines langen Radstandes nutzbar gemacht. Der Stehkessel hängt nicht über. Damit war jeder Anlaß zum Hämmern, wir würden heute sagen „Nicken", beseitigt. So entstand die erste 2 A, und für uns beginnt das erste Kapitel der Geschichte des Drehgestells[1]).

Drehgestell I. Das vierrädrige unter einem Fahrzeug drehbare Drehgestell taucht zuerst in einem Patent vom Jahre 1812 auf. Es wurde dem englischen Zivilingenieur Chapman unter der Bezeichnung „four wheel swivelling truck" erteilt. Man wandte es für die Wagen der Kohlenbahnen an. Der Spitzname „bogie", den die Grubenleute dem Dinge gaben, hat sich neben ernsten Bezeichnungen bis heute erhalten. Bei Einbau dieser ältesten Drehgestelle dachte man weniger an den Lauf in Krümmungen, als an eine gleichmäßige Lastverteilung über eine große Anzahl von Rädern, um so den Druck des einzelnen und die Beanspruchung der Schienen zu vermindern. Die Gleichmäßigkeit der Lastverteilung war ja gefährdet, sobald man statt zweier drei oder vier Achsen anwandte, und das ganz besonders bei dem mangelhaften Zustand der damaligen Gleise. Die Gleichmäßigkeit war wieder hergestellt, wenn man je zwei Achsen zu einem in der Mitte belasteten Drehgestell zusammenfaßte. Nicht dessen Drehung um eine lotrechte, sondern seine Einstellung um eine wagerechte Querachse war den Erfindern jener Zeit die Hauptsache. Die Spuren dieses Gedankens sehen wir noch sehr deutlich bei der L der Abb. 127 und auf der Tafel vor dem Text. Die Querachse ist hier materiell ausgebildet, und wir sehen die Bolzenköpfe, in denen sie endet. Besonders deutlich trat der Gedanke noch 25 Jahre später zutage, als man ihn auf gekuppelte Achsen übertrug (Abb. 126). Es entstand ein Drehgestell, das sich überhaupt nur um eine wagerechte Achse drehen konnte. — Wie kam das Drehgestell nun nach Amerika? Robert Stephenson erzählt, daß er i. J. 1828 einer Abordnung amerikanischer Ingenieure, die Newcastle besuchten, die Verwendung des Drehgestells für L der Baltimore & Ohio Rd vorgeschlagen habe. Es sollten Krümmungen von 400′ = 122 m befahren werden. Hier tritt uns also schon ein Hinweis auf den Krümmungslauf des Drehgestells entgegen. Dieser Vorschlag Stephensons ist allerdings nicht ausgeführt worden. Die Baltimore & Ohio Rd versuchte es vielmehr mit einer Reihe wunderlicher Gebilde, für deren außergewöhnliche Erscheinung ihre Spitznamen „Grasshopper", „Crab", „Camel" zeugen (Abb. 281).

---

[1]) Beachtenswerte Einzelheiten steuern bei: Z. Colburn, S. 96; R. gaz. 1908, II, S. 575; Bullock: Evolution of the Locomotive truck.

Jervis griff also den alten Gedanken auf. Ganz im Sinne der oben wiedergegebenen Anschauungen jener Zeit verteilte er die Belastung der führenden Achse der 1 A, deren ,,Hämmern'' ihn ärgerte, auf zwei Achsen, die er in ein Drehgestell legte, um die Gleichmäßigkeit der Lastverteilung nicht zu gefährden. Die Achsen seines und überhaupt aller alten Drehgestelle wurden, weil sie ja nach damaliger Auffassung nur eine Einzelachse ersetzen sollten, eng zusammengeschoben. (Abb.43, 45 bis 48, 127 bis 132, 138, 139, 143, 145, 149, 252, 253.) Bei allen alten Drehgestellen, ausgenommen die Bauart Winans-Eastwick in Abb. 127, erfolgte ferner die Drehung um einen in Gestellmitte liegenden unbelasteten Zapfen, dessen Verbindung mit dem Hauptrahmen oft viel zu wünschen übrig läßt (Abb. 48). Er ist noch in Abb. 132 zu erkennen, hier freilich schon sehr viel sorgfältiger ausgeführt, als bei den ältesten Formen. Die Lastübertragung erfolgte seitlich. Beliebt waren für diesen Zweck Rollen, die die Einstellung des Drehgestells nicht erschweren (Abb. 43). Diese Rolle erfüllt schon recht gut den Zweck, die Lastverteilung zwischen den Rädern einer Seite gleichmäßig zu machen, während diese Gleichmäßigkeit zwischen rechts und links noch im argen lag. Stevenson berichtet in seinem Werk[1]), daß er eine Reihe solcher im Kreise angeordneter Reibungsrollen gesehen habe. Das würde nun freilich die Lastverteilung wieder verschlechtern. Norris erreichte die gleichmäßige Lastverteilung an einer Seite durch Anwendung nur einer Tragfeder an jeder Seite, die mit ihren Enden nahe den Achslagern auf dem Drehgestellrahmen auflag. Durch diesen Kunstgriff bleibt dieser selbst von Kräften und vor allen Dingen von zerstörenden Stößen fast frei (Abb. 45). Eine weitere Ausgestaltung dieses Gedankens sehen wir in Abb. 132. Hier liegen die Federenden genau über den Achslagern auf dem Drehgestellrahmen. Jedes Moment ist verschwunden. Es ist nur noch ein Schritt bis zu dem neuzeitlich anmutenden Gedanken, die Federenden unmittelbar auf die Achslager drücken zu lassen (Abb. 48). Wir werden noch darauf zurückzukommen haben, daß Eastwick & Harrison diesen Gedanken in recht bedenklicher Weise bis zum völligen Verschwinden des Drehgestellrahmens ausspannen (Abb. 127, 128). — Dies ist etwa die Entwicklungsstufe, die das Drehgestell zur Zeit der alten 2 A und mit ihr erreichte. Seine Hauptaufgabe war, gleichmäßige Lastverteilung auf die drei Achsen der L im ganzen zu ermöglichen. Die gleichmäßige Lastverteilung auf die linken und die rechten Räder des Drehgestells blieb noch unberücksichtigt. Man betrachtete es auch noch nicht als ein Fahrzeug für sich, das zur Sicherung seines Laufs eines längeren Radstandes bedarf. Die Bedingungen des Krümmungslaufes waren noch in Dunkel gehüllt. Man hatte sich noch nicht klargemacht, daß es beim Lauf in Krümmungen wie ein Hebel wirkt (Regel 2). So haben wir denn einen kleinen vierrädrigen Wagen mit kurzem Radstand vor uns, ohne seitliche Verschiebbarkeit, denn einer solchen bedurfte es ja bei der dreiachsigen

---

[1]) Sketch of the Civil Engineering of North America. London 1838. Deutsch im Auszug Dingler 1838, Bd. 70, S. 168.

L noch nicht. An diese Form des Drehgestells werden wir anknüpfen müssen, wenn wir mit der 2 B das zweite Kapitel seiner Geschichte beginnen werden.

Kehren wir nun zu Jervis zurück. Seine L bewährte sich so, daß eine englische 1 A nachträglich in ähnlicher Weise umgebaut wurde. Jervis ging von der Planetklasse aus und behielt daher das innen liegende Triebwerk bei. Dieses konnte nun aber, da die Triebachse hinter dem Stehkessel lag, nur zwischen diesem und den Rädern Platz finden. Der Stehkessel mußte also ziemlich schmal gehalten werden, was aber bei den damaligen bescheidenen Abmessungen möglich war. Immerhin war die Anordnung auch damals nur bei Außenrahmen ausführbar[1]).

Volle Beachtung verdienen auch zwei 2 A von Stephenson für die schon genannte Mohawk & Hudson Rd vom Ende des Jahres 1833[2]). Stephenson hatte sich von den Innenzylindern nicht trennen können. Diese arbeiteten auf eine Hebelwelle die ihrerseits die Kräfte durch außenliegende Triebstangen an die hinter dem Stehkessel liegende Treibachse weitergab. Wir haben hier also gewissermaßen eine Vorläuferin der 2 A Crampton mit Blindwelle vor uns (Abb. 55).

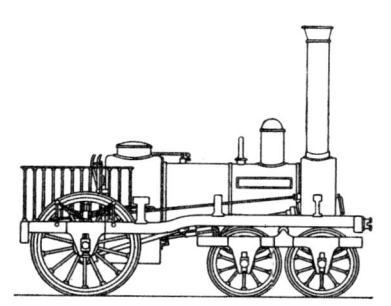

Abb. 43. Camden-Woodbury Ry 1833. Tayleur.
10; x x x; 229 356 1372.
(Nach R. gaz. 1900, S. 847.)

I. J. 1833 lieferte Stephenson die 2 A „Davy Crockett" nach Zeichnung von Jervis und dessen früherer L ähnlich für die Saratoga & Schenectady Rd. I. J. 1834 folgte eine zweite für die gleiche B und i. J. 1835 eine weitere für die Charlestown & Columbia Rd. Auch Tayleur lieferte schon i. J. 1833 eine ganz ähnliche L an die Camden & Woodbury Rd. (Abb. 43). Stephenson und Tayleur pflegten die Bauart nicht weiter, aber Baldwin in Amerika griff sie auf. Baldwin hatte i. J. 1831 für das Philadelphia Museum das lauffähige Modell einer L nach den unvollkommenen Beschreibungen angefertigt, die über die Rocket und ihre Wettbewerberinnen zu erhalten gewesen waren. Auf einer kleinen kreisförmigen Bahn des Museums, zwei Wagen hinter sich herziehend, erregte es die Bewunderung der Besucher. Man übertrug Baldwin nach diesem Erfolge die Zusammensetzung der ersten von Stephenson für die Newcastle-Frenchtown Rd eingeführten L. Diese, der Bauart Planet angehörend, wurde von Baldwin genau studiert. Schon i. J. 1832 lieferte er seinerseits seine erste L ab. Für die Philadelphia, Germantown & Norristown Rd bestimmt, war die „Ironsides" eine ziemlich genaue Nachbildung der englischen 1 A. Weiterhin begnügte sich Baldwin aber nicht mit Nachbildungen, sondern bahnte

---

[1]) R. gaz. 1872, S. 47. [2]) R. gaz. 1907, II, S. 224.

wichtige Fortschritte an. Dabei ging er aber nicht mehr von Stephensons 1 A, sondern von Jervis' 2 A aus. Er wandte sich also dem Drehgestell zu. Eine wichtige Verbesserung schuf er mit den „Half cranks" (Abb. 44). Diese sollten die oben geschilderte Vorbeiführung des Triebwerkes am Stehkessel mit äußerster Raumausnutzung gestatten. Die Kurbel hatte zu dem Zweck nur einen Kurbelarm, und der Zapfen war von innen her unmittelbar in die Kurbelwarze des Triebrades gesteckt. Diese Anordnung war natürlich erst recht nur mit Außenrahmen möglich. Das Patent Baldwins ist vom Jahre 1834, und im gleichen Jahre wurde die erste L seiner neuen Bauart für die Charleston & Hamburg Rd geliefert. Die Triebräder waren merkwürdigerweise aus bell metall, d. i. Glockenmetall (gemeint ist in diesem Zusammenhang wohl Messing) gegossen[1]). Der Erfinder meinte, daß „infolge der wechselnden Härte dieses Metalls die Reibung zwischen Rad und Schiene beliebig vermehrt oder vermindert werden könnte" (?). Die Räder wurden bald unbrauchbar, und man wiederholte den merkwürdigen Versuch nicht.

All diesen 2 A sind gewisse Vorzüge, vor allen Dingen das Fehlen aller überhängenden Massen, nicht abzusprechen, aber die Amerikaner stellten sehr bald die bequeme Zugänglichkeit des Triebwerkes in den Vordergrund, so daß jenen die sogleich zu besprechende Bauart Norris (Abb. 45) allmählich den Rang ablief, obwohl Baldwin schon seit 1835 dem Streben nach Zugänglichkeit durch gelegentlichen Bau von L mit Außenzylindern entgegen gekommen war[2]).

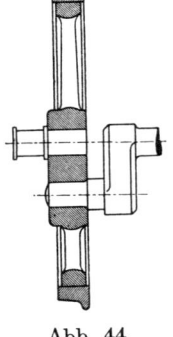

Abb. 44. Baldwins Halbkropfachse. Vgl. Abb. 43. ($1/_{30}$). (Nach Z. Colburn, S. 46.)

Die Arbeiten von Norris in Philadelphia knüpfen an die vom Col. Stephen Long geschaffenen Unterlagen an. Long, ein Mann von großer wissenschaftlicher Bildung, betrieb den Lokomotivbau seit 1830. Seine Firma, die „American steam carriage Co", seit 1831 „Long & Norris", hatte mit ihren ersten Erzeugnissen keinen großen Erfolg gehabt. Es wurde in den Jahren 1832, 1833, 1834 je eine L fertiggestellt, I. J. 1834 zog sich Long zurück. Ein Jahr später brachte Norris zwei und i. J. 1836 acht L heraus. Mit diesem Jahre, in dem Norris seine eigenartige Form in seiner 2 A „Washington" für die Columbia Rd fand[3]), beginnt der große Aufschwung. Übersichtlichkeit des Triebwerks, Fortfall der gekröpften Triebradwelle, gute Krümmungsbeweglichkeit vermöge des Drehgestells bei kleinem Gesamtradstand, beliebig hohe Belastung der Triebachse waren die Vorzüge, die Norris mit Recht für seine L in Anspruch nahm. Sie erregte in der ganzen Welt Aufsehen. I. J. 1838 kaufte Schönerer, der nach Amerika gereist war, eine

---
[1]) History of the Baldwin Locomotive Works from 1831 to 1897. S. 15. Philadelphia 1897.
[2]) R. gaz. 1899, S. 517.   [3]) R. gaz. 1887, S. 76.

solche L ,,Philadelphia" für die Österreichische Staatsb[1]). Dies scheint für Norris ein besonderer Ansporn gewesen zu sein. Er errichtete in Wien eine eigene Fabrik. Nachbildungen seiner L im Maßstab 1 : 4 überreichte er den Herrschern von Österreich, Rußland und Frankreich. Die letztgenannte ist im conservatoir des arts et métiers in Paris aufgestellt. Der Erfolg blieb nicht aus. Die Norris-L wurde sogar nach England eingeführt. Als i. J. 1840 die Birmingham-Gloucester Ry mit einer Höchststeigung von 1 : 37 eröffnet wurde, da glaubte man nämlich, eine solche Steigung könne nur von Norris-Lokomotiven bewältigt werden. Wie man zu dieser merkwürdigen Ansicht kam, ist heute schwer zu begreifen. Im Vorteil waren die Norris-L allerdings durch die damals ungewöhnlich hohe Dampfspannung von 80 bis 90 Pfund = 5,6 bis 6,3 Atm. und die kleinen, eine hohe Zugkraft ermöglichenden Triebräder. Diese Eigenheiten haben aber nichts mit der Bauart an sich zu tun, der man sie irrtümlicherweise zugute schrieb. Ähnliches erlebten wir bei der ,,Jenny Lind" (Abb. 30). Gelegentlich scheinen bei der Wertschätzung der Norris-L auch unklare Vorstellungen über die ,,hebende Tendenz" geneigter Zylinder mitgewirkt zu haben[2]). Es wird erzählt, daß Züge über jene Steigung der Birmingham-Gloucester Ry, die sogenannte Lickey incline, gelegentlich von sieben solcher L befördert worden seien. Die Gattung trat mit der 1 A 1 auch in Deutschland in Wettbewerb. Die Eisenbahn Berlin—Frankfurt a. O. bezog 15 Norris-L. Zahlreiche andere Verwaltungen, nämlich die Breslau-Freiburger, Berlin-Stettiner, Berlin-Potsdam-Magdeburger, Braunschweigische, Hannoversche, Bergisch-Märkische B, die Hessische Nordb, die Badischen und die Württembergischen B bezogen eine, zwei oder einige wenige 2 A Norris-L (Abb. 45). Es handelte sich aber bei allen diesen offenbar nur um Probebeschaffungen, denn weitere Aufträge erfolgten nicht. Der in Abb. 45 sichtbare Funkenfänger ist nachträglich eingebaut[3]).

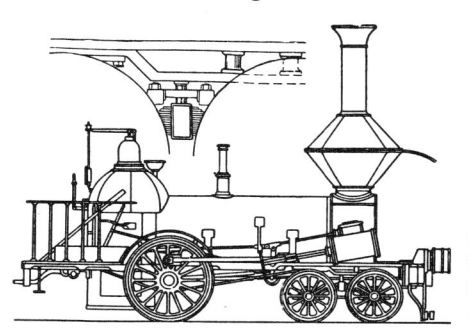

Abb. 45. Berlin-Potsdamer B 1839 Norris. 13; 33 0,75 3,3; 267 457 1219. (Nach Matthias. Darstellung einer zum Transportbetriebe auf der Berlin-Potsdamer B dienenden L Berlin 1841.)

---

[1]) Ein hervorragender Fachmann Österreichs, Karl Gölsdorf, schrieb eine fesselnde Geschichte des L-baus dieses Landes für das Sammelwerk: Geschichte der Eisenbahnen der österreichisch-ungarischen Monarchie. Wien, 1898: S. dort B III, S. 425 und in dem Nachtragband VI, S. 287, Wien 1908,
[2]) Wood: Praktisches Handbuch der Eisenbahnkunde; Deutsche Ausgabe Braunschweig 1839. Einleitung S. XXXI.
[3]) Zur Geschichte der Norris-L, s. auch R. gaz. 1887, S. 76 und 1909, II, S. 231.

Später genügte die Leistung der Norris-L nicht mehr; auch ließ die Ruhe des Ganges zu wünschen übrig. Norris stellte den Lokomotivbau i. J. 1846 ein. Es scheint, als habe ihn, wie seinen englischen Fachgenossen Bury, die Schaffensfreude auf diesem Gebiete verlassen, als die Schöpfungen jüngerer Erfinder über die eigenen zäh bewahrten und gepflegten hinauszuwachsen begannen. Österreichische und französische Lokomotivbauer nahmen sich nun der Norris-L an, ahmten sie nach und suchten sie fortzubilden. Gewisse Eigenheiten, z. B. die schräg liegenden Zylinder und das darunter liegende Drehgestell von kleinem Radstand, finden wir daher noch viele Jahre nachher, als sie eigentlich von den Erfahrungen des Lokomotivbaues schon hätten überholt sein sollen.

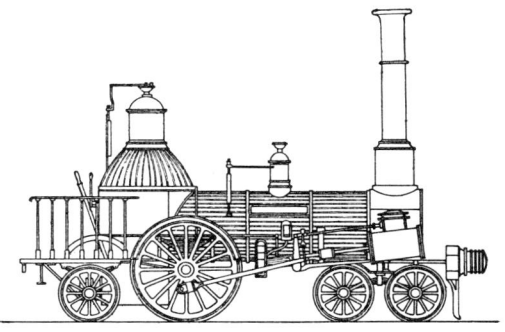

Abb. 46. Berlin-Anhalter B 1841 Borsig (19);
(36) x (5,85); 292 457 1371.
(Nach „A. Borsig 1837 bis 1902" [Festschrift], S. 24.)

Auch Borsig knüpfte an die Norris-L mit seiner ersten L i. J. 1841 an, machte sie aber durch Hinzufügung einer Laufachse hinter dem Stehkessel zur 2 A 1 (Abb. 46). Wir beobachten also eine ganz ähnliche Erscheinung wie bei der Entstehung der 1 A 1 aus der 1 A und der B 1

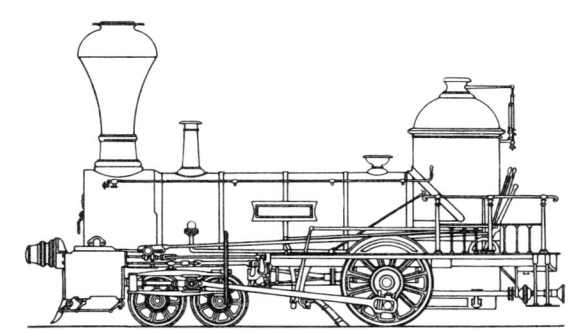

Abb. 47. Österr. nördl. Staatsb 1845 Meyer, Mühlhausen.
21; 70 0,9 6,3; 410 630 1265.
(Nach Organ 1848, S. 1.)

aus der B. Wie dort ist es der Überhang, der als störend empfunden und durch Hinzufügung einer Laufachse unschädlich gemacht wird. Borsig ließ dieser seiner ersten L aber nur wenige weitere gleicher Art folgen. Er ging vielmehr, wie schon früher erwähnt, seit 1843 zur 1 A 1 über. Auch im Heimatlande der Norris-L, in Amerika, kam man zu gleicher Zeit auf dem gleichen Weg zur 2 A 1. Baldwin lieferte eine solche i. J. 1841 für die Norris & Essex Rd, und die erste L, die die Fabrik von Rogers i. J. 1842 verließ, zeigte weitgehende Ähnlichkeit mit der etwas älteren Borsigschen[1]). Die Entwicklung führt zuweilen auf verschiedenen Wegen zu gleichen Formen. Das zeigt deutlich die Geschichte der 2 A 1. Wir trafen sie ja schon einmal an (Abb. 36 bis 39), nämlich als letztes Glied in der Reihe der 1 A 1 (St +), die also eine ganz andere Entstehung und nur die Formel für die Achsenstellung mit den eben besprochenen 2 A 1 gemeinsam hat.

Seit 1845 versuchte Meyer in Mühlhausen, die Norris-L zu neuem Leben zu erwecken. Er vermied die Schräglage der Zylinder, indem er sie wagerecht vor das Drehgestell legte (Abb. 47). Auf diese Weise hingen nun aber nicht nur der Stehkessel, sondern auch die Zylinder über. Die ungünstigen Erfahrungen, die man gelegentlich mit diesen und überhaupt allen durch starken Überhang gekennzeichneten L gemacht hatte, sowie überhaupt die steigenden Fahrgeschwindigkeiten mußten die Aufmerksamkeit auf Anordnungen lenken, die bisher ein verstecktes

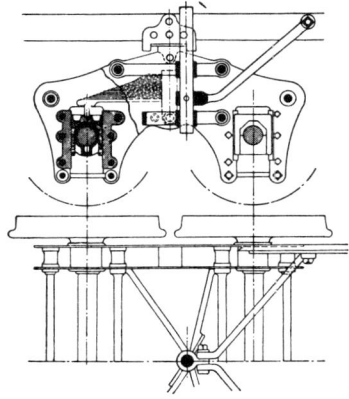

Abb. 48. ($1/_{40}$) Drehgestell der 2 A nach Abb. 47.

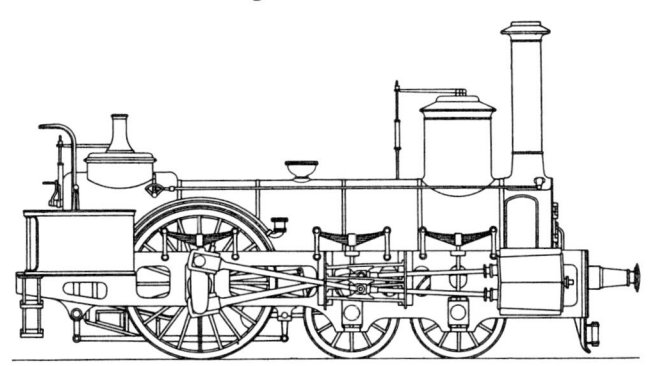

Abb. 49. Österreichische Staatseisenbahngesellschaft 1861 Haswell, Maschinenfabrik der österr. Staatsb.
33; 111 1,5 7; 4 · 276 632 2055.
(Nach Z. d. V. D. I. 1863, S. 290.)

Dasein in den Patentschriften geführt hatten. Bodmer, ein Schweizer, der i. J. 1830 in England eingewandert war, hatte sich mit dem

---

[1]) History of the Rogers Locomotive and Engine works. R. gaz. 1877, S. 129.

Massenausgleich bei Dampfmaschinen beschäftigt und schon i. J. 1834 eine L mit zwei gegenläufigen Kolben in einem Zylinder entworfen. I. J. 1845 lieferte er zwei solcher L an die South Eastern und die London-Brighton & South Coast Ry ab. Sie hatten die Form 1 A 1 (St +) und an jeder Seite zwei um 180° versetzte Innenkurbeln. Die einander benachbarten Arme jedes dieser Kurbelpaare waren in ganz neuzeitlich anmutender Weise zu einem einzigen vereinigt, der also die beiden Zapfen unmittelbar miteinander verband. Ein langes Dasein war diesen L freilich nicht beschieden. Die erste fiel i. J. 1846 einer Entgleisung infolge eines Hindernisses auf den Schienen zum Opfer. Die zweite wurde i. J. 1849 umgebaut, vermutlich nur wegen schwieriger Unterhaltung der vierfach gekröpften Welle, denn der ruhige Lauf dieses L war gelobt worden[1]). Bodmers Gedanken nun lebten i. J. 1861 in einer von Haswell entworfenen 2 A auf. Eine L dieser für die österreichische Staatsb bestimmten Lieferung war die durch ihren Vierzylinderausgleich bekannt gewordene „Duplex" (Abb. 49). Auf jeder Außenseite befanden sich zwei um 180° versetzte Triebwerke, durch deren Gegenläufigkeit die schädlichen Massenwirkungen größtenteils beseitigt wurden. Der vorzügliche Massenausgleich durch gegenläufige Triebwerke und der Triebraddurchmesser von 2055 mm sollten sie zu schnellster Fahrt geeignet machen. Der Versuch mit der in Ketten aufgehängten L gab dem Erfinder zwar recht, denn es waren kaum schlingernde Bewegungen wahrnehmbar, aber der kurze Radstand von nur 3477 mm und der Überhang des Stehkessels, der wegen der innenliegenden Exzenter besonders groß ausfiel, hatte die entgegengesetzte Wirkung. Dieser Gegensatz zeigt, wie wenig sicher man zu jener Zeit noch in der Abwägung der einzelnen Mittel und Maßnahmen für die Erzeugung ruhigen Ganges war.

Die 2 A entstand, wie wir gesehen, in Amerika, weil man die nickenden und hämmernden Bewegungen der 1 A unerträglich fand. In England hatte Stephenson aus ähnlichem Anlaß die 1 A 1 geschaffen. Als er aber i. J. 1842 seine 1 A 1 (St —) herausbrachte, da mußte er, wie geschildert, die Erfahrung machen, daß dieses gefürchtete Nicken wieder in Erscheinung trat. Die Zeit war damals noch nicht dazu reif, um eine Verlegung der hinteren Laufachse an ihren alten Platz, d. h. hinter den Stehkessel des lang gewordenen Kessels rätlich erscheinen zu lassen. Zu dieser Verlegung entschloß man sich, wie wir es oben gesehen, erst im Anfang der fünfziger Jahre in Deutschland nach dem Unglück bei Gütersloh. Stephenson meinte, das Nicken ohne Verlängerung des Radstandes beseitigen zu können, wenn er die Triebachse an dritte Stelle schöbe. (Abb. 50). Nun konnte auch ein unbefugtes Nachspannen der Federn an der Triebachse keine gefährliche Entlastung der führenden Laufachse bewirken. Die angestrebten Vorzüge konnten bei einer solchen Verlegung der Triebachse noch durch Zurückverlegung der Zylinder gehoben werden. Die Abbildung läßt noch eine weitere

---

[1]) Walker: The earliest balanced locomotives. Mit genauen Zeichnungen und Mitteilungen über Bodmers Leben und Tätigkeit. Railroad age gazette 1909, II, S. 141. Ebenso in The Locomotive 1909, S. 10.

Maßnahme zur Verbesserung der Gangsicherheit erkennen, die Stephenson auch schon bei seiner 1 A 1 (St +) mit Außenzylindern vom Jahre 1845 (vgl. Abb. 41) benutzt hatte. Der Kurbelarm ist nämlich symmetrisch ausgebildet. Es kommt das auf einen Ausgleich eines Teils der umlaufenden Massen heraus. Bisher hatte Stephenson im Gegensatz zu Sharp keine Gegengewichte ausgeführt. Eine Nachwirkung des Gedankens zeigt Abb. 69. So entstand also i. J. 1845 eine neue 2 A (St —). Sie beweist, daß Stephenson trotz der Abfertigung, die er dem General Pasley hatte zuteil werden lassen, doch seiner 1 A 1 (St —) nicht recht traute; nur suchte er ihre Mängel an anderer Stelle als der General. Welche großen Erwartungen er an sie knüpfte, ersehen wir daraus, daß er auch sie dazu ausersah, in dem mehrfach erwähnten Wettstreit der Spurweiten für die Regelspur in die Schranken zu treten. Er hielt die Bauart also jeder anderen für überlegen. Die erste dieser Gattung — im Gegensatz zu der sonst zu beobachtenden Vorliebe der Engländer für klangvolle Lokomotivnamen kurz und trocken „Great A" genannt — war deshalb auch auf keiner Bahn beheimatet, sondern nur für jene Versuchsfahrten bestimmt; später ging sie in den Bestand der York and North Midland Ry über. Sie hatte nicht vermocht, den Kampf der Spurweiten zugunsten der Normalspur zu entscheiden. Aber, wo ein deutlicher Erfolg fehlt, da bleibt doch immer der Reiz des Neuen wirksam — auch für den Ingenieur. Er braucht sich dessen nicht zu schämen, wenn nur der ernste Wunsch dahinter steht, an Stelle einer fremden die selbst erworbene Überzeugung zu setzen. Wer nur benutzt, was sich in hundert fremden Händen bewährt hat, den haben die Jahre als Geschäftsmann gereift und als Ingenieur zum Greis gemacht. So erschien denn Stephensons 2 A vielerorts, und auch die deutschen Firmen Tischbein und Buckau, sowie die französische Bennet nahmen den Bau auf. Auf die westflandrische Bahn gelangte sie im Jahre 1845, auf die Niederschlesisch-Märkische B aus Tischbeins Werkstatt i. J. 1847 und im gleichen Jahre auf die Magdeburg-Leipziger und die Thüringer. Selbst bei der ägyptischen Staatsb faßte sie Fuß. Aber in all diesen Fällen behielten doch die vorsichtigen Geschäftsleute recht. Sie enttäuschte — eine für uns heute selbstverständliche Erscheinung. Stephensons Lösung beseitigte das Grundübel des zu kurzen Radstandes nicht. Wie wenig man schließlich zufrieden war, erhellt am besten aus dem Verhalten der Eastern Counties Ry. Diese Verwaltung hatte

Abb. 50. York & Berwick Ry 1845 Stephenson. x; 79 0,9 x; 381 610 1829. (Nach Clark, S. 17.)

die neue Bauart bis 1847 eifrig beschafft, nahm dann aber Umbauten vor, die wir mehrfach in ähnlicher Weise erlebten. Es wurde nämlich eine Laufachse hinter dem Stehkessel eingebaut. Damit entstand wiederum die Bauart 2 A 1, der wir somit zum drittenmal als Abschluß einer langen Entwicklung begegnen (vgl. Abb. 36 bis 39 und 46).

Für Stephenson hätte es einen schweren Entschluß bedeutet, nach der Abkehr von seiner 1 A 1 (St —) nun auch die 2 A wieder aufgeben zu sollen. Ein neuer erfolgverheißender Gedanke wird in den Stephensonschen Werken geboren: Der Massenausgleich durch eine Dreizylinderanordnung. Sein und Howes Patent vom 11. Februar 1846 erstreckte sich auf eine Dreizylinder-L, deren Außenkurbeln gleichgerichtet sind. Die des Innenzylinders ist um 90^0 gegen jene versetzt, sein Querschnitt das Doppelte jedes Außenzylinders. Die guten Eigenschaften einer solchen Anordnung stehen außer Zweifel. Aber Stephenson unterlief der gleiche Irrtum, wie 16 Jahre später Haswell beim Entwurf seiner „Duplex" (Abb. 49). Er glaubte, die Schädlichkeit zu kurzen Radstandes durch sorgfältigen Massenausgleich beheben zu können. Im Sinne der eben gemachten Ausführungen zeigt die Beschreibung des Patentes eine 2 A (St —)[1]. Zur Ausführung kamen zwei Dreizylinder-L, deren eine wahrscheinlich eine solche 2 A war. Die andere war eine 1 A 1, die im übrigen viele Merkmale der „Jenny Lind" (Abb. 30, 31) aufwies und i. J. 1846 an die York Newcastle & Berwick Ry abgeliefert wurde. Die weiteren Früchte des neuen wertvollen Gedankens sind erst Jahrzehnte später gereift.

Stephensons 2 A kann nur als eine Vorläuferin der 2 A Crampton gelten. In Cramptons L (Abb. 51) sehen wir den großen Irrtum verkörpert, der den Lokomotivbau jahrzehntelang beherrscht hat, von dem wir wiederholt sprachen, und von dem wir noch häufig werden sprechen müssen — den Irrtum, daß der Schwerpunkt der L möglichst tief liegen müsse. Um dem Kessel zu diesem Zwecke eine recht niedrige Lage geben zu können, legte Crampton die Triebachse, für die er nun einen sehr großen Durchmesser wählen konnte, hinter den Stehkessel. Seine Überlegung gilt uns heute als ein Irrtum. Ein Irrtum war auch bei der Schaffung von Stephensons 1 A 1 (St —) unterlaufen. Und doch wurde hier wie dort eine Reihe wichtiger Fortschritte erzielt, und beide L gelten mit Recht als höchst bedeutsame Erscheinungen. Cramptons L fällt angenehm durch die sorgfältige Ausbildung ihrer Einzelteile auf. Die Bauart des Stehkessels, dessen Decke einfach die Verlängerung des Langkessels bildete, ist noch heute bei der Mehrzahl der Eisenbahnverwaltungen gebräuchlich. Auch der Ersatz des Domes durch einen als Dom ausgebildeten Reglerkopf ist vielfach nachgeahmt worden, wenn sich auch über die Zweckmäßigkeit sehr streiten läßt. Vor allen Dingen war aber der Crampton-L der Erfolg verbürgt durch das entschlossene Zurückgreifen auf den langen Radstand und den unterstützten Stehkessel. Nicht zuletzt verdient die ganz einwandfreie Art der Kraftübertragung vom Zylinder zum Triebachslager und Zug-

---

[1] Dingler Bd. 103, S. 405, 1847.

apparat Hervorhebung. Wir haben an vielen Beispielen gesehen, daß das i. J. 1846 noch keine Selbstverständlichkeit war. Ein Mangel der Crampton-L aber ist die Unmöglichkeit, die weit hinten liegende Triebachse genügend zu belasten. Die vorsichtig abwägende Sinnesart der Engländer zeigte sich auch in ihrer Stellung zur Crampton-L. Sie hielten zäh an der erprobten 1 A 1 (St +) fest. Nur wenige Verwaltungen beschafften einige Crampton-L und das Erscheinen von einzelnen besonderer Bauart (ähnlich Abb. 55) hat seinen Grund auch nur in dem Wunsch, vom Altbewährten möglichst wenig abzuweichen.

Die ersten beiden Crampton-L wurden i. J. 1846 für die Belgische Bahn Namur—Lüttich geliefert. Sie sind die einzigen in Belgien geblieben[1]). Ihr Hauptverbreitungsgebiet waren die Comp. du Nord, de

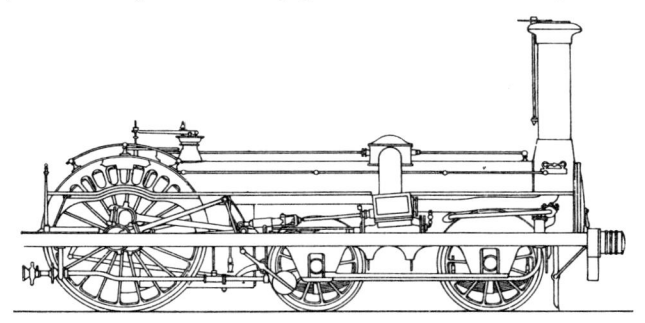

Abb. 51. Comp. du Nord 1849 Cail.
27; 98 1,4. 6,5; 400 560 2100.
(Nach Organ 1852, S. 189.)

l'Est und de Paris-Lyon-Méditerranée in Frankreich sowie Süddeutschland und Dänemark. Die Comp. du Nord hatte soeben ihr Netz an der französischen Nordküste ausgebaut, so daß ein gerader Weg Paris—London über Boulogne und Folkestone geschaffen war. Ein S-Zugverkehr ersten Ranges sollte ins Leben gerufen werden. Das Erscheinen der Crampton-L kam gerade zupaß. Die Firma Derosne und Cail zu Paris betrieb im besonderen ihren Bau, und die Form, die sie für die Comp. du Nord wählte (Abb. 51), kehrte im wesentlichen auch bei den anderen französischen Verwaltungen wieder. Der Kessel zeigt die schon erwähnten Neuerungen. Die Heizrohre sind in der Mitte zwischen den Rohrwänden durch eine Tragwand unterstützt, um das federnde Auf- und Niederschwingen während der Fahrt zu verhüten und so die Einwalzstellen zu schonen. Dieses Mittel scheint damals aber schon allgemein bekannt gewesen zu sein, denn die Tragwand findet sich auch bei den im gleichen Jahre gelieferten B 1 von Gouin (Abb. 71), den 1 B (St —),

---

[1]) Die Geschichte der Crampton-L ist in einem ausgezeichneten Werke dargestellt: F. Gaiser: Die Crampton-L. Neustadt a. H. 1909. Ich entnehme diesem Werke in der folgenden Darstellung wichtige Einzelheiten. Über einige englische durch Umbau entstandene Crampton-L s. Eng. 1910, II, S. 10; über einige norddeutsche Crampton-L s. Hanomagnachrichten 1916, H. 4, endlich über einige Ausnahmebauarten s. Lokomotive 1911, S. 272.

der Main-Weserb von Keßler (S. 118) und den C (St —) Alb L des gleichen Erbauers (Abb. 206). Die Laufachsen liegen gemäß den Anschauungen jener Zeit über die Vorzüge großen Querabstandes der Federn in einem Außenrahmen, und das Triebachslager im Innenrahmen, weil das Außentriebwerk seine Außenlagerung erschwerte. Der Doppelrahmen umfaßt den Zylinder beiderseits. Die Kraftübertragung ist einwandfrei. Ein Teil der Nordb-L besaß ursprünglich Gegengewichte zum vollen Ausgleich der hin- und hergehenden Massen. Das erklärt drei Entgleisungen, die sich mit ihnen ereigneten. Sechs jüngere Crampton-L aus dem Jahre 1859 waren schon mit Heusingersteuerung versehen.

Der Erfolg der Crampton-L in Frankreich war durchschlagend. Sie machten die Comp. du Nord schon i. J. 1849 zur führenden im S-Zugdienst. Es gelang, die Fahrtdauer Paris—London auf 12 Stunden, Paris—Köln auf 16 Stunden abzukürzen. Die Geschwindigkeit der S-Züge betrug 55 bis 60 km. Erst in den siebziger Jahren begannen sie, auf die Nebenstrecken abzuwandern. Die Comp. de l'Est aber versah seit 1881 ihre Crampton-L und diejenigen, die sie von der Comp. de Paris-Lyon-Méditerranée erhalten hatte, mit neuen verstärkten Kesseln. Eine von ihnen erhielt einen Flamankessel[1]). Der schwere Stehkessel dieser Bauart, dessen Gewichtsanteil noch dadurch vergrößert wurde, daß man den Dom auf ihn stellte, beseitigte den Hauptfehler der Crampton-L, die zu geringe Belastung der Triebachse. Bei Schnellfahrtversuchen, die man i. J. 1890 auf der Linie Paris—Lyon—Méditerranée veranstaltete, schlug bei der Leerfahrt diese L alle ihre Mitbewerberinnen. Der Ruf der französischen Crampton-L ergibt sich auch daraus, daß die Firma Cail vier nach Rußland, eine nach Ägypten ausführte.

Ihre Einführung auf der badischen Staatsb fällt mit dem Umbau ihrer Linien aus der Breit- in die Regelspur zusammen. Die Spurverminderung einerseits, die Vergrößerung des Raddurchmessers in Rücksicht auf den eben eingeführten S-Zugbetrieb anderseits mußten nach den damals herrschenden Anschauungen über die Gefährlichkeit hoher Schwerpunktlage die Einführung der Crampton-L nahelegen. Zudem warf Redtenbacher sein Ansehen für sie in die Wagschale. Eine von Maffei-Hall geschaffene Außenrahmen-Bauart mit Hallschen Exzenterkurbeln wurde zum Vorbild genommen. Die ersten beiden waren Ausnahmebauarten mit Doppelkessel und rückkehrendem Rauchkanal, so daß Blasrohr und Kamin in der Mitte des Kessels lagen. Ursprünglich war wohl die ganze erste Lieferung so gedacht. Nach den schlechten Erfahrungen aber, die man mit ihnen machte, wurde der Rest der Lieferung, aus acht Maschinen bestehend, nach Abb. 52 ausgeführt. Die Spuren jener Ausnahmebauart erkennen wir noch an der Lage des Reglergehäuses dicht vor dem Stehkessel. Dort war sie notwendig gewesen, weil der Schornstein in der Mitte des Kessels stand. In Abb. 52 hat diese Lage eigentlich keinen Sinn mehr. Die L hatte einen Doppelkessel mit birnenförmigem Querschnitt (Abb. 53). Die Birnenform er-

---

[1]) Loc. Mag. 1902, April supplement.

laubt die Unterbringung einer großen Rohrzahl bei genügendem Dampfraum, zumal wenn der Stehkessel seitlich gegen den Langkessel ausladet, so daß die Rohrwandbreite gleich dem Langkesseldurchmesser gemacht, und der Langkessel nach den Seiten hin völlig mit Rohren erfüllt werden kann.

Crampton selbst hatte bei seiner 2 A zugunsten der Einfachheit auf solche Mittel verzichtet. Sein Stehkessel bildete, wie noch heute üblich, oben und seitlich einfach die Verlängerung des kreisrunden Langkessels. Bei seiner 3 A (Abb. 54) griff er freilich aus besonderem Grunde auch zu einem ähnlichen Mittel. In Deutschland liebte man solche der Gewichtsverminderung dienenden Künsteleien, die uns auch bei Abb. 206 begegnen werden, bis man durch böse Betriebserfahrungen eines besseren belehrt wurde. Abb. 53 zeigt auch deutlich das Gedrungene, auf tiefe Schwerpunktlage Abzielende der Bauart. Eine Besonderheit der badischen 2 A im Gegensatz zu allen anderen deutschen und englischen Ausführungen ist das Vorhandensein eines Drehgestells. Die Vorliebe für dieses wird uns bei der badischen Staatsb noch häufiger begegnen. Seine Anwendung ist in diesem Fall auf einen Vorschlag Redtenbachers zurückzuführen. Es ist dem Wesen nach das alte, auf S. 57 beschriebene Drehgestell mit einer Längsfeder auf jeder Seite, und doch hatten die Geschwindigkeiten inzwischen wesentlich zugenommen. Auch sonst ist es in der Einzelausbildung nicht mustergültig, so daß man mit den Lieferungen vom Jahre 1858 zu festen Laufachsen zurückkehrte. Die L wurde des Drehgestells wegen vorwiegend auf den krümmungsreichen Strecken südwärts von Freiburg verwendet. Sie beförderte i. J. 1858 auf der Strecke Freiburg—Waldshut durchschnittlich 18 Wagenachsen oder rund 50 t. Die erzielte Höchstgeschwindigkeit betrug i. J. 1855 mit einer Zuglast von

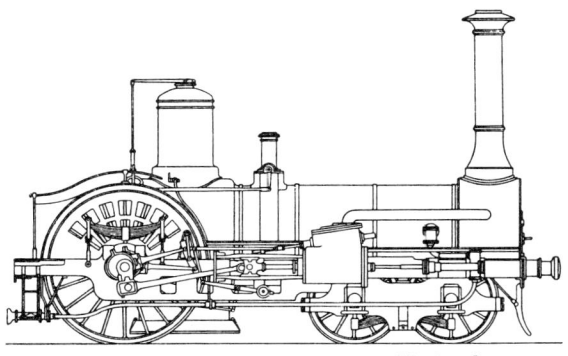

Abb. 52. Badische Staatsb 1854 Karlsruhe.
29; 82 1,1 7; 405 560 2130.
(Nach Gaiser, Die Cramptonlokomotive.
S. 54. Neustadt a. d. Haardt. 1909.)

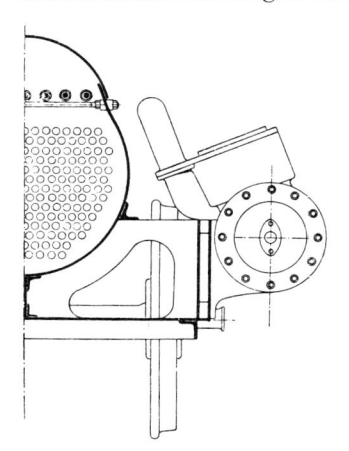

Abb. 53. ($^1/_{40}$) Querschnitt der 2 A nach Abb. 52.

45 t 70 km. Die von der Maschinenbaugesellschaft Karlsruhe i. J. 1863 gebaute „Phoenix" ist in der Hauptwerkstatt Karlsruhe von allen späteren Zutaten befreit und zur Aufnahme in ein badisches Eisenbahnmuseum hergerichtet worden.

3 A, 2 A mit Blindwelle. Die Crampton-L ist zur Zeit des Kampfes der Spurweiten geschaffen worden. Es ist also durchaus begreiflich, daß der Erfinder es im Vertrauen auf die guten Eigenschaften seiner L versuchte, diesen Kampf mit ihrer Hilfe zugunsten der Regelspur zu entscheiden. Er glaubte aber, den gewaltigen 2 A 1 der Great Western Ry (S. 47) eine ganz besonders gefährliche Nebenbuhlerin schaffen zu müssen und blieb daher nicht bei der Form 2 A stehen,

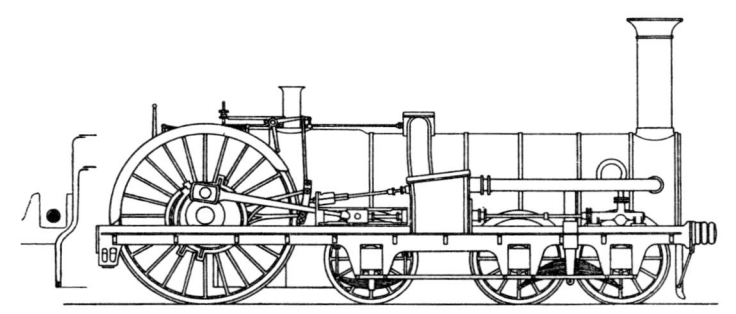

Abb. 54. London and North Western Ry 1848 Bury, Curtis & Kennedy.
36; 195 2,0 x; 457 610 2438.
(Nach Tredgold, Tenth paper.)

sondern erweiterte sie unter Beibehaltung der grundsätzlichen Anordnung zur 3 A (Abb. 54). Ihre Abmessungen sind für jene Zeit ganz bedeutende. Der Schwerpunkt ist so tief als möglich herabgezogen. Der Langkessel setzt sich aus 2 Halbzylindern von verschiedenen Halbmessern zusammen, so daß sich der Querschnitt eines auf die Spitze gestellten Eies ergibt. Der Stehkessel ist vor den Triebrädern, die ihn einengen, seitlich erweitert. In die Feuerkiste ist in der Längsmittellinie eine Hohlwand eingebaut, deren Hohlraum hinten, oben und unterhalb der Rohre mit dem Wasserraum des Kessels in Verbindung steht. Es entstehen also zwei Roste, die zwei Feuertüren notwendig machen. Der Gedanke einer Teilung der Feuerkiste in der Längsrichtung stammt übrigens von Hawthorn und ist diesem i. J. 1839 patentiert worden[1]). Der lange Stehkessel und die sonstigen großen Abmessungen führen zu dem bedeutenden Radstand von 5639 mm. Um diesen Radstand nicht noch größer machen zu müssen und gleichwohl die erforderliche Rostfläche unterbringen zu können, ist die Stehkesselrückwand unter der Triebradwelle nach hinten weggekröpft (Nebenskizze zur Abb. 54). Die Achsgabel der Triebachse mußte nun nach oben gerichtet und letztere in dieser Richtung ein- und ausgebracht werden. In dieser L zeigen

---

[1]) Repertory of Patent-Inventions April 1841, S. 193. Deutsch Dingler Bd. 80, S. 321, 1841.

sich recht deutlich zwei Vorurteile jener Zeit: 1. die ängstliche Tieflegung des Schwerpunktes. Diese Ängstlichkeit äußert sich unter anderem auch darin, daß keine der Laufachsfedern in natürlicher und bequemer Lage über dem Lager liegt und im übrigen in dem ungewohnten, teueren und unsicheren Querschnitt des Langkessels. 2. die ganz unbegründete Abneigung gegen das Drehgestell. Hätte man sich zu diesem entschlossen, so wäre die Kröpfung der Stehkesselrückwand überflüssig gewesen, und man hätte einfach den Radstand um das betreffende Maß verlängern können. Auffallend ist in dem Bild auch das sehr große Exzenter, das unmittelbar an der Radnabe befestigt ist und in seiner Scheibe den Triebzapfen aufnimmt. So wird zwar eine Gegenkurbel gespart, aber die Anordnung führt wegen der Größe der Exzenterscheibe starke Reibungsverluste und Neigung zum Heißlaufen herbei. Der Pumpenantrieb hingegen bewährte sich und wurde vielfach nachgeahmt. Es ist ein vollständiger Doppelrahmen vorgesehen. Im Innenrahmen ist nur die Triebachse gelagert. Die L erreichte i. J. 1848-eine Höchstgeschwindigkeit von 126 km/St bei ruhigem Lauf, griff aber den Oberbau stark an, wurde deshalb im regelmäßigen Betriebe nicht verwendet und schon i. J. 1858 ausgemustert. Gerade die tiefe Schwerpunktslage in Verbindung mit dem zu großen Radstande dürfte so zerstörend auf das Gleis gewirkt haben, denn die Achsbelastung war auch für jene Zeit nicht zu hoch. Der Sieg über die Wettbewerberin auf der Breitspur war entschieden zu teuer erkauft, und Gaiser hat recht, wenn er den Grund dafür, daß die Regelspur sich durchsetzte, in anderen wirtschaftlichen und sonstigen Gründen sucht. — Die Crampton-L war zwar englisches Erzeugnis, aber sie hatte für das technische Empfinden des Engländers doch etwas Fremdes. Der Engländer bevorzugt Innenzylinder, und Crampton hoffte wohl, wenn er dieser Neigung seiner Landsleute Rechnung trüge, seiner L auch in England ein Verbreitungsgebiet zu erobern, das ihr bisher verschlossen geblieben war. Seine Hoffnung ging freilich nicht in Erfüllung. Die L, die auf diese Weise entstand, und deren Vorläufer auf S. 58 erwähnt wurde, verdient aber unsere volle Beachtung (Abb. 55). Die Zylinder liegen innen und arbeiten auf eine Blindwelle. Deren um 180^0 gegen die Triebkurbeln versetzten Außenkurbeln treiben mittels Kuppelstange die Treibräder an.

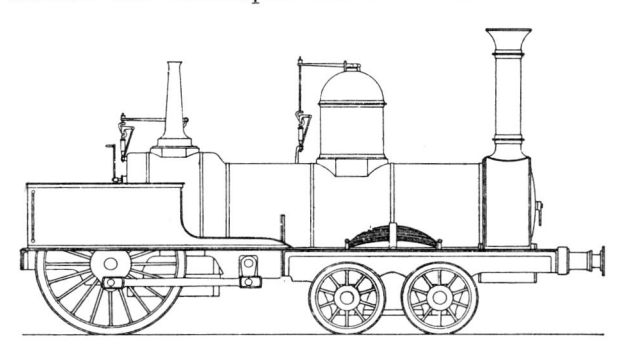

Abb. 55. Preußische Ostb. 1852 Wöhlert.
25; 79 1,1 6; 381 508 1981.
(Nach Gaiser: Die Cramptonlokomotive, S. 34.
Neustadt a. d. Haardt 1909.)

Das ergibt guten, wenn auch nicht, wie Crampton annahm, vollständigen Massenausgleich; es bedarf aber in den Triebrädern nur kleiner Gegengewichte. Ein großer Vorzug ist natürlich auch darin zu erblicken, daß die Steuerung gar nicht vom Federspiel beeinträchtigt wird. Die Ruhe des Ganges wird durch die Innenlage der Zylinder unbedingt gefördert. Sie wird es noch weiter dadurch, daß die Laufachsen mit den Zylindern weiter nach vorn geschoben sind. Diese Lage der Laufachsen eröffnet weiterhin die Möglichkeit, der Triebachse etwas mehr Reibungsgewicht zuzuweisen. Seltsam ist, daß Crampton mit dem Bau dieser Form seinen Lieblingsgedanken, die Tieflage des Schwerpunktes aufgab, denn der Kessel mußte bei der neuen Anordnung ja nicht nur der Welle, sondern auch den Kurbeln aus dem Weg gehen. Wir wissen aber heute, daß die höhere Schwerpunktslage nur vorteilhaft wirken konnte. Das ist ein recht günstiges Gesamtbild. Leider wird alles durch die Blindwelle beeinträchtigt. Eine solche Blindwelle ist ein recht kniffliches Maschinenelement, dem man unter den schwierigen Umständen, die bei der L vorliegen, auch heutigentags noch gern aus dem Wege geht, und dessen Berechnung unter Berücksichtigung aller Nebenwirkungen man damals sicher nicht gewachsen war. Das wurde der neuen Bauart später zum Verhängnis. Zehn solcher L wurden i. J. 1851 für die South Eastern Ry beschafft, und eine von ihnen, namens „Folkestone" in London ausgestellt. Die gleiche Zahl erhielt i. J. 1851/52 die Great Northern Ry. Man erreichte mit ihnen Geschwindigkeiten von 120 km — also eine ganz gewaltige Leistung, die bis in die neueste Zeit nur ganz ausnahmsweise übertroffen wurde. Besonders die South Eastern Ry war mit ihren L durchaus zufrieden. Ihre Leistung übertraf gleichzeitig gelieferte L von Sharp, die gleiche Kessel, gleiche Zylinder und gleiche Räder hatten. Solche Erfolge mußten zur Aufnahme der Bauart auch in anderen Ländern anreizen. Gegen Ende des Jahres 1852 wurde eine genau nach dem Muster der „Folkestone" gearbeitete L namens „England" von Stephenson an die preußische Ostb abgeliefert. Von der Wöhlertschen Form (Abb. 55) gelangten acht noch vor der „England" an die Ostb. Sie waren keineswegs eine genaue Nachbildung des englischen Entwurfes. Die Steuerung nach Gooch gestattete eine etwas geringere Höhenlage des Kessels. Ihre Abmessungen waren etwas geringer. Daher wurde die „England", solange als der Weg von Berlin nach dem Osten über Stettin ging, auf der Strecke Stettin—Kreuz verwendet, da bis Kreuz die für Posen bestimmten Wagen mit im Zuge liefen. Die „England" und die Wöhlertsche „Baude" erreichten bei Probefahrten über längere Strecken Höchstgeschwindigkeiten von 90 bis 102 km, ohne daß sich „unruhiger Gang, der zu Entgleisungen Anlaß geben konnte, herausgestellt hätte". Dagegen häuften sich mit zunehmendem Alter die Kurbelachsenbrüche beträchtlich. Aus den Jahren 1859 bis 1865 werden nicht weniger als neun Fälle berichtet. Daher erlebten nur drei von den Wöhlertschen Maschinen noch das Jahr 1871. Wegen Unvollständigkeit der Quelle mußte Abb. 55 in Äußerlichkeiten auf Grund eines Vergleichs mit gleichaltrigen Wöhlertschen L etwas ergänzt werden.

72   Lokomotiven mit freier Triebachse: 3 A, 2 A mit Blindwelle.

Jedes Land, das zum Bewußtsein selbständigen technischen Schaffens erwacht ist, versucht, die aus der Fremde kommenden Formen nach ihm geläufigen Grundsätzen umzuformen und sich genehm zu machen. Da müssen wir gespannt darauf sein, was in Amerika aus der Crampton-L wurde. Sie hatte schnell dort Eingang gefunden. Indem der Amerikaner ihr alsbald den Stempel seiner Eigenart aufdrückte, schreckte er nicht vor einer ganz neuen und ungewöhnlichen Gestaltung zurück. Oft hat ein ähnliches Vorgehen nach einer gewissen Klärung zu gesunden und lebensfähigen Formen, die dann ihren Weg zurück über den Ozean fanden, geführt. Wir haben diesen Vorgang beobachtet, als wir die Schicksale der nach Amerika gelieferten 1 A verfolgten, die sich alsbald

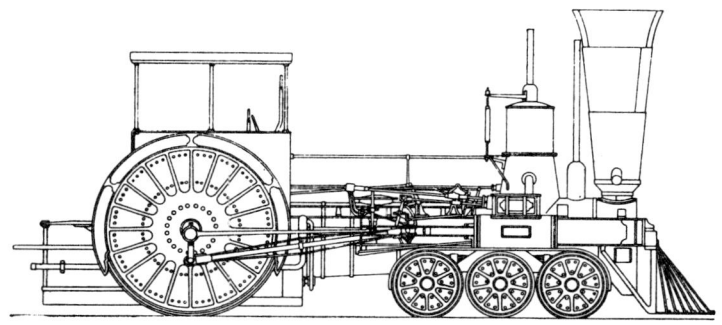

Abb. 56. Camden & Amboy Rd 1847 Stevens; Norris.
23; 55 1,9 x; 356 864 2438.
(Nach R. gaz. 1879, S. 435.)

in eine 2 A verwandelte; wir werden später sehen, wie aus dieser die 2 B wurde, zuerst in unbeholfener, sich aber rasch zur Vollkommenheit wandelnder Form. Zuweilen will sich aber die Klärung nicht einstellen, und dann bleibt nur die Erinnerung an das Ungeheuerliche übrig. So ist es mit dem Versuch gegangen, aus der Crampton-L etwas eigen Amerikanisches zu machen. Den Anstoß zu einem solchen Versuch gab Stevens, der Präsident der Camden & Amboy Rd, der die Crampton-L unmittelbar nach ihrer Entstehung auf einer Europareise kennengelernt hatte. Er gab seinem Mr. Dripps den Auftrag zum Entwurf einer solchen. Natürlich mußte aber das europäische Vorbild übertrumpft werden (Abb. 56). Darum sollten die Triebräder den noch nicht dagewesenen Durchmesser von 8′ = 2438 mm erhalten. Entsprechend erhielt der Kolbenhub den nie wieder erreichten Wert von 864 mm. Die übrigen Abmessungen entsprachen diesen gewaltigen Maßen aber nicht, so daß sich schließlich ein Zerrbild ergab. Die Zwischenräume zwischen den Speichen der Triebräder wurden zur Verminderung des Luftwiderstandes und um Aufwirbeln von Staub zu vermeiden, mit Holz ausgefüllt. Natürlich wurde ein Drehgestell vorgesehen, und mit diesem dreiachsigen Drehgestell wurde abermals etwas noch nicht Dagewesenes und auch nicht Nachgeahmtes in die Welt gesetzt. Um die Triebachse besser belasten zu können, verzichtete Dripps, wie Crampton bei seiner 3 A, auf die Beibehaltung des Grundgedankens: die Triebachse lag nicht mehr hinter dem Stehkessel. Der gewaltige Durchmesser der Triebräder ermutigte ihn aber zu einer anderen Lösung, als Crampton sie versucht hatte. Er legte die Triebradwelle über das hintere Ende der nach hinten schräg abfallenden Stehkesseldecke. Die Feuertür lag nun unter der Welle. Die Folge war die Notwendigkeit, für den Heizer einen tiefliegenden, kastenartigen Verschlag anzuordnen. Für den Führer mußte daher, um ihm freien Ausblick zu sichern, eine Kammer über dem Heizerstand eingerichtet werden. Dieser hohe Standort bedingte weiter den hohen Kamin und die hohen Dampfabzugsrohre über den Ventilen. So ergab sich eins aus dem andern, und das seltsame Gesamtbild war fertig. Der verwirrende Eindruck wird durch das verwickelte Steuerungsgestänge noch gesteigert. Die Ausführung des Entwurfes besorgte Norris in Philadelphia. Die L, acht an der Zahl, waren i. J. 1848 schon im Betrieb, dürften also i. J. 1847 geliefert worden sein. Übrigens waren ihre Abmessungen nicht ganz gleich. Einige hatten Triebraddurchmesser von nur $7' = 2134$ mm und Zylinderdurchmesser von 330 mm. Das läßt darauf schließen, daß sich Mr. Dripps mit seinen achtfüßigen Triebrädern doch nicht recht sicher fühlte. Dies Gefühl war gewiß sehr berechtigt. In der Tat wurden die L später umgebaut, indem man ihnen Triebräder von nur $6' = 1829$ mm Durchmesser gab. Sie brachten nämlich die Züge nur schwer in Gang und machten auch nicht gut Dampf, erreichten aber hohe Geschwindigkeiten bis zu 110 km. — Norris baute auch eine 3 A nach eigenem Entwurf mit einem Drehgestell vor und einer dritten festen Laufachse hinter dem Zylinder i. J. 1849 für die Utica & Schenectady Rd. Baldwin lieferte die 3 A in ganz ähnlicher Ausführung, z. B. i. J. 1850 für die Pensylvania Rd. Die Zylinder lagen innerhalb des Rahmens und arbeiteten auf „half cranks" der Triebachse (Abb. 44). Sie entfernten sich in ihrem Äußeren weniger vom Üblichen als die der Camden & Amboy Rd, scheinen sich aber gleichwohl wenig bewährt zu haben, denn sie machten Umbauten durch, die zum Ersatz der dritten Laufachse durch eine gekuppelte führten. Von Cramptons Grundsätzen blieb auf diese Weise nichts übrig[1]).

Die Crampton-L ist eine der wenigen Bauarten, die vom ersten Tage ihres Erscheinens an ausschließlich für den S-Zugdienst bestimmt war. Ähnliches wird uns nur bei der 2 B 1 wieder begegnen. Deshalb kann auch von keiner Weiterentwicklung die Rede sein. Die 2 A und 3 A gehören ferner zu den wenigen Gattungen, die nie als T L Verwendung gefunden haben.

Gegengewichte. Wir stehen im Begriff, zu den Gattungen mit 2 gekuppelten Achsen überzugehen. Das bedeutet für die Frühzeit den Übergang zu den langsam fahrenden L. Es wird nützlich sein, bevor dieser Schritt geschieht, rückblickend festzustellen, welche Hilfsmittel zur Sicherung des Laufes man den Erfahrungen und Versuchen mit den ungekuppelten L jener entlegenen Zeit verdankt.

---

[1]) Vgl. auch R. gaz. 1892, S. 970 und 1893, S. 219.

Einige üble Eigenschaften der zweiachsigen L hatten zur Verbesserung ihrer Gangsicherheit durch Hinzufügung einer dritten Achse geführt. Aber die zunehmenden Geschwindigkeiten deckten gewisse Unarten auch der dreiachsigen L auf. Man klagte über heftige Stöße zwischen L und Tender und, wie eingehend erörtert, bei Gattungen mit kurzem Radstand auch über schlingernde und stampfende Bewegungen. Sie waren, wenn Stephenson das auch nicht wahr haben wollte, die Ursache einiger schwerer Unfälle, und hierin hat man den natürlichen Anlaß für die Untersuchungen über Massenausgleich durch Gegengewichte zu erblicken, die um diese Zeit einsetzten. Die Sache an sich war nicht völlig neu. Ziemlich sicher ist, daß Forrester i. J. 1834 oder 1835 seine 1 A ,,boxer" (Abb. 8) durch Gegengewichte zu beruhigen versuchte. Sharp wandte Gegengewichte seit 1837 an. Er legte sie in die Winkelhalbierende des Winkels von 270°, den die Innenkurbeln bilden, also diesen gegenüber. (Abb. 16). Sharp verfuhr also so, als ob die beiden Triebwerke seiner Innenzylinder-L und die Gegengewichte in einer Ebene liegen. Der Ausgleich beschränkte sich auf die umlaufenden Teile. Stephenson bewerkstelligte eine Art Massenausgleich bei seinen 1 A 1 (St —) mit Außenzylindern, von denen Abb. 41 die deutsche Nachbildung zeigt. Die Kurbel hat nämlich zwei symmetrische Arme. Auch bei seiner 2 A (Abb. 50) benutzte er dieses Verfahren, zu dem er wohl sicher durch gewisse unerfreuliche Beobachtungen an seiner 1 A 1 (St —) veranlaßt worden war. Fernihough, der mit seinen Arbeiten an dem mehrfach erwähnten Wettstreit der Spurweiten beteiligt war, empfahl i. J. 1845 Gegengewichte von einer solchen Größe, daß auch die hin- und hergehenden Teile völlig ausgeglichen würden. Die auf diese Weise in der Lotrechten freiwerdenden überschüssigen Fliehkräfte hielt er irrigerweise für harmlos. Eine Klärung aller dieser Fragen bewirkte der Maschinenmeister Nollau der Holsteinischen B i. J. 1847 durch seine Rechnungen und Versuche[1]). Er ließ das Triebwerk einer schwebenden L unausgeglichen und dann wieder mit Gegengewichten verschiedener Größe umlaufen. Es war ihm bei seinen Bestrebungen in erster Linie um jene zwischen L und Tender auftretenden Stöße, also um die Beseitigung des Zuckens zu tun. Bei seinen Versuchen wurde er aber auch auf die Milderung der schlingernden Bewegungen durch Gegengewichte aufmerksam. Seine Versuchs-L hatte Innenzylinder; er erinnerte sich aber sofort, daß über diese Schlingerbewegungen bei L mit Außenzylindern ganz allgemein geklagt werde, und hob die besondere Wichtigkeit der Gegengewichte für diese hervor. Nollau beobachtete an seiner schwebenden L die freien Fliehkräfte und erkannte, über Fernihough hinausgehend, daß sie nicht harmlos seien und den völligen Ausgleich der hin- und hergehenden Massen unmöglich machten. Er fand es auf Grund seiner Versuche zweckmäßig, von diesen 40 % auszugleichen und streifte auch mit einigen Worten die Tatsache, daß Triebwerk und Gegengewichte in verschiedenen Ebenen liegen, ohne aber die rechnerischen Schlußfolgerungen zu ziehen, so daß ihm der Begriff des resultierenden Gegen-

---

[1]) Eisenbahnzeitung 1848, S. 323 und 1849, S. 18, 36, 77.

gewichtes noch verborgen blieb. Ähnliche Versuche mit einer schwebend aufgehängten L unternahm etwa ein Jahr später Lechatelier in den Werkstätten der Comp. d'Orléans. Er ergänzte sie durch Versuche auf den Strecken der Comp. du Nord und d'Orléans. Eine L mit Gegengewichten erreichte bei ruhigem Lauf 90 km Geschwindigkeit. Es wurden 80% des Gegengewichtes entfernt. Die Geschwindigkeit konnte nunmehr nur unter recht bedenklichen Erscheinungen auf 50 km gesteigert werden; die Spurkränze streiften bei den heftigen Schlingerbewegungen an die Schienen an, ihnen Funken entlockend. Lechatelier nahm bei seinen Rechnungen auf die Lage der Triebwerke und Gegengewichte in vier verschiedenen Ebenen Rücksicht und schuf so im wesentlichen die heute noch benutzte Art der Berechnung. Die C der Abb. 210 ist eine der ältesten L, die nach seinen Grundsätzen mit Gegengewichten ausgerüstet wurde. Die neue Auffassung ist dann i. J. 1855 durch die Darstellung Clarks in seinem ,,Railway machinery" und Redtenbachers in seinen ,,Gesetzen des Lokomotivbaues" bekannter geworden. Gleichwohl wurde sie ebensowenig Gemeingut wie die Ergebnisse Nollaus. Eine Durchsicht unserer Lokomotivskizzen bestätigt das. In England verzichtete man noch 25 Jahre später bei Innenzylinder-L häufig ganz auf Gegengewichte. In Amerika führte man sie zwar schon damals fast allgemein ein, unterließ aber die Ermittlung ihrer genauen Lage und legte sie bis in die neueste Zeit einfach der Kurbel genau gegenüber (Abb. 137, 238, 299). In Frankreich tat man gelegentlich des Guten zuviel und glich bei den Crampton-L der Abb. 51 auch die hin- und hergehenden Massen völlig aus. Das führte zu drei Entgleisungen, deren Ursache Couche aufdeckte[1]). Dieser verfiel nun auf den entgegengesetzten Standpunkt und wollte nur den Ausgleich der umlaufenden Massen gelten lassen. Man war also glücklich auf dem Standpunkt wieder angelangt, von dem Fernihough sieben Jahre vorher ausgegangen war. Andere standen abseits und versahen ihre L überhaupt nicht mit Gegengewichten. Solch fruchtloser Kreislauf hat sich manchesmal in der Technik ereignet, und oft hat man solche Gleichgültigkeit gegen gesicherte Fortschritte beobachten müssen. Eine gewisse Eigenbrötelei der Ingenieure, mangelhafte Berichterstattung über Arbeiten des Auslandes, zuweilen aber auch eine zu gelehrte, den Mann der Praxis abschreckende Einkleidung der Ergebnisse sind schuld daran. Letzteres gilt für die Schriften Redtenbachers. Wie hätte das Eisenbahnwesen durch eine einheitliche Bearbeitung aller Nachrichten über technische Fortschritte im In- und Ausland gefördert werden können! Der Verein Deutscher Eisenbahnverwaltungen hat viel in dem Sinne getan und die technischen Zeitschriften auch, aber die Berichterstattung allein tut es nicht. Es muß an Ort und Stelle besichtigt, Unklarheiten aufgehellt, die weitere Entwicklung verfolgt werden. Die Ergebnisse aber müssen in durchsichtiger Weise niedergelegt und verbreitet werden.

Wenn ein neuer Gedanke von der Fachwelt aufgenommen worden ist, so tritt allemal jemand auf, der aus dem Brunnen mehr herausschöp-

---

[1]) Annales des mines 1853 tome III, S. 427, Deutsch: Organ 1854, S. 39.

fen will, als darinnen ist. So ging es, als man den Vorteil längerer Heizrohre begriffen hatte und diese Verlängeruug übertrieb; so ging es, als man die Dampf sparende Wirkung der Stephensonschen Kulisse erfaßt hatte und nun daran ging, Mehrschiebersteuerungen zu bauen, die den Dampf bis auf den Luftdruck abspannen sollten. So ging es auch hier. Der Baurat Scheffler in Braunschweig machte in einer sonst gediegenen Arbeit über Gegengewichte den sonderbaren Vorschlag, man solle durch diese auch den von der Dampfkraft herrührenden Lagerdruck beseitigen[1]).

Der Massenausgleich durch Mehrzylinder-L ist bereits dreimal berührt worden: In Bodmers Vierzylinder-L vom Jahre 1845, in Stephensons Dreizylinder-L vom Jahre 1846 und in Haswells „Duplex" vom Jahre 1861 (Abb. 49). Die Mehrzylinder-L wird uns noch häufig beschäftigen.

Lokomotiven mit zwei gekuppelten Achsen:
B, 1 B, B 1, 2 B, 1 B 1, B 2, 2 B 1, 1 B 2, 2 B 2.

B. Die B trat nicht so unvermittelt als etwas Neues auf, wie die 1 A und A 1. Die B mit der Zylinderlage der Rocket, aber Flammrohrkessel war schon auf den Güterbahnen der zwanziger Jahre eine bekannte Erscheinung. Die neuen Gedanken, die in der Gattung „Planet" (Abb. 5) zum Ausdruck kamen, wurden natürlich sofort auch auf die B übertragen. Die Stockton-Darlington Ry erhielt schon i. J. 1830 eine solche neuartige B, die merkwürdigerweise auch den Namen „Planet" erhielt[2]). Ihre Zeichnung war i. J. 1893 in Chicago ausgestellt. Daß man auf der Stockton-Darlington Ry nicht die Form 1 A annahm, erklärt sich aus ihrer Bestimmung als Güterbahn und den starken Steigungen, die 12,5$^0/_{00}$ erreichten. Auf der Liverpool-Manchester Ry wurden in den ersten Monaten von den früher besprochenen A 1 und 1 A Personen und Güter in denselben Zügen befördert. Der Güterverkehr nahm aber schnell zu, und so bezog man auch hier schon im Januar 1831 die beiden B „Samson" und „Goliath" von Stephenson, der im gleichen Jahre auch schon eine solche B für die Camden & Amboy Rd in Amerika lieferte. Sie hatte eine große für Holzfeuerung eingerichtete Feuerkiste[3]).

Die B bürgerte sich nun schnell als G L ein. Manche Bahnen beschafften sogar schon damals nur die B, zumal dann, wenn der Güterverkehr überwog, oder die Neigungsverhältnisse weniger günstig waren. Das sind dann also schon Gem L. Man muß dabei bedenken, daß sich ja damals die Geschwindigkeit der P-Züge von der der G-Züge noch wenig unterschied. Daher führte man auch in den ersten Jahren für die 1 A und B gleiche Triebraddurchmesser von 5′ = 1524 mm aus. Abb. 57 zeigt eine der ältesten B G L von Stephenson. Sie weist die schon be-

---

[1]) Scheffler: Bestimmung des Gegengewichtes in den Triebrädern der L. Organ 1856, S. 77.
[2]) Engg. 1894, II, S. 298.
[3]) Locomotives supplied by British firms to American railroads. Eng. 1898, I, S. 52.

Lokomotiven mit zwei gekuppelten Achsen: B. 77

sprochenen Eigenheiten seiner 1 A auf, so daß sich deren Wiederholung erübrigt[1]).

Auch Bury führte neben seinen 1 A auch B aus. Abb. 58 läßt erkennen, daß hier, wie bei den Stephensonschen L, die in der 1 A vom

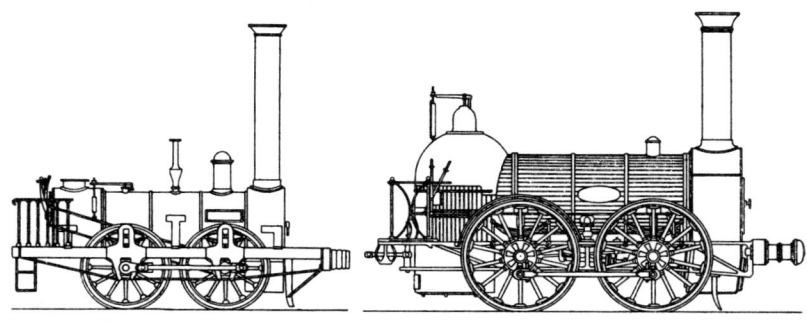

Abb. 57. Leicester & Swannington Ry 1832 Stephenson.
9,6; 36 0,6 x; 305 457 1372.
(Nach Stretton, S. 46.)

Abb. 58. London-Birmingham Ry 1838 Bury; Maudslay.
12; 43 x x; 330 457 1524.
(Nach Whishaw, T. 6.)

Erbauer zum Ausdruck gebrachten Grundsätze in allen Zügen auf die B übertragen sind. Sie gehörte einer Lieferung von zwölf i. J. 1838/39 von Maudslay sons and Field nach Buryscher Bauweise für die London-Birmingham Ry gebauten L an. Für G-Zugdienst bestimmt, wurden sie gelegentlich auch nach Abnahme der Kuppelstangen zur Beförderung von P-Zügen benutzt. Es muß sich also schon damals die Ansicht gebildet haben, daß die Kuppelstangen die Leichtigkeit des Ganges beeinträchtigen. Das kann nur durch Erfahrung geschehen sein, denn rechnerische Betrachtungen müssen schon sehr viele Nebeneinflüsse, z. B. die Achslagerspielräume berücksichtigen, um jenen Einfluß wahrscheinlich zu machen. Die Entkuppelung ist immer wieder von Zeit zu Zeit zu

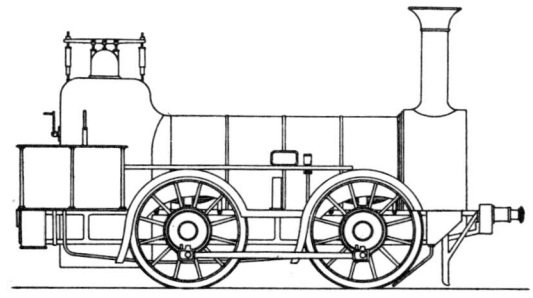

Abb. 59. Great Northern Ry 1848 (Bury) Fairbairn.
x; x x x; 381 610 1549.
(Nach Bird: The locomotives of the Great Northern Ry, S. 6, London 1910.)

ähnlichen Zwecken versucht worden. Bury hielt zäh an den einmal als zweckmäßig befundenen Formen fest. Das gilt sowohl für das Grundsätzliche, indem er nur die zweiachsige Anordnung gelten ließ,

---

[1]) In allen Einzelheiten genau dargestellt findet sich eine solche alte B in Dingler, Bd. 59, 1836, T. VI.

wie auch für die Ausführung der hauptsächlichsten Bauteile, des Kessels, des Rahmens, der Räder. Das zeigt sich deutlich, wenn wir in Abb. 59 eine von Fairbairn in streng Buryscher Form gelieferte L aus dem Jahre 1848 betrachten. Die Weiterentwicklung gegenüber der Abb. 58 besteht eigentlich nur in einer Vergrößerung der Abmessungen, und das gleiche gilt für einen Vergleich der Abb. 58 mit den allerersten Buryschen B. Die für die Herstellung der Abb. 59 benutzte Quelle ist leider mangelhaft, so daß hinsichtlich einiger Einzelheiten eine gewisse Unsicherheit bestehen bleibt. Die L ist wohl die letzte Ausführung der eigentlichen Buryschen B. Die Great Northern Ry bewältigte ihren Güterverkehr übrigens damals mit zwei Gattungen von G L, nämlich der eben betrachteten B und auch schon einer B 1.

Die B jener Zeit ist also im großen und ganzen G L. Aber Andeutungen der Entwicklung zur Gem L fehlen nicht. Die englische Furness Ry beförderte seit ihrer Eröffnung i. J. 1846 bis zum Jahre 1852 alle ihre Züge mit der B Buryscher Bauform[1]). I. J. 1842 ereignete sich in Versailles das früher erwähnte folgenschwere Eisenbahnunglück. Die Weiterentwicklung der 1 A P L wurde hierdurch fast abgeschnitten, aber auch die zweiachsige Bauart überhaupt, also die B, wurde seitdem mit einem gewissen Mißtrauen betrachtet. Vor allem war es aber die allgemeine Zunahme des Güterverkehrs, die zunächst zur Verdrängung der B durch die neueren Bauarten B 1 und C führte. Die Beschaffung von drei B durch die Berlin-Hamburger B i. J. 1846/47 ist daher für jene Zeit schon eine Ausnahme. Die Wiedererstehung der B im Beginn der sechziger Jahre knüpft sich an den Namen Krauß, der seit 1857 Maschinenmeister der schweizerischen Nordostb in Zürich war (Tafel I, 2). Auf Bahnen mit starken Steigungen, wie sie in der Schweiz die Regel sind, war ja auch ihr Wiederauftauchen und ihre Weiterentwicklung am ehesten zu erwarten, weil sich hier bald auch für P L der Wunsch einstellen mußte, einen möglichst großen Teil des L-Gewichtes als Reibungsgewicht auszunutzen und das Gesamtgewicht klein zu halten. Krauß sah im übrigen in der B überhaupt die einfachste, billigste und leichteste L, die einer möglichst vielseitigen Verwendung zuzuführen sei. Die ersten nach seinen Grundsätzen gebauten B lieferte Keßler in Eßlingen und Escher, Wyß & Co. in Zürich i. J. 1862/63[2]). Die schräg eingesetzte Rauchkammerrohrwand und die zylindrische Decke der inneren Feuerkiste waren Merkmale, die wir bei den L der Abb. 61 wiederfinden werden. Der Dampfdruck betrug schon 10 Atm. Alle Abmessungen waren groß, z. B. die Heizfläche zu 96, die Rostfläche zu 1,4 m² bemessen. Um mit einem Triebachsdruck von 13 t auszukommen, wandte Krauß Stütztender an, ähnlich wie i. J. 1861 Behne und Kool (Abb. 216). Diese Maßnahme widersprach aber dem Grundsatz der Einfachheit, und so ging Krauß denn i. J. 1864 für seine Bahn zur reinen B über. Sie wurden von Maffei für die Strecke Zürich—Zug— Luzern bezogen und sind mit 1676 mm Triebraddurchmesser und der

---

[1]) The locomotive history of the Furness Ry. Loc. Mag. 1900, S. 4.
[2]) Lokomotive. 1907, S. 113.

Abb. 61 ähnelnd durchaus als P L anzusprechen. Die Abmessungen mußten wegen des Verzichtes auf den Stütztender verringert werden, z. B. die Rostfläche auf 1,1 m². I. J. 1866 gründete Krauß die bekannte Firma in München und setzte dort seine Bestrebungen zur Erweiterung des Anwendungsgebietes der B fort. Einfachheit und Gewichtsersparnis waren nach wie vor die leitenden Gesichtspunkte. So entstanden B mit kleinen Rosten und daher leichtem Stehkessel, der ohne jeden Überbau gelassen wurde, also die Verlängerung des Langkessels bildete. Der Dom wurde fortgelassen und durch ein dünnwandiges Dampfsammelrohr ersetzt. Der Reglerkopf mit Regler und Kreuzrohr schmolz zu einem leichten Gehäuse in der Rauchkammer zusammen. Der Tender war zweiachsig. Seine Rahmenbleche bildeten gleichzeitig die Wände des Wasserbehälters. Auch die Rahmen der L selbst wurden als Behälterwände nutzbar gemacht, so daß ein Teil des Vorratswassers hier untergebracht werden konnte, wie auf Tafel I, 2 deutlich zu erkennen ist. Für den Querschnitt der Trieb- und Kuppelstange wurde von nun an I-Form verwendet. Der Urheber dieses Gedankens war der später durch seine Erfolge in der Kältetechnik bekannte Ingenieur Linde, der, damals in jungen Jahren stehend, Krauß bei der Einrichtung seiner Fabrik und beim Bau der ersten L unterstützte[1]). Gleichzeitig und unabhängig von Linde hat diese Neuerung übrigens Belpaire bei der belgischen Staatsb. eingeführt. Jene erste Kraußsche L wurde i. J. 1867 auf der Ausstellung in Paris mit der großen goldenen Medaille ausgezeichnet und im gleichen Jahre mit vier gleichartigen an die oldenburgische Staatsb abgeliefert. Sie tat bis 1900 Dienst und steht jetzt im Museum für Meisterwerke der Naturwissenschaft und Technik zu München. Der Eifer, mit dem Krauß für die B eintrat, erinnert an die Hingabe, mit der Bury seinerzeit die Sache vierrädriger L überhaupt verfochten hatte. Aber Krauß hütete sich vor gewissen Verallgemeinerungen. So ist er denn vor Enttäuschungen und Mißerfolgen bewahrt geblieben, die der hartnäckige Engländer erleben mußte.

Die Erinnerung an das Unglück in Versailles erlosch in Deutschland mehr und mehr, und mit dem Bau von Bahnen, die auf keinen großen durchgehenden Verkehr zu rechnen hatten, wurde das Bedürfnis nach einer einfachen Gem L wieder sehr lebhaft. Sie sollte geeignet sein, mäßig schwere G-Züge und mäßig schnelle P-Züge oder auch die sogenannten gemischten Züge der Nebenbahnen mit gleichzeitiger Personen- und Güterbeförderung zu befördern. Für die Verkehrsverhältnisse der sechziger und siebziger Jahre war für diesen Zweck die B das Gegebene. In diesem Sinne sind die erwähnten Beschaffungen von B (1540) (St —) für alle Zuggattungen durch die oldenburgische Staatsb seit 1866, also seit der Eröffnung zu verstehen. Es ist das also eine Gem L im äußersten Sinne des Wortes. Noch i. J. 1894/95 wurden B (1540) (St —) v beschafft, nun aber als P L verwandt, und neben ihr

---

[1]) Linde: Aus meinem Leben und von meiner Arbeit (als Manuskript gedruckt).

eine C G L eingestellt[1]). Ähnlich verfuhr man auf kleineren sächsischen Bahnen.

Auch die badische Staatsb begann i. J. 1866 mit der Beschaffung der B (Abb. 60). Die Bauart ist eine ziemlich genaue Nachbildung der

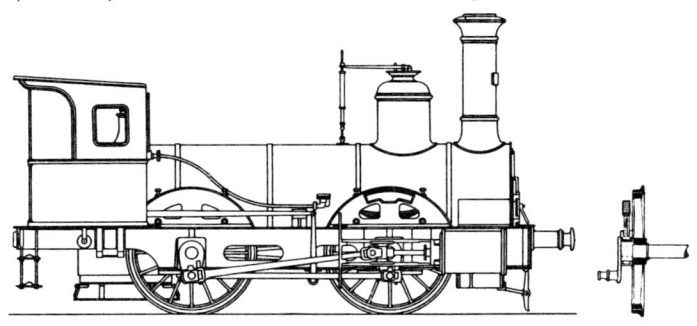

Abb. 60. Badische Staatsb 1866 Grafenstaden.
27; 88 1,1 8; 436 610 1676.
(Nach Schepp: Die Hauptteile der Lokomotiv-Dampfmaschinen, T. II, Heidelberg 1869.)

oben erwähnten Maffeischen B für die Bahn Zürich—Zug—Luzern vom Jahre 1864. Es wurden von 1866 bis 1877 ihrer 24 eingestellt. Da die Rahmen außen lagen, so konnte der Überhang der Zylinder mäßig gehalten werden. Durch Verwendung Hallscher Kurbeln, deren Lagerhals im Achslager läuft und deren Kurbelblatt schmal gehalten wird (Nebenskizze), wurde auch die seitliche Ausladung der Zylinder in erträglichen Grenzen gehalten und die Breite der L eingeschränkt. Die Außenrahmen gestatteten auch eine gewisse Verbreiterung des Stehkessels, so daß dieser kurz ausfiel und sein Überhang sich also weniger bemerkbar machte, zumal man ihn, durch keine Innenkurbeln gestört, dicht an die Triebachswelle heranschieben konnte. Später konnte man diese L anscheinend zu dem ursprünglich gedachten Verwendungszweck nicht mehr recht benutzen, denn sie wurden von 1880 bis 1882 in B 1 T umgebaut. Aus gleichen Bedürfnissen, wie oben angegeben, erwuchsen

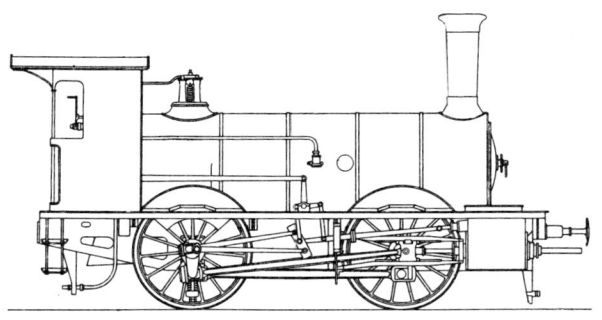

Abb. 61. Schweizerische Nord-Ostb 1870 bis 1876 Krauß.
24; 78 1,4 12; 400 620 1580.
(Nach Barbey, Les locomotives suisses, S. 39, Genf 1896.)

---

[1]) Eine Zusammenstellung alter und neuer oldenburgischer L bringen die Hanomagnachrichten 1916, H. 7 und 1917, H. 2 und 3.

auch die Beschaffungen von B i. J. 1869 bei der bayrischen Staatsb, der pfälzischen, der Nordhausen-Erfurter und noch i. J. 1875 bei der hessischen Ludwigsb.

Bei der schweizerischen Nordostb war nach dem Fortgang von Krauß Maey Maschinenmeister geworden. Er trat in die Fußtapfen seines Vorgängers und führte seine Gedankengänge durch Erfindung der Wellblechfeuerkiste mit halbzylindrischer unverankerter Decke weiter. Mit dieser Neuerung wurden die 49 von 1870 bis 1876 beschafften L Kraußscher Bauart ausgestattet (Abb. 61). Die Form der Feuerkiste erlaubte freilich nur die Unterbringung einer kleineren Zahl von Heizrohren. Maey mag dies dadurch für ausgeglichen angesehen haben, daß die Wellblechfeuerkiste den für jene Zeit hohen Dampfdruck von 12 Atm. ermöglichte. Ferner konnte er nun wieder die Rostgröße von 1,4 m², wie bei den L vom Jahre 1862/63, ausführen, ohne ein zu großes Stehkesselgewicht befürchten und darum auf den Stütztender zurückgreifen zu müssen. Eigenartig war die Tenderkupplung ausgeführt. Die Zugstange war mit zwei seitlichen Augen an zwei wagerechte Pendel angelenkt (vgl. die ähnliche Abb. 188). Deren Mittellinien liefen nach einem Schnittpunkt zwischen den Achsen der L zusammen. Dies wirkt so, als ob der Tender an jenem Schnittpunkt, also ungefähr dem Schwerpunkt der L, mit dieser gekuppelt wäre. Der Zugwiderstand, der in der Tenderkupplung wirkt, kann nun keine Momente in der Lokomotivmasse bilden und ihre freie Einstellung beeinträchtigen. Andererseits hängen aber L und Tender gewissermaßen in einem frei spielenden Gelenk aneinander. Die Schlingerbewegungen der L werden nicht vom Tender gedämpft. Die Hinterachse hat eine Querfeder, die natürlich kurz und, weil zur Aufnahme der ganzen Achslast bestimmt, sehr starr ausfällt. Es war also das Ziel einer Stützung in drei Punkten wieder mit demjenigen Mittel angestrebt, das die größte Gewichtsersparnis versprach. Die L hatten keinen guten Ruf. ,,Schienenfresser'' hießen sie bei der Mannschaft, und ihre Schlingerbewegungen waren gefürchtet. Nach amtlicher Feststellung war eine von ihnen Ursache eines großen Entgleisungsunglücks, das auf der Strecke Zürich—Baden bei einer Geschwindigkeit von 72 km eintrat. Die ungünstigen Eigenschaften der B als solcher genügen nicht zur Erklärung dieser schlechten Erfahrungen. Die starre Querfeder und die Tenderkupplung haben sicher auch ihren Anteil daran. Bei der Wahl einer L fürs Gebirge wird gar zu leicht vergessen, daß man dort nicht nur bergauf, sondern auch bergab fährt, und daß sich hierbei leicht Geschwindigkeiten einstellen, die weder im Fahrplan vorgesehen noch durch Vorschriften zugelassen sind, — und dann kommen die Klagen über Schlingern und Stampfen. Bei den letzten Lieferungen erhöhte man den Radstand zur Verbesserung der Gangart auf 2800 mm. Die Maßnahme scheint sich bewährt zu haben, denn einige der älteren wurden in gleichem Sinne umgebaut.

B T. Die Anforderungen des Zugdienstes auf den Hauptlinien hatten inzwischen so zugenommen, daß eine zweiachsige L ihnen nicht mehr gewachsen war. Auf den langen Nebenbahnlinien des deutschen Nordostens behielt sie als G L Bromberger Bauart bis zum Beginn der neunziger Jahre ihre Bedeutung. Eine andere Entwicklungsmöglichkeit für sie hatte sich mit der allerdings zunächst nur sehr zögernden Einbürgerung der T L in den vierziger Jahren eröffnet. Für kleine Zweigbahnen mit einfachen Betriebsverhältnissen ist die B T die einfachste und zuverlässigste Lösung. Abb. 62 zeigt eine solche B T vom Jahre 1857 für eine kurze Zweiglinie der Great Northern Ry, die bei Sandy in diese mündet. Der Wasserbehälter zwischen den Rahmenblechen verlangte Außenlage der Zylinder[1]).

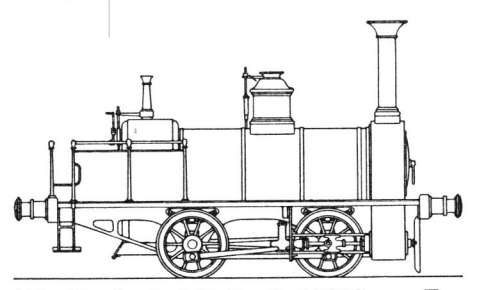

Abb. 62. Sandy & Potton Ry 1857 George England & Co. 15; 21 0,53 4,2; 229 305 914; x x. (Nach Clark u. Colburn, S. 81.)

Allmählich wurde es auch üblich, für den Verschiebedienst besondere L zu beschaffen, während freilich eine große Anzahl von Verwaltungen ihn nach wie vor durch alte G L besorgte. Die B mit Tender ist für diesen Zweck eine ganz vereinzelte Erscheinung: Köln-Mindner B 1854/55: B (1067), Berlin-Magdeburger 1874: B (1330). Die Regel ist die T L. Die B T der Abb. 63 wurde mindestens seit 1865 mit geringen Abweichungen z. B. für die badische Staatsb und für die Pfälzische B beschafft[2]). Eine etwas kräftigere und sehr bewährte B T für den gleichen Betriebszweck zeigt Abb. 64. Sie besorgte den gesamten Verschiebedienst auf der preußischen Ostb. Die Feuerkiste hat ähnlich wie zu Abb. 61 beschrieben, eine

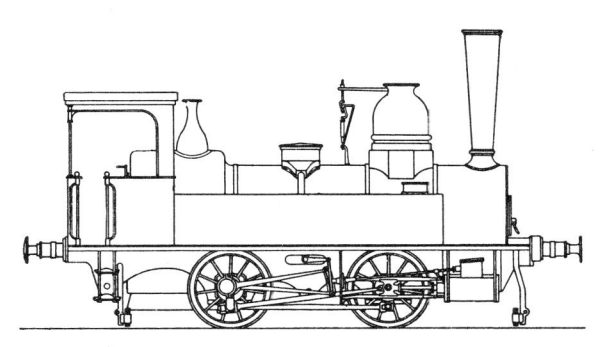

Abb. 63. Saarbrücker B 1865 Karlsruhe. 25; 51 0,8 8; 280 534 1111; 1,7 1,3. (Nach Photographie und Maßskizze.)

halbzylindrische Decke. Auch Krauß wandte sich sofort dem Bau von T L zu. Seine B T zeigen alle Merkmale seiner B. Aber er fand bei der T L noch ein besonders wirksames Mittel, um Gewicht zu sparen. Das Vorratswasser wurde nämlich nicht in besonderen Behältern untergebracht, die z. B. in Abb. 119, 62, 64, 227 zwischen den Rahmenblechen liegen, sondern diese bilden selbst die Behälterwände,

---

[1]) S. auch Loc. Mag. 1905, S. 196.
[2]) Vgl. auch die ähnliche L in Lokomotive 1905, S. 106.

wie dies auch in Abb. 10, 66, 228 der Fall ist. Krauß übertrug damit einen Gedanken, den er schon bei seiner ersten L mit Tender verwirklicht hatte, auf die T L.

Als der Gedanke der „Kleinzüge" auftauchte, mußte man notgedrungen auch auf die B T verfallen. Sie schien neben der 1 A T

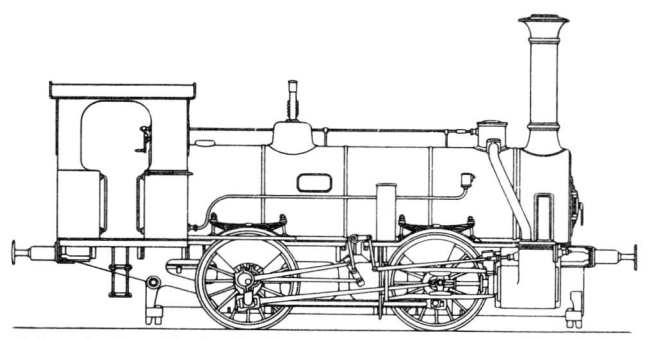

Abb. 64. Preußische Ostb 1871 bis 1878 Hartmann u. andere.
31; 57 1,0 10; 340 575 1347; 3,0 0,75.
(Nach Zeichnung.)

und A l T die einfachste Lösung zu versprechen, und Einfachheit war in diesem Falle alles. Abb. 65 zeigt eine von Lentz herrührende, für diesen Zweck ersonnene Bauform, die auf preußischen Bahnen z. B. sogar für den Vorortverkehr der Berlin-Stettiner B eine gewisse Verbreitung fand. Sie trat auch als Wettbewerberin unter den ersten Versuchs-L der Berliner Stadtb auf — freilich in diesem Falle ohne Erfolg. Eigentümlich ist die Lage der Zylinder zwischen den Kuppelachsen. Weil sie auf diese Weise nicht überhängen und der Kreuzkopfdruck nahe dem Schwerpunkt angreift, so ist der Gang ein ruhiger. Die Kuppelstangen müssen am Zylinder vorbeigeführt, die Kuppelzapfen also

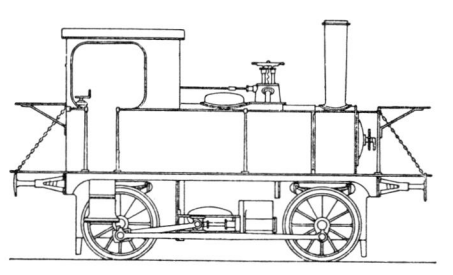

Abb. 65. Entwurf 1880 Lentz Hohenzollern.
Maße der ersten Ausführung im Text.
(Nach Organ 1880, S. 102.)

lang ausgeführt werden. Eine Vorläuferin der Bauart stellt die erste i. J. 1847 in Schweden von Munktelis Verkstad gebaute L „Förstling" (Erstling) nach ihrem Umbau vom Jahre 1853 dar[1]). Ein unwesentlicher Unterschied gegenüber der L von Lentz bestand darin, daß die Pleuelstange an der ersten Achse angriff. Die Kuppelstange war in wagerechter Ebene um das Zylindergußstück herumgekröpft, um die Kuppel-

---

[1]) Klemming: Die Anfänge des schwedischen L-Baus. Lokomotive 1906, S. 60.

zapfen nicht verlängern zu müssen. In der ursprünglichen Form vom Jahre 1847 fehlten die Kuppelstangen, und jede Achse hatte ihr von dem einen Zylinder ausgehendes Triebwerk. In dieser Gestalt hatte sie versagt. Sie war natürlich nicht für Kleinzüge, sondern vermutlich als G L gedacht. Die L von Lentz wurde in verschiedenen Größen geliefert. Die Abbildung gibt den ersten Entwurf mit 2700 mm Radstand wieder. Gebaut wurden sie mit mindestens 2900 mm Radstand; so z. B. schon i. J. 1880· für die Berlin-Hamburger B mit folgenden Maßen: 14; 16 0,4 12; 220 350 1154; 2 0,6.

Die B T wird wegen ihrer Einfachheit und weil ihre Mängel für geringe Geschwindigkeiten nicht ins Gewicht fallen, stets ein großes Verwendungsgebiet auf Werkbahnen behaupten, sowohl für Regelspur (Abb. 66) als auch ganz besonders für Schmalspur.

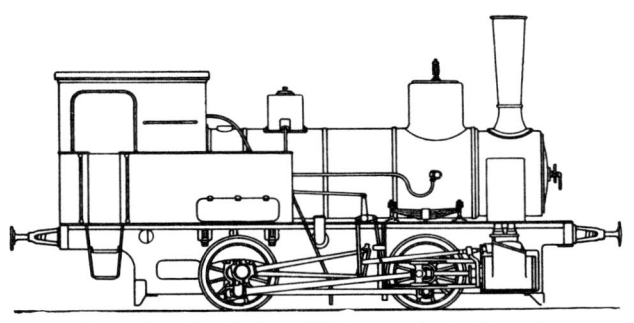

Abb. 66. Werkbahn 1910 Orenstein & Koppel.
28; 80 1,0 12; 350 500 1000; 3,5 1,3.
(Nach Zeichnung.)

Die Verwendung der B T als Gebirgs-L auf der Strecke Genua—Turin[1]) ist eine Ausnahme, die nur dadurch verständlich wird, daß man sie paarweise verwandte, also gewissermaßen als D. Stephenson lieferte mit ihnen i. J. 1854 eigenartige Meisterwerke der Schmiedekunst, nämlich Triebradwellen, die mit den Exzenterscheiben aus einem Stück hergestellt waren. Über die Zweckmäßigkeit kann man verschiedener Ansicht sein. Diese L wurden als frühe T L schon auf S. 12 erwähnt.

B 1. Von den 2/3 gekuppelten L ist die B 1 die ältere, und zwar deshalb, weil die Erfahrungen mit den ersten B zwingend auf ihre Schaffung hinwirkten. Es war derselbe Vorgang, der sich bei der Entstehung der 1 A 1 aus der 1 A abgespielt hatte. Die i. J. 1833 von Stephenson für die Leicester and Swannington Ry gelieferten B zeigten die gleichen nickenden Störungsbewegungen, wie die 1 A, und so wandte man denn das gleiche Mittel, wie bei dieser an: man fügte eine hintere Laufachse hinzu. Mit Erfolg. Darum wurde sie noch im Dezember des gleichen Jahres auch als Neubau ausgeführt. Die B 1 bürgerte sich schnell

---

[1]) Z. Bauw. 1858, Blatt M und Organ 1859, S. 205.

ein. Zwar konnte das Herstellungsjahr der B 1 in Abb. 67 ebensowenig wie die Heimatb festgestellt werden, aber man wird etwa 1836 annehmen dürfen. Die Zylinder sind mit nach vorn fallender Neigung ausgeführt, um mit den Gleitbahnen der Welle des Vorderrades aus dem Wege zu gehen. Genauere Zeichnungen liegen nicht vor. Der Rahmenbau dürfte aber die gleiche fehlerhafte Anordnung, wie der der „Patentee" oder der ersten 1 A aufweisen. Auch bei den weiterhin vorzuführenden Gattungen B 1, 1 B, C wird der Rahmenbau auf derselben Entwicklungsstufe stehen, wie bei gleich alten 1 A und 1 A 1 gleicher oder nach gleichen Grundsätzen arbeitender Firmen, so daß er nur besprochen werden soll, wenn sich besonderer Anlaß bietet. Die Bauart B 1 hat gegenüber der

Abb. 67. x um 1836 Stephenson. 12; x x x; 381 457 1397. (Nach Whishaw, T. 4.)

1 B (St +) den Vorzug, daß man den gekuppelten Achsen mit Leichtigkeit die gewünschte Belastung geben kann, daß Trieb- und Kuppelachse nahe aneinander liegen, so daß sich kurze leichte Kuppelstangen ergeben, und daß die hinter oder unter dem Stehkessel liegende niedrige Laufachse bei der Ausgestaltung des Stehkessels und Führerstandes nicht stört, und, weil nicht gekuppelt, zur Erzielung langen Radstandes beliebig weit nach hinten gelegt werden kann. Diese Eigenschaften machen die B 1 zu einem Zwischenglied zwischen P- und G L, denn die gute Ausnutzung des Gewichtes als Reibungsgewicht gestattet Anwendung großer Zugkräfte, der lange Radstand verbürgt ruhigen Gang; für hohe Geschwindigkeiten ist sie aber nicht geeignet, weil hohe Geschwindigkeit große Triebraddurchmesser verlangt. Es widerspricht aber einem bekannten Grundsatz, der führenden Achse einen großen Durchmesser zu geben. So erklärt es sich, daß sie zwar in späteren Jahrzehnten als Gem L und für Vorortzüge Verwendung fand, daß aber Versuche, sie zur S L zu machen, teils gescheitert sind, teils keine Nachahmung gefunden haben (Abb. 73, 74).

Abb. 68 zeigt eine weitere englische Ausführung, die rund dreißig Jahre jünger ist. Der Rahmen ist nach innen verlegt, um den Zylinder mit möglichst geringem Überhang an ihm befestigen zu können, während er bei den alten Anordnungen ja nur mittelbar durch die Rauchkammer mit dem Rahmenbau zusammenhing. Die Zylinder haben jetzt eine nach vorn steigende Neigung, so daß die Gleitbahnen über der Radwelle liegen. Ungewöhnlich sind für eine L englischer Herkunft die Ausgleichhebel zwischen den gekuppelten Achsen. Es mag sich dies aus der Bestimmung für eine nicht englische Bahn mit vielleicht weniger zuverlässigem Oberbau erklären. England lieferte in jenen Zeiten vielfach ähnliche L für Bahnen mit einfachen Betriebsverhältnissen, so daß wir sie wohl schon als Gem L zu betrachten haben.

Deutschland erhielt die B 1 schon in den dreißiger Jahren aus England, z. B. die Berlin-Potsdam-Magdeburger B drei nach Art der Abb. 67, die später in C T umgebaut wurden. Schon i. J. 1839/41 folgte die Rheinische B mit drei, und i. J. 1841 die Düsseldorf-Elberfelder mit zwei L. An diesen machte Maschineninspektor Lausmann den merkwürdigen und erklärlicherweise nicht nachgeahmten Versuch einer Achskupplung mit Riemen. Andere Verwaltungen folgten. Vor allen Dingen war aber die erste in Deutschland überhaupt gebaute L, die von der Maschinenfabrik Uebigau i. J. 1838 an die Leipzig-Dresdner B gelieferte „Saxonia", eine B 1[1]). Wie in England die erste, so entstand in Deutschland später die B 1 durch Umbau aus der B. Das Unglück zu Versailles veran-

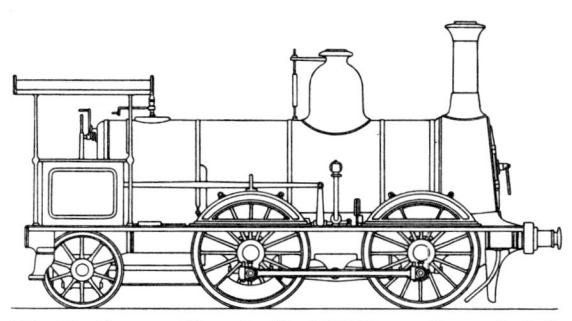

Abb. 68. Smyrna-Kassaba Ry 1865 Beyer, Peacock & Co.
x; 85 1,4 x; 406 559 1524.
(Nach Z Colburn, S. 271.)

Abb. 69. Preußische Ostb 1868 Schwartzkopff.
34; 85 1,43 8,8; 425 602 1334.
(Nach Photographie und Maßskizze.)

laßte die Leipzig-Dresdner B ihre aus dem Jahre 1837 stammenden B in dieser Weise umzubauen. Die B 1 erlangte also eine gewisse Verbreitung in Deutschland. Im großen und ganzen bevorzugte man hier aber zunächst die in England seltene 1 B (St —) als G L (Abb. 103, 104) und benutzte sie nicht selten auch als P L. Nun ereigneten sich aber in Preußen i. J. 1852/53 einige Entgleisungen, die

---

[1]) Röll: Encyklopädie des Eisenbahnwesens unter „Lokomotive".

Lokomotiven mit zwei gekuppelten Achsen: B 1.   87

dazu führten, daß man auf Grund des Gutachtens einer vom Ministerium eingesetzten Kommission schon seit 1853 die Bauart B 1 (St —) in Preußen als P L und bei der Ostb auch als G L nicht mehr baute. — Die deutsche B 1 hat Außenzylinder (Abb. 69). Sie hieß in der Sprache der Führer unter Anspielung auf die gegenseitige Bewegung von Pleuelstange und Kuppelstange „Schermaschine". Die erste B 1 G L, die in dieser ausgesprochen deutschen Form und infolge jenes Verbotes der 1 B (St —) auf norddeutschen Bahnen erschien, die „Schlobitten" der preußischen Ostb, wurde i. J. 1856 geliefert. Abb. 69 zeigt die Gestalt, die sie unmittelbar vor Einführung der C bei dieser Verwaltung angenommen hatte. Die meisten deutschen Verwaltungen führten die Beschaffung der B 1 so lange fort, bis das zunehmende Gewicht der G-Züge zur Einführung der C zwang. Dieser Zeitpunkt

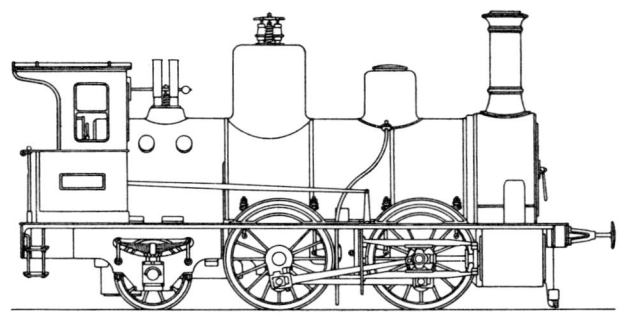

Abb. 70. Oberschlesische Eisenbahn 1878 bis 1882 Hartmann.
35; 103 1,53 10,0; 430 630 1450.
(Nach Photographie und Maßskizze.)

wurde im allgemeinen Ende der sechziger Jahre erreicht. Andere stellten über diesen Zeitpunkt hinaus neben C auch B 1 in Betrieb, z. B. die Berlin-Hamburger B bis 1877, die Oberschlesische B gar bis 1882. Bei ihnen diente die B 1 als G L auf Strecken mit weniger dichtem Verkehr und für gemischte Züge auf ihren Hauptstrecken. Diese gemischten Züge spielten ja im Fahrplan jener Zeiten eine weit größere Rolle als heute. Abb. 70 zeigt die eben erwähnte B 1 bei der oberschlesischen B. I. J. 1864 in üblicher Form eingeführt, ging man bei dieser Verwaltung i. J. 1866 zu einer seltneren Spielart über. Man legte nämlich, wie die Abbildung und Tafel I, 3 zeigt, die Laufachse nicht hinter, sondern unter den Stehkessel, ungefähr unter dessen Mitte. Ihre Tragfähigkeit konnte deshalb besser zur Vergrößerung des Kessels ausgenutzt werden. Da nun das Lager der Laufachse unter dem Aschkasten sehr unzugänglich geworden wäre, so wurde sie, und zwar nur sie, in einem kurzen Außenrahmen gelagert. Damit begegnet uns zum erstenmal eine Rahmenanordnung, die bis in die neueste Zeit ausgeführt worden ist (Abb. 169, 192, 218, 245). Eine gewisse Verbreitung fand in Deutschland eine B 1 (1536), die hauptsächlich von der Maschinenfabrik Eßlingen als G- und Gem L in etwas wechselnder Ausführungsform etwa von 1868 bis 1874 gebaut wurde (Tafel II, 1). Auf der Oberlausitzer B trat sie bereits in der Form B 1 (1692) als P L auf. Auch die andern sind in spätern Jahren ihres Daseins, der Richtung ihrer Entwicklung folgend, vielfach als P L benutzt worden. Eine B 1 (1580) hat auch die preußische Staatsb in ihre Musterblätter aufgenommen. Die Ostpreußische Südb beschaffte diese noch kurz vor ihrer Verstaatlichung i. J. 1895. — Stroußberg (später Hanomag) machte mit dem Entwurf einer B 1 (1410) den Versuch einer strengen Normalisierung, der als einer der ersten gelten kann. Sie wurde also von 1869 bis 1875 in gleicher Ausführung für die Hannover-Altenbekner, die Halle-Sorau-Gubener, die Posen-Creuzburger, die Schleswigsche und die Elsaß-Lothringischen B usw. geliefert. Auch ins Ausland ist sie gelangt. Gleichzeitig hatte Stroußberg auch Vereinheitlichungen der 1 B und C vorgenommen.

Abb. 71. Comp de Paris-Lyon 1849 Gouin.
25; 79 1,25 8,5; 400 560 1600.
(Nach Organ 1854, S. 27.)

In Frankreich wurde die B1 schon früh für gemischten Dienst benutzt. Abb. 71 zeigt eine in mancher Beziehung nach Sharpschem Muster gebaute L. Die verhältnismäßig hohen Triebräder verraten ihre eben angegebene Bestimmung. Die Heizrohre sind in der Mitte durch eine Scheidewand unterstützt. Das Blasrohr steht in der Mitte der Rauchkammer; sein Standrohr hat länglichen Querschnitt, um die Zugänglichkeit der Heizrohre zu erleichtern. Diese heute allgemein übliche Anordnung hat also ein recht hohes Alter. Eine andere Ausführung dieser in Frankreich sehr beliebten Gattung zeigt Abb. 72. Der Entwurf dürfte von Polonceau stammen, wie ein Vergleich mit dessen 1 B und C zeigt (Abb. 108, 211). Die Anordnung einer außenliegenden

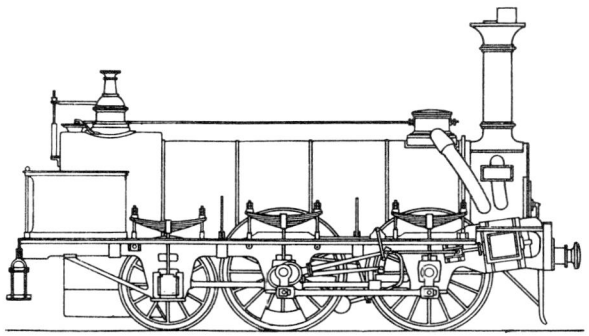

Abb. 72. Comp d'Orléans 1857 Polonceau.
31; 106 1,2 7,25; 457 670 1625.
(Nach Guillemin „Les chemins de fer", 4. Auflage, Paris, S. 187.)

Tafel II.

1. Hessische Ludwigsb 1871 Keßler.
32; 101 1,1 9; 408 561 1536.

2. Berlin-Potsdam-Magdeburger-Eisenb 1870 Schwartzkopff.
36; 97 2,06 10; 432 559 1940.

3. Glückstadt-Elmshorn 1868 Borsig.
31; 91 1,2 8; 380 628 1524.

Steuerung bei innen liegendem Triebwerk ist selten. Ganz ungewöhnlich, ja vielleicht einzig dastehend ist die L als B 1 (St —). Vielleicht ist die Möglichkeit maßgebend gewesen, bei dieser Anordnung durch volle Ausnutzung des zulässigen Achsdruckes auch der Laufachse einen möglichst großen Kessel unterbringen zu können. Die großen Kesselabmessungen lassen darauf schließen. Der eigentliche Vorteil der B1, daß sich nämlich ungezwungen ein langer Radstand ergibt, ging hierbei aber verloren. Sie scheinen sich denn auch nicht sonderlich bewährt zu haben, denn sie wurden bald unter Verlängerung des Langkessels in C umgebaut. — In Frankreich ist die B 1 locomotive mixte noch in den achtziger Jahren gebaut worden. Wegen ihrer hohen Triebräder und der Innenlage der Zylinder, die somit wenig überhängen, stehen sie der P L näher, als die oben besprochenen Gem L der deutschen Eisenbahnen.

Abb. 73. Galizische Karl Ludwigsb 1873 Eßlingen.
32; 98 1,5 8; 400 632 1905.
(Nach Engg 1873, II, S. 113.)

Den Österreichern aber war es vorbehalten, den ersten Versuch mit einer Weiterentwicklung der B 1, und zwar sogar der mit Außenzylindern zur P L und S L zu machen (Abb. 73). Es ist das um so auffallender, als die B 1 in Österreich fast gar keine Beachtung gefunden hatte. Nur die erste i. J. 1837 aus England bezogene L Österreichs und deren bis zum Jahre 1841 eingetroffene unmittelbare Nachfolgerinnen hatten dieser Gattung ähnlich der Abb. 67 angehört. Eine solche B 1 „Ajax" aus dem Jahre 1841 steht im Technischen Museum für Industrie und Gewerbe in Wien zur Schau. Auch die L der Abb. 73 ist nicht in Österreich gebaut, sondern von der Maschinenfabrik Eßlingen, die, wie oben erwähnt, den Bau der B 1 schon seit einigen Jahren pflegte. Sie stellte eine der L auf der Weltausstellung in Wien i. J. 1873 aus, die dort wegen ihrer gefälligen Formen und der neuartigen Anordnung Aufsehen erregte. Wie wir mehrfach bei der B 1 beobachteten, liegt die letzte Laufachse unter dem Stehkessel, um Gesamtgewicht und Leistung möglichst hoch treiben zu können. Bevor die Galizische Ludwigsb 12 dieser L erhielt, hatte sie ihren P-Zugdienst mit der 1 B erledigt, und als i. J. 1878 wieder Anschaffungen notwendig wurden, kehrte sie zu dieser Bauart zurück. Die Eßlinger Ausstellungs-L hatte sich also nicht bewährt. Sie zeigte bei vereisten Schienen Neigung zur Entgleisung. Ihr einziges Verdienst bestand in der Erhärtung jenes Erfahrungssatzes, den wir eingangs kennengelernt haben: Die führende Achse darf keinen Raddurchmesser über 1650 bis 1700 mm aufweisen.

Was mit Außenzylindern nicht glückte, konnte vielleicht mit Innenzylindern gelingen. Anzeichen für diese Entwicklung haben wir soeben bei französischen L erlebt und wurden in England schon in frühester Zeit bemerkbar, wenn sie dann auch freilich auf lange Zeit wieder verschwanden. Die Stockton-Darlington Ry mit ihren starken Höchststeigungen von $12^{1}/_{2}^{0}/_{00}$ hatte i. J. 1838 B P L — vielleicht die ersten gekuppelten P L überhaupt — beschafft. Schlechte Erfahrungen konnten nicht ausbleiben. Man baute nach bekannten Grundsätzen, die man ja auch auf die B G L angewandt hatte, um, und so entstand,

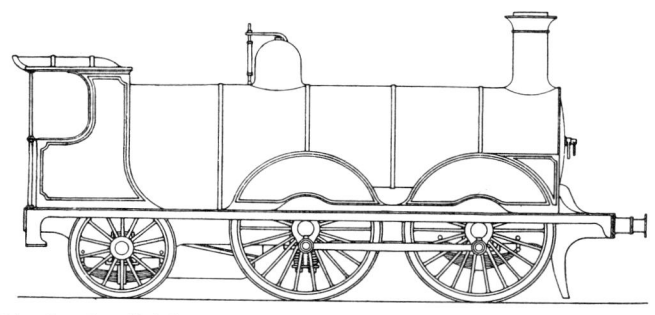

Abb. 74. London-Brighton South Coast Ry. 1880 Stroudley, Bahnwerkst. Brighton. 39; 125 1,9 10,5; 464 660 1981.
(Nach Stroudley „The Construction of Locomotive Engines". London 1885.)

sicher noch vor dem Jahre 1841, die B 1 P L. Einen viel beachteten Versuch mit der Fortentwicklung der B 1 machte nun Stroudley (Abb. 74). Die B 1 war auf der London-Brighton & South Coast Ry keine neue Erscheinung. Als Stroudley i. J. 1871 sein Amt bei dieser Verwaltung antrat, fand er eine B 1 vor, die von Craven i. J. 1862 für gemischten Dienst beschafft und die den oben beschriebenen französischen Ausführungen jener Zeit ähnlich war. Es ist anregend, zu beobachten, wie Stroudley nun die Weiterentwicklung der Bauart betrieb, allmählich Triebraddurchmesser und Verwendungszweck steigerte, bis er, vorsichtig weiterschreitend, bei der dargestellten Form angelangt war. Er begann mit der T L. I. J. 1873 wurde zunächst eine B 1 (1676) T mit Innenzylindern geschaffen, die für den Londoner Vorortverkehr bestimmt, sich wohl bewährte und bis 1887 nachbeschafft wurde. I. J. 1876 ging Stroudley einen Schritt weiter. Er führte eine Gattung gleicher Anordnung, aber mit Tender aus. Sie war dazu bestimmt, außer G-Zügen auch Fischzüge zwischen Newhaven und London mit großer Geschwindigkeit zu befördern. Sie bewährte sich bei den größeren Geschwindigkeiten so gut, daß sie auch für Ausflugszüge und häufig haltende P-Züge benutzt und bis 1883 nachbeschafft wurde. Ihre Erfolge ermutigten Stroudley nun zu dem letzten Schritt, nämlich zur Ausführung seiner B 1 (1981) S L zur Beförderung der S-Züge London—Brighton—South Coast. Die erste Ausführung erfolgte i. J. 1878 in geringer Stückzahl. I. J. 1882 erfolgten umfangreiche Nachbeschaffungen mit größeren Zylindern, Heiz- und Rostflächen. Eine von ihnen wurde i. J. 1889 in Paris ausgestellt und dann zu Versuchsfahrten auf der Linie Paris—Lyon—Méditerranée im Wettbewerb mit einer L der South Eastern Ry herangezogen. Stroudley hat auf die Durchbildung seiner L den äußersten Fleiß verwandt und ihr ein besonderes Schriftchen gewidmet[1]). Für die Anordnung im ganzen führt er neben jenen eingangs angegebenen allgemeinen Vorzügen der Bauart B 1 ihr geringes Gesamtgewicht an und die Leichtigkeit der Krümmungseinstellung, weil die hintere wenig belastete Laufachse dieser Einstellung wenig Widerstand entgegensetze. Bei der Ausbildung sind zahlreiche neue Gedanken verwirklicht. Der Überhang der Zylinder ist auf das denkbar kleinste Maß gebracht, indem die hinteren Stopfbüchsen in die Zylinder eingebaut sind, so daß diese sehr nahe an die Vorderachse herangeschoben werden konnten. Kurbel- und Kuppelstange sind nicht um 180^0 gegeneinander versetzt, sondern gleichlaufend angeordnet. Aus dem Hebelgesetz folgt, daß dann die Kuppelstangen die Kräfte unmittelbar übernehmen und die Triebachslager geschont werden. Das Rückwärtsexcenter ist nur 65, das Vorwärtsexcenter 75 mm breit, weil am Rückwärtsexcenter bei Vorwärtsfahrt weniger Reibungsarbeit geleistet wird. Der Reifen der Mittelachse ist zylindrisch, weil beim Lauf durch Krümmungen nur die erste, und allenfalls die letzte Achse am Außenstrang mit dem Spurkranz anlaufen. Nur für diese ist also Kegelform des Reifens berechtigt, damit auf dem längeren Außenstrang auch der größere Radkreis läuft. Die Kesselmittellinie liegt 2260 mm hoch; das ist für jene Zeit viel. Stroudley gibt ganz richtig als Vorzug hoher Kessellage langsamere Schwingungen und darum eine mehr federnde Beanspruchung des Gleises an. Bekanntlich fand der Vorzug hoher Kessellage erst seit der Ausstellung in Chicago vom Jahre 1893 allgemeine Anerkennung. — Die Geschichte der Stroudley-L ist besonders fesselnd dadurch, daß ein tüchtiger Ingenieur versuchte, gegen den Strom zu schwimmen. Es gelang ihm, etwas Hervorragendes zu schaffen. Die Erfahrungen sprachen schließlich aber trotzdem gegen ihn. Die L nahm das Gleis hart mit. Der Nachfolger Stroudleys, Billington, der i. J. 1890 sein Amt antrat, griff daher nicht mehr auf die B 1 zurück, sondern führte die 2 B S L ein. — Stroudleys L spielt die gleiche Rolle wie einst Stephensons 1 A 1 (St —) und Cramptons 2 A. Die Schöpfer dieser Gattungen bauten nach einem Plan, der in der Gesamtanlage verfehlt war, aber die Liebe, mit der sie ihre Entwürfe bis in die kleinste Einzelheit ausarbeiteten, brachte eine Fülle neuer Gedanken zutage und kam dem Fortschritt zugute. Die Nichtbewährung im ganzen aber vermehrte den Erfahrungsvorrat um wertvolle Stücke, und die Arbeit des Erbauers war nicht vergebens getan.

---

[1]) Stroudley: The construction of L Engines. London 1885.

B 1 T. Die Vorzüge, die für die B 1 mit Tender gelten, treffen auch für die B 1 T zu. Da T L nicht für hohe Geschwindigkeiten bestimmt zu sein pflegen, so werden wir von vornherein eine ziemlich große Verbreitung der B 1 T mit mäßigem Triebraddurchmesser erwarten können. Für die B 1 T spricht auch, daß sie gut rückwärts laufen wird, denn bei der Rückwärtsfahrt läuft eine niedrige Achse vorn. Eine ausreichende Belastung dieser Achse, auch wenn sie hinter dem Stehkessel liegt, wird sich durch die Anordnung der Kohlen- und Wasserbehälter erzielen lassen. Freilich wird sie vielleicht nach starker Abnahme der Vorräte zur sicheren Führung bei Rückwärtsfahrt nicht mehr genügen. Weil die B 1 T für den Vorortverkehr großer Städte geeignet ist, so werden uns bei ihr zum erstenmal einstellbare Achsen begegnen, denn auf solchen Bahnen sind scharfe Krümmungen häufig.

Die B 1 T tauchte in England schon i. J. 1855 auf den Zweiglinien

Abb. 75. London, Chatam and Dover Ry. 1866 Neilson.
39; 88 1,8 9,1; 419 559 1676; 4 0,75.
(Nach Eng 1866, II, S. 426.)

der London-Brighton & South Coast Ry auf. Eine sehr bekannt gewordene Bauart aber entstand, wie wir es schon mehrfach beobachteten, durch Umbau. Die Great Northern Ry wollte nämlich i. J. 1852 L für den Dienst auf ihren Untergrundstrecken schaffen. Zu dem Zwecke wurden zunächst einige alte 1 A 1 mit Tender von Sharp (vgl. Abb. 16) in 1 A 1 T umgewandelt. Um die Vorräte unterbringen zu können, mußte die hintere Laufachse weiter nach hinten verschoben werden, aber auch wegen der Vergrößerung des Radstandes seitlich verschiebbar gemacht werden. Wir haben hier eine sehr frühe Verwendung seitlich verschiebbarer Achsen vor uns. Um das Jahr 1865 wurden die Umbauten fortgesetzt. Jetzt wurde aber die vordere Laufachse durch eine Kuppelachse ersetzt, so daß die Form B 1 T entstand, und die hintere, weiter zurückverlegte Laufachse wurde als Radialachse ausgeführt (vgl. S. 124 u.) Diese Umbau-L befriedigten so, daß sie schon i. J. 1866 als Neubauten erschienen (Abb. 75). Sie besaßen einen vierfachen Rahmen, aber nur die Triebachse war auch im Innenrahmen, im ganzen also viermal, gelagert. Die Kraftübertragung war demnach einwandfrei. In dem hinten aufgebrachten Behälter befand sich das Wasser, und in diesen

Lokomotiven mit zwei gekuppelten Achsen: B 1 T. 93

eingebaut der Kohlenbehälter. Bei dieser Anordnung war das Reibungsgewicht vorteilhafterweise ziemlich unabhängig von der Zu- und Abnahme der Vorräte. Zu erwähnen ist noch ein Dampfniederschlagsapparat. Es konnte nämlich der Dampf statt durch die Mündung des

Abb. 76. Altona-Kieler B 1865 Egestorff.
35; 69 1,0 6,67; 381 610 1565; 3,1 2.
(Nach Photographie und Maßskizze.)

Blasrohres durch dessen Boden in den Wasserbehälter geleitet werden. Diese Einrichtung ist für Untergrundbahnen in England bis in die neueste Zeit nachgeahmt und fortgebildet worden. Die L sind mit unwesentlichen Abweichungen von mehreren englischen Verwaltungen beschafft worden[1]).

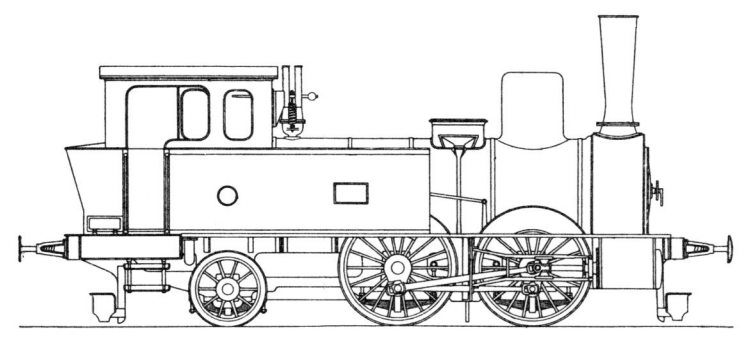

Abb. 77. Preußische Staatsb 1889 Henschel.
40; 85 1,2 10; 400 575 1564; 3,3 1,2.
(Nach den Musterblättern der Pr. Staatsb.)

In Deutschland wurde die B 1 T zunächst für Verschiebedienst eingeführt: Köln-Mindener B 1857: B 1 (1016) T; Rheinische B 1860: B 1 (1046) T; Niederschlesisch-Märkische B 1865: B 1 (1066) T. Die B 1 (1255) T der Berlin-Stettiner B vom Jahre 1871 ist schon bald als P L im Nahverkehr benutzt worden. Ihre hintere Laufachse war ähnlich einer Adamsachse radial einstellbar. Schon seit 1865 gewinnen die

---
[1]) Loc. Mag. 1902, S. 153 und 1904, S. 140.

Beschaffungen der B 1 T für den Nahverkehr und für gemischten Dienst in Preußen, seit Anfang der siebziger Jahre auch Sachsen, schnell an Umfang: Magdeburg-Halberstädter B 1865 bis 1882: B 1 (1397) T. In Sachsen wurde die Laufachse immer als Radialachse ausgebildet und zwar meist nach der Bauart Nowotny (ähnlich Abb. 117). Eine solche B 1 T deutscher Herkunft zeigt Abb. 76. Zu jener Zeit hatte noch jede Fabrik ihren eigenen Stil in Äußerlichkeiten der Ausstattung, der ihre Herkunft sofort verrät. So trägt auch diese die unverkennbaren Merkmale ihrer Firma. Die Bergisch-Märkische B führte i. J. 1868 eine B 1 T ein, die sie bis zur Mitte der neunziger Jahre fortbildete und nachbeschaffte. Dann wurde der Entwurf in die Musterblätter der preußischen Staatsb aufgenommen (Abb. 77). Die Gattung besorgte z. B. viele Jahre lang den Vorortdienst Berlin-Lichterfelde. — Noch größeren Umfang nahmen die Beschaffungen in den siebziger Jahren

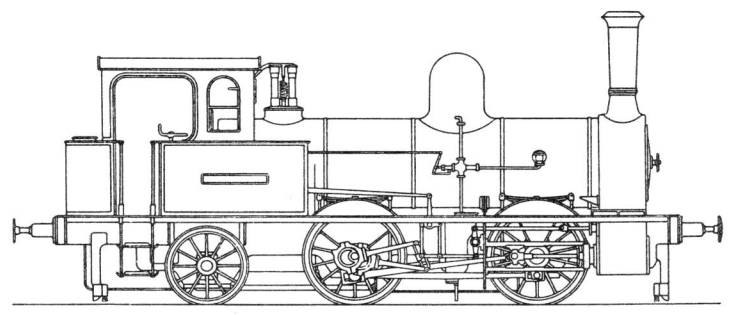

Abb. 78. Berlin-Potsdam-Magdeburger B 1877 Borsig.
38; 73 1,8; 381 560 1398; 4,6 1,05.
(Nach Phothographie und Maßskizze.)

an. Die preußische Staatsb besitzt außer der eben erwähnten eine B 1 T für die Berliner Stadtb vom Jahre 1884 und eine B 1 T für Nebenbahnzüge von mehr als 30 km Geschwindigkeit vom Jahre 1894. Alle diese sind sich im Gesamtaufbau ziemlich ähnlich. Durch einige Eigenheiten zeichnet sich aber die B 1 T der Berlin-Potsdam-Magdeburger B für den Berliner Vorortverkehr vom Jahre 1877 aus (Abb. 78). Der Triebraddurchmesser ist für eine Vorortzug-L recht klein. Um den Steuerungsantrieb wagerecht anordnen zu können und auf diese Weise den Einfluß des Federspiels auf die Schieberbewegung zu mildern, ist ein am Gleitbahnträger gelagerter Umkehrhebel vorgesehen. Ein solcher Umkehrhebel, der sich auch bei B Verschiebe-L englischer Herkunft der gleichen Verwaltung vorgefunden hatte, ruft aber neue Störungen durch toten Gang hervor, wenn er nicht sehr sorgfältig gelagert wird. Bei der ersten Einführung der 2 B der preußischen Staatsb i. J. 1891 wurden schlechte Erfahrungen mit einer solchen Einrichtung gemacht, weil man es versäumt hatte, nach amerikanischem Muster dem Umkehrhebel eine genügend lange sorgfältig gelagerte Welle als Drehachse zu geben. Ähnlich scheint es hier gegangen zu sein, denn die

Steuerung wurde bald als gewöhnlicher Schrägantrieb umgebaut. Der Schieberspiegel behielt natürlich seine wagerechte Lage bei. Darum mußte das Ende der schrägen Schieberschubstange eine Gradführung im wagerechten Sinne erhalten. Sie wurde als Robertsonsche Lenkerführung[1]) ausgebildet. Wollte man den „Umkehrhebel" anwenden, so hätte man sich besser an amerikanische Muster gehalten. Man hätte die Steuerung nach Stephenson ausführen und die Kulisse unmittelbar auf das untere Hebelende arbeiten lassen sollen. Dann hätten die Exzenterstangen genügend lang ausgeführt werden können.

In Süddeutschland, Österreich und Frankreich hat die B 1 T wenig Verbreitung gefunden.

B 2 T. Wir erkannten es als einen Vorzug der B 1 T, daß die Zu- und Abnahme der Kohlenvorräte das Reibungsgewicht nicht allzusehr beeinflußt. Man kann diese Vorzüge und alle sonstigen der B 1 erhalten,

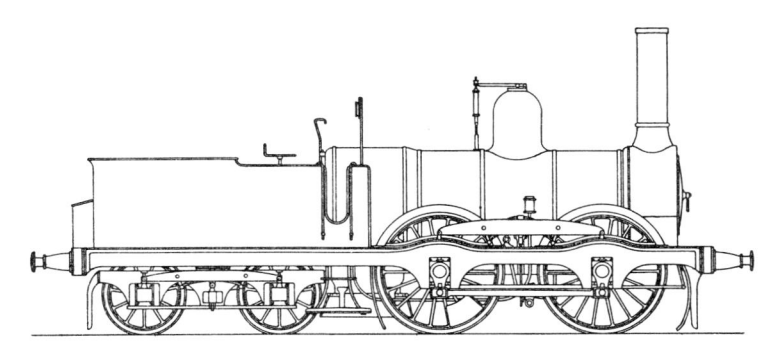

Abb. 79. London-Greenwich Ry 1866. Canada works.
35; 76 1,4 x; 381 508 1702; 3,9 1,0.
(Nach Eng 1866, II, S. 169.)

außerdem aber die Menge der Vorräte vergrößern, wenn man die hintere Laufachse durch ein Drehgestell ersetzt und diese Vorräte in einer Weise unterbringt, daß hinsichtlich Bequemlichkeit der Bedienung fast die Eigenschaften einer L mit Tender gewonnen werden. Daß das Drehgestell hinten läuft, hat, wie schon mehrfach hervorgehoben wurde, bei einer T L, weil sie keine bevorzugte Fahrtrichtung hat, nichts zu sagen. Umgekehrt geht aus der eben gegebenen Begründung der Bauform hervor, daß sie nur für T L paßt. Daher kommt es, daß die B 2 zu den wenigen Gattungen gehört, die nur als T L gebaut worden sind. Die B 2 T fand bei ihrem ersten Auftreten in England auf der London and Greenwich Ry i. J. 1866 sofort Aufnahme bei einer Reihe bedeutender Verwaltungen (Abb. 79). Schon i. J. 1870 folgten ähnliche von Kirtley für die Beförderung der Midlandszüge über die Metropolitan Ry.

Die entsprechende amerikanische Bauform, also mit Barrenrahmen, hat Forney um das Jahr 1865 geschaffen[2]). Sie war in Nordamerika

---

[1]) S. Hütte.   [2]) Forney: Catechism of the locomotive. New York 1875.

96   Lokomotiven mit zwei gekuppelten Achsen: B 2 T.

z. B. auf den Hochbahnen von New York und Chicago¹) sehr verbreitet. Wie in der Einleitung auseinandergesetzt, entwickelt ein Drehgestell seine vorzüglichen Eigenschaften nur, wenn es führt. Hinten laufende Drehgestelle geben sogar zuweilen Anlaß zu schlingernden Bewegungen. Der Betrieb wird daher in Amerika mit diesen L so geregelt, daß sie vor dem Zuge stets rückwärts laufen. Der Führer wird bei dieser Betriebsweise auch in der Streckenbeobachtung weniger durch Schornsteinrauch und Dampf aus den Ventilen behindert.

Eigene Wege ging Mac Donnel mit seiner i. J. 1869 für die irische Südwestb beschafften L²). Sie hatte eine ganz andere Anordnung, als die der Abb. 79. Es lagen nämlich nicht nur die Laufachsen, sondern auch die angetriebenen Achsen in einem Drehgestell. Insofern, als sie demnach auf zwei Drehgestellen läuft, hat sie eine gewisse Ähnlichkeit mit den L von Fairlie (Abb. 295) und Meyer (Abb. 297). Wie nun die

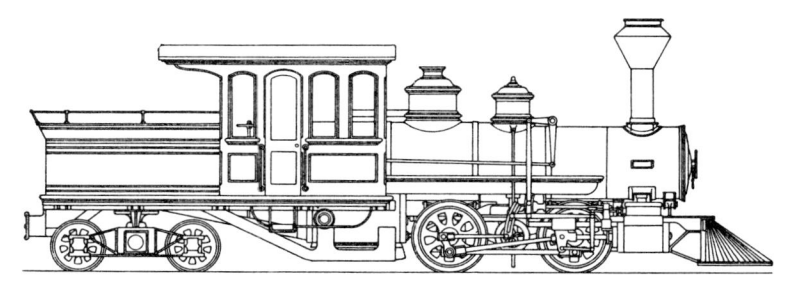

Abb. 80. Ausstellungsb Philadelphia 1876. Mason.
13 Rbgsgew; 39 0,9 10,5; 279 406 914; 3 1,1. Spur: 914.
(Nach R gaz 1877, S. 49, 223.)

Mallet-Rimrott-L (Abb. 296) als Verbesserung der Meyer-L aufzufassen ist, weil bei ihr nur ein Achsenpaar in einem Drehgestell liegt, so muß man die B 2 T der Abb. 79, 81, 82 der von Mac Donnel vorziehen. L, die nur auf Drehgestellen ruhen, sind überbeweglich und für schnellere Fahrt nicht geeignet. Damit soll ihnen nicht jede Berechtigung abgesprochen werden. Man soll sie jedoch nur wählen, wo sehr scharfe Krümmungen zu durchfahren sind. Es ist aber gerade ein Kennzeichen des älteren Lokomotivbaues, daß er die Krümmungsbeweglichkeit auf Kosten der Gangsicherheit zu stark berücksichtigte. Wir haben dies schon bei der Besprechung von Stephensons 1 A 1 (St —) gesehen. Ähnlichen Irrtümern werden wir noch häufiger begegnen, z. B. wenn von den 1 B (St —) und alten 2 B mit Drehgestell zu sprechen sein wird.

Die Anordnung von zwei Drehgestellen hat also ihre Berechtigung, wenn die Krümmungen scharf und keine hohen Geschwindigkeiten beabsichtigt sind. Dieser Fall traf für die Schmalspurb der Ausstellung in Philadelphia vom Jahre 1876 zu (Abb. 80). Die L wurden nach Schluß der Ausstellung an die New York & Manhattan Beach Ry abgegeben. Der eigentliche Hauptrahmen läuft vom vorderen Ende des Stehkessels

---

¹) Z. d. V. d. I. 1894, S. 278.   ²) Z. Colburn, S. 284.

bis zur hinteren Pufferbohle. Er stützt sich mit Pendelstützen auf das hintere Drehgestell, das unter dem Wasserbehälter liegt. Die angetriebenen Achsen liegen in einem zweiten Drehgestell, das Barrenrahmen besitzt. Die Dampfzuführung muß also durch Stopfbüchsen erfolgen. Auffallend ist bei einer amerikanischen L jener Zeit die Heusingersteuerung. Bei größeren Ausführungen beabsichtigte der Erfinder Mason den hinteren Hauptrahmen nach vorn weiter durchzuführen. Die Bauart soll nach seiner Ansicht jede Spurerweiterung in Krümmungen unnötig machen. Die L wurde auch in der Form 1 B 2 gebaut, um die führenden Spurkränze zu schonen, und für größere Leistungen auch in der Form C 3[1]).

Andere Lokomotivbauer zogen auch für recht scharfe Gleiskrümmungen die Bauart mit nur einem Drehgestell vor, wie sie Abb. 81

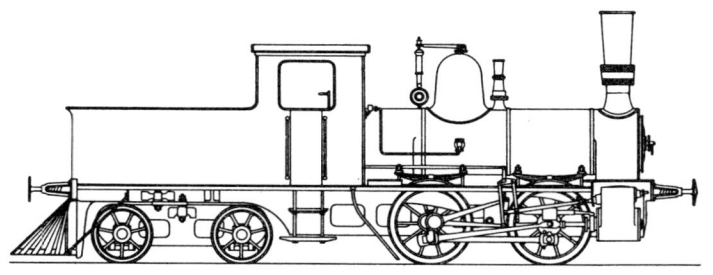

Abb. 81. Thylandsb 1883 Busse.
12; ∼ 28 0,6 x; (280) (420) 1080; 3,5 1,5.
(Nach Organ 1884, S. 168.)

zeigt. Die Schienen der im nördlichen Jütland gelegenen Thylandsb wogen nur $17^1/_2$ kg je lfd. m, und der größte Raddruck mußte daher auf 3 t beschränkt werden. Die höchste Geschwindigkeit ist 45 km. Der Wasservorrat sollte für 40 km und der Kohlenvorrat für 140 km genügen. Die Strecke hat viele lange Krümmungen. Die stärkste Steigung beträgt 12,5 °/$_{00}$. Die Unterbringung der Kohlen- und Wasservorräte erfolgt so, daß Kessel und Triebwerk nicht im geringsten durch die Wasser- und Kohlenkästen verbaut werden. Diese liegen für sich, als ob ein Tender vorhanden wäre. Die L kann als eine Weiterentwicklung der nach ähnlichen Grundsätzen angeordneten von Forney aufgefaßt werden. Bei Anwendung eines gewöhnlichen Drehgestells würde die geringe führende Länge des festen Radstandes der L bedenklich stimmen müssen. Darum ist im vorliegenden Fall das Drehgestell mit dem nach hinten durchgehenden Hauptrahmen durch wagerechte Pendel verbunden, die nach vorn zu konvergieren und in der Abbildung sichtbar sind. Eine ganz ähnliche Einrichtung, bei der aber die Pendel innerhalb der Rahmenbleche liegen, kann man in der Abb. 249 erkennen. Auf diese Weise entsteht ein Drehgestell, bei dem zu jedem Drehwinkel eine ganz bestimmte seitliche Verschiebung gehört, regellos schlingernde

---

[1]) Lokomotive 1913, S. 256.

Bewegungen des Drehgestells also auch bei Rückwärtsfahrt nicht zu befürchten sind. Weiteres zur Beurteilung wird auf S. 138 erörtert werden. Die L zeichnete sich durch besonders ruhigen Gang aus. Die Radreifen nutzten sich gleichmäßig ab und liefen nicht scharf. Bei den englischen B 2 T der Abb. 79, 82 begegnen uns weder solche Lenker an den Drehgestellen, noch verlautet etwas darüber, daß sie im Zugdienste rückwärtslaufend verwandt wurden. Trotz der hohen Geschwindigkeiten im englischen Vorortverkehr sind Klagen über unruhigen Lauf nicht bekannt geworden.

Abb. 82 zeigt eine neuzeitliche englische B 2 T. Die North Staffordshire Ry hat nur kurze Strecken, so daß fast der ganze P-Zugdienst

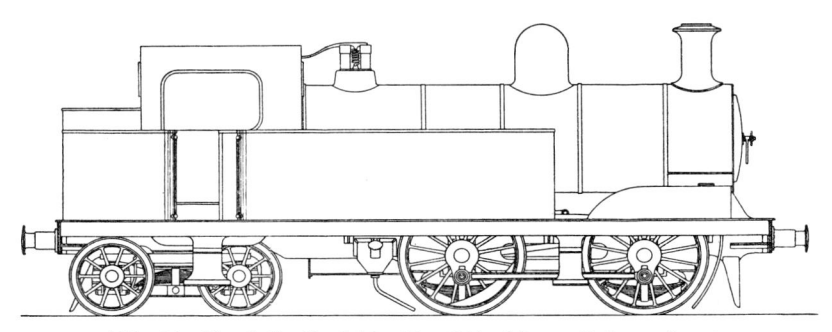

Abb. 82. North Staffordshire Ry 1900 Adams, Bahnwerkstatt.
57; 95 1,7 12,32; 470 660 1676; 6 2,5.
(Nach Eng. 1908, II, S. 186.)

mit T L versehen werden kann. Für diesen ist sie hauptsächlich bestimmt. Sie soll aber auch gelegentlich G-Züge befördern. Bezeichnenderweise wird die Wahl des Drehgestells mit den häufigen scharfen Krümmungen der Strecke begründet. Die B 2 T hat in England und Amerika eine beträchtliche Verbreitung gefunden. In allen anderen Ländern ist sie fast unbekannt geblieben.

1 B. Bei der B 1 ergab sich ähnlich wie bei der B der Übelstand, daß die Zylinder, falls sie innen liegen, geneigt angeordnet werden müssen. Dies mag dazu geführt haben, von der B 1 ausgehend, nicht deren vordere, sondern deren hintere Achsen zu kuppeln. So entstand die Bauart 1 B. Bei ihr lag also, wie aus ihrer Entwicklung hervorgeht, und damals noch allgemein üblich war, die dritte Achse hinter, nicht etwa unter dem Stehkessel. Dies hat den Mangel, daß es schwer ist, diese hinten liegende Kuppelachse genügend zu belasten. Man sieht sich daher zuweilen dazu veranlaßt, den Zugkasten als schweren Gußkörper auszuführen, um den Schwerpunkt nach hinten zu verschieben. Auch legt man wohl den Dom auf den Stehkessel, der seinerseits zuweilen stark überhöht wird (Abb. 84, 87, 92 bis 95, 99, 121). Die Kuppelstangen werden oft unbequem lang. Alle diese Mängel und allzu unbequeme Gegenmittel können vermieden werden, wenn man die letzte Achse unter den Stehkessel schiebt, der in diesem Fall eine schräge

Begrenzung erhalten muß. Auch der Rost wird dann — für die Beschickung nicht unvorteilhaft — schräg (Abb. 86, 96, 97, 98, 101, 116, 117, 118). Der Radstand der 1 B (St +) fällt ziemlich lang aus. Die führende Achse hat einen kleinen Durchmesser. Diese Eigenschaften lassen ihre Entwicklung zur S L voraussehen, die allerdings ziemlich langsam vor sich gegangen ist. Wegen der überhängenden Zylinder steht sie als S L der 2 B nach.

Die ältesten bisher bekannt gewordenen 1 B (St +) sind die beiden von Stephenson i. J. 1837 nach Amerika gelieferten „Baltimore" und „Susquehanna"[1]). Sie waren für die Baltimore & Susquehanna Rd bestimmt und zeigten eine ähnliche Gesamtanordnung wie Abb. 83. Nur waren Lauf- und Triebachse ein wenig weiter nach hinten verschoben, und die Feder der Laufachse lag über dem Rahmen. Auch hatte der Dampfdom den bei den ältesten L üblichen geringen Durchmesser (Abb. 11). Die Anordnung einer Kuppelachse hinter dem Stehkessel war übrigens damals nichts Neues mehr, denn sie war schon von Campbell i. J. 1837 bei seiner 2 B angewandt worden (Abb. 125). Auch die „Baltimore" und „Susquehanna" wurden bald amerikanischer

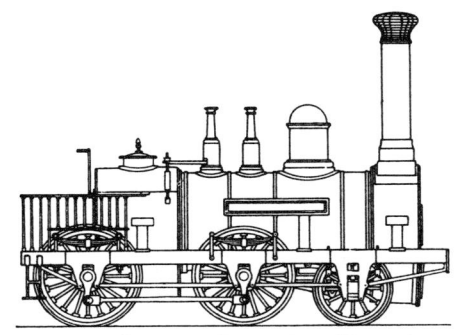

Abb. 83. Comp. de Paris-Versailles 1838 Stephenson. 14,5; 48 1,0 x; 380 450 1380. (Nach Armengaud: L'industrie des chemins de fer. S. 92. Paris 1839.)

Gepflogenheit gemäß durch Austausch der Laufachse gegen ein Drehgestell in 2 B verwandelt. Im nächsten Jahre 1838 lieferte Stephenson für die Chemin de fer de Versailles (rive gauche) eine sehr ähnliche L namens „La Victorieuse", von der uns sehr genaue zeichnerische Darstellungen erhalten sind (Abb. 83). Die Bauart wird in den zugehörigen Veröffentlichungen als „besonders kräftig und für Erdbewegung beim Bahnbau geeignet" bezeichnet. Auch „La Victorieuse" war einige Monate beim Bau ihrer Heimatbahn in Verwendung und tat dann auf der Strecke Paris—St. Germain Dienst. „La Victorieuse" hatte die gleiche fehlerhafte Rahmenanordnung wie die „Patentee" (Abb. 11). Die Pumpe wurde durch ein Exzenter angetrieben, das dicht hinter dem Rade auf der Kuppelachse saß. Wir würden geneigt sein, „La Victorieuse" als P L zu betrachten. Sie war aber, wie wir gesehen, durchaus G L. Solche 1 B mit hinter oder unter dem Stehkessel liegender Kuppelachse wurden als G L in England vom Ende der dreißiger Jahre an bis in die sechziger Jahre hinein in ziemlich großem Umfange beschafft (Abb. 84, 87). Sie erhielten später verhältnismäßig große

---

[1]) Eng. 1898, I, S. 52. Locomotives supplied by British firms to American railroads auf S. 78.

Triebraddurchmesser. Es waren also G L, die den P L sehr nahe standen. Das ist bezeichnend für den G-Zugbetrieb auf englischen Bahnen. Wegen der großen Verkehrsdichtigkeit müssen die G-Züge dort ziemlich schnell fahren, um „keine Löcher in den Fahrplan zu reißen" (S. 205). Einen besonderen Ruf erwarben sich die Allanschen 1 B (St +), die sogenannten „Crewe goods" (Abb. 84). Sie wurden in der Werkstatt Crewe der Verwaltung gebaut[1]). Die Bauart wurde 15 Jahre beibehalten, dann aber allmählich aus dem G-Zugdienst zurückgezogen und zur Beförderung von Lokalzügen und für P-Züge auf Zweiglinien verwendet. Hiermit setzt also die Entwicklung der Gattung 1 B zur P L bereits ein. Die L von Allan hat Doppelrahmen. Die Zylinder sind an beiden Rahmen befestigt, wie die Nebenskizze zeigt; die Kraftübertragung ist

Abb. 84. London & North Western Ry 1845 Allan; Bahnwerkst. Crewe.
20; 70 1,0 x; 381 508 1524.
(Nach Clark, S. 217.)

also vollkommen einwandfrei. Erwähnenswert ist auch, daß sie schon geschlossene Achsbuchsführungen an Trieb- und Kuppelachse besaß. Das zur Zeichnung benutzte Bild zeigt wohl nicht die älteste Ausführungsform. Diese dürfte aber mit den späteren Ausführungen im wesentlichen übereinstimmen.

Schon seit den fünfziger Jahren wurde die 1 B in England auch als Gem L und als P L bezeichnet und verwendet. Eine besonders frühe, wenn auch nur gelegentliche Verwendung für schnelle Fahrt wird von der York, Newcastle & Berwick Ry berichtet. Deren aus dem Jahre 1847 stammenden 1 B wurden gelegentlich zur Beförderung von S-Zügen benutzt. Dabei ist ihre ganze Erscheinung noch genau die der neun Jahre älteren Arbeitszug-L „La Victorieuse".

Oben wurden die Gründe für eine Verlegung der Kuppelachse unter den Stehkessel angeführt. Es waren aber keineswegs diese einfachen Erwägungen, die seinerzeit zu dieser Maßnahme geführt haben. Die Sache ging vielmehr folgendermaßen zu: In den ersten Jahrzehnten feuerte man bekanntlich Koks. Andererseits begannen schon frühzeitig Versuche mit Steinkohlenfeuerung. Man fürchtete nun, die Kohlen-

---

[1]) Eng. 1908, II. Supplement. The London & North Western Ry and the Crewe works.

wasserstoffgase nicht vollständig verbrennen zu können und die damit zusammenhängende Rauch- und Rußbildung. Auch eine schädliche Einwirkung der Stichflamme auf die Rohreinwalzstellen und die

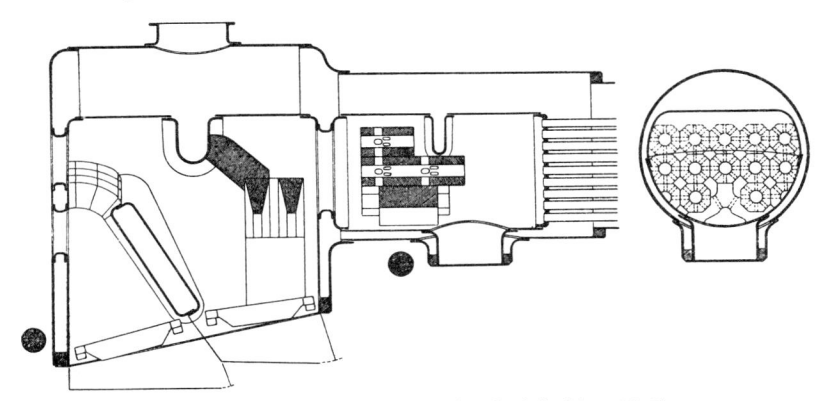

Abb. 85. Beatties Feuerung für Steinkohlen 1855.
($1/_{50}$) (Nach Clark u. Colburn, S. 27.)

Schlackenbildung scheint man gescheut zu haben. Die ersten Bauarten von Feuerkisten für Steinkohlenbrand stammen schon aus dem Jahre 1837. Es folgten weitere in den Jahren 1839 und 1845, um dann

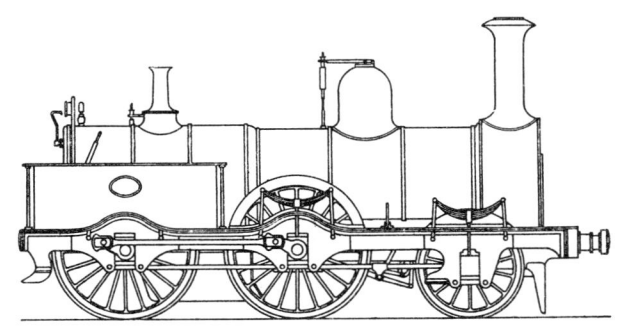

Abb. 86. South Eastern Ry 1857. Cudworth.
31; 84 2,0 x; 406 610 1829.
(Nach Z. Colburn, S. 264.)

am Anfang der fünfziger Jahre sehr zahlreich zu werden[1]). Die Erfinder arbeiteten mit sehr verwickelten Anordnungen: Treppenrosten, Verbrennungskammern, Feuerbrücken, Zuführung von Nebenluft, Schirmen, die durch kammerartige Kesselteile gebildet wurden usw. Das Beispiel von Beatties Steinkohlenfeuerung (Abb. 85) zeigt, daß die

---

[1]) Vgl. auch Stösger: Über die verschiedenen Einrichtungen zur rauchfreien Verbrennung der Steinkohlen in L. Organ 1861, S. 49, und Die Lokomotivfeuerungen für Rauchverhütung und Brennstoffersparnis mit besonderer Berücksichtigung des Systems Nepilly. Glasers Ann. 1884, I. 183.

damals geschaffenen Anordnungen wegen ihres Raumbedarfes und ihrer Vielteiligkeit den Gesamtaufbau der L stark beeinflußten, so daß wir hier nicht an ihnen vorbeigehen können. Die L der Abb. 86 zeigt bereits eine Entwicklungsstufe, bei der man zu einfacherer Form zurückgelangt war. Die Mittel, die Cudworth anwandte, bestanden nur mehr in einem Schrägrost mit sehr starker Neigung, einer Schürplatte an seinem hinteren und einem Schlackenrost an seinem vorderen Ende. Ferner war die Feuerkiste in der Längsrichtung durch eine wassergefüllte, mit dem Kesselinnern zusammenhängende Kammer geteilt, so daß die Rosthälften je durch eine besondere Tür abwechselnd beschickt werden konnten (vgl. Abb. 54). Cudworth sah einen wesentlichen Vorzug des Schrägrostes auch darin, daß er der Feuerkistendecke näher gerückt war und auf diese Weise besser durch Strahlung wirken könne. Die Ausnutzung der Strahlung hat bekanntlich die Kesselbauer seitdem noch häufig und gerade in neuester Zeit wieder sehr eingehend beschäftigt. Der Schrägrost bot nun ganz von selbst die Möglichkeit, die Kuppelachse unter den Stehkessel zu schieben und so eine gleichmäßige Lastverteilung auf die beiden angetriebenen Achsen zu erreichen. Und nicht nur dies: man konnte auch einen größeren Bruchteil der Gesamtlast auf die beiden angetriebenen Achsen bringen. Im vorliegenden Falle erhalten die Kuppelachsen mehr als $2/3$ der Gesamtlast. Von diesen Besonderheiten abgesehen, ist hinsichtlich Rahmen- und Zylinderanordnung noch so ziemlich das Bild der „La Victorieuse" erhalten. Jedoch ist die Kraftübertragung natürlich bei Ausführung der Zylinder- und Zugkastenbefestigung schon in einwandfreier Weise berücksichtigt. Der Rahmen ist in ganzer Länge als Doppelrahmen ausgebildet. Cudworths L wurde als Normalbauart i. J. 1857 auf der South Eastern Ry eingeführt und war von vornherein für P-Zugdienst bestimmt. Es liegt hier also auch der Fall einer besonders für England frühen Benutzung gekuppelter L für P-Züge vor. Es muß übrigens erwähnt werden, daß der Gedanke, eine Achse unter den Stehkessel zu legen, schon bei der „Gowan & Marks" i. J. 1839 (Abb. 128) verwirklicht worden war, jedoch ohne Anwendung eines Schrägrostes. Die Triebräder hatten daher im Durchmesser ziemlich klein gehalten werden müssen.

Von allen den verwickelten Anordnungen, die man für Steinkohlenfeuerung versuchte, waren bald nur der Schrägrost und der Schamotteschirm an der Rohrwand übrig geblieben. Sie fanden in Deutschland willige Aufnahme. Die erste Ausführung eines Schrägrostes mit unter diesem liegender Kuppelachse ist in Deutschland i. J. 1865 bei der 1 B der Bergisch-Märkischen B erfolgt.

Durchaus als G L gedacht war die 1 B der Eastern Counties Ry, die später in der Great Eastern Ry aufging (Abb. 87). Sie zeigt dabei ganz das Äußere der nachmals in Deutschland zu so gewaltiger Verbreitung gelangten 1 B P L. Diese G L ist, wie wir es in jener Übergangszeit so häufig beobachten, später vielfach im P-Zugdienst benutzt worden, besonders, nachdem Adams seit 1872 gewisse Umbauten vorgenommen hatte. Vier von den 110 L dieser Art erhielten bei dieser Gelegenheit ein Drehgestell, so daß die alte G L uns nun wie eine mo-

derne S L anmutet. Bei allen anderen behielt man die Form 1 B bei.
Die Umbauten wurden bis 1883 fortgesetzt.

Im Gegensatz zu den meisten anderen englischen Bahnen beförderte die Midland Ry auch ihre S-Züge mit der 1 B, bis sie hierfür i. J. 1887 die 2 A 1 einführte (Abb. 39). In Abb. 88 tritt also eine zur

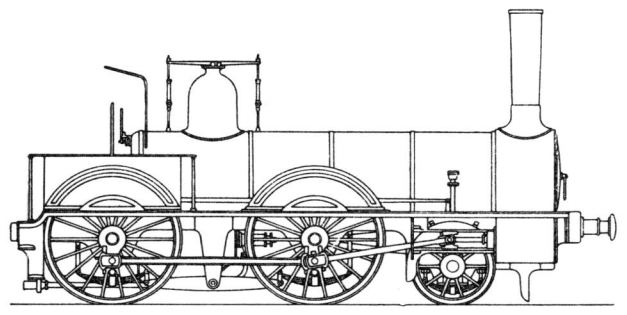

Abb. 87. Eastern Counties Ry 1859 bis 1866 Neilson.
31; 90 1,2 8,4; 457 610 1854.
(Nach Clark u. Colburn, S. 80.)

S L entwickelte 1 B vor uns. Der geringe Überhang der innen liegenden Zylinder machen sie hierfür hervorragend geeignet. Sie hat Doppelrahmen. Im Außenrahmen ist nur die Laufachse gelagert. Sie kann auf diese Weise sehr nahe an die Zylinder herangerückt und daher der

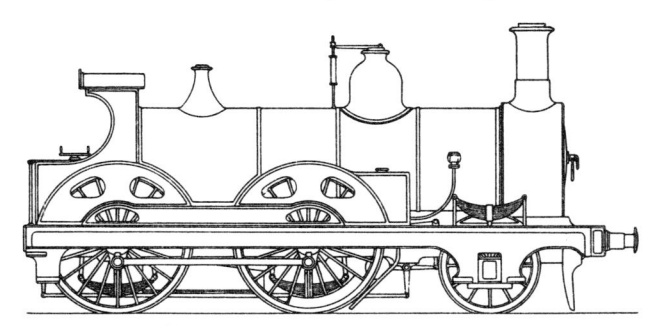

Abb. 88. Midland Ry 1876 Johnson; Bahnwerkst. Derby.
39; 103 1,6 x; 432 610 2032.
(Nach Eng. 1876, I, S. 234 und 254.)

Überhang auf das kleinste Maß gebracht werden, weil die Gleitbacken für die Achslager nicht mehr im Wege sind. Auch gewinnt das Laufachslager an Zugänglichkeit. Wir haben hier ein ausgezeichnetes Beispiel dafür, daß die Engländer kein Mittel scheuen, um den Überhang, wenn auch nur um ein klein wenig, zu vermindern.

Für die Wahl einer gekuppelten L waren ungünstige Streckenverhältnisse maßgebend bei der Schottischen L der Abb. 89. Sie diente zur Beförderung von P- und Pullmanzügen zwischen Glasgow und

Carlisle. Die Strecke hat Steigungen von 15 °/$_{00}$ bei 5,5 km Länge und von 10 °/$_{00}$ bei 8 km Länge. Die Laufachse hat 12,7 mm Spiel in jeder Richtung. Der Radstand von beinahe 5 m Länge hat diese Maßnahme nötig gemacht. Als Rückstellvorrichtung dienen Keilflächen mit Gegenneigung zwischen Federstützen und Achslager. In dem Fehlen des Doms

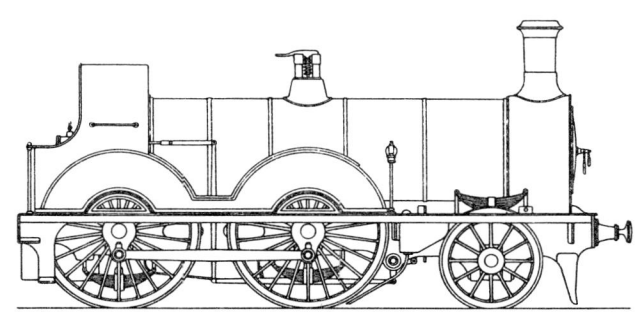

Abb. 89. Glasgow & South Western Ry x Smellie; Bahnwerkst. Kilmarnock.
39; 101 1,45 9,8; 457 660 2070.
(Nach Engg. 1880, II. S. 213.)

und dem einfachen Rahmenbau verrät sich das Bestreben nach äußerster Gewichtsersparnis.

Wir haben gesehen, daß die Scheu vor dem Drehgestell bei der Great Northern Ry den Anlaß zum Bau einer besonders kräftigen

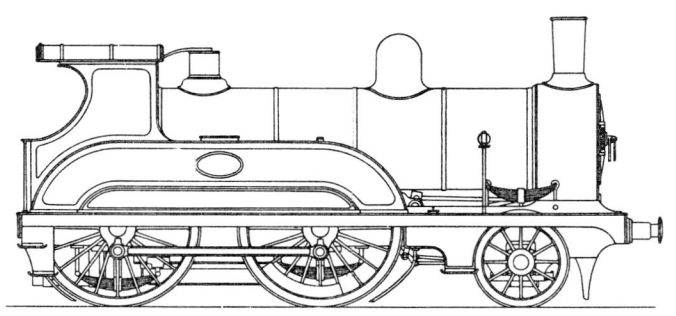

Abb. 90. Great Eastern Ry 1882 Worsdell; Bahnwerkst. Stratford.
41; 101 1,6 9,8; 457 610 2134.
Nach Eng. 1883, I, S. 303.

1 A 1 gab (Abb. 32). Der gleiche Grund veranlaßte die Engländer, die 1 B bis zur äußersten Grenze ihrer Leistungsfähigkeit zu entwickeln, bevor man sich zur Einführung der 2 B entschloß. Wir finden deshalb auch, daß, wie die 1 A 1, so auch die 1 B in England noch gebaut wurden, als sie von den großen Verwaltungen der Nachbarländer schon verlassen worden waren. Bei Besprechung der Abb. 37 hatte sich ergeben, daß die Great Eastern Ry mit dieser L keine besonders guten Erfahrungen gemacht hatte. Die steigenden S-Zugsgewichte drängten auf

Einführung gekuppelter S L. Worsdell entschied sich, der eben geschilderten englischen Anschauung folgend, zur Einführung einer 1 B mit möglichst großen Abmessungen (Abb. 90). Es wurden zunächst i. J. 1882/83 ihrer zwanzig, und bis 1897 zahlreiche weitere in gleicher Ausführung eingestellt — also etwa sieben Jahre länger, als die 1 B in Deutschland die Beschaffungspläne beherrschte. Der lange Radstand zwang zur Ausführung der Laufachse als Radialachse mit Federrückstellung. Merkwürdig ist aber, daß an einer dieser L i. J. 1888 statt ihrer eine Achse mit einfachem seitlichen Spiel eingebaut wurde. Seit 1902 wurden Umbauten vorgenommen. In den so entstandenen L mit Belpairekesseln von 124 m² Heizfläche haben wir die letzte in England erreichte Entwicklungsstufe der 1 B zu sehen.

Die 1 B „La Victorieuse" war G L gewesen. Die Gattung hatte sich, wie geschildert, in England lange Zeit als G L gehalten, und zwar mit einem für deutsche Augen recht hohen Triebraddurchmesser. In Deutschland war die Verwendung der 1 B (St +) als G L selten. Sie bürgerte sich erst als P L ein. Wo Ausnahmen vorkamen, da gab man ihr den bei uns üblichen geringen Triebraddurchmesser. Solche benutzte die Berlin-Stettiner B seit 1855. Abb. 93 zeigt die gleiche L in der Form 1 B (1830) als P L, wie sie schon seit 1853 beschafft wurde. Die Gattung war im übrigen nur auf der Märkisch-Posener (Abb. 91) und der Berlin-Görlitzer B in Verwendung. Zu jener Zeit pflegte noch jede Fabrik ihren besonderen Stil in der Ausbildung der Einzelteile. Abb. 91 zeigt die beim Vulkan in Stettin übliche Formgebung. Es handelt sich im vorliegenden Fall nicht nur um eine seltene, sondern auch um eine sehr späte Verwendung der 1 B (St +) als G L in Deutschland. Man bevorzugte hier als G L sonst die 1 B (St —) (Abb. 103, 104) und die B 1 (Abb. 69, 70). Dagegen diente die 1 B (St +) schon früh zum mindesten als Gem L. Dies gilt z. B. für die erste L, die nach Württemberg geliefert worden ist, in der wir gleichzeitig eine 1 B amerikanischer Herkunft vor uns sehen (Abb. 92). Als solche ist sie besonders bemerkenswert, weil die Gattung bei der Abneigung der Amerikaner gegen jeden Überhang und der Vorliebe für das Drehgestell so gut wie gar keine Verbreitung jenseits des Ozeans gefunden hat. Entschloß man sich aber dazu, doch einmal eine 1 B zu bauen, so verstand man es, wie die Abbildung zeigt, den Überhang der Zylinder zu beseitigen und außerdem

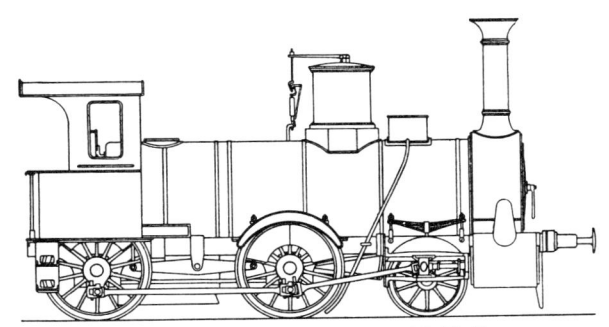

Abb. 91. Märkisch-Posener B 1869 Vulkan.
30; 79 1,4 8,77; 406 559 1372.
(Nach Photographie und Maßskizze.)

eine 1 B mit Drehgestell zuwege zu bringen. Laufachse und Kuppelachse liegen nämlich in einem Baldwingestell (Abb. 233). Dieses gestattet eine Parallelverschiebung der Achsen gegeneinander, wenn auch keine radiale Einstellung. Man hatte sich für diese Bauweise wegen des Krümmungsreichtums württembergischer Bahnen entschlossen. Amerikanischem Gebrauche entsprechend, ist der Rahmen ein Barrenrahmen. Die Umsteuerung ist schon die Stephensonsche. Die Lieferung bestand aus drei von Baldwin und Whitney gebauten L nach Abb. 92 und drei C von Norris, (vgl. Abb. 234). Unsere L machte am 3. September 1845 ihre Probefahrt und beförderte am 5. September einen Zug „mit hohen geladenen Gästen in Anwesenheit einer großen Zuschauermenge zwischen Cannstatt und Untertürkheim mehrmals hin und her". Sie war dazu bestimmt, „meistens P-Züge zu befördern"[1]). Die 1 B wurden i. J. 1854 an die damals noch nicht eröffnete Schweizer Zentralb verkauft und waren dort zuerst beim Bahnbau, später in Basel, Olten und Bern im Verschiebedienst tätig. Hin und wieder beförderten sie auch die Lokalzüge Olten—Aarau.

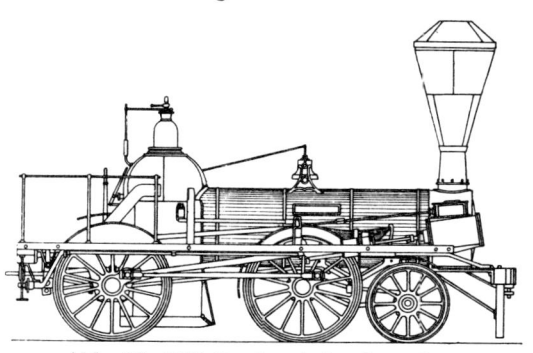

Abb. 92. Württembergische Staatsb 1845
Baldwin & Whitney
14; 51 × 6,3; 317 508 1524.
(Nach Eisenbahnzeitung 1845, S. 351, Blatt 22, 23.)

Abb. 93. Berlin-Stettiner B 1854 Borsig.
25; 60 (1,0) 5,9; 356 559 1829.
(Nach dem Modell im Bau- und Verkehrsmuseum zu Berlin.)

Als P L und S L hat die 1 B (St +) in Deutschland und anderen Ländern später eine gewaltige Verbreitung gefunden. Zunächst aber blieb die Verwendung gekuppelter L im P-Zugdienst noch eine Ausnahme. In älterer Zeit besorgten diesen auf den meisten deutschen Bahnen die 1 A 1; auf manchen standen, wie wir gesehen, besondere S L in Gestalt der 2 A Crampton zur Verfügung. Von norddeutschen Bahnen

---

[1]) Eisenbahnzeitung, Stuttgart 1845. Über jene erste Bahn und ihre Lokomotiven wird an vielen Stellen des Jahrganges berichtet.

führten als erste die Magdeburg-Leipziger, die Berlin-Stettiner und die Oberschlesische B die 1 B für P- und S-Züge i. J. 1852 ein. Es handelt sich in diesem Fall aber noch um die in Deutschland seltene Bauart mit Innenzylindern (Abb. 93). Ein schönes Modell der Berlin-Stettiner steht

Abb. 94. Saarbrücker B 1854 Borsig.
28; 70 1,2 6,64; 381 559 1981.
(Nach Maßskizze.)

im Verkehrs- und Baumuseum zu Berlin. Einige gleichartige gelangten auch auf die preußische Ostb. Borsig hat sich hier für Innenzylinder wohl deshalb entschlossen, weil er fürchtete, Außenzylinder würden wegen des starken Überhanges eine Überlastung der Vorderachse herbeiführen. Die 1 B (St +) mit Außenzylindern war damals ja noch

Abb. 95. Rheinische B 1869 Borsig.
35,3; 88 1,5 8; 406 559 1708.
(Nach Engg. 1869, I, S. 336.)

eine ganz seltene Erscheinung. Allan hatte eine solche allerdings schon i. J. 1843 herausgebracht (Abb. 84). Die Schräglage seiner Zylinder und der Außenrahmen für die Laufachse erlaubten, die letztere etwas vorzuschieben, und so ihrer Überlastung vorzubeugen. Von einem solchen Mittel wollte aber Borsig nichts wissen. Wir sahen ja bei Besprechung seiner 1 A 1, daß er ähnliche Anordnungen schon i. J. 1846 zugunsten einfach befestigter, wagerecht vor der Laufachse liegender Zylinder verlassen hatte. Die zahlreichen Brüche der Kropfachse veranlaßten ihn aber, und den deutschen Lokomotivbau überhaupt, die 1 B mit Innenzylindern wieder aufzugeben. Mit Außenzylindern erschien sie zum erstenmal, wahrscheinlich auf eine Anregung M. M. v. Webers hin, und von Wöhlert geliefert, als 1 B (1555) i. J. 1853 auf der Chemnitz-Riesaer B. Abb. 94 beweist, daß unmittelbar darauf auch Borsig seine Bedenken wegen einer Überlastung der Vorderachse als gegenstandslos erkannte. Die L ist durch ihren Triebraddurchmesser schon als P L gekennzeichnet. Von nun an überwog die Außenzylinder-L. Die Bahnen mit schwierigen Neigungsverhältnissen gingen jetzt in schneller Aufeinanderfolge zur 1 B P L über, z. B. die Thüringer B i. J. 1855, die im Flachland liegenden später, z. B. die Berlin-Anhalter erst i. J. 1866, die preußische Ostb i. J. 1869. Einige dieser Verwaltungen beschafften neben der 1 B noch die 1 A 1 für S-Züge weiter, z. B. die Berlin-Pots-

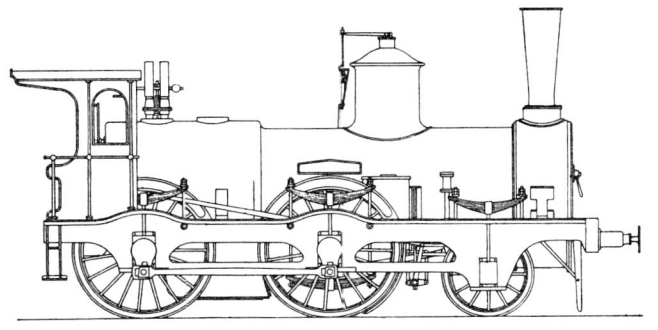

Abb. 96. Braunschweigische Eisenb 1865 bis 1874 Egestorff.
35; 95 2,0 9; 432 559 1829.
(Nach Hanomag-Nachrichten 1914, Heft 4, S. 7.)

dam-Magdeburger bis 1873, die Berlin-Stettiner B gar bis 1875 (Abb. 29). Im Gesamtaufbau gleich, weichen die Ausführungen in der Ausbildung der Einzelteile, den Maßen und der Ausstattung stark voneinander ab, so daß ein buntes Durcheinander entstand (Abb. 95). Die Braunschweigische B war eine der wenigen in Norddeutschland, die die Innenzylinder-L beibehielt (Abb. 96). Der Bruchgefahr der Kropfachse begegnete man bei diesem Entwurf durch Anordnung doppelter Rahmen, die eine vierfache Lagerung der Triebachse erlaubt. Lauf- und Kuppelachse liegen nur im Außenrahmen. Die Gattung wurde i. J. 1865 an Stelle der bisher benutzten 1 A 1 eingeführt. Die Maße schon dieser ersten Lieferung waren: 35, 94 1,92 9; 432 559 1829. Zylinderdurchmesser und Rostfläche weisen also für jene Zeit recht hohe Werte auf. Die L waren wegen ihres ruhigen Ganges bei den Führern sehr beliebt.

Die Vereinigung von Außenrahmen mit Außenzylindern war von Forrester für 1 A und 1 A 1 geschaffen worden (Abb. 8, 18). Eingang fand die Bauart, wie wir gesehen, hauptsächlich in Deutschland, vor allem in Süddeutschland und Österreich. Das gilt auch für die gleichartige 1 B. In Norddeutschland ist diese Spielart auf eine kleinere Anzahl von Bahnen beschränkt geblieben. Es sind die Berlin-Potsdam-

Lokomotiven mit zwei gekuppelten Achsen: 1 B. 109

Magdeburger (Tafel II, 2) und die Niederschlesisch-Märkische zu nennen. Die L der letzteren ist in Abb. 97 dargestellt, um auch einmal eine ausgesprochene P L vorzuführen. Als solche stellt sie sich mit ihrem geringen Triebraddurchmesser dar. Neben dem Stehkessel war, um diesen besser lagern zu können, noch ein kurzer Innenrahmen angebracht. Vor 1864 waren auf dieser Bahn nur ungekuppelte L für P-Zugdienst benutzt worden. Der S-Zugdienst dürfte nach 1864 nach wie vor von ihnen besorgt worden sein. Die L nach Abb. 97 wurden bis 1875, neben ihnen aber seit 1869 eine 1 B (1855) S L sonst gleicher Ausführung beschafft.

Die Mannigfaltigkeit der Entwürfe hatte ihr Gutes gehabt. Man hatte nach Herzenslust Erfahrungen und Versuchsergebnisse zusammentragen können. Dieser Zweck war aber mittlerweile erreicht worden.

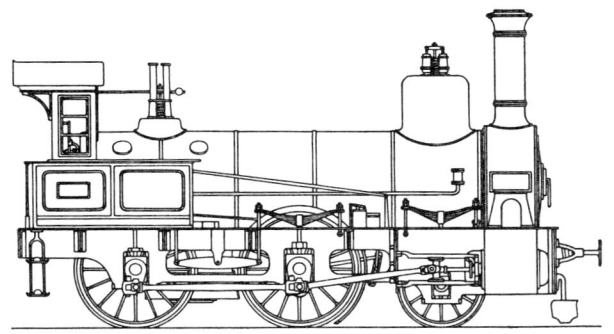

Abb. 97. Niederschlesisch Märkische B 1864 Borsig.
31; 78 1,8 8; 406 508 1585.
(Nach Couche, T. 64.)

Es galt, ein zusammenfassendes Ergebnis zu gewinnen, um zur Übersichtlichkeit, Austauschbarkeit und einfacher Werkstattarbeit zurückzugelangen. So begannen denn anfangs der siebziger Jahre bei der preußischen Staatsb. die Arbeiten zur Gewinnung von einheitlichen Entwürfen für L und Wagen[1]). Größte Einfachheit war der leitende Gesichtspunkt. Als P L wurde daher ein Entwurf ausgearbeitet, der einfachen Innenrahmen und Außenzylinder hatte; es waren zwei Spielarten, nämlich eine mit innen- und eine mit außenliegender Allan-Steuerung, vorgesehen. Die ersten so geschaffenen „Normal-Personenzug-L", sieben an der Zahl, wurden i. J. 1877 von Schichau und der Uniongießerei an die preußische Ostb abgeliefert. Sie hatten Außensteuerung, die überhaupt bei den ersten Lieferungen bevorzugt wurde, später aber zugunsten der Innensteuerung fast ganz zurücktrat, weil jene zu stark durch das Federspiel beeinflußt wurde. Diese Normalpersonenzug-L wurde auch von anderen Verwaltungen, z. B. der Mecklenburgischen

---

[1]) Stambke: Die geschichtliche Entwicklung der Normalien für Betriebsmittel der preußischen Staatsbahn. Glasers Ann. 1895, I, S. 87.

Friedrich Franz B, der Lübeck-Büchener, der Stargard-Posener B usw. eingeführt. Diese Bestrebungen zur Vereinheitlichung gaben dem Lokomotivbau in Preußen in den siebziger und der ersten Hälfte der achtziger Jahre eine ganz bestimmte Richtung. Sehr berechtigten Grundsätzen und Überlegungen entsprungen, zeigen sich aber bei rückschauender Betrachtung deutlich die Hemmungen, die das allzu zähe Innehalten dieser Richtung zur Folge haben mußte. Der technische Fortschritt stockte, und nicht nur dieser: auch die Entwicklung der Abmessungen hielt nicht gleichen Schritt mit den zunehmenden Anforderungen des Betriebes. Beides wird deutlich, wenn wir eine 1 B der preußischen Ostb von Schichau aus dem Jahre 1869 mit der Normal-Personenzug-L vergleichen, die noch i. J. 1884 in der ursprünglichen Ausführungsform gebaut wurde. Weder die Form noch die Abmessungen lassen einen grundlegenden Fortschritt oder einen neuen Gedanken erkennen. Die Abmessungen der ersteren waren 36; 93 1,5 9,5; 431 575 1896, die der letzteren waren 37; 91 1,66 10; 420 560 1730. Wie es um die Abmessungen der 1 B anderer norddeutscher Verwaltungen im Anfang der achtziger Jahre bestellt war, möge das Beispiel der Berlin-Anhaltischen Eisenb aus dem Jahre 1881 mit den folgenden Maßen lehren: 32; 102 1,55 10.23; 406 559 1830. Ansätze zu einer fortschrittlichen Entwicklung zeigten sich eigentlich nur in der auf S. 112 erwähnten „Ruhr-Sieg" L der Bergisch-Märkischen B. Die 2 B der Rheinischen Eisenb für die Eifel- und Saarb vom Jahre 1871 (S. 176) dürfen wir hier kaum ins Feld führen, denn sie sind nach englischem Muster aus England bezogen, freilich dann von deutschen Firmen weiter entwickelt worden. Ähnlich sah es bei den anderen Bundesstaaten aus. Die Einführung der Nowotny-Achsen in Sachsen für die 1 B (St +) i. J. 1870 wäre als Ausnahme zu nennen. Übrigens ist die Stockung in der Weiterentwicklung der Abmessungen zum Teil auch darauf zurückzuführen, daß die Tragfähigkeit des Oberbaues in jenem Zeitabschnitt nicht wesentlich vergrößert wurde.

Dieser Stillstand währte von der Einführung der gekuppelten P L bis 1884. Er hatte eine lange Nachwirkung. Noch i. J. 1891 brachte den über Sangerhausen, Belzig laufenden S-Zug Frankfurt a. M.—Berlin stets eine Normal-Personenzug-L der Bauart 1877 nach Berlin. Dabei war der Zug damals der schnellste der Strecke. Er führte nur die erste und zweite Klasse. Wegen der geringen Leistungsfähigkeit der L durften nicht mehr als 16 Achsen eingestellt werden. Das sind Verkehrsverhältnisse, die man sich heute kaum noch vorstellen kann. Den Anstoß zum Fortschritt gab die Strecke Berlin—Stendal—Hannover. I. J. 1884 schon verstaatlicht, war sie seinerzeit von der Magdeburg-Halberstädter B als Wettbewerbsstrecke für die Linie Berlin—Magdeburg—Hannover gebaut und möglichst geradlinig für den großen Durchgangsverkehr angelegt worden. Schon damals verkehrten aus den angegebenen Gründen des Wettbewerbs ihre S-Züge mit Grundgeschwindigkeiten von 85 km. Hierfür reichten ihre 1 B (1830) mit einer Gesamtanordnung ähnlich der Abb. 95 nicht mehr aus. Ebensowenig genügte die Normalpersonenzug-L. Man hielt nun weiter Umschau unter den damals im In- und Ausland

Lokomotiven mit zwei gekuppelten Achsen: 1 B.

laufenden S L¹). Die 1 B (1960) der Berlin-Potsdam-Magdeburger B (Tafel II, 2) mit Außenrahmen versprach keine größere Leistung. Zudem hatte der Gang nicht immer befriedigt; ja es waren sogar einige nicht recht aufgeklärte Entgleisungen vorgekommen. Die Köln-Mindener 1 B waren zwar gute Schnelläufer, wiesen aber den ganz ungewöhnlichen Radstand von 5690 mm auf, mit dem man die Berliner Stadtb nicht hätte befahren können. Zu groß erschien auch der Radstand der holländischen 1 B mit 5300 mm (Abb. 99). Diese wären sonst recht geeignet gewesen, denn sie zählten damals zu den größten europäischen 1 B. Auch die recht leistungsfähige 1 B der Belgischen Staatsb wurde wegen des zu großen Radstandes verworfen. Zudem sei diese Bauart mit ihren Außenrahmen und Innenzylindern zu ungewöhnlich. Endlich wurde auch die 2 B englischer Bauweise nach Abb. 155, aber in der Form von

Abb. 98. Preußische Staatsb 1885 Borsig.
40; 94 2,1 12; 420 600 1980.
(Nach Musterblättern der preußischen Staatsbahn.)

1886 mit Rädern von 1868 mm Durchmesser in den Kreis der Betrachtungen gezogen; man meinte jedoch, die flachen Krümmungen der Strecke Berlin-Hannover rechtfertigten die Anwendung eines Drehgestells nicht, dessen Gewicht man sparen könne. Es liegt ein eigentümlicher Widerspruch in diesen Erwägungen. L mit langem Radstand scheidet man aus, weil die Gleiskrümmungen auf der Berliner Stadtb zu eng seien, die Drehgestell-L scheidet man aus, weil die Krümmungen auf der freien Strecke für ein solches nicht eng genug seien. Der wahre Grund ist oben schon angedeutet worden: die Entwicklung drohte im Herkömmlichen stecken zu bleiben. Man konnte sich von der 1 B noch immer nicht losmachen; man sah das Drehgestell noch immer als einen Notbehelf an, den man nur benutzen dürfe, wenn das Gleis durchaus dazu zwinge, nicht aber als ein Mittel zur Gangverbesserung und Leistungssteigerung überhaupt. Man entschloß sich also zur Aufstellung eines neuen Entwurfes (Abb. 98), der als Fortbildung der Normal-Personenzug-L für höhere Geschwindigkeiten zu betrachten ist²). Um-

---
¹) Büte: Betriebsmittel für S-Züge. Glasers Ann. 1890, I, S. 1.
²) In oben angegebener Quelle wird der Entwurf als etwas ganz Selbständiges hingestellt. Ein genauer Vergleich mit dem der Normalpersonenzug-L von 1877 lehrt das Gegenteil.

gekehrt wurde auch der Entwurf dieser in Anlehnung an die neu entstandene L, aber unter Beibehaltung des Triebraddurchmessers von 1730 mm überarbeitet und verstärkt. Die Magdeburg-Halberstädter L wurde später auch in die Preußischen Musterentwürfe aufgenommen. S und P L haben sich bewährt. Im übrigen zeigt aber die Gesamtanordnung das alte Bild. Von den Maßen dürfen wir die Erhöhung der Dampfspannung und bei der S L die Vergrößerung der Rostfläche als Fortschritt buchen — freilich nur als einen Fortschritt der Zahl. Aber eine Zeit erneuten Vorwärtsdrängens war im Anzuge und für Norddeutschland an den Namen v. Borries geknüpft, der seine Arbeitskraft der Einführung der Verbund-L widmete. Lindner, Klose, Gölsdorf und andere arbeiteten in gleicher Richtung in Sachsen, Süddeutschland und Österreich. Diese Bewegung, die uns Verbund-L mannigfachster Bauart, Drehgestelle, Radialachsen, Heißdampf-L, Vorwärmer bescherte, ist bis zu dem großen Krieg in Fluß geblieben, der sie dann in das Gebiet der Kriegsnotwendigkeiten ablenkte.

An die Stelle jener beiden 1 B traten seit 1891 2 B-Bauarten. Manche Direktionen setzten freilich die Beschaffung der 1 B geschilderter Form noch viele Jahre lang fort.

Wir begegneten mehreren englischen L mit einstellbarer Laufachse. Von deutschen Ausführungen dieser Art wurde soeben schon die ,,Ruhr-Sieg-L" erwähnt. Für die Strecke Herdecke—Siegen, d. i. die zur Bergisch-Märkischen B gehörige Ruhr-Siegb wurde sie i. J. 1873 als 1 B (1560) (St +) mit Deichselachse gebaut, auf die Weltausstellung nach Wien gesandt und in großer Anzahl nachbeschafft[1]). Sie kann als Weiterbildung der 1 B T (1067) (St —) mit Deichselachse der gleichen Verwaltung vom Jahre 1868 angesehen werden (Abb. 122). Um den festen Radstand nicht zu kurz zu machen, wurde der Abstand von Trieb- und Kuppelachse gegenüber den gewöhnlichen 1 B vergrößert. Sie fand große Verbreitung. Wegen der Kürze des eigentlich festen Radstandes und gewisser Mängel der Deichselachsen (S. 2) zeigen derartige L bei hoher Geschwindigkeit unruhigen Lauf. Seit Ende der achtziger Jahre wurden sie für P-Züge auf Hauptbahnen nicht mehr neu beschafft. Auf der sächsischen Staatsb wurde eine 1 B (1560) (St +) mit einstellbarer Achse nach Klien-Nowotny seit 1870 eingeführt. Die Nebenskizze zu Abb. 117 zeigt die letztere in jüngerer Ausführung. Wir werden in dem Abschnitt ,,Radialachsen I" auf S 126 darauf zurückzukommen haben.

In Süddeutschland erfolgte die Einführung der 1 B (St +) verhältnismäßig spät. In Baden ist sie fast ganz unbekannt geblieben. Der Grund liegt in der Bevorzugung anderer Bauarten, nämlich der 1 B (St —) in Bayern, der 2 B in Württemberg und Baden. Bayrische Ostb 1869: 1 B (1870), durch Umbau aus 2 A Crampton; Main-Neckarb 1871: 1 B (1845); bayrische Staatsb 1872: 1 B (1616); seit 1874: 1 B (1870); hessische Ludwigsb 1872: 1 B (1830); württembergische Staatsb, abgesehen von den wenigen der Abb. 92, 1878: 1 B (1650).

---

[1]) Schaltenbrand: Die Lokomotiven. Berlin 1876. S. 96.

In Holland verwandte man schon seit langer Zeit 1 B mit verhältnismäßig bescheidenen Leistungen. Die Einstellung weiterer mit außergewöhnlich großen Abmessungen erfolgte aus einem eigenartigen Anlaß[1]). In keinem Lande ist der hemmende Einfluß der Winde auf die Fortbewegung der Züge so stark wie in Holland. Erstens ist nämlich die durchschnittliche Windstärke wegen der Nähe der Küste an sich dort bedeutend, zweitens aber ist der Einfluß des Windes dort im Verhältnis zum Gesamtwiderstand größer als sonst irgendwo, weil die Strecken nur ganz geringe Steigungen aufweisen. Man hatte diesen Einfluß des Windes durch Betriebsversuche von zweimonatiger Dauer mit S-Zügen von 65 bis 70 km Geschwindigkeit i. J. 1882 geklärt. Zwischen L und Zug war ein Zugkraftmesser eingebaut. Die Windstärke und Richtung wurden verzeichnet. Ebenso die Stärke und Geschwindigkeit des Zuges. Aus mannigfachen Gründen ließ sich natürlich kein ganz scharfes Er-

Abb. 99. Holländische Eisenb 1883 Borsig.
42; 114 2,1 10; 456 660 2140.
(Nach Organ 1885, S. 1.)

gebnis erzielen. Es gelang aber festzustellen, daß der Zugwiderstand auf die t bei 65 bis 70 km Geschwindigkeit von rund 7 kg bei schwachem Wind auf rund 10 kg bei starkem Wind von 24 kg/m^2 Flächendruck ansteigt. Man entschloß sich daher zur Beschaffung einer sehr kräftigen 1 B (Abb. 99). Die Heusingersteuerung, die damals noch selten war, und ein hölzernes Führerhaus gaben ihr ein eigenes Gepräge.

In Österreich hat die 1 B (St +) keine große Bedeutung erlangt, teils weil wegen des Krümmungsreichtums der Strecken Bauarten mit kurzem Radstand, also die 1 B (St —) bevorzugt wurden, teils auch, weil sich aus gleichem Grund die 2 B schon seit Beginn der siebziger Jahre einbürgerte. Auch in der Schweiz sind 1 B (St +) üblicher Anordnung wegen ihres langen festen Radstandes ziemlich unbekannt geblieben (s. aber Abb. 118 mit Deichselachse), und zwar gilt das auch für die 1 B T (St +).

In Frankreich war die 1 B (St +) als G L eine seltene Erscheinung, als P L wurde sie dort etwas später als in Norddeutschland heimisch,

---

[1]) Organ 1885, S. 1.

z. B. bei der Comp. du Nord, de l'Ouest, de l'Est in den Jahren 1869, 1874, 1877. Während aber bei den meisten deutschen Verwaltungen die 1 B (St +) die 1 A 1 ersetzte, war es in Frankreich in der Mehrzahl die noch zu besprechende 1 B (St —) (Abb. 107, 108), die unserer Gattung Platz machen mußte. So war es auch bei der Comp. de l'Ouest. Diese führte als erste in Frankreich, nämlich schon i. J. 1856, gekuppelte L für S- und P-Züge ein[1]). Ihre Anordnung und weitere Entwicklung kann an Abb. 100 verfolgt werden. Eine besondere S L, als welche, wie wir gesehen, die meisten französischen Verwaltungen die 2 A Crampton L benutzten, besaß die Comp. de l'Ouest also nicht. Die Bauart 1856 hatte mit der in Abb. 101 viel Gemeinsames (Abb. 100); jedoch hing der Stehkessel über. Die Schienendrücke waren in der Reihenfolge der Achsen 7,9; 11,6; 11,6. Das Reibungsgewicht von $2 \times 11{,}6 = 23{,}2$ ist für eine 1 B jener Zeit recht bedeutend. Man entwickelte die Bauform weiter. Bei der Ausführung des

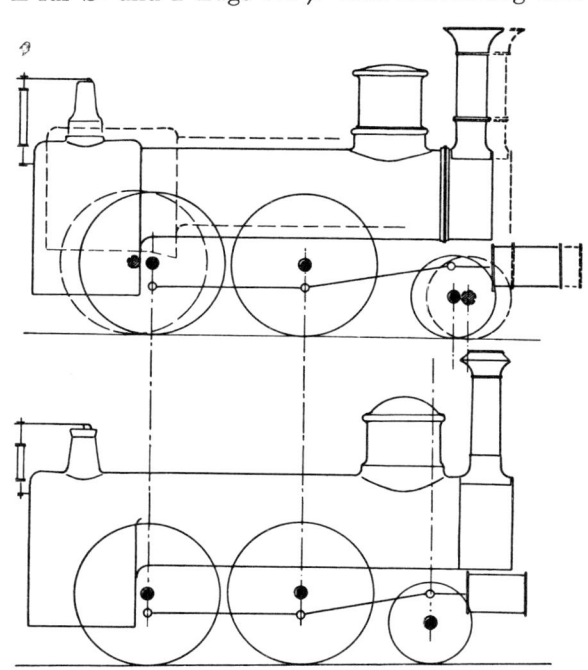

Abb. 100. ($^1/_{100}$) Entwicklungsstufen der 1 B der Comp. de l'Ouest.
Unten 1856; oben 1875, gestrichelt 1877 (vgl. Abb. 101).

Jahres 1875 sehen wir die Laufachse weit nach vorn vorgeschoben, wahrscheinlich, um längere Pleuelstangen zu erhalten. Die Ähnlichkeit mit der Abb. 101 ist damit noch größer geworden; der Radstand ist auf 4000 mm gewachsen, und die Schienendrücke sind nun: 7,8; 12,5; 12,5. Aus den beiden Beispielen der Achsbelastungen können wir schon jetzt den großen Vorzug der 1 B (St —) erkennen, der in gleichmäßiger Belastung der gekuppelten Achsen und Ausnutzung eines großen Bruchteils der Gesamtlast als Reibungsgewicht besteht. Bei der letzten Ausführung ist diese Ausnutzung besonders

---

[1]) Deghilage: Note sur les locomotives, construites pour les chemins de fer français de 1878 à 1881. Rev. gén. 1882, II, S. 237. Dieser Aufsatz bringt Beiträge zur Entwicklungsgeschichte dieser und anderer französischer L. S. auch ebenda 1879, II, S. 91.

Lokomotiven mit zwei gekuppelten Achsen: 1 B. 115

weit getrieben. Um so schärfer tritt der Nachteil der Anordnung, die bedenkliche Entlastung der Laufachse hervor. Die zweite Ausführung wäre in Deutschland überhaupt nicht zulässig gewesen, denn hier verlangen die Bestimmungen, daß die führende Achse dreiachsiger L mit mindestens dem vierten Teil des Gesamtgewichtes belastet sein soll. Das wäre im vorliegenden Fall 8,2 statt 7,8 t. Auch die Comp. de l'Ouest scheute sich, die Anordnung beizubehalten, als die steigenden Anforderungen eine Vergrößerung des Stehkessels verlangten. Die Entlastung der Laufachse wäre ja noch empfindlicher geworden. Man entschloß sich jetzt also, die letzte Achse unter den Stehkessel zu legen. Die Abb. 101 zeigt aber deutlich, daß man sie nur so weit zurückschob, als unbedingt notwendig war. Sie liegt daher noch vor der Mitte des Stehkessels. Man hat also bei der Comp. de l'Ouest nicht etwa der 1 B (St —) den Rücken gekehrt, weil man den Überhang für bedenklich hielt, sondern man

Abb. 101.. Comp de l'Ouest 1877 Gouin.
36; 101 1,6 9,0; 410 580 1860.
(Nach Eng. 1878, I, S. 402 ff.)

blieb durchaus Anhänger jener Bauart und entfernte sich von ihr nur so weit, als unbedingt notwendig. Die L besitzt nicht, wie die L der Abb. 108, Doppelrahmen, sondern außer dem Außenrahmen nur noch einen Mittelrahmen (Abb. 102). Die gekröpfte Welle ist also dreimal gelagert. Für jeden Triebzapfen ist nur ein Kurbelarm vorgesehen, indem der Zapfen mit dem äußeren Ende unmittelbar von innen her in die Kurbelwarze des Rades gesteckt ist. Es ist das ein alter amerikanischer Gedanke, den wir schon bei Baldwins 2 A (Abb. 44) antrafen. Trieb- und Kuppelkurbel sind nicht, wie sonst zur Erzielung eines teilweisen Massenausgleiches üblich, gegenläufig, sondern zur Entlastung der Lager gleichlaufend angeordnet. Ungefähr gleichzeitig hatte diese Anordnung auch Stroudley getroffen (Abb. 74). I. J. 1880 änderte man die Bauform ein wenig, indem man die Vorderachse etwas nach vorn, die Kuppelachse etwas nach hinten verschob. Der Mittelrahmen erhielt nun auch für die Laufachse ein Lager. Die Zylinder aber, jetzt mit oben liegenden Schieberkästen, wurden in die übliche Lage weiter hinten verlegt, weil es bei dem vergrößerten Radstand keine Schwierigkeiten mehr machte, genügend lange Pleuelstangen einzubauen. So näherte man sich gewohnten Formen. Diese wurden ganz erreicht, als man i. J. 1888 die Kuppelachse hinter den Stehkessel legte.

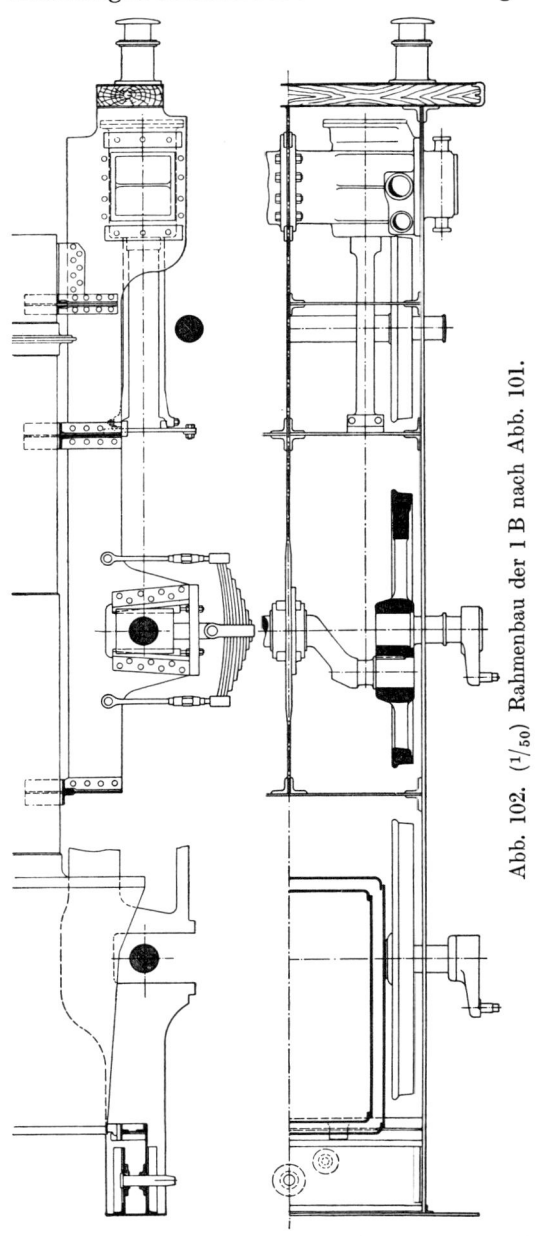

1 B (St —). Wie Stephenson die Bauart 1 A 1 i. J. 1842 dadurch zu verbessern suchte, daß er alle Achsen vor den Stehkessel legte, so verfuhr er auch mit der 1 B. Neben der Möglichkeit, auf diese Weise längere Heizrohre, also größere Heizflächen, ausführen zu können, erzielte er durch den kurzen Radstand gute Krümmungsbeweglichkeit, günstige Belastungsverhältnisse für die Achsen und kurze Kuppelstangen. Die Bauart entwickelte sich später zur Gem L, in gebirgigen Ländern, in denen ihre gute Krümmungsbeweglichkeit bestach, zur P L. Diese Entwicklung vollzog sich freilich nur in beschränktem Umfang, denn die vorn und hinten überhängenden Massen sind für schnelle Fahrt ungünstig. Die 1 B (St —) S L nun gar (Abb. 110) muß als verfehlt angesehen werden. Zunächst war die 1 B (St —) also G L und trat in Wettbewerb nicht nur mit der damals seltenen 1 B (St +), sondern vor allem mit der B 1 G L. In England ist sie zufolge der oben angegebenen

Abb. 102. ($^1/_{50}$) Rahmenbau der 1 B nach Abb. 101.

Mängel nicht heimisch geworden — selbst für den G-Zugdienst nicht. Man bevorzugte die ältere B 1 G L und führte früh die C G L ein.

Lokomotiven mit zwei gekuppelten Achsen: 1 B (St —). 117

In Norddeutschland fand die neue Bauart weit mehr Anklang als in ihrem Geburtsland (Abb. 103). Sie fand so willige Aufnahme, daß die B 1 in jener Zeit überhaupt kaum noch beschafft wurde. Fast ausnahmslos wurde sie mit Außenzylindern, einfachem Innenrahmen und zuerst im allgemeinen mit einem Triebraddurchmesser von 5' = 1524 mm, später meist mit kleinerem ausgeführt (Tafel II, 3). Nun ereigneten sich aber i. J. 1852/53 jene Entgleisungen (S. 86), die zu einem Verbot der 1 B (St —) als P L führten. Ihre Weiterentwicklung wurde also gewaltsam verhindert, und die B 1 wieder in ihre Rechte eingesetzt. Früher ist geschildert worden, wie die preußische Ostb die B 1 sogar auch als G L wieder einführte. Andere Verwaltungen behielten sie als G L bei. Abb. 104 zeigt eine späte Ausführung aus einer Zeit, in der

Abb. 103. Braunschweigische Staatsb 1848 Egestorff.
23; 75 1,1 4,9; 381 610 1448.
(Hanomag-Nachrichten 1916, S. 231.)

Abb. 104. Westfälische Eisenb 1867 Henschel.
33; 110 1,15 8,0; 432 610 1275.
(Nach Zeichnung.)

ihre Verdrängung durch die C schon nahe bevorstand. Fast allgemein wurde bei diesen 1 B (St —) die in der Abb. 104 gut erkennbare Anordnung eines gemeinsamen Längsbalanciers mit Feder für die beiden gekuppelten Achsen gewählt. Die Anordnung lag nahe, weil beide Achsen dicht zusammenstanden. Aus demselben Grunde ist die Feder aber ziemlich starr und der Gang hart. In den nicht preußischen Staaten, die durch das Verbot vom Jahre 1853 nicht berührt wurden, ging die

118   Lokomotiven mit zwei gekuppelten Achsen: 1 B (St —).

Weiterentwicklung zur Gem L und P L ungestört vonstatten. Wo einfache Betriebsverhältnisse vorlagen, diente sie als Gem L auch schon zur Beförderung von P-Zügen. Dies traf z. B. für die L der Main-Weserb zu. Diese beschaffte bis 1866 nur solche 1 B (1524) (St —), die also den ganzen P- und G-Zugdienst zu versehen hatten[1]). Die Hannoversche Staatsb beförderte bis 1868 ihre sämtlichen P-Züge mit 1 B (1524) (St —)[2]), während als S L seit 1853 die 2 A Crampton-L diente. Ähnlich auf der Nassauischen, der Bebra-Hanauer B usw. Die großen Bahnverwaltungen Sachsens hatten bis zum Jahre 1869 wegen des Krümmungsreichtums ihrer Strecken eine große Vorliebe für die 1 B (St —) mit etwa 1550 mm Triebraddurchmesser, die vielfach als Gem L den gesamten Dienst versehen mußte. Als dann die sächsische östliche und westliche Staatsb zu einem Netz zusammengefaßt wurde, ging man zur 1 B (St +) über, die Nowotny durch Erfindung seiner drehbaren Vorderachse i. J. 1870

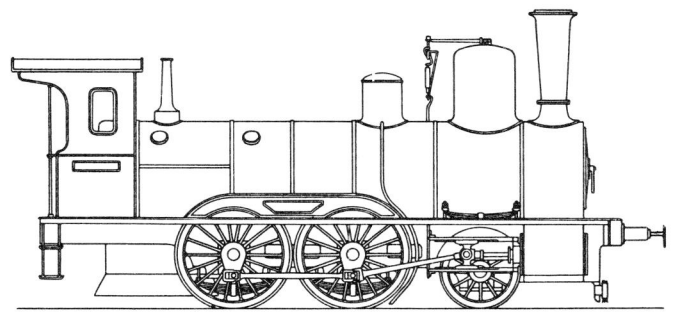

Abb. 105. Sächsisch-Thüringische B 1874 Schichau.
35; 110 1,6 9; 432 559 1524.
(Nach Photographie und Maßskizze.)

zum Befahren scharfer Krümmungen, wie auf S. 112 berichtet, tauglich gemacht hatte. Sie bürgerte sich in dieser Form in großem Umfange in Sachsen ein. Gelegentlich versuchte man es übrigens dort auch schon in jener frühen Zeit mit der 2 B (Tafel III, 1). Eine späte Ausführung der 1 B (St —), um zu dieser zurückzukehren, wohl für die Sächsisch-Thüringische B bestimmt, zeigt Abb. 105. Die L gelangten schließlich nur zum geringsten Teil auf ihre Bestimmungsb, sondern wurden aus irgendwelchen Gründen auf verschiedene norddeutsche Strecken, nämlich Tilsit-Insterburg, Öls-Gnesen, Marienburg-Mlawa verstreut. Das Verbot vom Jahre 1853 war mittlerweile in Vergessenheit geraten, und sie haben dort wohl manchen P-Zug neben G-Zügen befördert. — In Süddeutschland ist die Entwicklung der 1 B (St —) noch einen Schritt weiter gelangt. Zwar ist es in Baden nur bei ganz vereinzelten Beschaffungen geblieben, aber in Bayern gelangte sie zu um so größerer Bedeutung. Die L der Abb. 106 diente bis 1862 als Gem L. Darauf fand sie, durch keinen Kommissionsbericht wie in Norddeutschland be-

---

[1]) Hanomagnachrichten 1920, H. 4.   [2]) Ebenda 1918, H. 4, S. 38.

Lokomotiven mit zwei gekuppelten Achsen: 1 B (St —). 119

hindert, als P L Verwendung, während S-Züge nach wie vor durch 2 A Crampton befördert wurden. Noch um 1900 konnte man sie gelegentlich auch als Vorspann vor schnellen Zügen beobachten. Vergleicht man die L mit Abb. 105, die den gleichen Triebraddurchmesser aufweist, so sieht man, daß es die gleiche Gattung ist, aber alles ist ins Süddeutsche übersetzt. Außenrahmen, Exzenterkurbeln nach Hall und Nebenteile geben ihr dieses Gepräge. Eine dieser L, die i. J. 1859 gebaut worden war, wurde durch Said Pascha nach Ägypten ausgeführt. — In Württemberg wurde die 1 B (St —) bis 1883, wenn auch nicht neu gebaut, so doch durch den Umbau älterer Bauarten gewonnen.

In Österreich verdrängte, wie in Deutschland in den vierziger Jahren, die 1 B (St —) die B 1 sofort. Während aber die B 1 in Deutsch-

[Abb. 106. Bayrische Ostb 1858 bis 1866 Maffei.
30; 92 1,3 7,0; 419 610 1542.
(Nach Photographie und Maßskizze. [Mit Ersatzkessel, die Maße sind die ursprünglichen.])

land einen Teil ihres Verwendungsgebietes wieder eroberte, war das in Österreich nicht der Fall. Auch hier gab es ja keinen Kommissionsbericht von 1853 und somit keinen Bruch in der Entwicklungsgeschichte unserer L. So gelang es ihr, sich ungestört bis zur Stufe der P L durchzuarbeiten. Sie wurde i. J. 1844 von Günther und Cockerill mit schräg über der Laufachse liegenden Zylindern ähnlich der Abb. 107, aber mit Innenrahmen auch an der Laufachse für die Nordb als Gem L beschafft und ist in dieser Form aus der 2 A Norris entstanden zu denken[1]). Haswell versuchte es i. J. 1846 bei einer Lieferung für die südöstliche Staatsb mit wagerechten Außenzylindern, in den folgenden Jahren bis 1851 mit Innenzylindern. Diese waren schon für S-Züge bestimmt. Nachdem alle Möglichkeiten der Zylinderlage gründlich erschöpft waren, entschied man sich für wagerechte Außenzylinder, und es folgten von 1859 bis Ende der siebziger Jahre zahlreiche Ausführungen verschiedener Firmen für P-Zugdienst auf diesen und jenen Bahnen. Man darf dabei nicht vergessen, daß für schnelle Züge vielfach schon seit 1873 2 B benutzt wurden (Abb. 140, 144). Im übrigen erklärt sich auch in Österreich

---
[1]) S. z. B. Littrow, H. v.: Die geschichtliche Entwicklung der L der k. k. österreichischen Staatsb. Z. d. öst. Ing.-V. 1914, S. 637.

die Vorliebe für die 1 B (St —) aus dem Krümmungsreichtum der Bahnen.

In Frankreich ist eine solche Erklärung im allgemeinen nicht möglich, und gleichwohl hat sich in keinem Lande eine so weitgehende Ent-

Abb. 107. Paris-Rouen 1844 Allcard, Buddicom u. Co.
23; 74 x x; 355 508 1390.
(Nach Loc. Mag. 1916, S. 115.)

wicklung der 1 B (St —) vollzogen. Die Beschaffung begann schon i. J. 1844 bei der Paris-Rouen B. Diese L hatten noch schräg liegende Außenzylinder (Abb. 107). Die Ähnlichkeit mit der vom gleichen Konstrukteur

Abb. 108. Comp. d'Orléans 1849 Polonceau; Bahnwerkstatt.
26; 105 1,0 6,2; 444 610 1524.
(Armengaud: Publication 1853, T. IV.)

herrührenden 1 A 1 der Abb. 23 springt ins Auge. Dem Beispiel der Rouen B folgten früher oder später fast alle anderen. Von denen der Comp. de l'Ouest sprachen wir schon (Abb. 100). Der Entwurf der noch durchaus für G-Zugdienst bestimmten L vom Jahre 1849 in Abb. 108 ist in mehr als einer Hinsicht bemerkenswert (Abb. 109). Polonceau wollte eine Innenzylinder-L mit ihren bekannten Vorzügen schaffen, aber die Unzugänglichkeit der Schieberkästen, an der alle damaligen Innenzylinder-L krankten, vermeiden. Zu diesem Zweck führte er zwei getrennte Zylindergußstücke aus, deren Schieberkästen nach außen gerichtet sind. Da die Befestigung der Zylinder am Rahmen nicht zu einer Verdeckung der Schieberkästen führen sollte, so mußte sie an weit nach innen verlegten Innenrahmen erfolgen. Diese liegen innerhalb der Triebkurbeln in nur 520 mm gegenseitigem Abstand und enden vor dem Stehkessel an einem Querträger, der die gleich zu besprechenden Außenrahmen verbindet. Sie durften nur schwach durch das Maschinengewicht belastet werden, weil sie wegen ihrer Lage nahe der Mitte zu starke Biegungsmomente in der Welle hervorgerufen hätten. Aus die-

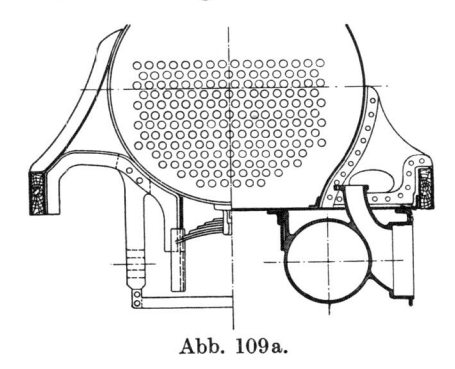

Abb. 109a.

sem Grunde und zur Aufnahme jener Querträger mußten noch außenliegende Tragrahmen vorgesehen werden, die aber so zu führen waren, daß sie die Schieberkästen freiließen. Wir haben also eine recht ungünstige Kraftübertragung von den Innenrahmen auf den vor dem Stehkessel liegenden Querträger und von diesem durch den Außenrahmen zum Zugkasten vor uns. Sie wird noch ungünstiger dadurch, daß die Außenrahmen sehr weit voneinander entfernt liegen müssen. Die eigentümliche Gesamtanordnung mit den außenliegenden Schieberkästen bedingt nämlich Außenlage der Steuerung, so daß also die Exzenter zwischen Rad und Außenrahmen liegen. Auffallend ist das Fehlen jeglicher Querversteifung zwischen den Zylindern. So entsteht alles in allem ein recht ungewöhnliches Bild. Auch in der Ausbildung der Einzelteile schuf Polonceau viel Eigenartiges. Da die Zylinderachse der

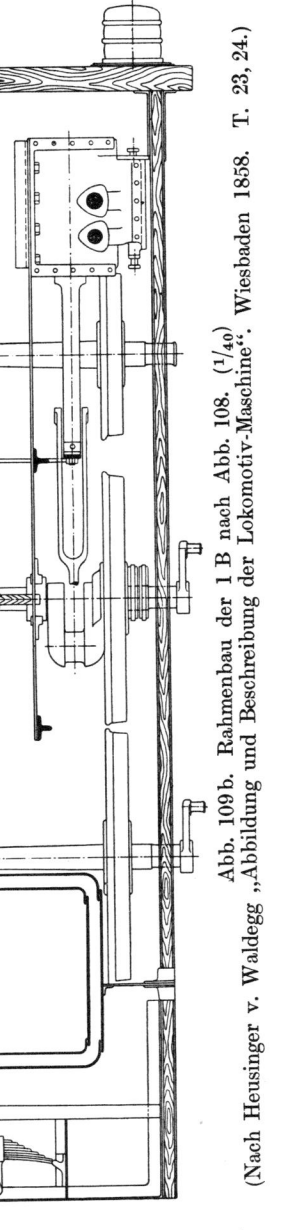

Abb. 109b. Rahmenbau der 1 B nach Abb. 108. ($^1/_{40}$) Wiesbaden 1858. T. 23, 24.) (Nach Heusinger v. Waldegg „Abbildung und Beschreibung der Lokomotiv-Maschine".

122 Lokomotiven mit zwei gekuppelten Achsen: 1 B (St —).

Radebene ziemlich nahe liegt, so ist der dem Rad zugewendete Kurbelarm etwas in dessen Nabe eingelassen worden. Es entstand also etwas Ähnliches, wie die Halbkropfachsen der Abb. 44. Diese Abart ist übrigens schon i. J. 1842 der Firma Dunham & Co. in New York patentiert worden. Statt der Hähne verwandte Polonceau in großem Umfange Ventile, z. B. auch statt der Probier- und Ausblashähne. Der gleiche Gedanke ist bekanntlich weit später von den Amerikanern aufgenommen worden. Statt der Ankerstangen im Kessel wurden von ihm aufgenietete Winkel zur Verankerung ebener Kesselwände benutzt. Die Wasserleitungsrohre zwischen L und Tender bildeten unter letzterem eine wagerechte Spirale, um sie nachgiebig in Krümmungen zu machen. — Sehr früh setzte in Frankreich die Entwicklung der 1 B (St —) zur P- und gar S L ein. Bei Besprechung der Abb. 101 war schon berichtet worden, daß diese aus einer 1 B (St —) hervorgegangen war. Diese 1 B (1910) (St —)

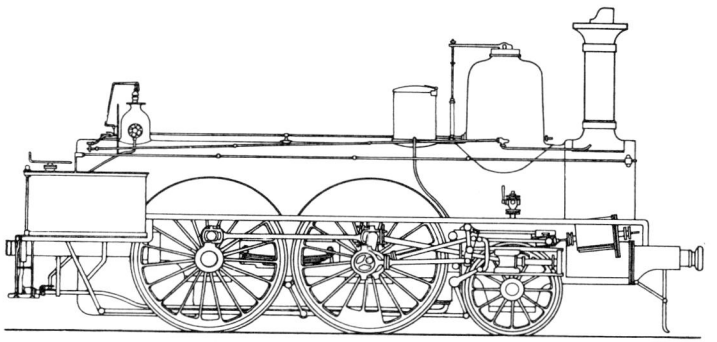

Abb. 110. Comp. d'Orléans 1864 bis 1873 Forquenot; Bahnwerkst. Ivry. 34; 136 1,4 8,5; 420 650 2026.
(Nach Z. Colburn, S. 268.)

waren von 1855 bis 1874 gebaut worden. Seit 1864 führte die Comp. d'Orléans sogar 1 B (2040) (St —) und seit 1868 die Comp. de Paris-Lyon-Méditerranée 1 B (2000) (St —) ein. Über die Verwendung aller dieser L kann kein Zweifel bestehen. Abb. 110 zeigt die L der Comp. d'Orléans als äußerste Entwicklungsstufe der 1 B (St —). Sie weist viel Eigenartiges auf. In die Feuerkiste ist eine Tenbrinck-Feuerung eingebaut, die im Zusammenhang mit einem Schrägrost zwar eine Verbesserung der Verbrennung herbeiführt, andererseits aber das Gewicht des überhängenden Stehkessels erhöht. Trieb- und Kuppelachse haben an jeder Seite eine gemeinschaftliche Feder und Balancier, die bei schneller Fahrt zu hartem Gang Veranlassung gegeben haben dürften. Die Laufachse hat ein Seitenspiel von 20 mm. Dieses Spiel war bei der Kürze des Radstandes überflüssig und mußte Anlaß zu starkem Schlingern geben. Nimmt man hinzu, daß die Goochsteuerung an und für sich empfindlich gegen das Federspiel ist, daß diese Empfindlichkeit durch Außenanordnung und daß sie noch mehr durch ihre Schräglage vermehrt wird, und vergegenwärtigt man sich, was eben über den Gang der L gesagt wurde, dessen Unruhe die Arbeit der Steuerung noch weiter ungünstig beeinflussen mußte, so entsteht alles in allem kein erfreuliches Bild, und ein recht absprechendes Urteil, das im Locomotive Engineering von Zerah und Colburn schon i. J. 1871 gefällt wurde, muß als berechtigt anerkannt werden. Die natürliche Entwicklungsgrenze der 1 B (St —) war mit dieser und den ähnlichen französischen L durchaus überschritten. Um so merkwürdiger ist es, daß die Verwaltung so lange an dieser Bauart festhielt. Es nimmt uns andererseits nicht wunder, daß die Comp. de Paris-Lyon-Méditerranée, die Comp. d'Orléans und die Staatsb ihre 1 B (St —) seit den Jahren 1873, 1879, 1888 durch Hinzufügung einer hinteren Laufachse zur Verbesserung des Ganges in die Form 1 B 1 (ähnlich Abb. 191) umbauten. Ebensowenig, daß sich, wie bei Abb. 101 besprochen, die 1 B (St —) der Comp. de l'Ouest unter dem Drucke ungünstiger Erfahrungen allmählich in eine 1 B (St +) verwandelte. Also eine Rückwandlung in die Form, aus der sie einst unter Stephensons Händen entstanden war.

Eine gewisse Vorliebe für die 1 B (St —), die wir in der Schweiz von der Mitte der fünfziger bis zur Mitte der siebziger Jahre beobachten, erklärt sich ebenso wie in anderen gebirgigen Ländern. Bauarten mit längeren Radständen wären gleichwohl vorzuziehen gewesen. Bei Entwurf von Gebirgs-L wird gar zu leicht die Talfahrt über der Bergfahrt vergessen, und daß sich hierbei leicht, allen Vorschriften zum Trotz, hohe Geschwindigkeiten einstellen, die den L mit überhängenden Massen gefährlich werden können.

Erfolgreicher als die 1 B (St —) war als P- und S L eine andere Spielart der 1 B. Wie nämlich bei der 1 B ursprünglicher Ausführungsform der Überhang des Stehkessels durch die Lage der Kuppelachse hinter dem Stehkessel vermieden ist, so kann man auch den Überhang der Zylinder dadurch beseitigen, daß man die Laufachse vor diese legt. Man erzielt nebenher den Vorteil, daß der Angriff der Kreuzkopfdrücke näher am Schwerpunkt erfolgt und daher die Neigung zum Nicken abnimmt. Wegen der nach hinten verschobenen Zylinder wird im allgemeinen die letzte Achse zur Triebachse, die vorletzte zur Kuppelachse gemacht. Der Radstand fällt groß aus. Zuweilen macht man daher die Mittelachse verschiebbar oder die Laufachse radial einstellbar. Die geschichtliche Entwicklung dieser Bauart ist freilich diesem Gedankengang nicht gefolgt. Der Hergang ist vielmehr der folgende: Stephenson hatte in Erkenntnis der Mängel seiner 1 A 1 (St —) diese durch die Form 2 A (St —) mit hinter der ersten Laufachse liegendem Zylinder zu beheben gesucht (Abb. 50). Diese halbe Maßnahme, den Überhang des Stehkessels durch Zurückverlegung der Zylinder wettzumachen, wandte Stephenson auch auf die 1 B (St —) an. So entstand deren Spielart mit hinten liegender Triebachse und hinter der Laufachse liegendem Zylinder (Abb. 111). Den überhängenden Stehkessel aufzugeben, konnte sich Stephenson nicht entschließen. Er sah in ihm die einzige Möglichkeit, lange Heizrohre mit genügender Ausnutzung der Heizgase ausführen zu können. Die Form dürfte bald nach der entsprechenden 1 B (St —), also um 1843, geschaffen worden sein.

124 Lokomotiven mit zwei gekuppelten Achsen: Radialachsen I.

In England hat sie keine große Verbreitung gefunden. In Deutschland aber bezog schon i. J. 1850 die Niederschlesisch-Märkische B derartige L von Stephenson (Abb. 111). Die Lieferungen wurden bis 1867 in der Form 1 B (1280) (St —), und zwar nun durchweg von inländischen Firmen fortgesetzt.

Abb. 111. Niederschlesisch-Märkische Eisenb 1850 Stephenson.
29; 88 1 5; 381 559 1752.
(Nach Lokomotive 1911, S. 67.)

Abb. 112 zeigt eine ähnliche L mit einer Deichselachse ausgerüstet. Die Obererzgebirgische B führt von Zwickau durch das Mulde- und Schwarzwassertal über Aue nach Schwarzwasser. Sie bedient Kohlengruben und hat Höchststeigungen von $10\,^0/_{00}$, in denen

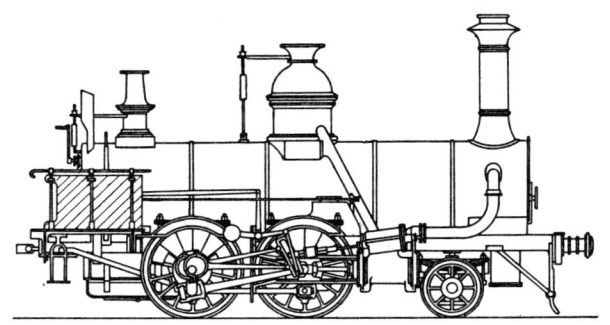

Abb. 112. Obererzgebirgische Staatsb 1858 bis 1872 Hartmann.
31; 76 1,1 7; 381 559 1372.
(Nach Zivilingenieur 1858, S. 147.)

$28\,^0/_0$ der Gesamtstrecke liegen. Der kleinste Krümmungshalbmesser ist 175 m. Besonders der letztere Umstand gab Veranlassung zum Entwurf einer besonderen L.

Radialachsen I. Bemühungen, die Krümmungsbeweglichkeit von Fahrzeugen durch radiale Einstellbarkeit von Einzelachsen zu ermöglichen, waren damals fast gleichzeitig in Sachsen, Österreich, Amerika und wenig später in England zu beobachten. Diesen Bemühungen hatten in den Jahren 1826 und 1828 Kraft und Gerstner mit ihren

Lokomotiven mit zwei gekuppelten Achsen: Radialachsen I. 125

radial einstellbaren Achsen für die Wagen der Linz-Budweiser Pferdebahn vorgearbeitet[1]). Kraft hatte schon einen dreiachsigen Wagen und eine Kuppelung der seitlich verschiebbaren Mittelachse mit den radial einstellbaren Endachsen vorgesehen. Wir haben hier einen Vorläufer unserer gekuppelten Lenkachsen vor uns.

Die Geschichte des L-Drehgestells konnten wir in zwei Abschnitte, die mit der Geschichte der Gattungen 2 A und 2 B zusammenfallen, zerlegen. So bequem haben wir es bei den einstellbaren Einzelachsen nicht. Deren Entwicklung ist mindestens mit den vier Gattungen B 1, 1 B, 1 B 1 und 1 C verknüpft. Jedoch ist es allenfalls möglich, drei Gruppen zu bilden, nämlich erstens die sächsischen und österreichischen Deichselgestelle ohne Rückstellvorrichtung von Goullon (Abb. 113)

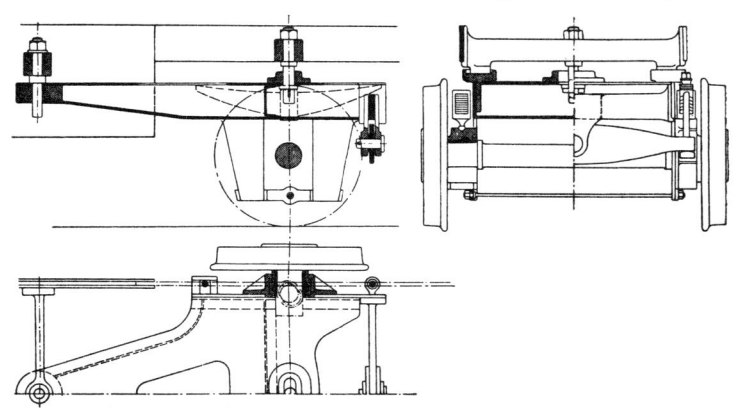

Abb. 113. ($^1/_{40}$) Deichselgestell der 1 B nach Abb. 112.

und Zeh (Abb. 181, 266), von denen die ersteren seit 1870 der Radialachse ohne seitliche Verschiebbarkeit nach Nowotny weichen (Abb. 117 Nebenskizze, in neuerer Form), zweitens die amerikanischen Deichselgestelle von Bissel mit Rückstellvorrichtung (Abb. 238), drittens die englischen Radialachsen von Adams (Abb. 182, 184, 185)[2]). Jede dieser Gruppen werden wir besprechen, wenn wir ihrer frühesten Anwendung begegnen. Wir haben es jetzt mit der ersten zu tun. In Sachsen und Österreich sind also die ersten grundlegenden Arbeiten im Bau einstellbarer Achsen geleistet, später aber, wie es so geht, über den ausländischen Namen vergessen worden. Freilich hatte das seine Gründe. Jenen alten sächsischen Bauarten fehlte die Rückstellvorrichtung (Abb. 113). Sie mußten also zu starken Schlingerbewegungen neigen (S. 2). Man hat bei den späteren Ausführungen, wahrscheinlich seit 1864, diesen Mangel zu beheben gesucht, indem man zwischen Federstütze und Achslager Keilflächen einschob, dort, wo Abb. 113 glatte Pfannen zeigt[3]). Das war keine Ver-

---
[1]) Geschichte der Eisenbahnen der österreichisch-ungarischen Monarchie II, Abschnitt Wagenbau von Ow.
[2]) E. d. G. S. 417, Abb. 459 und S. 418, Abb. 460.
[3]) Organ 1866, S. 158.

besserung der Bisselachse, wie es in unten angezogener Quelle dargestellt ist, sondern die Übernahme der lange vorher von Bissel erfundenen Rückstellvorrichtung (Abb. 135). Auf die Dauer half aber auch dieses Mittel bei der L der Abb. 112 nicht, weil sich bei ihrem kleinen Radstand die Unarten der Deichselachsen zu sehr bemerkbar machten. Der Entwurf dieser L kam folgendermaßen zustande: Goullon, Maschinenmeister an der Sächsisch-Bayrischen Eisenb hatte i. J. 1843/44 einen Versuchswagen gebaut, dessen Mittelachse fest und dessen Vorder- und Hinterachse je in besonderen Gestellen seitlich verschiebbar und auch ein wenig verdrehbar waren, so daß sie sich in Krümmungen nach dem Halbmesser einstellen konnten. Eine in der Mitte jedes Gestelles angebrachte Spiralfeder übte einen leichten Druck auf dieses aus, so daß es sich in gerade Richtung einzustellen suchte. Da nun dieser Wagen als Erdtransportwagen seit d. J. 1844 mit bestem Erfolge unter den schwierigsten Verhältnissen gedient hatte, so versuchte man diese Bauweise mit den nötigen Abänderungen bei den neu zu erbauenden L (Abb. 113). Daß man hierbei auf jede Rückstellvorrichtung verzichtete, ist um so merkwürdiger, als Goullon sie bei seinen Wagen doch in Gestalt jener Spiralfedern benutzt hatte. Vielleicht hielt man sie in Anbetracht der beiden im Rahmen fest gelagerten Achsen für überflüssig. Die Probefahrt verlief glänzend. Der Gang war auch bei 60 km Geschwindigkeit ruhig. Man ließ die L mit abgenommenen Pleuel- und Schieberstangen auf einem Gefälle durch eine Krümmung von 200 m Halbmesser laufen und stellte im Vergleich zu einer anderen mit starrem Radstand von rund 3250 mm einen um 18,6 % geringeren Widerstand fest. Die Gangart befriedigte späterhin aber, wie oben angedeutet, doch nicht recht. Der Maschinenmeister Nowotny, später Generaldirektionsrat in Dresden, der die Goullonschen Deichselachsen im Betriebe genau kennengelernt hatte, und dem wir auch die Beschreibung der L in Abb. 112, 113 verdanken, sah die Ursache der Nichtbewährung in der für so geringe Radstände entbehrlichen Seitenbeweglichkeit einer Deichselachse und schuf zum Ersatz die nach ihm benannte Nowotnyachse[1]). Er bildete die Laufachse gewissermaßen als einachsiges Drehgestell aus, dessen Drehzapfen ohne Seitenspiel über der Achse in einer Querversteifung des Rahmens liegt. Die Rückstellkraft wird durch Keilflächen über den Achslagern erzeugt, auf die die Federstützen der am Hauptrahmen hängenden Federn drücken. Die Achse stellt sich in Krümmungen nach dem Mittelpunkt ein, der Anschneidewinkel wird verkleinert, der Krümmungslauf erleichtert, die Abnutzung verringert. I. J. 1870 wurden die ersten L — es waren 1 B (St +) von 4230 mm Radstand — mit Nowotny-Achse ausgerüstet. Sie standen von diesem Tage an in Sachsen in allgemeiner Verwendung, bis sie i. J. 1891 durch Einführung der Drehgestell-L überflüssig wurden. Damit ist der Beweis geliefert, daß sie ein vorzügliches Mittel zur Verbesserung des Krümmungslaufes bei mäßig großen Radständen bilden. Klien änderte sie Ende der achtziger Jahre etwas ab und benutzte sie auch für die 1 B nach Abb. 117, also

---

[1]) Organ 1874, S. 214.

für Radstände bis zu 5000 mm. Damit dürfte die Grenze ihres Anwendungsgebietes auch erreicht gewesen sein. Wie die Nebenskizze zur Abb. 117 zeigt, ist bei dieser letzten Ausführung das Gestell der Nowotnyachse zu einem Stege zusammengeschrumpft, der die beiden Achslager verbindet. Wenn, wie in diesem Fall, die Feder unten liegt, so hängt ihr Bund nicht, wie sonst üblich, im Lagerkasten, sondern in einem Bügel, der um diesen herumgreift und ihn von oben mit den erwähnten Keilflächen belastet. Bei den L der Abb. 112 ersetzte man die Deichselachse später durch das Nowotnygestell damaliger Form, und die letzten sechs der von 1858 bis 1872 gelieferten erhielten dies von vornherein. — Eine wohldurchdachte Anordnung ließ sich der Berliner Stellmachermeister Themor i. J. 1844 patentieren. Die Endachsen seines Eisenbahnwagens bildeten je ein einachsiges Drehgestell, dessen Drehung mit dem seitlich verschiebbaren Gestell der Mittelachse gekuppelt war[1]). Ein solcher i. J. 1845 für die B Berlin-Frankfurt a. O. ausgeführter Wagen befriedigte beim Lauf in Krümmungen durchaus. Auch ließ er sich mit geringem Kraftaufwand durch einen Gleisbogen von 53 m Halbmesser schieben. Aber beim Lauf in der Geraden „schlotterte er ein wenig". Themors Erfindung konnte sich zunächst nicht durchsetzen. Auf den L-Bau nahm sie keinen Einfluß. Wenn Goullon auch an Eisenbahnwagen als erster Radialachsen benutzte, so ist ihm in der Anwendung auf L doch Zeh zuvorgekommen, der sie i. J. 1853/54 für schmalspurige 1 B 1 T an beiden Enden vorsah (Abb. 181).

Abb. 114. Theißb 1857 Haswell; Maschinenfabrik d. österr. Staatsb. 30; 96 1,14 6,5; 395 579 1897.
Nach Haswell: Lokomotiv-Typen der Maschinenfabrik in Wien 1840—1873. Type 24.

Die Abart der 1 B mit hinter der Laufachse liegendem Zylinder erwies sich als 1 B (St +) lebensfähiger, als in der Form 1 B (St —) (Abb. 114 bis 118). Nach den eingangs geschilderten Eigenschaften ist sie eine vorzügliche S L. Geklagt wird ähnlich wie bei den Crampton-L darüber, daß sich die Lage des Triebachslagers unmittelbar unter dem Führerstand durch Klopfen und Stoßen unangenehm bemerkbar mache. Die neue Bauart erschien zunächst in Österreich (Abb. 114). Man hatte viel beim Bau der S L in Österreich herumversucht. Es wurden bei Besprechung der 1 B (St —) einige Proben davon mitgeteilt. Ein ebenso buntes Bild bietet die österreichische 1 B (St +) der fünfziger Jahre,

---
[1]) Eisenbahnzeitung 1845, S. 188, 399, 415 mit Tafelzeichnung.

indem man es mit allen möglichen Zusammenstellungen von innen und außen liegenden Rahmen und Zylindern versuchte. Letztere hatten zunächst die übliche Lage vor der Laufachse. Nun kam i. J. 1857 noch die L der Abb. 114 hinzu. Man erkennt in diesem ständigen Wechsel der Anordnung das Suchen nach den Bedingungen ruhigen Ganges. Im Falle der Abb. 114 war nun aber der Radstand mit 4425 mm nach den Begriffen der damaligen Zeit zu groß geworden, und so sah man sich denn also noch immer nicht am Ziele. Die Bauart, bei der uns die damals in Österreich beliebten Wickelfedern ins Auge fallen, verschwand also zunächst wieder.

Radialachsen II. Fast gleichzeitig, nämlich i. J. 1858, entwarf Bissel in Amerika eine ähnliche L, aber mit weit nach vorn geschobener Laufachse. Wenn man sich in Abb. 134 die zweite Laufachse des Drehgestells fortdenkt, hat man das Bild dieser L vor sich[1]). Jene weit vorgeschobene Achse mußte einstellbar sein. Es war eine Deichselachse mit Rückstellvorrichtung. Damit lernen wir die zweite der auf S. 125 genannten Gruppen einstellbarer Achsen kennen. Bissel hatte i. J. 1857 sein Deichseldrehgestell erfunden (Abb. 135) und es auf Empfehlung Colburns schon im gleichen Jahr bei einer 1 C der New Yersey Rd auch für Einzelachsen angewandt[2]). Als Rückstellvorrichtung diente bei den ersten Ausführungen die Lastübertragung durch Keilflächen wie in Abb. 135, später auch die bekannte Wiegenaufhängung[3]). Die Notwendigkeit einer solchen Rückstellvorrichtung ist auf S. 2 begründet. Sie soll die Übertragung von Schlingerbewegungen vom Hauptrahmen auf die Deichsel mildern. Sie soll ferner die Deichselachse zum Abfangen der Massenkräfte beim Einlauf in Krümmungen mit heranziehen (S. 1) und auf diese Weise das Zustandekommen zu hoher Spurkranzdrücke an der folgenden hohen Achse verhüten. Die Rückstellvorrichtung muß besonders für den erstgenannten Zweck mit Anfangsspannung wirken. Dieser Forderung genügen die Keilflächen, denn es ist eine aus ihrer Neigung leicht zu berechnende Kraft erforderlich, um eine Seitenbewegung einzuleiten. Ohne Anfangsspannung wirkt die Wiege. Es war also eigentlich eine Verschlechterung, wenn Bissel später von den Keilflächen zur Wiege überging. Veranlaßt ist sie wahrscheinlich dadurch, daß die Keilflächen eben wegen der Anfangsspannung ein stoßweises Einschwenken der L in eine Gleiskrümmung zur Folge haben. Die Erscheinung wird durch die Schwierigkeit wirksamer Schmierung für die Keilflächen vermehrt. Die Rogers-Werke führten die Patente Bissels aus. Der oben erwähnte Bisselsche Entwurf einer 1 B aus dem Jahre 1858 fand zwar keine Nachahmung. Aber in Anwendung auf 1 C und 1 D fand die Bisselachse eine gewaltige Verbreitung (Abb. 238, 298, 299). In Europa ist die 1 B mit Deichselachse etwas häufiger (Abb. 112, 118, 120, 122). Wir treffen sie hier also auch bei 1 B mit gewöhnlicher Zylinderlage an. Zu diesen gehört auch die

---

[1]) Eng. 1859, II, S. 81.
[2]) The Hudson Bisselbogie. Engg. 1867, II, S. 29; vgl. auch ebenda 1868, I, S. 265 und Eng. II, S. 293.
[3]) E. d. G. S. 423, Abb. 468 für ein Drehgestell dargestellt.

Lokomotiven mit zwei gekuppelten Achsen: Radialachsen II. 129

auf S. 112 erwähnte Ruhr-Sieg-L. Die durch europäische Konstrukteure vorgenommenen Abänderungen betreffen hauptsächlich die Rückstellvorrichtung (Abb. 240).

Die Bauart der Abb. 114 wurde i. J. 1864 durch Urban an der Belgischen Zentralb wieder aufgenommen (Abb. 115)[1]). Es wurden im

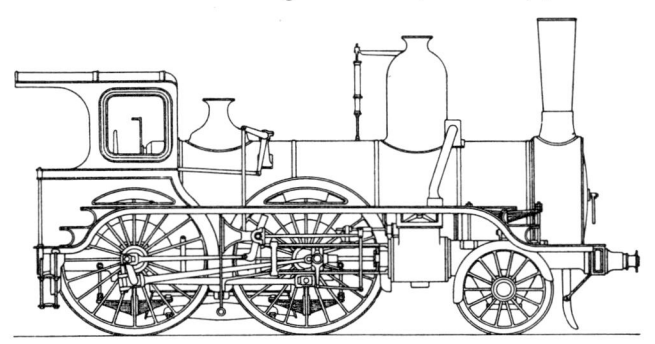

Abb. 115. Belgische Zentralb 1864 Urban, St. Leonhard.
33; 98 1,66 8; 440 600 2100.
(Nach Eng. 1869, II, S. 86.)

ganzen 38 solcher L bis 1876 in Betrieb gestellt. Ihr Gesamtgewicht ist im Verhältnis zur Heizfläche, Rostfläche, dem Triebraddurchmesser und den für eine 1 B recht großen Zylinderabmessungen sehr gering. Die neue Form machte Schule: Westfälische B 1874; Dänische Staatsb 1886; Schwedische Staatsb 1884 und 1887 in leichter Ausführung von nur 25,5 t Gewicht; Frankreich 1878: Comp. de l'Est (Abb. 116) und du Midi.

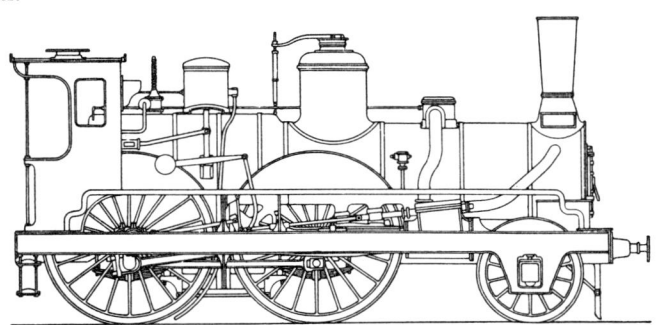

Abb. 116. Comp. de l'Est 1878 Bahnwerkst. Epernay.
38; 108 2,4 9; 450 640 2300.
(Nach Rev. gén. 1879, II, S. 93.)

Man hat sich in Frankreich eine eigene Entwicklungsgeschichte der Gattung zurechtgelegt, die von der hier gegebenen durchaus ab-

---
[1]) Vgl. auch Lokomotive 1917, S. 157. Steffan: Belgische L, insbesondere S. 168. Diese sehr eingehende Veröffentlichung ist auch in Buchform erschienen (Wien 1918).

weicht. Diese Auffassung soll an dem Beispiel der Abb. 116 wiedergegeben werden. Die Comp. de l'Est hatte ihren S-Zugdienst bis 1878 ausschließlich mit 2 A Crampton-L besorgt. Die neue Bauart entwickelte man aus der Crampton-L dadurch, daß deren hinten liegende Triebachse mit der vor dem Stehkessel liegenden Achse gekuppelt wurde. Der Triebraddurchmesser von 2300 mm wurde beibehalten. Die Lage der Zylinder und der Außenrahmen für die Laufachsen, von nun an also nur eine Laufachse, ebenfalls; auch sonst manche Äußerlichkeit im Aufbau. Darum bezeichnete man sie als „gekuppelte Crampton-L". Bei den ersten von ihnen lag die Triebachse hinter, bei der etwas späteren Ausführung, der Abb. 116, unter dem Stehkessel. Damit entfernte man sich ganz und gar von der Crampton-L, die doch zum Ausgang genommen war. Die L stellt so ziemlich die Grenze dessen dar, was mit einer 1 B bei 14 t zulässigem Achsdruck erreicht werden kann, besonders in den letzten Ausführungen der Jahre 1883/84, die eine Heizfläche von 115 m² und eine Rostfläche von 2,39 m² aufwiesen. Dem Radstand von 5350 mm, der allen Ausführungen gemeinsam war, wurde durch seitliches Spiel der Laufachse Rechnung getragen. Übertroffen wird diese L nur durch eine 1 B v (4 Zyl) der Comp. de Paris-Lyon-Méditerranée vom Jahre 1892[1]). Ihre Außenzylinder liegen, wie die Zylinder der vorbesprochenen L, hinter der Laufachse. Sie ist eine der wenigen je gebauten dreiachsigen Vierzylinder-L. Die Maße 46; 148 2,38 15; 2 × 340 2 × 540 620 2000 machen sie zur schwersten aller 1 B. Die Heizfläche kann freilich, weil in Serve-Rohren ausgeführt, nicht ohne weiteres mit der anderer L verglichen werden. Die Laufachse hat 16 mm Seitenspiel mit Rückstellung durch Keilflächen.

Als im Anfang der achtziger Jahre die Anwendung der Verbundwirkung bei L schnell Bedeutung gewann, da erinnerte man sich in Deutschland vielerorts der hier inzwischen schon halb vergessenen Bauweise. Es drohte nämlich bei gewöhnlicher Anbringung der Zylinder eine Überlastung der Laufachse infolge der großen Zylindergewichte. Schon der Hochdruckzylinder einer Verbund-L erhält etwa 10 % mehr Inhalt, als der einer Zwillings-L mit gleichem Kessel. Dazu kommt das Mehrgewicht des großen Niederdruckzylinders. Auch war eine Beeinträchtigung der Gangsicherheit durch den Überhang so bedeutender Gewichte zu befürchten. Nur wenige Verwaltungen, nämlich die württembergische Staatsb und die Marienburg-Mlawkaer B führten die 1 B v mit üblicher Zylinderlage aus — letztere noch i. J. 1896 nach Entwurf von Schichau. v. Borries aber benutzte die neue Bauweise i. J. 1884 bei Bau seiner ersten 1 B (1840) v, die später als 1 B (1750) v in die Musterblätter der preußischen Staatsb aufgenommen wurde. Sie ähnelt bis auf die kräftigere Ausführung sehr der Abb. 115. Auch die über dem Kessel liegende Steuerwelle findet sich wieder. Einige der preußischen Eisenbahndirektionen, auch die Werrab und die Militäreisenb führten sie dann an Stelle der früher erwähnten Normalpersonenzug-L ein. Ähnliche beschafften auch die bayrische und die sächsische

---

[1]) Lokomotive 1916, S. 36.

Staatsb (Abb. 117). Dem großen Radstand begegnete die preußische Verwaltung, indem sie die Mittelachse verschiebbar machte, die bayrische, indem sie Lauf- und Kuppelachse in einem Krauß-Helmholtz-Gestell vereinigte. Bei den späteren Ausführungen der sächsischen L endlich (Abb. 117) ist die Laufachse in dem durch Klien verbesserten Nowotnygestell gelagert. Das Zylinderraumverhältnis der sächsischen ist 1 : 2,4. Es ermöglicht gleich große Füllungen in Hoch- und Niederdruckzylinder. Der Verbinder ist als Schleife durch die Rauchkammer gelegt. Die Lage der Triebachse hätte bei üblicher Anordnung der Steuerung deren Außenlage notwendig gemacht. Man fürchtete sich vor

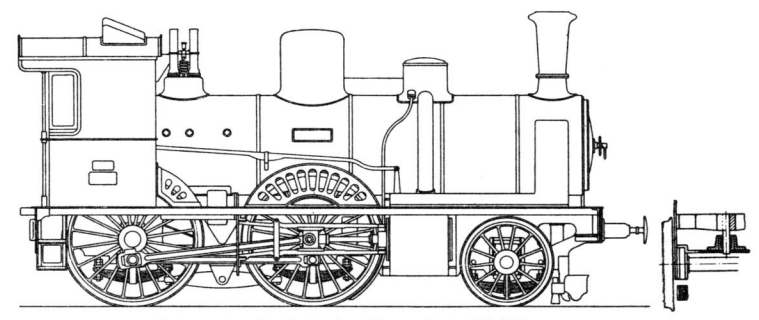

Abb. 117. Sächsische Staatsb 1886 Hartmann.
43; 102 1,82 12; $\frac{420}{600}$ 560 1875.
(Nach Organ 1889, S. 56.)

Brüchen der Gegenkurbel, legte darum die Exzenter auf die Kuppelachse und ordnete die Steuerung rückkehrend an, so daß die Schieberstange von vorn in den Schieberkasten tritt. Die Anfahrvorrichtung ist die von Lindner. — Wir haben in der Einführung all dieser L den letzten Versuch zu sehen, mit dreiachsigen S L und P L auszukommen. Aber die Ansprüche wuchsen in jener Zeit schnell, und so wurden sie schon im Anfang der neunziger Jahre bei den genannten Bahnen durch die 2 B verdrängt.

Radialachsen II, Fortsetzung. Gerade in gebirgigen Ländern sucht man das Gewicht der L möglichst einzuschränken. Darum die Vorliebe der schweizerischen Nordostb für die B noch in den siebziger Jahren (Abb. 61). Darum auch die Einstellung von 1 B (1580) und bis auf die Verbundanordnung ganz gleichartiger 1 B (1580) v unserer Bauart in den Jahren 1892 bis 1895, die, wie ein Vergleich der Abb. 118 und 61 zeigt, als Fortbildung jener B aufgefaßt werden müssen. Ihre Höchstgeschwindigkeit ist in Anbetracht des kleinen Triebraddurchmessers nur 65 km. Sie wurden aber der Eigenart des Betriebes bei den ungünstigen Gefällverhältnissen entsprechend als S L bezeichnet. Die starken Krümmungen auf den Schweizer Bahnen gaben Anlaß zu einer besonders sorgfältigen Durchbildung der einstellbaren Laufachse mit ihrem Gestell. Es ist eine Fortbildung der oben besprochenen Deichselachse von Bissel. Die Deichsel wird aber nicht vom Drehzapfen geschoben, sondern von schrägen

Zugpendeln, ähnlich denen, die in Abb. 249 für ein Drehgestell dargestellt sind, gezogen. Natürlich sind sie bei unserer L an der vorderen, nicht wie im Fall jenes hinten laufenden Drehgestells an der hinteren Pufferbohle befestigt. Die Mittellinien solcher Zugpendel müssen natürlich durch den Drehpunkt der Deichsel gehen, um deren Drehung zuzulassen. Ferner muß am Drehzapfen etwas Spiel nach vorn und nach hinten vorgesehen sein; sonst würde nur Drehung um einen unendlich kleinen Winkel möglich sein. Wenn die L fährt, also in den Zugpendeln Zugkräfte herrschen, so wirken sie als Rückstellvorrichtung ohne Anfangsspannung, denn ein an divergierenden Fäden aufgehängter Balken setzt seiner Verschiebung in der Ebene der Fäden einen von Null ansteigenden Widerstand entgegen. Als weitere Rückstellvorrich-

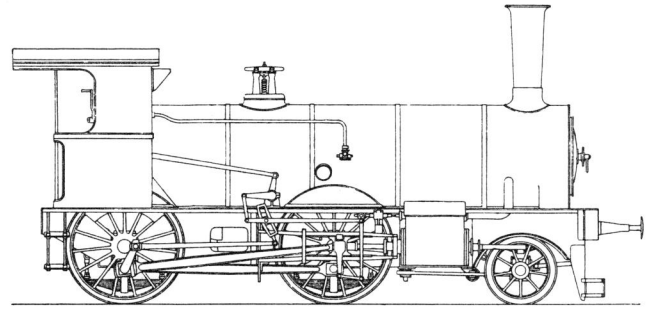

Abb. 118. Schweizer N.-O. B 1892 Winterthur.
35; 98 1,5 12; 400 620 1580.
(Nach Schweizer Bauzeitung 1892, II, S. 159.)

tung ist eine Dreieckstelze, wie in Abb. 240 vorgesehen. Wenn man sich vorstellt, auf die Achse wirke eine Seitenkraft, so findet man, daß diese einen gewissen aus lotrechter und wagerechter Entfernung der Stützpunkte der Stelze leicht zu berechnenden Wert angenommen haben muß, um eine Verschiebung einzuleiten. Die Dreieckstelze ist also eine Rückstellvorrichtung mit Anfangsspannung. Sie hat den Vorzug, daß die Rückstellkraft nicht mit der Größe des Ausschlages zunimmt und so schließlich sehr große Spurkranzdrücke hervorruft, sondern abnimmt. Sie hat ferner den Vorzug, in der Krümmung das außen laufende führende Rad stärker zu belasten. Ferner ist die Reibung im Gegensatz zu Keilflächen gering. Wenn man nun außerdem bei unserer L noch Rückstellfedern angewandt hat, so ist des Guten wohl etwas viel geschehen. Es hätte genügt, wie in Abb. 240, die Dreieckstelze allein anzuwenden. Jene Überladung erklärt sich z. T. wohl daraus, daß man in den Zugpendeln mehr als eine Rückstellvorrichtung sah, etwas Unbestimmtes, das sich hinter dem Schlagwort „gezogen, nicht geschoben" verbarg. Übrigens haben sie neben der Unvollkommenheit, ohne Anfangsspannung zu wirken, noch eine nie erwähnte Untugend: Wenn Zug und L stark gebremst werden, so verschwindet in den Zugpendeln die Zugkraft, und statt dessen tritt der entgegengesetzte Massendruck des vorwärts drängenden Gestells auf. Dieser Druck kann aber vom Zapfen des Gestells wegen des erwähnten Spiels in der Längsrichtung nicht aufgenommen werden. Er wirkt daher auf die Pendel. Die Rückstellwirkung ist also nicht nur aufgehoben, sondern sogar ins Gegenteil verkehrt, indem der Rückdruck der Pendel einen Ausschlag der Deichsel zu vergrößern sucht. Das ist bedenklich, denn gebremst wird gerade bei Einfahrt in Bahnhöfe, der Fahrt durch Weichenkrümmungen hindurch usw. Diese Wirkung kann bei der L der Abb. 118 natürlich wegen der Dreieckstelze und der Federn nicht eintreten. Da bei ihr alle Rücksichten auf gute Krümmungsbeweglichkeit genommen sind, so konnte zur Erzielung ruhigen Ganges sowohl der Gesamtradstand, wie der feste Radstand mit 5300 mm und 2800 mm recht groß gewählt werden. — Ähnliche L bezog die Norwegische Staatsb i. J. 1894 von der Hanomag.

1 B T. Die 1 B T hat nicht die gewaltige Ausbreitung gefunden, wie die 1 B mit Tender. Der Grund ist folgender: Die 1 B hat, wie wir gesehen, gegenüber der B 1 den Vorzug, daß eine niedrige Achse vorn läuft. Das gilt aber natürlich für eine T L nicht, denn sie fährt bald rückwärts, bald vorwärts. Darum zog man vielfach die B 1 T vor, zumal da die B 1 ja noch andere Vorzüge hat. (S. 85 u. 92.) Die Verhältnisse verschoben sich ein wenig zugunsten der 1 B T erst dann, als man in den sechziger Jahren lernte, durch Verlegung der Kuppelachse unter den Stehkessel Trieb- und Kuppelachse ohne besondere Kunstgriffe gleichmäßig zu belasten. Nun war wenigstens eine genügende Belastung der bei Rückwärtsfahrt führenden Kuppelachse gesichert.

In England zeigt schon die älteste bekannte 1 B T (St +) die Merkmale der P L (Abb. 119). Sie dürfte dem Nahverkehr im P-Zugdienst gedient haben. Der Rahmenbau, die Zylinderanordnung und die Lage der Steuerung zeigen eine auffallende Ähnlichkeit mit Polonceaus L (Abb. 108). Auch sind die Triebkurbeln, wie dort, dicht an die Radebene herangelegt. Ein Unterschied besteht nur insofern, als die Innenrahmen nicht an einen Querträger, sondern an den Stehkessel angeschlossen sind, und der Außenrahmen mit dem Zylinder verschraubt ist. Die Innenrahmen sind zu einem Wasserkasten vervollständigt. Ein zweiter Wasserkasten, dessen Einguß sichtbar ist, liegt auf dem Führerstand. Über ihm befindet sich der Raum für Koks. Die Bestimmungsb hat sich nicht feststellen lassen. — Die 1 B T hat auf den britischen Hauptbahnen keine allzu große Verbreitung gefunden. Der Grund ist

Abb. 119. x 1849 Hawthorn.
x; x x x; 345 500 1675; x x.
(Nach Flachat, T. 72.)

außer dem eingangs genannten wohl der, daß man sich dort in früher Zeit an die 1 A 1 für P-Zugdienst im Nahverkehr gewöhnt hatte. Von ihr ging man ziemlich unvermittelt zu schwereren Bauarten, 1 B 1 T, 2 B T und B 2 T über. Wurde doch die 2 B T schon i. J. 1849 auf der Great Western Ry[1]), i. J. 1855 auf der London North Ry eingeführt (Abb. 149). Wohl aber fand die 1 B T mit Deichselachse als leichte schmiegsame Schmalspur-L z. B. auf den Schottischen Hochlandb und den wenigen Bahnen, über die Norwegen damals verfügte, in den sechziger Jahren Eingang (Abb. 120). Für die engen Krümmungen mußte eine Bisselachse vorgesehen werden. Um die Gangsicherheit zu erhöhen, schob man sie bis unter die Zylinder vor, die nun schräg gelegt werden mußten.

Abb. 120. Norwegische Schmalspurb x Beyer, Peacock & Co.
17; 35 0,7 1143; 279 457 1143; 1,35 0,6 Spur: 1066.
(Nach Engg. 1870, II, S. 348.)

Dem Personenverkehr diente die 1 B T der Köln-Mindener B (Abb. 121). Von 1871 bis 1884 beschafft, stellt sie eine sehr bewährte Bauart dar. Selbst die letzten Ausführungen zeigen den hohen zylindrischen Überbau des Stehkessels, den man zu jener Zeit sonst schon

Abb. 121. Köln-Mindener B 1871 Borsig.
38; 84 1,6 9; 381 508 1524; 4 1,5.
(Nach Photographie und Maßskizze.)

fast allgemein verlassen hatte, weil er recht schwer ist. Der große Dampfraum, den er bietet, und die große Breite des Wasserspiegels über der lebhaft Dampf entwickelnden Heizfläche der Feuerkiste sind aber unleugbare Vorzüge — besonders für einen Betrieb mit stark wechselnder Anspannung, wie ihn der Nahverkehr mit sich bringt. Die Köln-

---

[1]) The B. g. Locomotives of the Great Western Ry. Loc. Mag. 1901, S. 3.

Mindener B schuf in jener Zeit manches Beachtenswerte. Ihre auf S. 111 erwähnten 1 B aus den gleichen Beschaffungsjahren sind so ziemlich die kräftigsten preußischen L jener Zeit und zeigen außergewöhnlich große Radstände. Auch der Radstand unserer L ist mit 4680 mm recht groß. — Die 1 B T (St —) der Abb. 122 zeigt im Gegensatz zu der eben besprochenen nur einen sehr kurzen Radstand und außerdem noch eine Deichselachse mit Rückstellung durch Keilflächen. Es sind also alle Bedingungen zum Durchfahren enger Krümmungen erfüllt, wie sich solche ja reichlich auf den Strecken der Bergisch-Märkischen B vorfinden und auch zur Ausführung der Ruhr-Sieg-L geführt haben, die mit der gleichen Deichsel ausgerüstet war (S. 112). Ungewöhnlich für eine deutsche L ist der Sattelbehälter. Sie wird übrigens in der Statistik der preußischen Staatsb als G L bezeichnet, ist aber wohl hauptsächlich im Verschiebedienst benutzt worden. — Ausgedehnte Ver-

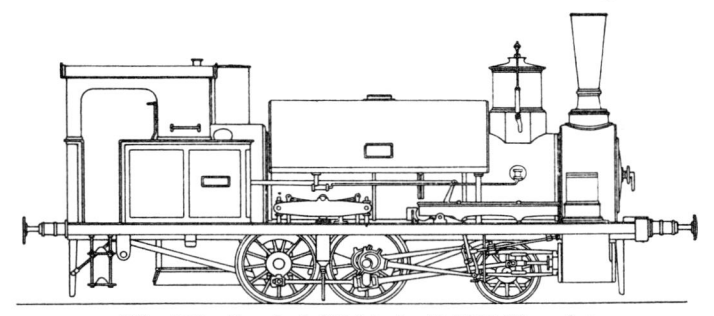

Abb. 122. Bergisch-Märkische B 1868 Henschel.
35; 71 1,1 8; 381 508 1067; 3,25 1,25.
(Nach Photographie und Maßskizze.)

wendung fand die 1 B T, die Schichau für die Berliner Stadtb entwarf; sie diente von 1882 an unter allmählicher Vergrößerung ihrer Abmessungen bis in den Anfang des neuen Jahrhunderts hinein dem genannten Zweck und dem Nahverkehr auf zahlreichen Strecken der preußischen Staatsb. — Ähnlich bayrische Staatsb 1888 bis 1889: 1 B (1340) T. — In Bayern hat die 1 B T letzthin in einer sehr bemerkenswerten Ausführung der Lokomotivfabrik Krauß die letzte Stufe der Entwicklung erklommen (Abb. 123). Der Zylinder liegt hinter der Laufachse. Es ist nun aber nicht, wie bei den entsprechenden L mit Tender, die letzte Achse zur Triebachse gemacht worden, sondern die Mittelachse ist als solche beibehalten. Um genügend lange Pleuelstangen zu erhalten, mußte man sie unter das Vorderende des Stehkessels zurück und daher die Kesselachse verhältnismäßig hoch legen. Unsere heutigen Anschauungen über Gangsicherheit lassen das unbedenklich zu. Die letzte Achse ist seitlich verschiebbar. Der Entwurf ist also auf Grund ähnlicher Überlegungen zustande gekommen, wie der nach Abb. 35. Die Verwendung des leichtflüssigen Heißdampfes zerstreut überdies im vorliegenden Falle alle Bedenken betreffs des kleinen Triebraddurchmessers, auf den diese Anordnung führt. Der große Radstand von 5500 mm sichert die Ruhe des Ganges, so daß die L, die natürlich für Kleinzüge und Nahverkehr bestimmt ist, unbedenklich auch bei S-Zügen mit 80 bis 85 km Grundgeschwindigkeit Vorspann leisten kann. Einige von diesen in großem Umfange eingestellten L sind auch auf die badische Staatsb gelangt, die sich bisher sehr ablehnend gegen die 1 B T ver-

Abb. 123. Bayrische Staatsb 1909 Krauß.
40; 58 + 18 1,2 12; 375 500 1250; 6 1,2.
(Nach Lokomotive 1919, S. 53.)

halten hatte. Sie hat übrigens eine Vorgängerin in der „Ariel Girl" der „Eastern Counties Ry". Diese war i. J. 1851 als 1 A T ähnlich Abb. 9 von Kitson Thompson und Hewitson nach Adams Entwurf an die Eastern Union Ry geliefert (S. 24) und nach Übernahme an die erstgenannte Verwaltung i. J. 1868 in 1 B T umgebaut worden. Jedoch lag bei ihr der Stehkessel zwischen den Achsen, und der Kessel entsprechend tief[1]).

Da sich die 1 B (St —) in Frankreich so großer Beliebtheit erfreute (Abb. 107 bis 110), so kann es nicht wundernehmen, wenn wir Ver-

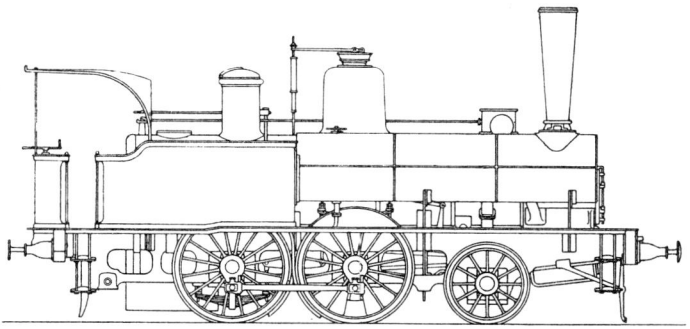

Abb. 124. Comp. de l'Est 1879 Bahnwerkst. Epernay.
37; 88 (1) 9; 440 560 1560; 3,0 1,5.
(Nach Rev. gén. 1882, II, S. 244.)

treterinnen dieser Form dort auch als T L schon i. J. 1849 bei der Comp. de l'Ouest vorfinden. Es mag als ein besonderer Fall von Lang.

---

[1]) Loc. Mag. 1904, S. 155; 1905, S. 189.

lebigkeit mitgeteilt werden, daß vier von ihnen noch i. J. 1910 bei der Verstaatlichung in die Hände des neuen Besitzers übergingen. In Anlehnung an diesen Entwurf ist die durch Abb. 124 in letzter Ausführungsform dargestellte L entstanden. Sie wurde i. J. 1867 für die Linie nach Vincennes bestimmt. Enge Krümmungen kommen gerade auf Vorortstrecken häufig vor. Das mag den kurzen Radstand rechtfertigen, zumal da sein schädlicher Einfluß durch die Innenlage der Zylinder gemildert ist. Heute würde man unbedingt langen Radstand mit Deichselachse oder einem ähnlichen Hilfsmittel vorziehen.

2 B. Drehgestell II. In die Geschichte der 2 B haben wir zugleich auch das zweite Kapitel der Entwicklungsgeschichte des Drehgestells zu verflechten, wie es auf S. 58 angesagt wurde. In diesem zweiten Zeitabschnitt seiner Entwicklung treten zwei Forderungen mit der vermehrten Achszahl, den wachsenden Abmessungen und der zunehmenden Fahrgeschwindigkeit der L immer gebieterischer hervor: Erstens die Forderung einer Verfeinerung der Vorrichtungen zur Sicherung gleichmäßiger Lastverteilung von Achse zu Achse und von Rad zu Rad, zweitens die Forderung seitlicher Verschiebbarkeit. Die letztere ist etwas Neues. Bei den dreiachsigen L bestand sie nicht. Bei den vierachsigen folgt sie aus einfachen geometrischen Erwägungen. Wir können bei Betrachtung der 2 A, 2 B, 2 C und ihrer Drehgestelle (Abb. 43, 45 bis 48, 125 bis 166, 252 bis 259) beobachten, wie der Radstand der Drehgestelle in dem Maße zunimmt, und damit einer weiteren Bedingung für seinen einwandfreien Lauf Genüge geschieht, wie die erste Forderung erfüllt wird. Wir können gleichzeitig beobachten, daß der Gesamtradstand der L mit der Erfüllung beider Forderungen zunimmt. Solange als die Drehgestelle keine seitliche Verschiebbarkeit besaßen stand ihrer Wirksamkeit als Hebel im Sinne der Regel 2 auf S. 1 nichts im Wege, gleichgültig, ob der Erbauer eine deutliche Vorstellung dieser Wirkung hatte oder nicht. Allenfalls wäre bei klarer Erkenntnis eine bessere Durchbildung des Drehzapfens, als wir sie bei alten L vorfinden, die nützliche Folge gewesen. Als man aber die seitliche Verschiebbarkeit einführte, war klare Einsicht der dynamischen Vorgänge die Vorbedingung für richtige Durchbildung. Wenn jemand das Seitenspiel des Zapfens gänzlich frei, ohne Federung vor sich gehen ließ (Abb. 150), so hatte er seine Aufgabe nur geometrisch aufgefaßt. Sein Drehgestell führte nicht in der Krümmung, sondern überließ dies der ersten festen Achse. An dieser mußten bei Folge der Massenkräfte bei Einfahrt in Krümmungen sehr große Spurkranzdrücke auftreten, denn der Hebelarm des zu bildenden Momentes ist für diese Achse klein (vgl. S. 2). Der Drehzapfen darf sich aber auch nicht schlechthin seitlich auf eine Feder stützen, diese zusammendrückend, wenn das Seitenspiel beginnt, sondern diese Federn müssen so eingebaut sein, daß sie schon dem Beginn der Seitenbewegung eine Anfangsspannung entgegensetzen[1]). Nur bei einer solchen Anordnung beteiligt sich das Drehgestell sofort bei Einlauf in die Krümmung an der Führung der L. Noch

---

[1]) Z. Beisp. E. d. G. S. 427, Abb. 474; S. 429, Abb. 476.

ein weiteres spricht für die Anfangsspannung. Die festgelagerten Achsen einer L, also bei der 2 B Trieþ- und Kuppelachse suchen im geraden Gleis ständig schlingernde Bewegungen zu machen. Da dieser feste Radstand bei der 2 B klein ist, würden sie recht störend werden und ständige Hin- und Herbewegungen des Drehgestellzapfens bewirken. Die Anfangsspannung jener Federn fängt diese störenden Bewegungen ab. Ähnlich wie Federn, aber ohne Anfangsspannung wirken schräge Zugpendel (Abb. 249). Die quer zur Bahnachse gerichteten Seitenkräfte der in den Pendeln wirkenden Zugkräfte nehmen bei Ausweichen des Gestells verschiedene Werte an und erzeugen eine von Null beginnende also ohne Anfangsspannung wirkende Gegenkraft. Hängependel[1]) wirken ebenso (Abb. 142, 250, 257); nur wirkt in ihnen nicht die Zugkraft, sondern das Gewicht. Die Mehrbelastung der in der Krümmung außen laufenden Räder, die als eine natürliche Folge des vom Spurkranzdruck und seiner Gegenkraft am Drehzapfen gebildeten Momentes auftritt, kann durch solche Hängependel gesteigert werden. Das gilt aber nicht, wenn sich der Hauptrahmen mit einem Kugelzapfen auf das Drehgestell stützt (Abb. 144), weil es dann nicht zur Ausbildung eines Momentes zwischen Drehgestell und Hauptrahmen kommen kann — es sei denn. daß man hierfür, wie in Abb. 257, noch besondere Federn vorsieht. Keilflächen (Abb. 135) und Dreieckstelzen (in Abb. 240 für eine Deichselachse dargestellt) wirken ähnlich wie Federn mit Anfangsspannung. Dreieckstelzen bewirken eine gesteigerte Mehrbelastung der außen laufenden Räder, und, wie einfache statische Überlegungen zeigen, abnehmenden Gegendruck mit zunehmender seitlicher Ausweichung. Welche dieser Rückstellvorrichtungen nun auch, und ob überhaupt Seitenspiel vorgesehen sein mag, eine Eigenschaft bleibt dem Drehgestell mit in der Mitte liegendem Drehzapfen immer: Wenn infolge Schlingerns der fest im Hauptrahmen gelagerten Achsen Querbewegungen des Drehgestellzapfens erzwungen werden, so werden hierdurch an den beiden Drehgestellachsen gleich große Gegenkräfte geweckt. Nie erleidet das Drehgestell auf diese Weise Momente, so daß es aus seinem geraden Lauf abweicht und seinerseits Schlingerbewegungen macht, diese durch den Zapfen wiederum auf den Hauptrahmen zurücküberträgt usw. Das macht seine gewaltige Überlegenheit gegenüber den Radialachsen aus (vgl. S. 2); dies auch die Überlegenheit des gewöhnlichen gegenüber dem Deichseldrehgestell (Abb. 135, 142). Es sind Jahrzehnte hingegangen, ehe diese Forderungen und Zusammenhänge erkannt und erfüllt worden sind. Jedes technisch selbständige Land ging dabei seine eigenen Wege. In diesem ging es schneller, in jenem langsamer. Dies selbständige Vorgehen der amerikanischen, belgischen, österreichischen Ingenieure hat eine fruchtbare Fülle gezeitigt. Aber mancher Irrweg wäre auch nicht beschritten worden, wenn man hüben ein wenig darauf geachtet hätte, wie man's drüben macht.

Dieser Überblick über die Entwicklung des Drehgestells bis zu ihrem Abschluß wird das Verständnis der Anfänge erleichtern. Es wäre

---

[1]) Z. Beisp. E. d. G. S. 425, Abb. 472.

sonst nicht ganz einfach, in das bunte Durcheinander tastender Versuche, zäh verfolgter, verlassener und wieder aufgenommener Gedankengänge jener alten Zeiten Ordnung zu bringen.

Den Gedanken, das Drehgestell im Verein mit zwei gekuppelten Achsen zu benutzen, von denen eine vor und eine hinter dem Stehkessel lag, hat zuerst Campbell, Chefingenieur der Philadelphia & Germantown Rd in Amerika gefaßt (Abb. 125). Sein Patentanspruch vom Jahre 1836 bezeugt einen Fortschritt gegenüber den älteren Anschauungen (S. 56). Es heißt da: „.... to increase the facility for turning curves by compounding the leverage of the engine upon the flanches of the wheels against the edges of the rails to reduce the wear and rear." Campbell betrachtete also die L bei der Fahrt durch Krümmungen schon als einen Hebel. Der Gesamtradstand war gegenüber älteren verlängert, nicht nur, um das Gewicht über eine größere Schienenlänge zu verteilen, sondern auch, um den Spurkranzdruck des führenden Rades beim Krümmungslauf zu verringern. Daß aber das Drehgestell selbst auch einen solchen Hebel bildet, hatte Campbell noch nicht erkannt. Das Drehgestell seiner L hat kurzen Radstand und erhält seine Belastung durch seitlich am Hauptrahmen befestigte Federn. Die Achslager sind gegen den Drehgestellrahmen nicht gefedert. Die Lastverteilung auf diese vier Lager ist also von Zufälligkeiten abhängig; es waren bedrohliche Entlastungen einzelner Räder zu befürchten. Unter diesen Umständen war, wie bei vielen alten Drehgestellen, eine geringe Entfernung der Räder voneinander, das ist ein kurzer Radstand, allerdings ratsam. Dem Drehgestell seitliche Verschiebbarkeit zu geben, war man damals noch nicht imstande. Bei der geringen Gesamtlänge damaliger L war das auch kaum erforderlich. Aber auch die L in Abb. 127 bis 134, 136 hatten noch kein Seitenspiel. Campbells L macht den Eindruck einer mit Drehgestell ausgerüsteten „La Victorieuse". Es sind ja auch tatsächlich 1 B letzterer Art, die Stephenson nach Amerika geliefert hatte, dort in 2 B umgebaut worden. Der Ursprung der 2 B ist aber doch ein anderer[1]). Als nämlich Campbell sein Patent

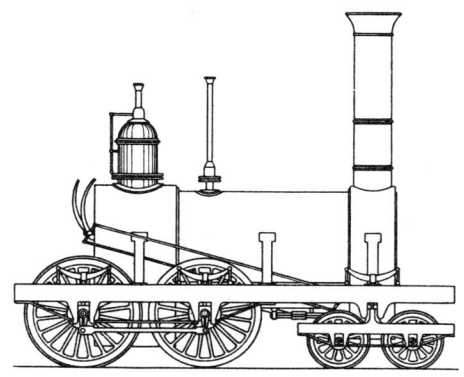

Abb. 125. Philadelphia & Germantown Rd
1837 Campbell Brooks.
12; 67 x x; 356 406 1372.
(Nach R. gaz. 1892, S. 293.)

---

[1]) Die Entwicklungsgeschichte der L, besonders der 2 B, ist in amerikanischen Zeitschriften ein beliebtes Thema. Das Wesentliche, soweit es sich nicht in anderen Fußnoten findet, möge hier angeführt werden: Walker: Early Baldwin L. R. gaz. 1899, 517; Caruthers: Early years of the Philadelphia & Reading. Ebenda 1907, II, 97; und 357: Seth Wilmarths L; Harrison: The L Engine and

nahm, war die 1 B noch unbekannt, denn, soweit wir unterrichtet sind, sind die ersten 1 B ähnlich Abb. 83 erst i. J. 1837 nach Amerika geliefert worden. Seine L ist also eher als eine durch Hinzufügung einer Kuppelachse hinter dem Stehkessel fortentwickelte Norris-L anzusehen. Campbells L, deren Photographie i. J. 1893 in Chicago ausgestellt war[1]) war für G-Zugdienst bestimmt. Die Erfahrungen mit ihr waren nicht ermutigend. Der Gang war hart. Man suchte die Ursache dieser unerfreulichen Erscheinung in der Gesamtanordnung. Eine vierachsige L war ja damals etwas Unerhörtes. Wie kann man erwarten, so überlegte man, daß sich die Last auf jene vier Achsen gleichmäßig verteilen wird! Selbst wenn man die beiden Räder an jeder Drehgestellseite vermöge der Belastung durch eine gemeinsame Feder als einen Stützpunkt auffaßt, so bleiben noch immer drei solcher Stützpunkte an jeder Maschinenseite übrig. Wenn diese drei Stützpunkte auch durch Nachspannen an den Federn gleichmäßig oder in einem beabsichtigten Verhältnis belastet werden, während die L auf dem Werkstattgleis steht, so wird das Verhältnis während der Fahrt unbedingt empfindlich gestört werden, denn das Gleis bildet keine genaue und unnachgiebige Ebene. Gibt es z. B. unter der Triebachse nach, so ist eine augenblickliche Überlastung der Kuppelachse, die sich auf dem Führerstand als harter Stoß äußert, die unausbleibliche Folge. Diese Überlegungen bestanden zu Recht. Wir sahen aber vorher die Mängel der L Campbells und vor allem seines Drehgestells doch in einem noch helleren Licht. Die Nichtbewährung überrascht uns um so weniger, als es mit dem Oberbau damals schlecht genug bestellt war. Campbell hatte also sein Hauptziel, gleichmäßige Lastverteilung, nicht erreicht. Immerhin, eine erfolgreiche Gattung, die 2 B war geschaffen. Wir haben es heute nicht zu bedauern, daß der amerikanische Oberbau damals zu wünschen übrig ließ, denn wir verdanken dieser Tatsache die frühzeitige Erfindung der Ausgleichhebel, die nachmals in Amerika in so vollendeter Weise durchgebildet worden sind[2]). Nichts scheint uns heute einfacher, als Bau und Wirkungsweise dieser Ausgleichhebel. Aber ein fertiges Ding, das nach Wesen und Wirkungsweise leicht zu verstehen ist, ist deshalb noch nicht leicht zu finden, und die ältesten Ausgleichvorrichtungen sahen seltsam genug aus. Sie wurden von der Firma Garrett & Eastwick in Philadelphia mit einer ihrer ersten L geschaffen. Die Firma hatte den Lokomotivbau i. J. 1835 mit der Lieferung einer 2 A Baldwinschen Musters an die Beaver Meadow Rd aufgenommen. Ähnliche folgten.

Philadelphia's share in its early improvements. Journal of the Franklin Institute 1872 I, 161; Francis E. Galloupe: Certain points in the development and practice of modern American L Engineering. Ebenda 1876, II, 377; Forney: The evolution of the American L. Ebenda 1886, X, 241; Henz: Urteile amerikanischer Ingenieure über einige Eisenbahnfragen mit guten Abbildungen einer 2 A von Baldwin, einer 2 A von Norris und einer 2 B von Eastwick und Harrison. Verhandlungen des Vereins zur Beförderung des Gewerbefleißes in Preußen 1842, S. 96. Vgl. auch Loc. Mag. 1903, 303 und 372.
    [1]) Engg. 1893, II, 476.
    [2]) Eastwick: The history of the equalizing lever and the development of the American type of L. R. gaz. 1892, 293.

Dann wandte sich Eastwick Campbells 2 B zu, deren Leistungsfähigkeit unverkennbar war, deren Mangel es aber zu beheben galt. So entstand i. J. 1837 der ,,Hercules" für die Beaver & Meadow Rd. Eastwick suchte, die gleichmäßige Lastverteilung mittels eines besonderen Hilfsrahmens zu erreichen, der, auf den gekuppelten Achsen liegend, seine Belastung in der Mitte der Längsseiten durch Federn vom Hauptrahmen empfängt (Abb. 126). Das Gestell kann um den Zapfen D schwingen und ist auch in der Höhe einstellbar.

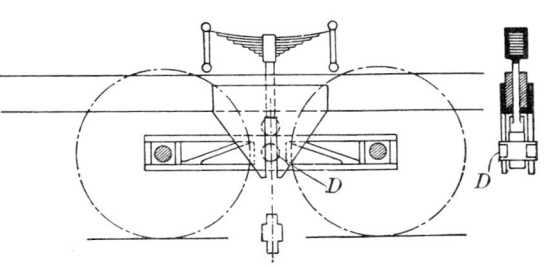

Abb. 126. Die ältesten Ausgleichhebel. ($^1/_{50}$) (Nach R. gaz. 1892, S. 293.)

Dieser Zapfen hätte, genau genommen, im Gestellrahmen drehbar gelagert sein müssen. Man scheint darauf verzichtet zu haben. Übrigens ist die Zeichnung mangels genügender Unterlagen nicht maßstäblich ganz genau. Die Anordnung ist recht verwickelt. Sie ist nichts anderes als ein für Kuppelachsen zurechtgemachtes Drehgestell im Sinne der alten Zeit vor Campbell. Damals legte man ja den Hauptwert nicht auf seine Drehbarkeit um eine lotrechte Achse, sondern auf die um eine wagerechte Querachse; man dachte mehr an gleichmäßige Lastverteilung als an Krümmungslauf (S. 56). Andererseits ist Campbells Drehgestell unverkennbar als Muster genommen. Die eine am Hauptrahmen gelagerte Feder kehrt

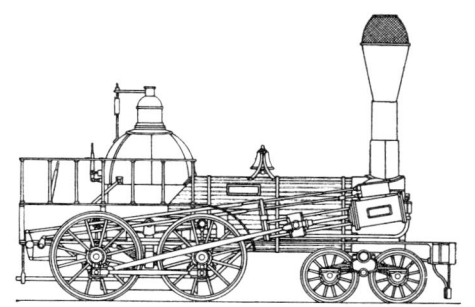

Abb. 127. Baltimore & Ohio Rd 1842 Eastwick & Harrison. (13); x x (6,3); (305) (457) (1219). (Nach Journal of the Franklin Institute 1843, S. 15.)

wieder. Man erkannte bald den Fehler, daß die Ausgleichsbewegungen links und rechts nicht unabhängig voneinander vor sich gehen können. Die gleiche Wirkung würde bei einer L unserer Tage entstehen, wenn man die Ausgleichhebel links und rechts so kuppeln wollte, daß sie gleiche Winkelausschläge machen müssen. Die ,,Hercules" wurde daher i. J. 1838 nach einem Patent Harrisons umgebaut. Harrison war ein junger Teilhaber der Firma, der seine Schulung bei Norris gefunden hatte. Die Firma hieß nun Eastwick & Harrison[1]). Abb. 127 und

---

[1]) Über ihre L s. auch Journal of the Franklin Institute 1839, I, S. 385, und über ähnliche L Ann. Ponts et Chauss. 1843, I, S. 337 und 1847, II, S. 1. Emploi des locomotives sur les chemins de fer à fortes pentes mit den Tafeln 122, 123.

die Tafel vor dem Text zeigen die so gewonnene Form in etwas jüngerer Ausführung. Die massigen Formen des Ausgleichhebels verraten noch seine Abstammung vom Hilfsrahmen. Eastwick & Harrison trugen ebenso wie Norris der Vorliebe des Amerikaners für zugängliches Triebwerk Rechnung. Die „Hercules" und ihre Nachfolgerinnen besitzen daher Außenzylinder. Zur Ersparung von Baulänge und Vermeidung des Überhanges liegen sie schräg an der Rauchkammer über den eng zusammengerückten Drehgestellachsen. Bei der geringen Gesamtlänge damaliger L lag es daher nahe, die letzte Achse zur Triebachse zu machen.

Alle L von Eastwick, auch schon die erste von Garret und Eastwick besitzen eine recht zweckmäßige Umsteuerung. Der Schieberspiegel bildet nämlich seinerseits einen Schieber mit geraden und Kreuzkanälen. Je nach seiner Stellung in der einen oder der anderen Endlage werden also die Einlaßkanäle für die beiden Kolbenseiten miteinander vertauscht. Diese Umsteuerung ist noch lange nachher ausgeführt worden. In den Abb. 127, 129, 235 erkennt man das zugehörige Gestänge. Die Hauptrahmen der ersten L waren noch nach englischem Muster aus blechbewehrtem Holz hergestellt. Abb. 127 zeigt schon den eigenartigen amerikanischen Barrenrahmen. Das Drehgestell ist nach einem Patent von Winans aus dem Jahre 1834 ausgeführt. Ein starker Querträger, der den Drehgestellzapfen unter der Rauchkammer aufnimmt, endet seitlich in Bolzenköpfen, die durch den nach oben verlängerten Federbund treten und in Abb. 127 auffallende Erscheinungen bilden. Jener Querträger bildet in gewissem Sinne einen Querbalancier, die Federn Längsbalanciers. Dort, wo der Drehgestellzapfen durch jenen Querträger tritt, liegt ein Stützpunkt, in den Drehpunkten der beiden Längsbalanciers an den Kuppelachsen je ein weiterer Stützpunkt des Lokomotivkörpers. Wir haben also die erste in drei Punkten unterstützte vierachsige L vor uns. Die Federn des Drehgestells müssen auch die Aufgaben eines Drehgestellrahmens erfüllen, denn ein solcher ist nicht vorhanden. Das verletzt unser Sicherheitsbedürfnis. Andererseits müssen wir feststellen, daß also schon Winans den gleichen Gedanken gehabt hat, den wir bei Norris antrafen (Abb. 45 S. 57), nämlich den der Lastübertragung auf die Drehgestellachsen ohne Vermittlung des Rahmens. Norris ließ sich aber nicht dazu verleiten, die Sache bis zum völligen Verschwinden des Rahmens auf die Spitze zu treiben. Jener Gedanke leitete auch fernerhin manchen Erfinder von Drehgestellen, und auch unsere heutigen, z. B. die in Preußen üblichen Formen sind nach dem Grundsatz unmittelbarer Lastübertragung vom Hauptrahmen über Feder und Balancier auf die Drehgestellachslager entworfen. Eine erwähnenswerte Fortbildung der Form Winans-Eastwick ist noch i. J. 1877 ausgeführt worden[1]) — freilich mit besonderem Drehgestellrahmen. In diesem ist der oben erwähnte Querträger drehbar gelagert, und die Achslager haben je besondere Tragfedern. Wenn uns auch die ursprüngliche Bauart, wie sie in Abb. 127 vor uns tritt, zu gewagt er-

---

[1]) Rev. gén. 1882, I, T. XIII.

Lokomotiven mit zwei gekuppelten Achsen: 2 B. 143

scheint, so brachte sie doch einen großen Fortschritt in der Gleichmäßigkeit der Lastverteilung. Hiermit hängt zusammen, was wir über die Verwendung dieser L für höhere Geschwindigkeiten vernehmen. Die unmittelbaren Nachfolgerinnen der „Hercules" waren für G-Zugdienst bestimmt gewesen, die L der Abb. 127 aber für P-Züge. Ein bedeutsamer Fortschritt in der Entwicklung der 2 B war damit vollzogen.

Auch Norris beschäftigte sich mit der Aufgabe gleichmäßiger Lastverteilung für die 2 B. Seine Bauweise hatte Ähnlichkeit mit Abb. 126. Die Abstützung gegen den Hauptrahmen war aber in weniger einfacher Weise durch Lenker u. dgl. vorgenommen[1]).

Im Sommer 1839 bestellte Nicolls, der Betriebsdirektor der Philadelphia & Reading Rd bei Eastwick & Harrison eine G L, die i. a. nach der Bauart der „Hercules" ausgeführt werden, aber nur 11 t wiegen sollte[2]). Von diesem Gewicht sollten 9 t als Reibungsgewicht ausgenutzt werden, also nur 2 t auf das Drehgestell entfallen. Sie sollte mit Anthrazit geheizt werden. Die außergewöhnliche Lastverteilung konnte nur erreicht werden, wenn die Kuppelachse unter den Stehkessel gelegt wurde. So entstand zum erstenmal eine Anordnung (Abb. 128), die viele Jahrzehnte später sehr häufig bei 1 B, 2 B, C, 1 C usw. getroffen wurde (z. B. Abb. 95, 147, 257 bis 259, 261), freilich nicht, um so übertriebenen Forderungen zu genügen, sondern nur, um annähernd gleiche Belastung von Trieb- und Kuppelachse zu erreichen und die Kuppelstangen kurz zu halten. Eine derartige geringe Belastung des Drehgestells, das ja die L führen soll, gilt heute als gefährlich. Man hielt sie damals für unbedenklich, scheute sich aber vor der hohen Kessellage, auf welche die unter den Rost geschobene Kuppelachse zu führen drohte und gab darum den Rädern einen sehr kleinen Durchmesser. Nahe beieinander liegend, versprachen sie, wie Nicolls hervorhebt, „eine wesentliche Verminderung der Seitenreibung beim Durchfahren von Krümmungen". Die Leistungen dieser L, die nach einem englischen Bankhause den Namen „Gowan & Marx" erhielt, waren vorzüglich. Ihre bildlichen Darstellungen in verschiedenen Quellen weichen voneinander ab. Man hat augenscheinlich den Namen „Gowan & Marx" als Gattungsnamen einer ganzen Reihe von nachbestellten L gegeben. Die dargestellte dürfte,

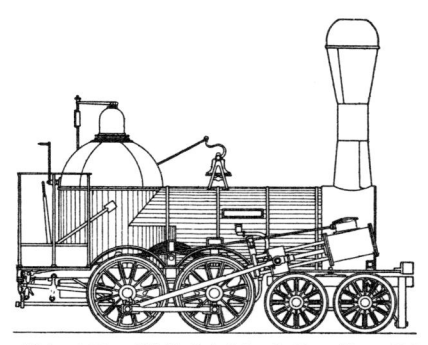

Abb. 128. Philadelphia & Reading Rd 1839 Nicolls; Eastwick & Harrison. 11,25; x x 9; 307 406 1060. (Nach Annales des ponts et chaussées 1843, I, S. 337.)

---
[1]) Fußnote auf S. 141; besonders L Virginia auf T. 123.
[2]) Verhandlungen des Vereins zur Förderung des Gewerbefleißes in Preußen 1842, S. 120.

10*

weil besonders leicht ausgeführt, die älteste sein. Statt der Eastwickschen oben beschriebenen Umsteuerung ist die ältere, aber wohl auch leichtere mit Gabelexzenter gewählt. Statt des Balanciers ist eine Balancierfeder angebracht, deren Enden auf kurze einarmige Hebel drücken. Diese geben den Druck mittels kurzer Stützen an die Lagerkästen weiter. Auch diese Neuerung dient wohl der Gewichtsersparung. Andere Bilder zeigen die übliche Eastwicksche Form der Umsteuerung und des Balanciers und außerdem einen Barrenrahmen. Unsere L trägt die Fabriknummer 19.

Abb. 129. Petersburg-Moskauer B (1846) Harrison & Winans.
x; x x x; x x 1524. Spur: 1524.
(Nach Sinclair, S. 147.)

Die „Gowan & Marx" erregte die Aufmerksamkeit der russischen Obersten Melnikoff und Krafft, die zum Besuch amerikanischer Eisenbahnen entsandt worden waren. Ihrem Bericht war es zu danken, daß Harrison zum Abschluß eines Vertrages über Lokomotivlieferungen i. J. 1843 nach Petersburg fahren konnte. Er und Winans schlossen einen solchen Vertrag über Lieferung von 162 L für die Petersburg-Moskauer B. Die Fabrik in Philadelphia wurde geschlossen, und eine neue in Alexandroffski unter der Firma Harrison, Winans & Eastwick eröffnet. Die Abb. 129, 235 dürften ihre ersten Erzeugnisse darstellen. Es ist also eine 2 B als P L und neben ihr eine 1 C G L vorgesehen. Die Eisenbahn Petersburg-Moskau wurde i. J. 1846 eröffnet. Dieses wird auch als Baujahr der L anzusetzen sein. Wie die Abb. 129 zeigt, haben die Erbauer einen weiteren Schritt vorwärts getan. Die Triebachse hat jetzt ihre natürliche Stellung vor der Kuppelachse, aber noch immer sind die Drehgestellachsen ängstlich nahe aneinander gerückt. Der Zylinder muß darum in Schräglage an der Rauchkammer verbleiben. Die Bedenklichkeit des rahmenlosen Drehgestells ist inzwischen erkannt worden, denn wir entdecken die ersten Spuren eines Drehgestell-

Abb. 130. Morris & Essex Rd, später Delaware, Lackawanna & Western Rd 1846 Rogers.
18; x x x; 343 508 1372.
(Nach R. gaz. 1902, S. 441.)

rahmens. Die Gangsicherheit der L wird unter der Schräglage der Zylinder wegen der lotrechten Teilkräfte der Zylinderdeckeldrücke gelitten haben.

Wenn wir die Abb. 130[1]) betrachten, so erkennen wir das Vorwärtsstreben, aber ein entscheidender Schritt ist Rogers nicht gelungen. Das Drehgestell mit seinem ängstlich kleinen Radstand, und die Schräglage der Zylinder ist beibehalten. Ersteres stellt einen kleinen Wagen, vermutlich mit gesonderter Federung jeden Achslagers dar. Nichts ist geschehen, um eine gleichmäßige Belastung wenigstens für die Achslager einer Seite zu erzielen. Da wäre freilich ein großer Achsstand bedenklich gewesen. Der richtige Weg, den Winans und Eastwick mit der Balancierfeder zögernd und unter Außerachtlassung gewisser Sicherungen betreten hatten, war wieder verlassen worden. Selbst die ältesten Formen mit seitlichen Tragrollen gewährleisteten eine bessere Gewichtsverteilung. Für die Balancierverbindung zwischen Trieb- und Kuppelachse

Abb. 131. Hudson River Rd 1851 W. Mc. Queen Lowell Machine shops.
x; 52 x x; 317 508 1676.
(Nach R. gaz. 1901, S. 108.)

aber ist eine leichte, gefällige Form gefunden. Die Doppelschiebersteuerung nach Rogers Patent vom Jahre 1845 ist später wieder beseitigt worden. Die L diente übrigens nur als G L.

Bei der unvollkommenen Form der Drehgestelle jener Zeit konnte man es nicht wagen, deren Radstand zu vergrößern, ihm dadurch erst seinen eigentlichen Wert zu verleihen und wagerechte Lage der Zylinder zu ermöglichen. Daß letztere erstrebenswert sei, war zwar erkannt worden, aber von einer Vergrößerung des Radstandes der damaligen Drehgestelle befürchtete man mit Recht eine Verschlechterung der Lastverteilung und vielleicht auch zu Unrecht eine Erschwerung des Krümmungslaufes. So ist es wohl zu erklären, daß man da und dort auf die Baldwinschen Innenzylinder (Abb. 43, 44) zurückgriff. Diese ließen sich ja bei wagerechter Lage mit eng gestellten Drehgestellachsen vereinigen. Ein Verfechter dieser Bauweise war Griggs, der Maschinen-

---
[1]) Walker: Eearly history of the Delaware Lackawanna & Western Rd. and its L. R. gaz. 1902, S. 388 ff. Vgl. auch R. gaz. 1877, S. 129.

meister der Boston & Providence Rd. Er hatte diese Gattung mit Fleiß und Erfolg fortentwickelt[1]). Deutliche Anklänge an seine Formen zeigt Mc. Queens L (Abb. 131). Sie war zur Beförderung von P-Zügen beschafft worden, wurde aber gelegentlich auch vor S-Zügen benutzt und leistete hier gleiches, wie die eigentlichen S L[2]). Sie ist für Holzfeuerung eingerichtet. Die Schieberkästen haben eine ganz neuzeitliche Lage, nämlich schräg nach außen gerichtet über den Zylindern, so daß der Spiegel über den Rahmen weg von außen zugänglich ist (Abb. 132). Die Blasrohre beider Zylinder sind bis zu den Mündungen getrennt geführt. An der Seite des Drehgestells erscheint wieder eine für beide Achsen gemeinsame Längsfeder. Ihre Balancierwirkung ist aber verkümmert, weil ihr Bund mit langer Auflagerfläche flach unter dem Hauptrahmen liegt und die Ausbildung eines Drehpunktes, wie wir ihn an dieser Stelle in Abb. 127, 128 fanden, unterlassen ist. Der Radstand des Drehgestelles ist etwas vergrößert. Sein Rahmen ist sorgfältig durchgebildet. Bemerkenswert ist die Versteifung durch Bleche. Der Drehzapfen ist gewissenhaft gelagert.

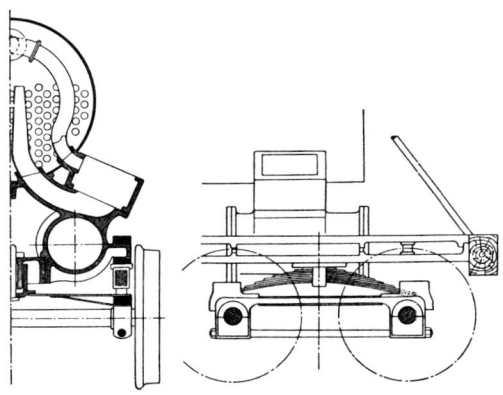

Abb. 132. ($^1/_{40}$) Drehgestell der 2 B nach Abb. 131.

Die Innenzylinder-L war aber damals in Amerika schon eine Ausnahme. Dem Amerikaner ging die Zugänglichkeit des Triebwerkes über alles. Die Entwicklung drängt zum Abschluß. Dies zeigt sich schon bei Betrachtung der Abb. 133. Vergleicht man diese mit der Abb. 130, so sieht man, wie sich gewissermaßen die tiefer sinkenden Zylinder zwischen den Drehgestellachsen, diese auseinanderdrückend, Platz gemacht haben, aber eine geringe Neigung jener ist übrig geblieben, und darin verrät sich noch immer eine gewisse Ängstlichkeit. Nur zögernd vergrößerte man den Drehgestellradstand. Die von der Pufferbohle bis zum Zugkasten außerhalb der Räder durchlaufende Längsverstrebung, die auch mit den Zylindern verschraubt war, ist, wie wir bei Besprechung der Abb. 22 gesehen, recht zweckmäßig, gibt unserer L aber etwas Fremdes, weil sie dem Schlußglied der Entwicklung, der „America type", fehlt. Die „Atalanta", dies war ihr Name, war mit zwei anderen, von denen eine aber nur Triebräder von 1676 mm Durchmesser hatte, i. J. 1852/53 geliefert worden. Trotz des Fortschrittes gegenüber den älteren Formen müssen Fehler unterlaufen sein. Sie

---

[1]) Sinclair, S. 199ff.
[2]) Walker: The Hudson River Rd. R. gaz. 1901, S. 108.

hatten daher anfangs keinen guten Ruf. Es scheinen beträchtliche Störungen mit den ersten beiden vorgekommen zu sein. Auch hatte eine von ihnen zwei ernste Unfälle zu überstehen. Die Schuld trug vielleicht das Drehgestell. Dieses bedeutete gegenüber Abb. 132 trotz seines größeren Radstandes einen Rückschritt. Es erhält nämlich seine Last beiderseitig in der Mitte zwischen den Achslagern, deren jedes seine eigene Feder hatte. Da die hohen Triebräder sich nicht bewährten, so erhielten schließlich alle drei solche von 1676 mm. I. J. 1865 wurde die

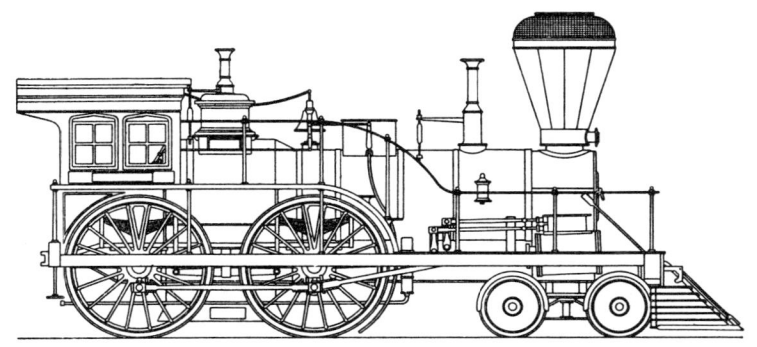

Abb. 133. Pennsylvania Rd 1852 Union works, Seth Wilmarth, Boston.
27; x x x; 406 559 1981.
(Nach R. gaz. 1907, II, S. 358.)

„Atalanta" umgebaut und nahm dadurch fast ganz das Aussehen einer L dieser Zeit an.

Dem Lokomotivbauer Mason, den wir schon als Schöpfer einer beachtenswerten B 2-Bauart kennenlernten, blieb es vorbehalten, der Entwicklung der 2 B, wenigstens was die Gesamtanordnung angeht, den Schlußstein einzufügen, und zwar war es merkwürdigerweise die erste von ihm überhaupt gebaute L, die „James Guthrie", die i. J. 1852 diesen Abschluß brachte. Die Außenzylinder liegen nun genau wagerecht zwischen den genügend weit auseinander gerückten Drehgestellachsen. Dieses hatte allerdings noch die Gestalt der Abb. 133. Gleichmäßige Lastverteilung war also vermutlich nicht gewährleistet. Genaue Zeichnungen sind nicht erhalten; wir müssen uns daher damit begnügen, eine etwas spätere Ausführungsform zu betrachten. — I. J. 1856 war der südliche Teil der Delaware, Lackawanna & Western Rd fertiggestellt worden. Die Strecke enthält ziemlich starke Steigungen. Es wurden kurz nacheinander zwei einander ganz ähnliche L für P-Zugdienst beschafft. Abb. 134 zeigt eine von ihnen, die „Southport"[1]). Man hatte damals schon erfolgreiche Versuche mit Hartkohlenfeuerung gemacht, worüber später noch Näheres mitzuteilen sein wird, war aber der Ansicht, daß für P L die Holzfeuerung vorzuziehen sei. Diese Bestimmung verrät sich durch den gewaltigen Schornstein mit eingebautem Funkenfänger. Im übrigen liegen alle Merkmale echt ame-

---

[1]) Fußnote S. 145, im besonderen S. 567 der dort angegebenen Quelle.

rikanischer Bauart vor: Barrenrahmen, Verbindung der Federn durch Ausgleichhebel, Abstützung der Rauchkammer durch das Zylindersattelstück, wagerechte Außenzylinder, die zwischen den genügend weit auseinander gerückten Drehgestellrädern Platz finden, innen liegende Stephensonsteuerung mit Bewegungsübertragung durch einen „rocker" auf den außenliegenden Schieber. Vor allen Dingen aber finden wir hier zum erstenmal die Drehgestellachslager durch Vermittlung eines langen nach unten durchgekröpften Ausgleichhebels belastet. An ihm hängt die Feder, die nun nicht mehr, wie in Abb. 132, die Länge des Radstandes zu haben braucht. Weil dieser also nicht mehr von der Federlänge abhängig ist, und eine gute Lastverteilung durch die Anordnung gewährleistet ist, kann er beliebig vergrößert werden. Beim Überfahren von Gleisunebenheiten spielen nur Feder und Ausgleichhebel, nicht der Rahmen des Drehgestells. Es kann also der Drehzapfen

Abb. 134. Delaware, Lackawanna & Western Rd 1857 Danforth, Cooke & Co.
26; × 1,7 9,25; 432 559 1676; Spur: 1829.
(Nach Clark u. Colburn, S. 82.)

nicht etwa diese Anschmiegung an Gleisunebenheiten durch seine starre Verbindung mit dem Hauptrahmen beeinträchtigen, wie dies in Abb. 132 denkbar wäre. Der Federbund ist zwar ebensowenig wie in Abb. 132 drehbar am Hauptrahmen gelagert. Die Aufhängung der Federenden ist aber kinematisch fast gleichwertig. Die Bauart von Feder und Ausgleichhebel ist die noch heute in Preußen übliche. Sehr lebensfähig erwies sich auch der kegelförmige Übergangsschuß zwischen Langkessel und Stehkessel. Die äußere Ausstattung entspricht in ihrer Reichhaltigkeit dem Geschmack der Zeit.

Ein Drehgestell mit seitlicher Verschiebbarkeit begegnet uns in einem Patent vom Jahre 1841. Sie wurde durch einen swing beam erreicht. Es ist das die heute unter dem Namen „Wiege" bekannte Vorrichtung[1]). Die Aufhängung erfolgte damals aber nicht an schräg, sondern an lotrecht hängenden Pendeln. Die Erfinder dachten zunächst nur an die Benutzung für Wagen. Bissel in Amerika scheint der erste gewesen zu sein, der Drehgestelle mit seitlicher Verschiebbarkeit für L

---

[1]) E. d. G. S. 423, Abb. 468.

anwandte. Er erzielte diese in der Form eines Deichseldrehgestells (Abb. 135). Die mit ihnen ausgerüsteten L unterscheiden sich äußerlich nicht von Abb. 134. Die Rückstellung erfolgt durch Keilflächen, also im Gegensatz zu Pendeln mit Anfangsspannung. Die Mängel des Deichselgestells, die die gleichen sind, wie auf S. 125 für Deichselachsen beschrieben wurden, werden durch die Keilflächen zwar gemildert, aber nicht beseitigt, so daß das Deichseldrehgestell keine allzu große Verbreitung fand. Bissels Drehgestell wies aber bauliche Einzelheiten auf, die auf den Bau anderer Drehgestelle in großem Umfange übernommen wurden. Die Vereinigung eines schmiedeeisernen Unterzuges mit einer gußeisernen, die Keilflächen tragenden Brücke ist so etwas eigenartig Amerikanisches. Beide sind durch Rundeisen, die im Halbkreis unter

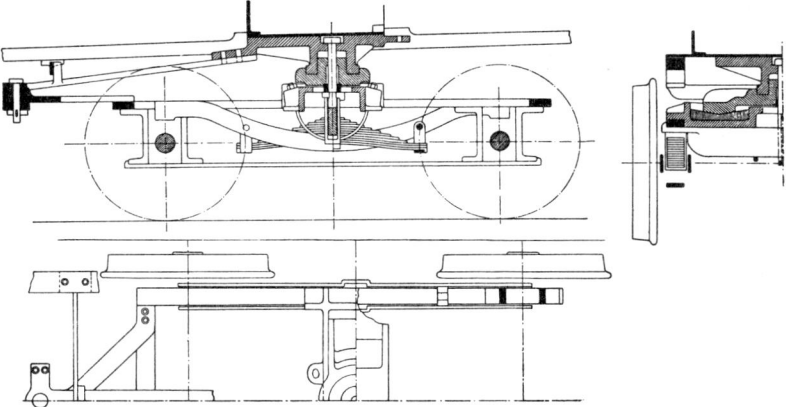

Abb. 135. Deichseldrehgestell einer amerikanischen 2 B der Rogers Lokomotiveworks aus den sechziger Jahren.
($1/_{40}$) (Nach Z. Colburn, T. XX.)

dem Unterzug weggezogen sind, miteinander verspannt. Im Querschnitt wird noch dicht neben der lotrechten Mittellinie unter dem Unterzug ein Vierkantquerschnitt sichtbar. Die zeichnerische Wiedergabe in der Quelle enthält Widersprüche. Man kann über den Zweck nur Vermutungen haben. Bissel wandte, wie wir früher sahen, seine Deichsel sofort auch für Einzelachsen an.

Die obenerwähnte Wiegenaufhängung wurde später in Amerika sehr beliebt. Nach der eingehenden Beschreibung zu schließen, die man ihr bei einer Beschreibung von 2 B der Louisville Nashville Rd widmete[1]), muß sie damals für L ganz neu oder vielleicht gar für diese L zum erstenmal angewandt worden sein. Die Form ist fast genau die heutige; nur haben die Pendel die entgegengesetzte Neigung. Seitdem, also etwa seit 1871, benutzt man in Amerika stets die Wiege, wenn man einem Lokomotivdrehgestell seitliche Verschiebbarkeit geben will. Aber man will dies durchaus nicht immer und führt selbst bei 2 C heute noch neben Drehgestellen mit auch solche ohne seitliche Verschiebbarkeit aus.

---
[1]) Eng. 1872, I, S. 131.

Die in ihrer Heimat als America type bekannte Bauform der Abb. 134 bewährte sich so, daß wir in den nächstfolgenden Jahren nur selten einen Rückfall in alte Fehler und Formen beobachten. Wir können auch getrost ein Vierteljahrhundert überspringen und werden nur eine Zunahme der Abmessungen und eine Abnahme äußerlicher schmückender Zutaten, aber keine wesentliche Änderung des Aufbaues wahrnehmen. Daß sich gleichzeitig der Übergang vom Deichseldrehgestell zum Drehgestell mit Wiegenaufhängung vollzog, oder auch, daß man ohne seitliche Verschiebbarkeit auszukommen suchte, wurde schon erwähnt. So stellt sich uns die Abb. 136 als der Inbegriff bewährter Zweckmäßigkeit dar. Von allem Zierat ist nur eine bescheidene Schornsteinkrone übrig geblieben. Die L ist für Anthrazitheizung bestimmt und hat deshalb eine recht große Rostfläche, die aus Wasser-

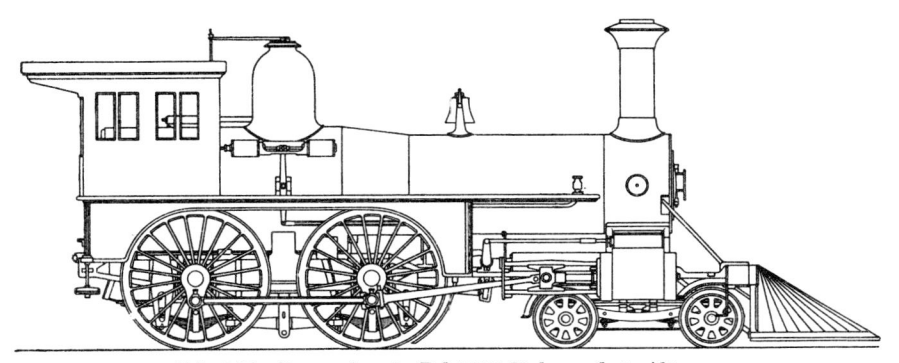

Abb. 136. Pennsylvania Rd 1881 Bahnwerkst. Altona.
42; 99 3,1 9,9; 457 610 1981.
(Nach R. gaz. 1881, S. 625.)

rohren besteht. Im übrigen sind aber ihre Abmessungen denen gleichaltriger europäischer L noch nicht überlegen. Die Entwicklung ins Riesenhafte hatte damals in Amerika noch nicht eingesetzt.

Wir können getrost einen nochmaligen Sprung von 15 Jahren wagen, und noch hat sich das Bild, wie es jetzt z. B. Abb. 137 bietet, nicht wesentlich geändert — in einem Punkte aber doch. Seit der Ausstellung in Chicago hatte man die Furcht vor der hohen Kessellage verloren. Die Kesselachse liegt 2584 mm über Schienenoberkante. Von schmückendem Beiwerk ist das letzte Stück, die Schornsteinkrone, gefallen, und in den bedeutenden Abmessungen finden wir jene Aufwärtsbewegung von Zahl und Maß angedeutet, die den amerikanischen Lokomotivbau von nun an beherrschen sollte. Wir finden in der L auch einen anderen neuzeitlichen Zug des amerikanischen Maschinenbaues verkörpert. Sie ist nämlich auf Austauschbarkeit mit einer P L von 1726 mm und mit einer G L von 1575 mm Triebraddurchmesser gebaut. Es werden dieselben Zylindergußstücke für alle diese benutzt, obwohl der Kolbenhub bei der G L 50 mm größer ist. Die Zylinderdeckel werden zu diesem Zweck bei den Maschinen mit kürzerem Hub 25 mm

Lokomotiven mit zwei gekuppelten Achsen: 2 B. 151

tiefer eingesetzt. Die Räder sind besonders leicht aus Stahlguß hergestellt. Der Unterreifen weist vier Trennungsfugen auf.

Bei einer 2 B der Form, die wir soeben sich haben entwickeln sehen, sind alle Bedingungen ruhigen Laufes erfüllt. Weder der Stehkessel noch die Zylinder hängen über; der Radstand ist groß; die Mittelachse ist nicht, wie dies bei der 2 A 1 vorkommen kann, auf Kosten der anderen überlastet. Auch nickende Bewegungen sind also ausgeschlossen. Man kann in der neuzeitlichen 2 B nach Abb. 137 und ebenso natürlich in den gleichzeitigen deutschen und englischen Mustern den Abschluß der Entwicklung nicht nur der 2 B, sondern der L überhaupt in dem Sinne sehen, daß eine Verbesserung der Gangsicherheit durch Anordnung der Zylinder, Achsen und Drehgestelle nicht mehr möglich war. L mit größeren Achszahlen oder höheren Kupplungs-

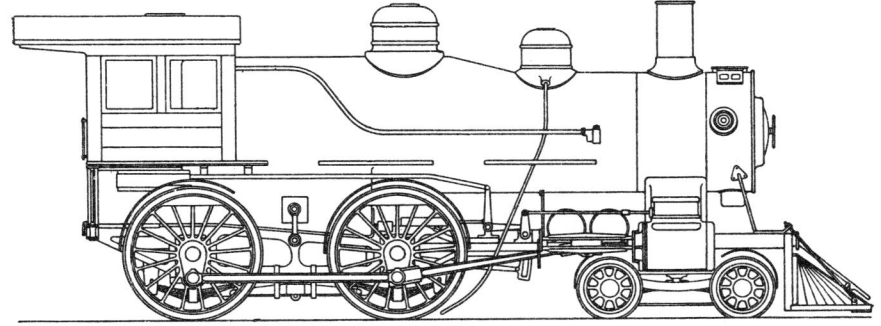

Abb. 137. Boston & Maine Rd 1896 Rhode Island works.
57; 182 2,4 12,7; 483 610 1829.
(Nach R. gaz. 1896, S. 425.)

graden bedeuten nur mehr eine Steigerung der Leistungsfähigkeit, und man mußte zufrieden sein, wenn es gelang, sie in ihren übrigen Eigenschaften der 2 B gleichwertig zu machen. Eine Stufe aufwärts gab es nur, wenn man die übliche Zweizylinderanordnung aufgab und zur Vierzylinder-L überging. Dieser letzte Schritt ist, wie wir sehen werden, mit Erfolg getan worden.

Es ist nicht immer leicht, bei der 2 B die erforderliche Belastung für die Kuppelachse zu erzielen. Deshalb sind, ebenso wie bei der 1 B (St +), Ausführungen mit unter statt hinter dem Stehkessel liegender Kuppelachse häufig (Abb. 146, 147, 152, 159, 160, 161, 164). Zum erstenmal ist diese Anordnung bei der „Gowan & Marx" getroffen worden (Abb. 128). Später führte man häufig zum gleichen Zwecke schwere gußeiserne Zugkästen und kurze, leichte Rauchkammern aus. Auch brachte man wohl besondere Belastungsgewichte oder gar Wasserbehälter unter dem Führerstand an. Obwohl früh in Amerika entstanden, ist die 2 B mit unter dem Stehkessel liegender Kuppelachse dort doch ebensowenig heimisch geworden wie in England. Man hielt an dem durchhängenden Stehkessel fest. Desto häufiger werden wir der Anordnung in Deutschland begegnen.

Die 2 B erschien früh und ziemlich gleichzeitig in Deutschland und Österreich. Darum soll ihre Entwicklung in diesen beiden Ländern auch gemeinschaftlich behandelt werden. Sie wurde von den vierziger Jahren bis gegen das Jahr 1874 mit ganz oder teilweise überhängendem Zylinder (Abb. 138 bis 140, 145), zuweilen gar außerdem mit überhängendem Stehkessel gebaut (Abb. 138 bis 140). Man sah im Drehgestell nur ein Mittel zur Unterteilung der Last und zur Erhöhung der Krümmungsbeweglichkeit, nicht aber zur Verbesserung der Gangart. Daß ein Konstrukteur der Frühzeit, Jervis, einst das Drehgestell eingeführt hatte, um das schädliche ,,Hämmern" zu beseitigen, war vergessen. Es dauerte Jahrzehnte, bis man in Deutschland und Österreich die Erkenntnis gewann, daß das Drehgestell nicht nur ein unvermeidliches Übel für starke Krümmungen, sondern auch für Bahnen mit günstigen Krümmungsverhältnissen ein vorzügliches Mittel sei, um der L für schnelle Züge einen langen Radstand zu geben und so ihren Lauf ruhig zu machen. Darum stößt man auch noch bei den 2 B aus dem Jahre 1874 auf Drehgestelle mit ganz kurzem Radstand, die gegenüber den ältesten Formen (Abb. 48) nur durch die kugelige Ausgestaltung des Drehzapfens und die so erzielte Schmiegsamkeit gegen Unebenheiten des Gleises verbessert sind (Abb. 141). Im übrigen war aber die Verteilung der Last auf die vier Achslager mangelhaft und zur Sicherung des Laufes nichts geschehen. Jene Einseitigkeit der Auffassung äußert sich im Überhang der Zylinder, der in Amerika niemals angetroffen wird, besonders auffällig. Der Radstand fällt auf diese Weise sehr kurz aus. Er wird auf den denkbar niedrigsten Wert herabgedrückt, wenn auch der Stehkessel überhängt. Für die Krümmungsbeweglichkeit ist auf diese Weise alles, für die Ruhe des Ganges nichts geschehen. Es verrät sich übrigens in dieser Stellung der Achsen auch eine Notlage, in der sich der österreichische Lokomotivbau immer befunden hat, nämlich die geringe Tragfähigkeit des Oberbaues, die stets hinter den gleichzeitigen Werten anderer Länder zurückblieb. Jede Achse mußte deshalb mit möglichst hohem Achsdruck ausgenutzt werden. Das war für die Drehgestellachsen aber nur bei jener rückwärtigen Lage halbwegs und für die letzte Achse unter solchen Umständen nur bei überhängendem Stehkessel erreichbar. In vielen Fällen ist jene Notlage, wie wir noch sehen werden, in Österreich dem Aufkeimen neuer nützlicher Gedanken förderlich gewesen. Im vorliegenden Fall hat sie nur hemmend gewirkt. Auf der Suche nach weiteren Gründen, die deutsche und österreichische Lokomotivbauer auf so ganz andere Wege führten, als die amerikanischen, müssen wir diese zum Teil in der angeborenen Unbedenklichkeit finden, mit der man jenseits des Ozeans das Neue versuchte, zum Teil aber auch darin, daß man dort über Mittel zur Steigerung der Krümmungsbeweglichkeit verfügte, die in Europa damals verboten waren. Dazu rechnet die Fortlassung des Spurkranzes an der Mittelachse, die allerdings keineswegs immer geübt wurde. Vielleicht kam auch noch eine stärkere Spurerweiterung in Krümmungen hinzu. In der Anwendung des wirksamsten Mittels, der seitlichen Verschiebbarkeit des Drehgestells, hatten die Amerikaner zunächst keinen Vorsprung. Denn gleichzeitig mit dem

Deichseldrehgestell Bissels i. J. 1857 erschien in Österreich Haswells 2 B mit Deichseldrehgestell (Abb. 142). In Österreich ebenso wie in Amerika versah man die 2 B aber durchaus nicht immer mit dieser Neuerung, und man hatte in Österreich gute Gründe zu dieser Zurückhaltung (S. 156). Seit der Einführung der Wiege i. J. 1871 war Amerika im Vorsprung, dem allerdings Elbel und Kamper i. J. 1874 ihr durch wagerechte Pendel gezogenes Deichselgestell gegenüberstellten (S. 158).

Man hatte Drehgestell und amerikanische Bauweise in Österreich an der Norris-L kennengelernt (S. 59). I. J. 1840 wurde nun die Maschinenfabrik und Werkstatt der Wien-Raaber und Wien-Gloggnitzer B eröffnet. Die Ausrüstung und Leitung hatte Haswell übernommen, ein 25jähriger Ingenieur, der aus der Firma Fairbairn in Manchester hervorgegangen war[1]). Haswell lehnte sich nun nicht etwa an englische Bauformen an, sondern er arbeitete an der Fortbildung der Norris-L, die er in der Weise umformte, daß er zwischen Drehgestell und Triebachse eine Kuppelachse einschob. Es entstand also eine L, die sich von der in Abb. 138 dargestellten dadurch unterschied, daß die letzte Achse Triebachse war. Zwei bemerkenswerte Tatsachen verdienen Hervorhebung, erstens, daß

Abb. 138. Österreichische Südb 1845 Haswell; Maschinenfabrik der österr. Staatsb. 26; 83 1,0 6,3; 403 579 1264. (Nach Heusinger: Abbildung und Beschreibung der Lokomotivmaschine. S. 86. Wiesbaden 1858.)

sich die 2 B in Österreich aus Norris 2 A entwickelt hat, während sie in Amerika aus der 2 A Baldwins hervorging, zweitens, daß diese österreichische 2 B (St —) nicht etwa als vermeintliche Verbesserung der 2 B (St +) entstanden ist, wie wir Ähnliches von den 1 A 1 (St —) und 1 B (St —) (Abb. 40, 103 ff.) erfuhren und bei den C noch erfahren werden. Haswells L wurde i. J. 1844 für die Kaiser Ferdinand Nordb geliefert. Seit dem gleichen Jahre tauchte die Gattung auch mit wagerecht vor dem Drehgestell liegenden Zylindern und in der Mitte liegender Triebachse, ähnlich Abb. 139, auf, um dann im gleichen Jahr die Form der Abb. 138, also wieder mit schräg liegenden Zylindern, anzunehmen. Aus diesem Schwanken zwischen Schräglage und Überhang der Zylinder müssen wir schließen, daß man mit beiden Anordnungen nicht recht zufrieden war. Der kurze Radstand, im einen Fall in Ver-

---

[1]) Sanzin: John Haswell. Beiträge zur Geschichte der Technik und Industrie, herausgegeben von Matschoss, Bd. 5, S. 157.

bindung mit den lotrechten Seitenkräften des schräg gerichteten Zylinderdeckeldruckes, im anderen Fall mit dem starken Überhang der schweren Zylindergußstücke, mußten die Gangsicherheit ungünstig beeinflussen. Ein ähnliches Herumsuchen nach einer befriedigenden Form nahmen wir auch bei den österreichischen 1 B (St +) und 1 B (St —) wahr. Die L wurden bis zum Jahre 1850 abwechselnd mit 1422 mm und 1264 mm Triebraddurchmesser ausgeführt. Letztere hatten größere Zylinderabmessungen und wurden deshalb „Große Gloggnitzer", erstere „Kleine Gloggnitzer" genannt. Beide waren für G-Zugbeförderung bestimmt. Jedoch sind die kleinen Gloggnitzer, einem häufigen Entwicklungsgange folgend, später häufig als P L verwandt worden. Beide sind für Holzfeuerung eingerichtet und haben ein verstellbares Froschmaulblasrohr. Schon die zuerst gelieferten hatten Stephenson-Steuerung. Die Kreuzköpfe sind an Rundeisen geführt. Eine der kleinen Gloggnitzer, namens „Steinbruck", der später in „Söding" abgeändert wurde, war die erste L Österreichs mit Ausgleichhebeln. Die Anordnung bestand in einem Längsbalancier und einer Längsfeder an jeder Seite, wich also von der Ausführung der Abb. 138 etwas ab.

Abb. 139. Hessische N -B 1848 Eßlingen.
25; 71 x 5,8; 406 610 1156.
(Nach Photographie und Maßangaben.)

Sie kam später in den Besitz einer Kohlengewerkschaft und wurde endlich für das österreichische Museum in Wien erworben, in dem sie noch heute besichtigt werden kann[1]). Eine große Gloggnitzer wurde i. J. 1851 zu den Semmeringprobefahrten zugezogen (S. 235). In Abb. 139 lernen wir die Spielart mit wagerecht überhängenden Zylindern kennen, die auch in der Entwicklungsgeschichte der eben behandelten „großen und kleinen Gloggnitzer" eine gewisse Rolle gespielt hatte. Es wurden ihrer drei beschafft. Die hessische Nordb besaß in den ersten drei Jahren ihres Bestehens nur solche 2 B (St —), zum Teil aber mit Zylindern, die schräg an der Rauchkammer lagen. Zu letzteren gehörte auch die erste von Henschel & Sohn in Kassel gelieferte und im Bild uns erhaltene „Drache"[2]). Bei einem späteren Umbau ersetzte man das Drehgestell durch eine einzelne Laufachse. Es konnte ja auch mit seinem kurzen Radstand und dem doppelten Überhang der L die ihm eigenen Vorzüge nicht zur Geltung bringen. Ähnliche Bau-

---

[1]) Lokomotive 1908, S. 60, 76, 97 und 1917, S. 132.
[2]) Denkschrift aus Anlaß des hundertjährigen Bestehens der Maschinen- und Lokomotivfabrik Henschel & Sohn in Kassel, S. 17.

arten fanden auch auf den krümmungsreichen sächsischen Strecken Eingang.

Man hatte, wie gesagt, in Österreich mehrfach zwischen Schräglage und vollem Überhang der Zylinder ähnlich dem der hessischen Nordb geschwankt. Schließlich blieb es aber bei letztgenannter Anordnung. Natürlich war man sich über die Schädlichkeit des doppelten Überhanges von Stehkessel und Zylinder durchaus klar geworden. Da man aber keine grundsätzliche Änderung vornehmen wollte, so verfiel man auf die Verwendung von Außenrahmen zur Milderung jenes Überhanges. Die Zylinder brauchten nun nicht mehr aus dem Bereich der Räder nach vorn gerückt, und die Kuppelachse konnte dichter vor den Stehkessel geschoben werden, weil die Gleitbacken der Achslager kein Hindernis mehr bildeten. Derartige L wurden i. J. 1857 für die Pardubitz-

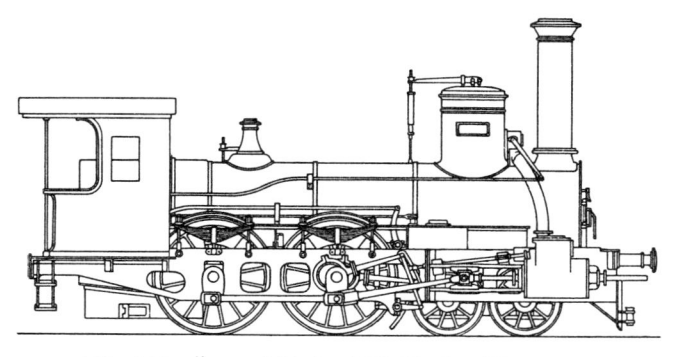

Abb. 140. Österreichische NW.-B 1873 Floridsdorf.
39; 117 1,7 10; 410 632 1580.
(Nach Zeichnungen der österr. NW.-B.)

Reichenberger B geliefert. Bei einem Triebraddurchmesser von 1610 mm sehen wir in ihnen die Entwicklung der Gattung zur P L vollzogen. Sie hatten schon Exzenterkurbeln, wie sie in Abb. 140 sichtbar sind. I. J. 1860 lieferte Keßler gleichartige L für die österreichische Südb. Für die so gewonnene neue Form gewann man in Österreich große Vorliebe, wie die 16 Jahre jüngere L der Abb. 140 beweist, die freilich die Lieferungen dieser Gattung auch so ziemlich abschließt. Die Zeit überhängender Stehkessel für schnellfahrende L neigte sich auch in Österreich ihrem Ende zu. Man ging an die Schaffung einer 2 B (St +), die durch Umarbeitung des Entwurfes der oben erwähnten Keßlerschen Südb-L vom Jahre 1860 entstand. Es wurde zunächst eine solche, namens „Rittinger" von „Wiener Neustadt" für die Südb geliefert und auf der Wiener Weltausstellung des Jahres 1873 ausgestellt[1]). Nach ihr erhielt die Gattung ihren Namen. Sie wurde auch in Laienkreisen durch Aufnahme einer Tafelzeichnung in das bekannte Meyersche Konversationslexikon bekannt und weist viele gemeinsame Züge mit der badischen L

---
[1]) Engg. 1873, II, S. 5 und 274.

der Abb. 145 auf. Eine zweite gleichartige L wurde von der Firma Sigl auf Vorrat hergestellt und dann von der Nordb angekauft. Die Einführung der Rittingerbauart bedeutete einen erheblichen Fortschritt im Bau der österreichischen S L, der freilich in den folgenden für Handel und Wandel schwierigen Jahren nicht voll zur Geltung gebracht werden konnte. Die Verbesserung durch Beseitigung des Stehkesselüberhanges ist bedeutend. Die Zylinder hängen, wie bei den Vorgängerinnen, ein wenig über, aber dem Drehgestell hat man einen längeren Radstand gegeben. Daß man sich noch immer nicht dazu verstand, die vordere Drehgestellachse vor den Zylinder zu legen, erklärt sich aus der fehlenden Seitenverschiebbarkeit. Auch war die Zapfenform noch immer die alte (Abb. 141), und die Gleichmäßigkeit der Lastverteilung nicht genügend gesichert. Drehgestelle mit seitlicher Verschiebbarkeit der Bauart Adams und der amerikanischen mit Wiege verbreiteten sich zwar

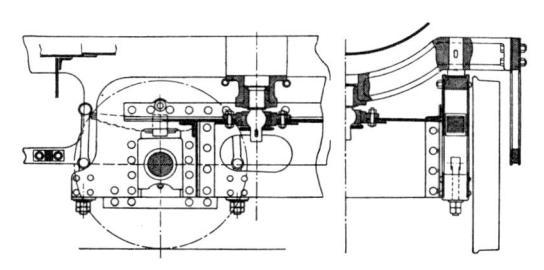

Abb. 141. ($^1/_{40}$) Drehgestell zur 2 B nach Abb. 140.

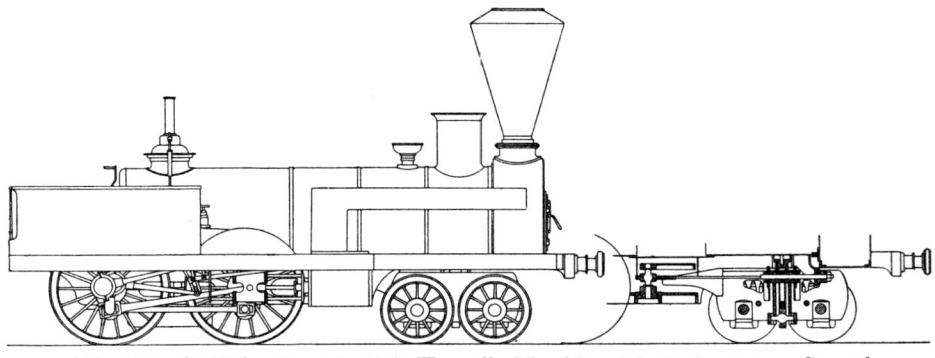

Abb. 142. Südliche Staatsb 1857 Haswell; Maschinenfabrik der österr. Staatsb. 31; 94 1,1 6,5; 395 580 1580.
(Nach Haswell „Lokomotivtypen der Maschinenfabrik in Wien 1840—1873".)

damals schon in England und Amerika (Abb. 150 und S. 149), aber die Kenntnis dieser ausländischen Formen war noch nicht Gemeingut, und die österreichischen Deichseldrehgestelle hatten sich nicht recht bewährt. Haswell hatte 2 B (1580) mit Deichseldrehgestell i. J. 1857 gebaut (Abb. 142)[1]. Die seitliche Verschiebbarkeit dieses Gestells erlaubte die Verlängerung des Radstandes, so daß Haswell die letzte Achse hinter den Stehkessel legen und zur Triebachse machen konnte. Diese

---

[1]) Fußnote auf S. 153.

Lage der Triebachse ermöglichte wiederum die Verlegung der Zylinder hinter das Drehgestell zur Beseitigung ihres Überhanges. Die Rückstellung des Drehgestells wird, wie die Nebenskizze zeigt, durch ein doppeltes, lotrechtes Hängependel bewirkt, welches die Last vom Hauptrahmen auf das Drehgestell überträgt. Es wirkt im Gegensatz zu den Keilflächen Bissels (Abb. 135) als Rückstellvorrichtung ohne Anfangsspannung. Der Lauf befriedigte daher, wie schon angedeutet, nicht recht. Die Anordnung ist später von Elbel und Kamper in verbesserter Form wieder aufgenommen. Die rückwärtige Lage der Zylinder in Abb. Abb. 142 finden wir übrigens schon i. J. 1855 bei einer 2 B T (Abb. 162). Sie war ferner in Amerika i. J. 1848 von Rogers und i. J. 1849 von Norris für die Erie Rd angewandt worden. Leider kennen wir nur die

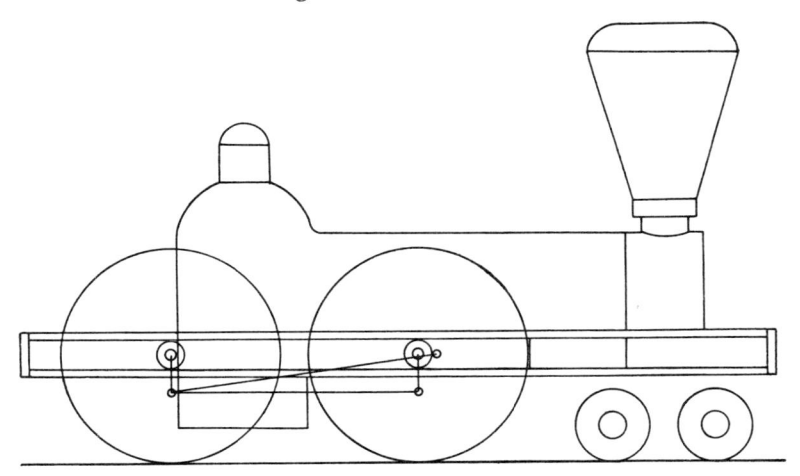

Abb. 143. Erie Rd 1849 Norris.
x; x x x; x x 2133.
(Nach R. gaz. 1909, II, S. 317.)

letztere in Umrißlinien (Abb. 143). Wir werden sehen, daß sie, freilich auf ganz anderem Wege, auch in England entstanden ist (Abb. 152); ähnlich in Frankreich.

In Österreich hielt man also bei vielen Verwaltungen am Drehgestell ohne Seitenspiel fest. Wollte man bei einem solchen, das schwer aus seiner rückwärtigen Lage vorzutreiben war, den Zylinderüberhang beseitigen, so blieb nichts übrig, als auf die Haswellsche Anordnung zurückzugreifen, also die Zylinder hinter das Drehgestell zu legen und die letzte Achse zur Triebachse zu machen (Abb. 144). Diese L brachte gleichzeitig eine wesentliche durch Elbel geschaffene Verbesserung. Der Drehgestellzapfen hat die Form einer Halbkugel, die in einer ebenso geformten inmitten des Hauptrahmens angebrachten Hohlform gelagert ist und von ihm die Last empfängt (Nebenskizze). Diese Lagerung sichert Aufnahme der Last durch das Drehgestell genau in dessen Mitte und erfüllt so eine Vorbedingung für deren weitere gleichmäßige Verteilung auf die vier Achslager. Sie müßte freilich noch durch eine Querbalancierverbindung der Federn einer Drehgestellachse ergänzt werden. Hiervon nimmt man meist Abstand. Solch Balancier würde an der hinteren Achse anzubringen sein und zur Folge haben, daß die Mehrbelastung des in der Gleiskrümmung außen laufenden Rades, die sich infolge des Seitendrucks am Drehzapfen einstellt, nur an der führenden Vorderachse, hier also mit doppeltem Betrage auftritt. Die Elbelsche Anordnung ist vielfach nachgeahmt worden (Nebenskizze Abb. 257); später legte man aber meist die Hohlkugelschale ins Drehgestell, so daß sie sich nun nach oben statt nach unten öffnet, und das Öl nicht so leicht abfließen kann[1]). Der kugelförmige Zapfen fand viel Nachahmung und wird heute gern mit Pendeln (Abb. 257), Dreieckstelzen oder Keilflächen[2]) zur Erzielung von Seitenspiel und Rückstellkraft vereinigt.

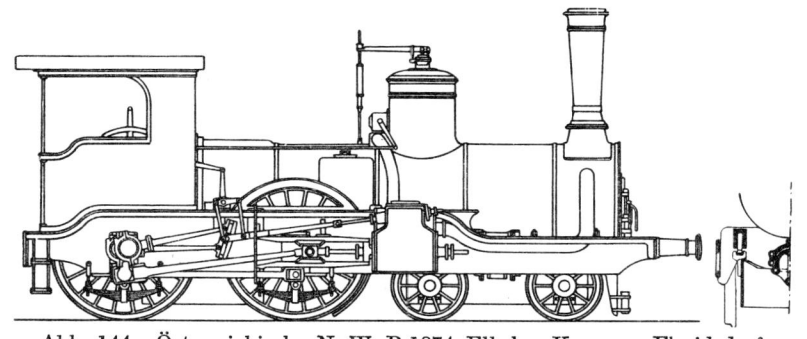

Abb. 144. Österreichische N.-W. B 1874 Elbel u. Kamper; Floridsdorf.
42; 100 1,8 10; 410 632 1900.
(Nach Zeitschrift des österreichischen Architekten- und Ingenieurvereins 1874, S. 181.)

Die Gesamtanordnung der Abb. 144 hat aber in Österreich keine weitere Verbreitung gefunden. Eben im Entstehungsjahr dieser L wurde nämlich eine neue echt österreichische Form von Elbel und Kamper für ein seitlich verschiebbares Drehgestell gefunden. Es war wieder ein Deichselgestell, und zwar eines mit schrägen Zugpendeln ähnlich den zu Abb. 249 beschriebenen[3]). Solche L führten von 1877 bis 1879 die Kronprinz Rudolf- und die Kaiser Franz Josefb ein[4]).

Bei der badischen Staatsb hatte das Drehgestell seit früher Zeit in großem Ansehen gestanden. Bekannt war es auch hier durch Norris geworden, der i. J. 1848 2 B (St —) geliefert hatte. In Baden wurde aber nicht die Norris-L, sondern die Crampton-L der Ausgangspunkt für die Entwicklung der S L. Sogar einige Crampton-L dieser Verwaltung hatten nun, im Gegensatz zur überwiegenden Mehrzahl der Crampton-L anderer Verwaltungen, Drehgestelle (Abb. 52). Als die

---

[1]) E. d. G. S. 425, Abb. 472.   [2]) E. d. G. S. 430, Abb. 477.
[3]) Tilp: Über Kampers und Elbels Eilzug-L. Organ 1874, S. 158.
[4]) Organ 1880, S. 45.

Lokomotiven mit zwei gekuppelten Achsen: 2 B. 159

badische Staatsb also zur gekuppelten S L überging, da mußte sie mit den ihr vertrauten Grundlagen, dem Drehgestell und dem langen Radstand der Crampton-L, auf die 2 B (St +) verfallen, wie man in Österreich, von der Norris-L ausgehend, auf die 2 B (St —) verfiel. Auch der Außenrahmen war in Baden beliebt und bei den Crampton-L angewandt worden. Ihn für die 2 B beizubehalten, lag um so näher, als er die oben zur Abb. 140 auseinandergesetzten Möglichkeiten zur Verminderung des Zylinderüberhanges gewährte. Auf Grund solcher Überlegungen entstand ein Bild, das dem der „Rittinger" nicht unähnlich (Abb. 145), aber auch seinerseits eigentlich nicht mehr neu war. Maffei und Escher, Wyß & Co. hatten von 1855 bis 1862 mehrere L der geschilderten Gesamtanordnung mit einem Triebraddurchmesser von 1524 und 1829 mm für die schweizerische Nordostb geliefert. Von der in Abb. 145

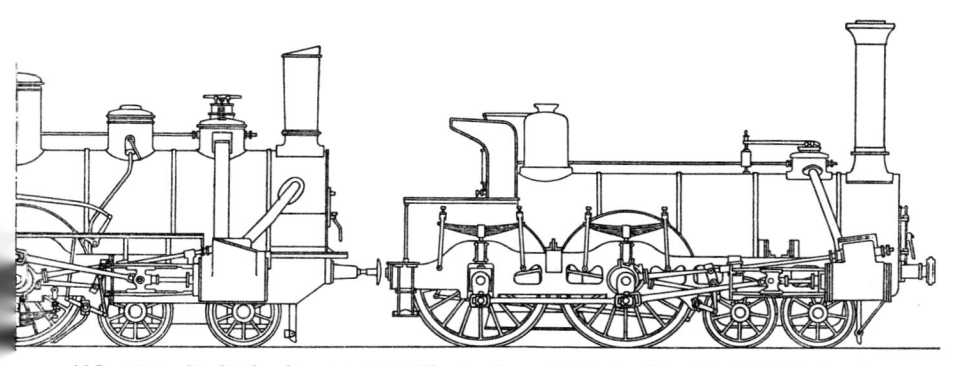

Abb. 145. Badische Staatsb 1888 Karlsruhe. Badische Staatsb 1861 Karlsruhe.
45; 119 1,7 10; 435 610 1860. 29; 87 1,0 7; 405 558 1830.
(Nach „Die neuesten Fahrzeuge der badischen Staatsb" Karlsruhe und nach Organ 1891, S. 197.)

dargestellten Art wurden von der badischen Staatsb neunzig L von 1861 bis 1875 unter allmählicher Steigerung ihrer Abmessungen beschafft. In der Ausbildung der Einzelheiten verrät sich ein gewisser französischer Einfluß. Das rührt von der damaligen nahen Nachbarschaft der französischen Ostb her. Er zeigt sich in dem Reglergehäuse mit wagerechter Schubstange über dem Kessel, in den außenliegenden Dampfeinströmungsrohren, der Form der Schornsteinhaube, des Kreuzkopfes usw. Später wurde der Dom höher, das Führerhaus breiter und besser ausgebildet. Auch erhielt der Stehkessel später die Belpairesche Form, infolge wovon der Dom auf den Langkessel geschoben werden mußte. Die Abmessungen sind selbst bei den zuletzt, i. J. 1875, beschafften recht bescheiden. Das Gesamtgewicht betrug nur 32 t, und das Reibungsgewicht 17 t. Gleich alte und ältere deutsche 1 B waren ihr daher überlegen, wie ein Vergleich z. B. mit Abb. 95 ergibt. Dieser Mangel wurde zuerst auf der Schwarzwaldstrecke Offenburg—Singen mit einer 35 km langen Steigung von 20 $^0/_{00}$ offenbar. Man beschaffte für diese Strecke von 1876 bis 1888 eine 1 B (1680) (St +) wahrscheinlich, um in

Anbetracht der starken Steigungen am toten Gewicht zu sparen. Für den übrigen S-Zugverkehr genügte diese 1 B aber auch nicht; sie war ja auch mit ihren verhältnismäßig großen Zylindern von 435 mm Durchmesser und 610 mm Hub und dem kleinen Triebraddurchmesser für starke Steigungen entworfen. Da man sich so wie so in Baden niemals mit der 1 B befreundet hatte, so kehrte man i. J. 1888 zur bewährten 2 B zurück, die man entsprechend verstärkte, aber, wie die Nebenskizze zur Abb. 145 zeigt, auch verbesserte. Der Überhang der Zylinder ist noch weiter vermindert und der Radstand des Drehgestells vergrößert. Dieses nimmt jetzt nämlich die Last mit Halbkugelzapfen und Schale nach Elbel auf, so daß für gleichmäßige Gewichtsverteilung gesorgt ist. Sie besitzt vermöge eines großen Dampfdomes und eines hoch überbauten Belpaireschen Stehkessels einen außergewöhnlich großen Dampfraum. Im übrigen war aber der Schritt nach vorwärts nicht groß genug. In einem Entwurf des Jahres 1889 vergrößerte man daher die Zylinder von 435 mm auf 457 mm Durchmesser. Man vergrößerte auch die Heizfläche — aber nur auf dem Papier, indem man die Siederohre von 4400 mm auf 4500 mm verlängerte. Eine wesentliche Steigerung der Leistungsfähigkeit konnte auf diese Weise nicht erzielt werden. Einen Fortschritt aber bedeutete die Verlängerung des Drehgestellradstandes von 1440 mm auf 2000 mm. Der Überhang der Zylinder war außerdem noch weiter vermindert worden. Man hatte sich aber noch immer nicht entschlossen, dem Drehgestell seitliche Verschiebbarkeit zu geben und mußte es darum in seiner weit zurückliegenden Stellung belassen. Diese hat freilich auch den Vorteil, seine Tragfähigkeit mit dem vollen zulässigen Schienendruck ausnutzen zu können. Der Entwurf trug, wie gesagt, den ständig steigenden Ansprüchen nicht genügend Rechnung; man ließ ihn darum bald vollständig fallen und ging schon i. J. 1892 zur 2 B mit Innenzylindern in englischer Ausführungsform über. Die badische Verwaltung ist auf diese Weise von den deutschen die einzige, bei der die 2 B eine zeitlich zusammenhängende Entwicklung durchlaufen hat.

Die württembergische Staatsb hatte zwar schon von 1847 bis 1856 2 B für G- und P-Züge mit 1300 bzw. 1400 mm Triebraddurchmesser und hinter den Zylindern liegenden Drehgestellen von 930 bzw. 1020 mm Radstand beschafft. Zwar führte eben diese Verwaltung und die sächsische Staatsb i. J. 1869 eine weitere 2 B ein (Tafel III, 1), aber sie ließen die 2 B zugunsten der 1 B wieder fallen. Die württembergische baute ihre 2 B sogar wieder in 1 B um. Von den 2 B der Eifel- und Saarb wird noch gesprochen werden.

In allen deutschen Staaten, ausgenommen Baden, trat nach den eben erwähnten vereinzelten Frühbeschaffungen eine große Pause im Bezuge der 2 B ein. Überall herrschte die 1 B. In Bayern, Sachsen, Preußen machte man angesichts der immer steigenden Anforderungen einen letzten Versuch, diesen mit der 1 B gerecht zu werden, indem man sie mit Verbundwirkung ausrüstete und die schweren Zylinder hinter die Laufachsen legte (Abb. 117). Dann aber erschien die 2 B fast gleichzeitig von neuem auf der preußischen, bayrischen und sächsischen

Tafel III.

1. Sächsische Staatsb 1870 Keßler.
38; 94 1,3 8,5; 406 559 1875.

2. Werra-Eisenb 1858 bis 1863 Borsig.
39; 110 1,22 7,0; 470 628 1330.

3. Hessische Ludwigsb 1869 Keßler.
44; 157 1,8 8; 500 600 1080.

Staatsb sowie der Reichseisenb in den Jahren 1890, 1891, 1891, 1892[1]). Die oldenburgische Staatsb mit ihren einfacheren Betriebsverhältnissen folgte erst i. J. 1896. Das Erscheinen der 2 B fiel mit der rasch zunehmenden Aufnahme der Verbundwirkung zusammen und unterstützte diese, denn das Mehrgewicht der Zylinder, besonders der schweren Niederdruckzylinder konnte nun bequem und ohne Überhang vom Drehgestell aufgenommen werden. Bei den genannten Lokomotiven der verschiedenen Bundesstaaten überwiegen daher die Ausführungen mit Verbundwirkung. Bei der württembergischen Staatsb. hatte man es zunächst mit der 1 B 1 versucht (Abb. 193), ging aber i. J. 1898 auch zur 2 B über. Die 1 B 1 benutzten auch die Main-Neckarb, die pfälzische B (Abb. 192) und in fast gleicher Ausführung die hessische Ludwigsbahn.

Wo man sich also in den obengenannten Bundesstaaten für die 2 B entschied, da war es ein plötzlicher Übergang von der 1 B zur 2 B. Wir haben es demnach mit neuen Entwürfen zu tun, die nach eingehender Prüfung des im Ausland Bewährten aufgestellt wurden, nicht um Fortentwickelungen. Freilich blieben diese neuen Formen nicht ohne wichtige Zutaten aus eigenem Besitz. Die Drehgestelle sind sämtlich nach neuzeitlichen Gesichtspunkten durchgebildet und haben seitliche Verschiebbarkeit. Bei der preußischen Staatsb arbeitete v. Borries im Verein mit der Hanomag unermüdlich an der weiteren Ausgestaltung der Verbund-L, die zunächst als 1 B v und C v, seit 1891 aber auch als 2 B v gebaut wurde. Diese lief einer 2 B vom Jahre 1890, der von Lochner herrührenden sogenannten Erfurter Bauart, den Rang ab. Beide wurden als S L und als P L mit 1980 mm und mit 1750 mm Triebraddurchmesser gebaut. Während v. Borries die seinige nur als Verbund-L baute, hatte Lochner zunächst eine Nebeneinanderbeschaffung von Zwillings- und Verbund-L in kleiner Stückzahl vorgenommen. Er blieb dann bei der Zwillingsausführung[2]). Die v. Borriessche Form, erst mit 450 mm, dann mit 460 mm Zylinderdurchmesser zählt zu den bewährtesten und entsprechend stark verbreiteten Gattungen der preußischen Staatsb. Die v. Borriessche Anfahrvorrichtung ersetzte man aber später meist durch den Dultzschen Wechselschieber der Uniongießerei zu Königsberg. Abb. 146 stellt die letzte verstärkte Form dar. v. Borries hatte noch auf andere Weise eine Steigerung ihrer Leistungsfähigkeit und eine Verbesserung ihrer Eigenschaften als S L versucht. Er baute sie nämlich seit 1900 als 2 B v (4 Zyl.) in eigenartiger, von denen des Auslandes abweichender Anordnung (Abb. 147). Die vier Zylinder liegen nebeneinander unter und seitlich der Rauchkammer, die Niederdruckzylinder außen. Sie arbeiten auf die gleiche Achse. Es ist nur ein Exzenter und eine Kulisse für jedes Zylinderpaar vorhanden, aber zwei Voreilhebel, denn nur auf diese Weise ließen sich genügend große Füllungsunterschiede zwischen Hoch- und Niederdruckzylindern er-

---

[1]) Die Neuerscheinungen im L-Bau während dieser Zeit allgemeinen Vorwärtsdrängens kommen für das Gebiet des Vereins deutscher Eisenbahn-Verwaltungen zu trefflicher Darstellung im Organ, Ergänzungsband X, 1893.

[2]) Nolte: 30 Jahre Verbund-L bei der preußischen Staatsbahn. Lokomotive 1910, S. 73.

reichen. Der vordere Teil des Rahmens ist als Barrenrahmen ausgeführt, um das innen liegende Gestänge leicht zugänglich zu machen. Seit 1900 löst bei den 2 B der preußischen Staatsb — dank den Arbeiten von

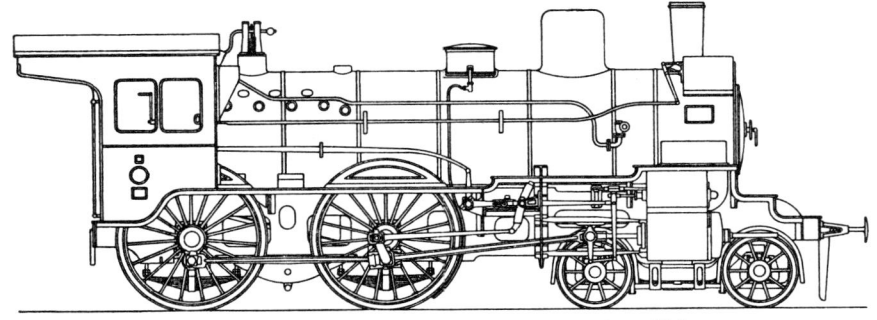

Abb. 146. Preußische Staatsb 1903 v. Borries; Vulcan.
53; 142 2,3 12; $\dfrac{475}{700}$ 600 1980.
(Nach Musterblättern der preußischen Staatsb.)

Garbe und Schmidt — der Heißdampf die Verbundwirkung ab. Die seit 1906 beschaffte 2 B h ist wohl die schwerste 2 B des festländischen Europa. Ihre Abmessungen in den jüngsten Ausführungen sind 60; 137 + 40 2,3 12; 550 630 2100.

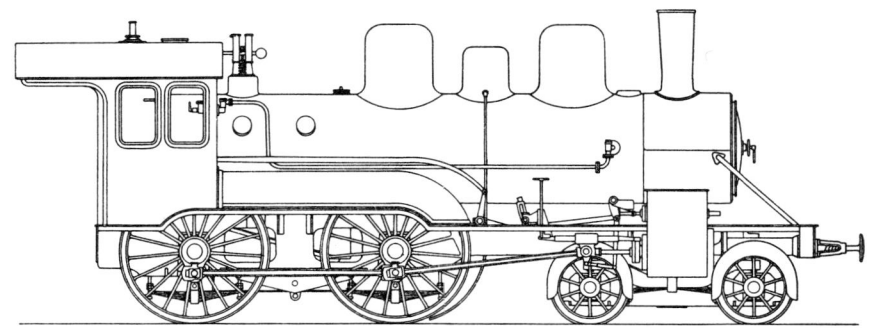

Abb. 147. Preußische Staatsb 1900 v. Borries; Hanomag.
51; 119 2,27 14; $\dfrac{2 \cdot 330}{2 \cdot 520}$ 600 1980.
(Nach Musterblättern der preußischen Staatsb.)

In Österreich war es zu einer Unterbrechung in der Entwicklung der 2 B nicht gekommen[1]). Gleichwohl schuf Gölsdorf mit seiner 2 B v etwas ganz Neues (Abb. 148). Das weit zurückliegende Drehgestell ist beibehalten, aber in einer Form, die jede Gewähr für Gangsicherheit

---

[1]) Zur Entwicklung der neuzeitlichen österreichischen S L s. Lokomotive 1904, S. 53, S L der österrreichischen Staatsb.; S. 79, Sanzin: Die P L der österreichischen Südb.; ebenda 1908, S. 161. Baecker: Die österreichischen Dampflokomotiven. Glasers Annalen 1922, II, S. 171.

bietet. Sein Radstand ist mit 2700 mm nämlich größer bemessen, als irgend sonst in der Welt üblich. Es konnte nun auf seitliche Verschiebbarkeit wegen der weit rückwärtigen Lage des Drehzapfens ganz bewußterweise verzichtet werden. Vor allen Dingen aber gestattete die weit zurückgeschobene Stellung des Drehgestells eine Ausnutzung seiner Tragfähigkeit fast bis zum höchstzulässigen Schienendruck. Diese Rücksicht ist mit Recht in den Vordergrund geschoben worden, denn der zulässige Achsdruck betrug damals in Österreich nur 14,5 t. Ebenso war äußerste Gewichtsersparnis beim Entwurf jedes Bauteils strenges Erfordernis. Diese Beschränkung bringt einen merkwürdigen Gegensatz in der Erscheinung gleichaltriger österreichischer und den L anderer Länder, die weniger unter einengenden Bestimmungen zu leiden haben, zuwege (Abb. 137). Gölsdorfs 2 B v besaß die nach ihm be-

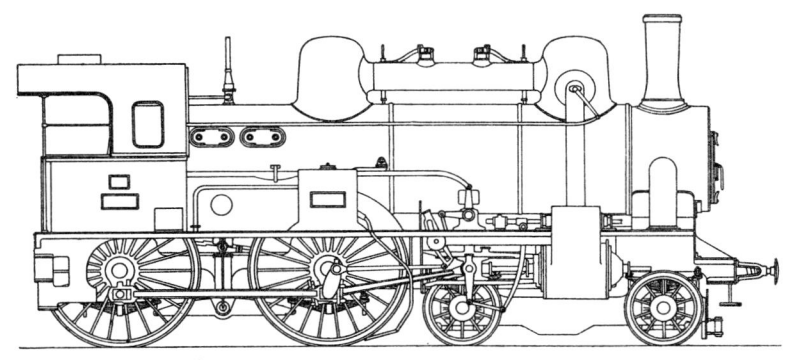

Abb. 148. Österreichische Staatsb 1894 Goelsdorf; Floridsdorf 57; 141 2,9 13; $\frac{500}{740}$ 680 2120.
(Nach Lokomotive 1904, S. 53.)

nannte einfache Anfahrvorrichtung. Die alte österreichische Eigenart, der Außenrahmen und die Exzenterkurbel, sind verschwunden und haben dem einfachen Innenrahmen Platz gemacht. Mit einer Nutzlast von 210 t erreichte sie auf langen Steigungen von 2 bis 3 $^0/_{00}$ und von 10 $^0/_{00}$ Geschwindigkeiten von 100 bis 105 km bzw. 58 km. Bei Probefahrten wurden wiederholt Geschwindigkeiten von 125 bis 130 km erreicht. Sie ist mehrfach nachbeschafft worden, seit 1908 als 2 B h v mit 15 Atm. Kesselspannung.

Bei neueren österreichischen L ist man über die bis hierher geschilderte Entwicklungsstufe des Drehgestells noch etwas hinausgegangen, indem man einer oder beiden Achsen im Gestell seitliches Spiel gab. Dieses beträgt z. B. in Abb. 277 2×16 mm für die Vorderachse des hinten laufenden Deichselgestells.

Nach England sind zwar auch Norris-L gelangt, aber doch in weit geringerer Zahl, als nach Deutschland und Österreich. Eine Beeinflussung des englischen Lokomotivbaues durch diese wenigen Norris-L ist überhaupt nicht nachweisbar. Es fallen daher in England jene altertümlichen 2 B mit schräg an der Rauchkammer liegenden Zylindern aus. Ebenso fallen aus die 2 B mit ganz oder teilweise überhängenden Zylindern. Die L mit Drehgestell erschien spät in England. In ihrer Ausbildung beschritt man dort eigene Wege, die im großen und ganzen zu den gleichen Zielen, wie sonstwo in der Welt führten. Die ältesten 2 B Englands sind T L, nämlich 2 B T (1829) (St +) der Great Western Ry vom Jahre 1849. Schon bei diesen ältesten englischen L mit Drehgestell, ebenso wie bei den 13 Jahre jüngeren der Abb. 153 finden wir eine kuglige Ausbildung des Drehzapfens (vgl. Abb. 141 und ähnlich 165 für ein Deichselgestell). Diese Einrichtung hat einige Ähnlichkeit mit der von Elbel in Österreich geschaffenen Einrichtung (Abb. 144). Jedoch hat die Kugel einen kleineren Durchmesser und die Kugelschale ist oben und unten offen, so daß keine gute Schmierung möglich ist. Nun sind aber außerdem seitliche Balancierfedern vorgesehen. Der als Drehpunkt wirkende Bolzen, mit dem der Federbund an den Rahmen angeschlossen ist, ist in Abb. 153 zu erkennen. Diese Vereinigung von Kugelzapfen und Balancierfeder ist offenbar labil. Der Drehgestellrahmen wird sich infolge geringer Störungen so weit nach vorn oder hinten neigen, bis die Lagerkästen einen Anschlag bilden. Es liegt also ein ähnlicher Fehler vor, wie wir ihn auch bei Besprechung von Keßlers Alb L antreffen werden (Abb. 206). Vielleicht ist jene Überbeweglichkeit durch die starke Reibung an dem schlecht geölten und unter hohem Flächendruck stehenden Kugelzapfen verschleiert worden. Kinematisch zulässig wäre jedenfalls statt des Kugelzapfens nur ein zylindrischer mit wagerechter, in Gleisrichtung liegender Achse gewesen. Der Gedanke einer solchen Anordnung ist meines Wissens nie verwirklicht worden. Adams nahm statt des Kugelzapfens einen Gummiring (Abb. 150). Dieser wirkt wie ein Kugelzapfen mit federnd begrenztem Ausschlag, beseitigt also die Überbeweglichkeit und gibt ausgezeichnet gleichmäßige Lastverteilung. Der Radstand des Drehgestells war bei der L der Great Western Ry nur 1524, bei der der Abb. 153 schon 1854 mm. — Auf die T L der Great Western Ry folgten abermals T L (Abb. 149). Die 2 B T der London North Ry war eine recht langlebige Gattung, die unter fleißiger Weiterbildung des Entwurfs noch das neue Jahrhundert erlebt hat (Abb. 151)[1]). Ihre Geschichte umschließt den be-

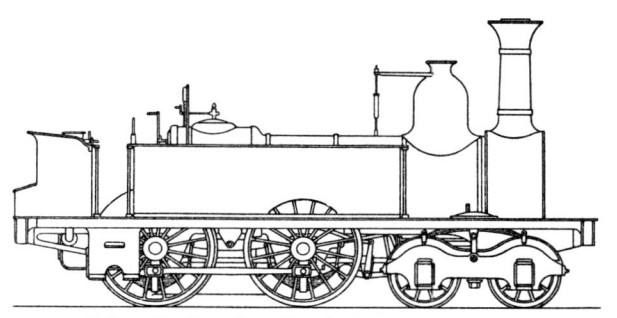

Abb. 149. London North Ry 1855 Stephenson.
x; 68 1,0 x; 381 559 1600; 2,7 0,7.
(Nach Clark u. Colburn, S. 80.)

---

[1]) Zur Geschichte dieser Gattung s. Eng. 1866, I, S. 24 und 163; 1868, II, S. 480; Engg. 1868, II, S. 211 und 1891, I, S. 37; Loc. Mag. 1903, S. 448 und 1908, S. 183.

deutsamsten Abschnitt des Werdeganges der englischen Drehgestelle bis zu bewährten Formen. Die London North Ry dient einem wichtigen Vorortsverkehr Londons. Für diesen Zweck also lieferte Stephenson i. J. 1855 fünf P T L nach Abb. 149. Das Drehgestell entspricht mit seiner rückwärtigen Lage und dem kurzen Radstand den Anschauungen der Zeit. Bei den späteren Ausführungen der Jahre 1863 und 1865 bis 1869 erscheint die Drehgestellmitte in die Schornsteinachse vorgeschoben. Diese Verbesserung war durch Adams ermöglicht worden, unter dessen Händen die L eine durchgreifende Umgestaltung erfuhr. Um das Drehgestell nach vorn schieben zu können und zur Erleichterung seiner Einstellung gab Adams ihm Seitenspiel, indem er den Zapfen in ein querverschiebliches Gleitstück steckte, wie es auch heute noch bei preußischen L ausgeführt wird (Abb. 150). Aber Adams stützte zunächst das Gleitstück noch nicht durch Federn ab. Das Drehgestell beteiligte sich also nicht beim Hineindrehen der L in eine neue Richtung, wenn sie in eine

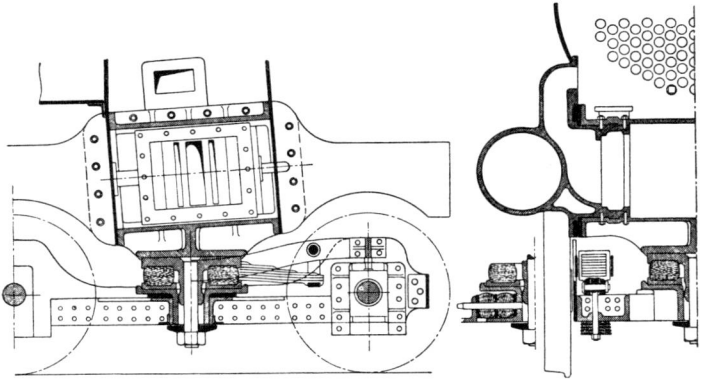

Abb. 150. Drehgestell Bauart Adams 1868 für 2 B T der London North Ry. ($^1/_{40}$) (Nach Engg. 1868, II, S. 211; Nebenskizze nach Z. Colburn, T. 38.)

Krümmung einlief. Dies wurde der Triebachse überlassen, die dieser Aufgabe den Massenkräften gegenüber nur mit wesentlich größerem Spurkranzdruck gerecht werden konnte und überdies mit ihrem hohen Durchmesser der Gefahr des Aufsteigens und Entgleisens ausgesetzt wurde. Natürlich konnte ein solch frei schwingender Drehzapfen auch keine Schlingerbewegungen des Hauptrahmens abfangen. Adams hatte diesen Teil seiner Aufgabe nur geometrisch gelöst. Die Lastübertragung erfolgt in der Mitte durch einen ringförmigen ebenen Spurzapfen unter Zwischenschaltung eines Gummiringes und weiterhin durch seitliche Balancierfedern. Die günstigen Eigenschaften dieser Zusammenstellung sind schon oben in Gegenüberstellung zu den Kugelzapfen alter Ausführungsform gewürdigt worden. Der ringförmige ebene Spurzapfen fand allgemeine Verbreitung in England, der Gummiring häufige Nachahmung. Auch die Veröffentlichung eines neuen Entwurfes aus dem Jahre 1868 zeigt noch Seitenspiel ohne Abfederung (Abb. 150). Unmittelbar darauf hat aber Adams deren Notwendigkeit erkannt und sie durch Gummipuffer bewirkt (Nebenskizze zu Abb. 150). Der große Fortschritt, der hiermit erreicht worden war, ist damals leider von den Lokomotivbauern nicht genügend gewürdigt worden, wie wir an den gleichaltrigen deutschen und österreichischen Gestellen sahen. Die Bewährung des Entwurfes wird am besten durch seine Langlebigkeit bewiesen. Die etwa 30 Jahre jüngere L der Abb. 151 zeigt im wesentlichen noch immer das Bild der Abb. 149. Jener Entwurf vom Jahre 1868 brachte auch sonst viel Neues. Adams entschloß sich nämlich zur Anwendung des für jene Zeiten ungewöhnlich hohen Dampfdruckes von 160 Pfund = 11,2 Atm. Diesen meinte er aber den Schiebern nicht ohne weiteres zumuten zu dürfen und sah daher für sie eine Entlastungsvorrichtung vor, die denen unserer Zeit im wesentlichen ähnlich war. Nun entstand aber eine neue Verlegenheit. Diese Entlastungsvorrichtung ließ sich bei der üblichen englischen Anordnung der Innenzylinder

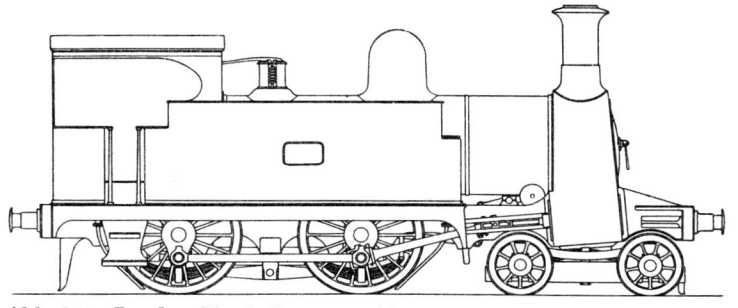

Abb. 151. London North Ry 1890 Adams-Park; Bahnwerkst. London.
47; 82 1,6 12,7; 432 610 1651; 3,9 1,3.
(Nach Engg. 1891, I, S. 37.)

mit zwischen diesen liegendem gemeinschaftlichem Schieberkasten nicht einbauen. Adams wählte also Außenzylinder. Diese sind für den Engländer an und für sich schon etwas Ungewohntes. Da nun der hohe Dampfdruck hinzukam, so hielt Adams besondere Maßnahmen zum Abfangen der großen Kräfte für geboten. Ein Außenzylinder ist ja einseitig am Rahmen befestigt, so daß der auf den Zylinderdeckel wirkende Dampfdruck Momente bilden kann, während ein Innenzylinder wegen seiner Lage zwischen Rahmen und Nachbarzylinder ein zentrisches Abfangen jener Kräfte erlaubt. Die Berücksichtigung dieses Umstandes durch englische Lokomotivbauer ist uns nicht neu. Sie führte ja in Abb. 22 zur Verwendung von Außenrahmen neben den Innenrahmen, die meist auch zur Lagerung dieser oder jener Achsen benutzt wurden, zuweilen aber auch keine Lager enthielten. (Abb. 152, 153). Adams wählte, wie Abb. 150 zeigt, ein einfacheres Mittel. Er versteifte die Rahmen dort, wo die Zylinderflanschen anlagen, gegeneinander durch kräftige gußeiserne Platten. Die Schieberkästen griffen in Nuten dieser Platten ein.

Gleichzeitig mit seiner oben erwähnten Urform der 2 B T vom Jahre 1855 beschaffte Gooch 2 B S L für die breitspurige Great Western

Ry[1]). Sie befriedigten nicht, und Nachbeschaffungen unterblieben. Noch weniger Glück hatte Crampton mit einer Bauart, die man sich aus seiner berühmten 2 A entstanden denken kann, wie ein Vergleich der Abb. 152 und 51 ergibt. Als Triebachse diente also die letzte Achse. Die Anwendung des Drehgestelles widersprach eigentlich seinen und den damals in England geltenden Grundsätzen, aber die London-Chatam & Dover Ry, die soeben fertiggestellt war, wies etwas schärfere Krümmungen auf, als bis dahin auf durchgehenden S-Zugstrecken üblich gewesen war. Da griff man denn — wie wir es mehrfach beobachteten — lediglich als Notbehelf zum Drehgestell[2]). Die L diente als S- und P L, aber mit wenig Erfolg. Sie griff, so behauptet man, den Oberbau stark an. Zwei oder drei ernste Unfälle glaubte man darauf zurückführen zu müssen, daß zuvor ein von solcher L geführter Zug die Strecke befahren und Verwerfungen des Gleises herbeigeführt habe. Schon i. J. 1864

Abb. 152. London-Chatam & Dover Ry 1861 Crampton; Canada works u. a. x; 102 x x; 406 559 1676.
(Nach R. gaz. 1900, S. 151.)

nahm man daher einen vollständigen Umbau vor, aus dem sie in der echt englischen Form der 1 B mit Innenzylindern hervorgingen. Die Entwicklung der 2 B aus der 2 A Crampton, die wir bei der französischen Ostb über Jahrzehnte werden verfolgen können, kam in England also nicht über den Ansatz hinaus.

Die Drehgestelle machten zu jener Zeit aber doch schon so viel von sich reden, daß die großen englischen Firmen nicht an ihnen vorüber konnten, wenn sie für Strecken mit stärkeren Krümmungen zu liefern hatten. Stephenson machte mit solcher 2 B (1829) P L für die Stockton & Darlington Ry den Anfang. Es waren die ersten Vertreterinnen der amerikanischen Form in Europa. I. J. 1862 ließ er solche mit größerem Triebraddurchmesser folgen (Abb. 153). Sie muten wie eine moderne S L an; es ist sonderbar, daß sie nicht in stärkerem Maße bahnbrechend für die Bauart 2 B gewirkt haben. Für gleichmäßige Lastverteilung war, wie schon eingangs bemerkt, durch einen kugligen

---

[1]) Fußnote S. 134; besonders 1902, S. 124.
[2]) The Locomotives history of the London and Chatam Dover Ry Loc. Mag. 1901, S. 103, und besonders 1902, S. 41.

168   Lokomotiven mit zwei gekuppelten Achsen: 2 B.

Zapfen und die seitliche Balancierfeder in nicht ganz einwandfreier Form gesorgt. Die Kuppelachse liegt hinter dem Stehkessel. Um für diese eine genügende Belastung zu erzielen, ist unter dem Führerstand ein Hilfswasserbehälter vorgesehen. Das Wasser in diesem, wie im Tender kann durch eine besondere Leitung vorgewärmt werden. Die Bauart muß sich bewährt haben, denn der Maschinendirektor Bouch nahm sie i. J. 1871 wieder auf und baute bis 1874 zehn bedeutend verstärkte L. Es wurde schon erwähnt, daß sie im übrigen vorerst keinen großen Anklang fand, und wo man sie beschaffte, da verwendete man sie trotz hoher Triebraddurchmesser meist als Gem L oder gar als G L. Ähnliches hatten wir bei englischen 1 B jener Zeit zufolge der Eigenart des englischen G-Zugbetriebes beobachtet. Ganz besonders bemerkenswert sind in dieser Hinsicht die 2 B (1853) der Great Eastern Ry vom Jahre 1876/77, die, für P-Zugdienst beschafft, trotzdem nachher

Abb. 153. Stockton & Darlington Ry 1862 Stephenson.
x; 90 1,2 x; 406 610 2146.
(Nach Z. Colburn, S. 267.)

vor G-Zügen Verwendung fanden. Viele jener alten englischen 2 B haben Außenzylinder. Das ist eine für England auffällige Erscheinung, die sich aus räumlichen Schwierigkeiten bei der Vereinigung von Innenzylindern mit einem Drehgestell ergibt, denen man sich damals wohl noch nicht immer gewachsen fühlte. Die Vorliebe des Engländers für Innenzylinder kam aber bald zum Durchbruch (Abb. 154). Fletchers L ist noch ganz Drehgestell-L im alten Sinne — d. h. ein ungern gemachtes Zugeständnis an besondere Streckenverhältnisse. Die Whitby Ry war nämlich mit ihren zahlreichen Krümmungen und starken Steigungen zu jener Zeit eine der schwierigsten Strecken des Landes. Da man Seitenverschieblichkeit des Drehgestells noch nicht in einwandfreier Weise auszuführen verstand und in der Berücksichtigung der Krümmungsbeweglichkeit sehr vorsichtig war, so sehen wir wieder ein Drehgestell mit ängstlich kleinem Gesamtradstand vor uns[1]). — I. J. 1871 tauchte auf der North British Ry die 2 B mit Innenzylindern endlich in einer Form auf, die sie bis heute in Großbritannien im wesent-

---

[1]) Lokomotive 1917, S. 111 zeigt eine ähnliche L der gleichen B.

Lokomotiven mit zwei gekuppelten Achsen: 2 B. 169

lichen beibehalten hat. Das Drehgestell hat einen reichlich bemessenen Radstand; seine Mitte fällt mit der Schornsteinachse zusammen. Auch sie ist aber nur wegen des Krümmungsreichtums der Strecke gewählt worden. Das gleiche gilt für die 2 B der Abb. 155. Die ungünstigen Streckenverhältnisse der Glasgow & South Western Ry lernten wir schon bei Abb. 89 kennen. Wir sahen dort, daß diese früh zur Einführung gekuppelter SL geführt hatten; sie führten auch die Verwandlung der 1 B in 2 B herbei. Dabei wurden, wie ein Vergleich der Abbildungen lehrt, viele

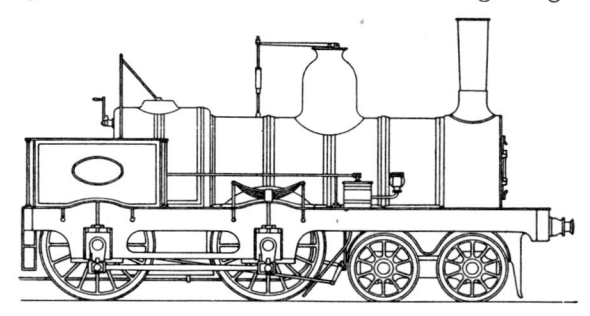

Abb. 154. North Eastern Ry 1864 Fletcher Stephenson.
x; x x x; 406 610 1524.
(Nach Maclean: The Locomotives of the North Eastern Ry S. 35. Newcastle 1905.)

Einzelheiten beibehalten. Das Drehgestell steht zwar am richtigen Platz, aber es sind weder Gummiringe, noch Balancierfedern, noch sonst irgendwelche Mittel zur gleichmäßigen Lastverteilung angewandt. Daher wagte man wohl auch den Radstand nur zu 1473 mm zu bemessen. Alles in allem ist das ein merkwürdiger Rückschritt

Abb. 155. Glasgow & South Western Ry 1873 Stirling.
40; 102 1,5 x; 457 660 2159.
(Nach Engg. 1875, II, S. 201.)

gegenüber dem Gestell von Adams. Vielleicht glaubte man wegen der Vorzüglichkeit des Oberbaues auf jegliche Verwicklung der Bauart verzichten zu dürfen.

Die Spielart mit Außenzylindern zeigt Abb. 156. Es ist ebenfalls eine schottische B, nämlich die Highland Ry, die schon so früh zu dieser Bauart gegriffen hat, und wieder sind es die Streckenverhältnisse, Steigungen bis zu 14 $^0/_{00}$, Krümmungshalbmesser bis auf 300 m herab, die den Anlaß boten. Die L ist für schwere P-Züge bestimmt.

Das Drehgestell mit einem Radstand von 1829 mm ist nach Adams ausgeführt, besitzt also seitliche Verschiebbarkeit. Die L erinnert hinsichtlich des Drehgestells an die ebenfalls von Adams herrührende 2 B T nach Abb. 151, hinsichtlich des Doppelrahmens und der Zylinderbefestigung an die 1 A 1 der Caledonian Ry nach Abb. 22; ebenso an die 1 B der Abb. 84. Auch an die 1 A 1 nach Abb. 25 sind Anklänge vorhanden. Ein eigenartiges Merkmal dieser und fast aller späterer englischer B ist die kurze Rauchkammer. Eine lange Rauchkammer ist nämlich bei der Eigenheit der englischen Kohle zur Verminderung des Funkenauswurfs nicht so unbedingt notwendig, wie in anderen Ländern; sie erhöht aber wegen ihres großen, am Vorderende wirkenden Gewichtes die Schwierigkeiten einer genügenden Belastung der Kuppelachse. Der Ausweg, diese Achse unter das hintere entsprechend hoch gezogene Stehkesselende zu legen, ist in England nicht gut gangbar, und zwar

Abb. 156. Highland Ry (1875) Dubs, Glasgow.
42; 104 1,5 9,9; 457 610 1918.
(Nach Engg. 1875, II, S. 71.)

abermals wegen der gasreichen englischen Kohle, die tiefe Feuerkisten verlangt.

Die weitere Einbürgerung der 2 B ging in England ziemlich langsam vor sich: London & South Western Ry 1876; Great Eastern Ry 1877 für P-Züge; Great Northern Ry erst 1896 ausdrücklich für P-, nicht für S-Züge bestimmt. Die Langsamkeit dieser Entwicklung erklärt sich aus der damals herrschenden Abneigung der Engländer gegen gekuppelte L für hohe Geschwindigkeiten und dem schweren englischen Oberbau, der hohe Zugkräfte mit einer Achse auszuüben erlaubte. Heute aber haben 2 B S L und 2 B P L eine gewaltige Verbreitung in England. Abb. 157 zeigt eine solche der Neuzeit angehörige L, die freilich durch die verhältnismäßig lange Rauchkammer etwas von der üblichen englischen Ausführungsform abweicht. — Bis zur höchsten Leistungsfähigkeit ist die Gattung 2 B von der Great Western Ry getrieben worden. Dieses Streben hat in manchen Punkten zur Aufgabe englischer Eigenart geführt (Abb. 158). Die genannte B hatte i. J. 1895 an Stelle der bisher benutzten Gattung 1 B eine 2 B (1716) und eine 2 B (2034) eingeführt, die sich nur durch die Triebraddurchmesser unterschieden. Die ersteren waren für die schwierigeren Teile der Strecke mit Steigungen

Lokomotiven mit zwei gekuppelten Achsen: 2 B. 171

bis zu 12,5 $^0/_{00}$ bestimmt. Die L der ersten Beschaffungsjahre hatten Kessel üblicher Bauart mit Dom. Die Stehkesseldecke lag in der Verlängerung des Langkessels. Später wurde der Belpairekessel eingeführt, zunächst mit, dann ohne Dom. Abb. 158 zeigt die letzte Entwicklungsstufe. Der Übergang vom Langkessel zum Stehkessel ist durch einen kegelförmigen Schuß hergestellt, so daß sich eine große Dampf ab-

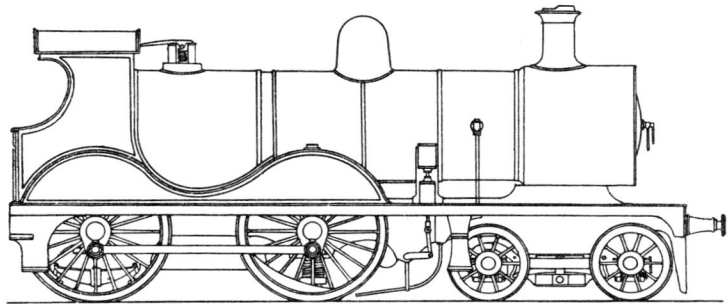

Abb. 157. South Eastern & Chatam Ry 1908 Harry S. Wainwright;
Bahnwerkst. Ashford.
53; 130 2,0 12,7; 489 660 1981.
(Nach Eng. 1908, II, S. 243.)

gebende Wasseroberfläche über allen stark beanspruchten Teilen der Heizfläche ergibt, außerdem aber auch ein großer Dampfraum, der einen besonderen Dampfdom überflüssig macht. Es ist ein Doppelrahmen vorhanden, aber nur die Triebachse viermal gelagert. Die Rauch-

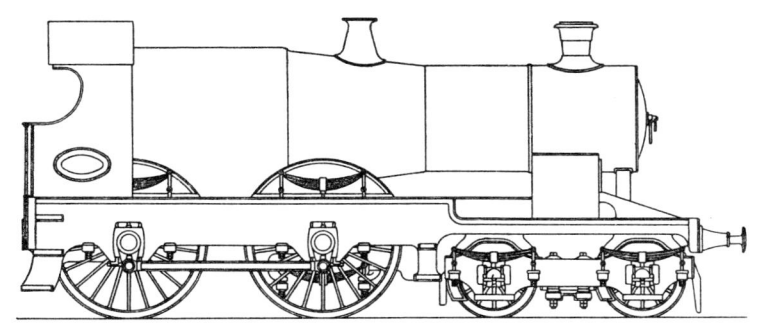

Abb. 158. Great Western Ry 1905; Bahnwerkst. Swindon.
57; 153 1,9 14,2; 457 660 2046.
(Nach Loc. Mag. 1908, S. 168 und E. d. G., S. 13.)

kammer ist stark verlängert und die Kuppelachse unter den Stehkessel gelegt. Beides tut man, wie gesagt, in England sehr selten. Auf leisen Gang ist viel Wert gelegt, denn die Blattfedergehänge sind nochmals mit Gummi abgefedert, und die Laufachsen des Drehgestells, wenigstens bei der ersten Ausführung, mit Holzscheibenrädern versehen.

In Frankreich befreundete man sich mit der Gattung 2 B noch später als in England. Die Comp. de l'Ouest führte sie in einwandfreier

Form mit Innenzylindern i. J. 1888 an Stelle einer Fortbildung der 1 B nach Abb. 101 ein, und die Comp. de Paris-Lyon-Méditerranée i. J. 1893 an Stelle der 1 B 1. Für ihre weitere Entwicklung hat, wie für so manchen anderen Fortschritt, die Comp. du Nord bahnbrechend gewirkt. Diese Verwaltung, die von jeher ihres ausgezeichneten S-Zugdienstes wegen bekannt war, hatte ursprünglich ihre S-Züge durch Crampton-L befördert (Abb. 51), dann durch 1 B mit Innenzylindern und Doppelrahmen, die der Sturrockschen Bauart der englischen Nordb nachgebildet waren. Ihre Lieferung begann i. J. 1870. Schon i. J. 1877 trat eine 2 B an ihre Stelle (Abb. 159)[1]). Sie hat einen Doppelrahmen mit vierfacher Lagerung der Triebachse. Das Drehgestell besitzt noch kein seitliches Spiel; im übrigen ist der Entwurf durchaus einwandfrei und für eine weitere Entwicklung vielversprechend. Es ist aber für die falsche Einschätzung des Drehgestells in jener Zeit bezeichnend, daß die L von nicht

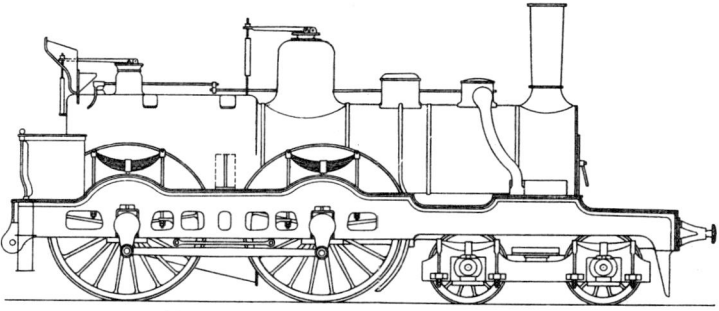

Abb. 159. Comp. du Nord 1877 Belfort.
42; 100 2,3 10; 460 660 2100.
(Nach Eng. 1878, I, S. 436.)

unmittelbar beteiligten Fachleuten gelegentlich als „Locomotive mixte" bezeichnet wurde. In der Tat versah sie den S Zugdienst auf der Nordb während eines Zeitraumes von fünfzehn Jahren. I. J. 1888 arbeitete man den Entwurf für einfachen Innenrahmen und tiefere Feuerkiste um[2]). Die Zylinder erhielten die Abmessungen 480 × 610, und der Kessel eine Dampfspannung von 11 kg. Man baute aber nur eine L, die Nr. 2101, nach diesem Entwurf. Es war das ein Übergang. Die 2 B der Comp. du Nord sollte bald eine Form annehmen, die einen der bedeutsamsten Fortschritte auf dem Gebiete des Lokomotivbaues darstellte. Man war nämlich der Ansicht, daß die großen Kolbenkräfte der 2101 eine Teilung des Triebwerks notwendig machten, um unzulässige Beanspruchungen der Rahmen und Achsen zu vermeiden. Ein bald darauf eingetretener Rahmenbruch schien diese Auffassung zu bestätigen. Ein Versuch mit einer solchen Teilung des Triebwerkes war schon i. J. 1886 durch Inbetriebsetzung der 1 B v (4 Zyl.) Nr. 701 gemacht worden. Sie war nach dem Entwurfe de Glehns von der Comp.

---

[1]) Fußnote S. 114.
[2]) Zur Entwicklungsgeschichte der Gattung siehe Rev. gén. 1887 I, S. 263; 1889 II, S. 203; 1892 I, S. 324.

alsacienne in Belfort gebaut worden und zeigte im allgemeinen den gleichen Aufbau, wie Abb. 160, aber die zweite Triebachse lag unter dem hinteren Ende des Stehkessels, und die Kuppelstange zwischen den angetriebenen Achsen fehlte. Ferner lagen die Hochdruckzylinder bei dieser L im Gegensatz zu späteren Ausführungen innen, die Niederdruckzylinder außen. Die Nr. 701 hatte sich im allgemeinen bewährt, aber die zweite Triebachse zeigte Neigung zum Heißlaufen. Man entfernte sie daher aus der gefährlichen Nähe des Rostes und legte sie hinter den Stehkessel. Ferner schleuderte sie leicht beim Anfahren — sehr erklärlicherweise, denn im ersten Augenblick des Anfahrens fehlte der Gegendruck im Verbinder; das Hochdrucktriebwerk schleuderte also, erhöhte daher mit seinem Auspuff stoßweise den Verbinderdruck, so daß das Hochdrucktriebwerk zur Ruhe kam, und nun das Niederdrucktriebwerk schleuderte. Der Verbinder entleerte sich also schnell, und

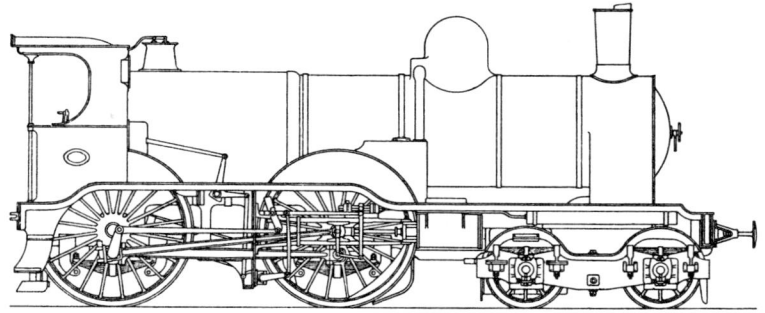

Abb. 160. Comp. du Nord 1896 de Glehn; Belfort.
51; 175 2,3 15; $\frac{2 \cdot 340}{2 \cdot 530}$ 640 2114.
(Nach Rev. gén. 1898, I, S. 66.)

das Spiel begann von neuem. Man half diesem Übelstand bei dem Entwurf für eine 2 B v (4 Zyl.) durch Kupplung der beiden Achsen ab. Nun erst war auch die Möglichkeit erschlossen, Hoch- und Niederdrucktriebwerk gegenläufig anzuordnen und eine bisher unerreichte Güte des Massenausgleichs zu erzielen. Um die Bedingungen für das Anfahren zu verbessern, wurden aber Hoch- und Niederdruckkurbel einer Seite nicht um 180°, sondern um 162° gegeneinander versetzt, so daß der eine oder der andere Zylinder mit Sicherheit Frischdampf erhielt. Die Hochdruckzylinder liegen außen, weil der geringere Durchmesser des Hochdruckzylinders es leicht macht, die Triebwerksmittellinie möglichst nahe an die Radebene heranzulegen und so die biegenden Momente klein zu halten. Die Niederdruckzylinder liegen innen, weil man auf diese Weise eine kurze Abdampfleitung erhält. Die ersten beiden L nach dem neuen Entwurf wurden i. J. 1891 von der Comp. alsacienne in Belfort ausgeführt. Die so gefundene Form wurde bei den folgenden Lieferungen weiterentwickelt. Seit 1893 bekamen sie Serverohre, d. h. Heizrohre mit Innenrippen. Seit 1895 wurde der Dampfdruck auf 15 Atm. erhöht (Abb. 160). Die Serverohre hatten 70 mm

Durchmesser bei 3,9 m Länge. Wir haben uns daran zu erinnern, daß die wirksamste Länge der Serverohre kleiner als die von glatten Rohren ist. Aus der Nichtbeachtung dieses Umstandes ist manch Mißerfolg entsprungen. Die Steuerung kann für beide Triebwerke getrennt eingestellt werden.

Die Leistungen der neuen Nordb-L vom Jahre 1891 erregten großes Aufsehen und veranlaßten die Einführung ganz ähnlicher bei den anderen großen französischen Verwaltungen.

Auch die preußische Staatsb beschaffte versuchsweise eine L nach der Bauart der französischen Nordb und ließ ihr Verhalten im Betriebe genau beobachten. Aber erst in den Jahren 1902 und 1904 kam es zu Nachbeschaffungen eines verstärkten Musters mit verlängertem Drehgestellradstand und verlängerter Rauchkammer. Sie stand mit der seit 1900 eingeführten 2 B v (4 Zyl.) v. Borries (Abb. 147) im Wettbewerb, die wegen des Angriffs der vier Triebwerke an einer Achse einen mehr unmittelbaren Massenausgleich gestattet und wegen der Gegenläufigkeit der Triebwerke eine erhebliche Entlastung des Triebachslagers und des Rahmens bewirkt. Dieser Wettstreit v. Borries—de Glehn ist später auf dem Gebiete der 2 B 1, zu der beide Bauarten weiter entwickelt wurden (Abb. 171 und 172), fortgesetzt worden, ohne jemals in strengem Sinne entschieden worden zu sein.

In ähnlicher Weise wie die 2 B Crampton-L der London-Chatam & Dover Ry (Abb. 152) sind 2 B Zwillings-L der Comp. de l'Est entstanden. Wie nämlich i. J. 1878 dis 1 B der Comp. de l'Est (Abb. 116) in engster Anlehnung an die bisherigen 2 A Crampton-L entworfen wurde, so i. J. 1889 die 2 B in Anlehnung an jene 1 B. Man behielt also die Lage der Zylinder und der Triebachse bei. So entstand eine 2 B, bei der die Zylinder nicht zwischen den beiden Drehgestellachsen sondern, wie später die Hochdruckzylinder bei den 2 B v (4 Zyl.) der Abb. 160, hinter dem Drehgestell liegen. Der Kessel war nach Flaman ausgeführt[1]).

In Belgien fand die 2 B erst seit 1898, und zwar in englischer Bauweise Eingang, nachdem zuvor seit 1889 für S-Züge 1 B 1 benutzt worden waren.

In Holland herrschte ebenfalls die 2 B englischer Bauweise. Sie trat i. J. 1891 an die Stelle der 1 B, die dort bis zu sehr großen Abmessungen entwickelt worden war (Abb. 99).

In Italien wurde die 2 B früh beliebt. Die aus Floridsdorf stammende 2 B der oberitalienischen B vom Jahre 1877 hatte schon ein Drehgestell mit 2 m Radstand und Belastung durch Elbels Kugelzapfen.

Merkwürdig früh, nämlich schon i. J. 1882 bezog die dänische Staatsb 2 B von Borsig, ohne freilich deshalb die 1 B schon fallen zu lassen[2]).

---

[1]) E. d. G., 1. Aufl., S. 98, Abb. 76.
[2]) Zur Geschichte dänischer L s. Busse: Neue L der dänischen Staatsb., Organ 1896, S. 231, und die weiteren Aufsätze des gleichen Verfassers im Organ 1904, S. 80 und 1905, S. 154.

Lokomotiven mit zwei gekuppelten Achsen: 2 B.

Das frühe Erscheinen der 2 B auf Schweizer Bahnen ist schon auf S. 159 erwähnt worden; ebenso, daß diese Bauart vom Jahre 1855 das Vorbild für die späteren badischen und österreichischen 2 B wurde. Die 2 B ist aber in der Schweiz weder damals noch später zu einer solchen herrschenden Stellung gelangt, wie in fast allen Ländern. Man zog meist Bauarten vor, die einen größeren Bruchteil des Gesamtgewichtes als Reibungsgewicht ausnutzen. Abb. 61 zeigt an einem Beispiel, mit welchen L man noch 20 Jahre später P-Züge beförderte, und Abb. 118 eine jüngere P L. 2 B neuzeitlicher Ausführung, ähnlich Abb. 146, führte i. J. 1892 die Jura Simplonb ein.

Eigene Wege ging man in Schweden. Man griff dort noch i. J. 1886 auf das Deichselgestell von Elbel und Kamper zurück (S. 158). Die Zugpendel, durch die diese Erfinder das alte österreichische Deichsel-

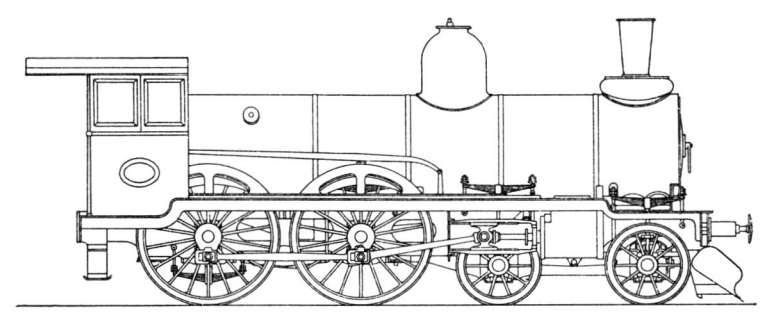

Abb. 161. Schwedische Staatsb 1888 Trollhättan.
40; 112 2,0 10,5; 420 570 1880.
(Nach Rev. gén. 1896, I, S. 111.)

gestell verbessert hatten, stellten nichts anderes dar, als eine Rückstellvorrichtung, und zwar eine solche ohne Anfangsspannung; die Elbel-Kampersche Form war also der Bisselschen, die mit Keilflächen, ähnlich wie in Abb. 135, arbeitete, in dieser Hinsicht unterlegen. Um diesen Mangel zu beseitigen, vereinigte man bei den schwedischen L der Abb. 161 Zugpendel mit Keilflächen, die den Druck der am Hauptrahmen befestigten Tragfedern auf die Drehgestellachslager übertrugen. Nun erfolgte also die Rückstellung mit Anfangsspannung. Die Tragfedern haben Längsbalanciers zur Verbesserung der Lastverteilung. Welche Erwägungen mögen dazu geführt haben, die Form des Deichselgestelles der eines gewöhnlichen Drehgestelles mit seitlicher Verschiebbarkeit, etwa nach Adams, vorzuziehen? Das Deichselgestell hat den Nachteil, daß es bei seitlichen Bewegungen seines Drehpunktes infolge schlingernder Bewegungen des Hauptrahmens schräg gestellt wird und nun seinerseits in Schlingern gerät usw. Es hat den Vorzug, daß zu jedem Winkelausschlag der Deichsel eine bestimmte Seitenbewegung der Achsen gehört, während bei dem gewöhnlichen Drehgestell mit Seitenspiel Drehung und Seitenbewegung unabhängig voneinander erfolgen, so daß die Gefahr ungeregelter Bewegungen im geraden Gleis größer zu sein scheint. Die Erfahrung hat aber gezeigt, daß diese Vorzüge des Deichselgestells von den geschilderten Nachteilen weit überwogen werden. Als einer der letzten Versuche, das Deichselgestell mit dem Drehgestell üblicher Bauart wettbewerbsfähig zu erhalten, verdient die schwedische Anordnung unsere Beachtung. Auch kann nicht etwa von einem Mißerfolg gesprochen werden. Die L lief bis zu einer Geschwindigkeit von 80 km durchaus ruhig. Die erste Lieferung vom Jahre 1886 hatte Stehkessel nach Belpaire. In Rücksicht auf die aschenreiche schwedische Kohle, die mit englischer gemischt verfeuert wurde, war eine Art von Treppenrost vorgesehen, der vorn durch einen Schlackenrost abgeschlossen war. Unsere Abbildung zeigt die neuere Ausführungsform mit glattem Stehkessel und gewöhnlichem Rost. Diese L ist daher bei sonst gleichen Abmessungen etwas leichter als die ältere ausgefallen. Die Maße sind dem damals in Schweden üblichen leichten Oberbau entsprechend bescheiden. Die mittlere Geschwindigkeit von S-Zügen betrug nur etwa 50, die Höchstgeschwindigkeit 65 bis 70 km. Ein auffallendes Merkmal vieler schwedischer L ist der eigenartige Funkenfänger am Schornsteinfuß.

2 B T. Die 2 B wird auch als T L für P-Züge im Nahverkehr gebaut. Eine T L soll rückwärts ebenso gut als vorwärts fahren. Dieser Hauptbedingung genügt das Drehgestell aber nicht, denn hinten laufend gibt es gelegentlich Anlaß zu schlingernden Bewegungen des Fahrzeuges. Darum werden als T L symmetrische Anordnungen vielfach vorgezogen, also die 1 B 1 der 2 B, die 1 C 1 der 2 C. Und wenn man sich schon in England für ein Drehgestell entscheidet, so zieht man meist die Anordnungen B 2 (Abb. 82) und C 2 (Abb. 251) vor, weil sie die Ausbildung des Stehkessels sowie die Unterbringung von Kohle und Wasser erleichtern und das Reibungsgewicht weniger abhängig vom Gewicht der Vorräte machen. Immerhin ist auch die 2 B T schon seit 1849 von ziemlich vielen englischen Verwaltungen beschafft und von englischen Firmen ins Ausland geliefert worden. Die 2 B T der London North Ry lernten wir schon kennen (Abb. 149, 151); ähnliche Bedeutung gewann die der Metropolitan Ry vom Jahre 1864 mit Deichseldrehgestell[1]), die während vieler Jahre nachbeschafft und von 1871 bis 1891 auch auf der Eifel- und Saarb eingeführt wurde, zuletzt als Verbund-L mit besonderem Tender.

Aus Österreich stammt eine der ältesten 2 B T überhaupt (Abb. 162)[2]). Der Überhang der Zylinder ist durch ihre rückwärtige Lage vermieden. Diese Anordnung wurde, wie wir früher sahen, i. J. 1857 von Haswell für seine 2 B (1580) mit Deichseldrehgestell übernommen. Wir finden sie erheblich später als Entwicklungsrest der Crampton-L wieder (Abb. 152). Das frühe Auftreten der Gattung in Österreich ist um so merkwürdiger, als sie dort nachher ganz und gar nicht heimisch geworden ist. Eine jener L wurde später von der Fabrik ,,Wiener Neustadt" als Altmaterial angekauft und dem historischen Museum der k. k. österreichischen Staatsb geschenkt.

---

[1]) Steam L of the Metropolitan Ry. Loc. Mag. 1905, S. 205.
[2]) Vgl. auch Loc. Mag. 1904, S. 98.

Lokomotiven mit zwei gekuppelten Achsen: 2 B T.   177

Von jeher bevorzugt man in gebirgigen Ländern, wenn die Verhältnisse es sonst irgend erlauben, T L, um für die Fahrt auf starken Steigungen Gewicht zu sparen. So ist denn auch die 2 B T in der Schweiz eine beliebte Gattung geworden und hat dort eine größere Verbreitung als in irgendeinem anderen Lande gewonnen. Als i. J. 1862 das Bedürfnis nach einer 2/4 gekuppelten T L für den Zugdienst auftrat, war die symmetrische Bauart noch kaum bekannt (Abb. 182), oder die Erfolge waren wenig ermutigend (Abb. 181); also griff man zur 2 B T (Abb. 163). Rückwärts läuft ein Drehgestell allerdings nicht besonders gut. Man wird darum die

Abb. 162. Lambach-Gmunden 1855 Zeh; Günther, Wiener Neustadt.
11; 27 0,5 6,7; 250 421 948; 2 0,7. Spur: 1106.
(Nach Heusinger: Handbuch für spezielle Eisenbahntechnik, Bd. 5, S. 36.)

L vor dem Zuge vielleicht vorwärts haben laufen lassen. Um das Drehen zu vermeiden, hatte man die T L ja nicht gewählt. Übrigens wurden sie vor G- und Gem-Zügen benutzt. Man verlangte also keine großen Geschwindigkeiten. In der Wahl eines großen Drehgestellradstandes hatte man eine glückliche Hand. So entstand die älteste festländische 2 B T. Der Sattelbehälter gibt ihr ein für das euro-

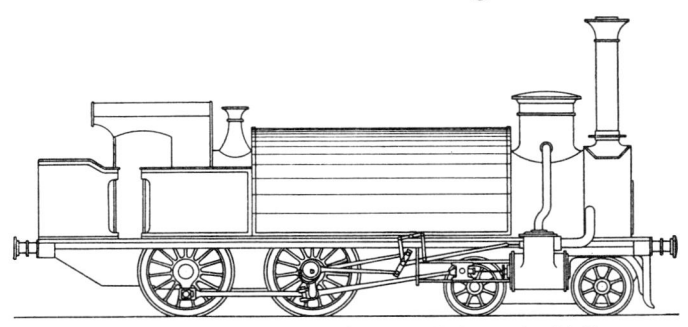

Abb. 163. Westschweizerische Eisenbahn 1862 Keßler.
41; 87 1,2 8; 410 612 1374; 5 2.
(Nach Couche, T. 80, Fig. 3.)

päische Festland außergewöhnliches Gepräge. Mit dem Spitznamen „Kuckuck" belegt, taten sie auf der Strecke Lausanne—Bern und deren Nebenstrecken Dienst, um später an die Jura-Simplon B überzugehen. Die Anordnung hat sich augenscheinlich bewährt, denn letztere beschaffte ähnliche L von 1864 bis 1892, die Gotthardb von 1882 bis 1890, die schweizerische Zentralb i. J. 1893. Jedoch hatten alle diese statt des Sattelbehälters solche an der Seite.

Die Lage der Bahn im Gebirge ist auch für die Wahl der 2 B T nach Abb. 164 i. J. 1862 maßgebend gewesen. Der Entwurf stammt von Vaessen, dem Direktor der Lütticher Lokomotivfabrik. Die Isabellab führt von Santander an der Nordküste Spaniens durch das Gebirge nach Alar del rey und wurde später ein Bestandteil der spanischen Nordb. Der Drehgestellzapfen wird in seinem oberen Teil von einem

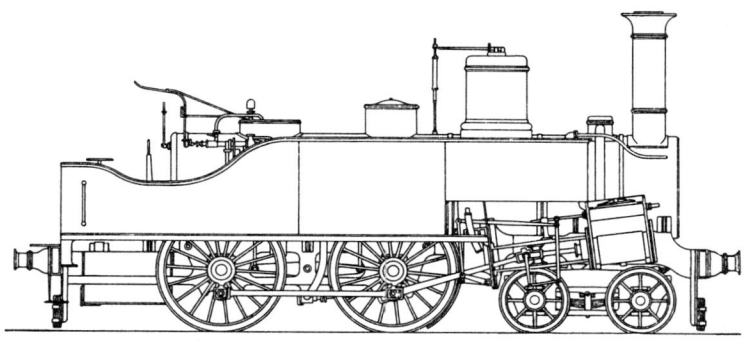

Abb. 164. Isabellab 1862 Vaessen; St. Leonhard.
46; 107 2,55 7; 460 610 1680; 4,5 1,5.
(Nach Z. Colburn, T. 39.)

wagerechten Pendel umfaßt, das, in der Längsachse der L liegend, in der Nähe der Pufferbohle mit dem Hauptrahmengestell verbunden ist (Abb. 165). Der Hauptrahmen überträgt sein Gewicht mit glatten, in späteren Ausführungen mit Keilflächen ähnlich der Abb. 135, oberhalb des Drehzapfens auf jenes Pendel. Das Zugpendel wird bei Vorwärts-

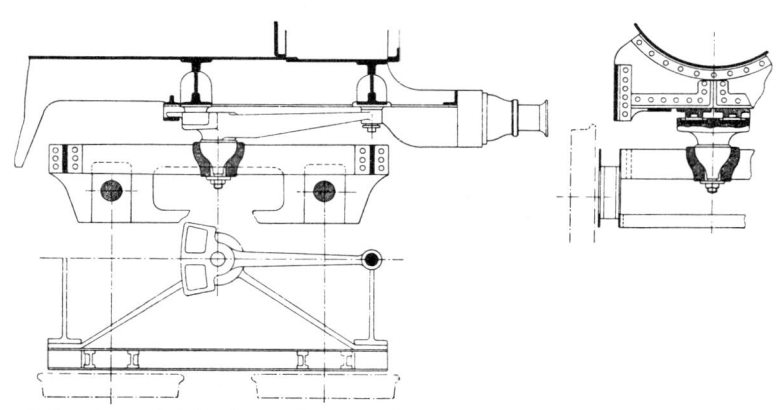

Abb. 165. ($^1/_{50}$) Drehgestell Bauart Vaessen für die 2 B nach Abb. 164.

fahrt gezogen, sucht also stets die Mittellage beizubehalten und wirkt demnach wie eine Rückstellvorrichtung — aber ohne Anfangsspannung. Beim Bremsen und bei Rückwärtsfahrt verkehrt sich diese Wirkung aber in ihr Gegenteil (S. 132). Das ist für eine T L ganz besonders bedenklich. Man wird daher vermutlich den Rückwärtslauf der L wenig befriedigend gefunden haben und dadurch veranlaßt worden sein, später

Lokomotiven mit zwei gekuppelten Achsen: 2 B T. 179

die eben erwähnten Keilflächen vorzusehen. Der Drehzapfen hat eine kuglige Gestalt oder Tonnenform. Das Gestell wird sich den Gleisunebenheiten also ohne Störung der Lastverteilung anschmiegen, falls er sich wegen seines kleinen Durchmessers und der Unmöglichkeit, ihn wirksam zu schmieren, nicht etwa frißt. Als Hebel zum Hineindrehen der L in eine neue Richtung kann das Gestell zuverlässig nur wirken, wenn es durch Keilflächen belastet ist, denn die Seitenkräfte des in der Krümmung etwas schräg liegenden Pendels sind klein, verschwinden bei abgestelltem Dampf und wechseln beim Bremsen gar das Vorzeichen. Der Radstand des Drehgestells ist recht klein bemessen, der Rost für jene Zeit und im Verhältnis zur Kesselheizfläche sehr groß; vermutlich sollte ein minderwertiger Brennstoff verfeuert werden. Die frühe Anwendung der Heusinger Steuerung erklärt sich aus der belgischen Herkunft der L. Bemerkenswert ist, daß die Kulisse nicht durch ein Außenexzenter bewegt wird, sondern durch ein innenliegendes; statt zweier

Abb. 166. Niederländische Zentralb 1905 Hohenzollern.
49; 99 1,15 12; 406 610 1650; 6 12.
(Nach Zeichnung.)

Drehzapfen hat die Kulisse deshalb nur eine an ihrer Innenseite ansetzende lange, bis zur Ebene des Exzenterantriebes reichende Welle. Der Führerstand wurde von hinten über die Pufferbohle weg bestiegen, eine Anordnung, die wir wegen ihrer Gefährlichkeit mißbilligen müssen.

In Deutschland hat die 2 B T nur geringe Verbreitung gefunden, weil man die symmetrische Bauart 1 B 1 vorzog. Die württembergische Staatsb gewann von 1874 bis 1895 durch Umbau der auf S. 160 erwähnten 2 B aus dem Jahre 1856 eine Anzahl von 2 B (1100) T und 2 B (1200) T, die mit ihrem Drehgestellradstand von 930 mm und vorn wagerecht überhängenden Zylindern ganz altertümlich anmuteten. Die von der Firma Henschel i. J. 1899 für die Wannseeb gelieferte 2 B T soll nicht unerwähnt bleiben. Eine deutsche 2 B T, die englisches Gepräge trägt, zeigt Abb. 166[1]). Der Kessel besteht aus zwei nahtlos nach dem Ehrhardtschen Verfahren gewalzten Schüssen; er hat Serverohre. Die Steuerung ist die Stephensonsche. Die Kolbenschieberkästen liegen

---
[1]) Vgl. auch Lokomotive 1905, S. 101.

lotrecht übereinander zwischen den Zylindern. Die L befördert auf der rund 90 km langen Strecke Utrecht—Zwolle P-Züge mit 70 km Geschwindigkeit. I. J. 1914 waren ihr die durchgehenden Züge Amsterdam—Utrecht—Zeist auf der kurzen Zweigstrecke Utrecht—Zeist überwiesen.

In Frankreich steht eine 2 B (1664) T der Comp. du Nord ziemlich vereinzelt da. Sie stammt aus dem Jahre 1892 und war für Geschwindigkeiten bis zu 80 km entworfen worden. Hierfür waren die damals in Frankreich für Vorortdienst beliebten C T (Abb. 230) allerdings nicht geeignet.

2 B 1. Wenn man den S-Zugverkehr durch Verkürzung der Züge verbessert, um schneller fahren zu können, so wird in dem Produkt $N = Z \times V$ die Zugkraft Z unverändert bleiben können, während die Geschwindigkeit V zunimmt. Mit der Zugkraft bleiben die Zylinder unverändert und mit ihnen das erforderliche Reibungsgewicht, aber der Kessel muß vergrößert werden, und es muß der Fall eintreten, daß die vier Achsen einer 2 B nicht mehr genügen, um ihn zu tragen. Der Kupplungsgrad geht aus 2/4 in 2/5 über. Als S L ersten Ranges verlangt sie die Erfüllung der Forderung „Drehgestell vorn"; also kann nur die Form 2 B 1 in Frage kommen. Legt man die hintere Laufachse hinter den Stehkessel, so behält man vollständige Freiheit in der Ausbildung des Rostes und Aschfalles; auch bleibt das Achslager der Laufachse halbwegs zugänglich. Diese muß dann aber wegen des großen Radstandes, der entsteht, einstellbar gemacht werden. Legt man sie unter den Stehkessel, so entstehen leicht Verlegenheiten für die Ausbildung des Aschfalles und Rostes, und man sieht sich häufig zu besonderen Maßnahmen gezwungen, um das Lager zugänglich zu halten und der strahlenden Wärme des Rostes zu entziehen (Abb. 174). Man kann dann aber häufig die Einstellbarkeit ersparen. Der Stehkessel kann meist, weil durch die Triebräder unbehindert, auch bei größtem Durchmesser derselben über den Rahmen verbreitert werden. Jede gewünschte Belastung der angetriebenen Achsen kann leicht erzielt werden. Die Kuppelstangen fallen kurz aus.

Bei der 2 B 1 liegt der eigentümliche Fall vor, daß die 2 B 1 T älter als die 2 B 1 ist. Es sind das die 2 B 1 (1854) T der London-Tilbury und Southend Ry vom Jahre 1881, deren Fortbildung Abb. 176 zeigt, und die 2 B 1 (1702) T der London & South Western Ry vom Jahre 1882. Die erste 2 B 1 mit Tender ist die amerikanische Strong S L mit Doppelwellrohrfeuerkiste aus dem Jahre 1882[1]). Diese weit nach hinten ausladende Bauart zwang den Erfinder zum Einbau einer hinteren Laufachse. Die Strong-L hatte aber keinen dauernden Erfolg, und von einer Einbürgerung der Bauart 2 B 1 war daher zunächst keine Rede.

Es ist schon an anderer Stelle davon gesprochen worden, daß die engen Grenzen, die dem Achsdruck in Österreich gesetzt sind, der Entwicklung neuer Gedanken gelegentlich durchaus förderlich gewesen sind. Das zeigt sich auch hier wieder. Die erste 2 B 1 mit Tender und üblichem

---

[1]) Organ 1884, S. 7.

Kessel ist in Österreich gebaut und in Betrieb gestellt worden (Abb. 167). Wir begegnen hier noch einmal, freilich noch nicht zum letztenmal (Abb. 259), der österreichischen Vorliebe für Außenrahmen. Um die Zylinder innerhalb der Umgrenzungslinie unterbringen zu können, mußten die Rahmen vorn ziemlich stark eingezogen werden. Verbundanordnung wäre wegen des großen Durchmessers des Niederdruckzylinders überhaupt nicht bei außenliegendem Rahmen ausführbar gewesen. Man nahm von ihrer Anwendung um so lieber Abstand, als man die L, die schon genug des Neuen und Eigenartigen enthielt, im übrigen möglichst einfach halten wollte. Die weit hinten liegende Laufachse mußte einstellbar gemacht werden. Man führte sie als freie Lenkachse mit 10 mm Spiel in der Quer- und 32 mm in der Längsrichtung aus. Solche freien Lenkachsen sind sonst fast nur bei Eisenbahnwagen

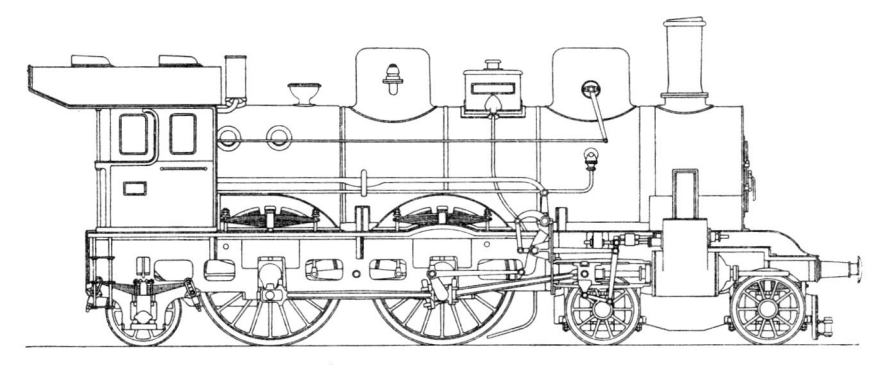

Abb. 167. Kaiser Ferdinands N.-B 1894 Rotter; Sigl.
60; 152 2,9 13; 470 600 1960.
(Nach Organ 1896, S. 158.)

üblich. Aber auch die sächsische Staatsb besitzt 2 B 1 mit Lenkachse und ebenso die bayrische Pfalzb (Abb. 170). Niemals ist eine L mit führender freier Lenkachse gebaut worden, so daß ein Vergleich mit Deichselachsen usw. überflüssig ist. Die württembergische Staatsb benutzte für ihre 1 B 1 gekuppelte Lenkachsen (Abb. 193 bis 195). Es wurden sechs L nach Abb. 166 für den S-Zugdienst Wien—Krakau beschafft. Bei Probefahrten erreichte man Geschwindigkeiten von 125 km. Nachbeschaffungen unterblieben. Statt ihrer wurde seit 1901 eine 2 B 1 (2140) v (4 Zyl.) mit Innenrahmen eingeführt, deren Laufachse hinter, deren Kuppelachse unter dem Stehkessel liegt. Diese Lage der Kuppelachse ist sonst nicht häufig angewendet worden (s. aber Abb. 173). Die Anordnung der Zylinder und Steuerung ist der Abb. 171 ähnlich. Ähnliche L beschaffte auch die ungarische Staatsb seit 1900.

In Amerika führte als erste die Central Rd die 2 B 1 ein. Sie benutzte sie für S-Züge New York—Atlantic City. Seitdem nennt man die Bauart „Atlantic". Sie fand in Amerika ziemliche Verbreitung. Bemerkenswert ist in Abb. 168 die Aufhängung des Aschkastens an

Bändern. Zwischen ihnen hindurch kann die Luft zu den äußeren Randteilen des Rostes gelangen, auf denen das Feuer sonst bei diesen über den Rahmen verbreiterten Rosten leicht tot liegt. Auch kann man bei einer solchen Aufhängung das Feuer von der Seite her mit der Krücke schüren.

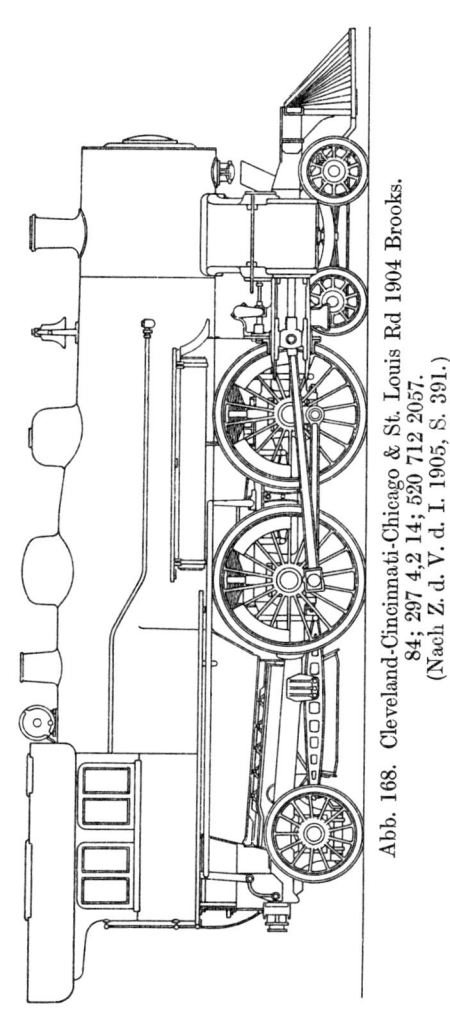

In Deutschland nahm die bayrische Pfalzb die 2 B 1 zuerst auf (Abb. 169). Seit dem Sommer 1891 waren die Pfälzischen S-Züge durch die 1 B 1 der Abb. 192 befördert worden. Das zunehmende Gewicht der Durchgangszüge Holland—Basel zwang zur Einführung einer leistungsfähigeren Gattung. Man entschied sich für die 2 B 1 mit Innenzylindern, weil sich diese bei den 2 B der badischen Staatsb vorzüglich bewährt hatten. Der Stehkessel mit dem Rost ist breit ausgeführt. Um ihn gleichwohl tief und mit geräumigem Aschfall ausbilden zu können, ohne hieran durch einen Innenrahmen behindert zu sein, ist hinten ein Außenrahmen vorgesehen, der über die gekuppelten Achsen nach vorn verlängert werden mußte, weil hier erst Anschluß an den Innenrahmen gewonnen werden konnte. Dieser Außenrahmen ergab auch die Möglichkeit, das Laufachslager bequem zugänglich anzuordnen. Die Laufachse ist als Lenkachse ausgeführt (Abb. 170); jedoch hängen die Federenden nicht einfach, wie dies bei Eisenbahnwagen üblich ist, in Kettengliedern, sondern diese Kettenglieder, die die Federgehänge aufnehmen, sind durch besondere Lenkerarme aus Stahlformguß mit den Achslagern verbunden. Die Steuerung nach Heusinger besitzt kein Exzenter, weil dieses suf der Triebachswelle schwer unterzubringen gewesen wäre. Die Kulisse wird daher nach dem Muster der französischen Westb von der Triebstange aus angetrieben — ähnlich wie dies bei der Joy-Steuerung geschieht. Hinter der Triebachse ist zwischen die Hauptrahmen ein Kasten eingebaut, der von der linken

Abb. 168. Cleveland-Cincinnati-Chicago & St. Louis Rd 1904 Brooks. 84; 297 4,2 14; 520 712 2057. (Nach Z. d. V. d. I. 1905, S. 391.)

Lokomotiven mit zwei gekuppelten Achsen: 2 B 1.   183

Maschinenseite aus zugänglich ist und rasches Nachsehen der Triebstangenköpfe ermöglicht. Es wurden zwölf solcher L beschafft, eine von ihnen mit Pielocküberhitzer i. J. 1904. Bei einem Unfall lief eine dieser

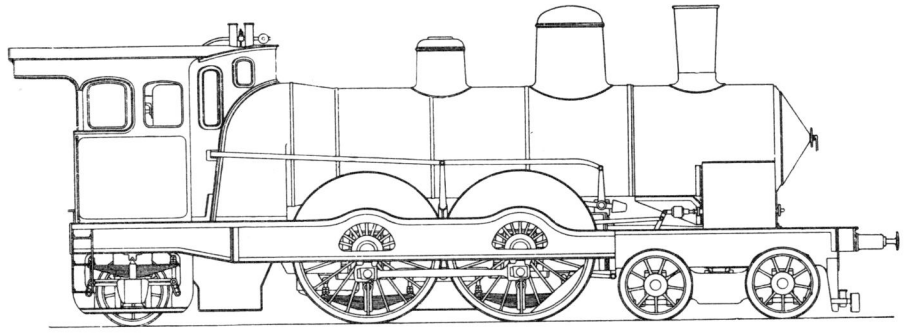

Abb. 169. Pfälzische B 1898 Krauß.
59; 171 2,8 13; 490 570 1980.
(Nach Organ 1899, S. 1.)

L mit 90 km Geschwindigkeit in eine Weiche mit 200 m Krümmungshalbmesser, ohne zu entgleisen, während die hinteren Wagen des Zuges diesem Schicksal nicht entgingen. Seit 1905 ging die pfälzische Eisenb zur 2 B 1 v (4 Zyl.) über und gab auch den oben beschriebenen i. J. 1912 durch Umbau diese Form.

Ähnlich: Sächsische Staatsb 1900: 2 B 1 v (4 Zyl.) de Glehn (vgl. Abb. 172); bayrische Staatsb 1900: 2 B 1 v (4 Zyl.) Vauclain, 2 Stück versuchsweise aus Amerika bezogen; preußische Staatsb 1902: 2 B 1 v (4 Zyl.) de Glehn (ähnlich Abb. 172) und 2 B 1 v (4 Zyl.) v. Borries als Fortbildung der Abb. 147, später verstärkt.

Die gleiche Zylinderanordnung, wie die zuletzt aufgeführte preußische L zeigt Abb. 171. Die badische Staatsb hatte den Entwurf für eine S L ausgeschrieben, die eine

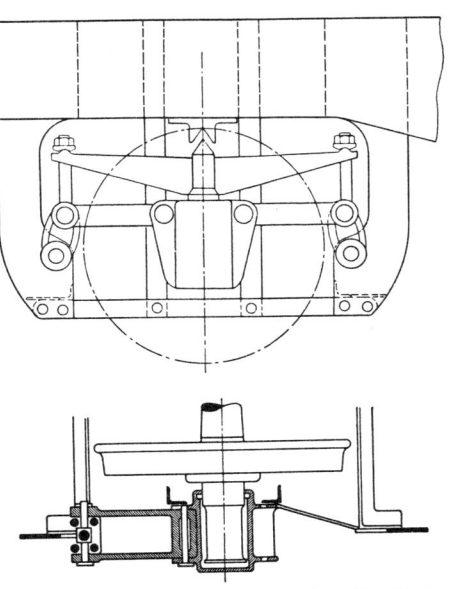

Abb. 170. ($^1/_{30}$) Lenkachse für die 2 B 1 nach Abb. 169.

Wagenlast von 200 t auf einer Steigung von 3,3 $^0/_{00}$ mit einer Geschwindigkeit von 100 km befördern sollte. Ihre Höchstgeschwindigkeit sollte 120 km betragen. Es beteiligten sich sieben Firmen an der

Ausarbeitung. Der Entwurf von Maffei wurde ausgeführt. Die L war damals die größte ihrer Gattung. Im Gegensatz zu Abb. 147 ist der Rahmen auch in seinem Vorderteile aus Blech ausgeführt, und die Zylinder einer Maschinenseite sind nicht in einem Stück gegossen, sondern je für sich an dem Rahmen befestigt. Die Hochdruckzylinder liegen innen. Es ist nur eine Außensteuerung vorhanden. Der Voreilhebel überträgt seine Bewegung durch Umkehrhebel auch auf den Schieber des innen liegenden Hochdruckzylinders. Es entstehen also innen und außen gleiche Füllungsgrade. Dementsprechend ist das Verhältnis der Zylinderinhalte groß, nämlich zu 1:2,9 gewählt. Bei dem guten Massenausgleich, der schon durch die Gegenläufigkeit der Triebwerke erreicht wird, konnte auf einen Ausgleich der hin- und hergehenden Massen in den Gegengewichten verzichtet werden.

In Frankreich blieb man auch für die 2 B 1 v (4 Zyl.) (Abb. 172) bei der de Glehnschen Anordnung. Das außenliegende Hochdrucktriebwerk arbeitet auf die zweite, das innenliegende Niederdrucktriebwerk auf die erste der gekuppelten Achsen. Und wieder war es die Comp. du Nord, die diesen neuen Entwurf als Fortentwicklung ihrer 2 B nach Abb. 160 zuerst herausbrachte. Die L sollte eine Wagenlast von 200 t auf einer Steigung von 5 °/$_{00}$ mit 100 km Geschwindigkeit befördern. Die Hochdruckzylinder haben den gleichen Durchmesser wie bei der 2 B.

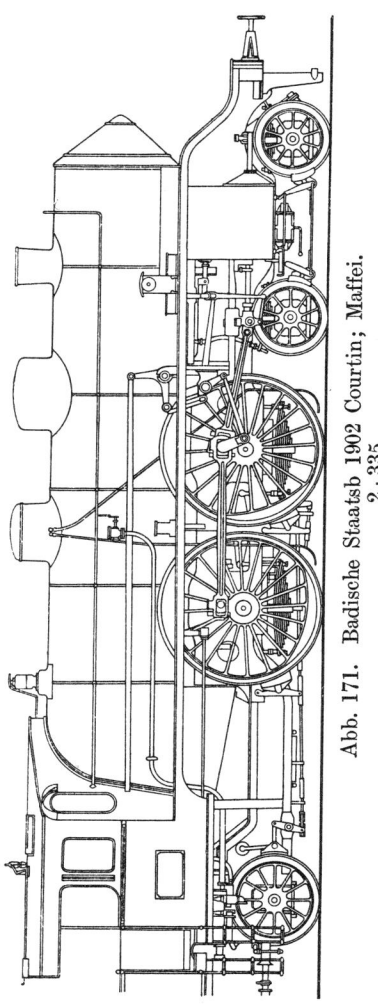

Abb. 171. Badische Staatsb 1902 Courtin; Maffei. 74; 210 3,9 16; $\frac{2 \cdot 335}{2 \cdot 570}$ $\frac{620\ 2100}{}$. (Nach Z. d. V. d. I. 1903, S. 116.)

Die Niederdruckzylinder sind aber zur Erzielung stärkerer Dampfdehnung von 530 mm auf 560 mm Durchmesser vergrößert. Der Kurbelversetzungswinkel von 162° ist durch einen solchen von 180° ersetzt worden, um den Massenausgleich noch besser zu machen. Der Kessel hat wie bei der 2 B Serverohre. Diese neue Nordb L ist für die anderen großen französischen Verwaltungen vorbildlich geworden.

Lokomotiven mit zwei gekuppelten Achsen: 2 B 1.   185

Für die Flachlandsstrecken Hollands hatte man die 1 B bis zu einer sehr kräftigen Form entwickelt (Abb. 99). Eine i. J. 1891 beschaffte 2 B bedeutete hinsichtlich der Leistung keinen sehr erheblichen Fortschritt. Darum bezog man i. J. 1901 zunächst fünf 2 B 1 von

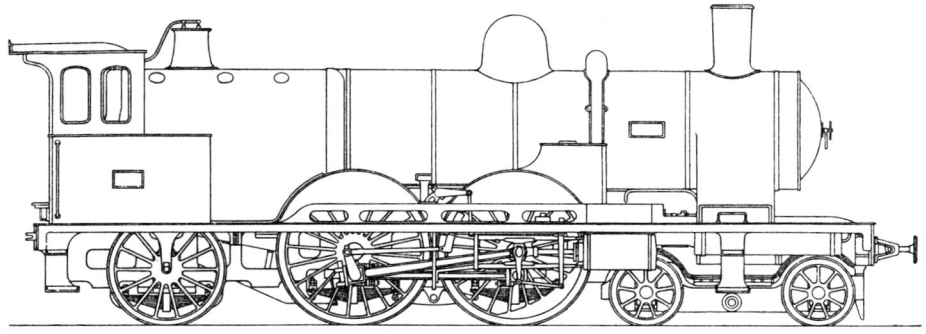

Abb. 172. Comp. d'Orléans 1903 Grafenstaden.
73; 228 3,1 16; $\dfrac{2 \cdot 360}{2 \cdot 600}$ 640 2040.
(Nach Zeichnung.)

Beyer, Peacock and Co. in Manchester (Abb. 173). Sie haben einen kurzen Langkessel mit Serverohren. Der Rost ist mit doppelter Neigung ausgeführt, und die Roststäbe sind nicht an den Enden, sondern an Punkten unterstützt, die um $1/4$ ihrer Länge von den Enden entfernt sind. Es ist das nur eine nebensächliche Eigentümlichkeit.

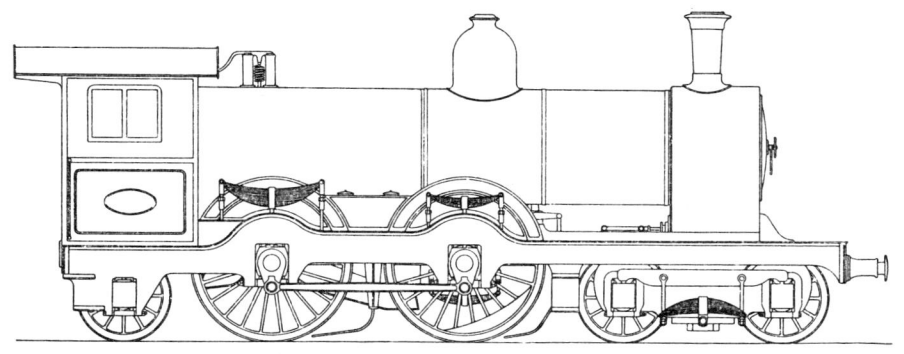

Abb. 173. Holländische Eisenb 1901 Beyer, Peacock & Co.
67; 152 2,8 12,7; 483 660 2134; 18,2 5,1.
(Nach Harterink u. Mook. Amsterdam 1906. Atlas.)

Aber dieser einfache Kunstgriff, die Roststäbe vermöge zweckmäßigerer Verteilung der Stützpunkte leichter ausführen zu können, sollte nicht unerwähnt bleiben. Die vorderen Deckenstehbolzen sind durch Querbarren ersetzt. Es ist ein vollständiger Doppelrahmen mit vierfacher Lagerung der Triebachse vorgesehen. Die Rückstellung des Drehgestells erfolgt durch Dreiecksstelzen, also mit Anfangsspannung.

In England begann die Great Northern Ry mit der Einführung der 2 B 1 (Abb. 174). Wie immer gegen die verwickelten Festlandsbauarten mißtrauisch, suchte der Engländer auch hier zunächst mit zwei Zylindern und Zwillingswirkung auszukommen. Um an Baulänge zu sparen, wurde die zweite der gekuppelten Achsen zur Triebachse gemacht. Man mußte sich also für Außenzylinder entscheiden. Diese waren ja übrigens auf der Great Northern Ry von ihren bekannten 2 A 1 her nichts Neues. Diese 2 A 1 war bis 1895 beschafft worden. Dann wurde i. J. 1896 Ivatt Lokomotivsuperintendent. Er führte i. J. 1898 zunächst probeweise die 2 B 1 ein, die allmählich verstärkt und auch als Vierzylinder-L ausgeführt wurde. Unsere L zeigt viel Eigenartiges. Der Rahmen ist im hinteren Teil doppelt. Der Grund erhellt aus den Erläuterungen zu Abb. 169. Der Entwurf läßt in allen Teilen das Streben nach geringer Baulänge erkennen. Daher auch der breite ziemlich kurze Stehkessel, der sonst wenig Anklang in England gefunden hat. Der

Abb. 174. Great Northern Ry 1903 Ivatt; Bahnwerkst. Doncaster.
67; 210 2,9, 12,3; 476 610 2019.
(Nach Eng. 1903, II, 135, 524.)

Kuppelzapfen sitzt exzentrisch zum Triebzapfen, um auf diese Weise den Hub der Kuppelstangen ein klein wenig gegenüber dem der Triebstangen verringern zu können. — Andere englische Verwaltungen folgten mit der Einführung von Dreizylinder- und Vierzylinderverbund-L, ohne daß es zu einer großen Verbreitung gekommen ist.

Die Flachlandstrecken Dänemarks boten der 2 B 1 vorzügliche Bedingungen, und so ist sie dort seit 1907 heimisch. Die schwedische Staatsb hat eine besonders eigenartige Lösung gefunden (Abb. 175). Die Notwendigkeit, die Kohlen aus England beziehen zu müssen, zwingt in diesem Land zu größter Sparsamkeit. Man hat sich darum in Schweden früh und auch im vorliegenden Falle die Vorteile der Überhitzung zu eigen gemacht. Man glaubte, diese dampfsparende Maßnahme noch weiter durch Innenlage der Zylinder unterstützen zu können, weil Innenzylinder geringere Wärmeverluste durch Ausstrahlung erleiden. Um das Triebwerk gut zugänglich zu halten, wurde ein Barrenrahmen gewählt. Die Zusammenstellung Innenzylinder, Barrenrahmen ist selten und nur in Schweden z. B. auch für die D heimisch geworden. Gegen die Folgerichtigkeit des Aufbaus läßt sich sicher nichts einwenden. Um

Lokomotiven mit zwei gekuppelten Achsen: 2 B 1.   187

die Überwachung der Triebwerksteile noch weiter zu erleichtern, verwendet man im Falle unserer 2 B 1 noch eine weiteres Mittel, das man sonst kaum irgendwo antrifft, nämlich ständige Beleuchtung des Raumes unter dem Kessel durch eine Laterne während der Dunkelheit. Sie hat natürlich eine größere Leuchtkraft, als die kleine Handlaterne, die der Heizer mitführen kann, die leicht verlöscht und ihn außerdem bei Benutzung seiner Werkzeuge stört. Die L hat Heusingersteuerung. Am 1. Januar 1914 waren 26 von ihnen im Betrieb. Das Ziel möglichst hoher Ersparnis war vollständig erreicht worden. Es wurden gegenüber den älteren 2 B der Abb. 161, die allerdings mittlerweile vollkommen überlastet waren, 46% Kohlen und 21% Wasser erspart.

Die 2 B 1 war vom Tage ihres Erscheinens an S L. Darum kann auch von einer Entwicklung zu einem anderen Verwendungszweck keine Rede sein. Nur wenige Bahnverwaltungen sind in der Lage, ihre S L ausschließ-

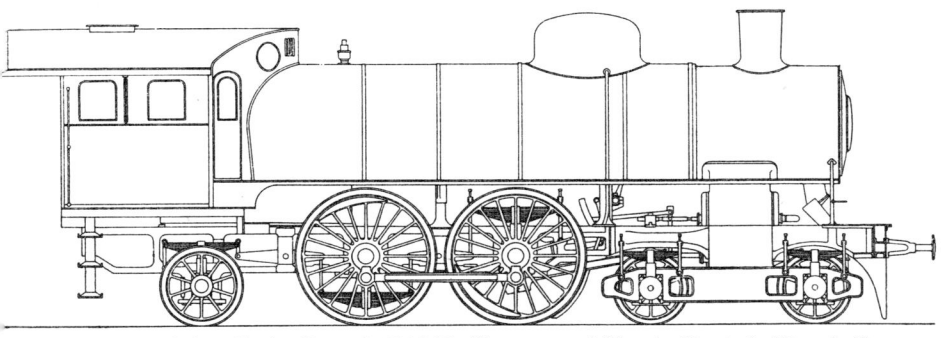

Abb. 175. Schwedische Staatsb 1906 Trollhättan und Motala Verstads Nya A.-B.
60; 133 + 33 = 166 2,6 12; 500 600 1880.
(Nach Zeichnung.)

lich im S-Zugdienst beschäftigen zu können; sie müssen fast stets zwischendurch auch P-Züge befördern. Für diesen Zweck genügt aber das Reibungsgewicht der 2 B 1 nicht recht; und auch bei schweren, häufiger haltenden S-Zügen tritt dieser Mangel schon in Erscheinung. Die 2 B 1 ist daher eigentlich so recht geeignet nur für die Beförderung schnellster, wenig haltender Züge auf Flachlandstrecken. Sie nimmt also unter den fünfachsigen L etwa die gleiche Stellung ein, wie die 2 A 1 unter den vierachsigen. Die Beschaffungen haben darum in den letzten Jahren zugunsten der 2 C aufgehört. Gölsdorf hat die 2 B 1 der Abb. 167 teilweise in 2 C umbauen lassen[1]). So hat denn die Herrschaft der 2 B 1 in ihrem Hauptverwendungsgebiet im Vergleich zu andern bewährten Gattungen nur eine geringe Dauer gehabt. Wir können diese für die 1 B (St +) etwa von 1869 bis 1890, also zu mehr als 20 Jahren berechnen. Für die 2 B ergibt sich etwa die Zeit von 1890 bis 1905, also fünfzehn Jahre. Für die 2 B 1 können wir aber kaum 5 bis 6 Jahre uneingeschränkter Herrschaft im S-Zugdienst ansetzen.

---

[1]) Die österreichischen Umbau-L. Lokomotive 1923, S. 97.

188　Lokomotiven mit zwei gekuppelten Achsen: 2 B 1 T. 1 B 2 T.

2 B 1 T. Während das Kupplungsverhältnis 2/5 unsere L sofort zur ausschließlichen S L stempelt, sobald sie einen Tender mit sich führt, ist diese Schlußweise einer T L gegenüber nicht gerechtfertigt, denn die große Zahl im Nenner kann hier auch dadurch zustande kommen, daß man ihr große Vorräte mitzugeben beabsichtigt. So waren denn die ältesten 2 B 1 T, die, wie gesagt, die ältesten 2 B 1 überhaupt waren, für gemischten Dienst bestimmt. Für den Betrieb der damals etwa 80 km langen London-Tilbury & Southend Ry hatte bis 1880 die Great Eastern Ry die L gestellt. In diesem Jahre beschaffte Whitelegg eine 2 B 1 T mit Adamsachse, die bis 1892 zu 36 Stück zur Ausführung kam. Sie sollten G-, aber auch schnelle Züge befördern. Die hintere Laufachse ist nicht allzu weit von den Kuppelachsen abgerückt, damit sie nach Verbrauch der Vorräte nicht zu stark entlastet wird und bei Rückwärtsfahrt unter allen Umständen sicher führen kann. I. J. 1897 hielt man die Schaffung einer besonderen L für schnelle

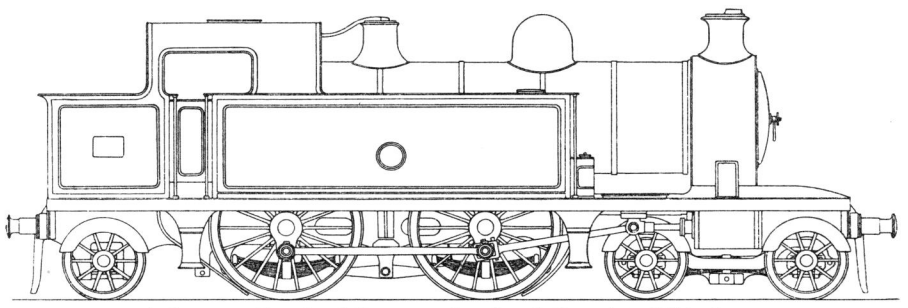

Abb. 176. London-Tilbury & Southend Ry 1910 Whitelegg.
57; 94 1,8 12; 483 660 1930; 8,7 2,3.
(Nach Eng. 1911, I, S. 271.)

Züge doch für geboten und führte seitdem eine 2 B 1 (1930) T (Abb. 176) aus. Die 2 B 1 T hat in England und Belgien für Nahverkehr, besonders auch für S-Züge, vor denen die L wegen Nähe der Landesgrenze oder aus ähnlichen Gründen keine lange Strecke zurückzulegen hat, eine ziemlich große Verbreitung gefunden (Abb. 177).

1 B 2 T. Die Achsenstellung der 1 B 2 hat für L mit Tender keine Aussichten. Eine Parallele zur 1 C 2 der Abb. 277 läßt sich kaum ziehen, denn bei einer fünfachsigen L wird der Stehkessel nicht so schwer, daß sich seine Unterstützung durch ein Drehgestell rechtfertigen ließe. Bei einer T L kommt am Hinterende das Gewicht des Kohlenvorrats hinzu. Da sie im übrigen keine ausgesprochene Fahrrichtung hat, so spricht nichts gegen die Verlegung des Drehgestells nach hinten. Diese Lage gibt außerdem freie Hand für die Ausbildung des Stehkessels. Die 1 B 2 T ist in Bayern besonders gepflegt worden (Abb. 178), sonst selten. Bei dieser bayrischen L ist große Krümmungsbeweglichkeit und guter Lauf bei Vorwärts- und Rückwärtsfahrt durch Vereinigung eines vorn laufenden Krauß-Helmholtzschen mit einem hinteren gewöhnlichen seitlich verschiebbaren Drehgestell erzielt. Außerdem sind die Spurkränze der

Lokomotiven mit zwei gekuppelten Achsen: 1 B 2 T. 189

Triebachse schmal gedreht. Die Lastübertragung auf die Laufachse des Krauß-Helmholtzschen Gestelles erfolgt durch eine Stütze mit kugligen Endflächen, dem Wesen der Sache nach also durch ein Kugellager. Jene Stütze wird oben durch den Bund einer Querfeder belastet und gibt die Last auf das Achsgehäuse in der Mitte zwischen den Rädern

Abb. 177. London-Brighton & South Coast Ry 1910 Marsh; Bahnwerkst. Brighton.
75; 84 + 28 2,2 11,2; 533 680 2019; 9,53.
(Nach Eng. 1910, 1, S. 327.)

weiter. Eine Entlastung eines Rades der führenden Laufachse ist bei dieser Anordnung ausgeschlossen. Wir können in dem Drehgestell von v. Helmholtz[1]) eine Fortbildung des alten Baldwingestells sehen (Abb. 233). Auch in einem solchen Baldwingestell wurden ja nicht nur, wie in Abb.

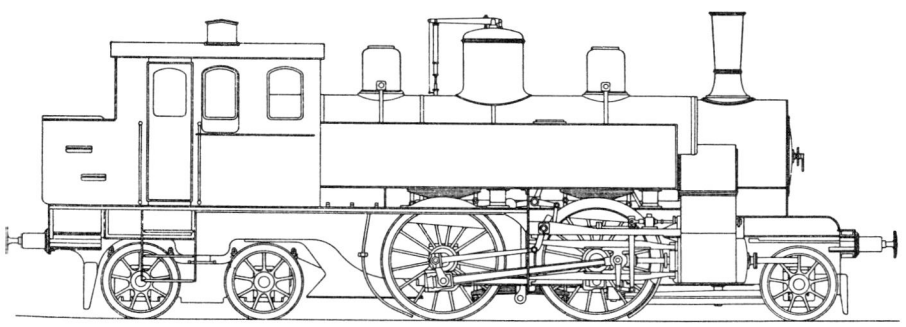

Abb. 178. Bayrische Staatsb 1897 Krauß.
69; 107 2 13; 450 560 1640; 8,9 2,6.
(Nach Organ 1900, S. 274.)

232, 283 gekuppelte Achsen vereinigt, sondern es diente auch zur Zusammenfassung einer Laufachse mit einer Kuppelachse (Abb. 92, 235). Diese Zusammenfassung nahm v. Helmholtz i. J. 1889 in sehr vervollkommneter Weise zunächst für eine C 1 T (Abb. 247) vor. Heute steht sein Drehgestell in weit verbreiteter Anwendung bei allen Bauarten mit einzelnen Laufachsen. Statt der beiderseitigen überbeweglichen

---

[1]) E. d. G. S. 431, Abb. 478.

Rahmenbleche des Baldwingestells sind zwei kräftige Achsgehäuse, das der Laufachse mit Deichsel, vorgesehen. Die Laufachse kann sich also nach der Krümmung einstellen, und ihr Anschneidwinkel wird vorteilhafterweise verkleinert. Das Drehgestell wirkt auch wie ein gewöhnliches als Hebel, der die L mit geringem Spurkranzdruck in eine neue Richtung hineindreht. Der hintere Kopf seiner Deichsel wirkt hierbei als Drehpunkt. Da der Zapfen der Gestellmitte nahe liegt, so können durch ihn vom Hauptrahmen aus nur kleine Störungsmomente auf das Gestell übertragen werden, selbst dann, wenn der Zapfen nach Zara seitlich verschiebbar in einer Wiege liegt. Zuweilen hat man eine Neigung des Gestelles beobachtet, sich in der Geraden schräg zu stellen und gleichmäßig mit dem Laufrade einer Seite an die Schiene anzulaufen. v. Helmholtz bekämpft diese Erscheinung durch eine besondere Gestaltung seines Gestells[1]). Die L der Abb. 178 läuft so ruhig, daß eine Höchstgeschwindigkeit von 90 km zugelassen werden konnte. Die Vorratsräume sind sehr reichlich bemessen. I. J. 1906 besaß die bayrische Staatsb 96, die pfälzische 31 und die Reichseisenb 13 solcher L. Man führte den Entwurf seit 1906 als 1 B 2 T h unter Vergrößerung des Zylinderdurchmessers von 450 auf 500 mm aus.

2 B 2. Es wurde oben darauf hingewiesen, daß die 2 B 1 aus der 2 B entsteht, wenn in dem Produkt $N = Z \times V$ die Geschwindigkeit V auf Kosten der Zugkraft Z vergrößert wird. Nun beobachten wir seit dem Anfang des Jahrhunderts eine Strömung, die die Anbahnung eines Schnellverkehrs mit bisher ungeahnten Geschwindigkeiten anbahnen möchte. Die treibende Kraft waren die Erfolge einiger Schnellfahrtversuche mit elektrischen L und Triebwagen, und deren drohender Wettbewerb. Die Lokomotivbauer nahmen den Kampf auf und kamen in folgerichtiger Weiterbildung der oben wiedergegebenen Schlußweise von der 2/5 zur 2/6 gekuppelten L, für die sich die Form 2 B 2 ganz zwanglos ergibt, denn sie ermöglicht in bequemer Weise die notwendige Belastung der Kuppelachsen bei kurzen Kuppelstangen und schafft Platz für ungehinderte Ausbildung eines breiten Stehkessels. Maffei lieferte i. J. 1906 eine solche 2 B 2 h(4 Zyl)[2]). Die vier Zylinder arbeiten auf eine Achse. Sie entsprach den in sie gesetzten Erwartungen durchaus. Bei einer Versuchsfahrt auf einer Strecke mit günstigen Neigungsverhältnissen von München nach Augsburg erreichte sie mit einer Wagenlast von 150 t eine mittlere Geschwindigkeit von 132 km und eine Höchstgeschwindigkeit von 154 km. Das im Alltagsdienst bewährte Gegenbild dieser L, die wir bis jetzt nur als einen über das wirtschaftliche Gebiet herausragenden Gipfel eines Entwicklungsgebietes gelten lassen können, ist die 2 C 1 (Abb. 271 bis 274), die inzwischen ihren Eroberungszug durch die Welt angetreten hat.

2 B 2 T. Die Anordnung 2 B 2 hat viel Bestechendes, wenn man sie als T L ins Auge faßt, denn sie ist symmetrisch und für Vor- und Rückwärtsfahrt vollständig gleichwertig, weil stets ein Drehgestell vorn

---
[1]) Verzeichnis der von der Lokomotivfabrik Krauß & Co. i. J, 1911 in Turin ausgestellten Gegenstände.
[2]) Lokomotive 1906, S. 137 und E. d. G., Tafel IV.

Lokomotiven mit zwei gekuppelten Achsen: 2 B 2 T. 191

läuft. Der Eindruck des Übertriebenen ist bei der 2 B 2 T nicht vorhanden, weil die große Anzahl von Laufachsen hier natürlich für die Unterbringung großer Vorräte nutzbar gemacht wird. Du Bousquet hat die Gleichwertigkeit für beide Fahrtrichtungen noch dadurch weiter ausgebaut, daß Regler und Umsteuerungshebel, der Sander und das Führerbremsventil doppelt vorhanden sind, nämlich nicht nur an

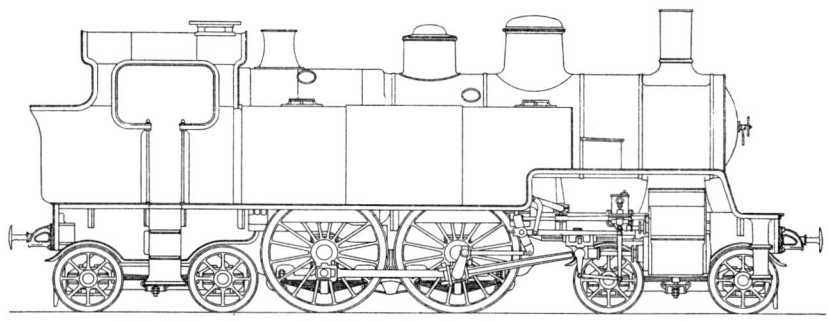

Abb. 179. Comp. du Nord 1901 Du Bousquet; Bahnwerkst.
63; 124 2,0 12; 430 600 1664; 6,5 3,5.
(Nach Portefeuille économique 1907, S. 17.)

üblicher Stelle, sondern auch an der Rückwand des Führerhauses, so daß sie der Führer bei Rückwärtsfahrt bequem handhaben kann (Abb. 179). Die Drehgestelle sind ganz gleich, also auf Austauschbarkeit entworfen. Eigenartig ist die Abstützung des Stehkessels gegen den Rahmen durchgeführt (Abb. 180). Bekanntlich haben die betreffenden Bauteile drei Aufgaben zu erfüllen: 1. Gewichtsübertragung: sie muß mit möglichst wenig Reibungswiderstand die Ausdehnung des Kessels erlauben; 2. Verhütung seitlicher Bewegungen des Kessels durch das sogenannte Schlingerstück; 3. Abfangen des Kippmomentes, das entsteht, wenn eine Massenkraft z. B. die Zentrifugalkraft beim Durchfahren einer Krümmung im Schwerpunkt des Kessels angreift. Dieses Moment sucht den Stehkessel von dem Stützpunkt der einen Seite abzuheben,

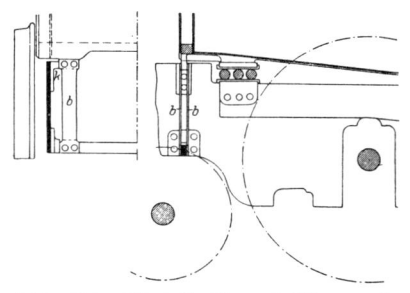

Abb. 180. ($^1/_{50}$) Stehkesselstützung der 2 B 2 nach Abb. 179.
(Nach Glasers Annalen 1908, S. 199.)

während der auf der anderen Seite zum Drehpunkt wird. — Kaum je sind im Lokomotivbau drei Vorrichtungen angewandt worden, um diesen drei Forderungen gerecht zu werden. Man wendet z. B. seitliche Gleitlager zur Gewichtsaufnahme an, die vermöge besonderer Deckplatten, die in Rahmenaussparungen greifen, auch die Kippmomente abfangen. Ein Stück ist also zur Erfüllung der Forderungen 1. und 3., und außerdem ist am Bodenring noch ein Schlingerstück vorgesehen. Ein andermal muß das Gleitlager, das sich dann an der Stiefelknechtplatte befindet, gleichzeitig als Schlingerstück dienen usw. Bei unserer L sind nun die verschiedenen Einzelaufgaben vollkommen getrennten Teilen übertragen, die darum um so sorgsamer ihrem Zweck angepaßt werden konnten. Die Gewichtsübertragung erfolgt — wohl einzig dastehend im Lokomotivbau — durch ein Rollenlager. Die Knaggen k erfüllen die Aufgaben des Schlingerstückes, und die Bänder b fangen die Kippmomente ab. Sie haben eine solche Höhe, daß sie der Längenausdehnung des Kessels durch Biegung ohne weiteres folgen können. Merkwürdigerweise sind die Möglichkeiten, die die Bauart nach den eingangs gemachten Auseinandersetzungen bietet, nicht recht ausgenutzt. Die Drehgestelle sind nur je mit $15^1/_2$ t belastet. Der Wasservorrat beträgt daher nur 7 t.

1 B 1 T. Wer etwas Neues erfindet, sucht das Anwendungsgebiet dieses Neuen zu erweitern. Als Zeh seine Deichselachsen erfand, da rüstete er seine ersten L nicht mit einer Deichselachse aus, sondern versah sie an jedem Ende mit einer solchen. So entstanden i. J. 1854 die 1 B 1 T für Bauzwecke, die gleichzeitig die ersten österreichischen Schmalspur-L waren. Sehr ähnliche 1 B 1 T wurden im folgenden Jahr 1855 für die Oberschlesische Zweigb mit einer Spurweite von 785 mm beschafft (Abb. 181). I. J. 1857 folgt eine Lieferung ähnlicher 1 B 1, aber mit Tender für die österreichische südliche Staatsb. Man mag i. J. 1854 in Österreich nicht wenig stolz auf den neuen Fortschritt gewesen sein — zunächst auch mit Recht. Gerade die symmetrische Anordnung hatte viel Bestechendes; es ließ sich ein beliebig großer Gesamtradstand bei denkbar kleinstem festem Radstand ausführen. Die äußerste Krümmungsbeweglichkeit war gewährleistet, und gleichwohl brauchte man keine schweren Massen überhängen zu lassen. Aber dieser Vorzug der L ist gleichzeitig ihr Mangel: Der feste Radstand ist zu kurz: sie neigt zum Schlingern. Dies machte sich schon bei jenen alten L trotz der geringen Geschwindigkeit, für die sie bestimmt waren, um so störender bemerkbar, als diese ältesten Deichselachsen mit keiner Rückstellvorrichtung versehen waren (S. 125), und führte ungerechtfertigterweise zunächst zur vollständigen Verwerfung der radial einstellbaren Achsen in Österreich. Wir werden erfahren, daß man dort nach Jahrzehnten wieder mehr als in irgendeinem anderen Lande zu ihnen zurückkehrte und vielleicht abermals etwas über die Grenzen der Zweckmäßigkeit hinausschoß.

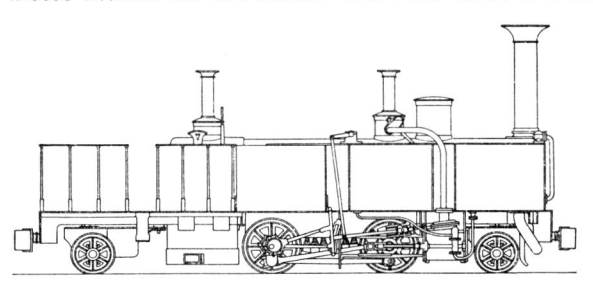

Abb. 181. Oberschlesische Schmalspurb 1855 Zeh; Günther, Wiener Neustadt.
x; 43 0,5 6; 326 434 814; Spur: 785 mm.
(Nach Verhandlungen für Gewerbefleiß 1859, S. 179.)

Auf der englischen St. Helens Ry, später einem Glied der London & North Western Ry, führten ähnliche Anlässe, nämlich scharfe Krümmungen und Steigungen i. J. 1863 zu einem ähnlichen von Cross herrührenden Entwurf (Abb. 182)[1]). Die Laufachsen waren aber nicht als Deichselachsen durchgebildet, sondern nach einer neuen von Adams angegebenen Form, die nachmalig eine so große Verbreitung fand. Das Wesen dieser Bauweise besteht bekanntlich darin, daß die beiden Lager einer Achse in einer gemeinsamen zylindrischen Führung liegen, die deren Einstellung nach dem Halbmesser der Krümmung zuläßt[2]).

Radialachsen III. Wir haben jetzt also mit einigen Worten der Entwicklung dieser letzten großen Gattung einstellbarer Achsen zu gedenken. Achsen mit radial einstellbarem Achsgehäuse sind zuerst i. J. 1854 von Riener, einem österreichischen Ingenieur, vorgeschlagen und

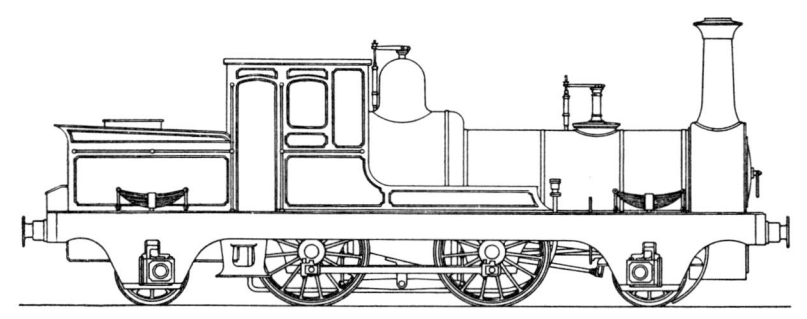

Abb. 182. St. Helens Ry 1863 James Croß; Sutton Engine works.
42; 55 1,5 10; 381 508 1549; 4,5 1,5.
(Nach Z. Colburn, S. 276.)

i. J. 1856 an Eisenbahnfahrzeugen ausgeführt worden. Freilich waren die Führungsflächen am Achsgehäuse und den Gleitbacken noch nicht zylindrisch gestaltet, sondern es waren Ebenen, die die theoretisch erforderlichen Zylinderflächen berührten — offenbar eine Vereinfachung aus Herstellungsrücksichten. Roy kam einer brauchbaren Lösung schon näher, als er i. J. 1857 ein englisches Patent auf Radialachslagerschalen (nicht -Lager) nahm. Adams brachte i. J. 1863 mit der eben behandelten L die richtige Form, aber eine Rückstellvorrichtung hatten diese ältesten Adamsachsen ebensowenig, wie seine ersten Drehgestelle (Abb. 150) und die ältesten österreichischen und sächsischen Deichselachsen. Die dort erörterten Folgen dieses Mangels sind auch hier vorhanden. Wie bei seinen Drehgestellen, führte Adams aber auch bei seinen Radialachsen sehr bald Rückstellfedern ein. Seltener benutzt man Keilflächen und Dreieckstelzen. In Österreich ließ man noch in viel späterer Zeit die Rückstellvorrichtung fort (Abb. 35, 270). Adamsachsen sind oft leichter einzubauen, als Deichselachsen; im übrigen haben sie die gleichen Eigenschaften.

---

[1]) S. auch Loc. Mag. 1901, S. 179.   [2]) E. d. G. S. 418, Abb. 461.

Die 1 B 1 T der St. Helens Ry bewährten sich weit besser als die österreichischen mit Deichselachse. Es ist das wohl auf den größeren Abstand der Kuppelachsen von einander, vielleicht auch auf die Innenlage der Zylinder zurückzuführen. Diese zwang allerdings dazu, die erste der gekuppelten Achsen zur Triebachse zu machen und somit zu einem etwas stärkeren Überhang der Zylinder. Die L erhielt noch eine weitere von Adams herrührende Neuerung, von der der Erfinder sich sehr viel versprach (Abb. 183). Er legte nämlich zwischen Unterreif und Radreifen einen federnden Ring, der die Zunahme der Reifenspannung bei abnehmender Temperatur, also die Bruchgefahr bei scharfer Kälte beseitigen sollte. Er sollte außerdem die Stöße zwischen Rad und Schiene mildern und auf diese Weise die Lebensdauer der Reifen verlängern. Eine ähnliche Anordnung hatte übrigens schon Griggs, der Maschinenmeister der Boston & Providence Rd anfangs der fünfziger Jahre angewandt[1]). Unsere L erhielt den Namen „White Raven" und man gab ihr — seltsam genug — auch den zugehörigen weißen Anstrich. Sie wurde später in eine L mit Tender umgebaut.

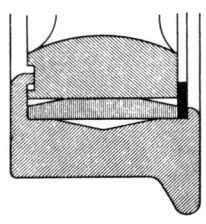

Abb. 183. ($^1/_5$) Federnder Radreifen nach Adams für die 1 B 1 nach Abb. 182.

Auch auf der Great Eastern Ry verkörperte man den neuen Gedanken — aber mit weit weniger glücklicher Hand (Abb. 184). Dem

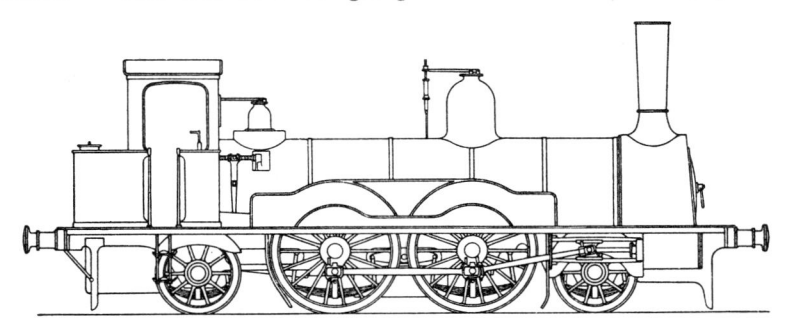

Abb. 184. Great Eastern Ry 1864 Sinclair; Neilson.
37; 88 1,1 8,5; 381 559 1704; $\sim$ 3,5 $\sim$ 2.
(Nach Lokomotive 1917, S. 109.)

Neubau dieser L, deren zwanzig beschafft wurden, war der Umbau einer alten 1 A 1 T zur 1 B 1 T vorausgegangen. Dafür, daß Sinclair nur die Vorderachse und zwar in der Form einer Bisselachse einstellbar machte, mag er seine guten Gründe gehabt haben, aber der Überhang stört uns um so mehr, als er sich durch Wahl der zweiten Kuppelachse zur Triebachse hätte vermeiden lassen. Im Gegensatz zur Abb. 182 liegen die beiden gekuppelten Achsen vor dem Stehkessel. Der Gesamtradstand

---

[1]) Eng. 1864, I, S. 273; an dieser Stelle weiteres über die Vorläufer und spätere Ausführungen elastischer Räder.

wird hierdurch kürzer, und die Vorräte lassen sich nicht so ungezwungen, wie bei jener, über der hinteren Laufachse unterbringen. Ein Wasserkasten befindet sich unter dem Kohlenbehälter, ein weiterer vorn zwischen den Kuppelrädern. Der Achsdruck von kaum 10 t befähigte die L für Nebenbahndienst. Ihre Laufbahn war keine sehr glückliche, denn sie war bei zahlreichen Entgleisungen und Zusammenstößen beteiligt. — In Abb. 185 sehen wir ihr eine zwanzig Jahre jüngere der gleichen Verwaltung gegenübergestellt. Man war zu dem Vorbild mit Adamsachsen an beiden Enden zurückgekehrt, das Cross mit seiner L für die St. Helens Ry gegeben hatte. Ursprünglich hatte sie Joysteuerung; später erhielt sie neue Zylinder von 444 mm Durchmesser und unterhalb liegende Schieber, die durch eine Stephensonsteuerung angetrieben wurde. I. J. 1893 änderte man den Entwurf für neu zu beschaffende L gleicher Art, indem man statt der Adamsachsen einfach

Abb. 185. Great Eastern Ry 1884 Worsdell; Bahnwerkst. Stratford.
52; 90 1,4 9,85; 457 610 1626; 5,5 2,5.
(Nach Eng. 1885, I, S. 204.)

seitlich verschiebbare vorsah[1]). Es ist das zwar eine Vereinfachung, die uns aber vor allem deshalb nicht gefallen will, weil der Anschneidewinkel der führenden Achse nun nicht verkleinert wird. In jener Zeit begegnete uns in England mehrfach diese Vorliebe für seitlich verschiebbare Achsen (Abb. 32, 89 u. S. 318). Die 1 B 1 T bürgerte sich in England in ziemlichem Umfange ein, wenn ihre Verbreitung auch nicht an die der B 2 T heranreichte.

In Amerika verfiel man nach Erfindung der Bisselachse sehr bald auf die Bauform 1 B 1 (Nebenskizze zu Abb. 189).

In Frankreich, der Schweiz, Belgien sind 1 B 1 T Ausnahmeerscheinungen geblieben, obwohl die belgische Staatsb i. J. 1880 eine 1 B 1 (2000) T in Brüssel ausstellte; nur ihre hintere Laufachse war als Adamsachse radial einstellbar[2]). Ebensowenig hat man sich in Österreich nach jenen ersten durch Abb. 181 dargestellten Versuchen weiter mit der 1 B 1 T beschäftigt.

---

[1]) Railway Engineer 1894, S. 168.
[2]) Heusinger von Waldegg: Handbuch für spezielle Eisenbahntechnik Band III, Tafel 73.

Auch in Deutschland verhielt man sich lange Zeit durchaus ablehnend. Die 1 B 1 T der Unterelbischen Eisenb vom Jahre 1880 blieb zunächst eine Ausnahmeerscheinung. Als aber die 1 B T der preußischen Staatsb für den Vorort- und Stadtbahnverkehr nicht mehr genügte, entschied man sich für die in Abb. 186 dargestellte Form mit vorderer und hinterer Adamsachse, die i. J. 1896 auch die sächsische Staatsb annahm. Der feste Radstand ist nur 2 m. Der Wasservorrat befindet sich in den durch die Rahmenbleche gebildeten Kästen. Bei der hierdurch gegebenen Lastverteilung mußten beide Kuppelachsen vor den Stehkessel gelegt werden. Da die zweite zur Triebachse gemacht ist, so konnte jeder Überhang vermieden werden. Die L läuft bei Geschwindigkeiten von 60 bis 70 km, wie sie im Vorortverkehr vorkommen, ruhig; nur treten hin und wieder in gerader Strecke, scheinbar ohne äußeren Anlaß, mäßig

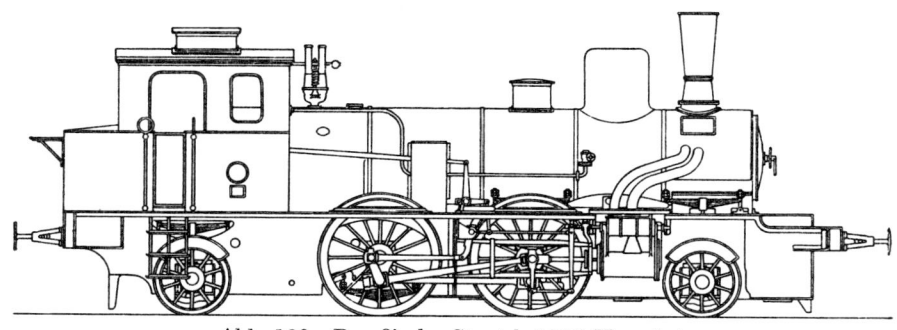

Abb. 186. Preußische Staatsb 1895 Henschel.
53; 95 1,6 12; 430 600 1600; 5,5 1,6.
(Nach Musterblättern der preußischen Staatsb.)

starke schlingernde Bewegungen auf, die dann nach einiger Zeit wieder verschwinden. Sie sind ein Kennzeichen aller L mit Radialachsen und kurzen festen Radständen. Die badische Staatsb besorgte seit 1891 den S-Zugdienst auf den Schwarzwaldstrecken mit 1 B 1 T, die diesen preußischen sehr ähnlich waren, aber etwas größere Abmessungen aufwiesen. Diese waren 56; 119 1,7 10; 457 610 1716; 6,0 2,5. Der Radstand war $2500 + 2350 + 2500 = 7350$ mm gegen $2300 + 2000 + 2500 = 6800$ mm bei der preußischen L. Sie befriedigten hinsichtlich ihrer Krümmungsbeweglichkeit durchaus, aber nicht hinsichtlich Ruhe des Ganges dort, wo die Streckenverhältnisse höhere Geschwindigkeiten bis zu 80 km erlaubten. Man hatte nun ein recht bemerkenswertes Aushilfsmittel erdacht. Auf solchen Strecken sollte das Seitenspiel der hinteren Achse, um schlingernde Bewegungen zu unterbinden, durch einen Handgriff des Führers aufgehoben werden[1]). Die Verwirklichung dieses Gedankens stieß aber auf Schwierigkeiten. Man entschloß sich darum schon i. J. 1894 zur Einführung einer 2 C v (4 Zyl) (Abb. 261).

Eine eigenartige Lösung der Aufgaben, die die Gattung 1 B 1 bietet, begegnet uns in der Vorort L der dänischen Staatsb nach Abb. 187. Die

---

[1]) Organ 1896, S. 41, Esser: Die neuesten Betriebsmittel der badischen Staatsb.

Lokomotiven mit zwei gekuppelten Achsen: 1 B 1.

gegenseitige Stellung von Zylindern und Achsen ist wieder eine andere; die ersteren sind mit Überhang angeordnet. Die Endachsen besitzen je eine Querfeder, deren Bund von einem starken Zapfen, der in einer Querverbindung des Hauptrahmens liegt, belastet wird. Die Feder kann sich mit ihrem Bund um diesen Zapfen drehen. Die Federenden

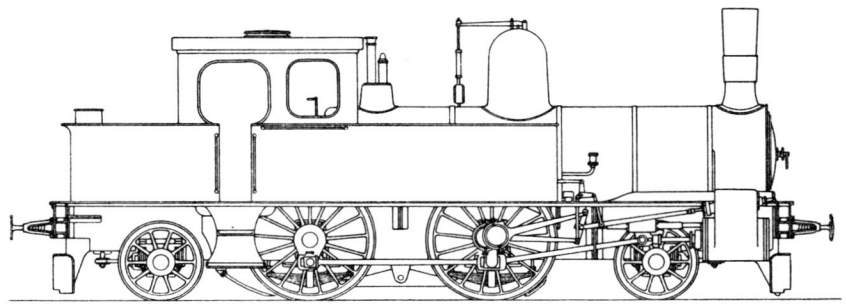

Abb. 187. Dänische Staatsb 1896 Busse.
52; 72 1,3 10; 430 610 1710; 6 2.
(Nach Organ 1896, S. 231.)

hängen mit schrägen Pendeln an den Achslagern, und zwar sind die Pendel von oben nach unten auseinandergehend geneigt. Sie wirken als Rückstellvorrichtung und führen stärkere Belastung des in der Krümmung außen laufenden Rades herbei. Die Achslager sind außerdem durch schräge Zugpendel, ähnlich den zu Abb. 161 beschriebenen und in Abb. 249 links abgebildeten, mit dem Hauptrahmen verbunden. Sie wirken kinematisch wie eine Deichsel[1]). Die Zughaken bilden an der Pufferbohle mit Pendeln ein Gelenkviereck, derart, daß die Zugrichtung stets durch den Lokomotivmittelpunkt geht (Abb. 188), ähnlich wie dies für die Tenderkupplung bei der B der Abb. 61 beschrieben wurde. Diese Anordnung erschien wegen des langen Radstandes, des großen Überhanges und zahlreicher Krümmungen angezeigt.

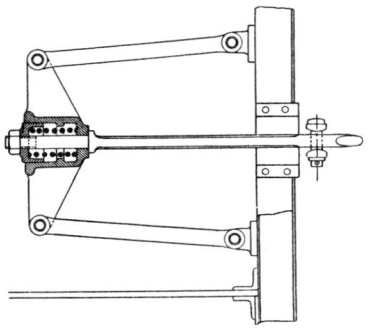

Abb. 188. ($^1/_{30}$) Zugvorrichtung für die 1 B 1 nach Abb. 187.

1 B 1. Bei der 1 B 1 liegt also der seltsame Fall vor, daß die T L die ältere ist. Sie wurde darum auch zuerst behandelt. Die 1 B 1 hat zudem ihre besondere, von der 1 B 1 T ganz verschiedene Entstehungsgeschichte. Während nämlich diese als Anwendung der soeben erfundenen Radialachsen nach Zeh, Bissel und Adams auftauchte, müssen wir in der 1 B 1 mit Tender mehr einen Ausbau der 1 B (St —) durch Hinzu-

---

[1]) E. d. G. S. 421, Abb. 466 zeigt eine verwandte Anordnung.

fügung einer hinteren Laufachse zur Vermeidung des Stehkesselüberhanges sehen. Nur notgedrungen entschloß man sich dann, eine der Laufachsen, seltener beide, einstellbar zu machen. Besonders deutlich tritt dieser Zusammenhang bei französischen L hervor (Abb. 110, 191). Auch die Zylinderlage ist bei ihnen die gleiche, wie bei den 1 B, also vorn überhängend. Nur die amerikanische 1 B 1 ist als Fortbildung der 1 B 1 T entstanden (Abb. 189). Eine allzu große Verbreitung ward ihr in Amerika aber zunächst noch nicht beschieden. Viele Jahrzehnte später erwachte sie zu neuem Dasein, brachte es aber wiederum nicht zu großer Verbreitung. Die Baldwin-Werke stellten i. J. 1893 eine solche 1 B 1 v (4 Zyl) Vauclain in Chicago aus. Nur die Vorderachse war als Deichselachse ausgebildet. Sie erregte damals großes Aufsehen.

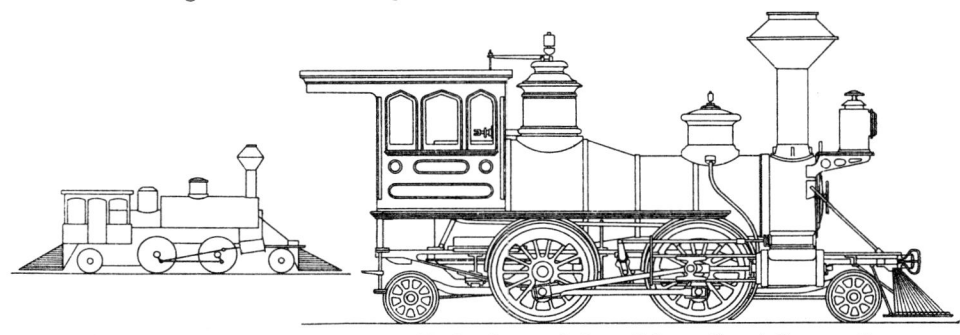

Abb. 189. Verschiedene Bahnen Ende der sechziger Jahre. Grant Locomotive works, Paterson.
24; 50 1,5 x; 356 559 1422.
(Nach Forney: Catechism of the Locomotive. New York 1875. S. 580. Nebenskizze nach Engg. 1868, I, S. 265.)

Die 1 B 1 und die 1 B 1 T haben viele gemeinsame Eigenschaften. Die erforderliche Belastung der Kuppelachsen ist leicht erreichbar. Die Kuppelstangen werden kurz. Bei den 1 B 1 liegt weder Trieb- noch Kuppelachse unter dem Führerstand, so daß das Klopfen und Stoßen in deren Lagern für die Mannschaft kaum fühlbar wird. Beiden Gattungen gemeinsam ist die Neigung zu schlingernden Bewegungen bei etwas gesteigerter Fahrgeschwindigkeit infolge der Kürze des festen Radstandes.

In Europa erhielten die ersten 1 B 1 die luxemburgische B i. J. 1860 aus den Werken Stephensons und i. J. 1862 von Cockerill. Daß die neuen 1 B 1 nach ganz anderen Grundsätzen erdacht waren, als die 1 B 1 T, erkennt man besonders deutlich an Abb. 190. Ihre Laufachsen sind nämlich trotz des großen Gesamtradstandes von 6000 mm nicht einstellbar. Die L bewährten sich daher nicht. Der Raddurchmesser war übrigens mit 2100 mm für die mäßigen Geschwindigkeiten, die in Frage kamen, viel zu groß. Man tauschte die Triebachsen deshalb später gegen niedrigere aus.

Frankreich war das Land der 1 B (St —) gewesen (Abb. 107 bis 110). Die schlechten Erfahrungen, die man mit ihrer Gangart vor schnellen

Lokomotiven mit zwei gekuppelten Achsen: 1 B 1.   199

Zügen machte, veranlaßte die Verwaltungen, die Entwürfe unter Beibehaltung sonstiger bewährter Einzelheiten durch Hinzufügung einer Laufachse hinter dem Stehkessel zu verbessern. So entstand die 1 B 1 aus der 1 B (St —) zufolge ganz ähnlicher Beobachtungen und Erwä-

Abb. 190. Große russische Eisenb 1862 Schneider, Creuzot.
39; 123 2,2 x; 440 600 2100; Spur: 1524.
(Nach Portefeuille économique 1867, S. 2.)

gungen wie einst die 1 A 1 aus der 1 A. Die Bauart der Abb. 191 z. B. wurde, wenn auch zunächst noch in schwächerer Ausführung, schon i. J. 1873 aus der 1 B der Abb. 110 entwickelt. Zunächst hatte sie noch, wie die 1 B, Außenzylinder. Eine verstärkte Form vom Jahre 1878 wies

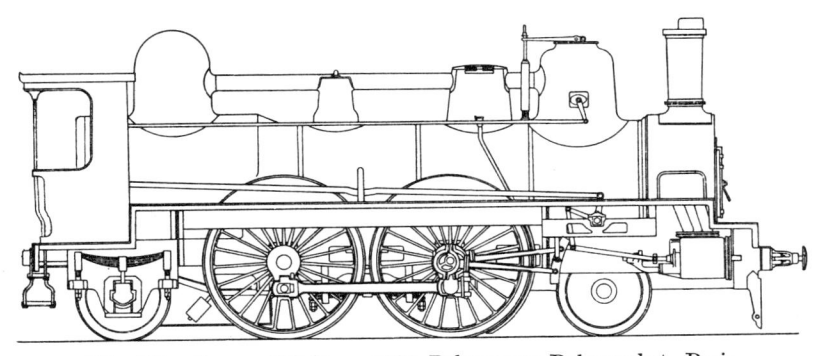

Abb. 191. Comp. d'Orléans 1888 Polonceau; Bahnwerkst. Paris.
55; 137 2,2 13; 450 700 2150.
(Nach Organ 1890, S. 144.)

schon eine Heizfläche von 142 m² auf. I. J. 1888 verlegte man die Zylinder nach innen, woraus zu schließen ist, daß man mit der Gangart unzufrieden war — eine Erfahrung, die uns nicht überrascht. Die dargestellte Form stammt von Polonceau. Die Laufachsen haben je 10 mm Seitenspiel mit Rückstellung durch Keilflächen, können sich aber nicht radial einstellen. Der Anschneidewinkel der führenden Achse bleibt also groß. Bei einer schnell fahrenden L würde man das heute für unzulässig halten. Die Feuerkistendecke ist nach Polonceau versteift, und die Feuerkiste selbst mit einem Tenbrincksieder ausgerüstet, den die Orléansb schon seit 1875 mit Erfolg benutzte. Es wurden eine bedeutende Brennstoffersparnis sowie eine Schonung der Feuerbuchsdecke und der Rohrenden beobachtet. Die Heizrohre sind mit 5190 mm recht lang bemessen. Die L hatte Züge von 225 t Gewicht mit einer Geschwindigkeit von 75 km stündlich zu befördern. Seit 1879 wurde auch eine Spielart mit nur 1840 mm Triebraddurchmesser ausgeführt. Die österreichische Staatsb bezog in den Jahren 1882 bis 1885 26 L gleichen Entwurfs und zwar dem Beschaffungsjahr entsprechend mit Außenzylinder und in Anpassung an die Streckenverhältnisse mit 2120 und 1820 mm Triebraddurchmesser. Sie wurden noch 30 Jahre später als leistungs-

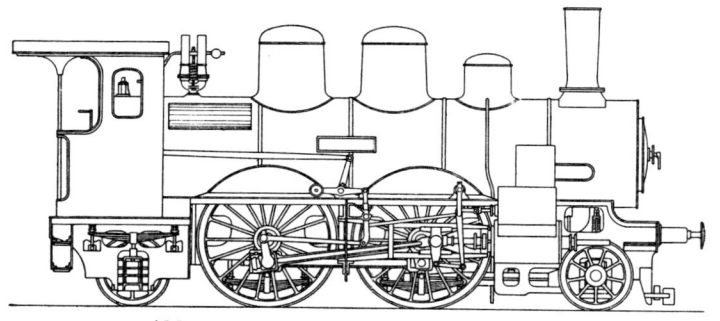

Abb. 192. Pfälzische Eisenb 1891 Krauß.
47; 113 1,8 12; 435 600 1850.
(Nach Organ, Ergänzungsband 10. 1893, S. 24.)

fähig und sparsam geschätzt. Die Versteifung der Feuerkistendecke nach Polonceau hat sich bewährt. Jedoch wurde darüber geklagt, daß die Rückstellung vom gekrümmten ins grade Gleis stoßend erfolge. Über diesen Mangel der schwer zu schmierenden Keilflächen, die als Rückstellvorrichtung dienen, wird häufig geklagt. Auch die rumänische Staatsb beschaffte i. J. 1888 sehr ähnliche L. — Wie bei der Comp. d'Orléans entstand auch bei der Comp. de Paris-Lyon-Méditerrannée i. J. 1879 und den Chemins de fer de l'Etat i. J. 1888 die 1 B 1 aus der 1 B (St —).

Bei der pfälzischen Eisenb können wir die Herkunft der 1 B 1 aus einer älteren Gattung nicht behaupten, ohne den Dingen Gewalt anzutun[1]). Hier liegt vielmehr der unvermittelte Übergang zu einem ganz neuen Entwurf vor, den sich auch die hessische Ludwigsb von 1893 bis 1895 zu eigen machte (Abb. 192). Die Verwaltung hatte bis dahin 1 B (St +) benutzt. Ganz neu gegenüber den bisher betrachteten 1 B 1 ist die Vereinigung der beiden ersten Achsen in einem Krauß-Helmholtz-Gestell. Also nicht die erste und letzte, sondern die erste und zweite Achse stellen sich in Krümmungen ein, und die L nähert sich in

---
[1]) Zur Geschichte der pfälzischen L s. Lokomotive 1906, S. 53, Lotter: Neuere L der bayrischen Pfalzb.

Lokomotiven mit zwei gekuppelten Achsen: 1 B 1.   201

der Art und Weise, wie sie die Krümmungen durchläuft, der 2 B. Der Gelenkkopf des hinteren Gestellendes liegt in dem hinteren Achslagerverbindungsblech der Kuppelachse, um eine größere Länge des Gestells und ruhigeren Gang zu erhalten. Die Lastübertragung auf die vordere Laufachse erfolgt wie bei der 1 B 2 T der Abb. 178. Die zweite der gekuppelten Achsen wurde zur Triebachse gemacht; so konnte der

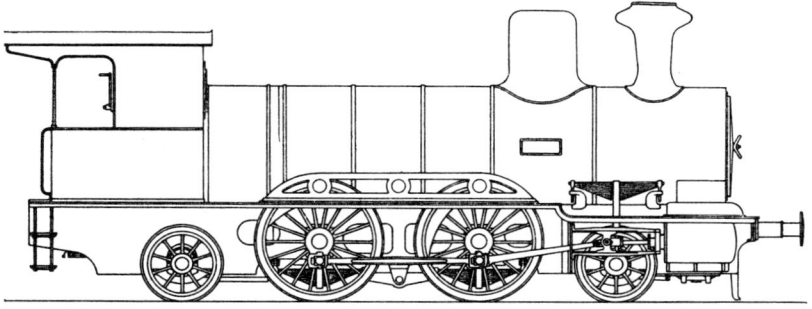

Abb. 193. Württembergische Staatsb 1892 Klose; Cockerill.
54; 148 2,0 12; 3 · 420 560 1650.
(Nach Organ, Ergänzungsband 10. 1893, S. 9.)

Überhang der Zylinder vermieden und außerdem ein sehr günstiges Verhältnis der Pleuelstangenlänge zum Kurbelhalbmesser erzielt werden. Die hintere Laufachse liegt aus mehrfach erörterten Gründen in einem kurzen Außenrahmen. Die Steuerung hat eine gradlinige Kulisse nach Krauß-Helmholtz und Führung des oberen Endes des Voreilhebels in einem Kreisbogen.

Ein ebenso selbständiges Einzelwesen ist die 1 B 1 der Abb. 193. Zuvor waren bei der württembergischen Staatsb 1 B v mit überhän-

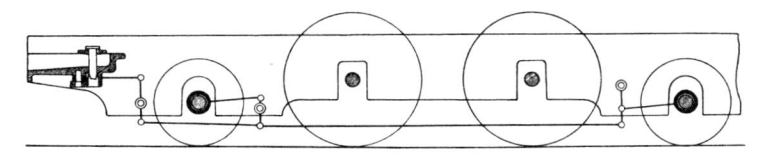

Abb. 194. ($^1/_{90}$) Lenkachsen. Bauart Klose für die 1 B 1 nach Abb. 193, Gesamtanordnung.

genden Zylindern benutzt worden. Klose ging eigene Wege, sowohl hinsichtlich der Verbundanordnung, wie hinsichtlich der Einstellvorrichtung in Krümmungen. Es sind drei Zylinder gleichen Durchmessers vorgesehen, die mit einfacher oder Verbundwirkung arbeiten können. Im letzteren Falle arbeiten die Außenzylinder als Niederdruckzylinder. Der Kurbelversetzungswinkel ist 120°, der Triebraddurchmesser entsprechend der gebirgigen Beschaffenheit des Landes nur 1650 mm. Die Lenkachsen sind gekuppelt (Abb. 194). Das Gestänge, das die beiden Laufachsen miteinander verbindet, ist auch mit der Tenderkupplung dergestalt verbunden, daß Schrägstellung des Tenders gegen die L und radiale Einstellung der Laufachsen nur als gleichzeitige Bewegung ausgeführt werden können. Zu diesem Zwecke ist das Kupplungsglied mit einer entsprechenden Schlitzführung ausgerüstet (Abb. 195). Bei dieser

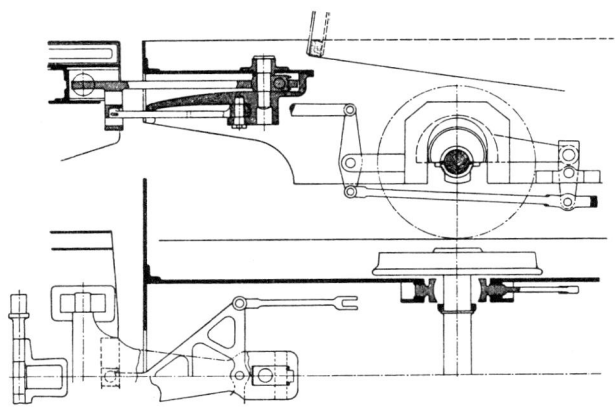

Abb. 195. ($^1/_{50}$) Lenkachsen, Bauart Klose für die 1 B 1 nach Abb. 193, Einzelausbildung.

württembergischen L sind die Grundsätze der Lenkachsenanordnung also bis zur äußersten Grenze verfolgt. Von deutschen 1 B 1 verdienen noch die der Main-Neckarb vom Jahre 1892 Erwähnung. Sie haben Außenrahmen und sind nach belgischem Muster ausgeführt.

In England hat die 1 B 1 nur in einer Form Eingang gefunden, ist in dieser allerdings auch um so bekannter geworden (Abb. 196).

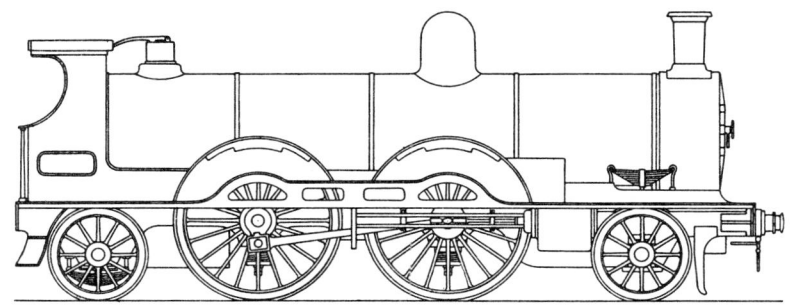

Abb. 196. London & N.-W. Ry 1891 Webb; Bahnwerkst. Crewe.
53; 140 1,9 12,3; $\dfrac{2 \cdot 381}{760}$ 610 2160.
(Nach Organ 1895, S. 77.)

Webb hatte die Idee der Verbund-L, die in Frankreich zum erstenmal i. J. 1876 brauchbare Formen angenommen hatte, schon frühzeitig aufgegriffen und ihr auf der London & North Western Ry eine ganz besondere Seite abgewonnen. Er führte seine 1 B v mit zwei außenliegenden Hochdruckzylindern aus, die um 90° versetzt eine freie Triebachse hinter dem Stehkessel antrieben; ein dritter innenliegender Niederdruckzylinder arbeitete auf eine zweite in der Mitte liegende freie Achse. Die beiden Achsen sind also nicht etwa gekuppelt. Webb wollte auf diese Weise die Leichtigkeit des Laufes einer ungekuppelten L mit dem größeren Reibungsgewichte einer gekuppelten vereinen. Letzteres war für eine 7,2 km lange Steigung von $13^0/_{00}$ zwischen Crewe und Carlisle wünschenswert. In den nächsten Jahren folgten verstärkte Ausführungen — i. J. 1891 endlich die dargestellte, die genau genommen nicht als 1 B 1, sondern als 1 A + A 1 bezeichnet werden müßte. Der innenliegende Niederdruckzylinder hat nur ein Exzenter, das durch einen Anschlag in der jeweils erforderlichen Stellung für Vorwärts- oder Rückwärtsfahrt mitgenommen wird. Da die L mit dem Hochdrucktriebwerk allein anfahren kann, weil dieses zwei um 90° versetzte Kurbeln hat, so braucht niemals Frischdampf in den Niederdruckzylinder gelassen zu werden. Die falsche Stellung seines Exzenters im ersten Augenblick nach Umlegen der Steuerung kann also niemals stören. Natürlich arbeitet die Niederdrucksteuerung auf diese Weise stets mit größter Füllung, nämlich $70^0/_{00}$. Die hintere Laufachse ist fest gelagert, die vordere als Webbsche Radialachse ausgebildet, die der von Adams ähnlich ist. Die Siederohre bilden zwei Gruppen, zwischen denen in der Mitte des Kessels eine sogenannte Verbrennungskammer eingeschoben ist. Der große Abstand der Rohrwände, der sich aus der Gesamtanordnung zu 5732 mm ergibt, mag zu dieser Anordnung geführt haben. Eine solche Verbrennungskammer wird uns bei einer weit älteren L noch einmal begegnen (Abb. 236). Webbs L wurde i. J. 1893 in Chicago ausgestellt. Es wurden im ganzen etwa 200 Stück ausgeführt. Sie gelangten in den Formen 1 A + A 1, 1 A + A und 2 A + A nach Nordamerika, Argentinien, Brasilien, Frankreich, Österreich, Ostindien. Ein durchschlagender Erfolg war ihnen nirgends beschieden. Die österreichischen bewährten sich gar nicht. In diesem Falle mag allerdings die für eine Verbund-L viel zu geringe Dampfspannung von 9 at schuld gewesen sein. Sie wurden hier durch die zur Abb. 191 erwähnten 1 B 1 französischer Ausführungsform aus dem Felde geschlagen. Auch die London & North Western Ry schied die L nach Webbs Fortgang aus. An dem Mißerfolg dürfte das nicht genügende Querschnittsverhältnis des Niederdruckzylinders zu den Hochdruckzylindern, das nur eben den Wert 2 erreichte, beteiligt gewesen sein. Daß das Fehlen der Kuppelstangen außerdem leicht Anlaß zum Schleudern gibt, ist bei der Vorläuferin der L in Abb. 160 erörtert worden. Ebenso, daß man sich auf diese Weise der Möglichkeit eines verbesserten Massenausgleichs begibt. Das war bei einer 1 B 1 besonders zu bedauern, denn diese hat ja schon als solche ihre bedenklichen Eigenheiten, die bei den hohen Geschwindigkeiten englischer S-Züge doppelt störend auftreten mußten. Wir sehen nicht ohne Bedauern, daß so vielen eigenartigen, mit Fleiß durchgearbeiteten Gedanken der Lohn einer erfolgreichen Verwirklichung versagt geblieben ist.

Auch im ganzen betrachtet kann die Gattung 1 B 1 nicht zu den erfolgreichen gerechnet werden. Fast alle Verwaltungen verließen sie, ehe noch die gesteigerten Anforderungen zur Einführung fünfachsiger Bauarten zwangen, zugunsten der 2 B. Dies gilt im besonderen für die Comp de Paris-Lyon-Méditerrannée und für die französische Staatsb, in Deutschland für die württembergische Staatsb. Nur die Comp. d'Orléans und die pfälzische Eisenb gingen von der 1 B 1 unvermittelt zur 2 B 1 über (Abb. 169).

Lokomotiven mit drei gekuppelten Achsen:
C, 1 C, C 1, 2 C, 1 C 1, C 2, 2 C 1, 1 C 2, 2 C 2.

C. Man kannte in den ersten Jahren eines ernsthaften Eisenbahnbetriebes zwei Bauarten von G L, nämlich die B vom Jahre 1830 und die aus ihr entwickelte B 1 vom Jahre 1833. Aber die Anforderungen an die Zugkraft nahmen so schnell zu, daß ihnen die Lokomotivbauer kaum mit ihren Entwürfen folgen konnten. Das starke Anwachsen des Kohlenverkehrs auf der Leicester & Swannington Ry gab Anlaß, nach einer kräftigeren L zu suchen, um ihre Züge über die starken Steigungen zwischen Swannington & Bagworth befördern zu können. Stephenson entschloß sich zum Bau einer 3/3 L, die am 8. Februar 1834 zu Leicester abgeliefert wurde (Abb. 197). „Herkules" mit Namen, war sie mit ihren 17 t Dienstgewicht damals die schwerste und kräftigste L der Welt. Darum erregte ihr Erscheinen größtes Aufsehen. Man beobachtete sie aufmerksam im Betriebe und berichtete mehrere Monate hindurch wöchentlich an die Erbauer und die Direktoren der Gesellschaft. Ihr Chefingenieur Cabry unternahm eine große Reihe von Versuchen, um sich über ihre Leistungsfähigkeit zu unterrichten. Sie tat 25 Jahre Dienst, war dann noch in einer Kohlengrube tätig und wurde erst nach einer Laufbahn von über 40 Jahren abgebrochen. Es sind nur Skizzen der Gesamtanordnung erhalten. Man darf aber ohne weiteres annehmen, daß Rahmenbau, Zylinderbefestigung usw. die gleichen Vorzüge und Mängel aufzuweisen hatten, wie die gleichzeitigen Stephensonschen 1 A, B und B 1. Der Spurkranz an der Mittelachse fehlte, wie bei den 1 A 1 Stephensons. Infolge des günstigen Ergebnisses der Cabryschen Versuche beschafften alsbald auch andere Verwaltungen C gleichen Musters. So entstand eine äußerst lebensfähige Bauart. Eigentlich ist die C schon vor der Rocket gebaut worden, wenn auch in altertümlicher

Abb. 197. Leicester & Swannington Ry 1834 Stephenson.
17,2; 56 0,95 x; 406 508 1371.
(Nach Stretton, S. 59.)

Gestalt mit Flammrohrkessel und schräg liegenden Zylindern[1]). Sie wird noch heute gebaut. In der besonderen Form der Abb. 197 mit langem Radstand, hinter dem Stehkessel liegender letzter Achse und Innenzylindern stellt sie die bis heute treu festgehaltene englische Bauform dieser Gattung dar. Diese englische C G L erhält verhältnismäßig hohe Raddurchmesser von 1524 bis 1600 mm, während die deutschen nur 1350 bis 1480 mm aufweisen. Fairbairn stellte i. J. 1862 in London sogar eine C (1680) aus, und Ivatt ging auf der Great Northern Ry i. J. 1908 mit einer C (1727) bis zur Grenze des Zweckmäßigen. Die verhältnismäßig hohe Geschwindigkeit englischer G-Züge, die gelegentliche Verwendung der C für häufig haltende schwere P-Züge, und die Vorliebe für große Triebraddurchmesser in England machen dies erklärlich. Die C hat sich also, und zwar auch, ohne daß man sich immer zu einer so wesentlichen Vergrößerung der Triebräder entschlossen hätte, in gewissem Umfang zur P L weiter entwickelt. Die Vermeidung des Überhanges am Stehkesselende durch Unterstützung desselben, die Einschränkung des Überhanges am vorderen Ende durch Verwendung von Innenzylindern, die als solche dicht an die Welle der Vorderachse gelegt werden können, machen sie zu diesem Zweck sehr wohl geeignet. Für schnellere Züge eignet sich die C nach heutiger Auffassung nicht, weil dieser Dienst zu große Raddurchmesser bedingen und somit ein hohes Rad vorn laufen würde. Wie alle englischen L wird im besonderen diese C nie mit Ausgleichhebeln versehen, die allerdings bei der großen gegenseitigen Achsentfernung auch kaum in gewöhnlicher Form anzubringen wären. Es macht einige Schwierigkeiten, der letzten Kuppelachse der C (St +) die erforderliche Belastung zu geben. Man darf deshalb die Rauchkammer nicht zu lang machen und muß oft den Zugkasten schwer ausführen.

Die C wurde also früh in England eingeführt. In den fünfziger und sechziger Jahren scheinen die Beschaffungen aber etwas nachgelassen zu haben. Man bevorzugte vielfach wieder die 1 B und B 1, als der immer kräftiger ausgeführte Oberbau ein genügendes Reibungsgewicht auf zwei Achsen unterzubringen erlaubte. Die geschilderte Eigenheit des englischen, dem P-Zugdienst nahe stehenden G-Zugdienstes trug ein weiteres dazu bei. Erst seit den achtziger Jahren gewann die C (St +) in England starke Verbreitung.

Auf die Besprechung der 1 A 1 nach Abb. 11 ließen wir die nach Abb. 12 und 14 folgen, um zu zeigen, wie zäh der englische Lokomotivbauer zuweilen an Formen festhält, die er einmal als zweckmäßig erkannt hat. Noch viel schlagender kann dies bei Gegenüberstellung der eben besprochenen C mit der genau 70 Jahre jüngeren der Abb. 198 dargelegt werden. Ein Unterschied ist freilich vorhanden, der im Bild nicht in Erscheinung tritt. Statt der altertümlichen mehrfachen Innenrahmen (Abb. 6, 13) ist ein Doppelrahmen in neuzeitlicher Ausführung vorhanden. Am Innenrahmen sind die Zylinder befestigt, die früher mit der Rauchkammer verschraubt wurden, ebenso der Zugkasten, und in

---

[1]) Z. Colburn, S. 42 und Loc. Mag. 1914, S. 17.

ihm ist die Triebachse, im ganzen also viermal gelagert. Die Gattung wurde in Anlehnung an eine C der Midland Ry mindestens seit 1898 für die ägyptische Staatsb geliefert[1]). Die Tragfedern haben Gummipuffer in den Gehängen. Das Führerhaus ist durch seine luftige Ausführung dem Klima Ägyptens angepaßt.

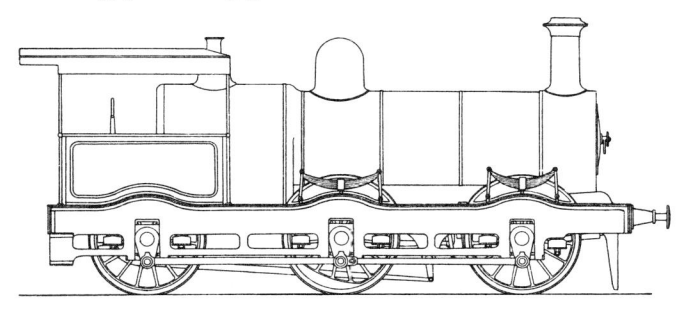

Abb. 198. Ägyptische Staatsb 1904 Schwartzkopff.
41; 90 1,8 11,25; 457 630 1530.
(Nach Zeichnung.)

Den Mängeln der alten Rahmenbauarten ging aus dem Wege, wer sich frühzeitig zur Anwendung einfacher Innenrahmen entschloß, wie z. B. Stirling i. J. 1838 (Abb. 21). Natürlich wandte man diese Bauweise auch auf die C an (Abb. 199). Sie hat wegen ihrer großen Leichtigkeit die Doppelrahmen etwas zurückgedrängt. Ihre Weiterentwicklung zeigt Abb. 200. Sie ist 30 Jahre jünger als die vorige, und doch sind alle Merkmale, zu denen auch das Fehlen der Ausgleichhebel rechnet, unverändert erhalten geblieben. — Wir gehen wieder 35 Jahre weiter (Abb. 201) und überzeugen uns, daß man wohl mit der Zeit mitgegangen ist, aber daß man es nach Möglichkeit vermieden hat, das Bewährte anzutasten. Die L, eine der mächtigsten ihrer Gattung, ist mit dem Schmidtschen Rauchröhrenüberhitzer ausgerüstet. Aber man hat sich trotz der unleugbaren Vorteile der Heusingersteuerung noch nicht ent-

Abb. 199. Great Eastern Ry 1846 Stothert & Slaughter.
25 nach Umbau; 73 1,3 x; 406 610 1372.
(Nach Loc. Mag 1902, S. 169.)

---

[1]) Loc. Mag. 1903, S. 430, The Egyptian Governement Rys and L; im besonderen 1904, S. 159.

Lokomotiven mit drei gekuppelten Achsen: C. 207

schließen können, sie an Stelle der Stephensonschen anzuwenden. Der Stehkessel hat wagerechte Decke nach Belpaire.

In Belgien erlangte die C (St +) eine ähnliche Bedeutung wie in England. An einer belgischen L können wir besonders gut ihre Entwicklung zur P L beobachten (Abb. 202). Wie so manche Lokomotivgattung ist auch diese zunächst als Umbau entstanden. Belpaire ver-

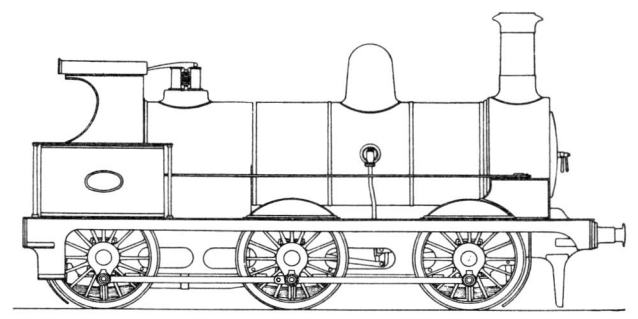

Abb. 200. London & Chatam Dover 1876 Kirtley; Longredge works.
38; 92 1,6 9,8; 444 660 1473.
(Nach Eng. 1877, II, S. 245, 259.)

sah nämlich eine der i. J. 1867 von Schneider in Creuzot gelieferten C (1450) i. J. 1874 mit höheren Rädern, ohne sonstige wesentliche Änderungen vorzunehmen. Die Kesselachse mußte hierbei von 1975 mm auf 2125 mm gehoben werden. Bis 1885 ist dann eine stattliche Anzahl

Abb. 201. Midland Ry 1911; Bahnwerkst. Derby.
50; 98 + 29 2, 11,25; 508 660 1600.
(Nach Eng. 1911, II, S. 661.)

gebaut worden. Ihr Hauptverwendungsgebiet bildete neben dem Becken von Charleroi mit 13°/$_{00}$ Steigung die Luxemburger Linie mit 18°/$_{00}$ Steigung. Dort beförderte sie S-Züge von 80 t Gewicht mit 55 km mittlerer Geschwindigkeit. Der Stehkessel hat, wie alle Entwürfe von Belpaire, eine außergewöhnliche Länge, um einen großen Rost unterbringen und Staubkohle verfeuern zu können. Das Verhältnis der Heizfläche zur Rostfläche hat daher den außergewöhnlich kleinen

Wert 40. Von dem englischen Vorbild mußte infolgedessen in einem wesentlichen Punkte abgewichen werden. Die letzte Achse liegt nicht hinter, sondern etwa unter der Mitte des Stehkessels. Ferner ist ein reiner Außenrahmen vorgesehen, während man in England entweder diesen mit einem Innenrahmen zum Doppelrahmen vereinigt oder einen reinen Innenrahmen ausführt. Um die Zylinder den Anschluß an diesen Außenrahmen gewinnen zu lassen, müssen sie also den Vorderrädern aus dem Wege gehen und ziemlich stark überhängen. Dieser Überhang und der teilweise des Stehkessels sind nicht eben vorteilhaft für eine L, die auch höhere Fahrgeschwindigkeiten erreichen soll. Der Ausgleichhebel, der abweichend vom englischen Vorbild die Federn der Vorderachsen verbindet, um Entlastungen der führenden Räder zu vermeiden, ist wohl in dieser Erkenntnis vorgesehen worden. Ein Durchmesser von 1700 mm für ein führendes Rad kann ferner nur eben noch als zu-

Abb. 202. Belgische Staatsb 1885 Belpaire; Couillet.
39; 109 2,8 8; 450 600 1700.
(Nach Flamache-Huberti: Traité d'exploration des chemins de fer, Paris 1898 B. 4. T. 21.)

lässig gelten. Wir erinnern uns hierbei an die Erfahrungen, die mit der B 1 nach Abb. 73 gemacht wurden.

In Schweden herrschte, aus England eingeführt, die C (St +) bei der Staatsb von 1863 bis 1875. Im übrigen aber steht ihrer großen Verbreitung in England eine auffallend geringe in fast allen anderen Ländern gegenüber. In Frankreich beschaffte nur die Comp du Nord von 1851 bis 1855 C (1428) (St +) mit Innenzylindern in der echt englischen Form.

In Deutschland hat die englische Bauform der C im strengen Sinne des Wortes überhaupt nicht Eingang gefunden, wohl aber auf der Niederschlesisch-Märkischen B eine ihr nahestehende Abart (Abb. 203). Diese Verwaltung hatte für G-Zugdienst an der 1 B nach Abb. 111 festgehalten; nur wurde der Triebraddurchmesser bei den späteren Lieferungen deutscher Firmen auf 1260 mm verringert[1]). Schon i. J. 1865 wurde aber

---

[1]) Lokomotive 1908, S. 174 und 1915, S. 13. Auf die betreffende Aufsatzfolge: Beiträge zur L-Geschichte, die von verschiedenen Verfassern herrührt, sei wegen ihres reichen Inhalts besonders hingewiesen.

eine L nach Abb. 203 von Borsig und zwei Jahre später sechs weitere von Schwartzkopff bezogen. Wir haben es da mit einer für Deutschland recht fremdartigen Erscheinung zu tun, die aber auch von der üblichen englischen insofern abweicht, als die letzte Achse weit unter den Stehkessel vorgeschoben ist. Diese Anordnung ist zuerst von Sharp, Steward & Co i. J. 1861 für C der London, Chatam & Dover Ry getroffen worden, denen bis 1866 eine ganze Reihe folgten. Sie besaßen einen Schrägrost nach Cudworth. Die Größe eines solchen Rostes und die hohe Lage seines hinteren Endes führt, wie zu Abb. 86 beschrieben, ohne weiteres dazu, die letzte Achse unter den Stehkessel zu schieben. Eine L dieser Art stellten Sharp, Steward & Co i. J. 1862 in London aus. Sie wurde vom Khediven Said Pascha für Ägypten angekauft. Jene Lage der letzten Achse unter dem Rost führte bei der L der Abb. 203 zu der für eine C jener Zeit ungewöhnlich hohen Kessellage

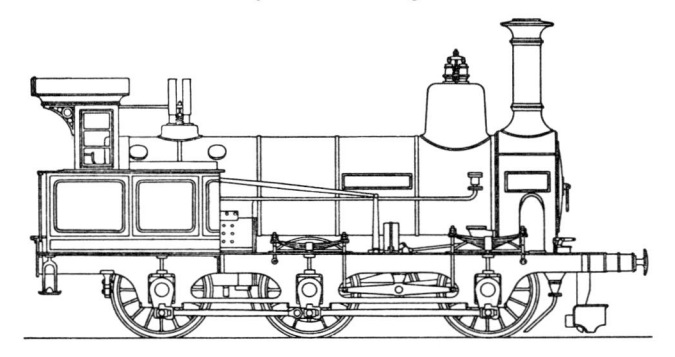

Abb. 203. Niederschlesisch-Märkische B 1865 Borsig.
37; 100 2,16 8,0; 445 610 1323.
(Nach Photographie und Maßskizze.)

von 2135 mm. Fast sieht es so aus, als sollte damit ein Versuch zur Zertrümmerung des alten Vorurteils über die Gefährlichkeit hoher Schwerpunktlage gemacht worden sein. Man sah die hohe Kessellage aber nur als unvermeidliche Folgeerscheinung der Achsenstellung an. Die späteren Ausführungen der Niederschlesisch-Märkischen B bewiesen das. Vom englischen Vorbild abweichend sind Ausgleichhebel vorgesehen. Wegen der vierfachen Lagerung der Triebachse im Doppelrahmen mußte die hintere Hälfte des Längsbalanciers doppelt ausgeführt werden. Auch ein Querbalancier ist vorhanden, so daß die L in drei Punkten gestützt ist. Die Schieberkästen liegen nicht, wie bei den englischen L, zwischen, sondern über den Zylindern. Weder die Werkstätten noch die Mannschaft konnte sich an die Kropfachsen gewöhnen; auch soll der Kohlenverbrauch groß gewesen sein. Die Schuld hieran dürfte der große Rost tragen; auf S. 227 werden wir darauf zurückzukommen haben. Darum ging die Verwaltung alsbald zur C (St —) über, die, wie wir noch sehen werden, in Deutschland gewaltige Verbreitung gefunden hat.

Die gleichen Erwägungen, die Stephenson i. J. 1842 veranlaßten, anstelle der 1 A 1 (St +) die 1 A 1 (St —) (Abb. 40) und gleich darauf anstelle der 1 B (St +) die 1 B (St —) zu setzen, veranlaßten ihn wahrscheinlich ebenfalls schon i. J. 1842 zur Schaffung der C (St —). Wie bei der 1 A 1, so ging er auch bei der C gleichzeitig mit dieser Wandlung zum Innenrahmen über. Wieder war es die Stockton & Darlington Ry, auf der sich in den vierziger Jahren die C (St —) wie die B (St —) einbürgerte. Sonst ist es in England nur zu wenigen Ausführungen gekommen, wie dies ja auch für die 1 B (St —) gilt. In allen anderen Ländern des festländischen Europa mit Ausnahme von Belgien, das englische Formen bevorzugte, hat die C (St —) durch Jahrzehnte hindurch gewaltige Verbreitung gefunden. Man führte sie mit Triebraddurmessern von 1260 bis 1410 mm, meist etwa 1350 mm aus. Sie hat den Vorzug, wegen des kleineren Radstandes auch engere Krümmungen befahren zu können. Auch in lotrechter Ebene ist sie wegen ihres kurzen Radstandes sehr schmiegsam. Es ist das wesentlich, weil man G L, zumal wenn sie älter geworden sind, auch häufig zum Verschiebedienst auf dem Ablaufberg benutzt, ebenso auch bei Neubauten auf Arbeitsgleisen, die in der Höhe schlecht ausgerichtet sind. In allen diesen Fällen sind gefährliche Achsentlastungen und Rahmenbeanspruchungen um so weniger zu fürchten, je näher die Achsen aneinander liegen. Der Rahmen wird leicht und billig; das gleiche trifft für das Triebwerk zu. Für Geschwindigkeiten von über 45 km ist die Gattung aber wegen des doppelten Überhanges nicht geeignet. Diese Geschwindigkeitsgrenze genügt für G-Züge aber im allgemeinen auch.

Abb. 204. Braunschweigische Eisenb 1843 Stephenson. 20; 90 1,0 4,9; 381 610 1448.
(Nach Beiträge zur Geschichte der Technik und Industrie, B. 6, S. 160. Nolte: Die Lokomotiven der vormalig Braunschweigischen Eisenb.)

Die erste deutsche C ist eine solche C (St —) genau nach dem englischen Muster, also mit Innenzylindern (Abb. 204). Zu jener Zeit herrschte auf dem festländischen Europa noch durchweg die G L mit zwei gekuppelten Achsen. Auf die Verwendung einer C konnte man nur verfallen, wo außergewöhnliche Steigungen es gebieterisch verlangten. Die braunschweigische B wies eine solche Strecke in der Linie Vienenburg—Harzburg mit Steigungen von $22^0/_{00}$ auf. Nun besaß die Verwaltung obendrein damals nur ungekuppelte L, die auf jenen Steigungen gänzlich versagten. Man arbeitete darum zunächst mit Pferden, die die Wagen bergauf zogen, während diese talwärts vermöge der Schwerkraft abrollten. Im Frühjahr des Jahres 1843 aber wurde eine Abordnung nach England entsandt, um das Verhalten der neuerdings von Stephenson gebauten C (St —) auf Steilrampen zu prüfen[1]). Es wurden sofort auf Grund des Ergebnisses dieser Prüfung zwei L bestellt, die außerordentlich befriedigten.

Man konnte sich in Deutschland aber mit den Innenzylindern bei der C ebensowenig befreunden, wie dies bei der 1 A 1 und 1 B der Fall gewesen war. Die weiterhin aufzuführenden Beschaffungen haben daher Außenzylinder. Die württembergische Staatsb bezog i. J. 1845 als erste G L die auf S. 106 erwähnten C von Norris (vgl. Abb. 234). Die badische Staatsb führte die Gattung i. J. 1846, die bayrische, deren Ausführungsform

Abb. 205. Bayrische Staatsb 1848 Maffei.
22; 82 1,1 5,6; 356 610 1219.
(Nach Eisenbahnzeitung 1846, S. 9.)

aus dem Jahre 1848 Abb. 205 zeigt, i. J. 1847 ein. Wie die braunschweigische war sie zunächst eine Sondermaschine für starke Steigungen. I. J. 1848 wurde die wichtige Linie Nürnberg—Hof, von der die Teilstrecke Nürnberg—Bamberg schon i. J. 1844 eröffnet worden war, in ganzer Länge in Betrieb genommen. Sie weist auf dem Abschnitt Neuenmark—Hof am Rande des Fichtelgebirges Steigungen von 40 $^0/_{00}$ auf; für deren Bewältigung genügten die sonst benutzten 1 B nicht mehr. Eine Eigenart ist der Wasserbehälter über dem Langkessel, der übrigens nur eine Breite von rund 1 m hat und dazu dienen sollte, wenn nötig, das Reibungsgewicht zu vermehren. Ein Modell dieser L steht im Verkehrsmuseum zu Nürnberg. Erst seit 1860 beschaffte die bayrische Staatsb die C in größerem Umfang. — Eine Rampen-L zeigt auch Abb. 206. Sie ist für die „Geislinger Stiege" zwischen Geislingen und Ulm bestimmt. Die Bahn erklimmt hier mit Steigungen von 22,5$^0/_{00}$ die „Rauhe Alb." Die L weist viel Eigenartiges auf. Es findet sich aber auch manch Irrtum jener Zeit in ihr verkörpert. Der Kessel hat länglichen Querschnitt, um mehr Rohre unterbringen zu können. Um die Vorderachse genügend zu belasten, ist die Rahmenquerversteifung unter der Rauchkammer in massigen Gußstücken ausgeführt. Zur weiteren Erhöhung des Reibungsgewichtes sind die Räder aus Gußscheiben gebildet. Man sah als einen weiteren Vorteil dieser Maßnahme tiefe Schwerpunktslage an und emp-

---

[1]) Beiträge zur Geschichte der Technik und Industrie, Bd. 6, Berlin 1915, S. 152. Nolte W.: Die L der vormaligen braunschweigischen Eisenb.

fand es als einen besonderen Vorzug einer so durchgeführten Gewichtserhöhung, daß das Mehrgewicht die Federn nicht belastet. Wir sind heute anderer Ansicht. Wir mißbilligen die Vermehrung des Reibungsgewichtes durch totes Gußeisen in Rahmenversteifung und Rädern, und hätten eine nutzbringende Vermehrung des Gewichtes lieber gesehen, z. B. in der Weise, daß man den Kessel nicht länglich, sondern unter Vermehrung des Wasser- und Dampfraumes kreisförmig ausgeführt hätte. Wir verstehen auch die zarte Rücksichtnahme auf die Tragfedern nicht, denn unserer Ansicht nach soll man eine solche Schonung lieber dem Oberbau angedeihen lassen und einen möglichst großen Teil des Gewichts durch Vermittlung der Tragfedern auf die Schienen wirken lassen. Das Streben nach tiefer Schwerpunktlage aber sehen wir vollends als Irrtum an. Ein ganz sonderbarer Schnitzer ist ferner den Erbauern bei dem Streben unterlaufen, die gleichmäßige Belastung auf die drei Achsen unter allen Umständen zu gewährleisten. Sie bringen auf jeder Seite zwei Längsbalanciers an. Natürlich ist diese Anordnung labil. Die L mußte sich bei der geringsten Gleichgewichtsstörung so weit nach vorn oder hinten neigen, daß die Lager einer Achse an der oberen Begrenzung der Rahmenausschnitte zur Anlage kamen. So kam es denn auch, und man entfernte nachträglich die Ausgleichhebel zwischen erster und zweiter Achse. Die Zylinder liegen schräg. Man wollte vermeiden, daß tief nach unten ausladende Teile, also vor allem die Kondenshähne durch Anstreifen an Eis und Schnee beschädigt würden. Es war das eine Rücksicht auf das strenge Klima der Rauhen Alb. Die Heizrohre sind in der Mitte durch eine Tragwand unterstützt. Über diese Einrichtung wurde schon einiges zu Abb. 71 bemerkt. Ebenso begegneten wir schon dem länglichen Kesselquerschnitt (Abb. 53). Als Mittel zur Gewichtsverminderung erfreute er sich gerade in Deutschland

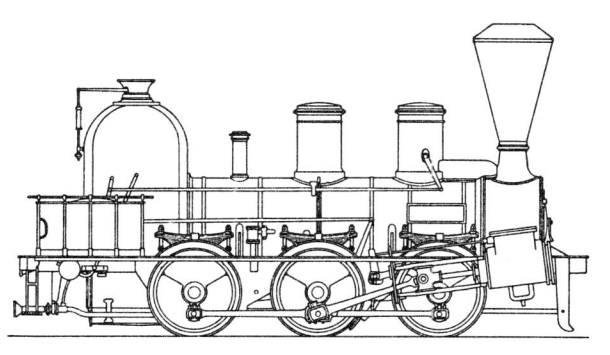

Abb. 206. Württembergische Alpb 1849 Keßler.
34; 97 0,9 7; 432 610 1219.
(Nach Organ 1851, S. 21.)

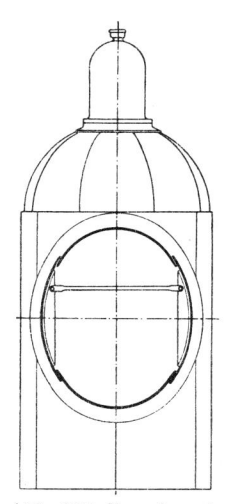

Abb. 207. Langkessel mit ovalem Querschnitt.
($1/_{50}$) (Nach Organ 1867, T. E.)

einer gewissen Beliebtheit. Zwei schwere Explosionen machten die Fachwelt auf seine bedenklichen Eigenschaften und auf andere Mängel damaliger Entwürfe aufmerksam. Ein solch weiterer Mangel war die Zusammensetzung des Langkessels aus einzelnen Blechstreifen, die mit ihrer Walzrichtung in Richtung der Kesselachse lagen statt quer dazu. In Abb. 207 sind es vier solcher Streifen. Sie zeigt den Kesselquerschnitt der i. J. 1847 von Borsig gelieferten C „Minden". Diese explodierte am 16. Dezember 1866 morgens, nachdem sie soeben um 3^{17} als Vorspann-L mit einem G-Zug Potsdam in Richtung auf Berlin verlassen hatte. Der Kessel wurde völlig zerstört. Der Führer verlor sein Leben. Die Ursache fand man in einer tief eingefressenen Rille, die dicht unterhalb des rechten segmentförmigen Versteifungswinkels und über der dort liegenden Überlappungsnaht entstanden war. Ihre Entstehung erklärt sich aus den Formänderungen des länglichen Kessels, den Wasserresten, die dort über dem Blechlappen bei Entleerung stehen blieben und dem Zusammenfallen dieser Rille mit der Walzrichtung, der Schwächung also gerade dort, wo die Widerstandsfähigkeit des Schweißeisens ohnehin am geringsten und die Beanspruchung durch den Dampfdruck am größten ist. Voraufgegangen war diesem Fall die Explosion der thüringischen 1 B (St —) „Sulza" am 30. November 1863 auf dem Bahnhof Leipzig morgens vor 5 Uhr, als sie sich soeben vor einen Zug setzen wollte[1]). Der Kesselquerschnitt war länglich und sogar aus sechs Platten zusammengesetzt. Der Befund war dem oben Mitgeteilten ähnlich.

Es führten die C ein: Westfälische B 1853; Albertsb Dresden-Tharant-Freiberg 1855; Werra-B 1858 (Tafel III, 2); sächsische östliche Staatsb 1861; oberschlesische B 1866; preußische Ostb und Leipzig-Dresdner B 1868, Berlin-Hamburger B 1871 usw. Diese Zusammenstellung läßt erkennen, wie sie tiefer und tiefer ins Flachland stieg und aus der Rampen- zur G L wurde. Sie erreichte eine gewaltige Verbreitung. Den damaligen Gepflogenheiten entsprechend wurde sie von Bahn zu Bahn und von Fabrik zu Fabrik äußerlich verschieden ausgestattet, und auch in der Ausbildung der Einzelteile zeigen sich erhebliche Abweichungen. Die Gesamtanordnung ist aber immer die gleiche und durch Innenrahmen, wagerechte Außenzylinder und kurzen Radstand mit überhängendem Stehkessel gekennzeichnet. Abb. 208 zeigt ein Beispiel für viele. — Die Bestrebungen zur Vereinheitlichung der Bauarten bei der preußischen Staatsb erstreckten sich auch auf die G L, und zugleich mit der Normal-P L entstand auch die Normal-G L mit folgenden Abmessungen: 38,6; 125, 1,5, 10; 450, 630, 1330. Es war eine C mit Innenrahmen und Außenzylindern, die im Gesamtaufbau der Abb. 208 glich. Jedoch bildete die Stehkesseldecke die Verlängerung des Langkessels. Vergleichen wir die Masse beider und vergegenwärtigen wir uns, daß die Normal-G L von manchen Direktionen bis in die neunziger Jahre hinein ohne wesentliche Änderungen beschafft worden ist, so entdecken wir im Bau der G L einen ähnlichen Stillstand, wie wir ihn für die P L feststellten. Er ist aber doch nicht ganz so ausgesprochen, wie dort. Die Bestre-

---

[1]) Organ 1864, S. 159, besonders Fußnote auf S. 160.

bungen, durch Verlängerung des Radstandes die Verwendungsfähigkeit der Bauart zu erweitern und ihre Leistungsfähigkeit zu erhöhen, kommen, nicht ganz zur Ruhe und werden uns bald beschäftigen.

Die Spielart der C mit Außenrahmen ist in Deutschland seltener; die oben aufgeführte L der oberschlesischen B ist eine solche, und in

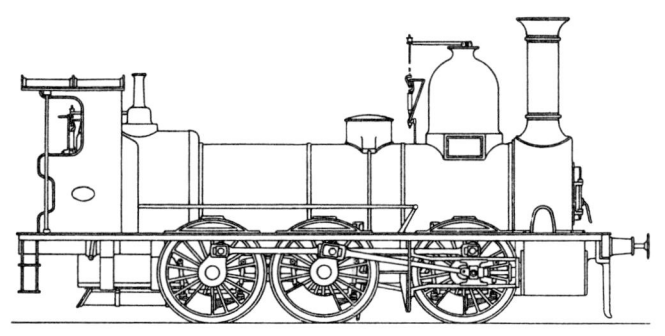

Abb. 208. Bebra-Hanauer B 1868 Henschel.
38; 113 1,2 8,8; 457 559 1372.
(Nach Zeichnung.)

Bayern ist sie die Regel. Auch in Österreich sind bei der G L, wie bei der P L die Außenrahmen sehr beliebt. Eine C mit einer Heizfläche von 130 m² baute Haswell schon i. J. 1846 für die Wien-Gloggnitzer B, und die C der ungarischen Zentralb vom Jahre 1847 zeigt mit ihren

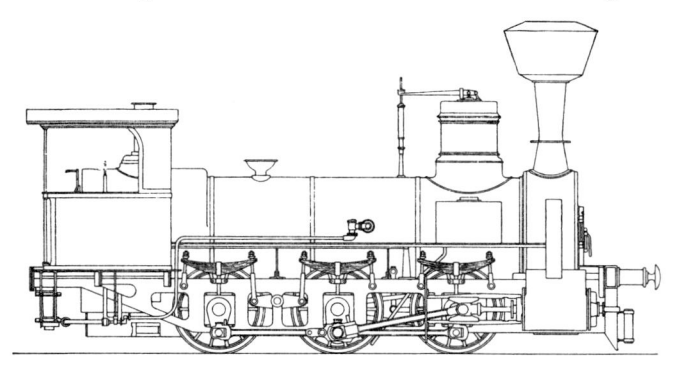

Abb. 209. Buschtehrader B 1895. Maschinenfabrik der österreichisch-ungarischen Staatseisenb-Ges.
41; 127 2 11; 475 632 1194.
(Nach Zeichnung.)

wagerechten Außenzylindern schon den Abschluß der Entwicklung. Seit 1858 ist die Bauart in Österreich allgemein verbreitet; die gebirgige Natur des Landes hat diese rasche Verbreitung sehr gefördert. Abb. 209 ist ganz besonders geeignet, eine Vorstellung von dem Aufbau der C österreich-ungarischer Herkunft zu geben. Sie wurde i. J. 1865 für die

Lokomotiven mit drei gekuppelten Achsen: C.   215

ungarische Zentralb entworfen und 30 Jahre lang unter nur geringer Änderung ihrer äußeren Erscheinungsform und nicht sehr bedeutender Zunahme ihrer Abmessungen weiter geliefert. Auf der Wiener Weltausstellung des Jahres 1873 erschien sie mit folgenden Abmessungen: 35; 116 1,65 8,5; 460 632 1200. Der Rahmen besteht aus zwei Blechen, zwischen die die Gleitbacken eingreifen. In Abb. 209 sehen wir einen Kobelfunkenfänger, weil stark funkenwerfende Braunkohlen verfeuert werden sollen; in anderen Fällen wird ein gewöhnlicher zylindrischer Schornstein benutzt. Die L vom Jahre 1895 ist eine der letzten, wenn nicht die letzte C (St —) mit Außenrahmen.

In Frankreich erlangte die C (St —) früh eine bedeutende Verbreitung. Die ersten wurden i. J. 1845 seitens der Comp de Lyon-Méditerrannée, der Comp du Nord und der Bahn Montereau—Croyes von Stephenson bezogen. Sie hatten merkwürdigerweise Außenzylinder. Viele andere Verwaltungen folgten bis zum Jahre 1864[1]). — Bekannter als diese C (St —) mit Außenzylindern sind die mit Innenzylindern und Innenrahmen nach Abb. 204 in Frankreich geworden. Sie wurden nach der ersten i. J. 1845 von Stephenson an die Comp. d'Orléans gelieferten „Mammouth" genannt und eifrig bis 1864 von französischen Firmen für die großen Verwaltungen nachgebaut — in späteren Jahren in verstärkter Ausführung.

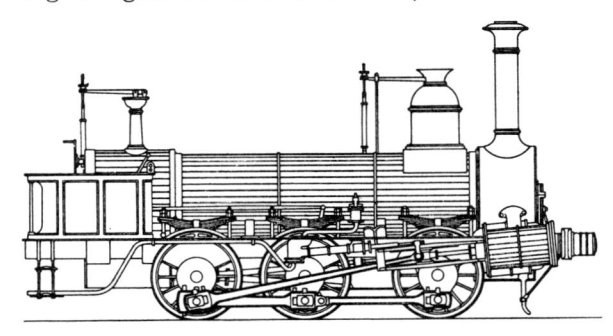

Abb. 210. Paris - St. Germain 1849 Flachat; Bahnwerkst. 25; 80 x 5; 450 700 1210. (Nach Flachat, T. 69.)

Als selbständiges französisches Erzeugnis verdient Flachats „Antée" Erwähnung (Abb. 210). Um trotz des großen Hubes ein günstiges Verhältnis zur Länge der Pleuelstange zu erreichen, ließ man diese — vielleicht die erste derartige Ausführung — an der letzten Achse angreifen. Die L ist auch eine der ersten, die auf den durch Nollau und Lechatelier in den Jahren 1847 und 1848 geschaffenen Grundlagen (S. 74) mit Gegengewichten ausgestattet wurde. Besonders die Zylindermaße sind für jene Zeit groß. Auch die „Antée" war eine Rampen-L. Sie war für den Dienst auf der Steigung von 35 $^0/_{00}$ der atmosphärischen Eisenb bestimmt. Der atmosphärische Betrieb hatte an dieser Stelle versagt. Kein übler Einfall, dem Dampfriesen, der das schwere Stück

---

[1]) Eng. 1865, I, S. 53 und 69 bringt zahlreiche Skizzen alter französischer L. zur Geschichte der C in Frankreich. S. auch Rev. gén. 1882, II, S. 403, Deghilage: Note sur les L, construites pour les chemins de fer français de 1878 à 1881; deuxième partie. Vgl. Fußnote S. 114.

nun wieder nur vermöge seines Reibungsgewichtes vollbringen sollte, den Namen „Antaeus" jenes lybischen Riesen zu geben, der seine ständig verjüngte Kraft aus der Berührung mit der Mutter Erde schöpfte!

Französische Eigenart zeigt auch Polonceaus C (Abb. 211). Polonceau war Maschinenmeister der Comp d'Orléans. Die L wurde von 1854 bis 1864 für seine Verwaltung und von 1855 bis 1857 für die Comp de l'Ouest beschafft. Es ist ein ziemlich genauer Parallelentwurf zur älteren 1 B desselben Konstrukteurs (Abb. 109). Wie dort geschildert, ging er davon aus, eine Innenzylinder-L mit ihren Vorzügen zu schaffen und trotzdem die Schieberkästen zugänglich zu halten. Ein Unterschied gegenüber der 1 B ist insofern vorhanden, als nur ein als Mittelrahmen ausgeführter Innenrahmen vorhanden ist. Die Exzenter liegen nicht wie dort zwischen Rad und Außenrahmen, sondern außerhalb dieses, so daß der Rahmen den Rädern näher liegt. Das gleiche Merkmal entdecken wir auch in Abb. 72, einer B 1, die alle Eigenheiten Polonceauscher Bauweise aufweist. Infolge jener beiden Maßnahmen rücken die Zylinder näher zusammen, und der äußere Kurbelarm ist nicht wie bei jener in das Rad versenkt, sondern liegt in einigem Abstand von ihm. Es war viel Gußstahl bei dem Entwurf verwendet worden, wo man bis dahin Gußeisen benutzt hatte. Neu war damals auch noch die Ramsbottom patentierte Form des Kolbens, der aus einem Stück durch Ausdrehen eines geschmiedeten Körpers hergestellt war. Die Comp. d'Orléans wandte sich seit 1862 wieder der Außenzylinderanordnung zu. Ebenso die anderen Verwaltungen. Die Comp. du Nord benutzte schon seit 1866 die D für gewöhnliche G-Züge und die C für leichtere G- und Gem-Züge.

In Belgien sind C (St —) fast unbekannt geblieben.

In der Schweiz führte sie sich nicht überall so früh ein, wie man bei der Schwierigkeit der Gefällverhältnisse erwarten sollte. Der Grund war der, daß man wegen der zahlreichen Krümmungen Bauarten mit Drehgestellen oder gar zweiachsige bevorzugte. Die Nordostb erledigte ihren G-Zugsdienst von 1856 bis 1868 mit 2/4 und 2/2 gekuppelten L und erst dann mit der C (St —). Ebenso benutzte die Zentralb von 1854 bis 1871 3/5 gekuppelte L, um erst i. J. 1871 zur C (St —) überzugehen. Die Westschweizerischen Eisenb allerdings beschaffte schon i. J. 1858 C (1310) (St —).

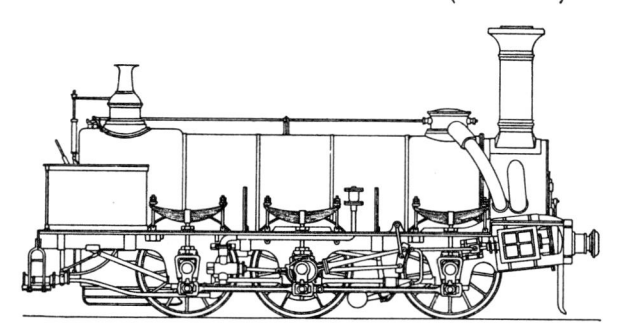

Abb. 211. Comp. d'Orléans 1854 bis 1864 Polonceau; Bahnwerkst.
31; 118 1,2 7,25; 420 650 1370.
(Nach Organ 1859, S. 43.)

Lokomotiven mit drei gekuppelten Achsen: C. 217

In den bisher gegebenen Beispielen tritt die C (St —) als G L auf und zwar als eine für ihre Zeit recht geeignete Form. Der kurze Radstand, die beiderseits überhängenden schweren Massen, ferner der Umstand, daß eine wesentliche Vergrößerung der Triebräder nicht möglich ist, weil sonst das führende Rad einen großen Durchmesser erhalten würde, scheinen einer Weiterentwicklung der Gattung für schnellere Fahrt durchaus abträglich zu sein, aber es ist, als ob dieser Trieb zur Erschließung einer erweiterten Verwendungsmöglichkeit nicht zu dämpfen ist. In Abb. 212 verrät er sich sofort durch den größeren Triebraddurchmesser. Der Anreiz entsteht auf Strecken mit starken Steigungen, die auch für P-Züge starke Zugkräfte erheischen, also die Ausnutzung eines möglichst großen Teiles des Lokomotivgewichtes als Reibungsgewicht wünschenswert machen. Der Konstrukteur, der bei der Bearbeitung der ihm hier erwachsenen Aufgabe auf die C (St —) als ein-

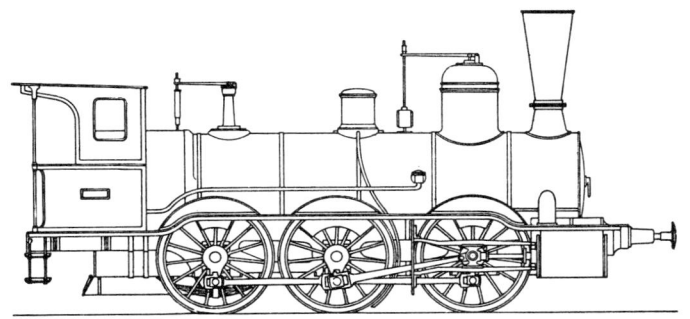

Abb. 212. Badische Staatsb 1868 (1864—1869) Karlsruhe.
36; 115 1,1 8; 457 686 1535.
(Nach Photographie und Maßskizze.)

fachste Lösung verfiel, mag sein Beginnen damit gerechtfertigt haben, daß die L nur langsame P-Züge befördern solle. Sie sollte vielleicht gemischten Dienst tun, also meist G-Züge und nur hin und wieder schwere, langsame P-Züge, Ausflugssonderzüge usw. befördern. Er sicherte sich durch das Gebot einer Höchstgeschwindigkeit von nur 50 km. Aber wie steht es nachher im wirklichen Betriebe mit der Abgrenzung des Verwendungszweckes — z. B. dann, wenn einmal Mangel an wirklichen P L eintritt? Was nützt die Begrenzung der Höchstgeschwindigkeit durch eine Vorschrift, wenn der Lokomotivführer durch Verwendung seiner L vor einem P-Zuge der Versuchung ausgesetzt wird, sie nun auch wie eine vollwertige P L zu benutzen, also im Verspätungsfalle die Versäumnis durch schnelle Fahrt einzuholen! Solche L sind für schwierige Gefällverhältnisse bestimmt. Das verdoppelt die Gefahr. Auf dem Gefäll holt man gar zu gern Verspätungen ein und beruhigt sich dabei, daß die zulässig kürzeste Fahrzeit zwischen zwei Stationen nicht überschritten wurde, daß also die Durchschnittsgeschwindigkeit unter der zulässigen Höchstgeschwindigkeit lag. Was tut es, so meint der Lokomotivführer, daß eben diese Geschwindigkeitsgrenze am Ende eines langen Gefälles auf einige Augenblicke recht erheblich überschritten wurde! Jene Augenblicke können aber zu Sekunden schwerster Gefahr werden — und sind es auch gelegentlich geworden, wie die Geschichte unserer badischen L lehrt. — Der Rost ist klein bemessen, um einen leichten Stehkessel zu erhalten und die Schädlichkeit des Überhanges zu vermindern. Infolge der großen Triebraddurchmesser ist aber der Überhang der Zylinder etwas größer, als sonst erforderlich gewesen wäre. Diese großen Triebraddurchmesser ziehen zwar die Umdrehungszahl etwas herab. Da aber der Kolbenhub, um nicht an Zugkraft einzubüßen, ebenfalls außergewöhnlich groß bemessen ist, so wird jene Maßnahme in ihrer Wirkung auf die Kolbengeschwindigkeit wieder aufgehoben. Wenn man die Verwendung für etwas höhere Geschwindigkeiten in Betracht zieht, so vermißt man bei dem kurzen Radstand Ausgleichhebel zwischen erster und zweiter Achse ganz besonders. Einer der schwersten Eisenbahnunfälle, der auf deutschen Eisenbahnen zu beklagen gewesen ist, ist auf die Verwendung einer solchen L zurückzuführen[1]). Für Sonntag, den 3. September 1882 war ein Vergnügungszug zwischen Münster und Colmar bzw. Freiburg im Breisgau hin und zurück eingelegt. Die Geschwindigkeit sollte für die Hinfahrt zwischen Colmar und Altbreisach 45 km, zwischen Altbreisach und Freiburg 40 km, für die Rückfahrt dagegen auf der ganzen Strecke Freiburg—Colmar 40 km betragen. Die badische Staatsb stellte zur Beförderung die L Kniebiß (Abb. 212). Die Hinfahrt ging glücklich vonstatten. Auf der Rückfahrt zählte der Zug 56 Achsen. Er fuhr, da sich ein Gegenzug infolge starken Gewitters und Sturmes verspätet hatte, mit 5 Minuten Verspätung um 8^{15} abends aus Freiburg ab. Die Freimeldung von der nächsten Station blieb aus. Die Wärterstation gab das Alarmsignal: ,,Hilfsmaschine soll kommen''. Der Sonderzug war bei Kilometerstein 5,5 im Gefälle 1:146 in gerader Strecke zwischen Freiburg uud Hugstetten bis auf die vier letzten Wagen entgleist. L und Tender standen ohne wesentliche Beschädigung 9 m von Gleismitte entfernt und bis an die Achsen mit den Rädern eingewühlt mit angezogener Bremse in einer Wiese, die etwa 1 m unter Schienenoberkante lag. Die ersten fünf Wagen des Zuges waren an der L vorbeieilend nahe dem Gleis stehen geblieben. Die folgenden waren in schlimmer Weise durcheinander geschoben. 52 Fahrgäste fanden sofort den Tod. 72 Schwerverletzte mußten im Krankenhaus Aufnahme finden. In den folgenden Tagen starben noch 11 Verwundete. Mit 63 Toten ist dieses Unglück wohl das schwerste, das sich je in Deutschland ereignet hat. Das Bahngeleis zeigte bereits 226 m vor der Unfallstelle die ersten Spuren einer äußeren Einwirkung. In den nachfolgend angegebenen Entfernungen von diesen Punkten nach der Unfallstelle zu gemessen, wurden die daneben vermerkten Feststellungen gemacht: 56 m: merkliche Schienenverbiegung; 63 m: Anfang bedeutender Verbiegungen; 87 m: linke Schiene des Gleises nach links gebogen; 101 m: die linke Schiene gekantet; 112 m: Radspuren auf den Schwellen; 122 m: mehrere

---

[1]) Glasers Annalen 1882, II, 166.

Radspuren auf den Schwellen. Dicht dahinter lagen viele Schienen gekantet. Von hier ab war das Gleis nur noch stellenweise vorhanden; 142 m: Zertrümmerung und Zermalmung der Schwellen und ebenso der Schienen, die sämtlich nach links gebogen und verschoben waren. Es fanden sich Schienen, die bis zu 0,65 m Pfeil gebogen waren, und zwei ziemlich gleichlange Stücke einer gebrochenen Schiene lagen unter dem Tender, zum Teil in den Boden gerammt. Die Strecke liegt im Bahnhof Freiburg eben, dann in Neigungen folgender Länge mit den daneben vermerkten Neigungsziffern: 471 m: 12,6 $^0/_{00}$; 2094 m: 11,7 $^0/_{00}$; 1859 m: 9 $^0/_{00}$; 1768 m: 7 $^0/_{00}$. Auf letzterer erfolgte die Entgleisung. Man sieht, daß alle Bedingungen für eine gefährliche Steigerung der Fahrgeschwindigkeit gegeben waren. Da die L von den Wagen teilweise überholt worden war, so ist die Entgleisung zweifellos von ihr ausgegangen. Ein im Zuge entgleister Wagen wäre nicht imstande gewesen, sie so weit aus dem Gleise zu schleudern.

Die Entwicklung der C (St —) mit Außenzylindern zur Gem L usw. ist in Frankreich deutlicher ausgeprägt als in Deutschland: Comp. d'Orléans seit 1860: C (1530) (St —) für P-Züge; Comp. du Midi 1866: C (1310) (St —) und C (1610) (St —), bis auf die Raddurchmesser völlig gleich, später nur in letzterer Form für Eilg-Züge.

Auch in der Schweiz ist die Entwicklung der C (St —) weit gediehen: Westschweizerische B, Jura-Simplon-B, Schweizer Zentralb 1870 bis 1876: C (1510) (St —), auf den beiden zuletzt genannten Bahnen lange Zeit als einzige P L für schwierige Strecken beschafft, nach Einführung der 1 C im G-Zugdienst verwandt; Gotthardb 1874: C (1300) (St —) mit einer Höchstgeschwindigkeit von 55 km[1]).

Das Kennzeichen der C (St —) ist nicht nur die Zusammendrängung der Achsen unter dem Langkessel, sondern auch der im Verhältnis zur Heizfläche kleine Rost. Stephenson hatte ja dieses Verhältnis angestrebt, um die Heizgase besser ausnutzen zu können. Unsere C (St —) weisen daher einen Verhältniswert H : R = 80 bis 90 auf. Wenn man größere Roste ausführen will, so entstehen bei der Anordnung C (St —) Verlegenheiten. Es droht Überlastung der letzten, Entlastung der Vorderachse. Abb. 213 zeigt einen häufig benutzten Kunstgriff am Beispiel der vom Vulkan von 1871 bis 1875 gelieferten C für die Main-Weserb[2]), um reichliche Rostflächen bei mäßigem Stehkesselgewicht zu erzielen.

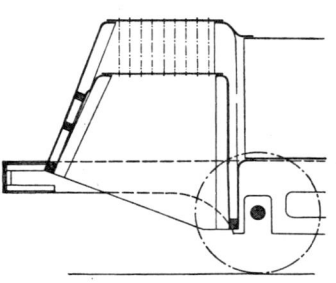

Abb. 213. Stehkessel für C der Main-Weserb. ($^1/_{80}$) (Nach „Hanomag-Nachrichten" 1920. Heft 4, S. 55.)

Die Abmessungen der L sind auch sonst bedeutende: 43; 125; 1,7, 10; 483, 610, 1298; H : R = 70.

---

[1]) Z. d. V. d. I. 1908, S. 1821, Richter: Die L der Gotthardb.
[2]) Fußnote S. 118 [1]), und zwar S. 55 des dort genannten Heftes.

220　Lokomotiven mit drei gekuppelten Achsen: C.

Um weitere Verfahren zur Verbesserung der Lastverteilung bei großem Rost kennen zu lernen, betrachten wir nochmals die bisher besprochenen C (St —). Es fällt uns auf, daß die Entfernung von der ersten zur zweiten Achse stets größer ist, als die der zweiten von der dritten. Jene ist so nahe als irgend möglich an diese, die ihrerseits wieder möglichst dicht vor dem Stehkessel liegt, herangeschoben. Diese Stellung der Mittelachse ist notwendig, um eine genügend lange Pleuelstange zu erhalten. Wenn nun infolge großen Rostes und schweren Stehkessels eine Überlastung der letzten Achse, also eine Entlastung der ersten Achse droht, so kann dem zwar abgeholfen werden, indem man nun auch die erste Achse näher an die zweite heranschiebt. Um den gleichen Betrag muß man aber natürlich die Zylinder zurückverlegen; sonst würden sie ja stärker als notwendig überhängen. Diese Verlegung der Zylinder würde aber die Pleuelstange unzulässig ver-

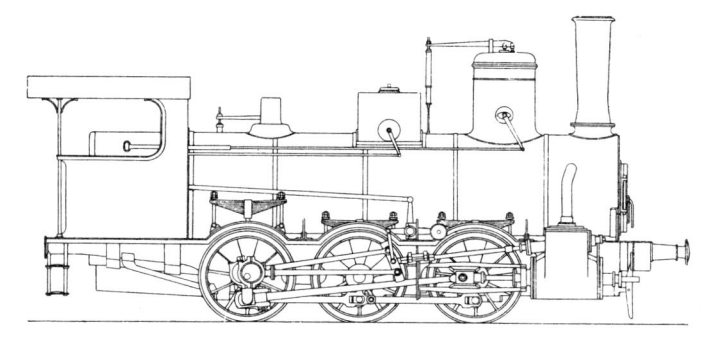

Abb. 214. Österreichische Südb 1874 Gölsdorf; Floridsdorf.
40; 135 1,7 9; 470 632 1266.
(Nach Maßskizze und in Anlehnung an verwandte Ausführungen.)

kürzen. Also muß man die letzte Achse zur Triebachse machen. Oft ist man dann noch immer nicht am Ziel. Die Triebstange fällt nun wieder zu lang aus. Man verkürzt sie, indem man Zylinder und erste Achse um einen weiteren Betrag zurückschiebt. Nun würde aber eine Entlastung der letzten Achse die Folge sein, die man ausgleicht, indem man, wie in Abb. 214 geschehen, die Mittelachse etwas von ihr entfernt. Der Gesamtradstand wird infolge aller dieser Maßnahmen sehr kurz, im vorliegenden Falle nur 3050 mm. Da die L für gebirgige Strecken mit engen Krümmungen bestimmt war, wird Gölsdorf das für einen weiteren Vorteil angesehen haben. Natürlich kann er den Gedankengang auch in umgekehrter Richtung, mit dem kurzen Radstand beginnend, durchlaufen haben. Die gleich zu erwähnenden Anklänge an die Engerth-L machen das sogar wahrscheinlich. Das Verhältnis H : R erreicht bei dieser L immerhin den Wert 78, weil der Stehkessel schwer nach Belpaire ausgeführt ist. Die letzte Tragfeder hat nur mittels eines Kunstgriffes über ihrem Lager und neben dem Stehkessel Platz finden können. Der Federbund drückt nämlich nicht unmittelbar auf das Achslager, sondern auf einen Querträger, der auf beiden Achslagern aufruht und seitwärts über sie hinausragt, so daß auch die Federn weiter außerhalb liegen können. Abb. 215 zeigt diese in Frankreich viel benutzte Anordnung am Beispiel einer C der Comp de l'Ouest vom Jahre 1869 etwas genauer. Unsere L enthält in dem außergewöhnlichen Angriff der Pleuelstange, dem kurzen Radstand und auch der Außensteuerung mit der sonst vorher in Österreich unbekannten Gegenkurbel Anklänge an ihre Vorgängerinnen, die C Engerth-L (Abb. 231). Auch die Federanordnung rührt von dieser her, die dieses echt französische Merkmal freilich erst unter den Händen des französischen Maschinendirektors Desgranges gelegentlich eines Umbaues erhalten hatte. Eigentümlich, wie der dem Entwurf zugrunde liegende Gedankengang sind auch die weiteren Schicksale dieser L. Gölsdorf, der Ältere, hatte sie für die Südb entworfen, aber die Gegenkurbeln überschritten die Umgrenzungslinie für Betriebsmittel. Man wollte sie deshalb nicht auf der Südb selbst, sondern auf der von ihr gepachteten Strecke Pottendorf—Ebenfurth—Wiener Neustadt benutzen. Als sie die Fabrik verließen, war diese Bahnlinie aber noch nicht fertiggestellt. Sie wurden deshalb an die preußische Ostb verkauft. Hier gab es aber dieselben Schwierigkeiten. Man beseitigte die Überschneidungen der Umrißlinie, indem man etwas höhere Räder von 1410 mm einbaute.

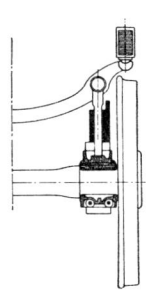

Abb. 215. Federanordnung für die letzte Achse von C. Vgl. Abb. 214. ($1/_{50}$) (Nach „Album encyclopédique des chemins de fer". 4. série, 1869.)

Zeitweise an die Direktion Hannover abgegeben, beschlossen die L ihr Dasein bei der preußischen Ostb. In Norddeutschland bildeten sie mit ihren echt österreichischen Merkmalen auffallende Erscheinungen, die zur Bildung seltsamer Legenden über ihre Herkunft nicht nur bei Lokomotivführern und Heizern, sondern auch bei Stationsbeamten führten. I. J. 1875 wurden zehn weitere für die Istrianer Staatsb geliefert. Auch sie führten ein bewegtes Leben. Längere Zeit standen sie auf der Staatsb im Betrieb. Im Herbst 1884 wurden einige von ihnen an den Arlberg abgegeben, um dort P-Züge zwischen Landeck und Bludenz zu fahren.

Wenn sich der Konstrukteur mit dem Bestreben, die Rostfläche aus irgendwelchen Gründen zu vergrößern, noch weiter von dem üblichen Verhältnis der Heiz- zur Rostfläche entfernen will, so kommt er mit der Zurückschiebung der Vorderachse nicht zum Ziel. Außerdem würde das weiter zunehmende Gewicht des überhängenden Stehkessels die Ruhe des Ganges in steigendem Maße beeinträchtigen. Als daher der Ingenieur Behne daran ging, durch eine besondere Bauart des Rostes eine wirtschaftliche Verbrennung von ungesiebter Grubenkohle und Kohlenklein an Stelle des bisher verfeuerten Koks zu ermöglichen, konnte er wegen der Größe des sich ergebenden Rostes mit der C (St —) üblicher Bauart nicht auskommen. Für seine Zwecke unterteilte Behne nämlich den Rost in einen wagerechten Verbrennungs- und einen geneigten Nachverbrennungsrost. Dieser Rost wurde so groß gemacht, daß H : R den halben des oben angegebenen Wertes, nämlich rund 40 annahm. Um den erwähnten Schwierigkeiten der Lastverteilung zu begegnen und den schweren Stehkessel tragen zu helfen, schob der Erfinder den dreiachsigen Tender mit seiner Vorderachse unter das Hinterende der L, so daß der Eindruck einer C 1 entstand (Abb. 216). Der Stehkessel ist durch einen unter dem Bodenring durchgreifenden Querträger unterstützt, der mittels Hängeeisen und Universalgelenk am Vorderende des Tenderrahmens aufgehängt ist (Abb. 217). Ferner ist das hintere Abschlußblech des Zugkastens durch einen breiten Lappen nach unten verlängert, der mit einem zweiten parallelen Blech eine Art Kasten bildet. Gegen diese stützen sich kräftige, wagerecht und quer zur Bahnachse gerichtete Puffer, die an dem Tenderrahmen befestigt sind und schlingernde Bewegungen des hinteren Lokomotivendes abfangen. Die Schädlichkeit des Überhanges war so nach Möglichkeit ausgeglichen. Egestorff begann i. J. 1861 auf eigene Gefahr den Bau von L nach diesem Patent Behne-Kool[1]). Außer jener C wurden seit 1863 auch ähnliche B gebaut, die also bei flüchtiger Betrachtung als B 1 erscheinen. Von 1861 bis 1874 wurden ihrer 99 in der Form B und C für die braunschweigische B gebaut. Von anderen Verwaltungen scheint diese wohlbewährte Bauart aber nicht beschafft worden zu sein. Übrigens war der Gedanke des Stütztenders nicht neu. Er war schon in weit früherer Zeit zur Verbesserung des Krümmungslaufs benutzt worden (Abb. 231). Belpaire suchte die Aufgabe, minderwertige Kohle auf großen Rosten zu verfeuern,

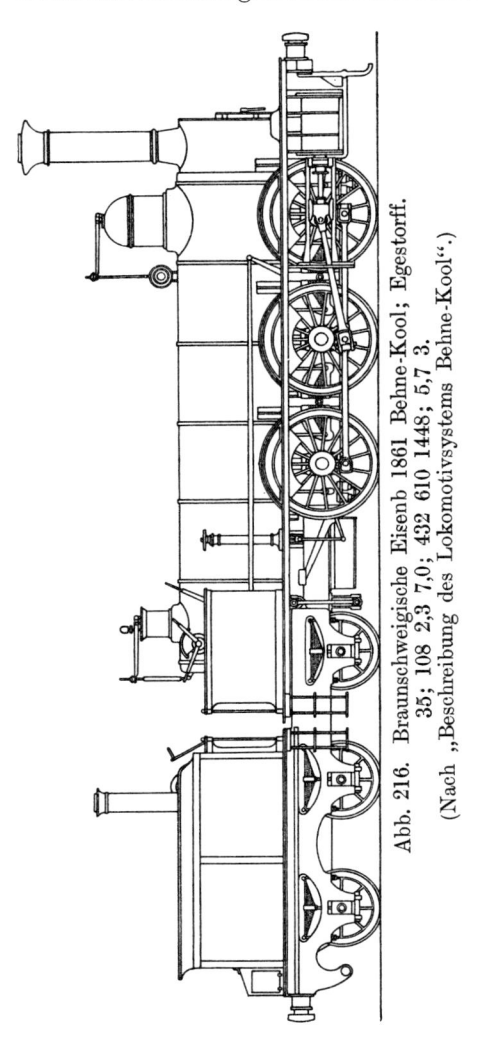

Abb. 216. Braunschweigische Eisenb 1861 Behne-Kool; Egestorff. 35; 108 2,3 7,0; 432 610 1448; 5,7 3. (Nach „Beschreibung des Lokomotivsystems Behne-Kool".)

---

[1]) Organ 1862, S. 9.

auf anderem Wege zu lösen[1]). Behne machte ihm dieses Recht streitig und berief sich auf die Zeichnung einer C mit großem Rost, die er i. J. 1855 an Cockerill gesandt habe[2]). Auf dieser Zeichnung ist aber eine L mit gewöhnlichem Tender dargestellt, nnd von dem Rost, auf den es doch ankommt, sieht man nichts. Behne hatte darum auch keinen Erfolg mit seinem Einspruch. An dem Entwurf dieser C fällt auf, daß trotz Fortfalls der Stützung durch den Tender zwischen erster und zweiter und auch zwischen dieser und der dritten Achse Balancierverbindungen beibehalten sind. Die L ist also

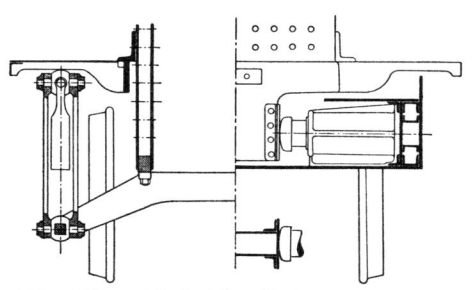

Abb. 217. ($1/40$) Einzelheiten der Bauart Behne-Kool. Vgl. Abb. 216.

labil, wie die Alb-L in Abb. 206. Eine kaum begreifliche Unklarheit über einfache mechanische Zusammenhänge bei einem Mann, der Tüchtiges in seinem Fache leistete!

Nicht jeder Konstrukteur entschloß sich leichten Herzens zu einer so einschneidenden Maßnahme, wie die Verwendung des Stütztenders sie darstellt. Zumal wenn es sich um keine so bedeutenden Überschreitungen der Rostgrößen handelt, scheint es immer noch einfacher, die C (St —) überhaupt fallen zu lassen, als ihr zuliebe einen Stütztender zu benutzen. Man brauchte nur die letzte gekuppelte Achse unter das hintere Stehkesselende zu legen und die Schwierigkeiten der Lastverteilung waren behoben, freilich auch die bestechende Einfachheit der C (St —) aufgegeben. Der Rost mußte schräg ausgeführt werden, die Kuppelstangen wurden länger, der Rahmen teurer und schwerer. Daß die Gangsicherheit durch Verminderung des Stehkesselüberhanges gewann, wird den Lokomotivbauern der sechziger Jahre noch nicht allzu wichtig erschienen sein. Unter den ersten C, die die hannoversche Staatsb i. J. 1861 beschaffte, befanden sich zwei dieser Art. Der Rost hatte bei einem Verhältnis $H:R = 56{,}5$ eine Größe von 1,8 m². Sie sind gleichzeitig mit denen der Bauart Behne-Kool beschafft worden, haben also wohl dem gleichen Streben ihre Entstehung verdankt. Sie wurden aber nicht nachbeschafft, sondern überließen der gewöhnlichen C (St—) das Feld. — Die Thüringer B besaß ähnliche L seit 1868 (Abb. 218). Die Rostfläche ist 1,69 m², und das Verhältnis $H:R = 73$. Bis 1872 wurden 38 von ihnen in Betrieb gestellt. Eigenartig ist die Lagerung der letzten Achse in einem Außenrahmen. Sie ist erfolgt, um das Lager zugänglicher zu machen, als es unter Rost und Aschfall sein würde — auch wohl, um es der strahlenden Wärme des Rostes zu entziehen. Ein Querbalancier ließ sich in unmittelbarer Nähe der Tragfedern

---

[1]) Der Zivilingenieur 1862, S. 114, nach Annales des travaux publics de Belgique. S. auch Fußnote auf S. 129.
[2]) Organ 1863, S. 226.

dieser Achse nicht anbringen. Darum sind die hinteren Federenden durch Vermittlung kurzer Längsbalanciers mit dem weiter hinten liegenden Querbalanzier in Verbindung gesetzt. Bei späteren Ausführungen verzichtete man auf den Außenrahmen an der letzten Achse

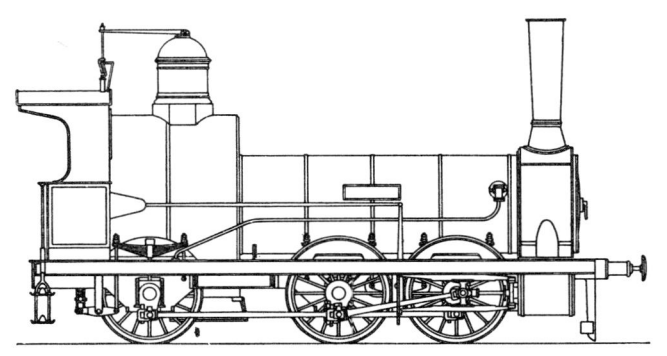

Abb. 218. Thüringer Eisenb 1868 Borsig.
40; 121 1,7 7,3; 471 575 1372.
(Nach Photographie und Maßskizze.)

zugunsten des einfachen durchgehenden Hauptrahmens. In dieser Form wurden sie noch bis 1878 bezogen. Wenn auch den eigentlichen Anlaß zur Wahl der Bauart mit ihrem langen Radstand die Rücksicht auf die Lastverteilung gegeben hat, so ist doch der nebenher erzielte Vorteil größerer Gangsicherheit gerade für ein gebirgiges Land, wie es

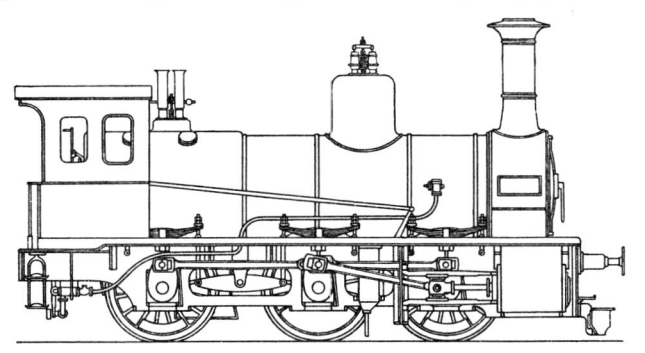

Abb. 219. Rechte Oder-Ufer-Eisenb 1871 Vulcan u. 1872 Henschel.
41; 98 1,8 8,8; 458 628 1412.
(Nach Zeichnung.)

Thüringen ist, nicht gering anzuschlagen, weil auf langen Gefällen die Grenzen der G-Zuggeschwindigkeit gar zu leicht überschritten werden. — Auf ganz ähnlichem Wege kam der Entwurf nach Abb. 219 zustande. Es sollte eine C gebaut werden, die das äußerste leistet, was aus dieser Gattung herauszuholen ist. Darum entschied man sich für ein Verhältnis $H:R =$ rund 55 statt 80 bis 90. Also konnte die letzte

Achse nicht vor dem Stehkessel liegen. Man verteilte die Achsen nun so, daß sie alle drei den gleichen höchst zulässigen Druck erhielten. Die Größe des Kessels, der Zylinder usw. konnte also so weit gesteigert werden, daß sich die denkbar leistungsfähigste C von rund $3 \times 14 = 42$ t Gewicht ergab. Warum für die letzte Achse Außenlager wünschenswert sind, ist bei Abb. 218 besprochen worden. Das mag im vorliegenden Fall der Anlaß gewesen sein, der Einfachheit halber für alle Achsen Außenrahmen zu wählen. L mit ähnlicher Achsstellung und Außenzylindern führte auch die französische Nordb seit 1863.

Die beiden zuletzt genannten Entwürfe konnten nur unter der Hand eines Mannes entstehen, der nicht mehr in der denkbar tiefsten Lage des Schwerpunktes das A und O des ganzen Lokomotivbaues sah. Die Lage der letzten Achse unter dem hinteren Ende oder unter der Mitte des Stehkessels verlangt ja eine mäßige Höherlegung des ganzen Kessels um etwa 100 mm — schon, um Raum für den Aschkasten zu gewinnen. Den Rost machte man schräg, um eine genügende Tiefe der Feuerkiste unter den Heizrohrmündungen zu erzielen. Es gab also, als man den Fortschritt zu den in Abb. 218 und 219 dargestellten Bauarten gemacht hatte, gewissermaßen zwei deutsche Arten von C mit Außenzylindern, nämlich 1. C (St —); sie hatten einen kleinen Rost; 2. C (St +), deren letzte Achse etwa unter der Mitte des Stehkessels oder etwas weiter hinten lag; sie haben einen großen Rost. Der Konstrukteur hatte also zwischen zwei Grenzfällen zu wählen. Bei mittleren Verhältnissen würde erklärlicherweise die letzte hohe Achse unter das Vorderende des Stehkessels gefallen sein. In alter Zeit wurde die Möglichkeit einer solchen Anordnung natürlich glatt abgelehnt, weil sie bei Innehaltung der erforderlichen Feuerkistentiefe an der Rohrwand zu ganz ungewöhnlichen Kesselhöhen führt. Da nun aber die Lastverteilung in gewissen Fällen diese Achsstellung wünschenswert machte, so verfiel man auf ganz seltsame Anordnungen. Welkner berichtet in seinen Reisenotizen[1], daß Stephenson „neuerdings C (1524) mit einem Radstand von 4115 mm baue, bei denen die letzte Achse quer durch den Stehkessel hindurchgehe. Der Bodenring habe eine entsprechende Kröpfung. Der Rost würde durch diese Anordnung in zwei Teile zerlegt und die Welle von einer Feuerbrücke bedeckt und umgeben". Eine einfache Lösung mit entsprechend hoher Kessellage schien auch viele Jahre später selbst kühnen Konstrukteuren unmöglich. Aber das alte Vorurteil bröckelte weiter ab — wenn auch sehr langsam. In Österreich wurden schon i. J. 1872 C ausgeführt, bei denen die letzte Achse unter dem Vorderende des Stehkessels lag. Bezeichnenderweise hatte man aber den Triebraddurchmesser zu nur 1077 mm gewählt. Immerhin lag die Kesselachse 2160 mm hoch gegen etwa 1920 mm bei üblichen C(St—). Sigl lieferte i. J. 1874 C (1330) für die Kursk-Charkow-Asowb mit 2000 mm Kesselhöhe[2]. Auf dieser Stufe blieb die Entwicklung zunächst

---

[1]) Organ 1853, S. 123.
[2]) Denkschrift zur Vollendung der 5000. L, S. 19; Loc. Mag. 1903, S. 285, Abb. 4 zeigt eine ähnliche, wohl vereinzelt gebliebene L Stephensons aus dem Jahre 1878 für die Brampton Ry.

stehen. Wir können nämlich fast 20 Jahre weiter gehen, um in Abb. 220 eine C v mit ungefähr gleichen Verhältnissen zu finden. Die letzte Achse liegt unter dem Vorderende des Stehkessels und die Kesselachse auf 2135 mm Höhe. In diesem Fall beobachten wir gleichzeitig eine Ausnutzung der durch die Verlängerung des Radstandes gewonnenen Eigenschaften. Ihre Höchstgeschwindigkeit ist nämlich 60 km, und sie wurde auf der Kaiser-Ferdinand-Nordb zur Beförderung von Eilg-Zügen benutzt. Die Entwicklung zur P L ist durch die Ausrüstung mit Luftsaugebremse und Dampfheizung angedeutet. Wenn man von einem Vorversuche und den auf S. 203 erwähnten Webbschen L absieht, so ist sie die erste Verbund-L Österreichs. Einige von ihnen waren zur Ermöglichung vergleichender Versuche als Zwillings-L ausgeführt. Die

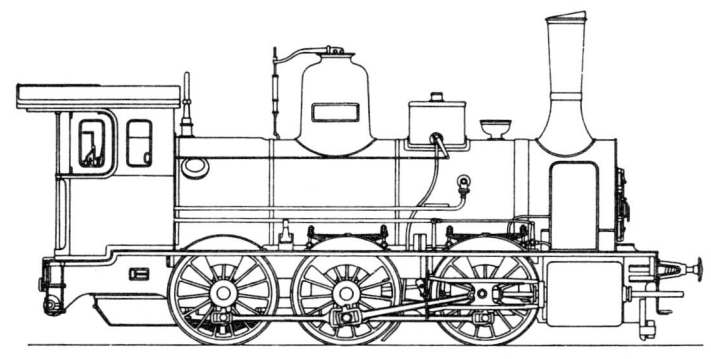

Abb. 220. Kaiser Ferdinands N.-B 1889 Wiener Neustadt.
42; 119 2,2 12; $\frac{480}{740}$ 660 1440.
(Organ Ergänzungsband 10, 1893, S. 38.)

Verbundbauart mit Lindnerscher, später v. Borriesscher Anfahrvorrichtung bewährte sich durchaus.

I. J. 1893 fand die Ausstellung in Chicago statt. Sie bedeutet mit einer großen Zahl der dort ausgestellten L eine völlige Abkehr von der alten Lehre vom tiefen Schwerpunkt. Die Wirkung zeigt sich in der C v der preußischen Staatsb vom Jahre 1905 (Abb. 221). Der Radstand ist beliebig gewählt, wie bei der vorigen L und etwas größer als bei dieser. Während aber bei der österreichischen L die geringe Entfernung des Rostes von der Radwelle noch etwas von dem Unbehagen verrät, das der Konstrukteur bei der Höherlegung seines Kessels empfand, so ist hiervon bei unserer L nichts mehr wahrzunehmen. Der Kessel ist auf 2400 mm gehoben und man blickt — das Kennzeichen neuzeitlicher Bauweise — zwischen Kessel und Rahmenoberkante hindurch. Sie stellt gewissermaßen den letzten Versuch der preußischen Staatsb dar, den steigenden Anforderungen des Güterverkehrs mit einer C gerecht zu werden. Aber die 1 C und D, die seit Anfang der neunziger Jahre schon häufig ausgeführt worden waren, verdrängten die C auch der letzten Bauform bald. Es kam nicht mehr zur Ausführung einer großen Stückzahl, und die vorhandenen wanderten bald auf Nebenbahnen ab.

Wir können die Erörterungen über Radstand und Rostgröße nicht abschließen, ohne die wichtigen Gründe mancher Lokomotivbauer für einen kleinen Rost, d. h. ein großes Verhältnis $H:R$ und somit für die alte Anordnung C (St —) zu würdigen. Die G L verbringt im Gegensatz zur S L einen großen Teil des Dienstes im Stillstand bei den langen Aufenthalten, bei langsamen Verschiebebewegungen und bei Talfahrten mit völlig oder fast völlig abgesperrtem Dampf. Für diese Zustände ist aber eine große Rostfläche schädlich, denn der unvermeidliche Abbrand in Betriebspausen nimmt mit der Größe der Rostfläche zu. Wir wiesen schon bei Betrachtung der Abb. 203 darauf hin, daß der bei dieser L beobachtete hohe Kohlenverbrauch wohl auf diese Weise zu

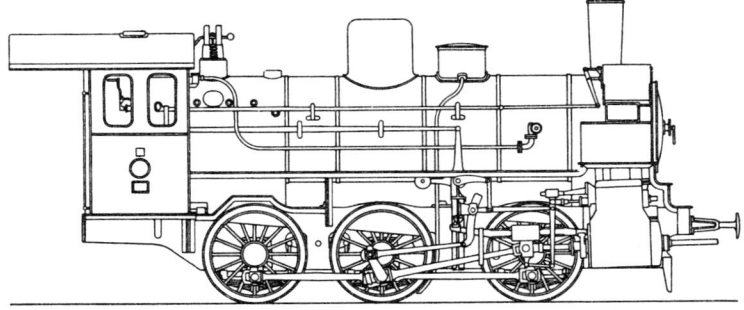

Abb. 221. Preußische Staatsb 1905 Uniongießerei.
45; 118 1,7 12; $\dfrac{460}{680}$ 630 1350.
(Nach Zeichnung.)

erklären sei. Faßt man diese Bedenken mit den Vorzügen kleinen Radstandes für den Verkehr auf schlecht liegenden und mit engen Krümmungen versehenen Anschluß- und Baugleisen, die schon auf S. 210 gestreift wurden, zusammen, so versteht man jenes zähe Festhalten an der alten Form besser. Aber schließlich mußte doch der Wunsch, mit der G L einmal schneller fahren zu können, ausschlaggebend werden. Er wird sich um so mehr Geltung verschaffen, je mehr wir uns der Zeit nähern, in der auch G-Züge mit Luftdruckbremse gefahren werden, die es erlaubt, die Schwerkraft im Gefäll zur Erreichung größerer Geschwindigkeiten auszunutzen.

Für die zuletzt betrachtete C (Abb. 221) ist die Höchstgeschwindigkeit zu 60 km festgesetzt; und hiermit ist auch die Grenze für die Entwicklungsmöglichkeit der Gattung erreicht. Die überhängenden Zylinder im Verein mit dem doch immerhin zum großen Teil überhängenden Stehkessel machen sie für größere Geschwindigkeiten ungeeignet. Wollte man C mit Außenzylindern für schnellere Fahrt bauen, also ein Gegenbild zur C der Abb. 202 schaffen, so mußte man an die Anordnung der thüringischen B (Abb. 218) anknüpfen, um auf diese Weise einen genügend langen Radstand zu erhalten. Das hat die thüringische B denn auch getan. Für die starken Steigungen auf vielen ihrer Linien waren P L mit großem Reibungsgewicht durchaus erwünscht, und so schuf man die in Abb. 222 dargestellte C, die diese Bedingungen erfüllt, andererseits aber auch mit ihrem großen Radstand und Triebraddurch-

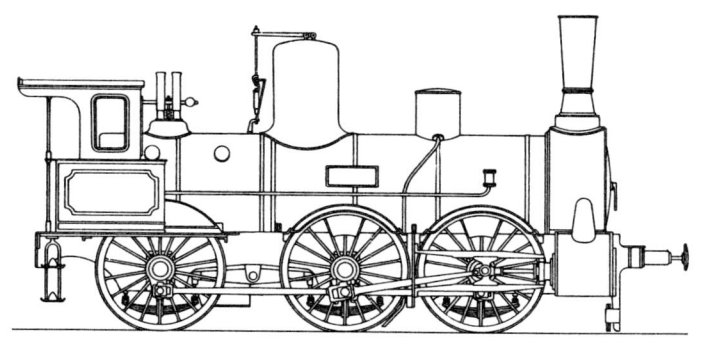

Abb. 222. Thüringer Eisenb 1873 Vulcan.
40; 93 1,7 9,0; 440 610 1703.
(Nach Photographie und Maßskizze.)

messer bei schnellerer Fahrt im Gefäll und auf der Ebene ruhigen Gang verspricht. Sie kann von diesen Gesichtspunkten aus für Geschwindigkeiten bis zu etwa 70 km verwendet werden. Man konnte schon i. J. 1873 auf diese Lösung verfallen, weil sie wegen der weit zurückgeschobenen letzten Achse nicht zu einer damals ungewohnten Hochlage des Kessels zwingt. Die Bauart hat aber wenig Nachahmung gefunden. Zu erwähnen ist eine ähnliche C (1616) der Theißb für P- und G-Züge aus dem Jahre 1878[1]). Es war die erste L mit Kolbenschiebern. Wir haben in dieser und der L der Abb. 222, ähnlich wie wir es für die

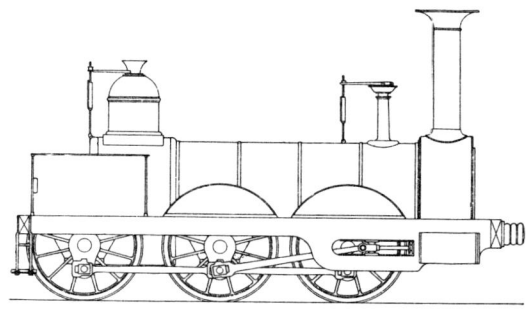

Abb. 223. Rouen-Havre und Dieppe 1847 Buddicom.
21; 68 1,0 5,6; 400 610 1524.
(Nach Eng. 1865, I, S. 53, 68.)

verwandte Art der Abb. 202 feststellten, die letzte Stufe einer Entwicklung vor uns, über die hinausschreitend wir zu Zerrbildern kommen würden, denn die führende Achse hat im Widerspruch zu einem leitenden Grundsatz für den Bau schnell fahrender L Räder großen Durchmessers. Vergrößern wir diese also, um die zulässige Geschwindigkeit höher ansetzen zu können, so machen wir uns einer einseitigen Behand-

---

[1]) Rev. gén. 1879, II, S. 460 und Lokomotive 1916, S. 143.

lung unserer Aufgaben schuldig. Buddicom hatte sich mit seinem Entwurf (Abb. 223) noch innerhalb der Grenzen des Zulässigen gehalten. Über die Verwendung ist nichts Näheres bekannt. Da die Quelle nur die Umrißlinien enthält, wurde das Bild der L auf Grund ihrer Verwandtschaft mit der 1 A 1 desselben Konstrukteurs (Abb. 23) vervollständigt. Zu seltsamen Übertreibungen aber ließ sich 40 Jahre später D'Estrade verleiten (Abb. 224). Er scheint von dem Vorteil großer Raddurchmesser ganz merkwürdige, jenseits der üblichen Berechnungsweise liegende Vorstellungen gehabt zu haben, denn auch für den Tender und die Wagen seines S-Zuges sah er große Räder vor. Von allem anderen abgesehen, hätte übrigens die aus den Zylinder- und Triebradmassen zu berechnende Zugkraft gar nicht die Kupplung dreier Achsen erforderlich gemacht. So entstand denn ein Zerrbild. Boulet & Co in Paris führten den Entwurf aus. Die L entsprach den Anforderungen

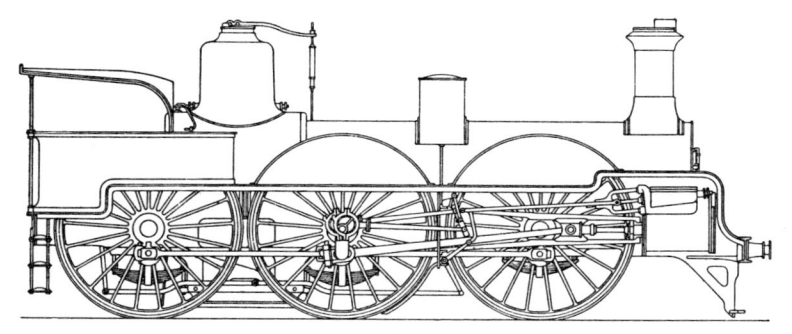

Abb. 224. Comp. de Paris-Lyon-Méditerranée x D'Estrade; Boulet.
42; 131 2,3 x; 470 700 2500.
(Nach Génie civile 1885/86, S. 228.)

natürlich ganz und gar nicht und hat wohl nicht lange im Betriebe gestanden.

Die C hat dem Lokomotivbauer manche Verlegenheiten bei der Verteilung der Last bereitet, die besprochen wurden. Er hat es heute bei der Bewältigung solcher Schwierigkeiten insofern etwas besser, als er die zahlreichen inzwischen hinzugekommenen Hilfsvorrichtungen hier oder dorthin legen kann. Früher stand ihm hierfür eigentlich nur der Dampfdom zur Verfügung. Heute kann er sich in diesem Sinne den Gasbehälter, die Luftpumpe und den Hauptbehälter der Luftdruckbremse, den Vorwärmer mit seiner Speisepumpe usw. dienstbar machen. Allzu groß sind die Wirkungen solcher Maßnahmen freilich nicht.

Mißerfolge zeigen sich in der Geschichte der C europäischer Bauweise nur dort, wo sie ihr natürliches Anwendungsgebiet verließ. Sie gehört zu den erfolgreichsten Gattungen. Nur die ständig zunehmenden Anforderungen an die Zugkraft haben bewirkt, daß sie allmählich durch L höheren Kupplungsgrades verdrängt wurde.

C T. Die C T verbreitete sich allmählich seit Ende der fünfziger Jahre. Die Mitführung der Vorräte hat eine Verschiebung des Schwerpunktes nach hinten zur Folge. Dieser Umstand bringt es mit sich, daß die C T (St —) selten ist. Die Erscheinung einer solchen kommt zuweilen dadurch zustande, daß eine alte C in eine C T umgebaut wurde; man behält dann natürlich die Achslage möglichst bei. Die C T, bei der die letzte Achse unter dem Vorderende des Stehkessels liegt, braucht nicht wie bei der C als eine besondere zwischen der C (St —) und der C (St +) stehende Gattung angesehen zu werden, denn meistens sind Triebraddurchmesser, Kesseldurchmesser und Stehkesselhöhen so klein, daß sich auch bei dieser Stellung der letzten Achse keine besonders hohe Lage der Kesselachse ergibt.

Abb. 225. West Somerset Ry 1857 Sharp, Steward & Co.
x; 69 0,95 x; 406 610 1372; 2,25 x.
(Nach Loc. Mag. 1914, S. 197.)

Die englische C T lehnt sich durchaus an die dort üblichen C an. Sie hat stets einen langen Radstand und fast immer Innenzylinder. Beliebt wie bei allen englischen T L ist die Mitführung des Wassers in einem Sattelbehälter (Abb. 225, 226). Die Midland Ry benutzte sie

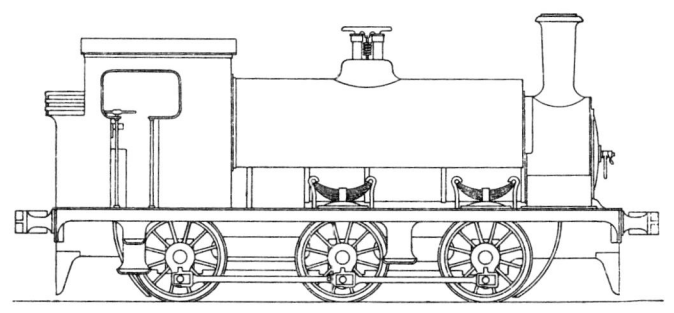

Abb. 226. Mo-i-Ranen-Dunderland 1903 Stephenson.
40; 74 x x; 406 610 1219; 4,1 1,5.
(Nach Loc. Mag. 1903, S. 241.)

schon seit 1854 im Verschiebedienst. Andere Verwaltungen folgten. Bei der South Devon Ry war sie schon seit 1860 im Streckendienst tätig. Diesem Zwecke dient auch die L der 18 km langen West Somerset Mineral Ry aus dem Jahre 1857 (Abb. 225). Bemerkenswert ist, daß sie mit einem Dampftrockner ausgerüstet war. Er bestand in einer im oberen Drittel der Rauchkammer geschaffenen Kammer, in die der Dampf zunächst einströmte. Durch seine Mitte ging ein weites kegelförmiges Rohr, durch das die Heizgase hindurchgingen. Irgendeine

Lokomotiven mit drei gekuppelten Achsen: C T. 231

Wirkung kann dieser Dampftrockner natürlich nicht gehabt haben. — Eine neuzeitliche C T für Streckendienst zeigt uns Abb. 226. Sie ist für eine 28 km lange norwegische B bestimmt, die von dem Hafen Mo-i-Ranen Fjord ungefähr 16 km südlich des nördlichen Polarkreises am Dunderlandfluß zu den damals erschlossenen Erzfeldern führt. Bei der Ausgestaltung des Führerhauses mußte auf das harte Klima Rücksicht genommen werden.

Die ältesten deutschen C T sind die Berg-T L der rheinischen Eisenb vom Jahre 1855, seit 1871 bis 1879 in verstärkter Ausführung. Ähnlichen Zwecken diente die von Welkner für G- und schwere P-Züge auf der Gebirgsstrecke Göttingen—Cassel entworfene L der Abb. 227. Auch sollte sie Reserve- und Vorspanndienste tun. Bezeichnenderweise ist also damals noch keine Rede davon, sie als Verschiebe-L benutzen zu wollen. Die Gattung, sechs an der Zahl, hat für jene Zeit recht bedeutende Ab-

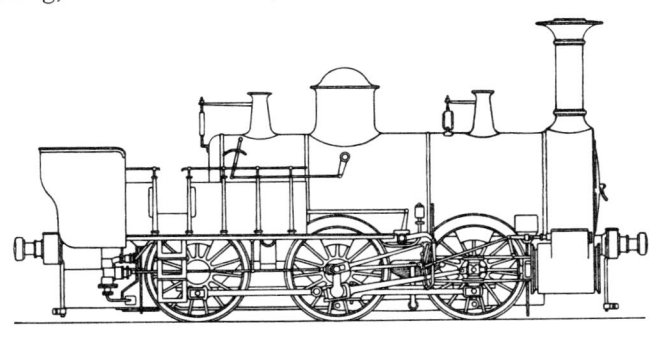

Abb. 227. Hannoversche Südb 1857 Welkner; Hanomag.
32; 100 1,25 7; 451 610 1372; 4,5 1,2.
(Nach Zeitschrift des Architekten- und Ingenieurvereins Hannover, 1857, S. 179 u. Hanomag-Nachrichten 1919, Heft 12, S. 174.)

messungen. Der Wasservorrat befindet sich in besonderen zwischen den Rahmenblechen vor und hinter dem Stehkessel eingefügten Wasserbehältern, und der Kohlenvorrat hinter dem Führerstand. Der Abdampf kann unterhalb der Mündung des Blasrohres abgeleitet und in den Wasserkasten hinter dem Führerstand geführt werden. Er tritt hier in eine Kammer ein, die im Hauptbehälter liegt und mit ihm in Verbindung steht. Aus diesem Wasserbehälter saugen die Pumpen. Man konnte also jene Abdampfleitung öffnen, sobald die Pumpen angestellt waren, und erhielt ein um 60 bis 70° vorgewärmtes Wasser, ohne daß das ganze Vorratswasser angewärmt zu werden brauchte. Außer der von der Gegenkurbel angetriebenen Pumpe befindet sich auf dem Führerstande noch eine kleine stehende Dampfpumpe. Die Gooch-Steuerung wird nicht von Exzentern, sondern von Gegenkurbeln angetrieben. Da die letzte Achse eine Querfeder besitzt, so ruht die L auf drei Federn. Sie ist also in drei Punkten unterstützt. Große Ähnlichkeit mit dieser eigenartigen L hatten die C T der braunschweigischen B, die zum Nachdrücken von Zügen auf stärkeren Steigungen sowie auch für den

Zugdienst auf kürzeren Strecken seit 1863 von Egestorff geliefert wurden[1]). Bezeichnenderweise waren aber statt der einen Längsfeder zwischen den Vorderachsen, wie sie die hannoversche L aufweist, zwei getrennte Federn mit Ausgleichhebeln vorgesehen. Die ältere Anordnung, bei der die ganze L auf nur drei Federn, darunter eine kurze Querfeder, ruhte, war zweifelsohne zu starr und mußte eine stoßende Gangart zur Folge gehabt haben. Die Goochsteuerung war durch eine Allansteuerung ersetzt. Beides sind Verbesserungen.

Im gleichen Jahre 1857 erschienen C T auch auf der Saarbrückener B, die schon zum Verschiebedienst benutzt worden zu sein scheinen. Sonst besorgten damals die meisten Verwaltungen den Verschiebedienst noch mit alten G L. Die Main-Weserb, Berlin-Anhaltische, Berlin-Potsdam-Magdeburger und die Rechte Oder-Uferb gingen erst i. J. 1874 für diesen Zweck zur C T über. Einen großen Umfang nahm deren Beschaf-

Abb. 228. Preußische Staatsb 1882 Henschel.
29; 60 1,3 12; 350 550 1080; 4 1,1.
(Nach Musterblättern der preußischen Staatsb.)

fung im Anfang der achtziger Jahre mit dem Bau zahlreicher kurzer Nebenbahnen an. Diese Nebenbahn-L wurden seitdem auch häufig als Verschiebe-L eingestellt. So ging auch die preußische Staatsb vor. Sie hatte i. J. 1877 die früher besprochenen Normalentwürfe für P und G L aufgestellt. Anfangs der achtziger Jahre folgten die Nebenbahn-T L. Die C T der Abb. 228 ist für kurze Nebenbahnen mit nur 10 t zulässigem Achsdruck und für Verschiebedienst bestimmt. Ihre Höchstgeschwindigkeit ist 40 km. Auf den Nebenbahnen waren übrigens damals nur 30 km zulässig. Die L führt die Kohlen in seitlichen Kästen, das Wasser im Kastenrahmen mit. Der Entwurf zeigt in allen Punkten das Bestreben, Gewicht zu sparen. Ursprünglich fehlt darum auch der Dom. Statt dessen befand sich hinter dem Schornstein ein Reglergehäuse, von dem der Dampf durch außenliegende Einströmrohre zum Schieberkasten floß. In demselben Maße, als die meisten Nebenbahnstrecken eine höhere Achsbelastung zuließen, verbesserte man die Ausstattung, ohne die Hauptabmessungen zu ändern, so daß schließlich ein Gewicht von nahezu

---

[1]) Fußnote S. 211.

$3 \times 12 = 36$ t entstand. Diese bessere Ausstattung bestand erstens in der Hinzufügung des Doms. Gerade für Verschiebe-L ist das wichtig, da die niedrige Lage der Dampfeinströmungsrohre am vorderen Ende des Kessels beim rückwärtigen Anfahren trotz Dampfsammelrohres jedesmal Anlaß zum Überreißen von Wasser gibt. Man legte zweitens den Kessel höher, um so die Wasserkästen größer und den Wasservorrat von 4 auf 5 m^3 erhöhen zu können. Endlich verlängerte man die Rauchkammer.

Die Einführung des Heißdampfes erschloß eine neue Möglichkeit für die Weiterentwicklung der Bauarten in Richtung auf die Verwendung vor schnelleren Zügen. Wegen seiner großen Dünnflüssigkeit gestattet er nämlich größere Umdrehungszahlen der Räder, ohne daß man gar zu hohe Drosselungsverluste zu fürchten hätte. Das rückte einen alten Lieblingsplan der Lokomotivbauer wieder einmal in den

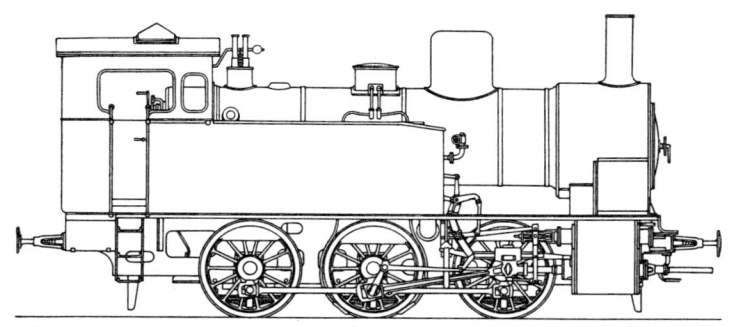

Abb. 229. Preußische Staatsb 1905 Maschinenbauanstalt Breslau.
45; 69 + 16 1,5 12; 500 600 1350; 5 1,4.
(Nach Zeichnung.)

Vordergrund. Man hielt es nämlich für nicht ausgeschlossen, so eine Art von Universalmaschine zu schaffen, die G- und P-Züge befördern könne. Auf die C angewandt, hatte man sich ja nun nicht mehr davor zu fürchten, daß ein hohes Rad vorne laufe, denn man brauchte ja aus den angegebenen Gründen deren Durchmesser nicht wesentlich größer, als für G L üblich, zu wählen. Der Plan mißlang, wie alle vorhergehenden, und gerade die C T der Abb. 229 war eigentlich auch wenig geeignet für seine Durchführung, denn sie steht der C in Abb. 221 hinsichtlich Achsstellung und Raddurchmesser durchaus nahe, und was dort über ihre Geschwindigkeitsgrenzen gesagt wurde, gilt für diese in erhöhtem Maße. Zudem läuft eine T L stets unruhiger, als eine im übrigen gleiche L mit Tender, weil ihr die enge Verbindung mit und die Abstützung gegen ihn fehlt. Die L war zunächst als eine Fortentwicklung der C T nach Abb. 228 gedacht. Als solche ist sie recht leistungsfähig, wenn man freilich auch ihre Verwendung auf Verschiebedienst nur dann ausdehnen sollte, wenn sie mit dem neuerdings geschaffenen Kleinrohrüberhitzer ausgerüstet ist, der wirksame Überhitzungen auch bei häufigem Anhalten erreichen läßt. Wie schon angedeutet, hat man es versucht, sie auch für höhere Geschwindigkeit, nämlich für Stadtb- und Vorortzüge zu verwenden. Jedoch hat sie sich in diesem Dienst nicht bewährt. Sie zeigte starkes Nicken. Besonders störend machte sich dieses z. B. vor den Vorortzügen Danzig—Zoppot geltend, bei denen 55 bis 60 km Geschwindigkeit im regelmäßigen Dienst erreicht werden. Sie mußte aus diesem Dienst zurückgezogen werden. Hiermit ist natürlich nichts gegen ihre Eignung für Nebenbahnen gesagt. Wasser- und Kohlenvorrat sind in seitlichen Kästen untergebracht.

Eine ähnliche Entwicklung wie in Preußen nahm die C T in den anderen Bundesstaaten. Bei der badischen Staatsb wurde sie nicht recht heimisch. Bei der Main-Neckarb nahm sie einen bemerkenswerten Ansatz zur Weiterentwicklung in der Gestalt einiger C (1726) T für die Odenwaldlinie Weinheim—Fürth aus den Jahren 1896/97. — Ähnlich spielte sich ihre Entwicklung in Österreich ab.

In der Schweiz erschien die C T i. J. 1868 auf der Zentralb. Sie wurde später für kurze Bahnen häufig ausgeführt. Die stärksten Stei-

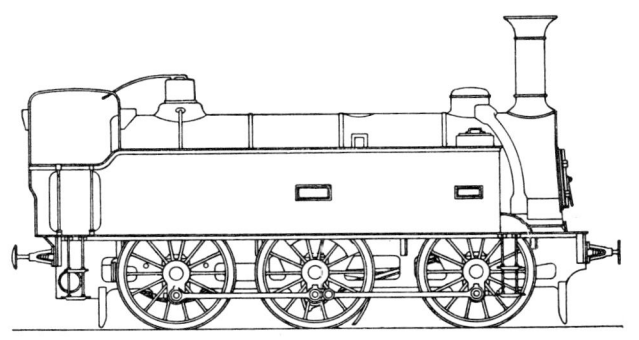

Abb. 230. Comp. de l'Ouest 1885 Cail.
39; 96 1,57 10; 430 600 1540; 3,8 1,0.
(Nach Génie civil 1885, II, S. 233 und Organ 1886, S. 100.)

gungen, die je auf einer Eisenb mit gewöhnlichem Reibungsbetrieb ausgeführt sind, kommen auf der i. J. 1874 eröffneten Ütlibergb vor. Sie betragen 70 $^0/_{00}$ und wurden von einer C T bezwungen[1]), die die seltene Form einer C T (St —) hat. Die Gotthardb bezeichnet ihre C T vom Jahre 1897 als P L, verwendet sie aber bezeichnenderweise im Verschiebedienst.

In Frankreich gibt es C T für Verschiebedienst schon seit 1847, zunächst mit Innenzylindern und Sattelbehälter, dann mit Außenzylindern. Die Steigung der Comp. de l'Ouest bei St. Germain wurde seit 1863 durch eine C T-Rampen-L bedient. Ganz auffallend ist die Wertschätzung, deren sich die C T in Frankreich für den Vorortverkehr erfreute. Die Comp. du Nord führte sie für diesen Zweck schon i. J. 1876 ein, ging freilich fünf Jahre später zur C 1 T über. Die Comp. d'Orléans folgt i. J. 1892. Diese Vorliebe verdient näheres Eingehen an Hand eines Beispieles (Abb. 230). Diese L wurde zuerst i. J. 1883/84 für die

---

[1]) Barbey: Les L suisses. Genf 1896, S. 60. Auf das Werk sei wegen der eingehenden Behandlung Schweizer L hier besonders hingewiesen.

Chemins de fer de l'Etat und dann auch sogleich für die Rouen-B beschafft. Der Wasservorrat genügt für eine Fahrtlänge von 30 bis 35 km. Die 30 ersten L wurden auf Nebenbahnen und dann auf den Pariser Vorortstrecken benutzt. Sie hatten 1440 mm Triebraddurchmesser. Die neueren Ausführungen für die Linien St. Cloud—l'Etang la Ville mit Steigungen von $15\,^0/_{00}$ und Paris—St. Germain mit Steigungen von $35\,^0/_{00}$ nach Abb. 230 erhielten, um Geschwindigkeiten bis zu 60 km anwenden zu können, Triebraddurchmesser von 1540 mm. Sie haben sich offenbar im Gegensatz zu der preußischen nach Abb. 229 bei der Geschwindigkeit von 60 km bewährt. Der etwas größere Radstand, die Innenzylinder und deren geringer Überhang machen dies wohl erklärlich. Für die Wahl der Geschwindigkeitsgrenzen ist der so zustande gekommene Vergleich belehrend.

Die C T wird heute mehr und mehr durch kräftigere Bauarten, 1 C und D, auch auf Nebenbahnen verdrängt. In Österreich ist diese Entwicklung schon seit 1880 bemerkbar. Als Klein- und Werkbahn-L hat sie noch heute ihre Bedeutung, die ihr auch bleiben wird.

Die C besitzt eine gute Krümmungsbeweglichkeit. Für die engen Krümmungen von Gebirgsbahnen kann sie noch gesteigert werden, indem man die drei angetriebenen Achsen, denen man dann möglichst kleine Raddurchmesser gibt, hinter dem Zylinder dicht zusammendrängt. Man muß dann aus ähnlichen Gründen wie in Abb. 214 die dritte Achse zur Triebachse machen. Nun würde diese Achsenverteilung aber natürlich eine ganz unzulässige Belastung der letzten Achse und wegen des stark überhängenden Stehkessels sehr unruhigen Gang zur Folge haben. Man kann dem abhelfen, indem man den Tender so weit vorschiebt, daß seine erste Achse vor den Stehkessel fällt. Wir kommen also wieder zur Stütztender-L, die wir schon in Abb. 216 antrafen, aber auf anderem Wege. Dieser Weg ist von Engerth lange bevor Behne seine Bauart schuf, beschritten worden. Zur Auffindung einer L für die Semmering-B mit ihren langen Steigungen von $25\,^0/_{00}$ war auf Anregung Ghegas im März 1850 ein Preis ausgeschrieben worden. Die außergewöhnliche Aufgabe hatte außergewöhnliche Lösungen gezeigt, die zwar manche fruchtbare Anregung gebracht haben, sich aber nicht behaupten konnten[1]. Das veranlaßte den technischen Rat Freiherrn v. Engerth, die Einstellung der Fahrzeuge in Gleiskrümmungen unter Berücksichtigung aller Nebenumstände, wie Spurerweiterung, Reifenform usw. eingehend zu untersuchen. Das Ergebnis war die erwähnte C 2 mit Stütztender. Nach Engerths Angaben wurde der erste Entwurf von John Cockerill in Seraing und auf Grund dieses Entwurfes Einzelpläne von Maffei, Keßler, Günther und Haswell ausgearbeitet. Cockerill und Keßler in Eßlingen lieferten die ersten Engerth-L ab (Abb. 231). Das Tendergestell ist dicht vor der ersten Tenderachse durch einen lotrechten Bolzen mit dem Hauptrahmen verbunden.

---

[1] Z. öst. Ing.-V. 1851, No. 17 bis 23; Ritter v. Schmid: Ausführliche Beschreibung und Abbildungen der vier Preis-L. Ebenda 1854 und 1855; Engerth: Die L der Staatseisenb. über den Semmering. Ebenda 1905, S. 301; Sanzin: Die Entwicklung der Gebirgs-L.

Dieser ist also der Drehpunkt für das Tendergestell. Letzteres übernimmt einen Lastanteil des auskragenden Stehkessels an dessen Langseiten durch Vermittlung von Konsolen mit kugligen Auflagern und Gleitpfannen. Engerth hatte in seinem Plane eine Zahnradkupplung zwischen L- und Tenderachsen vorgesehen. Sie ist nur einmal ausgeführt worden, weil sie sich als entbehrlich erwies. Der Engerth-L war ein großer Erfolg beschieden[1]). Sie wurde seit 1855 auch in der Form B 3 mit Innenzylindern und Triebrädern von 1500 mm bis 1740 mm Durchmesser als P L gebaut. 16 G L und 6 P L der Bauart Engerth besorgten viele Jahre hindurch den ganzen Zugförderungsdienst der Semmeringb. Sie haben in der Form B 2, B 3 und C 3 auch in der Schweiz große Verbreitung gefunden. Als C 3 wurden sie noch i. J. 1874 für die Bahn Jura—Neuchatel geliefert. — Auch nach Frankreich fanden sie den Weg. Schneider & Co in Creuzot lieferten von 1854 bis 1856

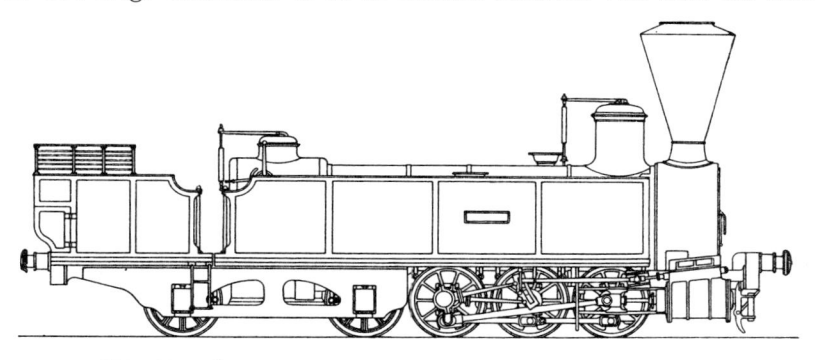

Abb. 231. Österreichische Südb (Semmering) 1853 Cockerill.
56; 136 1,4 7,4; 474 610 1068: ∽ 6,5 ∽ 3.
(Nach Zeitschrift des österreichischen Ingenieurvereins 1853 und 1854.)

25 L der Form B 2 für die Comp. de l'Est. Sie wurden aber i. J. 1860 in D mit Tender umgebaut. Das Schicksal des Umbaues hat manche von ihnen erreicht. Ihre Schwäche war der zu geringe Fassungsraum des zweiachsigen Tenders. Dieser war ja seiner eigentlichen Aufgabe noch weit mehr entzogen, als bei der L in Abb. 216. Führte man den Tender aber dreiachsig aus, so war es schwierig, die nötige Belastung für seine vor dem Stehkessel liegende Vorderachse zu erzielen.

C in Amerika. Sie bildet ein Kapitel für sich. Ihre Entstehungsgeschichte ist dort eine ganz andere als in Europa. Die erste europäische C (Abb. 197) war ein ganz selbständiges Gebilde, das im Laufe der Jahrzehnte mannigfache Wandlungen erfuhr. In Amerika aber entstand die C unter den Händen Baldwins (Abb. 232) als eine Fortbildung seiner 2 A (ähnlich Abb. 43). Diese Herkunft verrät sie durch den schräg an der Rauchkammer liegenden Zylinder und durch die großen Radstände, indem die beiden vorderen Achsen wie bei der 2 A ganz nahe zusammengerückt sind, und die letzte Achse weit hinten jenseit

---

[1]) S. z. B. Lokomotive, 1918, S. 162.

Lokomotiven mit drei gekuppelten Achsen: C in Amerika. 237

des Stehkessels liegt. Die Anlehnung geht so weit, daß die beiden vorderen Achsen in seinem mehrfach erwähnten Drehgestell vereinigt sind, das Baldwin für diesen Zweck i. J. 1842 erfand[1]) (Abb. 233). Gekuppelten Achsen kann natürlich, wenn die Kupplung in ihrer einfachen Form beibehalten werden soll, nur eine seitliche Verschiebung

Abb. 232. Rd of Georgia 1842 Baldwin.
12; x x x; x x 1067.
(Nach „History of the Baldwin Locomotive works 1831—1897", S. 30.)

statt einer Drehung zugemutet werden. Die beiden Vorderachsen sind an jeder Seite in einem besonderen Rahmenblech gelagert. Belastet wird jedes dieser Rahmenbleche in der Mitte zwischen den Rädern.

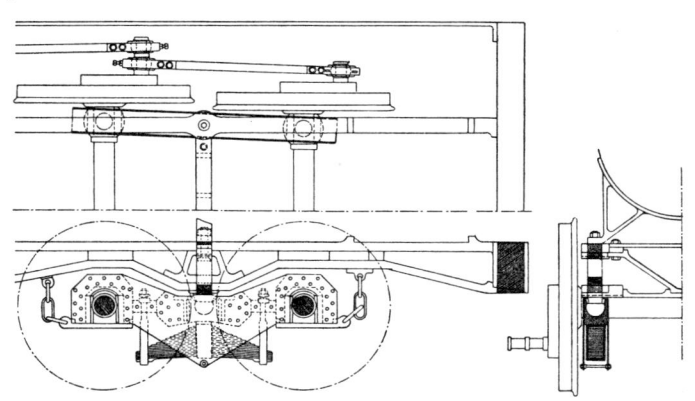

Abb. 233. Baldwin-Drehgestell.
($1/_{50}$) (Nach Clark u. Colburn, S. 82.)

Um einen durch den Aufnahmepunkt der Last gehende lotrechte Achse kann sich jedes dieser Bleche drehen, so eine Parallelverschiebung der Achsen im entgegengesetzten Sinne ermöglichend, wie es der Krümmungslauf verlangt. Dieses Baldwin-Gestell wirkt wie das ge-

---
[1] History of the Baldwin L works from 1831 to 1897. Philadelphia 1897, S. 30.

wöhnliche als Hebel beim Lauf in Krümmungen. Auch werden Querkräfte, die von Schlingerbewegungen des Hauptrahmens herrühren, von den auf halber Länge des Drehgestellradstandes liegenden Drehzapfen auf die Gestellachsen gleichmäßig verteilt, so daß keine Momente durch jene Querkräfte im Gestell erzeugt werden können, die es zu Schlingerbewegungen veranlassen könnten. Aber die beiden Rahmenbleche können wegen der eigenartigen gegenseitigen Bewegung nicht gegeneinander versteift werden. Das macht die Anordnung überbeweglich. Sie ist auch zur Vereinigung einer Lauf- mit einer Kuppelachse benutzt worden (Abb. 92, 235) und fand mit diesen L ihren Weg nach Deutschland und Rußland, ohne aber in Europa große Verbreitung zu finden. Auch in Amerika wurde sie wohl seit Erfindung der Deichselachsen durch Bissel i. J. 1857 nicht mehr ausgeführt. Dreifach gekuppelte L führte man dort seitdem so aus, daß man den drei gekuppelten Achsen einen so großen Radstand gab, wie ihn die Krümmungen eben zulassen, und vor den Zylindern eine Deichselachse hinzufügte (Abb. 238). Die ersten 14 L nach Abb. 232 wurden i. J. 1842 für die Georgia Rd. abgeliefert. Andere Lieferungen folgten sofort für die Virginia Central Rd und für die Philadelphia & Reading Rd. Die ersten von ihnen hatten ein Gewicht von nur 12 t. Die Abmessungen nahmen aber schnell zu, so daß bei denen der letztgenannten Bahn schon ein Gewicht von 18 t erreicht war. Wie wir für die deutschen C jener Zeit feststellten, so waren auch diese amerikanischen noch durchaus Rampen-L, zu deren Anwendung man sich nur entschloß, wenn sehr starke Steigungen besondere Mittel erheischten. So waren es auf der Virginia Central Rd die „blue ridges" mit Steigungen von $57 \,^0/_{00}$, auf denen die bisher bekannten L natürlich versagt hätten. Es hat sich übrigens nicht genau feststellen lassen, ob Abb. 232 die L der Georgia Rd oder vielleicht eine der anderen oben aufgeführten Bahnen darstellt. Auch besteht einige Unsicherheit wegen des Maßstabes.

Wie im europäischen Lokomotivbau jener Zeit, so beobachten wir auch im amerikanischen gelegentlich eine Neigung, die Maßnahmen zur Sicherung der Krümmungsbeweglichkeit auf Kosten der Gangsicherheit zu übertreiben. Einer solchen Neigung folgte Baldwin, als er i. J. 1847 seine C als C (St —), also mit kurzem Radstand baute und trotzdem sein Drehgestell beibehielt[1]).

Schon i. J. 1844 baute auch Norris eine C. Auch er knüpfte an die 2 A an, natürlich an die seiner eigenen Bauweise (Abb. 45). Da diese einen überhängenden Stehkessel hatte, war dies auch bei seiner C der Fall (Abb. 234). Es entstand also eine C (St —) natürlich ohne Drehgestell, denn das Norrissche ist für gekuppelte Achsen nicht verwendbar. Die Entstehung auch der C Norris hat also nichts mit der long boiler Bauart zu tun. Die L hat ein veränderliches Blasrohr — vielleicht die erste Einrichtung der Art. Die Speisepumpe erhielt ihre auffallende Lage, um sie gegen das Einfrieren zu schützen. Die Anordnung war

---

[1]) R. gaz. 1901, S. 791. Caruthers: A Baldwin freight engine of 1847. Ferner: Eisenbahnzeitung 1845, S. 255.

Lokomotiven mit drei gekuppelten Achsen: 1 C. 239

aber verfehlt, denn nun lag die Pumpe an einer zu heißen Stelle und versagte gelegentlich. Einem solchen Versagen ist es zuzuschreiben, daß schon 19 Tage nach Inbetriebnahme eine Kesselexplosion eintrat. Die L wurde dann ohne grundlegende Änderungen umgebaut. Das Führerhaus ist vielleicht erst nach dem Umbau hinzugekommen; es konnte seitlich durch Segeltuchvorhänge geschlossen werden.

Weder die eine noch die andere Bauart der C fand in Amerika für Streckendienst weitere Verbreitung; der wenn auch nur teilweise Überhang der Zylinder war den Amerikanern peinlich, und

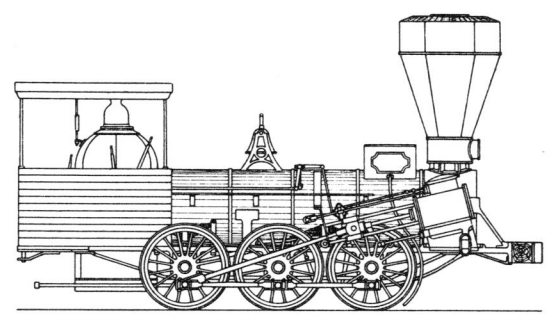

Abb. 234. Philadelphia & Reading 1844 Norris.
17,3; 46 0,9 x; 381 508 1118.
(Nach R. gaz. 1899, S. 7.)

nach Erfindung der Deichselachsen war es daher ganz mit ihnen aus. Nur für Verschiebedienst baut man sie noch heute und zwar mit Tender. Die CT ist in Amerika überhaupt fast unbekannt.

1 C. Bei Besprechung der C schlossen wir mit der amerikanischen Form; bei Besprechung der 1 C müssen wir mit ihr beginnen, denn die europäische geht auf die amerikanische zurück. Am Schluß des vorigen Abschnittes erklärten wir uns den geringen Erfolg der C in diesem Land aus der Abneigung gegen überhängende Zylinder und aus dem Wunsche, die L vorn durch eine niedrige

Abb. 235. Petersburg-Moskauer B 1846.
Harrison u. Winans.
x; x x x; x x 1372; Spur: 1524.
(Nach Sinclair, S. 146.)

Achse zu führen. Nach der Erfindung der Deichselachsen durch Bissel i. J. 1857 verschwand daher die C aus dem Streckendienst, aber schon vorher hatte man es mit den weniger geeigneten Mitteln, die jeweilig zur Verfügung standen, versucht, die 1 C an die Stelle der C zu setzen. Man half sich nämlich mit dem Baldwin-Gestell, in dem man Lauf- und erste Kuppelachse vereinigte (Abb. 235). Es fällt sofort die Ähnlichkeit mit

Abb. 129 auf. Sie ist von dem gleichen Erbauer für die gleiche B gebaut, worüber das Nähere bei dieser Abb. nachgelesen werden kann. Ähnliche L lieferte Baldwin noch i. J. 1853. Die Zylinder waren aber noch stärker geneigt. Trieb- und letzte Kuppelachse lagen dicht voreinander und diese etwa unter der Mitte des Stehkessels. — Ohne Nachahmung ist eine Form der 1 C geblieben, die aus anders gearteten Ursachen ebenfalls in Amerika ihren Ursprung nahm. Man beschäftigte sich dort nämlich schon seit längerer Zeit mit den Aufgaben, die die Verfeuerung von Anthrazit dem Lokomotivbau stellt. Anthrazit verträgt keinen scharfen Zug, weil er nicht backt und daher in kleine Stücke zerfällt, die fortgerissen werden würden. Man muß also eine große Rostfläche ausführen, damit die Luftgeschwindigkeit in den Rostspalten gering wird. Anthrazit ist ferner gasarm. Die Verbrennung setzt sich nur schwach in den Heizgasen fort. Um so mehr muß man den auf dem Rost ruhenden Brennstoff durch Strahlung wirken lassen. Auch diese Forderung führt auf einen großen Rost und außerdem auf die einer möglichst dicht über dem Rost

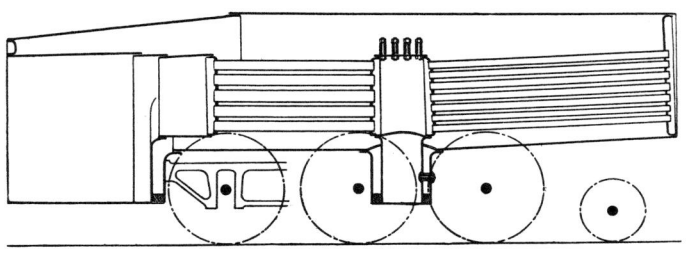

Abb. 236. Milhollands Kessel. Vgl. Abb. 237.
($1/_{70}$) (Nach Sinclair, S. 290.)

liegenden ausgedehnten Feuerkistendecke. Ältere Versuche, Anthrazit unter Kesseln üblicher Bauart zu verfeuern, mußten scheitern. Mit einer besonderen Bauart wurde erstmalig i. J. 1839 ein Versuch mit der 2 B „Gowan & Marx" gemacht (Abb. 128). Später stellte Winans Versuche mit nach hinten verlängertem Rost an, die wir bei Besprechung seiner D kennen lernen werden (Abb. 281). Seltsame Wege schlug Milholland, Maschinenmeister der Philadelphia & Reading Rd ein, um Anthrazit und auch um gasreiche Kohle verfeuern zu können[1]). Abb. 236 erläutert dies an einer Ausführung, die gegen die ursprüngliche schon etwas vereinfacht ist. Der Verlauf der Blechkanten und Überlappungen, sowie einige Einzelheiten konnten mangels genügend genauer Unterlagen nur obenhin eingetragen werden. Milhollands Entwürfe knüpften an die von Winans geschaffenen Formen an. Wie dieser arbeitete er auf eine große Rostfläche hin und führte daher, um an Breite zu gewinnen, den Rahmen nur bis zur Vorderwand des Stehkessels durch. Er mußte daher die Zugstange vom Tender her unter dem Rost durchführen,

---

[1]) Vgl. auch Journal of the Franklin Institute 1853, I, S. 270 und R. gaz. 1902, S. 531; ferner: Caruthers: Early years of the Ph. & R. Rd. R. gaz. 1907, II, S. 97.

Lokomotiven mit drei gekuppelten Achsen: 1 C. 241

um sie vor dem Stehkessel an einer Querversteifung des Rahmens angreifen zu lassen. Er mußte ferner der Mannschaft ihren Platz auf dem Tender anweisen. Alle diese Merkmale finden sich auch in Abb. 280 bis 282. Die Feuerkiste wurde durch eine Verbrennungskammer verlängert. Zwischen dem hinteren aus einer kleineren Zahl weiter Rohre bestehenden Rohrbündel und dem vorderen üblicher Beschaffenheit wurde eine zweite ,,Verbrennungskammer" eingeschaltet. Auf diese Weise entstand ein sehr langer Kessel, der zur Unterstützung außer den drei gekuppelten Achsen noch eine vordere Laufachse verlangte. Da die Bisselachse noch nicht erfunden war, so durfte durch die Hinzufügung dieser Achse kein zu großer Radstand entstehen. Milholland legte sie also hinter die Zylinder. Seitliches Spiel erhielt sie nicht. Da andererseits die letzte Achse vor dem Stehkessel lag, denn der Rahmen endigte ja vor diesem, so entstand, zumal in Ansehung des großen Stehkesselgewichtes, eine L mit ganz ungewöhnlich starkem Überhang. Sie

Abb. 237. Pennsylvania Rd 1854 Milholland; Norris.
25; x x 7,7; 432 559 1118.
(Nach R. gaz. 1900, S. 290.)

wurde i. J. 1852 in Betrieb gestellt und die Bauart unter dem Namen ,,Pawnee" bekannt. Die Gesamtanordnung zeigt Abb. 237 in einer von Norris geschaffenen etwas vereinfachten Form ohne mittlere Verbrennungskammer und mit durchgehendem Rahmen (vgl. später). Milholland hätte die üblen Folgen des starken Überhanges seiner L eigentlich voraussehen müssen. Er hatte nämlich i. J. 1849 eine C ähnlich der Abb. 234 gebaut, die, noch nicht für Anthrazitfeuerung bestimmt, daher einen leichteren Stehkessel gehabt hatte. Die Gangart war gleichwohl sehr schlecht gewesen. Milholland scheint aber die Schuld nur der Schräglage der Zylinder zugeschrieben zu haben, denn sie lagen bei den Pawnees ganz oder, wie in Abb. 237, fast wagerecht. Es erging ihm natürlich mit den Pawnees nicht besser als mit der C; der Lauf war unbefriedigend. An den schlechten Eigenschaften der L trug die mittlere Verbrennungskammer die Mitschuld, denn sie vergrößerte die Länge, also den Überhang der L. Für sich betrachtet, will uns diese Verbrennungskammer zunächst nicht übel gefallen. Wir denken an den gefürchteten Glutherd, der in der Rauchkammer bei undichter Tür entsteht. Welch guter Einfall, diese Glut dort entstehen zu lassen, wo sie nützt! Die Schwierigkeit, die Lösche sonstwie zu verbrennen, beruht auf ihrer Gasarmut und daher hohem Entflammungspunkt. Hier ist sie ausgeschaltet, denn die Lösche befindet sich im Bereich höchster Temperaturen. Die Rauchkammer nimmt nun weniger oder gar keine Lösche auf, wird also gegen die erwähnten Schädigungen geschützt, der Funkenflug wahrscheinlich vermindert usw. Leider sind wir auf falscher Fährte. Die Einzelausbildung der Kammer war nicht diesem Zwecke dienstbar gemacht, an den Milholland, wie sein Patentanspruch vom 17. Februar 1852 beweist, nicht dachte, denn er spricht nur von einer Verbrennung von Gasen. In der zweiten der auf S. 240 angezogenen Quellen wird sogar ernsthaft versichert, es sei ein Mannloch dagewesen, um etwa angesammelte Lösche zu entfernen! Übrigens kann man diese Betrachtungen wörtlich für die Verbrennungskammer in Beatties Feuerung wiederholen (Abb. 85). Natürlich brach sich die Erkenntnis von der Zwecklosigkeit der mittleren Verbrennungskammer bald Bahn, wenn auch Milholland selbst an ihr festzuhalten suchte und sie noch beim Bau zweier 2 B benutzte. Der Erfinder trennt sich eben schwer von seinem Kinde. Um so merkwürdiger ist es, daß Webb noch 40 Jahre später beim Bau seiner 1 B 1 auf sie verfiel (Abb. 196). Es mögen falsch gedeutete Beobachtungen gewesen sein, die den Anstoß zu dieser unglücklichen Erfindung gaben. Da gerieten wohl einmal die Heizgase oberhalb der Schornsteinmündung oder innerhalb der Rauchkammer in Brand. Man meinte, die verlorene Wärme müsse für die Heizfläche eingefangen werden und übersah, daß die zur vollständigen Verbrennung der Gase erforderliche Luft diesen bei möglichst hoher Temperatur zugeführt werden muß und nicht erst nach ihrer Abkühlung durch ein Rohrbündel. Weit zweckmäßiger ist in Milhollands Entwurf die hintere Verbrennungskammer, die als Verlängerung der Feuerkiste den Heizgasen Zeit zur Mischung mit der Verbrennungsluft und zur Verbrennung läßt. Nur diese Verbrennungskammer hat eine deutliche Spur von den ,,Pawnees" in der Lokomotivgeschichte hinterlassen. Sie wird noch heute ausgeführt. Über einen gewissen Zeitraum läßt sich auch die nach hinten abfallende Decke von Feuerkiste und Stehkessel in ihren Nachwirkungen verfolgen (Abb. 254). Alles andere ist verweht. Die Aufdeckung solcher Spuren ist von hohem Interesse. Zu deuten versteht sie nur, wer die Lokomotivgeschichte kennt: Das schlichte von der Gleitbahn zu einer Querversteifung reichende Mittelrahmenstück bei Innenzylinder-L (Abb. 259, 260) ist der brauchbare Rest verwickelter mehrfacher Rahmen (Abb. 6, 13, 15, 102, 109), Schrägrost und Schamotteschirm sind die Überbleibsel längst verschollener rauchverzehrender Feuerungen (Abb. 85, 86). An die wunderlichen Camels des Amerikaners Winans (Abb. 281) werden wir nur noch durch den Röhrenrost erinnert und von der 2 A Cramptons (Abb. 51) kam nicht viel mehr auf die Nachwelt, als die einfache Stehkesseldecke, die die Verlängerung des Langkessels bildet, sowie die Erkenntnis von den Vorzügen eines langen Radstandes.

Trotz der bald in Erscheinung tretenden Mängel der Pawnees hielt man bei der Philadelphia & Reading Rd gegen 10 Jahre an ihnen fest.

Hier herrschte Milholland. Auch seine riesigen F versah er mit diesem Kessel (Abb. 317). Man versuchte es wohl mit kleinen Änderungen, z. B. machte man bei einigen später gelieferten die erste Kuppelachse zur Triebachse, ging aber dann i. J. 1862 unter Beibehaltung der Kesselform, aber ohne die mittlere Verbrennungskammer zur 2 C (St +) über. Der Wunsch, Anthrazit verfeuern zu können, hat auch die Nachfolger Milhollands nicht ruhen lassen, und so ging i. J. 1877 abermals ein wunderliches Lokomotivgebilde von der Philadelphia Rd aus über die Pariser Ausstellung in die Welt, nämlich die L mit Stehkessel nach Bauart Wooten. Er gehört der Neuzeit an. Drum möge der Hinweis genügen[1]). Die Pawnees müssen trotz allem bei ihrem Auftreten großen Eindruck gemacht haben, denn mehrere Firmen nahmen ihren Bau auf. Smith & Perkins und die Virginia L works in Alexandria lieferten sie i. J. 1853 für eine angesehene Verwaltung, die Pennsylvania Rd. Norris setzte die Lieferung in genau gleicher Form fort (Abb. 237). Die mittlere Verbrennungskammer fehlte aber schon, und der Zylinder erhielt zur Verminderung des Überhanges eine leichte Neigung. Aus dem gleichen Grund wurde der Rahmen am schmal gehaltenen Stehkessel vorbeigeführt, so daß dieser nicht mehr in ganzer Länge hinter den Rädern liegt, sondern unter Verkürzung des Langkessels zwischen die hinteren Kuppelräder tritt. Der Führerstand hat aber nach wie vor keinen Platz hinter dem Stehkessel. Immerhin war also manche Eigenheit der Urform in der Erkenntnis ihrer Mängel aufgegeben. Lebensfähig wurde sie gleichwohl nicht. Ganz schlechte Erfahrungen aber machte die Lackawanna & Western Rd, die noch im gleichen Jahre 1854 Pawnees in der Urform von Danforth & Cooke bezog. Die üblen Folgen des starken Überhanges zeigten sich schon bei den ersten Fahrten. Es gab Entgleisungen, die zum Ersatz der Laufachse durch ein Drehgestell führten. Auch die mittlere Verbrennungskammer wurde bald entfernt.

Spätlinge der 1 C mit überhängendem Zylinder entstanden in Württemberg von 1894 bis 1899 durch Umbau von 1 B (St —), denen man eine Kuppelachse hinter dem Stehkessel beigab.

Schon i. J. der Erfindung der Deichselachse, 1857, wandte man diese auf 1 C der New Yersey Rd an. Man besann sich also auf die ältere Form (Abb. 235), die man nun in verbesserter Form wieder erstehen ließ. (Abb. 238). Die Vermeidung jeden Überhanges, die Führung durch niedrige Räder waren bei großem Radstand und guter Krümmungsbeweglichkeit erreicht. Sie führt in Amerika den Namen „Mogul L". Die Tragfedern der Lauf- und ersten Kuppelachse verbindet man durch Ausgleichhebel, um Entlastungen der führenden Achse zu vermeiden. In Amerika erfolgt dieser Ausgleich stets in folgender Weise: Die Federn der Kuppelachse sind durch einen Querbalancier verbunden; dessen Mittelpunkt ruht wieder in einem Längsbalancier, der in der lotrechten Mittelebene der L liegt und mit seinem Vorderende die Deichsel über der Laufachse belastet. Diese erhält also ungefähr die Hälfte des auf die Kuppelachse entfallenden Druckes[2]).

---

[1]) E. d. G. S. 218.   [2]) E. d. G. S. 420, Abb. 464.

Die 1 C war zunächst, weil aus der C hervorgegangen, G L, aber wir sehen die Weiterentwicklung für schnellere Fahrt voraus. Diese hat ihre Grenzen in den Eigenschaften der Radialachse, die dem Drehgestell unterlegen ist. Inwieweit man der L durch Einbau eines Krauß-Helmholtz-Gestelles die Eigenschaften einer Drehgestell-L geben kann,

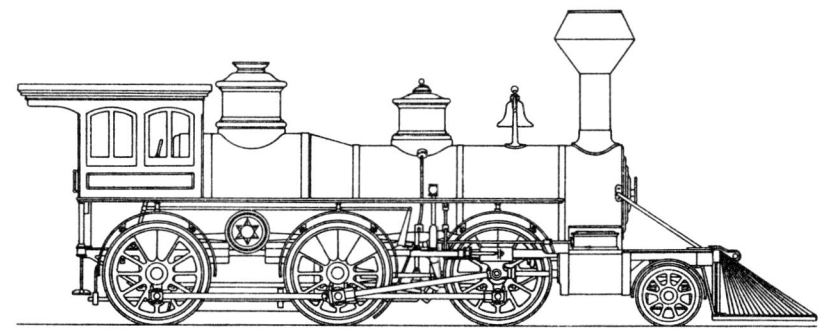

Abb. 238. Verschiedene 1877 Brooks.
34; 87 1,5 11,6; 432 610 1422.
(Nach R. gaz. 1877, S. 373.)

wird sich zeigen. In ihrem Heimatlande hat jene Weiterentwicklung übrigens keinen allzu großen Umfang angenommen. Immerhin beförderte die Baltimore & Ohio Rd schon i. J. 1876 ihre P-Züge über Strecken mit starken Steigungen durch die 1 C.

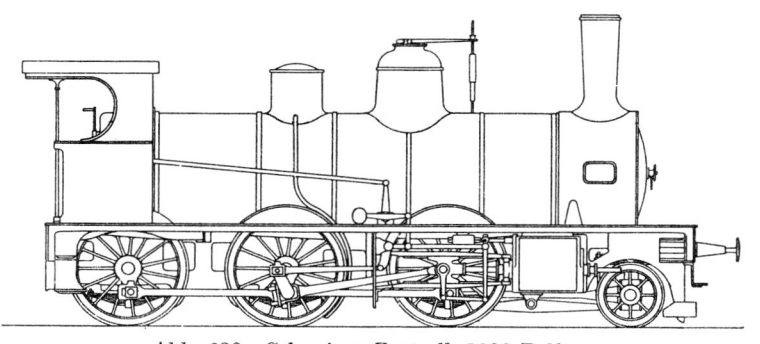

Abb. 239. Schweizer Zentralb 1892 Belfort.
50; 118 1,7 12; 480 660 1550.
(Nach Barbey: Les locomotives suisses. S. 34. Genf 1896.)

In Europa bürgerte sie sich erklärlicherweise zunächst in den gebirgigen Ländern ein. Da viele Lokomotivbauer für gebirgige Strecken gern T L wählen, so überrascht es uns nicht, daß die erste 1 C in der Schweiz eine 1 C (1524) T ist. Sie wurde i. J. 1865 auf der Schweizer Zentralb eingeführt. Dann entstand eine Pause. In der Mitte der achtziger Jahre führte sich dann die Gattung schnell ein, z. B. i. J. 1886 schon als 1 C (1620) bei der Nordostb. Die zehn L nach Abb. 239

Lokomotiven mit drei gekuppelten Achsen: 1 C.   245

waren schon für den internationalen S-Zugdienst Basel—Chiasso über Luzern bestimmt. Die Laufachse liegt in einer Deichsel (Abb. 240). Die Rückstellkraft wird durch die in der Schweiz für diesen Zweck sehr beliebte Dreieckstelze erzeugt (vgl. das zu Abb. 118 Bemerkte). Die L sind später in verstärkter Form nachgeliefert worden.

In Österreich lagen die Bedingungen für die 1 C ähnlich günstig. Die erste, allerdings auf fast zwei Jahrzehnte vereinzelt gebliebene, von v. Helmholtz entworfene Ausführung ist die von fünf 1 C (1575) für die

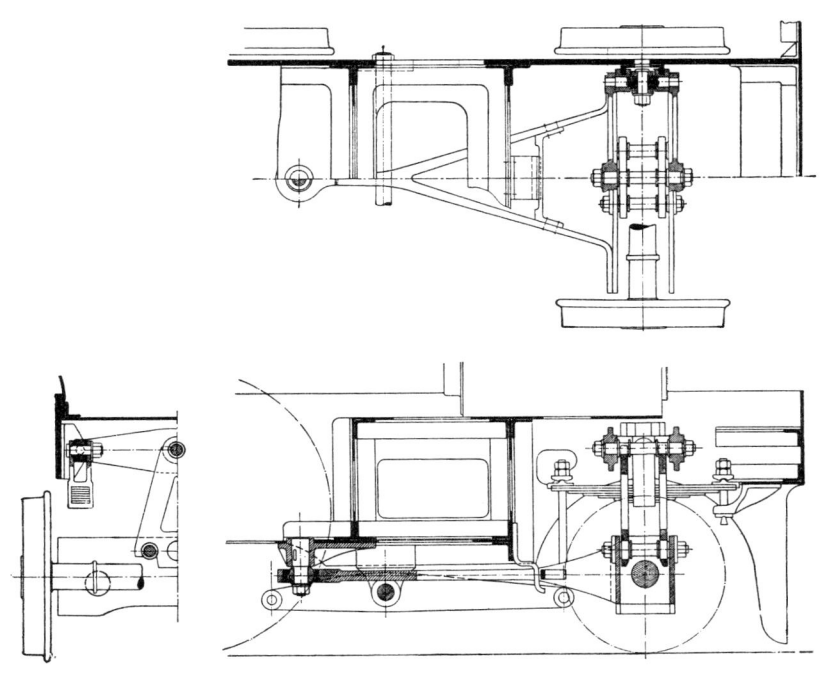

Abb. 240. Deichselgestell für die 1 C nach Abb. 239.
($^1/_{50}$) (Nach Demoulin: Traité pratique de la machine locomotive. Bd. III, S. 513. Paris 1898.)

Gisela-B Salzburg—Wörgl aus dem Jahre 1884. — Zum Ersatz der C durch 1 C hat in Österreich, wie auch in anderen Ländern, die Verbundanordnung viel beigetragen. Der Überhang der schweren Niederdruckzylinder wurde bedrohlich. Die Kaiser-Ferdinand-Nordb führte i. J. 1894 eine solche 1 C v mit einem Radstand von 6150 mm ein. I. J. 1895 folgte die österreichische Staatsb mit einer 1 C, die in Österreich auf der genannten und der Südb eine ganz außerordentliche Verbreitung gefunden hat (Abb. 241)[1]). I. J. 1912 waren 431 von ihnen im Betrieb. Die L wird durch eine Adamsachse geführt. Der Radstand ist kürzer als bei der Nordbahn-L; er beträgt nur 5500 mm. Man hat auf diese

---

[1]) Lokomotive 1904, S. 25, 1907; S. 225; 1912, S. 25.

Weise die Krümmungsbeweglichkeit noch weiter steigern wollen. Diese Verkleinerung des Radstandes zwang dazu, die letzte Achse zur Triebachse zu machen — eine Anordnung, der wir in Österreich mehrfach begegnet sind (Abb. 214, 231). Die L war für Eil-G-Züge im Flachland, aber auch schon für S-Züge im Gebirge bestimmt. Bei den späteren Ausführungen erprobte man der Reihe nach die verschiedenen Dampftrockner und Überhitzer. I. J. 1905 versuchte es Gölsdorf mit einem Dampftrockner, der dem von Clench ähnlich war. Dann kam der Überhitzer von Pielock heran, i. J. 1910 endlich, wie fast überall in der Welt, der Rauchröhrenüberhitzer von Schmidt. Neben der Überhitzung behielt man aber stets die Verbundwirkung bei. Seit 1897 tauchte eine 1 D v auf, die als Fortbildung der beschriebenen 1 C gelten kann.

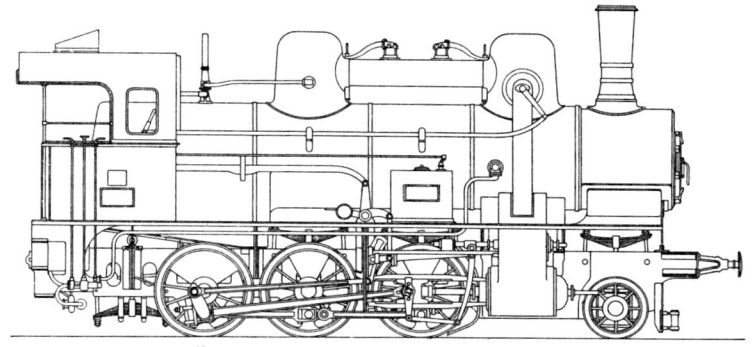

Abb. 241. Österreichische Staatsb 1895 Wiener Neustadt.
53; 132 2,7 13; $\dfrac{520}{740}$ 632 1300.
(Nach Eng. 1898, II, S. 129. 300.)

In Preußen wurde i. J. 1892 eine 1 C v mit Adamsachse, später Krauß-Helmholtzschem Drehgestell heimisch. Württemberg besitzt sie seit 1894, Bayern seit 1899. Alle diese sind G L. — Das Krauß-Helmholtzsche Drehgestell macht die 1 C einer L mit eigentlichem Drehgestell fast gleichwertig. Diese Eigenschaft ausnutzend, suchte man die 1 C auch in Deutschland zur P L weiter zu entwickeln. In Düsseldorf war i. J. 1902 eine solche preußische 1 C (1600) h mit Rauchkammerüberhitzer ausgestellt. Sie wurde auch in einem gewissen Umfange beschafft. Man zog aber schließlich doch die 2 C vor.

In sehr bewußter Weise und schrittweise vorgehend hat man in Italien die 1 C zur P- und S L entwickelt[1]). I. J. 1904 ersetzte die Adriatische B die C, weil sie für Eil-G-Züge und im Gebirge nicht mehr genügte, durch eine 1 C (1520) v. Sie zeigte den gleichen Aufbau und die gleiche ausgesprochene Eigenart wie die jüngere in Abb. 242. Die Zylinder sind wegen der bekannten Vorteile nach innen gelegt, die Steuerung nach außen. Es ist eine Heusingersteuerung, deren Voreilhebel aber nicht vom Kreuzkopf aus, sondern durch eine Gegenkurbel an-

---

[1]) Lokomotive 1909, S. 169 und 242; Z. d. V. d. I. 1907, S. 869.

getrieben wird. Da die Zylinder innen, der Schieberkasten außen liegt, war dies die einfachste Lösung. Das Drehgestell ist nach Zara ausgeführt, d. h. es ist ein Krauß-Helmholtz-Gestell, dessen Drehpunkt in einer Wiege liegt, so daß er seitliche Verschiebbarkeit hat. Im übrigen ist mit Anwendung dieses Gestelles, wie oben schon angedeutet, die Entwicklungsfähigkeit der L gesteigert. Um Klemmen in den Gleitbacken bei Schiefstellung der Achsen zu vermeiden, liegen zwischen Achslagerkasten und Gleitbacken Beilagen, die sich an diesen führen und die in einer zylindrischen Aussparung der Achslagerkästen ruhen, so daß sie sich in diesen etwas drehen können. Diese Einrichtung rührt ebenfalls von Zara her[1]) und kann als eine Vereinfachung von Haswells Achsgehäusen gelten (Abb. 285). Andererseits ist sie in ähnlich einfacher Form schon i. J. 1847 von Norris und Tull in Philadelphia

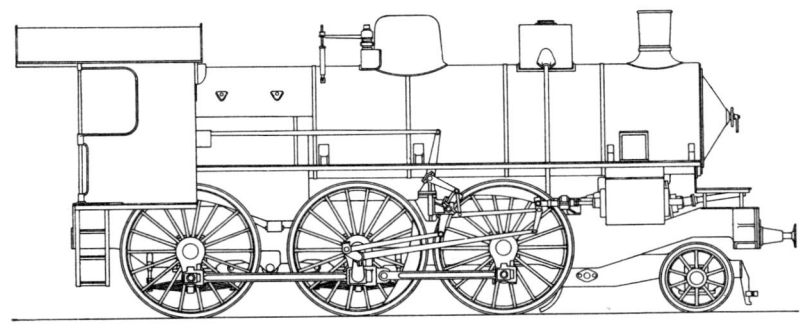

Abb. 242. Adriatische B 1907 Schwartzkopff.
55; 108 + 34 = 142 2,46 12; 540 700 1850.
(Nach Z. d. V. d. I. 1908, S. 1301.)

entworfen worden[2]). Die guten Betriebsergebnisse und der ruhige Lauf gaben Anlaß, daß man sie seit 1906 auch als 1 C (1850) v SL ausführte. I. J. 1906 standen schon hundert von ihnen im Betrieb. Sie hieß wegen ihres ungewöhnlichen Aussehens im Mund von Führer und Heizer ,,La Matta", d. h. ,,die Närrische". Seit 1907 gab man die Verbundwirkung auf, erniedrigte die Kesselspannung von 16 auf 12 at und sah den Schmidtschen Rauchröhrenüberhitzer vor. Der Wasserinhalt des Kessels wurde dabei von 4150 auf 4945 l erhöht. Diese letzte Entwicklungsstufe zeigt unsere Abb. 242. Sie zeigte sich der Verbund-L durchaus überlegen. I. J. 1909 erfolgten Nachbestellungen.

In Rußland herrschte eine große Vorliebe für die 1 C gerade als P- und S L. Die ersten 1 C vom Jahre 1893 waren für die Nicolaib bestimmt. Es sind 1 C v mit vorderer Adamsachse und dem größten für die Bauart 1 C je angewandten Triebraddurchmesser von 1900 mm. Mit diesem Maß ist die Entwicklungsgrenze der 1 C erreicht, wenn nicht schon überschritten.

[1]) E. d. G. S. 405, Abb. 439.
[2]) Civil Engineer and Architects Journ. 1847, X, S. 318; Deutsch Dingler Bd. 107, S. 254. 1848.

248   Lokomotiven mit drei gekuppelten Achsen: 1 C T.

In England hat die 1 C wenig Bedeutung gewonnen. Die Great Eastern Ry versuchte es mit ,,Moguls" in einer sonst in England seltenen großen Annäherung an amerikanische Muster. Man war besonders mit ihrem Kohlen- und Ölverbrauch wenig zufrieden und musterte sie bei größeren Kesselschäden aus. I. J. 1887 war die letzte verschwunden. Um die Wende des Jahrhunderts tauchte sie da und dort als ,,Mixed traffic engine" auf. Der Grund für die geringe Nachfrage nach der 1 C in England ist wohl der, daß man dort die C (St +) von jeher besonders gepflegt hatte und an ihr eine vorzügliche ,,Mixed traffic engine" besaß.

Ebensowenig hat es die 1 C in Frankreich zu großen Erfolgen gebracht. Als G L ist sie dort gar nicht heimisch geworden. Es hat dies mit seinen Grund darin, daß man sich dort frühzeitig an die D G L gewöhnte.

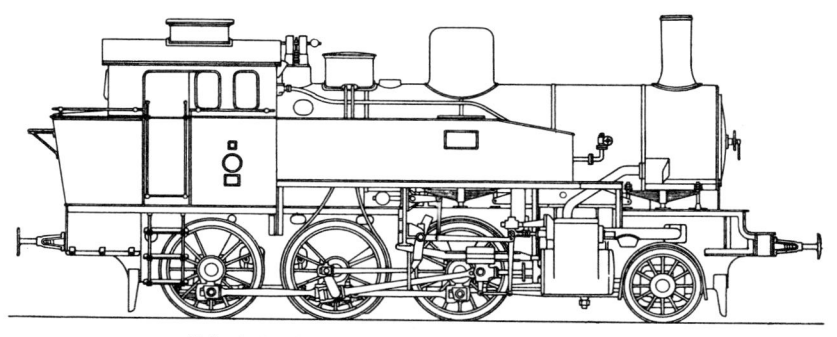

Abb. 243. Preußische Staatsb 1901 Schichau.
61; 111 1,5 12; 450 630 1350; 7 2.
(Nach Musterblättern der preuß. Staatsb.)

1 C T. Die 1 C T ist in ihrer Entwicklung insofern einer Beschränkung unterworfen, als bei Rückwärtsfahrt eine Kuppelachse voranläuft. Das begrenzt deren Durchmesser auf etwa 1700 mm. Im übrigen läßt sich das gleiche für sie anführen, wie für die 1 C. Wiederum war es die Schweiz, die sie besonders pflegte. Daß die Zentralb sie schon i. J. 1865 einführte, wurde schon oben gesagt. Es folgten in den Jahren 1875 und 1878 die Nordostb und Zentralb mit 1 C T G L. Die Gotthardb bezeichnete ihre 1 C T mit Bisselachse vom Jahre 1882 trotz des geringen Triebraddurchmessers von 1332 mm schon als P L und bestimmte ihre Höchstgeschwindigkeit zu 60 km.

Auf der österreichischen Staatsb benutzt man seit 1897 1 C (1120) T v für Nebenbahnen.

Eine große Bedeutung gewann die 1 C T in Preußen. Die Staatsb beschloß i. J. 1893 den Ersatz der bisherigen C T mit 14 t Achsdruck durch eine vierachsige Bauart. Man führte gleichzeitig die Bauarten 1 C T und C 1 T aus, die letztere wieder in zwei Spielarten, nämlich mit hinten liegendem Krauß-Helmholtz-Gestell, ähnlich der bayrischen L nach Abb. 247 und mit Adamsachse. Letztere befriedigte wenig —

wohl wegen der Nachteile, die dieser Bauart nach Früherem anhaften. Man blieb deshalb bei der 1 C T und versah sie seit 1901 mit führendem Krauß-Helmholtzschen Gestell statt der Adamsachse und mit Heusinger- statt Allansteuerung (Abb. 243). Sie erfüllt alle Bedingungen ruhigen Laufes durch den großen Radstand des Drehgestells und das Fehlen jeden Überhanges. Ihre Höchstgeschwindigkeit ist daher auf 65 km festgesetzt. Im Nahverkehr für P-Züge ist sie gleichwohl nicht gut verwendbar. Die Ruhe der Fahrt läßt doch schon bei 60 km wegen der niedrigen Triebräder zu wünschen übrig. Darum besteht für Vorort- dienst eine im übrigen gleiche 1 C (1500) T, die heute als 1 C (1500) T h ausgeführt wird. Ihre Maße sind: 63; 132 1,73 12; 540 630 1700; 7 2,5. Das Wasser wird bei beiden nicht nur in seitlichen Kästen, sondern auch im Kastenrahmen untergebracht. Die 1 C (1350) T wird allmäh- lich durch die D T verdrängt.

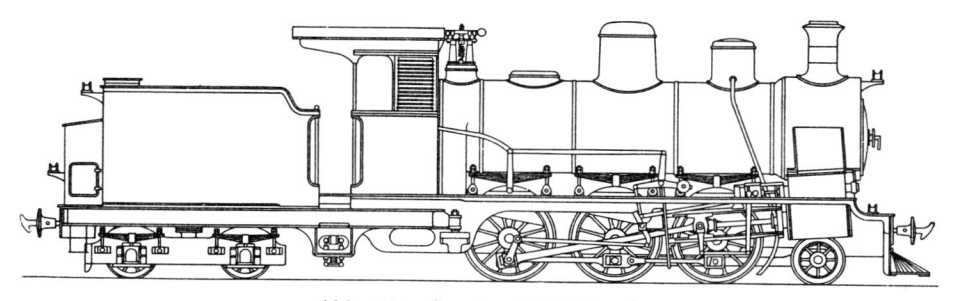

Abb. 244. Spanien 1903 Krauß.
53; 89 1,6 12; 400 600 1200; 6 2; Spur: 1000.
(Nach Z. d. V. d. I. 1906, S. 2049.)

Mit der Verwendung der 1 C T in den anderen Ländern ist es ähn- lich bestellt, wie mit der 1 C. Sie kommt in Frankreich und England selten vor. Im letztgenannten Lande deshalb, weil man hier die C 1 T vorzieht (Abb. 248).

Der Gedanke des Stütztenders ist auch auf die 1 C angewandt wor- den. Die Firma Krauß in München hat mit einer solchen L für eine spanische B von 1 m Spurweite das Äußerste an Krümmungsbeweglich- keit erreicht (Abb. 244). Sie wird vorn durch ein Krauß-Helmholtz- sches Gestell geführt; um den Gesamtradstand klein zu halten, liegt die Laufachse nicht vor, sondern unter dem schräg liegenden Zylinder. Da- mit nun aber der Radstand des Krauß-Helmholtz-Gestelles nicht zu klein wird, ist die Laufachse nicht mit der nächstfolgenden Achse in diesem Gestell vereinigt, sondern erst mit der mittelsten der Kuppel- achsen. Die erste Kuppelachse aber hat ein beiderseitiges Spiel von 15 mm. Der Tender ruht auf einem Drehgestell. Wir haben also eine L vor uns, bei der nur eine Achse fest im Rahmen liegt. Durch die Lage des Zylinders zur Laufachse und den kurzen Radstand zwischen dieser und der ersten Kuppelachse erinnert sie an den halb- vergessenen Erstling ihrer Gattung von Eastwick & Harrison (Abb. 235).

250 Lokomotiven mit drei gekuppelten Achsen: C 1. C 1 T.

C 1. Nachdem manche gute Eigenschaften der 1 C hervorgehoben werden konnten, wird man kaum erwarten, daß sich viel für die umgekehrte Achsenfolge C 1 sagen lassen wird — wenigstens soweit die L mit Tender in Betracht kommt. Es ist dies auch eine sehr seltene Gattung. Einige Vorzüge lassen sich aber wohl für sie ausfindig machen. Eine gleichmäßige und genügend hohe Belastung der Achsen ist leicht zu erreichen. Die Kuppelstangen fallen kurz aus. Die niedrige Laufachse hinten gibt freie Hand bei Ausbildung von Rost und Stehkessel. Da aber eine Kuppelachse vorn läuft, so sind dem Durchmesser dieser, also der Geschwindigkeit der L gewisse Grenzen gesetzt. Die Comp de Paris-Lyon-Méditerrannée benutzte schon seit 1849 C G L. Bei der Besprechung der Abb. 214 wurden die Schwierigkeiten erörtert, die entstehen, wenn man das Verhältnis $H : R$ verkleinern, also große Roste ausführen will. Die genannte französische Verwaltung packte das Übel

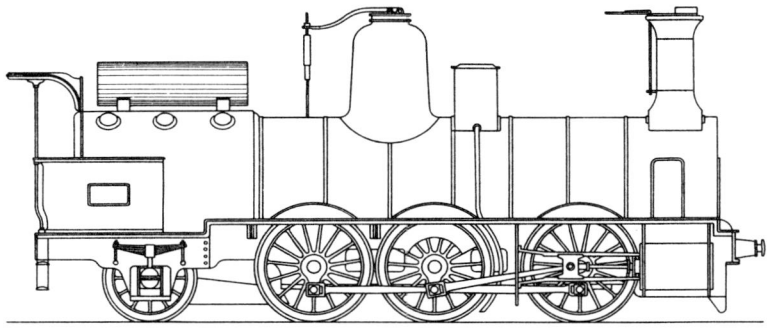

Abb. 245. Comp. de Paris-Lyon-Méditerranée 1881 Wiener Neustadt u. Floridsdorf.
49; 156 2,2 9; 540 650 1500.
(Nach Rev. gén. 1882, II, S. 415.)

an der Wurzel an und schob eine Tragachse unter den Stehkessel (Abb. 245)[1]. Aus Gründen, die häufig an ähnlich liegenden Fällen erläutert wurden, erhielt diese Außenrahmen. Die L fiel auf diese Weise auch leistungsfähiger als die C aus und ermöglichte die Erfüllung des Wunsches, gewisse G-Züge mit einer Geschwindigkeit von 35 km zu befördern. Der Triebraddurchmesser ist mit 1500 mm ziemlich groß gewählt — wahrscheinlich mit Rücksicht auf die eben erwähnte Geschwindigkeitserhöhung. Die Endachsen haben ein beiderseitiges Seitenspiel von 16 mm. Seit 1888 wird sie durch eine D v (4 Zyl) ersetzt, die man sich aus dieser C 1 hervorgegangen zu denken hat, wie ein Vergleich mit Abb. 288 ergibt. Eine ähnliche C 1 lieferte die Hanomag i. J. 1903 für die portugiesische Minho-Douro-B.

C 1 T. Etwas gewichtigere Gründe lassen sich für die C 1 T ins Feld führen, weil sie keine bestimmte Fahrtrichtung hat, und nun bei Rückwärtsfahrt die Führung durch eine niedrige Achse erfolgt. Zu den

---

[1] Fußnote S. 114.

Lokomotiven mit drei gekuppelten Achsen: C 1 T. 251

oben aufgezählten Vorzügen einer hinteren Lage der Laufachse kommt bei der T L noch hinzu, daß Zu- und Abnahme des Kohlenvorrats hauptsächlich die Belastung dieser Achse, weniger das Reibungsgewicht störend beeinflussen. Aus diesem Grunde ist die C 1 T auch eine etwas häufigere Erscheinung als die C 1.

Eine C 1 T für eine schwedische Schmalspurb war i. J. 1876 in Philadelphia ausgestellt. Die hintere Achse war radial einstellbar gemacht, indem die Achslager mit einer zylindrischen Führung versehen waren. Diese Achse lag in einem Außenrahmen, so daß der Stehkessel entsprechend breit ausgeführt werden konnte.

Eine recht bemerkenswerte C 1 T schuf die Comp de l'Est (Abb. 246). Dem Vorortverkehr dieser Verwaltung hatten früher L mit Tender gedient, von 1867 bis 1879 C T nach Abb. 230. I. J. 1880 sah die Verwaltung sich genötigt, da sie neben der Comp de l'Ouest den wichtig-

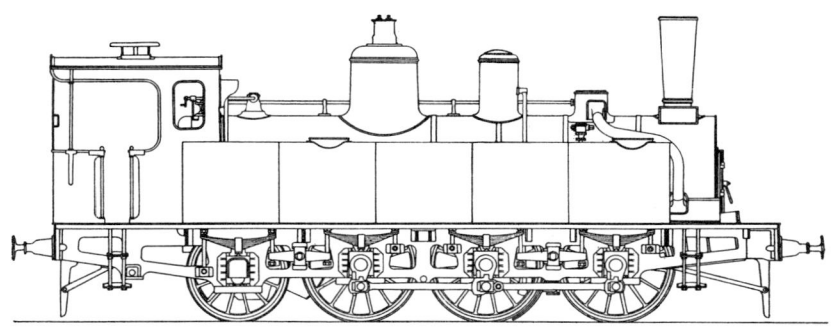

Abb. 246. Comp. de l'Est 1881; Bahnwerkst. Epernay.
56; 110 1,82 10; 460 600 1560; 5,25 2.
(Nach Rev. gén. 1889 II, S. 401.)

sten Vorortverkehr zu bewältigen hatte, nach einer kräftigeren L Umschau zu halten. Der Nahverkehr war auf 100 km Länge ausgedehnt worden. Der kleinste Krümmungshalbmesser beträgt 300 m. Es sollten bei Feuerung mit halbfetter Staubkohle 24 Wagen auf einer Steigung von 6 bis 7 $^0/_{00}$ mit einer Geschwindigkeit von 46 km, auf Steigungen bis zu 4 $^0/_{00}$ mit einer Geschwindigkeit von 60 km, G-Züge von 450 t Gewicht auf Steigungen von 6 bis 7 $^0/_{00}$ mit G-Zuggeschwindigkeit befördert werden. 30 km Fahrt sollten ohne Erneuerung der Wasser-, 100 km ohne Erneuerung der Kohlenvorräte durchfahren werden. Man entwarf die L der Abb. 246 mit einem seitlichen Spiel der letzten Achse von 10 mm und Keilrückstellung. Die Gattung tut seit 1881 Dienst und ist allmählich weitergebildet worden. I. J. 1889 wurde der Rost auf 2,26 m vergrößert, die Heizfläche auf 120 m^2 unter Steigerung des Dampfdruckes auf 12 at. Das Gewicht stieg hierbei auf 60,6 t. Der Dampf wird innerhalb des Kessels vom Dom zum vorderen Reglerkopf geführt. Die Feuerkistendecke ist durch Querbarren verankert. Die Triebachse hat einen Mittelrahmen, der zwischen zwei Querversteifungen liegt, von denen die vordere an die Gleitbahn angeschlossen ist. Von der hinteren, unmittelbar hinter der Triebachse liegenden Querversteifung gehen Innenrahmen, in denen aber keine Achse gelagert ist, zu einer Querversteifung hinter dem Stehkessel. Dieser Innenrahmen ist neben dem Stehkessel, dort, wo dieser auf ihm ruht, mit dem Außenrahmen kräftig versteift. Den gefürchteten flatternden Bewegungen des Rahmens an dieser Stelle ist also vorgebeugt. Andererseits fällt der ganze Rahmenbau recht schwer aus. Die innen liegenden Zylinder sind am Außenrahmen befestigt. Sie hängen daher ziemlich stark über, da sie aus dem Bereich der Räder gerückt werden mußten. — Auch die Comp. du Nord benutzt seit 1881 C 1 T.

Eine für die schwierige Strecke Reichenhall—Berchtesgaden bestimmte C 1 T (Abb. 247) wurde bis 1903 auch für verschiedene Privatbahnen und für die preußische Staatsb geliefert. Sie ist für krümmungsreiche Gebirgsstrecken geeignet. Die beiden letzten Achsen sind in

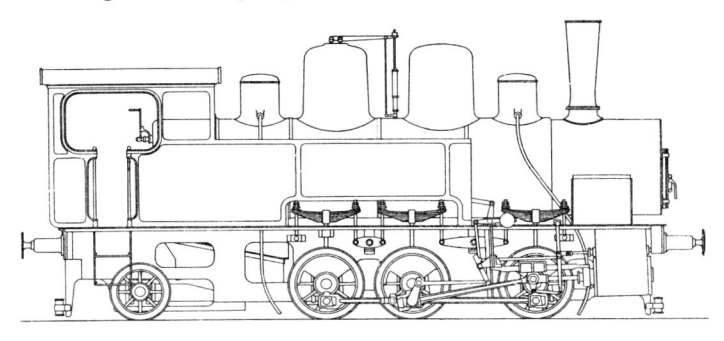

Abb. 247. Reichenhall-Berchtesgaden 1889 v. Helmholtz; Krauß.
43; 92 1,60 12; 390 508 985; 4,5 1,5.
(Nach Organ 1889, S. 16.)

einem Krauß-Helmholtz-Gestell vereinigt, das bei jener L aus dem Jahre 1889 zum erstenmal ausgeführt wurde. Das Wasser ist in seitlichen Behältern und im Kastenrahmen untergebracht. Um die Federstützen nicht durch den Wasserbehälter hindurchgehen lassen zu müssen, liegen über den beiden ersten Achsen Querbalanciers, die über den Achslagern nach der Außenseite des Rahmens heraustreten, und auf deren Enden die Federstützen aufruhen.

Auf S. 248 ist schon erwähnt worden, daß die preußische Staatsb neben der erwähnten auch C 1 T mit hinterer Adamsachse besaß, daß man aber schließlich bei der 1 C T blieb.

In England erfreut sich die C 1 T einer gewissen Beliebtheit. Diese erklärt sich aus der Vorliebe der Engländer für Innenzylinder und einer gewissen Schwierigkeit, die 1 C T mit Innenzylindern zu bauen. Die Anordnung würde nämlich bei wagerechten Innenzylindern, weil man die erste der gekuppelten Achsen zur Triebachse machen müßte, auf sehr kurze Pleuelstangen führen, oder man müßte ziemlich stark geneigte Zylinder anwenden, um die zweite Achse zur Triebachse zu machen. Die C 1 T hat ferner den Vorzug, daß man bequeme Unterbringung der Vorräte auf dem rückwärtigen Ende der L und geringe Beeinflussung des Reibungsgewichtes durch deren Verbrauch erzielt. Die London-Brighton & South Coast Ry benutzte ihre C 1 (1371) T vom Jahre 1891 zunächst als G L, später aber mehr und mehr im P-Zugdienst. Sie wurden darum schließlich als C 1 (1524) T ausgeführt. Damit ist wieder ein bemerkenswertes Beispiel für die Weiterentwicklung einer Gattung gegeben. Aus dem Bahnhof Queenstreet in Glasgow wurden die P-Züge der North British Ry seit 1909 über eine Steigung von 22,2 $^0/_{00}$ unter Zuhilfenahme einer C 1 T als Schiebe-L befördert. — Eine neuzeitliche englische C 1 T zeigt Abb. 248. Die letzte Achse ist als Deichselachse mit Federrückstellung ausgebildet. Die Kohlenvorräte nehmen die obere Hälfte des Behälters über der Laufachse ein. Das Wasser befindet sich in der unteren Hälfte und in den seitlichen Kästen.

Abb. 248. Furness Ry 1905 Pettigrew; Bahnwerkst. Barrow in Furness.
57; 95 1,9 11,3; 457 660 1549; 7,7 2,0.
(Nach Engg. 1905, I, 279.)

Wenn man ältere für den Dienst auf Hauptstrecken nicht mehr taugliche C für Verschiebe- oder Nebenbahndienst umbauen will, so ergibt sich wie von selbst die C 1 T, denn durch die Wasser- und besonders die Kohlenvorräte, die hinten untergebracht werden müssen, entsteht hinten ein Übergewicht, das durch eine Laufachse aufgenommen werden muß[1]).

In Amerika ist die C 1 T selten. Die Chicago-Burlington & Quincy Rd benutzt eine solche mit Deichselachse seit 1889 für Vorortdienst.

C 2 T. Eine C 2 mit Tender widerspricht in krasser Form dem Grundsatz, daß das Drehgestell führen soll, und hat darum keine Daseinsberechtigung. Für die C 2 T sprechen aber alle Gründe, die für die C 1 T angeführt wurden, in erhöhtem Maße. Zudem können verhältnismäßig große Kohlen- und Wasservorräte mitgeführt werden. Sie eignet sich im Nahverkehr für P- und G-Zugdienst und ist in England häufig, in anderen Ländern hier und da anzutreffen. Eine C 2 T mit Doppelrahmen für den Vorortdienst von Dublin wurde zum Vorbild für eine ähnliche der französischen Nordb genommen. Im Innen-

---
[1]) S. z. B. Lokomotive 1904, S. 189.

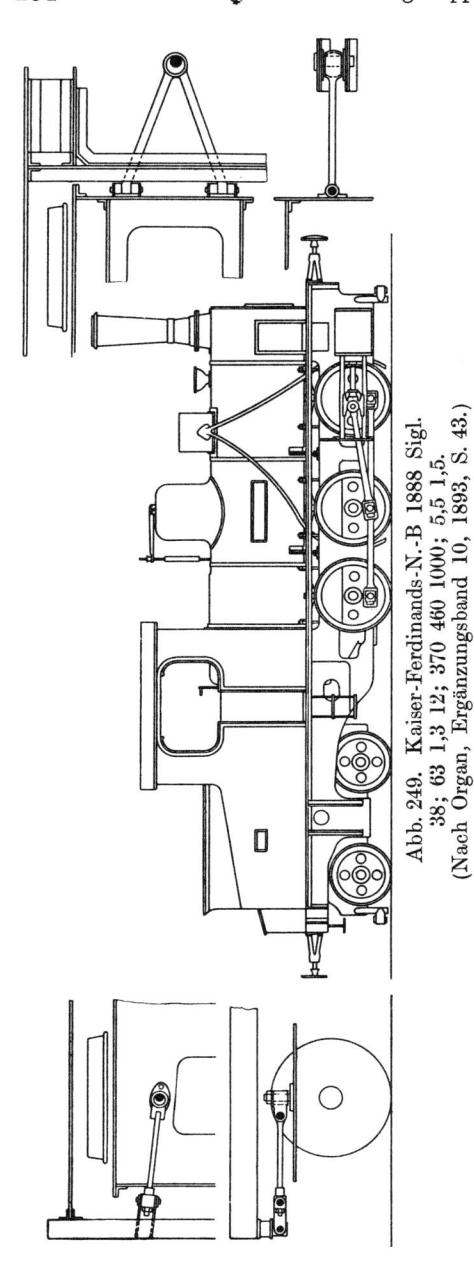

254　Lokomotiven mit drei gekuppelten Achsen: C 2 T.

Abb. 249. Kaiser-Ferdinands-N.-B 1888 Sigl.
38; 63 1,3 12; 370 460 1000; 5,5 1,5.
(Nach Organ, Ergänzungsband 10, 1893, S. 43.)

rahmen ist nur die Triebachse, diese also viermal gelagert. 50 km sind als Höchstgeschwindigkeit zugelassen. Abb. 249 zeigt die österreichische Spielart der C 2 T mit Außenzylindern für Strecken mit nur 9 t zulässigem Achsdruck. Auf solchen Strecken soll sie alle Züge und zwar die P-Züge mit einer Geschwindigkeit von 50 km befördern. Das Drehgestell ist ein Deichselgestell. Wie die Nebenskizze zeigt, sind die Spielräume an Deichsel und Zugpendel so verteilt, daß es in jeder Fahrrichtung gezogen wird, mit anderen Worten, daß in jeder Richtung eine Rückstellkraft — freilich ohne Anfangsspannung — wirkt. Die Lastübertragung vom Hauptrahmen auf das Drehgestell erfolgt in der Mitte durch Kugelzapfen und seitlich verschiebbare Pfanne. In der durch diese Abstützung gehenden lotrechten Querebene liegen außerdem zwei Hängependel mit Kugelzapfen, die die Hauptrahmen an den weiter innen liegenden Drehgestellrahmen aufhängen (Abb. 250). Sie erzeugen eine Rückstellkraft, die ebenfalls ohne Anfangsspannung wirkt.

Die größte Verbreitung hat die C 2 T, wie gesagt, in England gefunden (Abb. 251). Es wurden ihrer vierzig von 1907 bis 1914 in der Bahnwerkstatt Derby gebaut. Auf gute Krümmungsbeweglichkeit ist ganz besonders dadurch hingearbeitet, daß die führende Kuppelachse ein Seitenspiel von 32 mm hat. Es können daher Krümmungen bis herab auf einen Halbmesser von 80 m befahren werden. Die Gangsicherheit dürfte auf

Lokomotiven mit drei gekuppelten Achsen: 2 C.   255

diese Weise allerdings wohl nicht gewonnen haben. Kohlen- und Wasservorräte sind in ähnlicher Weise untergebracht wie bei der C 1 T nach Abb. 248. — Die in Abb. 249, 251 dargestellten Gattungen kommen den Bestrebungen, der T L ein erweitertes Verwendungsgebiet zu verschaffen, sie wie L mit Tender zur Fahrt über große Strecken zu verwenden, besonders entgegen. Mit dem hinten laufenden Drehgestell und den über diesem aufgetürmten Kohlen- und Wasservorräten erwecken sie fast den Eindruck einer mit ihrem Tender zusammengewachsenen L. Der Wunsch zur Erweiterung ihres Anwendungsgebietes ist bei Abb. 251 noch besonders durch eine Vorrichtung zur Wasseraufnahme während der Fahrt betont. Er scheint besonders berechtigt, wenn man sich eine solche C 2 T vor dem Zuge stets rückwärts fahrend vorstellt, so daß das Drehgestell führt und die Mannschaft weder durch Rauch aus dem Schornstein noch durch Dampf aus den Ventilen belästigt wird.

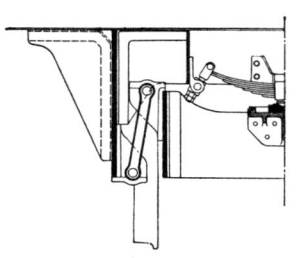

Abb. 250. ($^1/_{40}$) Hängependel des Drehgestells der C 2 T nach Abb. 249.

2 C. Kehren wir nochmals zur 1 C zurück und ersetzen wir bei dieser die Laufachse durch ein Drehgestell, so erhalten wir in der 2 C eine außerordentlich verbreitete und bewährte Anordnung. Mit ihrem langen Radstand und dem vorn laufenden Drehgestell zeigt sie alle Merkmale, die die Entwicklung zur S L verbürgen. Zunächst aber war

Abb. 251. Midland Ry 1907; Bahnwerkst. Derby.
74; 111 1,9 12,3; 470 660 1702; 10,2 3,5.
(Nach Engg. 1907, I, S. 707.)

sie G L. Wenn man die 1 C von Eastwick & Harrison nach Abb. 235 betrachtet und sich vergegenwärtigt, daß das Baldwin-Gestell doch ein recht verwickeltes und überbewegliches Gebilde war, so findet man es begreiflich, daß man in einer Zeit, die Radialachsen noch nicht kannte, auf den Ersatz der Laufachse durch ein Drehgestell verfallen mußte. Ebenso natürlich ist es, daß man auf diesen Gedanken im Lande des Drehgestells, in Amerika, zuerst verfiel. Norris führte als erster i. J. 1847 eine 2 C für die Chesepeake & Ohio Rd aus. Sie war der in Abb. 252

dargestellten sehr ähnlich, auch hinsichtlich des kuppelartig überbauten Stehkessels, hatte aber Innenrahmen. I. J. 1848 folgten 2 C von Rogers, Ketchum & Grosvenor für die New York & Erie Rd, die schon ausdrücklich als Expreßzug-L bezeichnet werden. Sie stehen der L in Abb. 252 ganz nahe, sowohl hinsichtlich des Kessels, wie auch des

Abb. 252. Lackawanna & Western Rd 1851 Rogers, Ketchum & Grosvenor.
30; 101 x x; x x 1420; Spur: 1829.
(Nach R. gaz. 1902, S. 507.)

Außenrahmens und der Stellung der angetriebenen Achsen. Die Zylinder haben die gleiche schräge Lage an der Rauchkammer und arbeiten auch auf eine Halbkropfwelle der Triebachse (Abb. 44). I. J. 1851 kam die Form der Abb. 252 an die Reihe[1]). — Die Nebeneinanderstellung all dieser 2 C verrät noch eine gewisse Unsicherheit. Man hatte noch

Abb 253. x 1853 Norris.
x; x x x; 432 559 1117.
(Nach R. gaz. 1909, II, S. 314.)

nicht die Möglichkeit gewonnen, den Drehgestellradstand zu erweitern und wußte deshalb nicht recht, wo man mit den Zylindern bleiben sollte. Das gleiche Schauspiel bot die Geschichte der 2 B des gleichen Zeitabschnittes. Sie verlief bei der 2 C ähnlich und führte, wie bei jener, gegen Ende der fünfziger Jahre zu einer Dauerform. Man vergleiche in diesem Sinne die 2 C der Abb. 253, die um das Jahr 1853 von Norris

---

[1]) Zur Geschichte dieser alten 2 C vgl. Fußnote auf S. 145 und Z. Colburn S. 46.

gebaut worden ist, mit der 2 B in Abb. 133. Leider waren keine näheren Angaben über die Heimatbahn, den Zweck usw. dieser Norris-L zu erhalten.

Wenn man von dem oben erwähnten auffallenden Beispiel der New York & Erie Rd absieht, so sind die amerikanischen 2 C zunächst durchaus G L. Seit Ende der achtziger Jahre baute man sie aber in Amerika häufig auch für schnellfahrende Züge. Nebenher laufen Ausführungen für gemischten Dienst. Da sie gleichzeitig ruhigen Gang gewährleistet und ein hohes Reibungsgewicht aufweist, so ist sie für diese Verwendung besonders begehrt. Schwerer P- und Eil-G-Zugdienst wird z. B. als Verwendungsbereich der L in Abb. 254 angegeben[1]).

Wenn wir uns daran erinnern, daß man in Europa in den sechziger Jahren fast überall das Drehgestell als einen Notbehelf ansah, von dem man sich nur auf Bahnen mit scharfen Krümmungen Gebrauch zu

Abb. 254. Atchison, Topéka & Santa Fé Rd 1900 International Power Co., Providence.
82; 197 2,6 14; 508 711 1702.
(Nach R. gaz. 1901, S. 5.)

machen entschloß, wenn wir uns ferner daran erinnern, daß man in der Vermehrung der Achszahl damals ängstlich war und eine fünfachsige L als ein Ungeheuer ansah, so werden wir uns nicht darüber wundern, daß wir die ersten 2 C Europas im Gebirge antreffen. Auch die Ausführung dieser ersten 2 C als T L wird uns nach dem, was über die Eignung der T L für den Betrieb starker Steigungen gesagt wurde, nicht überraschen. Es ist dieselbe Gebirgsb im Norden Spaniens, die Isabella-B, auf der auch schon frühzeitig die 2 B T erschien. Wie ein Vergleich der Abb. 255 und 164 zeigt, sind beide nach gleichen Grundsätzen entworfen. Das über die Steuerung und das Drehgestell der 2 B T Gesagte gilt auch hier. Jedoch liegt der Drehpunkt des wagerechten Pendels, das den Drehgestellzapfen führt, nicht vor, sondern hinter diesem Zapfen. Auf die Wirkung der Deichsel als Rückstellvorrichtung, die ja sowieso nur bei Vorwärtsfahrt eintreten würde, ist also verzichtet.

---

[1]) Einiges Weitere s. Lokomotive 1917, S. 46, Steffan: Die Grundformen der amerikanischen 2 C.

258   Lokomotiven mit drei gekuppelten Achsen: 2 C.

Diese wird vielmehr dadurch bewirkt, daß die Lastübertragung auf die Deichsel dort, wo Abb. 165 ebene Gleitstücke zeigt, durch Keilflächen erfolgt. Das Drehgestell hat damaligem europäischem Brauch entsprechend einen Radstand von nur 1200 mm. Der Rost ist wie bei der 2 B T außergewöhnlich groß, so daß das Verhältnis $H:R$ nur 53 be-

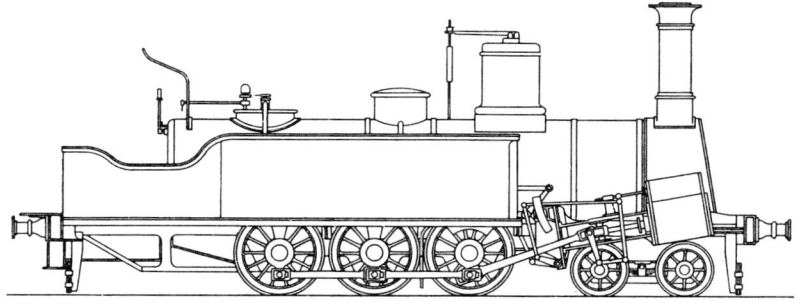

Abb. 255. Isabellab 1861 Vaessen; St. Leonhard.
46; 126 2,6 8; 460 610 1200; 4,0 1,5; Spur: 1676.
(Nach Couche, T. 63.)

trägt. Wie schon auf S. 179 ausgesprochen, läßt dies darauf schließen, daß ein minderwertiger Brennstoff verfeuert werden sollte. Zur Bedienung dieses Rostes sind zwei Feuertüren vorgesehen. Die Kuppelachsen haben nicht in üblicher Weise eine durchgehende Kuppelstange

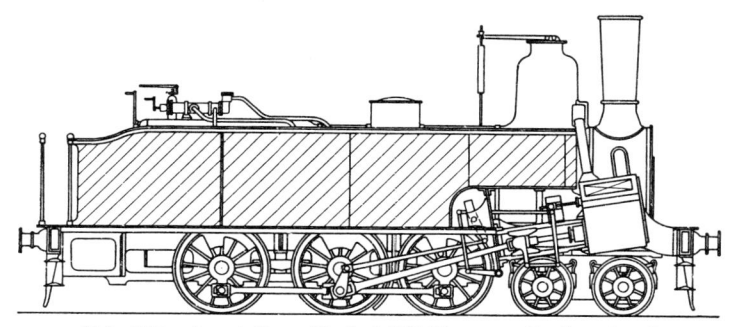

Abb. 256. Ausstellung Paris 1867 Vaessen; St. Leonhard.
48; 121 2,3 9; 460 600 1300; 6,5 2,5.
(Nach Couche, T. 65.)

mit Gelenk, sondern zwei in verschiedenen Ebenen liegende, so daß das Gelenk gespart wird. Triebstange und hintere Kuppelstange liegen in einer inneren, die vordere Kuppelstange in der äußeren Ebene. Die spanische Nordb bezog noch i. J. 1873 zwölf 2 C T dieser Bauart. Ihre Weiterbildung ist in Abb. 256 dargestellt. Sie war mit geringfügigen Abweichungen schon i. J. 1863 für die Lüttich-Limburger und i. J. 1865 für die niederländische Zentralb geliefert worden[1]). I. J. 1867 in Paris

---

[1]) Fußnote S. 129.

ausgestellt, kam sie dann wahrscheinlich mit einer Schwestermaschine auf die belgische Linie Hesbaye-Condroz. Der Triebraddurchmesser ist größer als bei der vorigen. Man war nun damals bei Berücksichtigung der Krümmungsbeweglichkeit, wie wir häufig sahen, sehr ängstlich und ließ sich daher bei der ersten der oben aufgezählten Ausführungen der Jahre 1863 und 1865 durch den größeren Durchmesser der Kuppelräder nicht zu einer Vergrößerung des Radstandes veranlassen; man schaffte vielmehr den erforderlichen Platz für die größeren Räder dadurch, daß man die erste Achse näher an das Drehgestell heranschob. Nun mußte man statt der ersten der gekuppelten Achsen die zweite zur Triebachse machen. Bei der Achsenstellung, die sich so ergab, mag aber die Lastverteilung schlecht ausgefallen sein. Darum entschloß man sich bei der L, die unsere Abbildung wiedergibt, die letzte Achse etwas nach hinten zu verschieben, fühlte sich nun aber verpflichtet, ihr seitliches Spiel zu geben. Die Zugstange ist vom hinteren Zughaken her unter den beiden Kuppelachsen hindurch bis zur Mitte zwischen Trieb- und Kuppelachse geführt. Der Zugwiderstand greift also ungefähr im Schwerpunkt an und vermag die Krümmungseinstellung nicht durch störende Momente zu behindern. Die Zugstange muß bei einer solchen Führung natürlich gekröpft werden. Um die entstehenden Momente aufzunehmen, ist sie in der Kröpfung fachwerkartig ausgebildet. Sie fällt natürlich sehr schwer aus, und die Vorzüge eines Kraftangriffs im Schwerpunkt sind teuer erkauft. Die Heusingersteuerung wird im Gegensatz zu der in Abb. 255 schon durch ein Außenexzenter angetrieben. Der Stehkessel ist nach Belpaire durchgebildet. — Besonders bei der zuletzt besprochenen L ist die Krümmungsbeweglichkeit sehr sorgfältig berücksichtigt. Gleichwohl geriet das „System Vaessen" in Vergessenheit, und fast auch in Europa die 2 C überhaupt. Von einer ganz vereinzelten 2 C T, für eine indische Gebirgsb durch die Firma Sharp, Steward & Co. gegen Ende der sechziger Jahre geliefert, wäre allenfalls zu berichten.

Erst i. J. 1883 besann man sich auf die 2 C. Frescot, der Maschinendirektor der oberitalienischen B war es, der auf sie zurückgriff, als er sich vor eine besonders schwierige Aufgabe gestellt sah. Wir erwähnten auf S. 84 die B Berg-T L für die Giovilinie. Diese stellte mit ihren Steigungen von 30 bis 35 $^0/_{00}$ die einzige Verbindung zwischen Genua und der Poebene dar. Darum baute man i. J. 1884 eine neue Linie mit Höchststeigungen von nur 16 $^0/_{00}$. Es galt, eine L zu schaffen, die imstande war, ein Wagengewicht von 130 t mit einer Geschwindigkeit von 45 km über diese immerhin noch recht beträchtliche Steigung zu schleppen. Auf den anschließenden wagerechten Strecken sollte die Geschwindigkeit 60 km betragen und 80 km erreichen können. In Frescots L ist also mit einem Schlag die Entwicklung der C zur S L, wenn auch zunächst fürs Gebirge, vollzogen (Abb. 257). Das entspricht etwa einer L für schwere P-Züge im Flachland. Das Drehgestell erhielt zur Ermöglichung seitlicher Verschiebbarkeit, die damals noch nichts Selbstverständliches war, Wiegenaufhängung. Die Lage der Zylinder hinter dem Drehgestell nutzte der Erbauer dazu aus, diesem einen kleinen Radstand zu geben. Mit der Lage der Zylinder sind wir einverstanden, aber in dem geringen Radstand des Drehgestelles sehen wir einen Rest veralteter Anschauungen. Die Feuerkiste ist durch eine in den Langkessel hineinragende Verbrennungskammer verlängert, um die Verbrennung zu verbessern und die Einwalzstellen der Rohre zu schonen. Die L erlebte mehr als hundert Ausführungen; jedoch verzichtete man später auf die Verbrennungskammer, erhöhte den Dampfdruck auf 12 at und sah Verbundwirkung vor.

In der 2 C (St +) war somit eine neue sehr leistungsfähige S- und P L geschaffen. Der lange Radstand und das vorn laufende Drehgestell verbürgen ruhigen Gang. Wie bei der 2 B macht es zuweilen Schwierigkeiten, die Tragfähigkeit der letzten Achse voll auszunutzen. Man schiebt sie darum gern unter den Stehkessel vor. Hierdurch werden auch die hinteren Kuppelstangen in wünschenswerter Weise verkürzt.

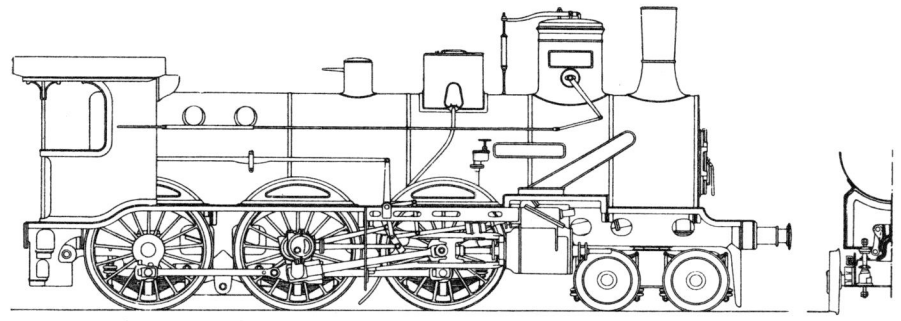

Abb. 257. Oberitalienische B 1883 Frescot; Bahnwerkst. Turin.
53; 124 2,2 10; 470 620 1675.
(Nach Engg. 1884, II, S. 32.)

Der Rost muß dann natürlich schräg ausgeführt werden. Dadurch wird seine Beschickung erleichtert, was bei der großen Länge, die der Rost der 2 C aufweist, nur zu begrüßen ist. Eine Verbreiterung des Rostes über die hohe Kuppelachse ist nämlich bei 2 C P L kaum möglich, weil die Kesselachse gar zu hoch gelegt werden müßte.

Das Beispiel der italienischen L fand zunächst noch keine Nachahmung. Man suchte auch im Gebirge noch mit leichteren Bauarten auszukommen, und fand sich damit ab, daß die Züge auf Bergstrecken mit Vorspann- und Schiebe-L befördert werden mußten. Aber um die Mitte der neunziger Jahre begann es sich fast überall gleichzeitig zu regen. Den Anfang machte die ungarische Staatsb aus besonderem Grunde. Der Zonentarif hatte den Verkehr so gesteigert, daß die bisher benutzten L im Gebirge nicht mehr genügten. Die Maschinenfabrik der ungarischen Staatsb stellte daher den Entwurf einer S L für die Linie nach Fiume und andere Gebirgsstrecken auf (Abb. 258). Sie wurde für Beförderung eines Zuges von 100 t Gewicht auf einer Steigung von 25 $^0/_{00}$ und in Krümmungen von 275 m Halbmesser mit einer Geschwindigkeit von 30 km berechnet. Dabei mußte eine Kohle von nur 5,5 facher Verdampfung zugrunde gelegt werden. Als Drehgestell wurde die Form von Elbel mit Halbkugelzapfen und Schale benutzt (S. 157). Die Spurkränze der ersten Kuppelachse wurden auf vergrößertes Spiel abgedreht. Der in jenen Ländern herrschenden Vorliebe für Außenrahmen entsprechend wurden solche auch hier vorgesehen. Die Hallschen Kurbeln haben eine besondere Form. Der Kurbelhals ist nämlich nicht glatt zylindrisch abgedreht, sondern er läuft wie ein Achsschenkel in Hohlkehlen aus. In den so geschaffenen Sitz greift das entsprechend gestaltete Achslager ein. Der Bund, in den die nach dem Rad zu liegende Hohlkehle übergeht, ist in die Radnabe eingepreßt. Beide Maßnahmen sollen eine Lockerung und Abrutschen der Kurbel bei Heißlaufen des Lagers verhüten. Um sicheres Anfahren auch unter den schwierigen Verhältnissen des Gebirgsbetriebes zu gewährleisten, verzichtete man

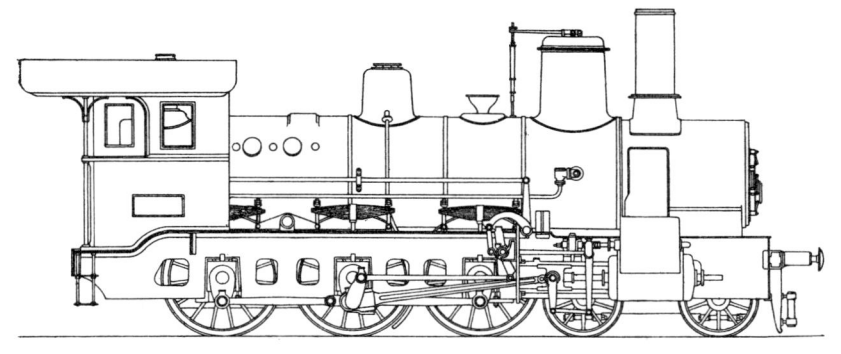

Abb. 258. Ungarische Staatsb 1892 Maschinenfabrik der ungarischen Staatsb. 57; 130 3 13; 500 650 1606. (Nach Organ 1894, S. 216.)

auf Verbundwirkung. Bei der damaligen Entwicklungsstufe der Anfahrvorrichtungen war diese Vorsicht wohl auch am Platz. Die L war für eine Höchstgeschwindigkeit von 75 km bestimmt, lief aber auch bei 90 km durchaus ruhig.

In Österreich machte die Südb i. J. 1896 mit der Einführung einer 2 C (1540) den Anfang. Sie diente der Beförderung von S-Zügen über den Semmering. Schon i. J. 1895 war eine ähnliche, aber etwas schwächere Bauart für die Türkei geliefert worden. Im gleichen Jahre 1896 führte auch die österreichische Nordwestb eine 2 C(1650) ein. Durchaus S L ist die 2 C (1820) v der österreichischen Staatsb vom Jahre 1898 (Abb. 259). Sie ist für die ehemalige Kronprinz-Rudolf- und Gisela-B mit Steigungen von 14 bis 20 $^0/_{00}$ bestimmt. In zwei Richtungen ist der Konstrukteur einen Schritt weiter gegangen als der Erbauer der ungarischen L. Das Drehgestell hat nämlich seitliche Verschiebbarkeit; sie wird durch eine Wiege, in der die Kugelschale liegt, bewirkt; sein Radstand ist außerdem nach österreichischem Brauche sehr groß, zu 2650 mm ausgeführt. Ferner arbeitet die L mit Verbundwirkung und Gölsdorfscher Anfahrvorrichtung. Bei ihrer großen Leistungsfähigkeit ergibt sich aber ein sehr großer Niederdruckzylinder von 810 mm Durchmesser. Dieses Maß ist sonst in Europa kaum jemals ausgeführt worden; er konnte außen nicht innerhalb der Umgrenzungslinie untergebracht werden.

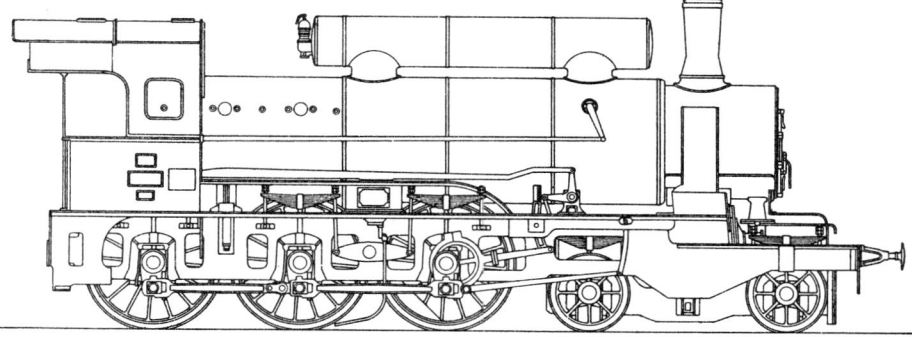

Abb. 259. Österreichische Staatsb 1898 Gölsdorf, Maschinenfabrik der österreichisch-ungarischen Staatsb.

70; 191 3,1 14; $\frac{530}{810}$ 720 1820.

(Nach Organ 1898, S. 222.)

Aber auch innen hätte er neben dem Hochdruckzylinder nicht zwischen Innenrahmen Platz gefunden. Man sah sich hier also aus besonderem Grunde nochmals zur Anwendung von Außenrahmen gezwungen — vielleicht zum letztenmal, denn sie begannen damals von regelspurigen Bahnen zu verschwinden. Die äußeren Arme der Innenkurbeln liegen bei dieser Gesamtanordnung dicht am Rad an (Abb. 260, vgl. auch Abb. 109). Die in den weit auseinander liegenden Außenrahmen gelagerte Triebachse bedarf dringend einer weiteren Unterstützung gegenüber den Triebwerkskräften. Platz hierzu bietet sich nur zwischen den Kurbeln. Darum ist ein kurzer Mittelrahmen vorgesehen. Dieser liegt zwischen zwei unmittelbar vor und hinter der Triebachse liegenden Querversteifungen der Hauptrahmen.

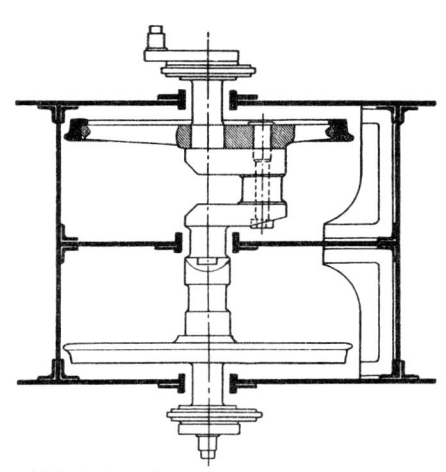

Abb. 260. ($^1/_{50}$) Mittelrahmen der 2 C nach Abb. 259.

Die vordere dieser Querversteifungen dient gleichzeitig als Gleitbahnträger. Dieser kurze Mittelrahmen ist der spärliche Rest alter verwickelter Mittelrahmenbauarten. Die Kulisse der Heusingersteuerung wird nicht durch eine Gegenkurbel, sondern durch ein Exzenter, das untere Ende des Voreilhebels nicht vom Kreuzkopf, sondern von der Kuppelkurbel aus angetrieben. Diese Art des Antriebes hat freilich den Nachteil, daß der Einfluß der endlichen Pleuelstangenlänge auf die Bewegung jenes unteren Endes des Voreilhebels nicht ausgeschaltet, sondern verstärkt wird. Es sind 38 solcher L auf den Staatsb in Betrieb. Auch für die Südb wurden sie beschafft.

Bei 2 C mit Innenzylindern, deren eine wir soeben kennen lernten, ist es die natürliche Lösung, die erste der angetriebenen Achsen zur Triebachse zu machen. Sie muß daher in eine ziemliche Entfernung vom Drehgestell gerückt werden, damit die Pleuelstangen nicht allzu kurz ausfallen. Bei nur einigermaßen hohen Triebrädern gelangt nun aber infolge der Zurückverlegung der ersten Achse die zweite in den Bereich des Stehkessels. In unserem Falle ist sie in einer Verschalung dicht unter dem Rost durch den Aschkasten hindurch geführt. In an-

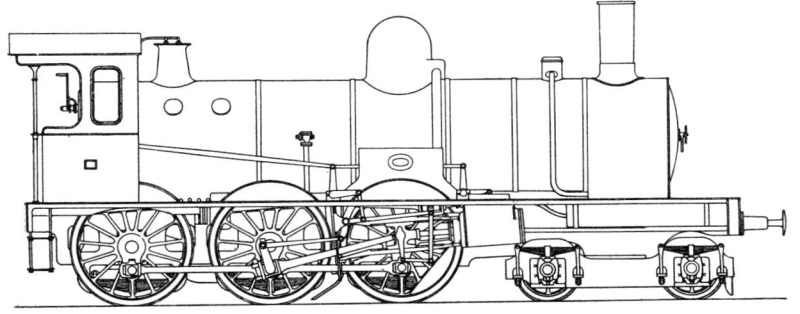

Abb. 261. Badische Staatsb 1894 Karlsruhe.
$$56;\ 128\ 2{,}1\ 12;\ \frac{2\cdot 350}{2\cdot 550}\ 640\ 1600.$$
(Nach Organ 1896, S. 56.)

deren Fällen ist die Stiefelknechtsplatte geneigt ausgeführt, um der Welle aus dem Wege zu gehen (Abb. 263).

Die großen Kolbenkräfte, die bei leistungsfähigen L auf die angetriebenen Achsen zu übertragen sind, hatten schon bei der Gattung 2 B zu einer Teilung des Triebwerkes und so zur Schaffung der 2 B v (4 Zyl) geführt. Es lag natürlich aller Anlaß vor, diese Bauweise auch auf die 2 C mit ihren noch größeren Kolbenkräften zu übertragen. Die badische Schwarzwaldb weist Steigungen von 20 $^0/_{00}$ und Krümmungen von 300 m Halbmesser und dabei einen starken S-Zugverkehr auf. In Verwendung stand seit 1891 eine 1 B 1 T mit Radialachsen, die große Ähnlichkeit mit den preußischen 1 B 1 T nach Abb. 186, aber etwas größere Abmessungen aufwies (s. dort). Man ging wegen des unruhigen Laufs dieser L bei höherer Geschwindigkeit an die Ausarbeitung eines neuen Entwurfes heran, der gleichzeitig eine höhere Leistung versprach (Abb. 261). Die Wahl fiel auf eine 2 C, die die Maschinenbaugesellschaft Grafenstaden nach dem Muster der Abb. 160 mit einem vierzylindrigen Triebwerk de Glehnscher Anordnung versah. Die außenliegenden Hochdruckzylinder arbeiten also auf die zweite, die innen liegenden Niederdruckzylinder auf die erste der angetriebenen Achsen. Die Steuerung kann für die beiden Triebwerke getrennt eingestellt werden. Die L ist auch für die Beförderung häufig haltender S-Züge von nicht zu hoher Geschwindigkeit im Flachland wohl geeignet. — Eine unangenehme Eigenschaft der 2 C (4 Zyl) ist es, daß die Triebstangen des Innentriebwerkes kurz auszufallen pflegen.

In den Jahren 1897, 1898, 1899 folgten dem Beispiel der badischen die bayrische, württembergische und preußische Staatsb mit ähnlichen L, die letztere aber nur mit einer geringen Anzahl für besonders schwierige Strecken.

Bei Besprechung der 2 B (4 Zyl) hatten wir außer der Anordnung de Glehn auch die v. Borriessche behandelt (Abb. 147), bei der die vier Triebwerke auf die gleiche Achse wirken, und hatten die Vor- und Nach-

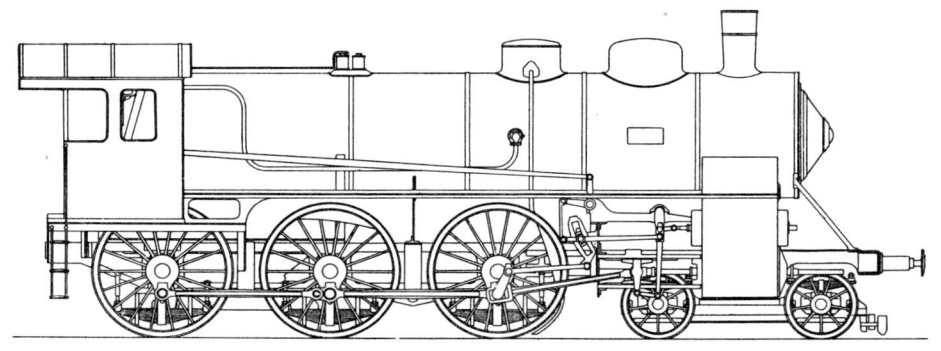

Abb. 262. Bayrische Staatsb 1905 Maffei.
$$69;\ 206\ 3{,}28\ 16;\ \frac{2\cdot 340}{2\cdot 570}\ 640\ 1870.$$
(Nach Organ 1905, S. 69.)

teile beider Bauweisen gegeneinander abgewogen. Auch die 2 C wird nach beiden Arten ausgeführt. Die bayrische Staatsb verließ i. J. 1905 die erstere, um sich der letzteren zuzuwenden (Abb. 262). Sie wurde bevorzugt, weil die Innenzylinder, mit den Außenzylindern in einer Reihe liegend, diese gut gegeneinander versteifen, zu welchem Zwecke es bei der Bauart de Glehn besonderer Bleche oder Formgußstücke bedarf, die das Gewicht vermehren; ferner wegen der besseren Zugänglichkeit des Innentriebwerkes, das bei der de Glehnschen Anordnung teilweise von den Außenzylindern verdeckt wird. Dieser Zugänglichkeit zuliebe wählte man auch einen Barrenrahmen. Fernere Vorzüge des Barrenrahmens sah man in der geringeren Anzahl von Nieten und Schrauben gegenüber dem Blechrahmen, dem geringeren Gewicht und der Leichtigkeit, mit der die Gleitbacken an seinen allseitig bearbeiteten Flächen angebracht werden können. Die Hochdruckzylinder liegen innen; es ist nur eine Steuerung für Hoch- und Niederdruckzylinder vorhanden. Ein Zuggewicht von 300 t wird auf ebener Strecke mit 100 km, auf einer Steigung von 10 bis 11 $^0/_{00}$ mit 60 km Geschwindigkeit befördert.

Die L sind auf Austauschbarkeit mit einer 2 B 1 gearbeitet, die gleiche Kessel, gleiche Triebwerke, Zylinder und das gleiche Drehgestell, aber natürlich höhere Triebräder hat.

Die preußische Staatsb hatte, wie gesagt, zunächst nur eine kleine Anzahl von 2 C v (4 Zyl) beschafft. Als sich aber der Heißdampf durchgerungen hatte, da griff sie und im gleichen Jahre auch die sächsische Staatsb auf die 2 C in ihrer einfachsten Form zurück. In ihrer 2 C (1750) h vom Jahre 1906 schuf sie eine sehr bewährte, heute noch in großem Umfange fortbeschaffte P L, die sich auch für S-Züge im Hügelland gut eignet.

Man glaubte damals, die Verbundwirkung sei nun abgetan, denn diese und der Heißdampf verfolgen ja das gleiche Ziel, die Unschädlichmachung des Temperaturgefälles. Als sich daher bei den 2 C h Betriebsstörungen durch Heißlaufen der Triebzapfen einstellten, die man zwar durch Einführung des Chrom-Nickelstahles zu bekämpfen lernte, die aber doch bewiesen, daß man der Grenze der noch auf ein Zapfenpaar übertragbaren Kolbenkräfte nahe sei, entschied man sich nicht für eine 2 C h v (4 Zyl), sondern für eine 2 C h (4 Zyl). I. J. 1910 stellte Schwartzkopff eine solche in Brüssel und i. J. 1911 in verbesserter Form in Turin aus. Die vier Zylinder liegen in einer Reihe und arbeiten auf die erste Achse. Die L waren mit ihrem Triebraddurchmesser von 1980 mm als S L gekennzeichnet. Inzwischen hatte man sich aber davon überzeugt, daß Verbund- und Heißdampfwirkung mit Vorteil nebeneinander verwendet werden, weil nämlich die Verbundanordnung die Ausnutzung eines über die üblichen 12 at gesteigerten Dampfdruckes erlaubt. Zum mindesten betrachtete man diese Vereinigung dort für vorteilhaft, wo die Kohlen wegen großer Entfernung von den Gruben hoch im Preise stehen. Seit 1911 steht daher auch eine von Henschel entworfene 2 C h v (4 Zyl) de Glehn mit 15 kg Kesseldruck im Dienst. I. J. 1914 wurde der Entwurf von Henschel in der Weise abgeändert, daß die Zylinder in einer Reihe unter der Rauchkammer liegen, aber nach wie vor auf verschiedene Achsen arbeiten. Es ist also das Grundsätzliche der de Glehnschen Anordnung mit ihren Vorzügen beibehalten. Gleichzeitig hat man sich aber die Vorzüge der v. Borriesschen Anordnung zu eigen gemacht, denn die Innenzylinder dienen nun gleichzeitig als Versteifung der Außenzylinder, so daß das Gewicht besonderer Querversteifungen für diese erspart wird und das Innentriebwerk gut zugänglich bleibt. Die außenliegenden Pleuelstangen fallen nun allerdings sehr viel länger als die innen liegenden aus. Außerdem wird aber noch eine vom Vulkan entworfene 2 C h (3 Zyl) ausgeführt (vgl. die ähnliche Abb. 263). Den Anlaß zu ihrer Einführung gaben die zahlreichen Anbrüche der doppelten Wellenkröpfung bei den Vierzylinder-L. Man hatte es jetzt mit nur einer leichter herzustellenden Kröpfung zu tun. Die 2 C h (3 Zyl) zieht außerdem wegen des gleichmäßigen Drehmomentes schwere Züge sicherer an[1]).

---

[1]) Vgl. hierzu und zur neueren Entwicklungsgeschichte der preußischen L überhaupt: Glasers Annalen 1911, I, S. 201, Hammer: Die Entwicklung des Lokomotivparks bei den preußisch-hessischen Staatsb.

Die Gotthardb hatte schon i. J. 1894 durch Nebeneinanderbeschaffung von 2 C v (4 Zyl) und 2 C v (3 Zyl) das Für und Wider von vier und drei Zylindern zu klären versucht. Der oder die Innenzylinder arbeiteten bei diesen L auf die erste, die Außenzylinder auf die zweite der gekuppelten Achsen. Man entschied sich für erstere. I. J. 1903 folgte die Jura-Simplonb. Bei der 2 C h (3 Zyl) der schweizerischen Bundesb (Abb. 263) wirken die drei Zylinder auf eine Achse.

Während also die in Amerika als G L geschaffene 2 C in Deutschland, Italien, Österreich und der Schweiz ziemlich übergangslos als P- und S L auftauchte, können wir in Frankreich den Übergang etwas deutlicher beobachten. Man betrachtete sie dort, wo die Gem L stets eine besondere Rolle gespielt hat, zunächst als solche und sah sie als gleichmäßig geeignet für schnelle G-Züge und schwere P-Züge in schwierigem Gelände an. Comp. de l'Ouest 1896: 2C (1680); Comp. du Midi 1896:

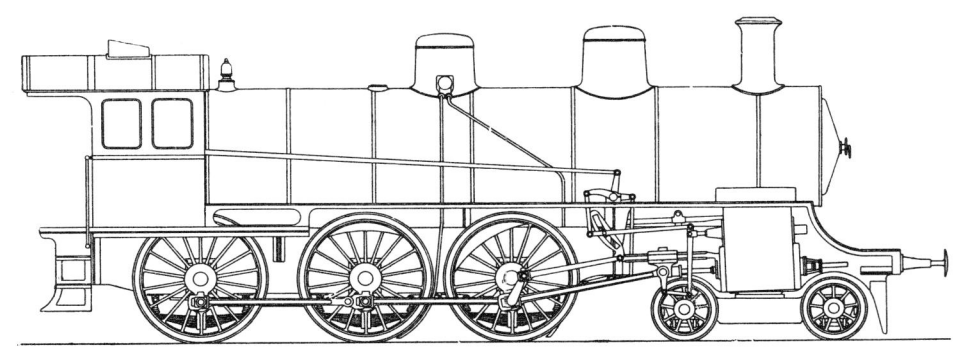

Abb. 263. Schweizer Bundesb 1907 Winterthur.
66; 135 + 22 2,6 12; 3 · 470 660 1780.
(Nach Railway Engineer 1909, S. 359.)

2 C (1600) v (4 Zyl) de Glehn und 2 C (1750) v (4 Zyl) de Glehn. In den Triebraddurchmessern deutet sich schon die Aufwärtsentwicklung an. In der Tat war die Südb-L schon zur Beförderung von S-Zügen auf schwierigen Strecken bestimmt. Die erst aufgeführte Südb-L war genau gleichartig der Abb. 261. Heute ist die Gattung mit Triebraddurchmessern von 1750 bis 2090 mm bei allen größeren Verwaltungen im Dienst.

Aus England ist zunächst ein Versuch der Great Western Ry zu verzeichnen, die amerikanische 2 C ins Englische zu übersetzen. So entstand das fast einzig dastehende Bild einer europäischen 2 C (1410), die mit ihren niedrigen Rädern G L im strengen Sinne des Wortes ist. Dies Beispiel hat aber auch bei der Great Western Ry keine Nachahmung gefunden. Der europäische Lokomotivbauer empfindet nun einmal ein Drehgestell für eine solche L als überflüssige Zutat; sie soll, meint er, ihr Gewicht in größtem Umfang als Reibungsgewicht ausnutzen. Allenfalls versteht er sich zur Beigabe einer Radialachse zwecks Vermeidung überhängender Zylinder. Ganz im Gegensatz zu den sonstigen Ge-

Lokomotiven mit drei gekuppelten Achsen: 2 C. 267

pflogenheiten des englischen Lokomotivbaues werden die 2 C dort fast ausnahmslos mit Außenzylindern versehen. Der Grund ist die Schwierigkeit, so große Zylinder zwischen den Rahmen unterzubringen und hierbei die Last auch nur halbwegs gleichmäßig auf die angetriebenen Achsen zu verteilen. Man muß in diesem Fall nämlich, wenn man nicht, wie für Abb. 267 beschrieben werden wird, eine starke Schräglage der Zy-

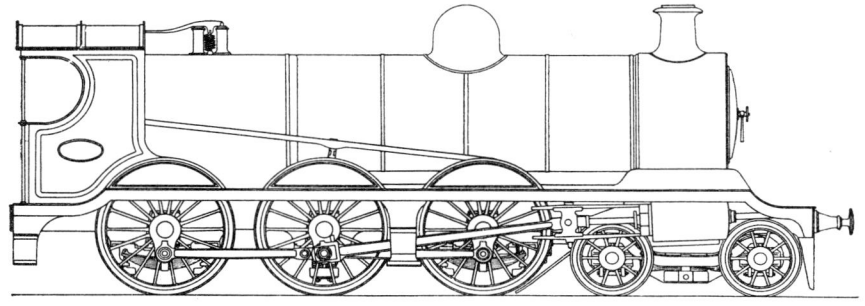

Abb. 264. Great Central Ry 1902 Robinson; Neilson.
67; 148; 2,2 12,6 483 660 1829.
(Nach Engg. 1903, I, S. 393.)

linder in Kauf nehmen will, die erste hohe Achse zur Triebachse machen (Abb. 265). Um der Pleuelstange eine genügende Länge zu geben, muß man nun die Triebachse und daher bei einigermaßen hohen Rädern auch die Kuppelachsen nach hinten verschieben. Das führt zu einer Entlastung besonders der letzten Achse. Der Verbundwirkung begeg-

Abb. 265. London & N.-W. Ry 1905; Bahnwerkst. Crewe.
67; 172 2,3 12,3; 483 660 1905.
(Nach Eng. 1905, II, S. 336.)

nen wir kaum. Wir erkennen darin englische Eigenart. Ebenso in der Verwendung einer 2 C der Great Central Ry (Abb. 264) nicht etwa für S-Züge, wie wir vermuten möchten, sondern für schnelle G-Züge. Ähnliche Fälle haben wir bei Besprechung der 1 B nach Abb. 84, 87 und der 2 B nach Abb. 153 kennen und begründen gelernt. Um das eigentümliche und uns etwas überraschende Verwendungsgebiet solcher L zu umschreiben, hat man in England Bezeichnungen für sie, die in ähn-

Jahn, Dampflokomotive.

licher Weise häufig wiederkehren, z. B. im vorliegenden Falle ,,mixed trains engine for goods and fish trains". — Ganz treu ist englischer Eigenart die London & North Western Ry geblieben (Abb. 265). Ihre 2 C hat Innenzylinder. Auch sie verzichtet auf Verbundwirkung und Heißdampf. Die oben geschilderten Schwierigkeiten der Lastverteilung kommen in den Achsdrücken der drei gekuppelten Achsen deutlich zum Ausdruck. Diese sind, mit der Triebachse beginnend, 18,5, 15,5, 13,5 t. Zur Anwendung dreier gekuppelter Achsen zwang die Strecke Crewe—Carlisle, die, 227 km lang, unter anderen eine 7,2 km lange Steigung von 13,3$^0/_{00}$ und zahlreiche weitere von 10 $^0/_{00}$ und 8$^0/_{00}$ aufweist. Die London & North Western Ry ist uns häufig mit Bauarten begegnet, die dieser Eigenheit der Strecke ihre Entstehung verdanken (Abb. 196). Ähnliche L treffen wir bei der Great Eastern Ry und der Niederländischen Staatseisenbahngesellschaft an. Bei ihnen allen fällt uns noch einmal die Einfachheit der Linienführung auf, die wir von englischen 1 B, 2 B und C her gewöhnt sind.

Die 2 C hat zur Zeit eine gewaltige Verbreitung. Sie eroberte sich seit etwa 15 Jahren ebenso das Gebiet der S- und P-Zugsbeförderung auf allen Linien aller Länder, wie dies in den Jahren um 1890 der 2 B gelang.

2 C T. Geringer ist ihre Bedeutung als T L, wobei aber nicht vergessen werden darf, daß gerade die ältesten T L waren (Abb. 255, 256): Die Comp. de l'Ouest ersetzte i. J. 1897 die C T der Abb. 230 und ihre Nachfolgerinnen durch 2 C (1540) T. Mit einer seltenen Bauart einer 2 C T v (4 Zyl) Tandem versuchte es i. J. 1908 die Pariser Gürtelb. Ihr Triebwerk ist leicht zu überwachen; aber ein Hauptvorzug der Vierzylinderanordnung, nämlich die Verteilung der Kolbenkräfte auf vier Zapfen und der gute Massenausgleich durch Gegenläufigkeit geht verloren. In geringem Umfange hat die preußische Staatsb statt der 1 C T h, die zur Abb. 243 erwähnt wurden, 2 C (1750) T h beschafft.

1 C 1. 1 C 1 T. Für eine T L, die keine bevorzugte Fahrtrichtung hat, kann man sich versucht fühlen, die Achsenstellung 1 C 1 der Stellung 2 C vorzuziehen, weil hier die Forderung ,,Drehgestell vorn" keinen Sinn hat. Anderseits muß man der 1 C 1 T bestimmte Vorzüge einräumen. Das Gewicht des Drehgestells wird erspart, eine gleichmäßige Belastung der Triebachsen ist leicht zu erzielen, die Kuppelstangen fallen kurz aus. Die hintere Laufachse, die man natürlich ebenso wie die vordere radial einstellbar macht, kann weit zurückverlegt und daher der Raum zur Aufnahme der Kohlen- und Wasservorräte bequem ausgebildet werden. So ist es denn kein Zufall, daß die älteste 1 C 1 wieder eine T L war. Zeh, der Direktor der Güntherschen Lokomotivfabrik in Wien, brachte i. J. 1856 seine 1 C 1 T mit Deichselachsen für die Lambach-Gmundener B heraus (Abb. 266). Seine 2 B T für die gleiche Bahn aus dem Jahre 1855 lernten wir in Abb. 162 kennen. Seine Deichselachsen, denen wir zum erstenmal bei den 1 B 1 T für die Fischauer Schmalspurb begegnet waren (ähnlich Abb. 181), bewährten sich aber nicht, weil ihnen die Rückstellvorrichtung fehlte (S. 192) und bei den 1 B 1 T der feste Radstand zu kurz war.

Lokomotiven mit drei gekuppelten Achsen: 1 C 1. 1 C 1 T.   269

Es trat also eine große Pause im Bau von 1 C 1 T ein. Erst i. J. 1878 versuchte es die belgische Staatsb mit ihr, als es sich darum handelte, eine P L für starke Steigungen zu schaffen (Abb. 267). Wie so oft, wenn eine ungewohnte Anordnung in Aussicht genommen wurde, suchte man sie zunächst auf billige Weise zu erhalten, indem man eine ältere C T umbaute. Dann erst ließ man einen Neubau durch die Comp. Belge in Brüssel vornehmen. Wegen der geringen Entfernung der Innenzylinder von der ersten Achse mußte die zweite zur Triebachse gemacht werden,

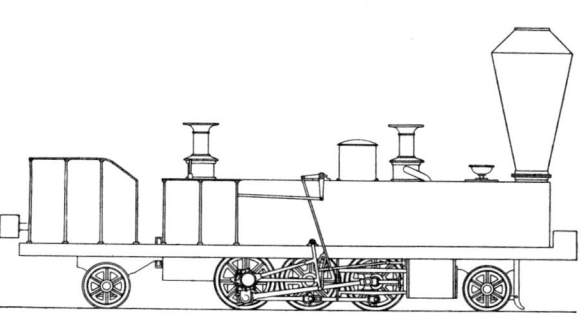

Abb. 266. Lambach-Gmunden 1856 Zeh; Günther, Wiener Neustadt.
20; 47 0,6 6,7; 316 421 790; 3,6 1,2 (Holz); Spur: 1106.
(Nach Heusinger: Handbuch für spezielle Eisenbahntechnik, Bd. 5, S. 36, Leipzig 1878.)

was ja auch der Entstehung der L aus der C entspricht. Die Zylinder erhielten natürlich eine ziemlich schräge Lage, um die Gleitbahn über die erste Achswelle fortführen zu können. I. J. 1880 waren 40 von ihnen teils bestellt, teils in Betrieb. Merkwürdigerweise hatten die Radialachsen, die nach Adams ausgeführt waren, noch immer keine

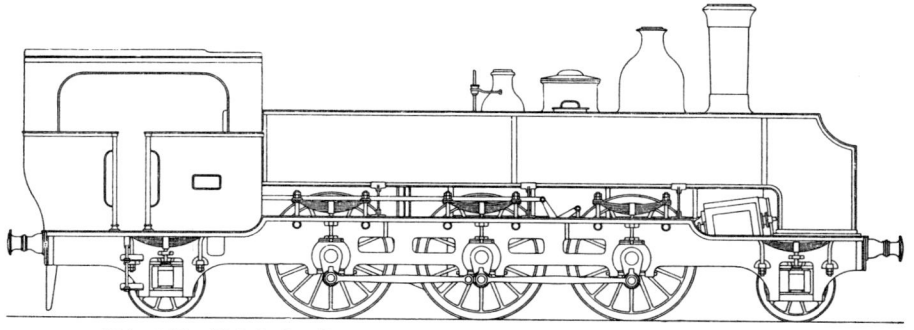

Abb. 267. Belgische Staatsb 1878 Schaar u. Bika; Compagnie Belge.
58; 110 2,7 8; 450 600 1700; 10 2.
(Nach Organ 1880, S. 96.)

Rückstellvorrichtung. Der Überhang ist aber gegenüber der Abb. 266 verkleinert. Die Triebachse, in den weit auseinander liegenden Außenrahmen gegenüber den Kolbenkräften gestützt, findet eine dritte Stützung zwischen den Kurbeln in einem Mittelrahmen. Dieser geht vom Zylindergußstück bis zum Stehkessel durch. Der Rost erhielt nach den Grundsätzen Belpaires eine sehr große Fläche zur Verfeuerung von

18*

Staubkohle (S. 207). Der Wasservorrat war mit 9950 l ebenso groß wie zu jener Zeit für Tender üblich bemessen. In dieser Zahl verrät sich der eigentliche Sinn des Entwurfs; wir haben einen der immer wiederkehrenden Versuche vor uns, der T L ein erweitertes Anwendungsgebiet zu geben und die L mit Tender in gewissen Fällen zu ersetzen. Der Versuch blieb damals vereinzelt, wie so viele andere. Eine T L neigt mehr zum Schlingern als eine L mit Tender. Das mag bei der in Rede stehenden 1 C 1 T mit ihrem nicht sehr großen festen Radstand und den fehlenden Rückstellvorrichtungen an den Radialachsen doppelt empfindlich bemerkbar geworden sein. Nur die Schweizer Zentralb versuchte es i. J. 1882/83 auf der Hauensteinstrecke der Linie Basel—Luzern mit ähnlichen L, die aber nicht den langen Belpaireschen Rost hatten. Auch lagen bei ihr alle drei Kuppelachsen vor dem Stehkessel. Mit ihren Innenzylindern verraten sie ihre Abstammung von der bel-

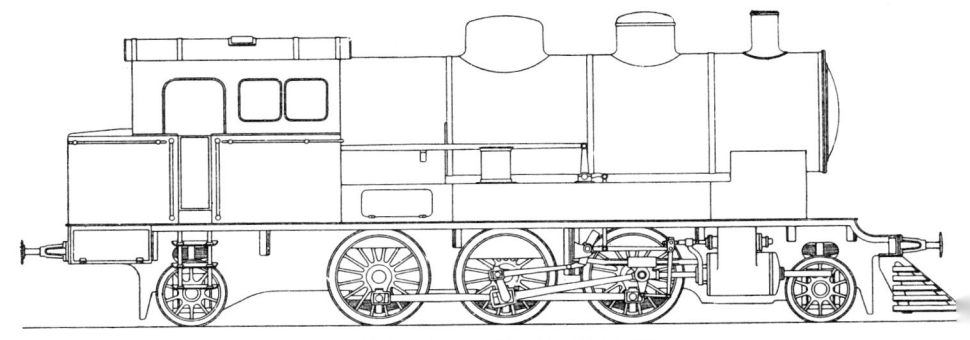

Abb. 268. Bulgarische Staatsb 1911 Hanomag.
67; 155 2,8 12; 460 600 1340; 8 2,5.
(Nach Hanomag Druckschrift 1007.)

gischen Form, denn Innenzylinder sind in der Schweiz außerordentlich selten.

In Österreich, wo sich allmählich eine große Vorliebe für die Achsfolge der 1 C 1 herausgebildet hatte, wie wir besonders noch bei Besprechung der 1 C 1 mit Tender sehen werden, griff man auf diese alte Zehsche Form zurück, als es i. J. 1895 galt, eine L für die Wiener Stadtb zu schaffen; es war das eine 1 C 1 (1300) T v. Die Anwendung der Verbundbauart für einen Betrieb mit so geringen Entfernungen von Haltepunkt zu Haltepunkt ist eine seltene Ausnahme. Es folgten i. J. 1904 Ausführungen von 1 C 1 (1614) T v für die Staatsb und für die Südb.

In Deutschland sind die badischen, preußischen und württembergischen Formen aus den Jahren 1899, 1904 und 1910 zu nennen. Die preußische war eine 1 C 1 T (3 Zyl) für die Berliner Stadtb. Man hatte bei ihr den Versuch gemacht, die Zylinder nicht für den Beharrungszustand, sondern für das Anfahren zu berechnen. Das ergibt natürlich sehr große Zylinder. Die geringe Entfernung der Haltepunkte von einander schien dies zu rechtfertigen, denn die L arbeitet unter diesen Umständen während längerer Zeiträume im Zustand des Anfahrens als dem

Lokomotiven mit drei gekuppelten Achsen: 1 C 1. 1 C 1 T.   271

der gleichmäßigen Geschwindigkeit. Gleichwohl bewährten sie sich ganz und gar nicht, weil so große Zylinder zu große Abkühlungsflächen haben. Die L sind später in Zweizylinder-L umgebaut worden.

Die Abb. 268 zeigt uns den Abschluß der Entwicklung unserer 1 C 1 T mit Außenzylindern.

In Frankreich versuchte es nur die Comp. de l'Ouest i. J. 1908 mit einer Beschaffung von 1 C 1 T für Vorortverkehr.

In England ist es ebensowenig zu einer großen Verbreitung der 1 C 1 T gekommen — aber es sind eigenartige, der Besprechung werte Formen gewonnen worden. Die Mersey Ry machte i. J. 1885 mit 1 C 1 (1397) T für starke Steigungen den Anfang. Unsere volle Beachtung verdient aber die 1 C 1 T der Abb. 269 für den Vorortverkehr zwischen Manchester und Oldham, der i. J. 1904 ähnliche der Great Western Ry folgten. Die Streckenlänge beträgt nur 12 km mit nicht weniger als

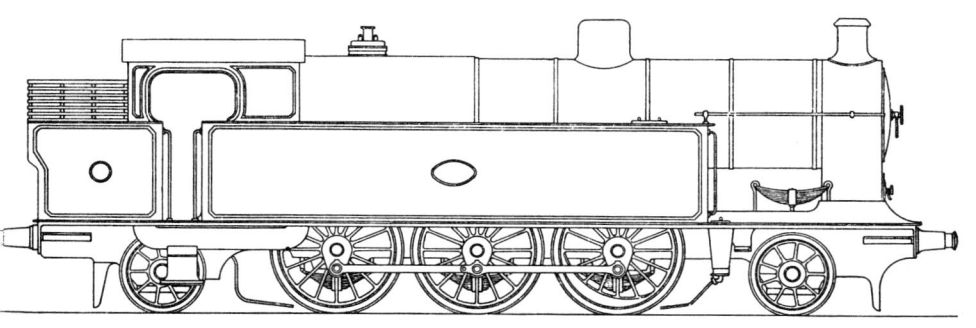

Abb. 269. Lancashire & Yorkshire Ry 1903 Bahnwerkst. Horwich.
79; 170 2,4 12,6; 483 660 1724; 9,1 3,8.
(Nach Z. d. V. d. I. 1904, S. 1644.)

acht Aufenthalten und einer Höchststeigung von 25 $^0/_{00}$. Mit einer Zuglast von 200 t wird eine Reisegeschwindigkeit von 42 km erreicht. Diesen Anforderungen kann nur eine sehr kräftige L gerecht werden. Englischem Brauch entsprechend ist ein großer Teil der Vorräte auf dem hinteren Ende des Führerstandes untergebracht. Das bewirkt eine gewisse Verschiebung des Schwerpunktes nach hinten. Also konnte man auch die hintere Laufachse und die Kuppelachsen etwas nach hinten verschieben. Hierdurch wurde der Abstand zwischen den Zylindern und der ersten hohen Achse so weit vergrößert, daß diese erste Achse zur Triebachse gemacht werden konnte. Das bot wiederum den Vorteil, daß die Innenzylinder im Gegensatz zu den belgischen L der Abb. 267 wagerecht liegen können. Die Rahmen sind neben den Zylindern so eng zusammengezogen, daß diese nur eben zwischen ihnen Platz finden und auf diese Weise sehr leicht ausgeführt werden konnten. Die Schieberkästen liegen über den Zylindern, und der Abdampf entweicht durch den Schieberrücken auf kürzestem Weg in ein lotrechtes Blasrohr. Die Triebachse findet eine dritte Stützung in einem vom Gleitbahnträger zu einer Rahmenquerversteifung hin laufenden Mittelrahmen, ähnlich der Abb. 260. Die Achslagerkästen sind ganz aus Bronze hergestellt und haben Weißmetallspiegel. Die Adamsachsen mit Rückstellvorrichtung sorgen für guten Krümmungslauf. Eine Vorrichtung zur Wasseraufnahme während der Fahrt läßt darauf schließen, daß man auch bei dieser L an eine erweiterte Verwendung gedacht hat, zu der es aber nicht gekommen ist. Es erging der 1 C 1 T schlecht in England. Mehrfach gab es Unfälle mit unserer L. Dies gab dem englischen Handelsamt Veranlassung, sich gegen die Verwendung von T L mit Radialachsen an beiden Enden auszusprechen. Demzufolge sollen die eben besprochenen L aus dem Streckendienst zurückgezogen und nur noch im Verschiebedienst beschäftigt worden sein[1]). Zu Nachbeschaffungen kam es natürlich nicht. Wenn wir die Schicksale unserer Gattung nochmals überfliegen, so scheint weniger die Geschichte als eine Behörde dieses harte Urteil gefällt zu haben. Warum sollte in England unbrauch-

Abb. 270. Österreichische Staatsb 1904 Gölsdorf; Floridsdorf.
69; 234 4,0 15; $\dfrac{2 \cdot 370}{2 \cdot 630}$ 720 1820.
(Nach Organ 1906, S. 1.)

bar sein, was sich andern Orts nach Überwindung gewisser Schwierigkeiten bewährt hat?

Auch in Amerika hat die 1 C 1 T keine große Bedeutung erlangt: Central Pacific Rd 1881 für den Vorortverkehr von San Francisco: 1 C 1 (1270) T.

1 C 1. Österreich war also das Land, in dem die 1 C 1 T einst entstanden war, und in dem die Gattung schließlich rückhaltlose Anerkennung und Pflege fand. Die guten Eigenschaften, die sie unstreitig hat, sowie die guten Erfahrungen, die man mit ihr im Betrieb machte, legten die Frage nahe, ob man sie nicht auch als L mit Tender erproben sollte. Unter der Führung von Gölsdorf wurde diese Möglichkeit bis zum Grunde ausgeschöpft (Abb. 270). Vor allen Dingen war es immer wieder die Gewichtsersparnis durch Fortfall des Drehgestells, die den Ausschlag gab, denn der zulässige Achsdruck war niedrig und die Strecken schwierig. So baute man denn auch die Radialachsen ganz leicht —

---

[1]) Lokomotive 1914, S. 15.

ohne das die Achslager verbindende Gehäuse, ja sogar wieder wie bei der alten Zehschen L ohne Rückstellvorrichtung. Gölsdorf stand auf dem Standpunkt, diese sei für 1 C 1 (4 Zyl) nicht erforderlich, denn die Massenwirkungen fielen wegen Gegenläufigkeit der Triebwerke so gering aus, daß sie kein Schlingern herbeiführen würden. Der Langkessel ist nach vorn kegelförmig zusammengezogen, um auch hier an Gewicht zu sparen. Die vier Zylinder arbeiten auf eine Achse. Eine andere Anordnung ist bei einer 1 C 1 mit Tender kaum möglich, denn die erste hohe Achse liegt den Innenzylindern zu nahe, um ihnen als Triebachse zugänglich zu sein. Die Achsenstellung 1 C 1 hat den Vorteil, daß der Stehkessel hinter die letzte hohe Achse zu liegen kommt und nun über die niedrige hintere Laufachse hinweg verbreitet werden kann. Freilich muß man dabei die Stiefelknechtsplatte schräg machen. Die Verbreiterung des Rostes bedeutet wieder eine Gewichtsersparnis, denn der zur gegebenen Rostfläche gehörige Stehkessel wird am leichtesten, wenn jene ein Quadrat ist. Die L wurde in mehreren Reihen nachbeschafft. Sie standen größtenteils in Salzburg im Dienst und beförderten Züge von 230 t Gewicht auf Steigungen von 22 $^0/_{00}$ ohne Vorspann. Auch die Südb hat sie angenommen. Die von 1906 bis 1909 gelieferten erhielten Dampftrockner nach Crawford-Clench, die noch später gelieferten den Schmidtschen Rauchröhrenüberhitzer. Die Beschaffungen wurden fortgesetzt[1]). Ähnliche L sind i. J. 1907/1908 in Italien und Ungarn beschafft worden.

Eine volle Klärung über die Eignung der 1 C 1 als S L ist heute noch nicht erreicht. Die Vorzüge der Bauart sind erörtert worden. Andererseits liegt ein Vergleich nahe. Wir zogen die 2 B als S L der 1 B 1 vor. Die gleichen Gründe scheinen zugunsten der 2 C gegenüber der 1 C 1 zu sprechen. Und doch liegt die Sache etwas anders. Bei der 1 C 1 haben wir es immerhin mit dem festen Radstand dreier statt nur zweier fester Achsen zu tun. Nimmt man nun hinzu, daß bei einer fünfachsigen L der Wunsch, an Rostbreite zu gewinnen, natürlich viel dringender auftritt, als bei einer vierachsigen, daß diese Verbreiterung aber bei der 2 C mit hohen Rädern nicht ausführbar ist, und daß diese Unmöglichkeit schon zu Rostlängen bis zu 3,5 m Länge geführt hat, so wird das Verlangen nach der Bauart 1 C 1 recht verständlich. Wenn wir nun die Bewährung in Österreich nach dem Eifer beurteilen wollen, mit dem dort Nachbeschaffungen erfolgten, so müssen wir bekennen, daß die Beschaffungen der 1 C 1 S L nach den eben besprochenen deutlich abflauten. Diese wurde allerdings i. J. 1916 für Strecken mit nur 14 t zulässigem Achsdruck noch zur 1 C 1 (1780) h mit Krauß-Helmholtz-Gestell vorn und Adamsachse hinten fortgebildet, sonst aber breitete sie sich nur mehr als P- und G L aus, und neben ihr erschien wieder in ziemlich erheblichem Umfange die 2 C S L. So auch in Deutschland. Badische Staatsb 1911: 1 C 1 (1700) v (4 Zyl) für P-Züge. Ganz neuerdings hat aber die Hanomag wieder eine ausgesprochene S L in der Form 1 C 1 (1980) h für die oldenburgische Staatsb geschaffen[2]). Die

---

[1]) Lokomotive 1919, S. 85.   [2]) Hanomagnachrichten 1917, H. 3.

274 Lokomotiven mit drei gekuppelten Achsen: 2 C 1.

Adamsachsen haben Rückstellfedern. Die weitere Entwicklung der Dinge zugunsten der 2 C oder 1 C 1 wird man abzuwarten haben.

In Amerika benutzt man die 1 C 1 hier und da für G-Zugdienst. I. J. 1884 lieferte Baldwin sie für die Neuseeländischen Bahnen als P L. I. J. 1901 führte die Lake Shore and Michigan Southern Rd als erste die Bauart als S L aus. Sie findet seitdem als Bauart „Prärie" eine gewisse Verbreitung. Es sind aber auch Stimmen laut geworden, die über eine ungünstige Beeinflussung der Gangart durch die beiden Deichselachsen klagen.

Der naheliegende Gedanke, die 1 C 1 in ihren Eigenschaften der Drehgestell-L durch eine Vereinigung der vorderen Lauf- mit der ersten Kuppelachse in einem Krauß-Helmholtz-Gestell zu nähern, ist außer bei der oben erwähnten österreichischen L auch bei den 1 C 1 h der

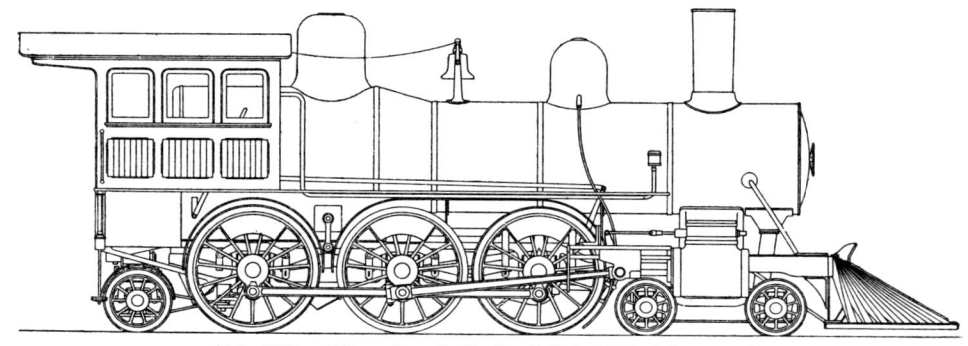

Abb. 271. Milwaukee & St. Paul Rd 1889 Schenectady.
60; 162 2,8 11,5; 483 610 1753.
(Nach R. gaz. 1889, S. 692.)

russischen Nicolaib aus der Lokomotivfabrik Sormovo bei Nischny Nowgorod i. J. 1911 verwirklicht worden. Der Drehpunkt des Gestells ist nach Zara in einer Wiege aufgehängt. Die 1 C 1 hat in Rußland überhaupt als Fortentwicklung der ebenfalls sehr beliebten 1 C (S. 247) eine gewisse Verbreitung gefunden.

2 C 1. Wie sich Strong genötigt sah, die 2 B zur 2 B 1 zu erweitern, um seine weit nach hinten ausladende Wellrohrfeuerkiste aufzunehmen (S. 180), so verwandelte er i. J. 1886 auch die 2 C in die 2 C 1[1]). Die Strong-L hat sich aber nicht in einem solchen Umfang eingebürgert, daß sie als Ausgangspunkt der 2 C 1 gelten kann[2]). Deren Entwicklung begann später.

In Amerika war es seit dem Ende der achtziger Jahre üblich geworden, die als G L längst bekannte 2 C in den S-Zugdienst einzuführen. Das hatte aber nur eine weitere Steigerung der Ansprüche zur Folge, so daß bei den Grenzen, die damals dem Achsdruck gezogen waren, alsbald

---

[1]) R. gaz. 1886, S. 88 und 195.
[2]) Zur Geschichte der Strong-L s. The Locomotive (Fortsetzung des Loc. Mag.) 1921, S. 180.

Lokomotiven mit drei gekuppelten Achsen: 2 C 1. 275

auch die Grenze der Leistungsfähigkeit der 2 C erreicht war. Der Augenblick, in dem dies geschah, ist sehr scharf durch eine Ausschreibung der Chicago-Milwaukee & St. Paul Rd vom Jahre 1889 festgelegt und durch das, was auf diese Ausschreibung geschah. Es sollte nämlich eine L geschaffen werden, die einen Zug von fünfzehn Wagen über die 137 km lange Strecke von Chicago nach Milwaukee mit zehn Aufenthalten bei verringerter Geschwindigkeit im Vorortbereich der beiden Städte in $2^{1}/_{2}$ Stunden befördern könnte. Nur für den Achsdruck waren begrenzende Bestimmungen gegeben, in jeder anderen Hinsicht aber den Baufirmen freie Hand gelassen. Die Rhode Island Locomotive works glaubten noch mit einer 2 C auskommen zu können; die Schenectady Locomotive works aber stellten, weil sie Überschreitung der Achsdrücke fürchteten, den Entwurf einer neuen Gattung, der 2 C 1, auf (Abb. 271). Sie verrät deutlich mit der dicht hinter der letzten Kuppelachse beigegebenen Deichselachse ihre Herkunft von der 2 C. Die tiefe Lage des Kessels erinnert uns daran, daß wir uns noch vor der Ausstellung von Chicago befinden. Noch herrscht die Lehre vom tiefen Schwerpunkt. Die Abmessungen waren noch nicht sehr bedeutende. Als nun jene allmähliche Zunahme aller Lokomotivmaße einsetzte, die schon bei der 2 C zu unbequemen Rostlängen und daher zu dem Wunsche, den Rost

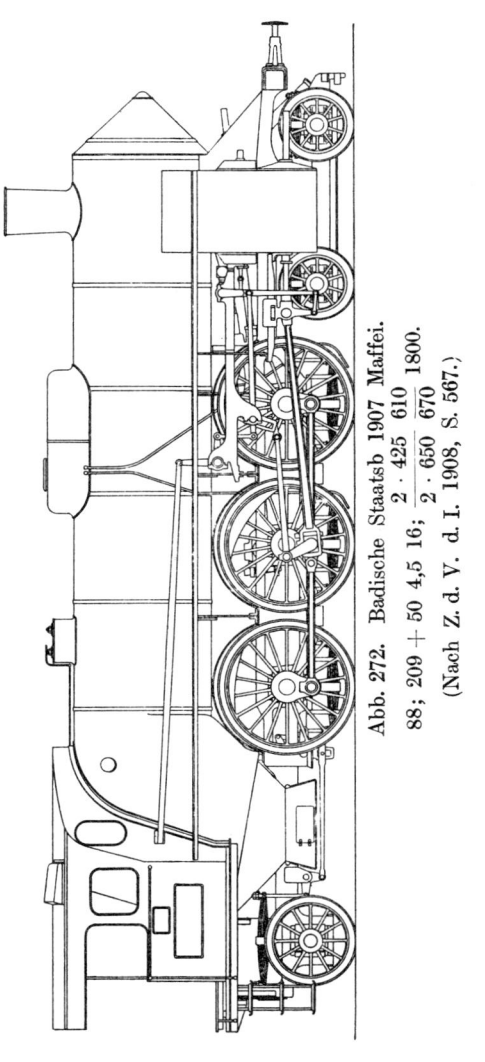

Abb. 272. Badische Staatsb 1907 Maffei.
88; 209 + 50 4,5 16; $\frac{2 \cdot 425}{2 \cdot 650} \frac{610}{670} \frac{1800}{}$
(Nach Z. d. V. d. I. 1908, S. 567.)

seitwärts zu verbreitern, geführt hatte, da mußte diese Notwendigkeit für die 2 C 1 noch viel zwingender auftreten. Sie soll mit ihren Folgen an dem Beispiel der Abb. 272 erläutert werden. Man muß also, um den Rost verbreitern zu können, die letzte Kuppelachse vor den Stehkessel legen. Das führt aber zu einer ganzen Reihe von Schwierigkeiten, deren

Lösung den Aufbau der 2 C 1 einschneidend beeinflußt. Der Schwerpunkt rückt weit nach hinten. Es droht Überlastung der letzten Achse und zu geringe Belastung des Drehgestelles. Um diesem Übelstand zu begegnen, ist die Stiefelknechtsplatte im vorliegenden Falle schräg gemacht, so daß der Schwerpunkt des Stehkessels möglichst weit nach vorn rückt. Wir kennen dieses Mittel von der 1 C 1 her. Aus dem gleichen Grunde ist die Stehkesselrückwand schräg gemacht. Die hintere Laufachse muß zur Vermeidung einer Überlastung weit nach hinten geschoben und deshalb stets radial einstellbar gemacht werden. Die Zusammendrängung der drei Kuppel- und der beiden Drehgestellachsen unter Langkessel und Rauchkammer ist nur durchführbar, wenn diese eine genügende Länge haben. Darum müssen die Heizrohre länger gemacht werden, als notwendig und wünschenswert ist. Ebenso fällt die Rauchkammer sehr geräumig aus. Umgekehrt muß man sich bei der Bemessung der Triebraddurchmesser Beschränkung auferlegen, um jene Längen möglichst niedrig zu halten. Die Triebwerkskräfte einer 2 C 1 sind so groß, daß man in Europa stets eine Unterteilung für notwendig hält. Wenn man, wie im vorliegenden Falle, die Zylinder in eine Reihe legt, um die Innenzylinder als Versteifung der Außenzylinder auszunutzen und so an Gewicht zu sparen, so ergibt sich ganz von selbst die mittlere Achse als Triebachse, an der alle vier Triebwerke angreifen. Die Innenzylinder müssen eine ziemlich starke Neigung erhalten, damit das Spiel der Pleuelstange über der ersten Radwelle möglich ist.

Die amerikanische L der Abb. 271 war nach den dort mitgeteilten Bedingungen eine P L. In der 2 C 1 h v (4 Zyl) der Abb. 272 sehen wir bereits die Entwicklung zur S L ersten Ranges vollzogen. Sie hat einen Barrenrahmen. Für das Anfahren kann das Reibungsgewicht um drei Tonnen erhöht werden. Zu diesem Zweck wird das Hebellängenverhältnis des Ausgleichshebels zwischen hinterer Kuppel- und Laufachse mittels Hilfsdampfzylinder geändert. Wegen der Entlastung des Drehgestells, die hieraus folgt, muß der regelmäßige Zustand nach Ingangsetzung des Zuges alsbald wieder hergestellt werden. Die Hochdruckzylinder liegen innen. Ihre Schieber werden von der Außensteuerung gemeinsam mit den Niederdruckschiebern betätigt.

Die 2 C 1 erschien im gleichen Jahre 1907 auch auf der Orléansb und verbreitete sich nun schnell auf süddeutschen, französischen, italienischen und ungarischen Bahnen. Die Ausführungen ähneln einander sehr. Es sind durchweg 2 C 1 h v (4 Zyl) und 2 C 1 h (4 Zyl). Eine Sonderstellung nimmt die der Reichseisenb ein. Sie zeigt nämlich wieder die Achsstellung der alten amerikanischen L nach Abb. 271, geht auf diese Weise den eben auseinandergesetzten Schwierigkeiten aus dem Weg, nimmt aber eine Rostlänge von 3,3 m in Kauf. So etwas ist nur bei einem höchsten Achsdruck von etwa 16 t ausführbar. Zu größeren Achsdrücken würden längere Rostflächen gehören, die nicht mehr beschickt werden könnten.

I. J. 1911 beschritt Flamme einen neuen Weg[1]). Bei der belgischen Staatsb stellte die Linie nach Luxemburg mit ihrem großen Durchgangs-

---
[1]) Fußnote S. 129.

Lokomotiven mit drei gekuppelten Achsen: 2 C 1.

verkehr und den vielen Steigungen von 16 $^0/_{00}$ hohe Anforderungen. Für den P-Zugdienst auf dieser Strecke war i. J. 1874 eine C eingeführt worden, von der Abb. 202 die Ausführungsform des Jahres 1885 zeigt. Seit 1884 kam eine 1 C an die Reihe, für die i. J. 1894 eine verstärkte Ausführungsform geschaffen wurde. I. J. 1905 folgte eine 2 C v (4 Zyl), und endlich i. J. 1909 eine 2 C h (4 Zyl). Da aber noch immer Vorspannleistungen erforderlich wurden, so schuf Flamme endlich seine 2 C 1 h (4 Zyl) (Abb. 273). Die Zylinder sind gegenüber der voraufgegangenen 2 C nur wenig vergrößert worden, der Kessel aber sehr erheblich. Der oben besprochenen Schwierigkeit, die Länge des Kessels dem Radstand der unter dem Langkessel liegenden Achsen anzupassen, ging Flamme in sehr einfacher Weise aus dem Wege, indem er auf diese Anpassung verzichtete. Er machte Langkessel und Rauchkammer nur so lang, als es ihm wünschenswert erschien. Die Zylinder liegen nun vor der Rauchkammer, und die Innenzylinder noch weiter vorn als die Außenzylinder. Sie treiben nämlich die erste Achse an. Die Kräfte sind also auf zwei Achsen verteilt. Durch die Verkürzung des Kessels rückt nun aber sein Schwerpunkt noch weiter nach hinten; nur zum Teil wird dies durch die Verschiebung der Innenzylinder nach vorn ausgeglichen; es droht also, wie bei der anderen Bauart, eine Überlastung der hinteren Laufachse. In der Tat ergaben sich vom Drehgestell beginnend, folgende Achsdrücke: 14 14 19 19 19 17. Die hintere Laufachse neigte daher, weil die Reibungsarbeit wegen ihres kleinen Durchmessers zu groß ausfiel, zum Heißlaufen, als man die L auf der Strecke Verviers—Brüssel—Ostende, wo lange Zeit hindurch hohe Geschwindigkeiten innezuhalten sind, verwandte. Diese hintere Laufachse war nicht radial einstellbar,

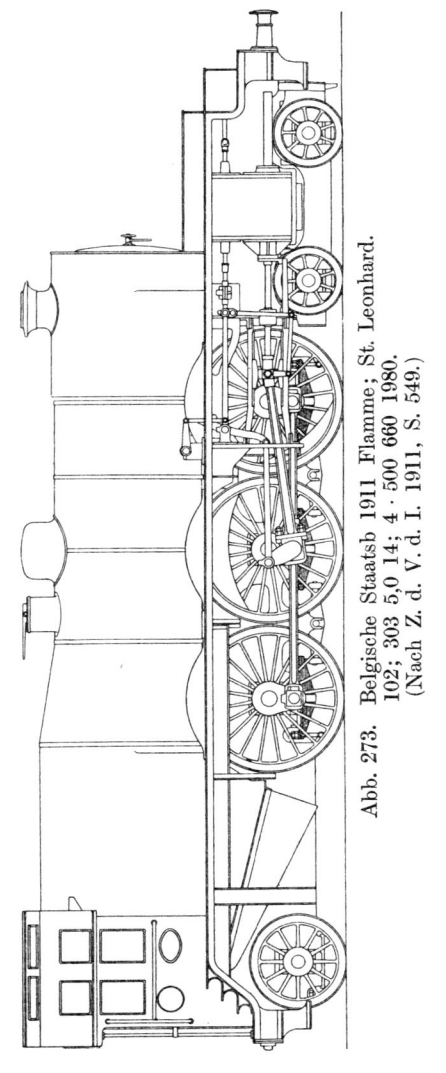

Abb. 273. Belgische Staatsb 1911 Flamme; St. Leonhard. 102; 303 5,0 14; 4 · 500 660 1980. (Nach Z. d. V. d. I. 1911, S. 549.)

sondern hatte nur seitliche Verschiebbarkeit mit Rückstellung durch Keilflächen; das bewährte sich nicht; es traten Entgleisungen bei Rückwärtsfahrt ein. Diese Erfahrung müssen wir mit besonderem Interesse zur Kenntnis nehmen, wenn wir an die Vorliebe denken, die man in England um 1895 für die seitliche Verschiebbarkeit führender Endachsen bei schnellfahrenden L mit langen Radständen hatte (vgl. Abb. 32 und die Bemerkungen zu späterem Umbau einer L nach Abb. 90 und zu späterer Ausführung der Abb. 185). Seit 1912 wurde der Stehkessel wegen jener Heißläufer schmaler ausgeführt. Die Achsdrücke sind nun 13 13 19 19 19 15. Es ist Vorkehrung getroffen, daß durch Entspannen der Laufachsfedern das Reibungsgewicht auf $3 \times 22 = 66$ t gebracht werden kann. Das Schienenprofil genügt zur Zeit einer solchen Beanspruchung schon, nicht aber die Brücken.

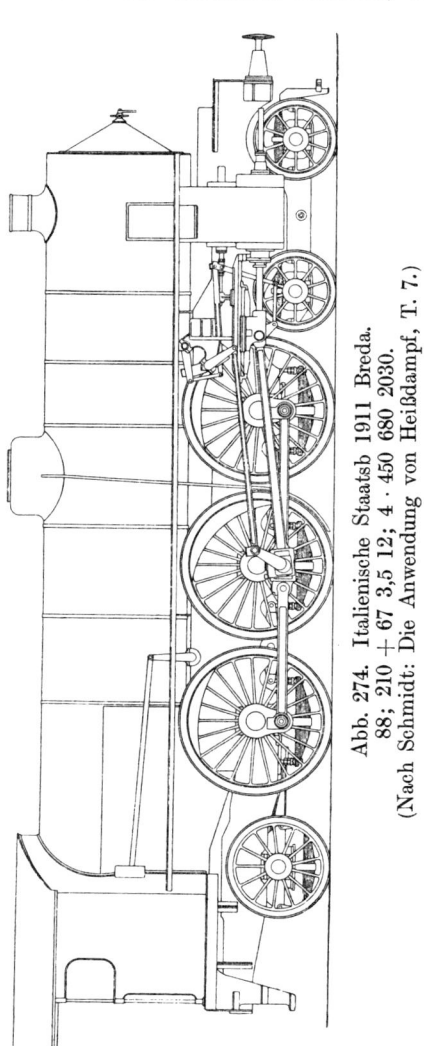

Es gibt noch ein Mittel, um den Schwierigkeiten der Achs- und Lastverteilung bei der 2 C 1 zu begegnen. Man kann nämlich den Stehkessel am vorderen Ende schmal ausführen, so daß er auf eine gewisse Tiefe zwischen die hinteren Kuppelräder geschoben werden kann. Eine ähnliche Anordnung ist schon i. J. 1894 bei einer belgischen 1 B 1 getroffen worden. Eine ganz neue, dem gleichen Zweck dienende Grundrißform des Stehkessels zeigen aber die oben erwähnten 2 C 1 der Comp. de Paris-Orléans und der Comp. du Midi sowie die 2 C 1 h (4 Zyl) der italienischen Staatsb vom Jahre 1911 (Abb. 274). Die Grundrißform ist ein Trapez, das mit seinem schmalen Ende zwischen die hinteren gekuppelten Räder tritt und mit seinem breiten Ende über die hintere Laufachse auslädt (Abb. 275). Der Triebraddurchmesser konnte so auf 2030 mm gebracht werden, und die Achsstellung ergibt sich ganz ungezwungen. Die hintere Laufachse

Abb. 274. Italienische Staatsb 1911 Breda. 88; 210 + 67 3,5 12; 4 · 450 680 2030. (Nach Schmidt: Die Anwendung von Heißdampf, T. 7.)

Lokomotiven mit drei gekuppelten Achsen: 2 C 1. 279

kann den Kuppelachsen genähert werden, ohne daß man Überlastung für sie fürchten müßte. Die gleiche Trapezform des Stehkesselgrundrisses zeigte übrigens schon die erste Entwurfszeichnung für eine Abtsche Zahnrad-L[1]). Sie ist aber in dieser Form nicht zur Ausführung gekommen. Die italienische 2 C 1 war von der italienischen Staatsb i. J. 1911 in Turin an der Spitze des „modernen Eisenbahnzuges" ausgestellt.

Bei den badischen L der Abb. 272 sprachen gewisse Anzeichen für eine Überanstrengung der Triebachse. Man entschloß sich daher, bei Nachbeschaffungen i. J. 1918 die Innenzylinder auf die erste Achse wirken zu lassen. Sie wurden, wie bei der belgischen L, vorverlegt. Es kommt dies auch der Lastverteilung zugute. Die Kurbelscheiben sind

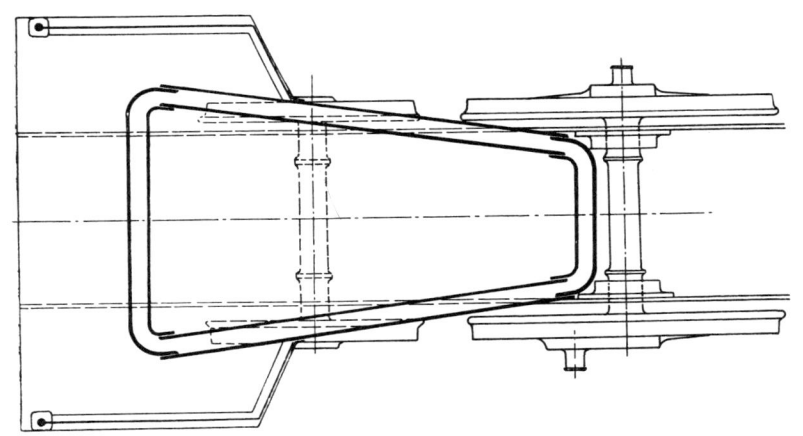

Abb. 275. ($^1/_{50}$) Stehkesselgrundriß zur 2 C 1 nach Abb. 274.

nach Frémont ausgeführt. Ferner hat man es verstanden, die Triebräder unter äußerster Raumausnutzung auf 2100 mm zu bringen. Bei den hohen Fahrgeschwindigkeiten im durchgehenden S-Zugverkehr hatte sich dies als dringend wünschenswert erwiesen. Die Maße dieser neuen deutschen S L sind 54 (Reibungsgewicht); 209 + 16 + 77 = 302
5,0 15; $2 \cdot \dfrac{440}{680}$ 680 2100.

Die preußische Staatsb hat die Gattung 2 C 1 noch nicht eingeführt.

Wir konnten mehrfach beobachten, daß man sich in England verhältnismäßig spät zu einer Vergrößerung der Achszahl oder zu höheren Kupplungsgraden entschloß. Dies läßt sich durch die hohen, dort zulässigen Achsdrücke und durch die vorzügliche Kohle erklären, die mit kleineren Kesseln auszukommen gestattet. So ist es dort denn vorläufig auch bei Beschaffung einer einzigen 2 C 1 mit besonderem Tender geblieben. Es ist dies „The great bear" der Great Western Ry aus dem

---
[1]) Glasers Annalen 1883, II, S. 189.

280 Lokomotiven mit drei gekuppelten Achsen: 2 C 1 T. 1 C 2.

Jahre 1911. Die Innenzylinder greifen an der ersten, die Außenzylinder an der zweiten hohen Achse an.

2 C 1 T. Als die London & North Western Ry i. J. 1911 in ihren Crewe works eine C 2 1 T h baute (Abb. 276), müssen andere Gründe bestimmend gewesen sein, als wir sie für die 2 C 1 kennen lernten. Vor allem wohl der Wunsch, die Vorräte bequem unterzubringen. Ihre Abmessungen sind nämlich für eine sechsachsige L nicht besonders groß. Das wird besonders deutlich, wenn man mit ihren Maßen die auf S. 249 aufgeführten der nur vierachsigen preußischen 1 C T h für Vorortzüge vergleicht. Auch die englische L ist für Vorortdienst bestimmt. Eine L ohne Überhitzer mit einem Zylinderdurchmesser von nur 470 mm wurde zum Vergleich geliefert. An Eigenheiten sind aufzuführen: Belpairekessel, Mittelrahmen zur Lagerung der Triebachse, Gegengewichte in der Verlängerung der Kurbelarme, um die von der Fliehkraft der umlaufenden Gestängeteile auf die Welle ausgeübten Biegungsmomente aufzuheben, hintere Adamsachse, Vorrichtung zur Wasseraufnahme während der Fahrt. Ähnlich: Great Central Ry 1910: 2 C 1 (1702) T h mit Innenzylindern; London Brighton South Coast Ry: 2C1 (2019) T h mit Außenzylindern; Österreich: Südb und Staatsb 1913: 2 C 1 (1614) T h.

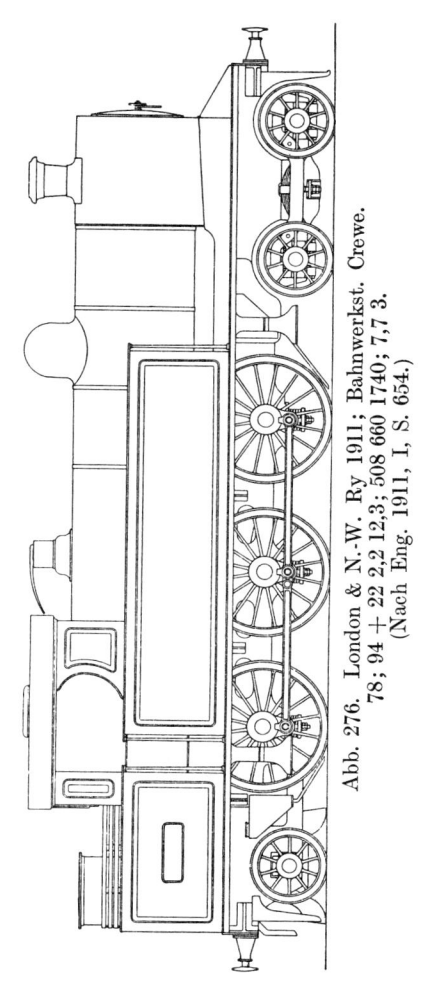

Abb. 276. London & N.W. Ry 1911; Bahnwerkst. Crewe. 78; 94 + 22 2,2 12,3; 508 660 1740; 7,7 3. (Nach Eng. 1911, I, S. 654.)

In Amerika ist die 2 C 1 seit jener ältesten Form vom Jahre 1889 mit Eifer als S L, seltener als G L weitergebaut worden, aber meist mit zwei Zylindern.

1 C 2. Wenn wir uns noch einmal die Verlegenheiten vergegenwärtigen, die beim Entwurf einer 2 C 1 auftreten, die Gefahr einer zu geringen Belastung des Drehgestells, einer zu hohen der hinteren Laufachse, die Zusammendrängung von fünf Achsen unter Langkessel und Rauchkammer mit ihren unbequemen Folgen für deren Längenbemessung und die Gestaltung des Stehkessels, so verstehen wir sofort den Gedankengang von Gölsdorf, der in Abb. 277 zum Ausdruck kommt[1]). Den Aus-

---
[1]) Vgl. auch Lokomotive 1909, S. 73 und 1919, S. 117.

Lokomotiven mit drei gekuppelten Achsen: 1 C 2 T. 281

schlag gab die Notwendigkeit eines sehr großen Rostes von 4,5 m² für Verfeuerung von Kohle mit nur sechsfacher Verdampfung. Er konnte nun ausgeführt werden, ohne daß Künsteleien, wie eine schräge Stiefelknechtsplatte usw. notwendig gewesen wären. Um nicht auf die Vorzüge des vorn laufenden Drehgestells zu verzichten, sind Lauf- und erste Kuppelachse in einem Krauß-Helmholtz-Gestell gelagert. Das hintere Drehgestell ist ein Deichselgestell ohne weitere Rückstellvorrichtung, dessen Drehpunkt 700 mm hinter der letzten Kuppelachse liegt. Da es bei Vorwärtsfahrt gezogen wird, so sprechen keine allzu ernsten Bedenken dagegen. Die Zylinder liegen in einer Ebene, die Hochdruckzylinder innen, die beiden Kolbenschieber eines Zylinderpaares in einem Schieberkasten hintereinander. Der geräumige Schieberkasten bildet den Verbinder. Anfahrvorrichtung nach Gölsdorf. Die L befördert ein Zuggewicht von 400 t auf einer Steigung von 10 ⁰/₀₀ mit 60 km Geschwindigkeit. Es wurde zunächst nur eine solche L hergestellt. I. J. 1911 erfolgten aber Nachbeschaffungen als 1 C 2 h v (4 Zyl).

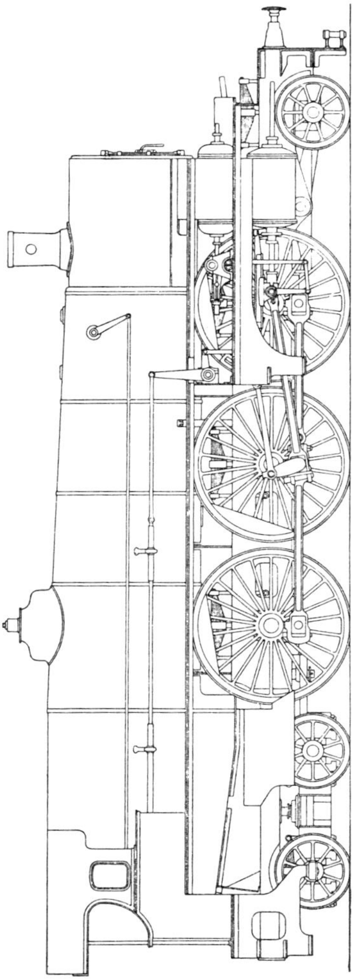

1 C 2 T. In noch höherem Grade sprechen die oben angeführten Gründe bei einer T L für die Achsfolge 1 C 2. Das hinten laufende Drehgestell erleichtert dann außerdem die Unterbringung der Kohlenvorräte ohne zu starke Beeinflussung des Reibungsgewichtes. Es darf aber, weil beide Fahrtrichtungen gleich häufig vorkommen, nicht als Deichselgestell ausgebildet werden, sondern muß die übliche Anordnung aufweisen. Nach diesen Grundsätzen verfuhr Krauß in München (Abb. 278). Die L muß Strecken bis zu 130 km ohne Erneuerung der Vorräte mit Geschwindigkeiten bis zu 90 km durchfahren. Sie soll andererseits häufig anfahren, auch kürzere Zweiglinien bedienen. Häu-

Abb. 277. Österreichische Staatsb 1908 Gölsdorf; Floridsdorf. $84; 203 + 70 \; 4{,}62 \; 15; \; \frac{2 \cdot 390}{2 \cdot 660} \; \frac{720 \; 2140}{}$. (Nach Portefeuille économique 1911, S. 122.)

figes Drehen auf der Drehscheibe wäre also störend. Es mußte also eine T L mit großen Vorräten geschaffen werden. So führt sie denn den für eine T L ganz ungewöhnlich hohen Wasservorrat von 16 m³ und 4,5 t Kohlen mit sich. Bei einer neueren Ausführung wurde Heißdampf vorgesehen; der Wasservorrat mußte dabei, um Gewichtsüberschreitungen zu vermeiden, auf 14 m³ verringert werden. Die vordere Laufachse ist nicht mit der ersten, sondern mit der zweiten Kuppelachse in einem Krauß-Helmholtz-Drehgestell vereinigt. Auf diese Weise wird der Abstand vom Drehpunkt des Krauß-Helmholtz-Drehgestells zum Drehzapfen des hinten laufenden Drehgestells und somit die geführte Länge etwas kleiner, als dies bei der Bauart 2 C 1 möglich wäre. Dies war wünschenswert, um bei der Enge der zu durchfahrenden Krümmungen das seitliche Spiel des Drehgestells nicht zu groß machen zu müssen und hierdurch die Führung in der Geraden zu beeinträchtigen. Andererseits wird auf diese Weise der Radstand des Krauß-Helmholtz-Gestelles trotz der dichten Aufeinanderfolge der Achsen groß. Diese dichte Achsfolge ist durch die Schräglage der Zylinder über der Laufachse ermöglicht. Da man die im Gestell liegende Mittelachse wegen ihres Seitenspiels nicht zur Triebachse machen konnte, so fällt diese Rolle der letzten hohen Achse zu. Das ist günstig, denn auf diese Weise wird die Pleuelstange im Verhältnis zum Kurbelhalbmesser lang. Ferner konnte auf diese Weise der Neigungswinkel der Zylinder klein gehalten werden. Die L hat mit diesen Mitteln eine äußerst gedrungene Form angenommen. In gewissem Sinne ist sie eine Fortbildung der 1 B 2 T nach Abb. 178. Eine ähnliche aber als 1 C 2 h (4 Zyl) arbeitende L wurde im gleichen Jahre auf der Schweizer Linie Bern—Neuenburg in Betrieb genommen.

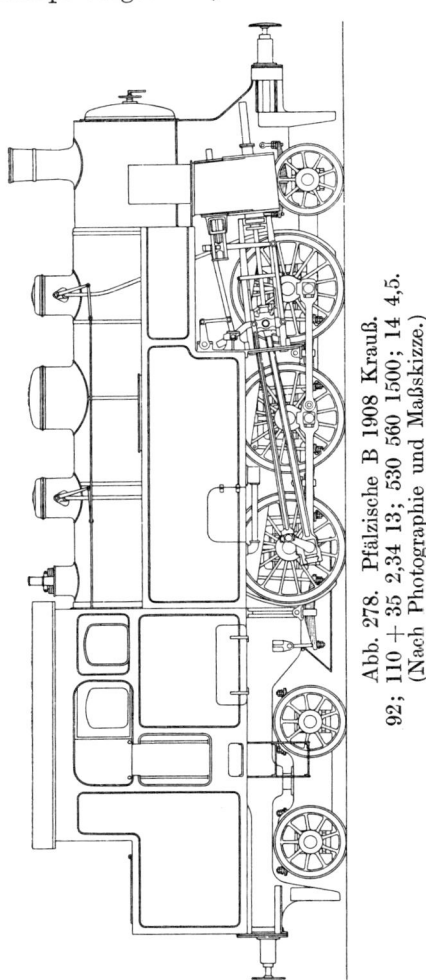

Abb. 278. Pfälzische B 1908 Krauß. 92; 110 + 35 2,34 13; 530 560 1500; 14 4,5. (Nach Photographie und Maßskizze.)

2 C 2. Das Übel zu starker Belastung der letzten Achse bei der 2 C 1 wird von Grund aus beseitigt, wenn man sie durch ein Drehgestell

Lokomotiven mit drei gekuppelten Achsen: 2 C 2 T. 283

ersetzt. Die so entstehende 2 C 2 ist eine seltene Bauart: Comp du Nord 1910: 2 C 2 (2040) h v (4 Zyl) de Glehn.

2 C 2 T. Größere Verbreitung fand wegen ihrer Symmetrie die 2 C 2 T. Bestechend wirkt die Eigenschaft, daß bei jeder Fahrtrichtung ein Drehgestell vorn läuft. Diese siebenachsige Bauart wird gewählt, um große Vorräte mitführen zu können. Auch sie ist also unter die zahlreichen Versuche einzureihen, der T L eine erweiterte Verwendung zu verschaffen. Die Madrid-Zaragossa-Alicante-Eisenb hat die 2 C 2 T seit 1903 im Betrieb. Als 2 C 2 T v (4 Zyl) de Glehn laufen sie bei der Comp. du Nord, de l'Est und der Comp. der Paris-Lyon-Méditerranée, bei der ersteren gewissermaßen als Fortentwicklung ihrer 2 B 2 nach Abb. 179. Eine ähnliche Ausführung besaß die Reichseisenb in Elsaß-Lothringen. Diese ist zur Wahl einer siebenachsigen L auch durch den Umstand veranlaßt worden, daß mit einem zulässigen Achsdruck von nur 14 t gerechnet werden mußte. Die beiden Drehgestelle sind gegeneinander auswechselbar ausgeführt.

Für die preußische Staatsb entwarf i. J. 1912 der Vulcan in Stettin eine 2 C 2 (1650) T h mit Außenzylindern für den S-Zugverkehr auf Rügen. Bald wurde sie auch von anderen Direktionen beschafft und durch Ausleihen zur Zeit des Lokomotivmangels im Krieg weithin bekannt und bei der Mannschaft beliebt. Man benutzte sie dann auch im S-Zugdienst über weitere Strecken, also in Fällen, die an sich gar nicht die Benutzung einer T L notwendig machten. In eigenartiger Weise hat man den bekannten Mangel aller T L, die Abnahme des Reibungsgewichtes mit abnehmendem Wasser- und Kohlenvorrat, zu mildern gewußt. Es wurden nämlich die Tragfedern der Lauf- und Kuppelachsen aus verschiedenem Feder-

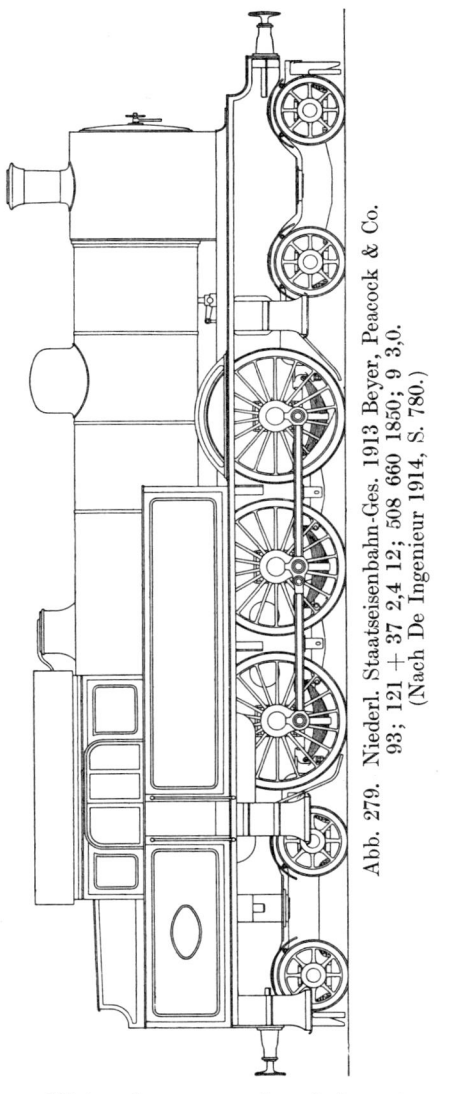

Abb. 279. Niederl. Staatseisenbahn-Ges. 1913 Beyer, Peacock & Co. 93; 121 + 37 2,4 12; 508 660 1850; 9 3,0. (Nach De Ingenieur 1914, S. 780.)

stahl hergestellt. Die Abnahme des Reibungsgewichtes hätte 7000 kg betragen, wurde so aber auf 5910 kg beschränkt. Das Seitenspiel der Drehgestelle ist 40 mm. Die Spurkränze der Triebachse sind um 10 mm schmaler gedreht. Der Ausgleich der hin- und hergehenden Massen mußte nachträglich auf 30% vergrößert werden, weil sich zuvor noch Zuckbewegungen bemerkbar gemacht hatten. Auch die württembergische Staatsb bezog 20 dieser gut bewährten Gattung.

Die belgische Staatsb befördert seit 1913 ihre S-Züge zwischen Brüssel und Antwerpen mit 2 C 2 (1800) T h (4 Zyl). Die Ansprüche an die Geschwindigkeit sind groß: 44 km in 34 Minuten, wobei Mecheln langsam durchfahren werden muß. Die Behälter führen 14 m^3 Wasser und 6,0 t Kohlen mit.

Englische Formen zeigt die L der Abb. 279 für den S-Zugdienst Amsterdam—Rotterdam. Die Gesellschaft verwendet L mit drei gekuppelten Achsen seit 1910 und einer solchen ist sie nachgebildet. Das vordere Drehgestell mit 62 mm Seitenspiel ist bei beiden das gleiche. Der Spurkranz der Mittelachse ist um 10 mm schmaler gedreht. Es können Krümmungen bis herab auf 150 m befahren werden.

Lokomotiven mit vier gekuppelten Achsen:
D, B + B, 1 D, D 1, 2 D, D 2, 1 D 1, 2 D 1, 1 D 2.

D. An keiner Gattung hat sich der Lokomotivbau mit so wunderlichen Formen versucht, wie an der Gattung D. Ihre Heimat ist Amerika. Schon i. J. 1844 wurden sie von der Baltimore & Ohio Rd benutzt, aber in einer sehr merkwürdigen Ausführung. Die Zylinder trieben eine über der letzten Achse liegende Blindwelle an, die ihre Bewegung auf jene durch Zahnräder übertrug[1]).

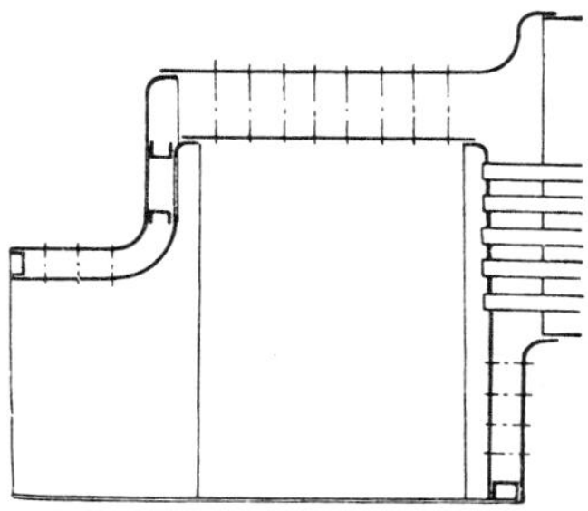

Wenn wir von diesem Vorläufer absehen, so ist die D ziemlich gleichzeitig von Winans und von Baldwin i. J. 1846 geschaffen worden. Winans beschäftigte sich, wie Milholland, mit der Ausgestaltung der Feuerung für Anthrazitheizung. Milholland kam zu außergewöhnlichen Formen (Abb. 236), aber Winans wich noch weit mehr vom Üblichen ab (Abb. 280 bis 282). Zur Begründung ist auf S. 240 das Erforderliche gesagt worden. Auch zum Entwurf seines seltsamen Funkenfängers ist Winans wohl durch die Eigenschaft des Brennstoffes veranlaßt worden. Abb. 280 zeigt den Stehkessel der ersten D für Anthrazitfeuerung, während Abb. 281 eine spätere Ausführung dieser D zeigt. Sie besaß einen noch fremdartiger anmutenden Stehkessel (Abb. 282), war aber

Abb. 280. Stehkessel der ersten D von Winans für Anthrazitfeuerung aus dem Jahre 1846. ($^1/_{50}$) (Nach Sinclair, S. 79.)

---

[1]) R. gaz. 1878, S. 621; Eng. 1879, I, S. 68.

im übrigen jener ersten gleichartig[1]). Der Stehkessel ragt mit seinem Vorderende zwischen die hinteren Kuppelräder. Der Rahmen endigt an der Vorderseite des Stehkessels, der also im vollsten Sinne des Wortes überhängt. Seine Breite fällt auf diese Weise nur reichlich um die doppelte Rahmenstärke größer als bei der üblichen Anordnung aus. Die Zugvorrichtung muß nun unter dem Stehkessel bis zu einer Querversteifung des Rahmens hindurch geführt werden, und der Führerstand liegt auf dem Tender. An der Rückwand des Stehkessels liegt eine bis auf den Rost niedergehende Öffnung, die durch zwei übereinander liegende Türen verschlossen ist. Die untere ist wie ein Rost durchbrochen. Zwei weitere Türen mit Füllschächten befinden sich auf der nach hinten schräg abfallenden Stehkesseldecke. Durch diese fand die regelrechte Rostbeschickung statt. Der Heizer mußte sich zu diesem Zweck auf die Stehkesseldecke begeben; der Tender ist, um dies möglich zu machen,

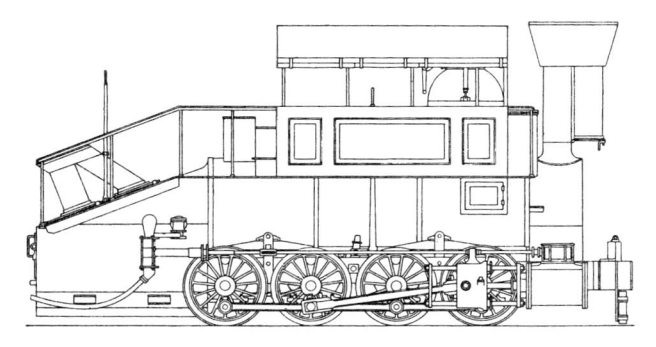

Abb. 281. Baltimore & Ohio Rd 1854 Winans.
27; 87 2,2 6,3; 483 559 1080.
(Nach Henz: Eisenbahnwesen in Nordamerika, Berlin 1862, S. 49.)

mit einer erhöhten Plattform versehen. Am hinteren Ende der Roststäbe ist ein Auge angebracht, das nach hinten hervorragt und an dem man den Stab herausziehen kann. Es besteht ein tieferer Zusammenhang zwischen dieser Stehkesselform und der D. Anthrazit feuerte man nämlich nur in der Nähe seiner Gewinnungsstätten, also im Gebirge, wo starke Steigungen hohe Kupplungsgrade erforderten. Die Anwendung auf die C und 1 C erfolgte später. Die Baltimore & Ohio Rd hatte i. J. 1863 120 der D, die sich den Spitznamen „Camels" erwarben, im Betrieb. Später bevorzugte diese Verwaltung die 2 C. Auf der Lackawanna Rd, die auch zunächst „Camels" beschaffte, wollte man bald nichts mehr von ihnen wissen, weil man die Kessel nicht für sicher hielt. Zudem schätzten begreiflicherweise die Heizer den Aufenthalt auf der heißen Stehkesseldecke gar nicht. I. J. 1859 wurden sie daher abgebrochen. Es berührt seltsam genug, daß im gleichen Jahre 1859 die

---

[1]) Weiteres zur Geschichte dieser und anderer L bringt R. gaz. 1907, II, S. 97, Caruthers: Early years of the Philadelphia & Reading. Ferner ebenda 1881, S. 520.

Wolga-Don-B von der russischen Tochterfirma Harrison & Winans (S. 144) Camels neu geliefert erhielt. Sie hatten die ältere Stehkesselform[1]) (Abb. 280). Sie wurden später, vermutlich weil der Achsdruck zu hoch ausgefallen war, in D 1 umgebaut. Trotz der Untugenden, die man bald an den Camels entdeckte, hat die Gattung doch auf verschiedenen amerikanischen Bahnen eine ziemliche Verbreitung gefunden. Bei der später zutage tretenden Abneigung der Amerikaner gegen steifachsige L und überhängende Massen ist das recht auffallend. Noch soll erwähnt werden, daß Milholland die ursprüngliche Form dadurch verbesserte, daß er für sie einen Röhrenrost einführte, weil Anthrazit wegen der

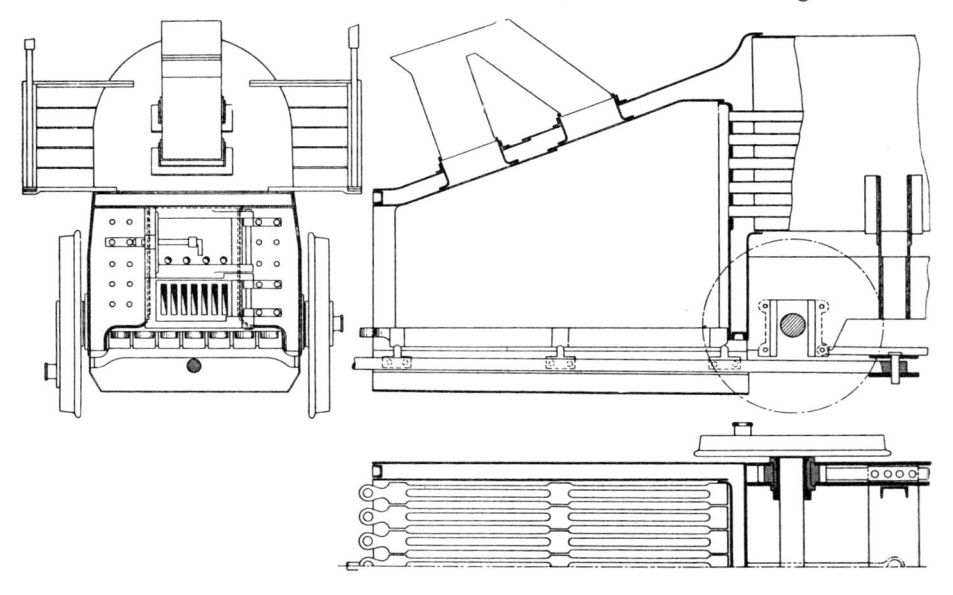

Abb. 282. ($^1/_{45}$) Kessel der D nach Abb. 281.

hohen Verbrennungstemperatur gewöhnliche Roststäbe stark angreift. Wir berichteten schon früher, däß dieser Röhrenrost, scheinbar eine Einzelheit von gar nicht so bedeutender Wichtigkeit, seine Daseinsberechtigung durch seine zähe Langlebigkeit erwiesen hat. Alle die anderen eigenartigen Bestandteile der Winansschen Anthrazitbrenner verschwanden spurlos.

Baldwin kam mit seiner L, die er im gleichen Jahre 1846 schuf, den amerikanischen Neigungen mehr entgegen[2]). Die letzte Achse legte er hinter den Stehkessel. Die Größe des Radstandes machte er unschädlich, indem er die beiden ersten Achsen in sein Drehgestell legte (Abb. 233). Die ersten D dieser Arte wurden i. J. 1846 für die Philadelphia &

---

[1]) Fußnote S. 14, insbesondere 1880, I, S. 138.
[2]) History of the Baldwin Locomotive works from 1831 to 1897. Philadelphia 1897, S. 40.

Reading Rd geliefert und ebenso für die Erie Rd als Schiebe-L auf schwierigen Strecken. Wir dürfen wohl annehmen, daß die D damals überhaupt nur für starke Steigungen Verwendung fand. In Abb. 283 ist insofern eine Veränderung gegenüber der älteren Form vorgenommen, als die letzte Achse nicht hinter, sondern unter dem Stehkessel liegt. —

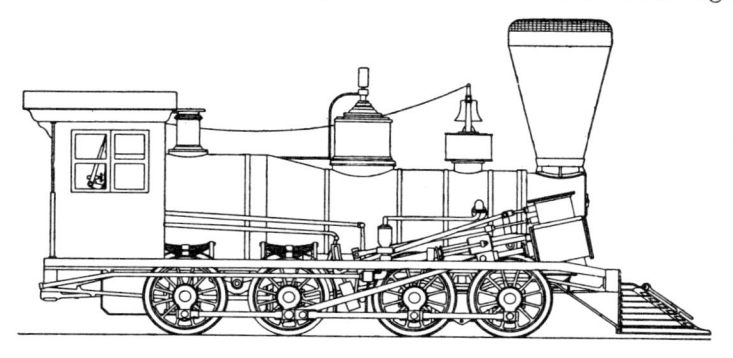

Abb. 283. Philadelphia & Reading um 1853 Baldwin.
x; 68 1,7 x; 457 508 1092.
(Nach Clark & Colburn, S. 82.)

Nach Erfindung der Deichselachsen i. J. 1857 war in Amerika der Stab über die Bauart D gebrochen. Merkwürdigerweise dauerte es aber immerhin noch bis zum Jahre 1866, bis die 1 D erschien (Abb. 298).

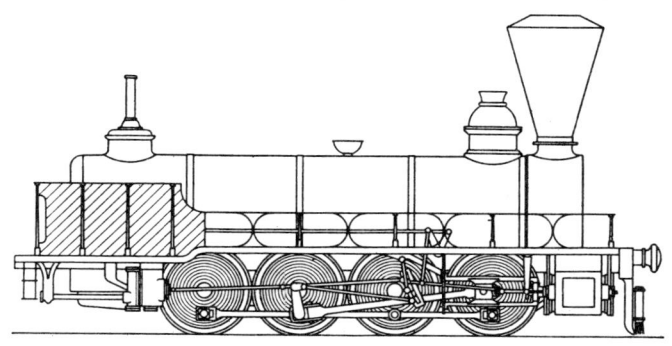

Abb. 284. Wien-Raab 1855 Haswell; Maschinenfabrik der österr. Staatsb
35; 126 1,2 7,3; 461 632 1159.
(Nach Organ 1856, S. 1.)

In Europa war es wieder Österreich, das zuerst zur Einführung der D schritt, und wieder ist es der schwache Oberbau, der Anlaß zu diesem Fortschritt gab. So ist es auch verständlich, daß sie zunächst nicht als Gebirgs-L, sondern auf Talstrecken mit leichtem Oberbau Verwendung fand. Es waren die von Haswell entworfenen D (St —) „Wien-Raab" und „Comorn". Die letztere weist nur geringfügige Abweichungen gegenüber der ersteren auf (Abb. 284). Auf den Gebirgsstrecken herrschte hingegen die Engerth-L (Abb. 231). Haswells L muß trotzdem als Fortbildung einer Gebirgs-L, nämlich seiner Semmeringpreis-L „Vindobona" betrachtet werden[1]). Es war das eine C mit hinter dem Stehkessel liegender dritter Achse gewesen. Sie war aber sofort durch Einschiebung einer weiteren Achse vor dem Stehkessel in D verwandelt worden. Als sich die Zahnradkuppelung, die Engerth bei seiner ersten L zwischen den Triebachsen und den Achsen des Stütztenders vorgesehen hatte, nicht bewährte, griff Haswell auf das Vorbild jener Vindobona zurück. Diese hatte aber wegen ihres großen festen Radstandes das Gleis hart mitgenommen. Ghega hatte i. J. 1851 zur Milderung dieses Übelstandes empfohlen, die letzte Achse seitlich verschiebbar zu machen. Haswell wandte dieses Mittel bei seiner neuen D an, legte aber außerdem zur weiteren Sicherung der Krümmungsbeweglichkeit alle vier Achsen vor den Stehkessel. Die Engerth-L behauptete aber, wie früher geschildert, ihren Platz im Gebirge, weil sie auch ohne die erwähnte Zahnradkupplung eine genügende Zugkraft entwickeln konnte. So gelangte denn Haswells L und zwar zunächst ihrer acht auf die Linie Wien-Raab, die Neigungen von nur 5 bis 7 %/$_{00}$ aufweist, deren Oberbau aber einen Achsdruck von nur 9 t zuließ. Vorher waren 1 B und 2 B auf dieser Strecke benutzt worden. Eine Besonderheit der Gattung waren Haswells „Balancierachsen" (Abb. 285). Die Lagerkästen einer Achse sind durch zwei lotrechte Bleche verbunden, die die Welle einschließen. Diese Bleche können sich um Zapfen drehen, die in der Lokomotivmittellinie in Rahmenquerversteifungen gelagert sind. Die Zapfen haben in jenen Querversteifungen ein lotrechtes Spiel, das dem Spiel der Tragfedern entspricht. An jeder Seite ist natürlich auch eine Tragfeder vorhanden. Die übliche Führung des Achslagerkastens in lotrechter Richtung an den Gleitbacken entfällt, weil sie durch die Führung des Mittelzapfens ersetzt ist. Sie erfolgt hier ohne jedes Klemmen oder Ecken, wenn die Achse einseitig angehoben wird. Das ist der Vorzug der Anordnung. Eine Balancierwirkung, die der Name vortäuscht, ist nicht vorhanden, und die Beschreibung[2]), die Haswell von seiner Erfindung gab, freilich ohne den Namen „Balancierachse" selbst zu gebrauchen, ist irreführend. Haswells D haben schließlich auch manche Fahrt über den Semmering gemacht, und, selbst nicht als Gebirgs-L gedacht, doch

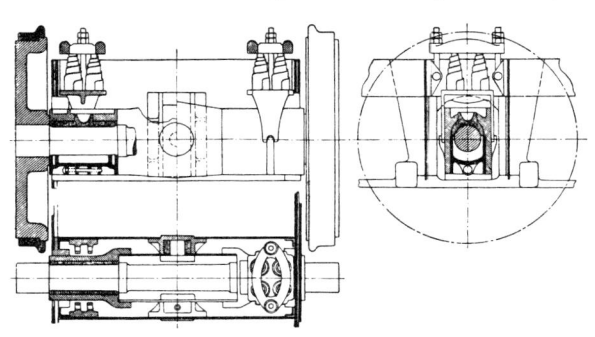

Abb. 285. Haswells Achsgehäuse für die D nach Abb. 284. (^{1}/$_{40}$) (Nach Organ 1855, T. 8.)

---

[1]) Fußnote S. 235.   [2]) Organ 1855, S. 69.

den Grund zur Entwicklung der D Gebirgs-L gelegt. Auch der Bau von D Engerth-L von 1855 bis 1857 bei der französischen Comp. du Nord und de l'Est ist auf Haswells L zurückzuführen. Die „Wien-Raab" wurde nämlich nach ihrer Probefahrt auf der Semmeringb in Paris ausgestellt. Sie kehrte nicht nach Österreich zurück, sondern wurde von der Comp. du Midi in Betrieb genommen. I. J. 1875 zur T L umgebaut, war sie bis 1898 als Verschiebe-L tätig, um dann an die Metallurgische Gesellschaft in Périgord verkauft zu werden, woselbst sie noch lange Zeit Dienst tat. In Frankreich hatte man alsbald verstärkte Ausführungen nach dem Muster der „Wien-Raab" in Angriff genommen[1]).

In der D war eine leistungsfähige und einfache Bauart gewonnen. Die Lastverteilung bereitete keine Schwierigkeiten. So lange, als man daran festhielt, alle Achsen vor den Stehkessel zu legen, fielen der Rahmen und die Kuppelstangen kurz aus. Zylinder und Stehkessel hingen über. Das beeinträchtigt die Ruhe des Ganges und beschränkt die Rostgröße ähnlich wie bei der gleichartigen C. Wie bei diesen mußte man mit gewissen Vorurteilen gebrochen haben, um sich zur Unterstützung des Stehkessels entschließen zu können. Bei der D (St —) ist der Radstand immer so klein, daß die Krümmungsbeweglichkeit für Flachlandbahnen ohne weiteres gesichert ist. Die D wurde aber alsbald Gebirgs-L, und heute, wo sie auch auf Flachlandbahnen längst wieder heimisch geworden ist, wird sie stets mit unterstütztem Stehkessel ausgeführt, so daß der Radstand länger ausfällt. Auch kommt sie als G L häufig auf Neben-, Anschluß- und Baugleisen mit engen Krümmungen zur Verwendung. Alle diese Gründe sprechen für Maßnahmen zur Erhöhung der Krümmungsbeweglichkeit. Diese ist einfach durch Seitenverschiebbarkeit einzelner Achsen erzielbar. Früher geschah dies, wenn überhaupt, meist in ziemlich planloser Weise. v. Ghega gab z. B., wie erwähnt, der letzten Achse Seitenspiel. Heute macht man nach dem Vorgang von Gölsdorf mehrere Achsen, z. B. die zweite und vierte, seitlich verschiebbar, die übrigen fest, und eine der festen Achsen zur Triebachse. Hierüber und über voraufgegangene Ausführungen seitlich verschiebbarer Achsen wird bei Besprechung von Gölsdorfs E zusammenfassend berichtet werden. Auch wenn man die letzte Achse unter den Stehkessel legt, bleibt dieser teilweise im Überhang; ebenso hängen die Zylinder immer über. Da außerdem eine Vergrößerung des Durchmessers der Kuppelachsen über ein gewisses Maß dem Grundsatz widersprechen würde, daß kein hohes Rad vorn laufen darf, so ist die Entwicklungsfähigkeit der D beschränkt. Sie ist im großen und ganzen G L geblieben, und die Abb. 288 stellt die höchste Stufe dar, die sie erreicht hat. Zunächst müssen wir aber unsere Aufmerksamkeit noch den älteren D (St —)-Formen zuwenden.

Wie der Beginn, so spielte sich auch die weitere Entwicklung der europäischen D zunächst in Österreich ab. Bis zum Jahre 1864 gewann man dort zahlreiche D durch den Umbau von Engerth-L (S. 236). Die D bewährten sich. Als die Brenner B eröffnet wurde, fiel daher die Wahl

---

[1]) Lokomotive 1914, S. 123.

auf sie. Die Ausführung übernahm nach den von der Südb überlassenen Plänen die Maschinenfabrik der österreichisch-ungarischen Staatsb i. J. 1867. Nach gleicher Zeichnung bezog auch die hessische Ludwigsb i.J.1869 (Tafel III, 3). I.J.1867 führte auch die österreichisch-ungarische Staatsb die D ein. Alle diese L hatten Außenrahmen und Hallsche Kurbeln, um, dem Gebot der Zeit entsprechend, den Schwerpunkt möglichst tief legen zu können. Die Südb aber war es, die gegen den Grundsatz, daß eine tiefe Kessellage zur Erzielung ruhigen Laufes unbedingt nötig sei, bei ihren i. J. 1870 gebauten für den Semmering, Karst und Brenner bestimmten D zu verstoßen wagte (Abb. 286). Den Anlaß zur Höherlegung des Kessels hatte folgende Überlegung gegeben: Bei den bisher besprochenen D waren häufig Anbrüche der Achse im Hals der Hallschen Kurbel vorgekommen. Man ging also zum Innenrahmen

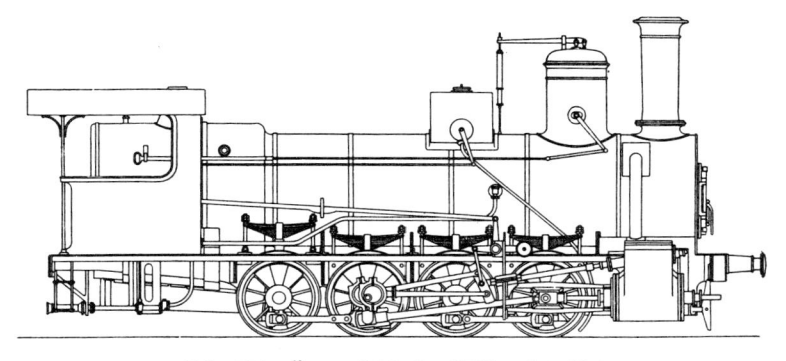

Abb. 286. Österreichische Südb 1870 Sigl.
54; 156 2,16 9; 500 610 1106.
(Nach Schaltenbrand: Die Lokomotiven, Berlin 1876, S. 209.)

zurück. Da man nun aber die Lage der Tragfedern über den Achslagern beibehalten wollte, so wurde für den Kessel, zumal bei seinem großen Durchmesser, eine für jene Zeit außergewöhnlich hohe Lage notwendig, um aus dem Bereich der Federn zu kommen. Man sah also in dieser Höherlegung des Kessels nur ein kühnes Mittel zur Überwindung der angedeuteten Schwierigkeiten; das alte Vorurteil aber lebte fort. Die letzte Feder belastete ihr Lager, um aus dem Bereich des Stehkessels zu kommen, durch Vermittlung eines Querträgers (Abb. 215). Seitenspiel hatte keine Achse. Die bedeutenden Leistungen dieser L veranlaßten die oberitalienische Eisenb zu vergleichenden Versuchen zwischen einer von ihnen und den auf der Rampe bei Genua verwendeten D Bauart Beugniot, deren Anschaffung auch für die soeben vollendete Mont Cenis-B beabsichtigt war. Diese Beugniot-L zeigten eine ganz außergewöhnliche Anordnung. Es waren D mit außen liegenden Rahmen und innen liegenden Zylindern. Die breit ausladenden Kreuzköpfe lagen vor den Zylindern und trieben mit außen und innen liegenden Pleuelstangenpaaren die erste Achse an, die also außen eine Kurbel und innen eine

Kröpfung besaß[1]). Unsere D zeigte sich aber der von Beugniot durchaus überlegen. Es wurden daher ihrer sechzig mit etwas größeren Rädern und Zylindern von Wiener Neustadt bezogen und noch i. J. 1885 weitere eingestellt. Derartige D (St —) wurden bis zum Beginn der neunziger Jahre in Österreich beschafft. Andererseits tauchten dort D (St +), die wir sogleich an einem Beispiel der Gotthardb kennen lernen werden, auch schon in den achtziger Jahren auf. Ja, eine solche, bei der der Stehkessel sogar doppelt unterstützt war, indem eine Achse unter, eine hinter ihm lag, ist von Sigl sogar schon Ende der sechziger Jahre gebaut worden.

In Ungarn beschaffte die Staatsb D für Bergstrecken seit 1871. Schon Ende der sechziger Jahre kam die D nach Rußland, z. B. auf die Strecke Moskau—Kursk mit vier fest im Außenrahmen vor dem Steh-

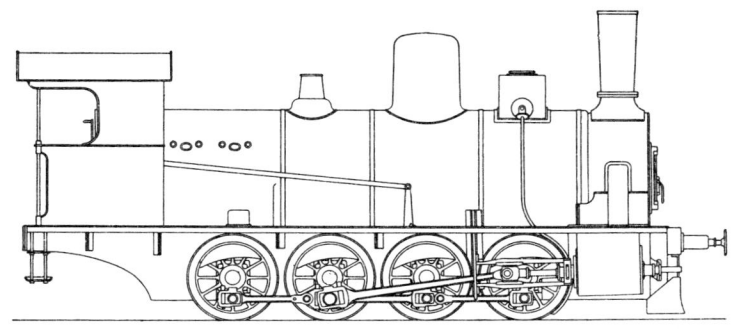

Abb. 287. Gotthard-B 1882 Stocker; Maffei.
52; 158 2,15 10; 520 610 1170.
(Nach Eng. 1882, II, S. 481 u. Engg. 1883, I, S. 298.)

kessel liegenden Achsen. Die Nicolaib folgte i. J. 1871 und die Wladikawkasb i. J. 1875 mit einer Siglschen D (St +). Noch älter waren die schon erwähnten D von Winans. Die merkwürdige Erscheinung, daß man sich in der Schweiz trotz der zahlreichen Gebirgsbahnen erst spät zur Verwendung höherer Kupplungsgrade entschloß, ist schon berührt und erklärt worden. Der D im besonderen machte auf vielen Bahnen die Engerth-L den Rang streitig. Noch i. J. 1896 waren abgesehen von noch zu besprechenden D T vom Jahre 1876 die D der Gotthardb die einzigen (Abb. 287). Sie sind nach Entwürfen Stockers i. J. 1882 gebaut und erlebten viele Nachlieferungen, seit 1895 durch die Lokomotivbauanstalt Winterthur. Seit 1890 erhielten sie einen Dampfdruck von 12 at, wodurch sich ihr Gewicht auf 58 t erhöhte. Die L des Jahres 1895 wurden mit Westinghousebremse ausgerüstet, um auch P-Züge im Gebirge befördern zu können. Die Lieferung vom Jahre 1902 erhielt einen etwas vergrößerten Radstand, doppelten Dom und Pielock-Überhitzer, der i. J. 1908 dem Schmidtschen Rauchröhrenüberhitzer weichen mußte. Der wichtigste Fortschritt gegenüber Abb. 286 ist die Unter-

---
[1]) Zivilingenieur 1862, S. 15.

stützung des Stehkessels, die seitdem mehr und mehr zur Regel wurde. Die Feder der letzten Achse liegt wegen der bekannten Schwierigkeit, sie neben dem Stehkessel unterzubringen (vgl. Abb. 215), wagerecht und ist durch Winkelhebel mit den Achslagern verbunden. Sämtliche L haben Langersche Rauchverbrennung. Sie soll die Rauchbelästigung, die besonders für die Mannschaft der Schiebe-L in Tunnels fast unerträglich ist, stark vermindert haben. Die Steuerung ist nach Gooch angeordnet. Die Rückwand des Stehkessels ist mit Außenkümpelung eingesetzt, um die Feuerkiste, die oben so breit ist, daß sie nicht von unten eingebracht werden kann, von hinten einschieben zu können. I. J. 1891 erstand ihr eine Wettbewerberin in der Bauart Mallet-Rimrott C + C. Ihre Leistung war zwar größer, aber durch bedeutende Unterhaltungskosten zu teuer erkauft. Die D behauptete das Feld. Seit 1906 wurden 1 D v (4 Zyl) beschafft, die aber für P-Züge auf der Bergstrecke bestimmt und daher nicht als Ersatz der D zu betrachten sind[1]).

In Frankreich gab, wie oben schon erwähnt, die „Wien-Raab" auf der Pariser Ausstellung des Jahres 1855 den Anlaß zur rascheren Einbürgerung der D. Auch die von der Comp. du Nord und de l'Est i. J. 1855/56 beschafften D Engerth-L wurden schon i. J. 1859/60 in einfache D umgebaut. Die großen Verwaltungen der Comp. du Midi, d'Orléans, du Nord, de Paris-Lyon-Méditerranée führten die D in den Jahren 1862, 1863, 1866, 1868 ein. Die L der Jahre 1866 und 1868 hatten schon unterstützte Stehkessel. Man hat sich in Frankreich zu dieser Anordnung also früher durchgerungen, als in den östlichen Ländern. Anfangs der siebziger Jahre besaßen alle großen französischen Verwaltungen D außer der Comp. de l'Ouest, die wegen ihrer günstigen Strecken auf diese Gattung verzichten konnte und auch noch dreißig Jahre später ohne sie auskam. Die D brachte es also in Frankreich früh zu großer und allgemeiner Verbreitung, woraus erhellt, daß man sie dort auch sofort als G L schlechthin, nicht als Gebirgs-L betrachtete. Bei dem besonderen Ansehen, das sie genoß, ging man auch sofort nach Bewährung der Vierzylinderbauart de Glehnscher Anordnung bei S L daran, diesen Fortschritt auch der D zugute kommen zu lassen. Die Comp. de Paris-Lyon-Méditerranée machte i. J. 1889 den Anfang[2]) mit zwei L, die sich von der in Abb. 288 nur in einigen Punkten unterschieden. Der Triebraddurchmesser betrug nur 1260 mm, der Durchmesser der Niederdruckzylinder 540 mm, die Rostfläche 2,18 m². Die Zylinder der L nach Abb. 288 liegen abweichend von den S L de Glehnscher Anordnung in einer Ebene unter der Rauchkammer. Die innen liegenden Hochdruckzylinder treiben die dritte Achse an. Der Kessel hat Serve-Rohre. Die L fällt durch die für eine D recht großen Triebraddurchmesser von 1500 mm und durch den großen Radstand auf. Liegt doch die letzte Achse hinter dem Stehkessel. In der Tat ist sie nicht nur für G-Züge auf der Hauptstrecke mit ihren günstigen Neigungsverhältnissen, sondern

---

[1]) Fußnote S. 219[1]).
[2]) Einiges über die Entwicklung ihrer D in den Jahrzehnten vorher s. Rev. gén. 1879, II, S. 455, Deghilage: L à trois et quatre essieux accouplées à l'exposition de 1878.

Lokomotiven mit vier gekuppelten Achsen: D. 293

auch mit einer Höchstgeschwindigkeit von 65 km für P-Züge auf schwierigeren Strecken bestimmt. Der gute Massenausgleich der Vierzylinderanordnung macht sie hierfür besonders geeignet. Ein Vergleich mit Abb. 245 zeigt, daß sie weniger eine Fortentwicklung älterer D, als vielmehr dieser C 1 ist. Beide haben die gleichen Triebraddurchmesser, beide das gleiche seitliche Spiel der äußersten Achsen von 16 mm zur Ermöglichung des außerordentlich großen Radstandes. Wir sehen in Abb. 288 die äußerste Entwicklungsstufe der D, die Gebirgs-P L[1]) vor uns. Diese Verwendung hoher Kupplungsgrade auch für schnellere Züge ist der Comp. de Paris-Lyon-Méditerranée eigen und wird uns bei der 2 D erneut begegnen (Abb. 304).

Das Auftauchen der D in Spanien schon i. J. 1863 ist wohl auf den geringen dort zulässigen Achsdruck zurückzuführen.

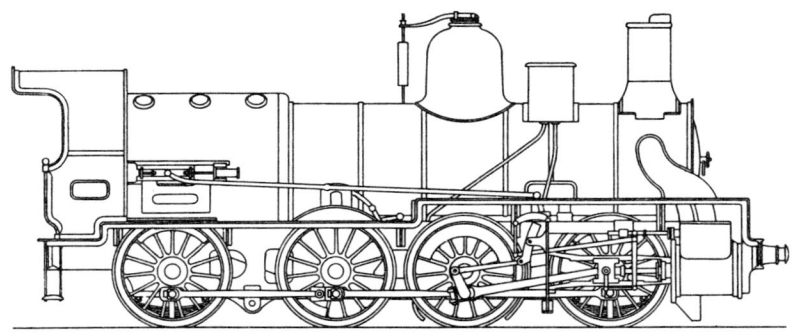

Abb. 288. Comp. de Paris, Lyon, Méditerranées 1893 Baudry.
$$55;\ 153\ 2{,}5\ 15;\ \frac{2 \cdot 360}{2 \cdot 590}\ 650\ 1500.$$
(Nach Rev. gén. 1894, II, S. 243.)

In Deutschland erschien die D verhältnismäßig spät. Hessische Ludwigsb 1867: D (1080) (St —) gleich denen der Brenner B; badische Staatsb 1875: D (1242) (St —); badische Staats- und Pfalzb 1892: D (1295) (St +) von einer zahlungsunfähig gewordenen schwedischen Eisenb-Gesellschaft. Sie waren schon i. J. 1887/88 von Sharp, Stewart & Co gebaut worden. Die bayrische, württembergische und sächsische Staatsb haben keine D eingeführt, sondern statt dessen die Bauarten 1 D (Abb. 300, 302), E und B + B. — Die preußische Staatsb machte i. J. 1894 mit vier neuen Bauweisen als Ersatz bisher benutzter 1 C vergleichende Versuche, nämlich mit einer D, einer D v, einer 1 D v und einer B + B v (4 Zyl). Nur die beiden D-Formen bürgerten sich ein. I. J. 1902 kam eine D h hinzu. Die L der Abb. 289, neben der D h beschafft, sollte besonders einfach, dauerhaft und leicht zu bedienen sein. Das Mehrgewicht, das sich gegenüber älteren Ausführungen durch den Achsdruck von 16 t ergab, sollte zur Kesselvergrößerung nutzbar gemacht werden. Man legte diesen deshalb auf 2665 mm Höhe und

---

[1]) S. auch eine spätere Ausführung in Rev. gén. 1898, II, S. 184.

stellte den Stehkessel über den Rahmen. Bei den ersten zehn wurde noch Allan-, dann Heusinger-Steuerung angewandt. Die zweite und vierte Achse haben nach den Grundsätzen von Gölsdorf je 10 mm Seitenspiel. I. J. 1912 waren über 150 Stück im Betrieb. Später stellte man aber die Beschaffungen zugunsten der D h ein. Wir haben in ihnen einen letzten Versuch zu sehen, große Leistung für den Streckendienst ohne Heißdampf zu erreichen.

In England zeigte man natürlich anfangs der D gegenüber dieselbe Zurückhaltung, wie höheren Kupplungsgraden von jeher. Die D, die Sharp, Steward & Co i. J. 1865 für die indische Oude and Rohilkund Ry lieferte, hatten noch eine ganz außergewöhnliche Anordnung, nämlich Innenzylinder und eine zwischen den Mittelachsen liegende Blindwelle. Der Radstand betrug 6095 mm. Über seitliche Verschiebbarkeit einzelner Achsen finden sich keine Angaben. Sie wurden später als 1 C

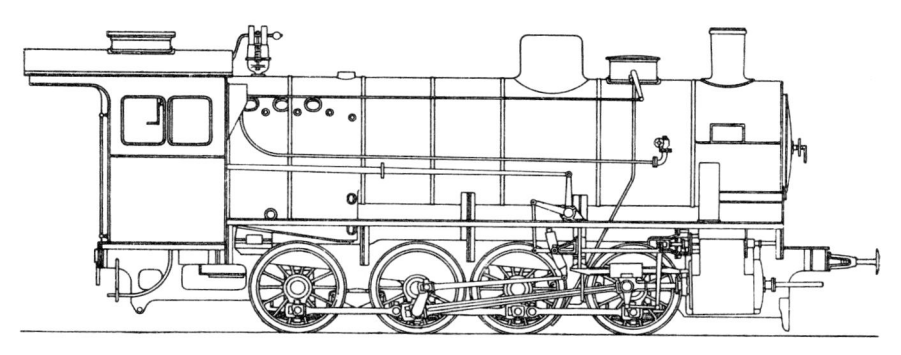

Abb. 289. Preußische Staatsb 1908 Schichau.
60; 198 3,05 12; 550 630 1250.
(Nach Z. d. V. d. I. 1910, S. 2001.)

betrieben. Erst i. J. 1893 führte Webb auf der London & North Western Ry D v (3 Zyl) seiner Bauart ein (vgl. Abb. 196), die eifrig, aber seit 1901 als D v (4 Zyl) nachbeschafft werden. Die Great Northern Ry folgte i. J. 1901; dann die anderen Verwaltungen in schnellerer Aufeinanderfolge. Wir hatten festgestellt, daß die alte österreichische D Gebirgs-L war oder wenigstens sehr bald wurde, und daß die französische schlechthin G L für alle Strecken war. Die englische D hat wiederum eine andere Bestimmung als die österreichische und französische; sie ist Sonder-L für Kohlenzüge, also für Züge, die ein großes Gewicht haben, weil alle Wagen gleichmäßig voll beladen sind, während die gewöhnlichen G-Züge mit gemischtem Gut, die ja immer eine große Zahl nur teilweise beladener oder solcher Wagen enthalten, deren Ladegewicht wegen Leichtigkeit des Gutes nicht ausgenutzt werden kann, der C vorbehalten bleiben. Abb. 290 zeigt eine solche englische D, die Kohlenzüge von den Kohlengruben in South Yorkshire zu den Docks von Hull zu befördern hat, mit allen englischen Merkmalen: Die Schieber liegen oberhalb der Zylinder, weil sie zwischen ihnen wegen deren

Lokomotiven mit vier gekuppelten Achsen: D T.   295

großen Durchmessers nicht untergebracht werden konnten. Die Steuerung ist merkwürdigerweise nach Allan ausgeführt. Bei einem Radstand von 5032 mm hat man es nicht für nötig befunden, einer der Achsen seitliches Spiel zu geben. — Bei der schwedischen Staatsb benutzt man eine D h auf den nördlichen Linien mit nur $12^1/_2$ t zulässigem Achsdruck. Die Vereinigung von Barrenrahmen mit Innenzylindern beweist die Verwandtschaft mit Abb. 175. Nach Gölsdorfscher Bauweise sind die erste und die dritte Achse um beiderseits 18 und 10 mm seitwärts verschiebbar. Von Gölsdorf abweichend hat aber die erste Achse Rückstellung durch Keilflächen. Die Höchstgeschwindigkeit ist zu 65 km bemessen, so daß sie auch schwere P-Züge befördern kann. Am 1. Januar 1914 waren 90 von ihnen in Betrieb, die von vier größeren schwedischen Fabriken gebaut worden waren.

Die Verbreitung der D erstreckt sich heute über alle europäischen Länder; in vielen ist sie die G L schlechthin. Nach der Einführung der

Abb. 290. Hull & Barnsley Ry 1907, Yorkshire, Engine Co.
63; 158 2,1 14,1; 483 660 1372.
(Nach Engg. 1907, II, S. 681.)

Luftdruckbremse für G-Züge wird man aber für diese größere Geschwindigkeiten auf Gefällen zulassen, um nicht die Arbeit, die die Schwerkraft leisten kann, durch Bremsen vernichten zu müssen. Dann wird sich die Notwendigkeit einstellen, die Führung einer niedrigen Achse zu übertragen und die überhängenden Massen der Zylinder durch sie zum Verschwinden zu bringen. Die L wird sich in eine 1 D verwandeln, wie das in Amerika schon längst geschehen ist und auch in Europa bei manchen Verwaltungen.

D T. Die Verbreitung der D T ist längst keine so allgemeine, wie die der D. In Österreich, der Heimat der D mit Tender, besitzt man seit 1880 eine D T für Nebenbahnen; für die Arlbergb führte man sie i. J. 1884 probeweise ein, zog aber doch schließlich die D mit Tender vor. Aus der Schweiz wurde schon die D T für die Strecke Rorschach—St. Gallen aus dem Jahre 1876 erwähnt. Sonst ist sie dort eine seltene Erscheinung. Die Great Northern Ry stellte i. J. 1866 zwei D T (St +) mit Außenzylindern für G-Züge auf stark geneigten Stadtbahnstrecken ein, die Nachbildungen gleicher L der Vale and Neath Ry waren. Verbreitung fand die D T in England aber nicht. Zuweilen finden wir sie auf Kolonialbahnen. Dann gibt der geringe auf diesen zulässige Achsdruck im Verein mit schwierigen Neigungsverhältnissen Anlaß zur Verwendung eines so hohen Kupplungsgrades. So sind die D T englischer Herkunft vom Jahre 1868 auf der Midland Ry in Mauritius, die Steigungen von 37 $^0/_{00}$ aufweist, aufzufassen. Ähnlich auch Borsigs D T für die Ostseeländischen B vom Jahre 1895.

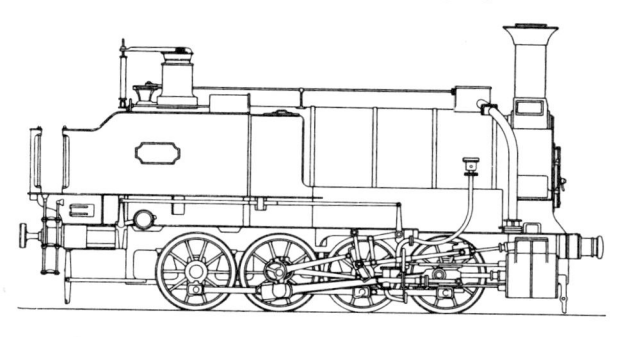

Abb. 291. Comp. du Nord 1858 Petiet; Gouin. 38; 124 1,76 x; 480 512 1065; 5,0 1,0. (Nach Armengaud: Publication industrielle, 1861, T. 12, 13, 14.)

In Frankreich nur hier und dort auftretend, erweckt die D T doch in einer alten wohl durchdachten Form unsere Aufmerksamkeit (Abb. 291). Wieder war es die Comp. du Nord, die mit einer solchen neue Gedanken in den Lokomotivbau hineintrug. Zum erstenmal finden wir hier die Verbreiterung des Stehkessels über den Rahmen hinweg vorgenommen (Abb. 292). Dies war nur möglich, wenn man den Kessel entgegen den herkömmlichen Baugrundsätzen hoch über den Rahmen hinaushob, und so weist denn die Kesselachse eine für jene Zeit zumal bei so geringem Triebraddurchmesser unerhörte Höhe von 2172,5 mm auf. Die hohe Lage des Schwerpunktes, die hieraus zunächst folgte, mußte bei den damals herrschenden Anschauungen bedenklich erscheinen, zumal die L nicht etwa nur für langsamen Verschiebedienst, sondern für kurze Strecken mit starken Steigungen bestimmt war. Petiet mag sich nur deshalb zu dieser Anordnung ermutigt gefühlt haben, weil er durch Einschieben des Wasserbehälters zwischen Rahmen und Kessel den Schwerpunkt aus seiner vermeintlich gefährlichen Hochlage wieder herabzog. Aber auch diese Lage des

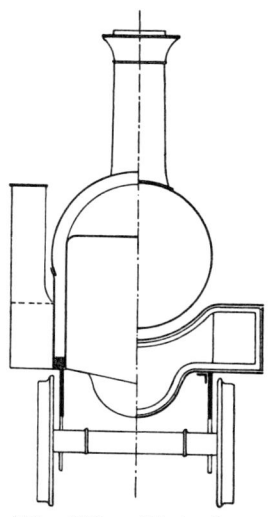

Abb. 292. ($^1/_{65}$) Querschnitt durch Kessel und Wasserbehälter der D T nach Abb. 291.

Wasserbehälters ist neu und erst nach Jahrzehnten wieder aufgegriffen worden (Abb. 294). Er ist in dieser alten Form bogenförmig unter dem Kessel weggekröpft. In dieser Umständlichkeit und Verteuerung verrät sich deutlich genug die Furcht

Lokomotiven mit vier gekuppelten Achsen: D T. 297

vor zu hoher Lage des Schwerpunktes. Echt französisch ist der kleine als Reglerkopf aufgebaute Dom mit dem wagerecht bewegten Reglerhebel. Petiet hatte mit dieser ersten D T der Welt einen vollen Erfolg. Sie ist ein Vierteljahrhundert lang, nämlich bis 1885, nachgebaut worden. — Eine recht kräftige D T der ,,Chemin de fer de ceinture de Paris" vom Jahre 1869 möge hier noch Erwähnung finden. Sie ging später in den Besitz der Comp. de l'Est über.

Wir hatten Belgien bei der Besprechung der D mit Tender nicht zu erwähnen. Dies hat seinen Grund darin, daß man die zahlreichen kurzen Strecken mit starken Steigungen, wie z. B. Spa—Hockai mit $25^0/_{00}$, Lüttich—Ans mit $29^0/_{00}$, Bleyberg—Landesgrenze mit $22^0/_{00}$ mit D T bediente, deren erste i. J. 1870 durch die Bahnwerkstätte in Mecheln ausgeführt wurde[1]) (Abb. 293). Sie hat einen breiten Rost mit zwei Feuertüren nach Belpaire, was auch bei ihr zu einer Höhe der

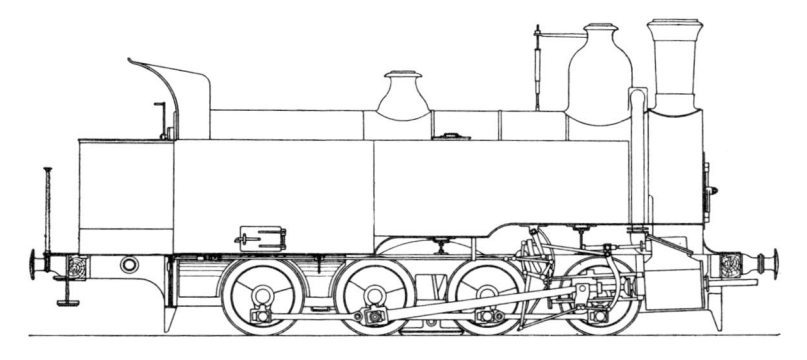

Abb. 293. Belgische Staatsb 1870; Bahnwerkst. Mecheln.
50; 136 4,15 9; 480 550 1050; 6,6 1,9.
(Nach Organ 1881, S. 244.)

Kesselachse von 2244 mm führte. Die Kulisse der Heusinger-Steuerung wird vom Kreuzkopf der anderen Seite angetrieben. Es sollte wohl auf diese Weise die Gegenkurbel vermieden und der Einfluß des Federspiels ganz ausgemerzt werden. Nun müssen aber beim Umsteuern die beiden Kulissensteine in entgegengesetzter Richtung bewegt werden. Eine altertümliche Schlittenbremse bewährte sich nicht und wurde später durch eine gewöhnliche Klotzbremse ersetzt. I. J. 1875 waren 54 von diesen später etwas verstärkt ausgeführten L im Betrieb. I. J. 1885 bildete man den Entwurf zur D 1 weiter.

Man sollte eigentlich erwarten, daß der Kupplungsgrad der Verschiebe-L gleichen Schritt mit dem der Strecken-L halten muß, weil sich beide gleichermaßen dem zunehmenden Gewicht der G-Züge anpassen müssen. In Wahrheit beobachten wir aber eine zeitliche Verschiebung beider gegeneinander. Man besorgte in Deutschland den Verschiebedienst noch mit B T — etwa nach Abb. 63, 64 —, als schon längst

---

[1]) Fußnote S. 129.

die C den Streckendienst besorgte. Ebenso beherrscht heute die D den Streckendienst, während man noch vielfach mit C- und 1 C-Verschiebe-L auskommt (Abb. 228, 229, 243). Mit der D T-Verschiebe-L arbeitete als erste im Bereich des Vereins deutscher Eisenbahnverwaltungen die badische Staatsb (Abb. 294)[1]). Sie zeigt gewissermaßen die alte französische Form der Abb. 291 in neuzeitlicher Durchbildung. Der Stehkessel ist mit breitem Rost und über dem Rahmen stehend angeordnet. Der Wasserbehälter liegt zwischen Rahmen und Kessel. Er ist aber nicht ängstlich unter dem Kessel weggekröpft wie dort, sondern er hat eine wagerechte Decke, und die Kesselachse liegt daher in einer Höhe von 2680 mm; der Wasserbehälter ist nach unten zwischen die Rahmenbleche fortgesetzt. Er dient gleichzeitig als Versteifung. Diese Lage des Wasserbehälters hat im Gegensatz zu der sonst vielfach üblichen Seitenlage den Vorteil, die Aussicht nicht zu behindern. Die zweite

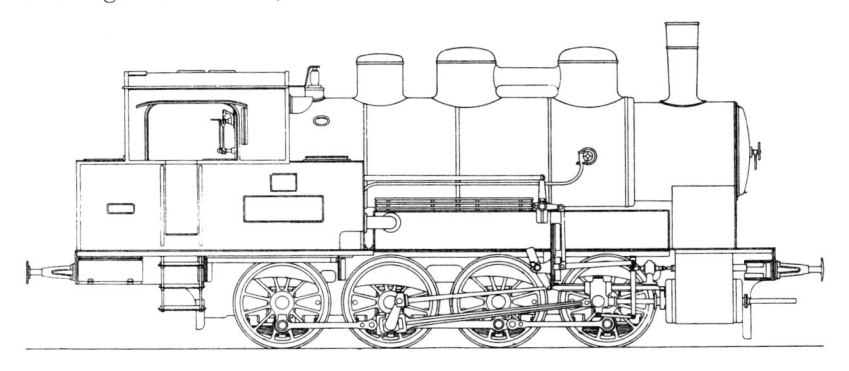

Abb. 294. Badische Staatsb 1907 Karlsruhe.
59; 110 1,75 13; 480 630 1262; 7,0 2,5.
(Nach Zeichnung.)

und vierte Kuppelachse haben je 25 mm Seitenspiel. Für eine Verschiebe-L ist diese Maßnahme wegen des häufigen Durchfahrens von Weichen besonders wichtig. In Rücksicht auf die häufig stoßweise Dampfentnahme beim Verschiebedienst sind zwei Dampfdome mit Verbindungsrohr vorgesehen. Die Anschauungen wechseln; man betrachte zum Vergleich Petiets domlose D T (Abb. 291) und die ebenfalls domlose B T der preußischen Ostb in Abb. 64. Aus der Eigenart des Verschiebedienstes entspringt auch die Forderung, daß das Blasrohr schon bei mäßiger Fahrgeschwindigkeit 200 mm Unterdruck in der Rauchkammer müsse erzeugen können, und der Bläser bei Stillstand der L 80 mm. Es wurden zunächst 20 von ihnen gebaut. I. J. 1909 kamen 12 weitere hinzu. Derartige D T sind natürlich auch für Nebenbahnen geeignet; besonders eine preußische D T vom Jahre 1910 wird auch in diesem Sinne benutzt. Während wir aber von der C T berichten konnten, daß sie auch als Klein- und Werkbahn-B eine sehr große Verbreitung

---

[1]) S. auch Lokomotive 1910, S. 220.

Lokomotiven mit vier gekuppelten Achsen: B + B. B + BT.   299

gefunden habe, trifft dies für die D T in größerem Umfange nicht zu. Man kommt dort entweder mit C T und 1 C T aus, oder man verwendet gelenkige Bauarten, wie z. B. die D T Klien-Lindner, bei der die beiden Endachsen in ähnlicher Weise gelenkig gemacht sind, wie in Abb. 302 die hintere, oder endlich man verwendet L mit Triebgestellen. Der Grund für diese Bevorzugung ist der, daß solche Klein- und ähnliche Bahnen meist sehr scharfe Krümmungen aufweisen. Auch auf Hauptbahnen kann natürlich dieser Fall eintreten. In den Zeiten vor Gölsdorf erachtete man ihn sogar ziemlich häufig für vorliegend, weil man dazu neigte, für die Krümmungsbeweglichkeit auf Kosten anderer Eigenschaften des Guten zu viel zu tun. Heute aber greift man, wenigstens auf europäischen Hauptbahnen, selten zu gelenkigen Bauarten und führt nicht nur D, sondern auch E und gar 1 F (Abb. 311, 312, 318) nach den Grundsätzen von Gölsdorf aus.

B + B. B + BT. Der Gedanke, geteilte Triebwerke zu verwenden, ist alt. Sehen wir von ganz weit zurückliegenden Versuchen ab, so

Abb. 295. Naßjoe-Oscarsholm 1869 Fairlie.
x; 69 0,9 x; 4 · 254 457 1067; 3,9 0,7.
(Nach Couche, T. 73.)

müssen doch die „Seraing" nach Laußmanns Plänen von John Cockerill in Seraing i. J. 1851 und die „Wiener Neustadt" von Günther in Wiener Neustadt im gleichen Jahre gebaut, in diesem Zusammenhang erwähnt werden[1]). Beide hatten zwei Drehgestelle, die je von einem Zylinderpaar angetrieben wurden. Die „Seraing" hatte einen Kessel, den man sich durch Aneinanderstellen zweier Lokomotivkessel an der Stehkesselrückwand unter Fortfall dieser entstanden denken kann. Sie hatte also zwei von der Mitte her zu beschickende Feuerkisten und zwei Schornsteine. Die „Wiener Neustadt" hatte einen gewöhnlichen Kessel. Beide waren T L und für den Semmering-Wettbewerb bestimmt, bürgerten sich jedoch zunächst ebensowenig wie die anderen Preislokomotiven ein. An ihrer Stelle wurde auf dem Semmering die Engerth-L (Abb. 231) heimisch. Die Bauart der „Seraing" wurde von Fairlie seit 1865 mit großem Erfolg wieder aufgenommen (Abb. 295)[2]). Sie hat sich

---
[1]) Fußnote S. 235.
[2]) Die Entwicklung der Fairlie-L kann man in folgenden Veröffentlichungen verfolgen: Eng. 1864, II, S. 341; ebenda 1866, II, S. 24; Engg. 1870, I, S. 316. An letztgenannter Stelle ist die „Little wonder" beschrieben, die i. J. 1869 von der Fairlie Engine & Steam Co. für die Festiniog Ry geliefert wurde.

in den Bauformen B + B und C + C bald nach ihrem Erscheinen in bedeutendem Umfang auf normal- und schmalspurigen Gebirgsstrecken Rußlands, Schwedens, Mittel- und Südamerikas, Neuseelands usw. eingebürgert (vgl. Abb. 319). In Peru wurden sie z. B. auf Steigungen von 40 $^0/_{00}$ benutzt. Das Urteil über die in Abb. 295 dargestellte schwedische L lautete sehr günstig. Als man, so wird berichtet, dreifach gekuppelte T L neben ihnen eingeführt habe, habe man die Schienen in den mit 300 m Halbmesser verlegten Krümmungen doppelt nageln müssen, was bei Fairlie-L nicht notwendig gewesen sei. Man hätte heute freilich wohl Mittel gefunden, auch eine C genügend gelenkig auszugestalten.

Die Bauart der „Wiener Neustadt" wurde i. J. 1868 von Meyer wieder aufgenommen und von der Gesellschaft Fives Lille in der Form B + B für die große luxemburgische, jetzt belgische Staatsb gebaut. I. J. 1873 war auf der Wiener Weltausstellung eine C + C T Meyer-L zu sehen. Beide wurden später wieder abgebrochen. Darum werden wir die Bauart Meyer an geeigneter Stelle durch Besprechung einer jüngeren Ausführung erläutern (Abb. 297). Fairlie- wie auch Meyer-L haben den Fehler, daß sie nur Drehgestelle, gar keinen festen Radstand haben. An diesen Drehgestellen mit ihren verhältnismäßig kleinen Maßen wirken nun obendrein die großen Kräfte der Triebwerke. Das macht die L für nur halbwegs höhere Geschwindigkeiten ungeeignet, weil es die Ruhe des Ganges beeinträchtigt. Dieser ungünstige Einfluß ist bei den Fairlie-L vielleicht nicht ganz so bedenklich, weil ihr Gesamtradstand ziemlich groß ausfällt. Andererseits wird deren Wirtschaftlichkeit durch die geringe Länge der Siederohre ungünstig beeinflußt.

Der Bau von Doppel-L erhielt einen neuen Anstoß durch die Einführung der Verbundwirkung, indem nun der Gedanke nahe gerückt wurde, das eine der beiden Zylinderpaare als Niederdruckzylinder auszuführen. Nach diesem Grundsatz ordnet man sowohl L der Meyerschen, als auch nach der von Mallet und Rimrott erfundenen Bauart an. Bei jenen sind zwei Drehgestelle vorhanden. Jedes Zylinderpaar liegt also in einem Drehgestell, und die Dampfzuleitung zu einem jeden Zylinderpaar muß in Stopfbüchsen drehbar ausgeführt werden. Mallet und Rimrott legten hingegen die Hochdruckzylinder an den festen Hauptrahmen. Nur die Niederdruckzylinder liegen an einem Drehgestell (Abb. 296). Nur sie erhalten also bewegliche Dampfzuleitungen. Da hier nur Abdichtung gegen den halb entspannten Niederdruckdampf zu bewerkstelligen ist, so hat das keine besonderen Schwierigkeiten. Zudem laufen die Mallet-Rimrott-L mit nur einem Drehgestell ruhiger als die überbeweglichen Meyer- und Fairlie-L. Nach dem Grundsatz „Drehgestell vorn" läuft das Triebgestell der Mallet-L mit den Niederdruckzylindern unter dem Vorderteil der L. Der Hauptrahmen ist über das Drehgestell bis zu dessen Mitte fortgesetzt, trägt dort den Kessel und gibt die Last an das Drehgestell weiter, wie in der Abb. 296 zu erkennen ist. Das Drehgestell hat die Form des Deichseldrehgestelles, denn man braucht einen festen Drehpunkt, um in dessen Drehachse die Dampfzuleitung anzuordnen. Die B + B hat gegenüber der D den Vorzug besserer Krümmungsbeweglichkeit; die durch die Schienenreibung übertragene Zugkraft ist aber geringer, weil die Zugkräfte im Hoch- und Niederdrucktriebwerk nicht jederzeit genau gleich groß gehalten werden können. Schleudert dann z. B. das Hochdrucktriebwerk, so erhöht sich der Verbinderdruck. Dadurch kommt dieses zur Ruhe, aber nun beginnt das Niederdrucktriebwerk zu schleudern usw. Es tritt also eine Wechselwirkung ein, wie sie bei den Webbschen L nach Abb. 196 beschrieben wurde. Bei der B + B ist der Stehkessel stets unterstützt.

Eine C + C geschilderter Art entwarf Rimrott schon i. J. 1879 als Prüfungsarbeit für die letzte Staatsprüfung im Maschinenbaufach. Als dann die Verbund-L aufkam, ließ sich Rimrott den Entwurf vom Prüfungsamt zurückgeben, arbeitete ihn entsprechend um und hielt einen Vortrag über die neue Form im Verein Deutscher Maschinen-Ingenieure zu Berlin[1]). Inzwischen hatte aber auch der Schweizer Mallet den Entwurf einer solchen Verbund-L aufgestellt, ein Patent erlangt und den Bau i. J. 1886 vollendet. Die ersten fünf L der neuen Bauart wurden i. J. 1889 auf der Eisenb der Pariser Ausstellung in Betrieb genommen. Sie hatten nur eine Spurweite von 600 mm, zeigten aber im übrigen durchaus die Eigenart der späteren vollspurigen Ausführungen. Die Mallet-Rimrott-L ist auf vielen Bahnen heimisch geworden. Daß die preußische Staatsb sie i. J. 1894 gleichzeitig mit D und 1 D beschaffte, um sich schließlich für die D zu entscheiden, wurde schon gesagt. Von anderen Ländern und Bahnen mögen genannt werden Frankreich, Corsica, die Schweizer Zentralb und die Rhätische B, die pfälzische B, die Harzquerb (Abb. 320), die sächsische Staatsb, Rußland, Jaffa-Jerusalem, Mexiko. In Ungarn beobachten wir bereits Anzeichen einer Weiterentwicklung bei einer 1 B + B (1440) vom Jahre 1905, die S-Züge auf starken Steigungen befördert[2]). England blieb ihr verschlossen, in Amerika baut man sie mit sehr hohen Kupplungsgraden (Abb. 322).

Die in Abb. 296 dargestellte Mallet-L ist für G-Zugdienst auf der badischen Schwarzwaldb bestimmt. Nach Prüfung im Betriebe wurden 14 weitere von der Maschinenbaugesellschaft Karlsruhe gebaut. Wie bei jeder L dieser Art bemerkt man am hinteren Ende des Dampfdrehgestells eine lotrechte nachstellbare Verbindung zwischen diesem und dem vorderen Ende des Hauptrahmens in Gestalt einer Zugstange. Ohne diese würde die vordere Achse des Drehgestells wegen der überhängenden Zylinder stärker als die hintere Achse belastet sein. Selbstverständlich kann diese Verbindung der Einstellung des Drehgestelles in Krümmungen folgen.

Die sächsische Staatsb griff i. J. 1890, als die Mallet-L noch nicht allgemein bekannt war, auf die Meyer-L in verbesserter Form zurück, die als Verbund-T L ausgestaltet wurde (Abb. 297). Sie hat also zwei Drehgestelle; die Zylinder liegen, einander zugekehrt, in der Mitte. Beide Drehgestelle sind durch eine diagonal liegende Kuppelstange mit einander verbunden, so daß das einzelne Gestell nicht für sich

---

[1]) Glasers Annalen 1890, I, S. 141.   [2]) Lokomotive 1907, S. 21.

schlingernde Bewegungen ausführen kann. Ferner nehmen die Gestelle, um sie nicht überbeweglich zu machen, die Last nicht mit dem Drehzapfen, sondern seitlich auf. Die L mit 45 km Höchstgeschwindigkeit sind für Nebenbahnen mit Steigungen von 25 $^0/_{00}$ und Krümmungshalbmessern von 200 m bestimmt, und sollten auf diesen Steigungen und Krümmungen bei 70 $^0/_0$ Füllung eine Nutzlast von 155 t mit 15 und

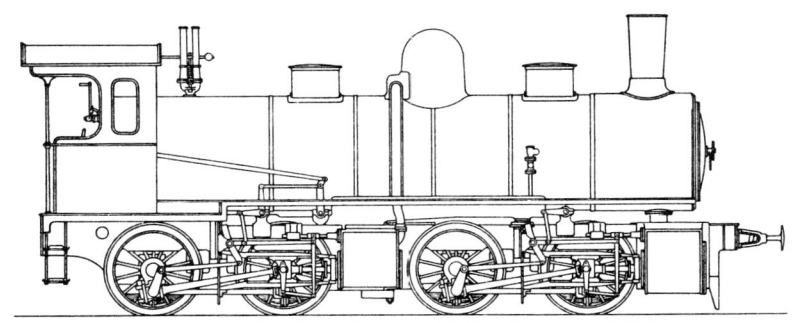

Abb. 296. Badische Staatsb 1892 Mallet-Rimrott; Mülhausen.
56; 138 1,96 13; $\dfrac{2 \cdot 390}{2 \cdot 600}$ 600 1260.
(Nach Organ 1896, S. 56.)

eine solche von 135 t mit 20 km Geschwindigkeit befördern. Später ging die Verwaltung aber zur Mallet-Rimrott-L, von dieser i. J. 1902 zur 1 D nach Abb. 302 und i. J. 1905 zur E ähnlich der Abb. 312 über.

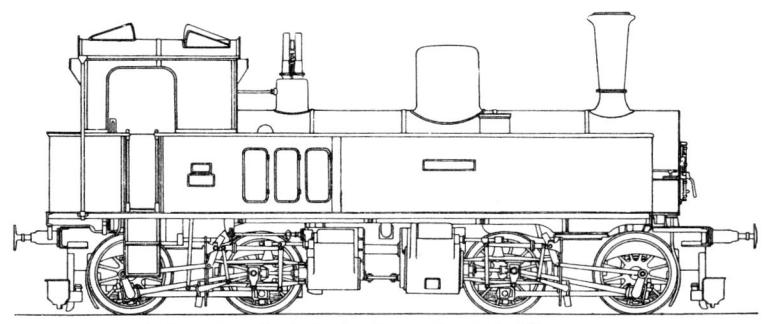

Abb. 297. Sächsische Staatsb 1890 Hartmann.
51; 86 1,37 12; $\dfrac{2 \cdot 300}{2 \cdot 460}$ 533 1100; 4,5 2,1.
(Nach Zeichnung.)

Für größere Geschwindigkeiten ist die Mallet-L wenigstens in der Form B + B nicht geeignet. Ihr fester Radstand ist zu kurz. Zudem wird der Lauf des Drehgestells durch die an ihm wirkenden Triebwerkskräfte beeinträchtigt, denen es nur eine sehr geringe Masse gegenüberzustellen hat. Dies war für die sächsische Staatsb einer der Gründe, wie eben erwähnt, von ihr zur 1 D überzugehen. Jene Mängel schwinden aber

Lokomotiven mit vier gekuppelten Achsen: 1 D. 303

mit zunehmender Achszahl. Diese Tatsache gibt die Bahn für eine hochbedeutsame Entwicklung frei, deren erste Ansätze bereits wahrzunehmen sind (S. 335).

1 D. Die Erfindung der Deichselachse durch Bissel i. J. 1857 mußte in Amerika die Verwandlung der D in die 1 D nach sich ziehen, denn sie gestattete eine den amerikanischen Neigungen entgegenkommende Verbesserung der D durch Beseitigung des Überhanges. Daß diese Umwandlung noch immerhin neun Jahre auf sich warten ließ, mochte einerseits seinen Grund darin haben, daß man für die D eine Form gewählt hatte, die nicht lebensfähig war. Man wollte Ende der fünfziger Jahre von den ,,Camels" (Abb. 281) nichts mehr wissen. Andererseits müssen wir daraus schließen, daß man mit der Wirksamkeit des Baldwin-Gestelles (Abb. 233) bei den langsam fahrenden D (Abb. 283) zunächst noch ganz zufrieden war. Erst i. J. 1866 stellte bei der Lehigh Valley Rd Mitchell,

Abb. 298. Lehigh Valley Rd 1866 Mitchell; Baird & Co. Baldwin.
40; 115 x x; 508 610 1245.
(Nach Engg. 1869, II, S. 146.)

der Maschineninspektor der Mahanoy division, seinen Entwurf einer D auf, um mit dieser die Steigung an der Mahanoy plane zu bezwingen (Abb. 298). Merkwürdigerweise ist also die 1 D älter, zwar nicht als die 1 C überhaupt, wohl aber als deren vollendete mit Bisselachsen versehene Form, die als Mogul-L erst ein Jahr später erschien. Die neue Gattung erhielt nach dem Namen der ersten ihrer Art die Bezeichnung ,,Consolidation" und gewann schnell große Verbreitung für schwierige Strecken. Ihre Eigenschaften stimmen mit den für die D festgestellten überein: Die Gangart ist aber durch die führende Deichselachse verbessert. Man könnte ihr also eine etwas größere Entwicklungsfähigkeit zusprechen. Eine nennenswerte Verwendung für schnellere Züge ist aber nicht eingetreten. Wenn schon so hohe Kupplungsgrade für P-Züge gebraucht werden, pflegt man sogleich zur 2 D, 1 D 1 oder gar zur 2 D 1 überzugehen (Abb. 304, 307). Die Federn der Laufachse verbindet man stets durch einen Balancier mit denen der ersten Kuppelachse und zwar in Amerika, wie für die 1 C Mogul-L beschrieben, so daß jene halb so viel Belastung als diese aufzunehmen haben. — Das Aussehen einer neuzeitlichen Consolidation L, die heute die meist verbreitete G L in Amerika ist, zeigt Abb. 299. Die Deichselachse wird durch eine als Rückstellvorrichtung dienende Wiege belastet.

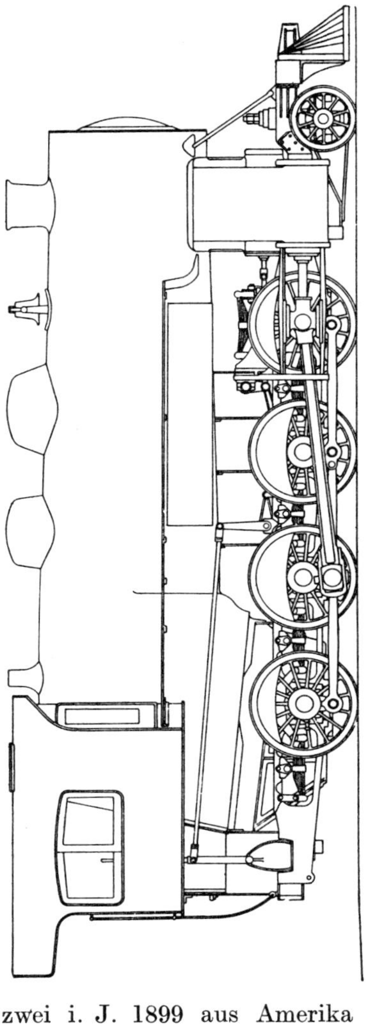

In Europa versuchte es die preußische Staatsb schon i. J. 1894 mit 1 D v im Wettbewerb mit den Bauarten D und B + B. Die D wurde schließlich bevorzugt. — I. J. 1895 schuf Krauß für die bayrische Staatsb eine 1 D, bei der Lauf- und zweite Kuppelachse in einem Krauß-Helmholtz-Drehgestell vereinigt waren. Die Zylinder waren merkwürdigerweise überhängend angeordnet. Seit 1896 wurde sie nach Abb. 300 geliefert. Der Überhang ist beseitigt. Das Krauß-Helmholtz-Gestell gibt ihr die Eigenschaften einer Drehgestell-L. Wie die Schwierigkeiten der Federunterbringung an der letzten Achse behoben sind, zeigt die Nebenskizze. Wir wollen uns bei dieser Gelegenheit der verschiedenen Verfahren erinnern, die von verschiedenen Lokomotivbauern benutzt werden, um der räumlichen Schwierigkeiten bei Unterbringung der Feder für die neben dem Stehkessel liegende Achse Herr zu werden (Abb. 215, 218, 287). Diese 1 D hat sich als G L wohl bewährt; sie hat den Wettbewerb mit zwei i. J. 1899 aus Amerika bezogenen 1 D v (4 Zyl) Vauclain mit Erfolg bestanden. Es waren i. J. 1904 fünfzig von ihnen vorhanden. — Von den zahlreichen weiteren können nur wenige genannt werden. Seit 1897 werden die S-Züge über den Arlberg mit 1 D v befördert. Bald darauf erscheint sie auch als 1 D v (4 Zyl) meist de Glehnscher Anordnung in Frankreich (1902), Baden (1908) und in Rußland, hier auch zuweilen in Tandemanordnung. Auch nach der Schweizer Bundes-(1905), der Gotthardb (1907) und nach Norwegen (1902), Schweden (1905), Italien (1907) fand sie den Weg.

Abb. 299. Lake Shore & Michigan Rd 1903 Brooks. 107; 330 5,1 14,1; 584 762 1448. (Nach Railway age 1903, II, S. 883.)

Lokomotiven mit vier gekuppelten Achsen: 1 D. 305

In England fand die 1 D wenig Verbreitung, ist aber von der Great Western, die sie i. J. 1903 einführte, i. J. 1919 auf die höchste Entwicklungsstufe 1 D (1727) h gehoben worden[1]).

Abb. 300. Bayrische Staatsb 1896 Krauß.
65; 160 2,43 12; 540 560 1170.
(Nach Zeichnung.)

Das Beispiel der 1 D der bulgarischen Staatsb (Abb. 301) ist besonders geeignet, nochmals zusammenfassend zu schildern, was den Anlaß zu ihrer Einbürgerung gab, und wie sie sich in bescheidenem Umfang zur L für schnellere Fahrt entwickelte. Die bulgarische Staatsb

Abb. 301. Bulgarische Staatsb 1910 Hanomag.
69; 232 4,0 15; $\dfrac{2 \cdot 375}{2 \cdot 600}$ 650 1250.
(Nach Hanomag Druckschrift 1008.)

besaß D v, die den älteren preußischen D v sehr ähnlich waren. Sie bewährten sich im G-Zugdienst, aber nicht für größere Geschwindigkeiten, wie sie im S-Zugdienst der Gebirgsstrecken wünschenswert waren. Für diesen Zweck war der Kessel zu klein und die Gangart ließ zu wün-

---

[1]) Loc. Mag. 1919, S. 85 und 1921, S. 253.

schen übrig. Darum erfolgte i. J. 1910 die Ausschreibung für eine
1 D v. Der Kessel liegt hoch. Das ermöglichte eine gute Ausbildung
des Rostes, der für die zu verfeuernde leichte Kohle groß bemessen
werden mußte. Für diese Kohle mußte auch ein Funkenfänger nach Ri-
hosek vorgesehen werden. Die Zylinder liegen in einer Reihe, die
zweite Achse ist Treibachse. Die L befördert unter anderen die S-Züge
auf der Strecke Sofia—Plewna—Varna mit Steigungen von $18^0/_{00}$. Die
Höchstgeschwindigkeit dieser Züge beträgt wegen der vielen Krümmungen auch für die Talfahrt nur 65 km. Der gute Massenausgleich und
die sonstigen günstigen Verhältnisse lassen diese Geschwindigkeit bei
so kleinem Triebraddurchmesser noch eben zu. Man wählte sie mit
1250 mm nur so groß, als es durchaus notwendig war, weil man auf
diese Weise kleinere Zylinder erhält, die geringere Wärmeverluste durch
Ausstrahlung erleiden.

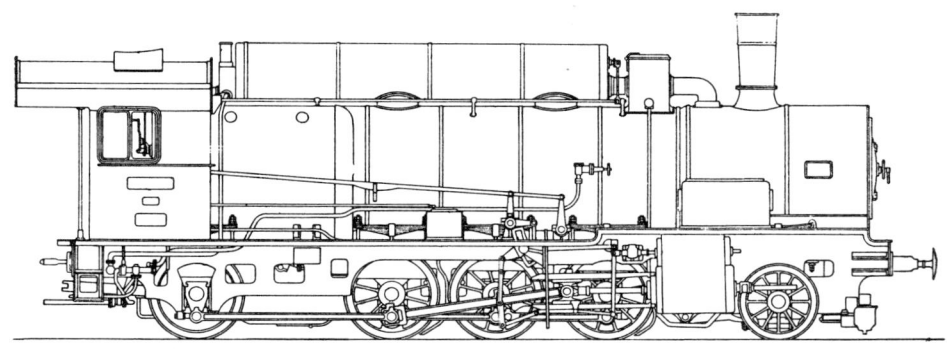

Abb. 302. Sächsische Staatsb 1902—1906 Klien-Lindner; Hartmann.
71; 155 + 42 3,2 15; $\frac{530}{770}$ 630 1240.
(Nach Zeichnung.)

Die 1 D v der sächsischen Staatsb vom Jahre 1902 soll erst jetzt
besprochen werden, weil sie in gewissem Sinne eine Sonderbauart darstellt (Abb. 302). Sie ist für sehr krümmungsreiche Strecken bestimmt.
Es wurde aber die Bedingung eines großen Radstandes gestellt, um die
Last auf eine größere Länge zu verteilen und so Oberbau und Brücken
zu schonen. Dies machte besondere Maßnahmen notwendig. Es wurde
also eine vordere Adamsachse vorgesehen. Die erste und dritte hohe
Achse sind seitlich verschiebbar. Die hintere Kuppelachse aber ist als
Hohlachse nach Klien-Lindner ausgeführt[1]); die Welle dieser Achse
ruht in der Mitte jener Hohlachse wie in einem Kugelgelenk. Die Hohlachse kann sich also in Krümmungen einstellen. Sie ist mit dem Tendergestell gekuppelt, kann also keine selbständigen schlingernden Bewegungen machen, sondern sich nur mit dem Tender gleichzeitig einstellen, wenn beim Einlauf in Krümmungen auf sie und die Tenderachsen
Spurkranzdrücke wirken. Die Triebwelle einer Klien-Lindnerschen

---

[1]) E. d. G. S. 461, Abb. 519.

Achse kann nur in einem Außenrahmen gelagert werden, der also für die letzte Achse vorzusehen war. Zur Erzielung ruhiger Dampfentwicklung wurden ein großer Dampfsammler und ein Stehkessel nach Belpaire angewandt, also für einen großen Dampfraum und breiten Wasserspiegel über der Feuerkistendecke Sorge getragen. Alles in allem entsteht ein recht fremdartiges Bild. Die L arbeitet mit Zwischenüberhitzung nach Klien. I. J. 1907/08 wurden 30 weitere in der Form 1 D h v nachgeliefert, die aber, um die gleichen Zylinder beibehalten zu können, einen Dampfdruck von 15 statt von 14 at erhielten. Die Höchstgeschwindigkeit konnte zu 60 km bemessen werden, während die B + B und E schon bei weit geringeren Geschwindigkeiten einen unruhigen Gang zeigten. Für Gebirgslinien mit geringeren Krümmungen benutzt die sächsische Staatsb gleichwohl wegen des größeren Reibungsgewichtes seit 1905 die E.

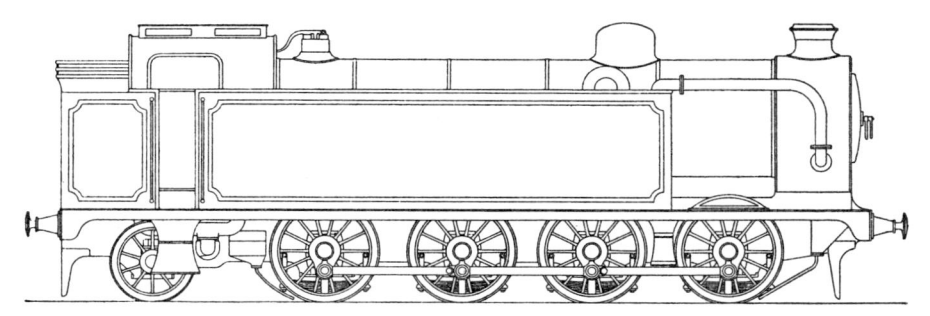

Abb. 303. Great Northern Ry 1903 Ivatt; Bahnwerkst. Doncaster.
80; 120 2,2 12,3; 508 660 1410; 9 3,5.
(Nach Engg. 1903, II, S. 965.)

1 D T. Die 1 D T ist selten, z. B. i. J. 1910/11 von der Great Western Ry, die ja auch die 1 D pflegt, für schwere Kohlenzüge beschafft worden.

D 1. D 1 T. Für die Bauart D 1 läßt sich kaum eine stichhaltige Begründung anführen. Sie ist darum selten. Für die D 1 T dagegen spricht die bequeme Unterbringung der Kohlen und auch eines Teiles des Wasservorrates auf dem rückwärtigen Ende des Führerstandes. Es liegen also zwischen ihr und der 1 D die gleichen Vergleichspunkte vor, wie für die 1 C T und die C 1 T.

Die älteste D 1 dürfte die in Rußland durch Umbau einer D von Winans entstandene sein (S. 286).

Es wurde schon bei Besprechung der belgischen D T (Abb. 293) berichtet, daß diese seit 1885 als D 1 T — im übrigen aber in sehr ähnlicher Ausführung — gebaut wurde. Sie hat eine Radialachse und war für die starke Steigung in der Nähe von Lüttich bestimmt.

Im übrigen wird die D 1 T fast nur in England gepflegt. Man liebt dort die T L mit hinten laufender Tragachse oder Drehgestell aus den mehrfach erörterten Gründen sehr. Die D 1 T benutzt man dort als G L für Nahverkehr und als Schiebemaschine auf starken Steigungen. Für Stadtbahn-, G- und auch P-Zugdienst bestimmt, ist die L in Abb. 303

wegen der Untergrundstrecken mit Dampfableitung in das Vorratswasser versehen. Sie war aber zu schwer ausgefallen. Darum kürzte man die Wasserbehälter und versah sie mit einem leichteren Kessel. Von 1904 bis 1906 wurden 22 weitere in dieser neuen Form nachbeschafft. Sie haben die gleichen Kessel, Zylinder und Räder wie die D der gleichen Verwaltung. Die Deichselachse hat Rückstellfedern.

2 D. Der Gedankengang, der zur 2 D als einer Vervollkommnung der 1 D führt, ist aus den früheren Betrachtungen leicht ersichtlich. Wir erhalten eine L, die alle Vorbedingungen für die Weiterentwicklung zur S L erfüllt. Wenn diese Entwicklung noch nicht in einen nennenswerten Umfang eingetreten ist, so liegt dies darin, daß bisher, abgesehen von ausgesprochenen Gebirgslinien, noch fast immer das Reibungsgewicht von drei Achsen genügte. Wo dies aber nicht der Fall ist, macht sich ein erfolgreicher Wettbewerb der 1 D 1 bemerkbar (Abb. 307). Die erste 2 D T namens ,,Centiped" lieferte schon i. J. 1854 Ross Winans an die Baltimore-Ohio Rd. Sie war trotz ihrer großen Achsenzahl als 2 D T (St —) gebaut. 2 D, die in dem Gesamtaufbau sehr an die ersten 1 D Consolidation-L (Abb. 298) erinnerten, führte Hoffecker auf dem ihm unterstehenden Teil der Lehigh Valley Rd ein[1]). In ihnen war die brauchbare Form der 2 D gefunden. Sie zeigte sich den 1 D aber zunächst nicht überlegen. In Aufnahme kam die 2 D in Amerika erst seit Anfang der neunziger Jahre als G L, z. B. i. J. 1893 bei der Duluth und Iron Range Rd für den Eisenerzverkehr am Oberen See. Die italienische Mittelmeerb führte sie als erste in Europa i. J. 1902 für ihre Gebirgsstrecken als 2 D v ein.

Die Abb. 288 hatte uns eine D der Comp de Paris-Lyon-Méditerranée gezeigt, die mit ihrem großen Triebraddurchmesser von 1500 mm, dem großen Radstand und dem vorzüglichen Massenausgleich durch ein vierzylindriges Triebwerk auch für P-Züge auf schwierigen Strecken bei Geschwindigkeiten bis zu 65 km benutzt werden konnte. Wenn eine derartige Verwendungsweise bei so hohen Kupplungsgraden ohne Laufachsen ernstlich durchgeführt wurde, so kann man fast immer beobachten, daß sie nach einigen Jahren in neuer, durch Hinzufügung von Laufachsen oder Drehgestellen ausgestalteter Form auftritt. Der Kessel, der auf vier gekuppelten Achsen untergebracht werden kann, reicht eben bei den entsprechend großen Zugkräften für höhere Geschwindigkeiten, falls nicht sehr gute Kohle zur Verfügung steht, nicht aus, so daß sich das Bedürfnis nach einer Hinzufügung von Laufachsen ergibt. In ähnlicher Weise entstand bei der Verwaltung, die uns eben beschäftigt, die C 1 (Abb. 245) aus einer C. Wenn man, wie im Falle der erwähnten D, die Geschwindigkeitsgrenze etwas hoch gelegt hat, so wird auch das Bedürfnis nach einer Verbesserung der Gangart gelegentlich wach und mitbestimmend für die Hinzufügung weiterer Achsen werden. So entstand die 2 D der Abb. 304, die ihre Abstammung von der D nach Abb. 288 deutlich erkennen läßt. Auch sie hat Serverohre. Der Belpaire-Stehkessel konnte bei der Achsanordnung 2 D, um eine

---

[1]) Sinclair S. 317.

Lokomotiven mit vier gekuppelten Achsen: 2 D.

gute Verbrennung zu erzielen, mit tief liegendem Rost ausgeführt werden. Die Hochdruckzylinder liegen innen, treiben aber die erste Achse an. Man ist also dazu übergegangen, die Zylinderpaare auf verschiedene Achsen wirken zu lassen, und so die Beanspruchungen besser zu verteilen. Die Steuerungen für Hoch- und Niederdrucktriebwerk können voneinander unabhängig eingestellt werden. Das Drehgestell wird durch Halbkugelzapfen und -schale belastet. Als Rückstellvorrichtung dienen unter letzterer liegende Keilflächen[1]). Die letzte Achse hat ein beiderseitiges Seitenspiel von 26,5 mm. Die Spurkränze an der zweiten und dritten Achse sind schmaler gedreht. Eingehende Versuche, die man mit einer der zuerst gelieferten L vornahm, führten nicht zur Vornahme irgendwelcher Veränderungen, so daß i. J. 1910 schon 282 L dieser Gattung teils im Betrieb, teils in Ausführung begriffen waren. Als Leistungsgebiet war der G-Zugdienst im Flachland und Zuggewichte von 1618, 501 und 225 t auf Steigungen von 0, 10, 25 °/$_{00}$ mit Geschwindigkeiten von 40, 40, 20 km angegeben. Hieraus scheint hervorzugehen, daß sie für P-Zugdienst nicht häufig herangezogen wurde, wenn sie auch sicher hierzu noch mehr geeignet war, als ihre Vorgängerin, die D. Man hat zunächst auch zweifelsohne daran gedacht. Das verrät die als Windschneide ausgebildete Vorderwand des Führerhauses. Da man später auf Beförderung schnellerer Züge mit dieser L verzichtete, so konnte man ohne das ohnehin schwach belastete Drehgestell auskommen. Man baut die L darum seit 1911 in der Form 1 D mit Krauß-Helmholtz-Drehgestell.

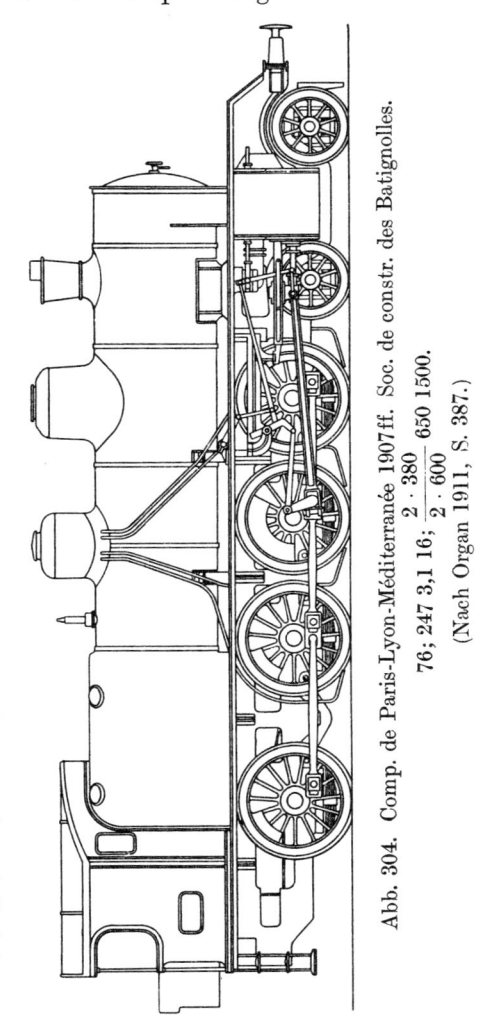

Abb. 304. Comp. de Paris-Lyon-Méditerranée 1907ff. Soc. de constr. des Batignolles. 76; 247 3,1 16; $\frac{2 \cdot 380}{2 \cdot 600}$ $\frac{650}{1500}$. (Nach Organ 1911, S. 387.)

---

[1]) E. d. G. S. 430, Abb. 477.

310 Lokomotiven mit vier gekuppelten Achsen: 2 D T. D 2 T. 1 D 1.

Weitere Ausführungen lassen die Neigung zur Aufwärtsentwicklung deutlich erkennen: Norwegische Staatsb seit 1911: 2 D (1330) h für G-Züge; Madrid-Zaragossa-Alicante 1914: 2 D (1600) h v (4 Zyl)[1]; österreichische Südb 1915: 2 D (1740) h für die Karststrecke Triest—Laibach mit Steigungen von 14 $^0/_{00}$; Kaschau—Oderberg 1918 ähnlich wie vorstehend[2]).

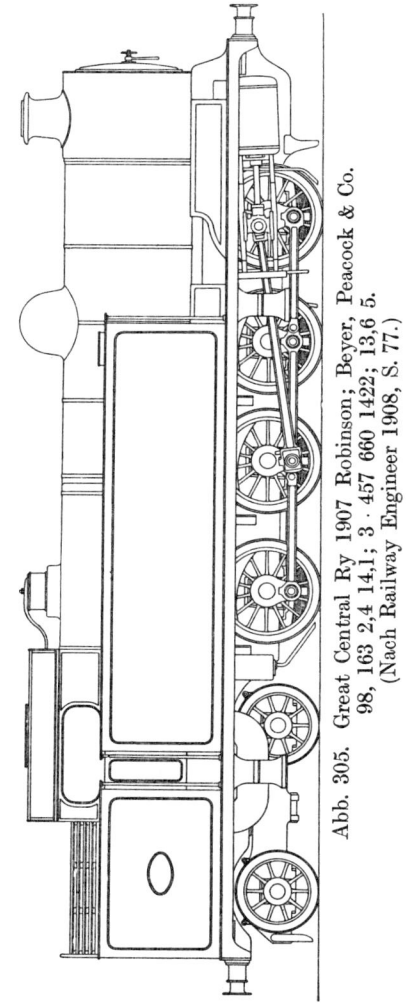

2 D T. Die 2 D T ist selten. Merkwürdigerweise liegen gerade aus England einige Ausführungen vor, obwohl wir nach dem über die B 2 T und C 2 T Gesagten mehr auf die D 2 T gerechnet haben würden. Eine 2 D T (3 Zyl) der North Eastern Ry ist für den Verschiebedienst auf dem Ablaufberg bestimmt. Die Anforderungen an die Anzugkraft solcher L sind ganz besonders groß, denn es handelt sich darum, G-Züge auf starken Steigungen wieder und wieder in Bewegung zu setzen. Um diese Anzugkraft bei jeder Kurbelstellung sicher zur Verfügung zu haben, sind drei unter 120° Kurbelversetzung arbeitende Zylinder vorgesehen. Der Innenzylinder treibt die erste hohe Achse an.

D 2 T. Häufiger ist die D 2 T, weil sie englischen Anschauungen besser entspricht. Die Vorräte werden wie bei den B 2 und C 2 untergebracht. Sie dient als G L für den Nahverkehr. Solche D 2 T führte die North Eastern Ry neben der erwähnten 2 D T im gleichen Jahre 1909 ein. Die etwas ältere, nämlich aus dem Jahre 1907 stammende D 2 T der Great Central Ry (Abb. 305) dient wie jene 2 D T dem Verschiebedienst auf dem Ablaufberg. Auch sie hat darum drei Zylinder mit einem Kurbelversetzungswinkel von 120°. Eine weitere Anpassung an die besonderen Anforderungen dieses Dienstes stellt die mit Dampf betriebene Umsteuerung dar.

Abb. 305. Great Central Ry 1907 Robinson; Beyer, Peacock & Co. 98, 163 2,4 14,1; 3 . 457 660 1422; 13,6 5. (Nach Railway Engineer 1908, S. 77.)

1 D 1. Die auf S. 321 erwähnte älteste 1 E, die i. J. 1867 nach dem Entwurf von Mitchell für die Lehigh Valley Rd gebaut war, befriedigte

---
[1]) Hanomagnachrichten 1915, H. 1.
[2]) Lokomotive 1915, S. 269 und 1918, S. 201.

nicht, weil sie das Gleis in Krümmungen zu stark angriff. Darum ersetzte man sehr bald die letzte Achse durch eine — wohl sicher einstellbare — Laufachse. So entstand durch Umbau die älteste 1 D 1. Sie scheint den Erwartungen entsprochen zu haben, denn Mitchell griff i. J. 1884 auf sie zurück und ließ die ersten 1 D 1 als Neubauten für die gleiche Bahn ausführen. Es waren das ebenso wie die nächsten Ausführungen G L. Die 1 D 1 ist auffallenderweise in Amerika auch G L geblieben, während wir in Europa in den letzten Jahren eine kräftige Aufwärtsentwicklung beobachten. Sie tritt jenseits des Ozeans seit Anfang der neunziger Jahre etwas häufiger auf und heißt dort ,,Micado". Wenn die Oregon railroad and navigation Co sie i. J. 1911 einführte, so mag die Notwendigkeit, Braunkohlen zu feuern, ausschlaggebend gewesen sein, denn diese erfordern große Roste, und es ist ihr Vorzug, daß der Rost über der niedrigen Laufachse halbwegs bequem ausgestaltet werden kann. Im übrigen sind ihre Eigenschaften durch Vergleich mit der 1 C 1 leicht festzustellen. Sie steht zur 2 D wie die 1 C 1 zur 2 C. Man kann also für sie anführen, daß das Drehgestellgewicht gespart wird, die Feuerkiste breit und tief ausgestaltet werden kann, eine gleichmäßige Belastung der angetriebenen Achsen leicht erreichbar ist, und die Kuppelstangen kurz ausfallen. Da man bei G L auf Führung durch ein vornlaufendes Drehgestell nicht allzuviel Gewicht zu legen braucht, so neigt sich die Wage für diesen Zweck sehr zugunsten der 1 D 1. Wenn man sie aber mit hohen Kuppelachsen versieht, so entsteht eine ähnlich störende Längenentwicklung unter dem Langkessel, wie sie für die 2 C 1 geschildert wurde (Abb. 307). Die letzte Kuppelachse kann man dann wegen ihrer Höhe nicht unter den Stehkessel schieben. Man wird also häufig dem Stehkessel eine schräge Rückwand geben müssen, um eine Überlastung der hinteren Laufachse zu vermeiden. Wie steht es sonst mit der Eignung der 1 D 1 als S L? Wir mußten die 1 B 1 als S L weit hinter die 2 B stellen, weil ihr fester Radstand im Vergleich zur Gesamtlänge zu gering ist, so daß sich gewisse Unarten der Radialachsen gar zu unangenehm bemerkbar machen können. Sie konnte schließlich nur als gute Vorort-L gelten. Bei der 1 C 1 war dies Mißverhältnis zwischen festem Radstand und Gesamtlänge nicht mehr in dem Maße vorhanden (Abb. 270). Bei der 1 D 1 ist der feste Radstand nun noch größer. Versuche, sie als S L einzuführen, verdienen also unsere ernste Beachtung. Es liegen schon eine Reihe bemerkenswerter Ausführungen aus neuester Zeit vor, auf die wir bald zu sprechen kommen werden.

Merkwürdig ist, daß die 1 D 1 in Europa nicht zunächst als reine G L auftrat. Sie erschien hier zwar erst spät, aber sofort als 1 D 1 (1650) h v (4 Zyl) mit 95 km Höchstgeschwindigkeit (Abb. 306). Wir haben den reichen Bestand der Comp. de Paris-Lyon-Méditerranée an G L bereits kennen gelernt (Abb. 245, 288, 304), auch die Eigenheit dieser Verwaltung, diese L durch große Triebraddurchmesser, langen Radstand und guten Massenausgleich mittels Vierzylinderanordnung auch für P-Zugdienst auf schwierigen Strecken geeignet zu machen. Es lag nun die Absicht vor, die Triebraddurchmesser der 2 D nach Abb. 304 auf 1650 mm zu erhöhen. Dann hätte aber die tiefe Feuerkiste nicht beibehalten werden können. Ganz im Sinne unserer obigen Ausführungen ging man deshalb zur 1 D 1 über (Abb. 306). Die Zylinder arbeiten, wie die der 2 D, auf verschiedene Achsen. Die Hochdruckzylinder liegen innen und treiben die zweite der hohen Achsen an. Die L hat zwei Deichselachsen, deren vordere Rückstellung durch Federn hat. Die hintere nimmt die Last mit Halbkugelzapfen und -schale auf. Unter letzterer liegen Keilflächen als Rückstellvorrichtung, wie zur 2 D beschrieben. Der Spurkranz der zweiten Achse ist um 18 mm, der der dritten Achse um 10 mm schmaler gedreht. Als Eil-G L befördert sie ein Wagengewicht von 1300 t mit 45 km Geschwindigkeit. Daß man noch an andere Zwecke sehr ernstlich denkt, zeigt die Windschneide des Führerhauses.

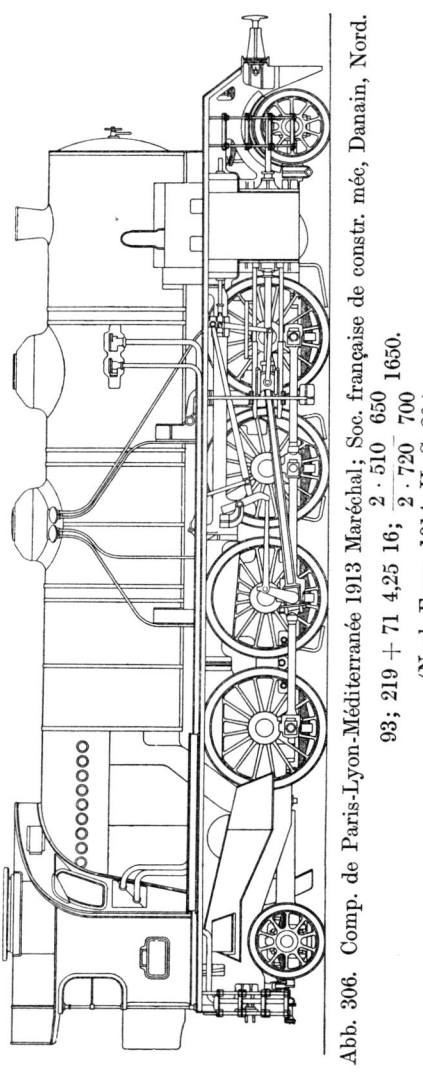

Eine ähnliche 1 D 1 (1614) h v (4 Zyl) führte i. J. 1914 die österreichische Staatsb ein. Die Hochdruckzylinder liegen innen und greifen mit den Niederdruckzylindern gemeinschaftlich an der dritten hohen Achse an. Die vierte Kuppelachse liegt aber nicht, wie bei der eben besprochenen französischen L vor, sondern unter dem Stehkessel, so daß sich für diesen eine einfachere Form ergibt. Sie wird als S L bezeichnet, wobei man aber an die gebirgige Natur des Landes zu denken hat. I. J. 1918 erfolgten Neubeschaffungen[1]).

Abb. 306. Comp. de Paris-Lyon-Méditerranée 1913 Maréchal; Soc. française de constr. méc, Danain, Nord. 93; 219 + 71 4,25 16; $\frac{2 \cdot 510}{2 \cdot 720} \frac{650}{700} \frac{1650}{}$. (Nach Engg. 1914, II, S. 80.)

Den letzten Schritt tat endlich i. J. 1918 die sächsische Staatsb mit einer 1 D 1 (1915) h v (4 Zyl) (Abb. 307). Ihr Triebraddurchmesser macht sie zur reinen S L. Das Bild zeigt deutlich alle Merkmale, die auf jene Schwierigkeiten der Längenentwicklung hindeuten. Die Heizrohre

---

[1]) Lokomotive 1919, S. 102.

Lokomotiven mit vier gekuppelten Achsen: 1 D 1 T.

sind 5800 mm lang geworden. Man entschloß sich daher, statt des üblichen Durchmessers einen solchen von 52/57 zu wählen; die Rauchkammer hat die stattliche Länge von 2965 mm, die Stiefelknechtsplatte und die Stehkesselrückwand sind schräg ausgeführt. Um Gewicht zu sparen und das Innentriebwerk gut zugänglich zu halten, ist ein Barrenrahmen gewählt. Die beiden Vorderachsen liegen in einem Krauß-Helmholtz-Gestell; die Hinterachse ist nach Adams angeordnet. Die Hochdruckzylinder liegen innen, alle vier Zylinder arbeiten auf die gleiche Achse. Eine 1 D 1 (1750) h (3 Zyl) nach dem Entwurf von Borsig führt seit 1922 die deutsche Reichsb in großem Umfang ein.

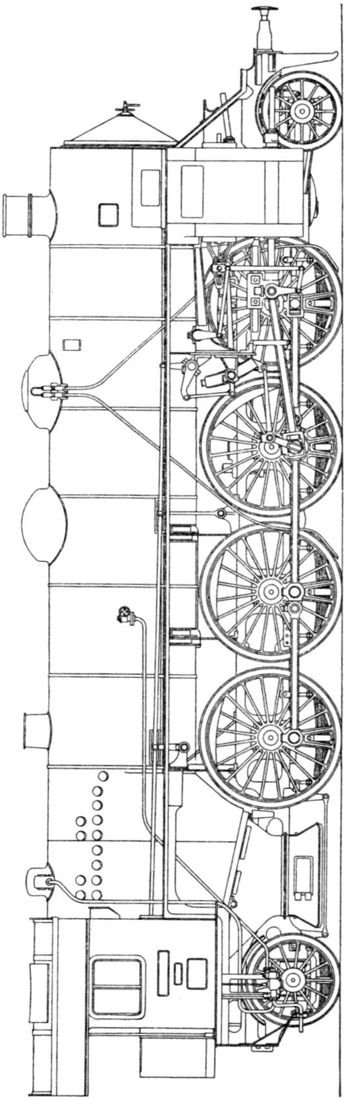

1 D 1 T. Für eine T L hat die Achsfolge 1 D 1 wegen der symmetrischen Anordnung noch eine besondere Berechtigung, die nicht besonders dargelegt zu werden braucht, da verwandte Gedankengänge bei Besprechung der 1 B 1 und 1 C 1 vorkamen. Auf der nur 27,3 km langen, krümmungsreichen Thunersee ist sie als 1 D 1 T h im Gebrauch (Abb. 308). Den Erfordernissen der Krümmungsbeweglichkeit ist in reichem Maße dadurch Rechnung getragen, daß die Endachspaare in Krauß-Helmholtz-Gestellen mit seitlich verschiebbaren Drehzapfen liegen.

Für den Vorortverkehr von Budapest beschaffte die ungarische Staatsb i. J. 1917 1 D 1 h mit Brotankesseln. Die Endachsen lagen bei der ersten Lieferung in Krauß-Helmholtz-Gestellen. Dann aber entschied man sich für Adams-Webb-Achsen und Seitenverschiebbarkeit bei Achse 2 und 5.

Abb. 307. Sächsische Staatsb 1918 Hartmann. 100; 227 + 74 = 301 4,5 15; $\frac{2 \cdot 480}{2 \cdot 720}$ 630 1905. (Nach Zeichnung.)

2 D 1. Wir kommen nun zu einer Gattung, die ganz folgerichtig aus der 2 D entstehen muß, wenn selbst diese nicht mehr genügt. Die Entwicklung muß dann, wie einst von der 2 C zur 2 C 1, aus ganz ähnlichen Gründen von der 2 D zur 2 D 1 führen. Auch die Schwierigkeiten ihres Aufbaues, der Längenentwicklung und Lastverteilung werden ganz ähnliche, nur noch größere sein. Wir hätten mit ihr dann zunächst die letzte Möglichkeit für den Bau von S L erreicht. Ein „Darüber hinaus" gibt es nur, wenn man die Bauweise „Mallet-Rimrott" auch auf den Bau von S L überträgt. Ernste Ansätze hierzu sind in Amerika gemacht worden. Als G L steht die Bauart 2 D 1 schon in Südafrika in Verwendung. Für P-Züge beschaffte sie in Amerika neben einigen anderen Verwaltungen die Chesepeake & Ohio Rd, als die 2 C 1 auf Steigungen von 15,2 ⁰/₀₀ nicht mehr genügte. Den Triebrädern kann man nicht leicht einen großen Durchmesser, im vorliegenden Fall nur von 1574 mm geben. Sie erreichten Geschwindigkeiten von 115 km. Die Gattung 2 D 1 ist vorläufig noch Gebirgs-L. Die Entwicklung zur S L ist bei den 2 D 1 der Chicago Rock Island Pacific Rd, der „Mountain Type" vollzogen. Ihre Maße sind 152; 468 5,8 13; 711 711 1753. Diese Verwendung der 2 D 1 ist auf Bahnen mit starken Steigungen in Einbürgerung begriffen.

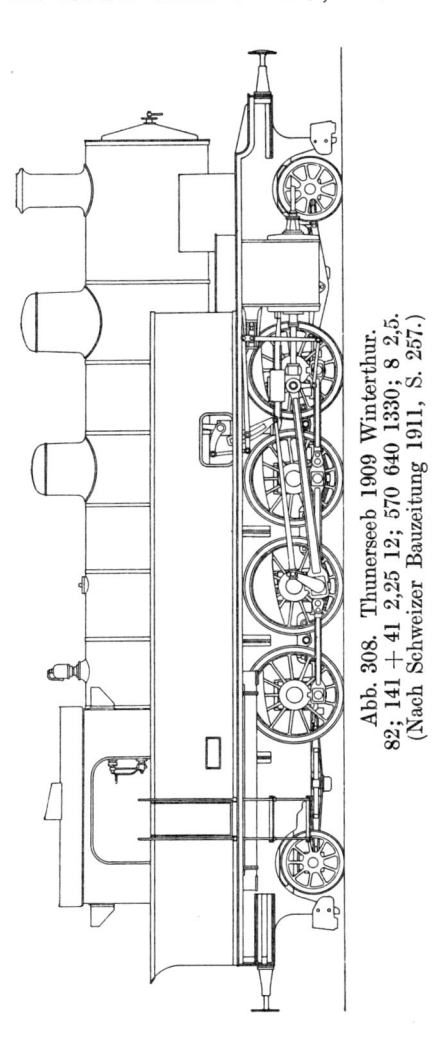

Abb. 308. Thunerseeb 1909 Winterthur. 82; 141 + 41 2,25 12; 570 640 1330; 8 2,5. (Nach Schweizer Bauzeitung 1911, S. 257.)

1 D 2. Ganz selten ist die 1 D 2. I. J. 1908 bezog die Great Indian Peninsula Rd die 1 D 2 T.

Lokomotiven mit fünf gekuppelten Achsen:
E, 1 E, E 1, 2 E, 1 E 1.

E, E T. Als drei gekuppelte Achsen nicht mehr genügten, wandte man deren vier an: man ging zur D über. Nun, und ebenso wird man von der D, als diese nicht mehr genügte, zur E übergegangen sein. Nichts scheint einfacher zu sein, als diese Wiederholung einer seinerzeit mit Erfolg belohnten Schlußfolgerung. Und doch war es ein Wagnis, als sich Forquenot i. J. 1867 zum Bau von drei 5/5 gekuppelten L in der Bahnwerkstatt zu Ivry entschloß, um mit ihnen den Lioran mit seinen Steigungen von $30\,^0\!/_{00}$ zwischen Murat und Aurillac zu überwinden (Abb. 309), denn wenn man die Sehne eines Kreises vergrößert, so wachsen die Pfeilhöhen um ein Vielfaches jener Vergrößerung; ebenso jäh nehmen die Schwierigkeiten der Krümmungseinstellung zu, wenn man den Radstand durch Vermehrung der Achszahl vergrößert. Es waren T L, so daß wir auch hier wieder einen Fall der Gebirgs-T L vor uns haben und eine Gattung, deren älteste Vertreterin eine T L ist. Der Bau der E und der E T läuft so ineinander, daß die Entwicklungsgeschichte beider nicht getrennt werden kann. Um die gefährliche Ver-

Abb. 309. Comp. d'Orléans 1867 Forquenot; Bahnwerkst. Ivry.
61; 210 2,0 x; 500 600 1070; 5,4 1,5.
(Nach Couche, T. 58.)

größerung des Radstandes so gering wie nur irgend angängig zu halten, machte Forquenot den Triebraddurchmesser mit 1070 mm so gering wie möglich und rückte nun die Achsen ganz dicht aneinander, so daß der Radstand auf 4532 mm herabgedrückt werden konnte. Dies mußte aber infolge der für jene Zeit ganz ungewöhnlich großen Kesselabmessungen zu einem beträchtlichen Überhang des Stehkessels führen. Um ihn nicht allzusehr anwachsen zu lassen, mußte der Stehkessel kurz, der Rost also bei gegebener Fläche möglichst breit ausgeführt werden. Den Stehkessel zu diesem Zweck über Rahmen und Räder zu stellen, wagten zu jener Zeit nur wenige mutige Lokomotivbauer (Abb. 291). Im vorliegenden Fall begnügte man sich mit dem geringen Gewinn an Breite, der durch Verlegung der Rahmen neben dem Stehkessel nach außen zu erzielen war. Die drei vorderen Achsen lagen in einem gewöhnlichen Innenrahmen. Durchweg Außenrahmen anzuwenden, verbot sich, weil Zylinder und Triebkurbel mit dem Gegenkurbelarm bei so kleinem Triebraddurchmesser nicht innerhalb der Umgrenzungslinie unterzubringen gewesen wären. Nur der Außenrahmen gestattete auch die Unterbringung der Federn über den beiden letzten Achsen neben dem Stehkessel. Unterhalb der Achslager so kleiner Räder sind sie nämlich überhaupt nicht unterzubringen. Noch in einer anderen Maßnahme verrät sich die Sorgfalt, mit der der Erbauer den Überhang einzuschränken bemüht war. Alle Vorräte, auch die Kohlen, sind in seitlichen Kästen, nicht auf dem rückwärts verlängerten Ende des Führerstandes, untergebracht. Mitbestimmend für diese Anordnung mag allerdings der Wunsch gewesen sein, daß die Gewichtsverminderung durch Verbrauch der Vorräte sich gleichmäßig über die gekuppelten Achsen verteilen sollte. Aus diesem Grunde sind auch die Vorratskästen bis zum Vorderende der L verlängert. Die Endachsen hatten 17 mm, die zweite und vierte Achse je 7 mm Spiel in beiden Richtungen. Die Frage der Einstellbarkeit in Krümmungen war also rein geometrisch gelöst — durch Messung der Abstände eines Kreisbogens von einer ihn berührenden Graden — ohne Berücksichtigung der Bewegungsvorgänge und Kraftwirkungen an den Spurkränzen, die in Betracht zu ziehen uns später v. Helmholtz und Gölsdorf gelehrt haben (Abb. 311). Erwähnenswert ist aber, daß an den seitlich verschiebbaren Achsen schon Rückstellung durch Keilflächen vorgesehen war. Alles in allem war ein mutiger Schritt vorwärts getan. Das Mißtrauen, das man auf der Pariser Ausstellung des Jahres 1867 zeigte, war nicht gerechtfertigt. Nachahmung fand die Bauart aber zunächst nicht. Erst vierzig Jahre später beschaffte die Comp d'Orléans wieder E T, von denen noch die Rede sein wird.

Im folgenden Jahr 1868 erschien die E in Amerika (Abb. 310). Es ist ebenfalls eine Gebirgs-T L[1]). I. J. 1841 war die Jeffersonville-Madison-Indianapolis Rd teilweise eröffnet worden. Sie enthielt eine Steigung von $58,9\,^0/_{00}$ auf rund 2 km Länge. Man betrieb sie mit einer Art von Zahnrad-L gemischten Systems von Baldwin[2]). Es war eine D mit einem Zahnradtriebwerk, das unabhängig vom Reibungstriebwerk eingeschaltet werden konnte, sobald man auf die Zahnstrecke kam, — ein Gedanke, dem Abt viele Jahrzehnte später lebensfähige Gestalt gab. Reuben Wells entwarf nun eine E T, um ohne Zahntriebwerk auszukommen, und ließ sie in der Bahnwerkstatt erbauen. Ihre Darstellung in Abb. 310 enthält mangels genügender Unterlagen in den Nebenteilen einige Unsicherheiten. Die Reifen der Endachsen sind 13 mm enger gesetzt, es ist also an den Endachsen ein Spielraum gelassen — ein Mittel, das ähnlich wie das Schmälerdrehen der Spurkränze wirkt, für Endachsen aber vor- und nachher nur sehr selten benutzt worden und auch nicht zu empfehlen ist, weil die Sicherheit der Führung in der Graden darunter leidet. Außerdem hat die vierte Achse 13 und die fünfte Achse 32 mm Seitenspiel. Eigen muten uns, weil bei den Heißdampf-L unserer Zeit wieder aufgenommen, Umlaufhähne an den Zylindern an. Sie dienten allerdings einem etwas anderen Zweck als heute. Man öffnete sie nämlich bei geschlossenem Regler und wahrscheinlich Mittellage der Steuerung während der Talfahrt mehr oder weniger, um so eine regulierende Bremswirkung zur Verfügung zu haben. Man fuhr

---

[1]) Engg. 1869, I, S. 106 und R. gaz. 1906, I, S. 139.
[2]) History of the Baldwin L Works 1831 to 1897. Philadelphia 1897, S. 41.

selten mit mehr als acht Wagen im Gewicht von etwa 130 bis 135 t über jenes starke Gefäll herab. Außerdem ist eine Dampfschlittenbremse vorgesehen. Der Wasservorrat befindet sich in zylindrischen Behältern zur Seite des Kessels. Diese interessante L steht heute in der Purdue university. — In Amerika erfuhr die Bauart E auch in späterer Zeit wegen der Abneigung der Amerikaner gegen überhängende Zylinder nur wenige Ausführungen, z. B. i. J. 1891 für starke Steigungen auf der Burlington & Quincy Rd und im gleichen Jahre als T L für den St. Clair-Tunnel der Grand Trunk Rd in Canada. Die Einstellbarkeit in Krümmungen war bei letzteren durch einen auf 25 mm vergrößerten Spielraum zwischen Schiene und Spurkranz der ersten und letzten Achse erzielt, also in ähnlicher Weise wie bei der L nach Abb. 310. Die Mittelachse hatte keinen Spurkranz. I. J. 1895 folgte eine Ausführung für die Burlington und Missouri River Rd.

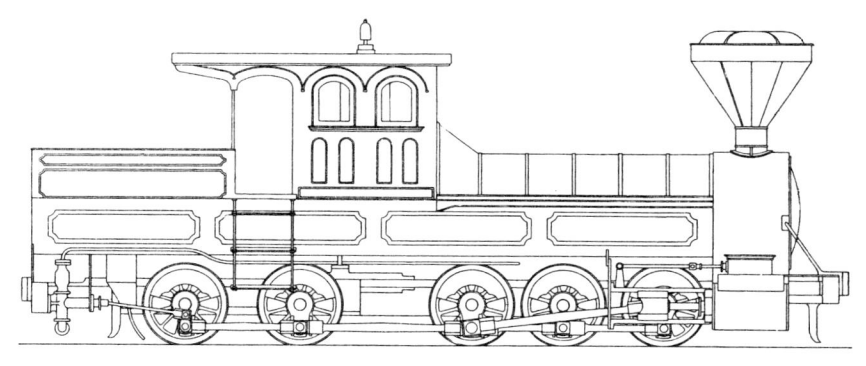

Abb. 310. Jefferson, Madison & Indianapolis 1868 Reuben Wells.
50; 116 1,45 9,1; 511 610 1118; 6,8 x.
(Nach R. gaz. 1906, I, S. 139 und Engg. 1869, S. 107.)

Besonders in den neunziger Jahren versuchten Klose in Württemberg, Hagans in Preußen und andere, die Bauart E durch Benutzung gelenkiger Triebwerke krümmungsbeweglicher zu machen. Diese sollten es ermöglichen, einen Teil der Achsen einstellbar zu machen und doch zu kuppeln. Heute benutzt man nach dem Vorgange Gölsdorfs eine weit einfachere Bauweise, indem man die erste, dritte, fünfte Achse seitlich verschiebbar und die Kuppelzapfen dieser Achsen länger als die zugehörigen Stangenlager macht, damit sie sich durch diese hindurch schieben können. Gölsdorf schuf diese später auch für die D benutzte Bauart i. J. 1901 für die österreichische Staatsb[1]). Er stützte sich bei seinen Arbeiten auf die wissenschaftlichen Grundlagen, die v. Helmholtz der Untersuchung der Krümmungsbeweglichkeit durch seine Veröffentlichungen gegeben hatte. Vorher hatte man zwar schon ziemlich häufig die Seitenverschiebbarkeit einzelner Achsen zur Erleichterung des Krümmungslaufes benutzt, sich aber dabei in mehr gefühlsmäßiger Weise auf

---
[1]) Lokomotive 1908, S. 221.

einfache geometrische Vorstellungen gestützt, das Spiel der Kräfte aber unberücksichtigt gelassen. Eine nach Jahren geordnete Zusammenstellung mit Angabe der verschiebbaren Achse oder Achsen ist lehrrieich: 1852: Great Northern Ry B 1 T, letzte Achse (Abb. 75 zeigt die Fortbildung mit Radialachse); 1855: Wien-Raaber B, D von Haswell, letzte Achse auf Rat Ghegas (Abb. 284); 1864: Comp d'Orléans 1 B (St —), erste Achse (Abb. 110); 1867: Ausstellung Paris 2 C T, letzte Achse (Abb. 256); 1867: Comp d'Orléans E T, Endachsen 17, zweite und vierte 7 mm (Abb. 309); 1868: Jefferson-Madison-Indianapolis Rd E, vierte Achse 13 mm, fünfte 32 mm, Reifen der Endachsen um 13 mm enger gesetzt (Abb. 310); 1878 (wahrscheinlich auch schon 1873): Comp d'Orléans 1 B 1, Endachsen (Abb. 191 in jüngerer Ausführung); 1878: Comp de l'Est 1 B, erste Achse (Abb. 116); 1880: Glasgow & South

Abb. 311. Österreichische Staatsb (1901) 1905 Gölsdorf; Sigl.
67; 185 3,42 14; $\frac{560}{850}$ 632 1300.
(Nach Z. d. V. d. I. 1906, S. 1217.)

Western Ry 1 B, erste Achse, Rückstellung durch Keilflächen (Abb. 89); 1880 bis 1889: Comp de l'Est C 1 T, letzte Achse 10 mm, Rückstellung durch Keilflächen (Abb. 246); 1881: Comp de Paris-Lyon-Méditerranée C 1, Endachsen 16 mm (Abb. 245); 1885 bis 1894: Great Northern Ry 1 A 1, Vorderachse (Abb. 32); 1888: Great Eastern Ry 1 B, i. J. 1882 mit vorderer Radialachse gebaut, erhält statt dessen einfach seitlich verschiebbare Achse (Abb. 90); 1891: Grand Trunk Rd E, Spielraum zwischen Spurkranz und Schiene bei den Endachsen auf 25 mm vergrößert. Mittelachse ohne Spurkranz; 1893: Great Eastern Ry 1 B 1, Endachsen (ähnlich Abb. 185); 1894: Comp de Paris-Lyon-Méditerranée D, Endachsen 16 mm (Abb. 288).

Gölsdorf hatte sein Verfahren zunächst an einer 1 D erprobt. Als nun die bisher auf der Erzgebirgsstrecke Klostergrab—Moldau mit Steigungen von 37 $^0/_{00}$ zur Beförderung der Braunkohlenzüge verwendeten D nicht mehr genügten, benutzte er es beim Entwurf einer E v (Abb. 311). Die Kolbenstange mußte erheblich verlängert werden, weil der Kreuzkopf neben der seitlich verschiebbaren ersten Achse nicht Platz gefunden hätte. Ohne diese Verlängerung würde die Pleuelstange außerdem zu lang ausgefallen sein, weil ja die Mittelachse wegen ihrer seitlichen Verschiebbarkeit nicht zur Triebachse gemacht werden konnte. Diese Rolle mußte also der vierten Achse zugewiesen werden. Seit 1905 erhielt die Gattung auf 3,42 m² vergrößerte Roste und Abstützung des Stehkessels durch Biegebleche statt durch Pendel, während alle anderen Maße ungeändert blieben. Seit 1907 erhielt sie einen Dampftrockner und seit 1909 den Schmidtschen Rauchröhrenüberhitzer. Diesen Übergang zum Überhitzer auf dem Umweg über den Trockner beobachten wir mehrfach in Österreich. Er zog einige weitere Änderungen nach sich: Der Hochdruckzylinder wurde auf einen Durchmesser von 590 mm vergrößert, während man den des Niederdruckzylinders unverändert ließ. Zunächst ersetzte man nur die Hochdruckschieber durch Kolben-

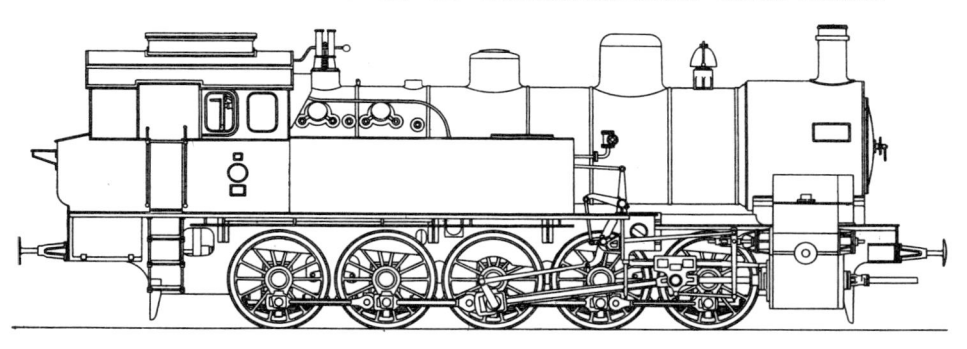

Abb. 312. Preußische Staatsb 1909 Schwartzkopff.
75; 133 + 45; 2,3 12; 610 660 1350; 8,0 3.
(Nach Musterblatt der Preußischen Staatsb.)

schieber. Es stellte sich aber bald heraus, daß auch die Flachschieber der Niederdruckzylinder durch einen Kolbenschieber ersetzt werden mußten, weil der Niederdruckdampf noch so heiß war, daß sich der Flachschieber schwer instand halten ließ. Die Höchstgeschwindigkeit ist auf 50 km bemessen. Der L war ein großer Erfolg beschieden. I. J. 1909 war schon 331 von ihnen auf der österreichischen Staatsb und der Südb in Betrieb. Die Erfolge veranlaßten viele nicht österreichische Verwaltungen, E Gölsdorfscher Anordnung zu beschaffen, teils mit Tender, teils als T L (Abb. 312). — Die E ist eine vorzügliche und einfache G L. Da die Kuppelachsen niedrig sind, so kann man sie zum Teil unter den Stehkessel legen und so die richtige Lastverteilung bequem erhalten. Die Kuppelstangen fallen kurz aus. Eine Entwicklungsfähigkeit für schnellere Fahrt müssen wir ihr schon wegen des doppelten Überhanges absprechen.

Die preußische Staatsb entschied sich i. J. 1905 für eine E T, um das Gewicht des Tenders zu sparen. Im gleichen Jahre folgte die sächsische, und i. J. 1907 die pfälzische B. Die erste preußische L dieser Art hatte noch den Schmidtschen Rauchkammerüberhitzer. Seit 1907 wird der Rauchröhrenüberhitzer vorgesehen (Abb. 312). Diese E T schlug die da und dort benutzten gelenkigen Bauarten aus dem Felde. Man erreichte auf Versuchsfahrten bei geringer Geschwindigkeit Zugkräfte, die den vierten Teil des Reibungsgewichtes erreichten. An solchen Versuchsfahrten beteiligten sich gelegentlich französische Ingenieure. Dies hat die Einführung der gleichen Bauart auf der Comp du Midi und d'Orléans i. J. 1908 zur Folge. Seit 1910 verwenden die preußische und die sächsische Staatsb auch E mit Tender, letztere mit Verbundwirkung und Dampftrocknung. Das Jahr 1911 brachte die E h v (4 Zyl) der Abb. 313. Die bayrische Staatsb setzte die Beschaffungen bald fort. Diese E ist nicht streng nach Gölsdorf angeordnet. Es haben nämlich nur die erste und die letzte Achse seitliches Spiel; an der dritten sind nur die Spurkränze schmaler gedreht. Da sie nicht verschiebbar ist, kann sie zur Triebachse gemacht und die unbequeme Verlängerung der

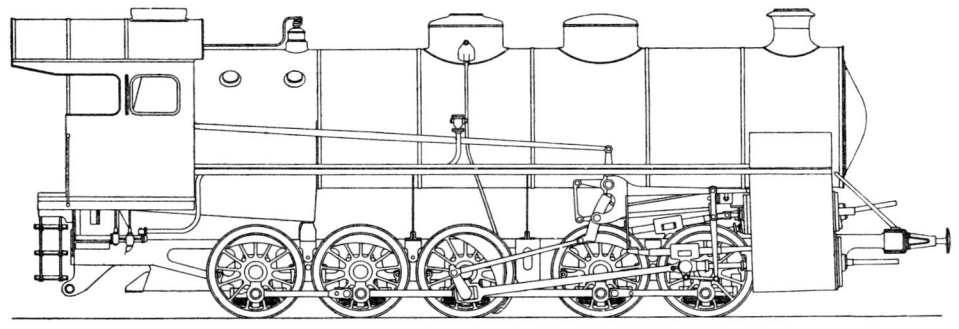

Abb. 313. Bayrische Staatsb 1911 Maffei.
78; 205 + 47 = 252 3,7; 16 $\frac{2 \cdot 425}{2 \cdot 650}$ $\frac{610}{640}$ 1270.
(Nach Eng. 1911, II, S. 609.)

Kolbenstange, die eine besondere Führung notwendig macht, vermieden werden. Die Hochdruckzylinder liegen innen und in einer Ebene mit den Niederdruckzylindern; alle Zylinder arbeiten auf die dritte Achse. Für Hoch- und Niederdruckzylinder ist ein gemeinsamer Schieber vorgesehen. Um dem Spiel der inneren Pleuelstangen Platz zu schaffen, mußte die Triebachse in einen ziemlich großen Abstand von der zweiten gerückt werden. Man ist also einen Schritt weiter als Gölsdorf gegangen, der sein Verfahren nur mit engster Achsstellung zu vereinigen wagte. Durch Verwendung eines Barrenrahmens ist das Innentriebwerk gut zugänglich gemacht. Die L befördert ein Wagengewicht von 800 t auf einer Steigung von 11$^0/_{00}$ mit einer Geschwindigkeit von 25 km.

Im gleichen Jahre 1910 führte die italienische Staatsb eine E T ein, deren vier Zylinder insofern eine ungewöhnliche Anordnung zeigen, als die Hochdruckzylinder auf der einen Seite, die Niederdruckzylinder auf der anderen liegen[1].

---

[1] Metzeltin: Die L. auf der Weltausstellung in Brüssel. Z. d. V. d. I. 1911, S. 928.

Die E ist eine Gebirgs-L, steigt heute allerdings vielfach schon ins Hügelland herunter. Sie stellt mit Ausnahme der verfehlten Milhollandschen L (Abb. 317) und ganz weniger F, 1 F und 1 F 1 der Bauart Gölsdorf (Abb. 318) den höchsten Kupplungsgrad dar, der bisher unter Beibehaltung der üblichen Bauform erreicht worden ist. Sechs gekuppelte Achsen werden fast immer in der Form C + C angeordnet. Wie früher für die D bemerkt, ist auch für die E die Hinzufügung einer vorderen Laufachse zur Verbesserung der Führung unbedingt wünschenswert, wenn nach Einführung der Luftdruckbremse für G-Züge mit höheren Geschwindigkeiten für diese auf Gefällen gerechnet werden kann.

1 E. Ungefähr gleichzeitig mit der E nach Abb. 309, sogar noch etwas früher, i. J. 1867, erschien in Amerika auch die 1 E. Daß der Amerikaner sich beeilt, den L höheren Kupplungsgrades eine Bisselachse am Vorderende zur Vermeidung des Zylinderüberhanges beizugeben, haben wir mehrfach beobachtet. Die Gangsicherheit gewinnt, und so hat es die 1 E denn bis zur Beförderung von S-Zügen im Gebirge gebracht. Der Entwurf jener ersten amerikanischen 1 E stammt von Mitchell. Zwei von ihnen wurden für die Lehigh Valley Rd beschafft. Sie waren im Gesamtaufbau und allen wesentlichen Einzelheiten, wie der Bauart des Führerhauses, dem Pumpenantrieb usw. der Consolidation-Bauart nach Abb. 298 durchaus ähnlich; man hat sich nur eine fünfte Kuppelachse hinzuzudenken[1]). Man verstand es aber nicht, durch geeignete Verteilung von Spielräumen eine genügende Krümmungsbeweglichkeit herbeizuführen. Es gab Störungen in Gleiskrümmungen. Man ersetzte darum die letzte Kuppelachse durch eine Laufachse, so daß die älteste 1 D 1 entstand, wie schon früher beschrieben wurde. Die 1 E wurde erst seit den achtziger Jahren etwas häufiger in Amerika. Sie wurde z. B. i. J. 1884 von Baldwin für eine brasilianische Gebirgsstrecke geliefert. Heute dürfte gegenüber der 1 E in Amerika die 1 E 1 überwiegen; bei ihr ist auch der Überhang des Stehkessels beseitigt.

Die Reichseisenb verwandte neben der Comp d'Orléans als erste in Europa eine 1 E v (4 Zyl) de Glehn seit 1904 im lothringisch-luxemburgischen Industriegebiet. In Österreich wandte Gölsdorf i. J. 1906 seine Grundsätze auf den Bau der 1 E an. Die belgische Staatsb ging unvermittelt, ohne die D oder 1 D als Zwischenstufe zu benutzen, i. J. 1909 von der C, ähnlich der Abb. 202, zu einer 1 E h (4 Zyl) über, die wichtige Neuerungen brachte (Abb. 314). Anlaß gab die Strecke Namur—Lüttich, die schon i. J. 1870 Anlaß zur Einführung einer D T (Abb. 293) und fünfzehn Jahre später zur Einführung einer D 1 T gegeben hatte. Die Strecke hat lange Steigungen von $16\,^0/_{00}$ und einen lebhaften Verkehr von P- und S-Zügen. Um diesen einerseits nicht zu hindern, andererseits die G-Züge nicht allzusehr durch Überholungen aufhalten zu müssen, war es nötig, auch die letzteren möglichst schnell zu befördern. In der L, die für diesen Zweck geschaffen wurde, treten deutlich die Fortschritte zutage, die inzwischen über den von Gölsdorf

---

[1]) Sinclair S. 316.

gewonnenen Standpunkt hinaus gemacht worden waren. Gölsdorf rückte die fünf Achsen seiner L eng zusammen. Inzwischen hatte man aber erkannt, daß die seitliche Verschiebbarkeit einzelner Achsen auch bei größeren Radständen die Krümmungsbeweglichkeit ohne Anstände sichert, zumal, wenn man die erste führende Achse mit einer Laufachse in einem Krauß-Helmholtz-Gestell vereinigt, und daß man daher die Forderung kleinen Radstandes, also kleinen Seitenspiels einzelner Achsen mit gutem Gewissen anderen Forderungen unterordnen kann. Man hat also im vorliegenden Fall die zweite hohe Achse in einen ziemlich großen Abstand von der ersten gerückt, um sie auf diese Weise zur Triebachse für die Innenzylinder machen und genügend lange Triebstangen erhalten zu können. Das hatte man auch schon bei der bayrischen E nach Abb. 313 gewagt. Man gab aber ferner der vierten Achse einen so großen Abstand von der dritten, daß der Stehkessel, der über dem Rahmen steht, eine für die Verbrennung genügende Tiefe unter den Rohren erhalten konnte. Man mußte hierbei freilich zu dem ungewöhnlichen Mittel eines Ausschnittes an der betreffenden Stelle des Rahmens greifen. Der Radstand der fünf gekuppelten Achsen ist auf diese Weise auf 7615 mm angewachsen, während er bei der E Gölsdorfs nur 5600 mm betrug. Die Reifen der beiden angetriebenen Achsen sind um 10 mm schmaler gedreht. Die letzte Achse hat ein Seitenspiel von beiderseits 29 mm. Lauf- und erste Kuppelachse liegen in einem Krauß-Helmholtz-Gestell, das aber durch Flamme in der Weise abgeändert ist, daß der Drehzapfen als Kugelzapfen ausgebildet ist und die Last aufnimmt. Er liegt in einer Wiege, hat also seitliche Verschiebbarkeit. Das Gestell wird mit zwei Längsfedern von der Lauf- und mit einer Querfeder von der ersten Kuppelachse getragen, ist also in drei Punkten unterstützt. Die Schieber der Innenzylinder werden durch eine Hebelübersetzung von

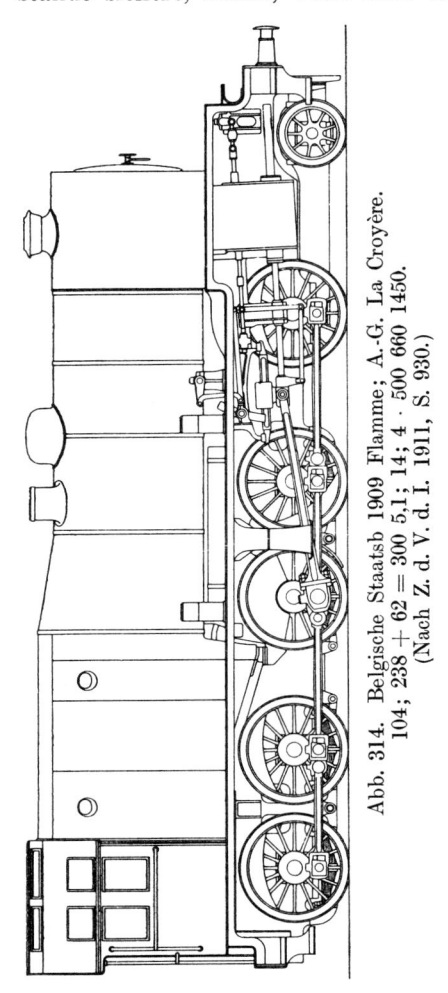

Abb. 314. Belgische Staatsb 1909 Flamme; A.-G. La Croyère. 104; 238 + 62 = 300 5,1; 14; 4 · 500 660 1450. (Nach Z. d. V. d. I. 1911, S. 930.)

Lokomotiven mit fünf gekuppelten Achsen: E 1. 2 E. 323

der Außensteuerung mit angetrieben. Die üblichen Gegenkurbeln mit Außenexzentern wären innerhalb der Umgrenzungslinie nicht unterzubringen gewesen und wurden deshalb durch Innenexzenter, die zwischen den Innenkurbeln liegen, ersetzt. Die L beförderte Wagenlasten von 1310, 600, 444 t auf Steigungen von 0, 16, 25 ⁰/₀₀ mit Geschwindigkeiten von 60, 36, 25 km. Die Höchstgeschwindigkeit ist 60 km. Bis 1914 waren 136 von ihnen dem Betrieb übergeben.

Als Einheits-G L wählten die deutschen Eisenbahnverwaltungen eine 1 E h (3 Zyl) mit Deichselachse, fünf enggestellten Kuppelachsen, Stehkessel nach Belpaire und Barrenrahmen. Sie hat folgende Abmessungen: 93; 195 + 68 + 13,6 3,9 14; 3×570 660 1400.

Die geschilderten 1 E genügen den Anforderungen, die man etwa nach Einführung der Luftdruckbremse für G-Züge an die Gangsicherheit bei erhöhter Geschwindigkeit stellen könnte.

In England fand die 1 E keine Verbreitung, was bei der Zurückhaltung gegenüber höheren Kupplungsgraden, die man dort beobachtet, nicht wundernehmen kann.

E 1. E 1, die in England als T L denkbar wären, gibt es nicht.

2 E. Ein wenig mehr Aussicht auf Verbreitung hat vielleicht die 2 E. Schon i. J. 1884 baute die Central Pacific Rd in ihren Werkstätten zu Sacramento eine solche, namens „El Gobernador", die für den Dienst der Gebirgsstrecken in der Sierra Nevada dienen sollte (Abb. 315). Dort sind Steigungen von 22 ⁰/₀₀ zu überwinden. Sie wurde damals als mächtigste L der Welt bezeichnet. An die lange Feuerkiste schließt sich eine Verbrennungskammer an. Die Maße waren leider nicht vollzählig zu erhalten. Ebenso fehlen Angaben über die Bewährung. —

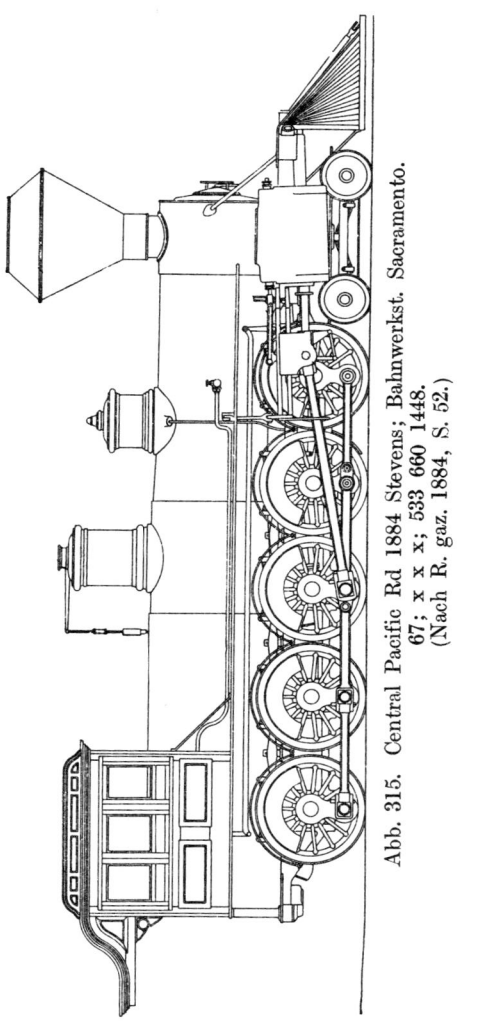

Abb. 315. Central Pacific Rd 1884 Stevens; Bahnwerkst. Sacramento. 67; x x x; 533 660 1448. (Nach R. gaz. 1884, S. 52.)

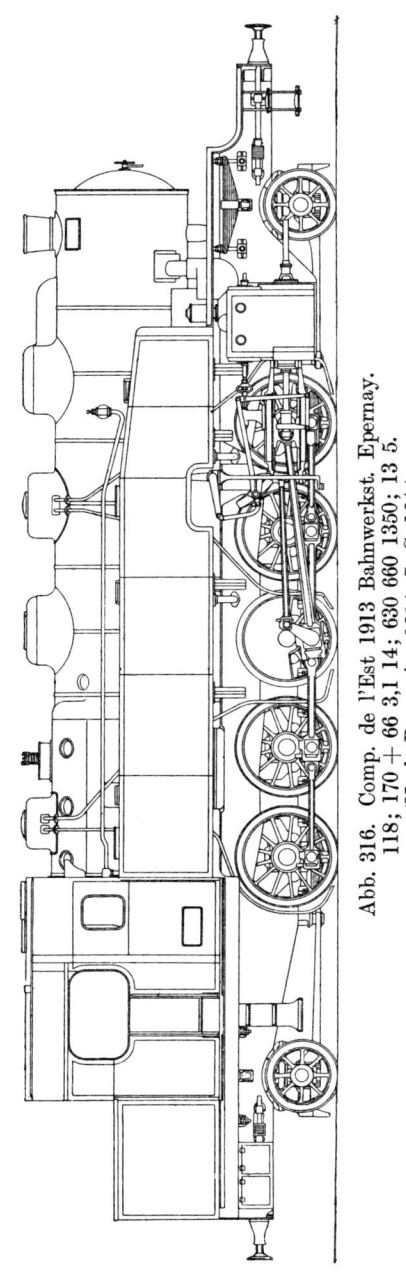

324 Lokomotiven mit fünf gekuppelten Achsen: 1 E 1. 1 E 1 T.

Abb. 316. Comp. de l'Est 1913 Bahnwerkst. Epernay. 118; 170 + 66 3,1 14; 630 660 1350; 13 5. (Nach Rev. gén. 1914, I, S. 164.)

Die 2 E G L ist hin und wieder auch von anderen amerikanischen Bahnen beschafft worden. Eine größere Verbreitung hat sie noch nicht gefunden.

1 E 1. Größerer Erfolg ist in neuester Zeit der 1 E 1 in Amerika als G L beschieden worden. Nach den früher, z. B. beim Vergleich von 2 D und 1 D 1 gemachten Auseinandersetzungen ergeben sich die Gründe für eine Bevorzugung der 1 E 1 gegenüber der 2 E als G L von selbst.

1 E 1 T. Die 1 E 1 T h der Abb. 316 dient zur Beförderung schwerer Kohlenzüge aus dem Becken von Briey. Sie ist deshalb bemerkenswert, weil das Gölsdorfsche Verfahren bei ihr nicht angewandt ist. Die Maßnahmen zur Erzielung der Krümmungsbeweglichkeit sind vielmehr die folgenden: Es sind zwei Bisselachsen vorgesehen. Die Spurkränze sind an der vierten Achse fortgelassen, an der dritten und fünften um 5 mm schmaler gedreht; ferner sind die Spurkränze an der zweiten, dritten, fünften und sechsten Achse statt 35 mm nur 30 mm hoch ausgeführt. Keine der gekuppelten Achsen hat Seitenspiel. Wie sich das bewähren wird, muß abgewartet werden. Der Rauchröhrenüberhitzer ist nach Mestre ausgeführt. Die L befördert eine Wagenlast von 890 t auf einer Steigung von 15 $^0/_{00}$ mit einer Geschwindigkeit von 20 km. — Die 1 E 1 T führte i. J. 1918 auch die Buschtehrader B ein. Die Endachsen sind radial, die zweite und fünfte Kuppelachse seitlich einstellbar. Die Mittelachse — zugleich Triebachse — hat um 10 mm schmaler gedrehte Reifen.

In eigener Weise durfte die 1 E 1 T in neuester Zeit ihre vorzüglichen Eigenschaften bewähren. Der Direktor Steinhoff der Halberstadt-Blankenburger B hat es im Verein mit der Firma Borsig unternommen, durch eine solche 1 E 1 die Zahnrad-L aus einem von ihr eroberten Gebiet zu verdrängen. Auf genannter B kommen Steigungen von $60\,^0/_{00}$ vor. Man betrieb sie mit Zahnrad-L gemischten Systems. Diese Bauart hat große Verdienste. Sie hat den Bau vieler Linien überhaupt erst möglich gemacht. Je nach Bedarf mit Zahn- und Reibungstriebwerk oder mit letzterem allein fahrend, beliebigen Gefällwechseln sich anpassend, hat sie die Verpflanzung der Zahnrad-L von Ausflugs- auf ernste Gebirgsbahnen ermöglicht. Aber man hat ihre Verwendung vielleicht etwas übertrieben und auf Fälle ausgedehnt, in denen mit einer Reibungs-L auszukommen gewesen wäre. Es sind ja doch mit ihrer Benutzung immerhin ziemliche Übelstände verknüpft: der vielteilige Bau, die Reibungsverluste an den Zahnflanken und die Erschütterungen durch den Zahnantrieb, der zu starker Abnutzung führt. Hier knüpften Steinhoff und Borsig also an. Letzterer schuf eine 1 E 1 T h einfachster Bauart mit den folgenden Abmessungen: 100; 181 + 54 3,96 14; 700 550 1100; 8,8 3. An ihre besondere Bestimmung erinnern nur Bremszahnräder auf den Mittelachsen. Sie ermöglichen eine sehr kräftige Bremsung, weil sich das Zahnrad auch bei stärkstem Bremsdruck weiterdrehen muß, während die gewöhnlichen Räder zu gleiten beginnen würden. Die L beförderte anstandslos 200 t bei $60\,^0/_{00}$ Steigung und gar 260 t bei zeitweiser Benutzung des Preßluftsandstreuers. Ein ähnlicher Fall der Ersetzung einer Zahnrad-L durch eine Reibungs-L begegnete uns schon i. J. 1868 auf der Madison-Indianapolis Rd (Abb. 310). Dort handelte es sich zwar auch um eine Steigung von fast $60\,^0/_{00}$, aber von nur 2 km Länge. Es braucht kaum hervorgehoben zu werden, daß es sich in all diesen und ähnlichen Fällen nur um eine Grenzverlegung zwischen den Gebieten der Reibungs- und Zahnrad-L, nicht um eine endgültige Verdrängung der letzteren handelt.

Der Zusammenhang der Bauformen, wie wir ihn bisher durch gesetzmäßige Vermehrung der Kuppelachsen und Laufachsen und deren Umstellung aufbauen konnten, ist jenseits der 1 E 1 nicht mehr vorhanden, sofern wir nicht einen solchen künstlich durch Heranziehung bedeutungsloser Ausnahme- und Umbauten aufrechterhalten.

Verbund-L. In den Verlauf der bisherigen Schilderungen konnte zwanglos der Werdegang der Verbund-L eingeflochten werden, weil sie bald bei dieser, bald bei jener Gattung auftaucht, ohne eine einzelne merklich zu bevorzugen. Diese Anpassungsfähigkeit ist ein großer Vorzug, der ihrer Einbürgerung die Wege geebnet hat. Sie hat die Gesamtanordnung der L also nicht wesentlich beeinflußt. Zuzugeben ist nur, daß sie wegen des großen Gewichtes des Niederdruckzylinders bei der 1 B die Verlegung der Zylinder hinter die Laufachse (Abb. 117) und die Verwandlung der C in die 1 C, der D in die 1 D usw. begünstigt hat. Gefördert hat sie auch die Verwendung von Mehrzylinder-L — gefördert, nicht veranlaßt, denn es hat solche längst vor den Verbund-L gegeben. Wir erinnern an die 1 A 1 (4 Zyl) des Schweizers Bodmer vom

Jahre 1845, an Stephensons 1 A 1 (3 Zyl) und 2 A (St —) (3 Zyl) vom Jahre 1846, an die Semmeringpreis-L vom Jahre 1851, an Haswells 2 A (St —) (4 Zyl) ,,Duplex" vom Jahre 1861 (Abb. 49), an die seit 1865 gebauten Fairlie-L (Abb. 295) und die Meyer-L vom Jahre 1868. Unter diesen Umständen wird es genügen, die bisher verstreut gegebenen Mitteilungen über die Verbund-L zeitlich geordnet mit wenigen ergänzenden Bemerkungen in Form kurzer Stichworte und Hinweise zusammenzustellen[1]). 1876: Mallet B 1 (1200) T v für Bayonne-Biarritz; erste Verbund-L der Welt. 1880: v. Borries-Schichau 1 A (1130) T v für Direktion Hannover, erste Verbund-L Deutschlands. 1881: Webb 1 B (2052) v (3 Zyl) ohne Kuppelstangen, Außenkurbeln um 90° gegeneinander versetzt; ein innenliegender Niederdruckzylinder mit einem durch Anschlag mitgenommenen Exzenter, das stets volle Füllung gibt. Vgl. Abb. 196, die die Weiterbildung zur 1 B 1 vom Jahre 1891 zeigt. 1883: Dunbar, Mißglückte Versuche mit Verbund-L in Amerika. 1884: Selbsttätige Anfahrvorrichtung v. Borries (z. B. bei Abb. 220). 1885: Selbsttätige Anfahrvorrichtung Worsdell, der vorigen ganz ähnlich, und Lindners Vierweghahn als Anfahrvorrichtung (z. B. bei Abb. 117, 302). 1886: de Glehn 1 B (2100) v (4 Zyl) ohne Kuppelstangen, Kurbeln an jeder Achse um 90° gegeneinander versetzt, Niederdruckzylinder außen liegend. 1891: de Glehn 2 B (2150) v (4 Zyl) mit Kuppelstangen, Niederdruckzylinder innenliegend. Zur Abb. 160, die die Form vom Jahre 1896 zeigt, ist weiteres zu den beiden letzten Gattungen berichtet. Spätere Ausführungen: Abb. 172 und 261. 1886: Mallet B + B (600) T v (4 Zyl) mit Triebgestell und 600 mm Spur für die Pariser Ausstellung. Die gleiche Anordnung erfand Rimrott unabhängig von Mallet. Abb. 296 zeigt eine normalspurige Ausführung vom Jahre 1892. Abb. 320 zeigt sie in der Form C + C, und Abb. 322 gibt als 1 D + D 1 einen Begriff von der Entwicklungsfähigkeit der Gattung. 1889: Vauclain, Amerika, Verbund-L mit 4 Zylindern, an jeder Seite ein Hoch- und ein Niederdruckzylinder übereinanderliegend, zuerst häufig angewandt, später verlassen. 1890: Ungarische Staatsb 2 B (2000) (4 Zyl) mit Tandemanordnung der Zylinder, in Ungarn bald wieder aufgegeben, in Rußland fortgebildet. 1882: Klose 1 B 1 (1650) (3 Zyl) für die württembergische Staatsb, Kurbelversetzungswinkel 120°, Wechselvorrichtung, um die L als Drillings-L betreiben zu können. Die drei Zylinder arbeiten auf eine Achse (Abb. 193). Die Dreizylinder-Verbund-L hat eine gewisse bescheidene Ausbreitung zu behaupten gewußt (s. auch Abb. 263). Bei der Bauart Weyermann vom Jahre 1897 arbeiten die Zylinder auf verschiedene Achsen. Bei der Bauart Smith der Midland Ry vom Jahre 1902 und einer vorher durch Umbau entstandenen der North Eastern Ry sind die Kurbeln der Außenzylinder, die, wie immer, zusammen den Niederdruckzylinder bilden, um 90° gegeneinander versetzt, so daß ein gleichmäßiger Auspuff wie bei einer Zwillings-L entsteht. Die Innenkurbel bildet mit den Außenkurbeln einen Winkel von ± 135°. — Wittfeld ließ bei seiner 2 B 2 v (3 Zyl) vom Jahre 1903 den Innen-

---

[1]) Zur Geschichte der Verbund-L s. auch: Die Eisenbahntechnik der Gegenwart, 1. Aufl., S. 235 und die dort angeführten weiteren Quellen.

zylinder auf die vordere, die Außenzylinder auf die hintere der gekuppelten Achsen wirken. Indem er die Kurbeln der letzteren gleichlaufend anordnete und die Innenkurbel um 90° versetzte, machte er den Gedanken Stephensons vom Jahre 1846 für die Verbundwirkung nutzbar. 1893: Gölsdorf C (1300) (St +) v für die österreichische Staatsb. Die Anfahrvorrichtung besteht einfach in Frischdampfzuleitungen, die im Niederdruckschieberspiegel bei großem Hub des Schiebers freigelegt werden und hat in Österreich sehr große Verbreitung gefunden (z. B. Abb. 35, 259). 1894: Wechselvorrichtung Dultz gestattet, Zweizylinder-L als Zwillings-L zu betreiben; benutzt z. B. bei Abb. 146, 221. 1900: v. Borries 2 B (1980) v (4 Zyl) für die preußische Staatsb. Die Niederdruckzylinder liegen außen. Die vier Triebwerke arbeiten auf eine Achse. Von der Außensteuerung ist nur der Voreilhebel ausgeführt; im übrigen wird sie von der Innensteuerung bewirkt (Abb. 147). 1900: Plancher C 2 (1910) v (4 Zyl) für die italienische Staatsb. Die Hochdruckzylinder liegen innen und außen an der einen, die Niederdruckzylinder an der anderen Seite. Man kommt also ohne Kunstgriffe mit einer Steuerung an jeder Seite aus. 1901: Gölsdorf 2 B 1 (2140) v (4 Zyl) für die österreichische Staatsb ähnlich der von v. Borries vom Jahre 1900, aber mit einem Zylinderraumverhältnis von 2,95, so daß eine Außensteuerung an jeder Seite genügt (S. 181 und ähnlich Abb. 171, 262, 270, 272, 227, 313, 318). 1911: Henschel macht die Umlaufhähne an den Hoch- und Niederdruckzylindern der Vierzylinder-L je für sich bewegbar. Werden erstere allein geöffnet, so wirken sie als Anfahrvorrichtung.

Heißdampf-L. Die Einführung des Heißdampfes hat auf die Gesamtanordnung der L noch weniger Einfluß ausgeübt, als die Verbundbauart. Er paßt sich zwanglos jeder Bauform an. Die besprochenen L lassen die wenigen Stufen, in denen sich die Entwicklung der Naßdampf- zur Heißdampf-L vollzogen hat, mühelos erkennen; es gilt nur, sie zu ordnen.

1. Die Zeit der unausgeführten Patente und selten ausgeführten Entwürfe. Der wirtschaftliche Sinn der Überhitzung war noch nicht klar erkannt: der Bedarf an Heizfläche wurde noch stark unterschätzt. I. J. 1848 lieferte Cockerill für die von einer englischen Gesellschaft betriebene B Namur—Lüttich drei L ab, bei denen der Dampfraum des Langkessels sich in eine Dampfkammer fortsetzte, die den oberen Teil der Rauchkammer bildete[1]), wie dies auch zur Abb. 225 beschrieben ist. An diese Kammer war ein Mantel angeschlossen, der den Schornstein in ganzer Höhe umschloß. Am höchsten Punkte dieses Mantels öffnete sich das Dampfentnahmerohr. Mantel und Kammer waren wärmedicht umkleidet. Die Einrichtung mußte später entfernt werden, weil sie die Vorderachse überlastete. Heusinger v. Waldegg entwarf i. J. 1850 zwei T L mit Abgasüberhitzer (s. S. 12); das Innere des Überhitzers stand durch weite Öffnungen oder Stutzen mit dem Dampfraum des Kessels in Verbindung. Die Eisenbahntechnik der Gegenwart[2]) nennt als ältesten

---
[1]) Organ 1848, S. 122.
[2]) Dort in dem Teil „Heißdampf-L mit einfacher Dampfdehnung" auch eine weitere Zahl alter Überhitzer.

ausgeführten Rauchkammerüberhitzer den von Mac Connel mit nur 1 m² Heizfläche vom Jahre 1852. Abb. 225 zeigt die oben erwähnten C T vom Jahre 1857, deren Rauchkammer im oberen Teil als Dampfkammer, die von den Abgasen geheizt werden soll, ausgebildet ist.

2. Die Zeit, in der zwar das Erfordernis größerer Überhitzerflächen erkannt ist, man aber doch nur bis zur Dampftrocknung gehen zu brauchen glaubt und sich in diesem Sinne auch von einer Zwischenüberhitzung bei Verbund-L Erfolg verspricht. 1898: 2 B 1 pfälzische B mit Pielock-Überhitzer (Abb. 169); 1904: 1 D v sächsische Staatsb mit Klien-Zwischenüberhitzer (Abb. 302); 1905: 1 C v österreichische Staatsb mit Gölsdorf-Dampftrockner (Abb. 241 noch ohne diesen im Zustande von 1895). 1906: 1 C 1 v (4 Zyl) österreichische Staatsb mit Dampftrockner Crawford-Clench (Abb. 270 noch ohne diesen im Zustand von 1904). 1907: 1 A 1 v T österreichische Staatsb mit Zwischenüberhitzer (Abb. 35). 1907: E v österreichische Staatsb mit Dampftrockner (Abb. 311 noch ohne diesen im Zustand von 1905).

3. Die Zeit des Überganges zum Rauchröhrenüberhitzer der einen oder anderen Bauart. In gleicher Weise ist der Übergang vom Rauchkammer- zum Rauchröhrenüberhitzer der Bauart Schmidt zu bewerten, den die preußische Staatsb i. J. 1905, die belgische schon i. J. 1901 vollzog. Diesem Abschnitt ist auch die Umarbeitung der unter 2. aufgeführten Entwürfe für Rauchröhrenüberhitzung zuzurechnen, die zu den daneben vermerkten Jahren erfolgte: Abb. 302 1907; Abb. 241 1910, nachdem zuvor noch der Pielock-Überhitzer erprobt worden war; Abb. 270 1909; Abb. 311 1909.

4. Die Zeit des Rauchröhrenüberhitzers der Bauart Schmidt oder aus diesem hervorgegangener Abarten: Abb. 123, 175, 201, 229, 263, 272, 274, 276 bis 279, 306 bis 308, 313, 314, 316, 318, 320, 322.

Lokomotiven mit sechs und mehr gekuppelten Achsen.

F. Wenn wir vernehmen, daß Milholland, dessen entschlossene Neuerungen wir mehrfach zu bewundern Gelegenheit fanden, schon i. J. 1857 eine L mit sechs gekuppelten Rädern für die Philadelphia and Reading Rd baute, so werden wir zwar auch dieser mutigen Tat unsere Anerkennung zollen, aber auf einen durchschlagenden Erfolg von vornherein nicht rechnen. Die Mittel zur Erzielung der Krümmungsbeweglichkeit wurden damals noch zu gefühlsmäßig angewandt. So mag denn vorweg bemerkt werden, daß Milhollands F (Abb. 317), wenn auch nicht sofort, so doch nach einer längeren Reihe von Jahren durch Ersatz der ersten beiden Kuppelachsen in eine 2 D umgebaut wurde. Gleichwohl wird aber behauptet, daß sie sich bewährt habe[1]). Dieser Widerspruch findet seine Auflösung, wenn man ihre größte Zugkraft ausrechnet. Der Dampfdruck im Kessel, über den nichts überliefert ist, werde der Zeit entsprechend zu 7 kg angenommen. Dann ergibt sich

---

[1]) Fußnote S. 240 und R. gaz. 1879, S. 373.

$$Z_h = \frac{50,8^2 \cdot 0,85 \cdot 7 \cdot 660}{1092} = 7400 \text{ kg}.$$ Das Verhältnis zum Reibungsgewicht ist dann $7400 : 50\,000 = 1 : 6{,}7$. Das ist ein sehr kleiner Wert, und es ist daher schwer verständlich, warum Milholland sich zur Kupplung von sechs Achsen entschloß. Im umgebauten Zustand blieben nur $^4/_6 \times 50\,000 = 33\,000$ kg als Reibungsgewicht übrig; es ergibt sich nur $7400 : 33\,000 = 1 : 4{,}46$. Wenn man nun ferner bedenkt, daß die vier übriggebliebenen Kuppelachsen wahrscheinlich auf Kosten der Drehgestellachsen eine etwas höhere Belastung erhalten haben, so hat in der Tat die L erst durch den Umbau ihre zweckmäßige Form erhalten. Um nun aber zu ihrer Ursprungsform F zurückzukehren, so war diese als Schiebe-L für schwere Kohlenzüge zwischen den Falls of Schuylkill und Port Richmond wharves zu Philadelphia bestimmt. Der Kessel hatte die Einrichtung der Pawneeklasse (Abb. 236). Der Radstand

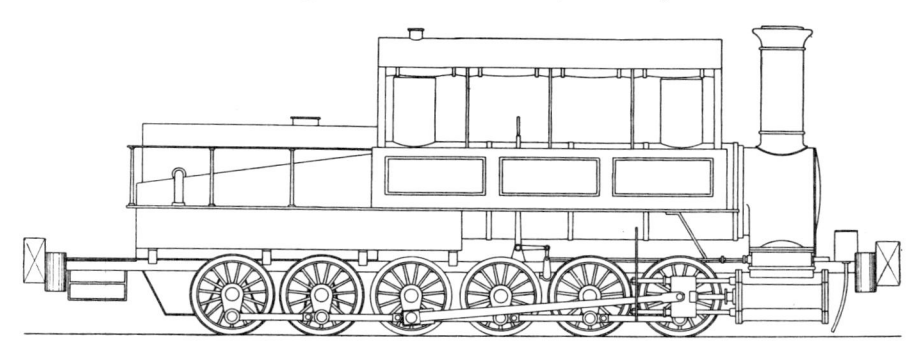

Abb. 317. Philadelphia & Reading Rd 1857 Milholland.
50; 130 2,9 x; 508 660 1092; 5,3 0.
(Nach R. gaz. 1907, II, S. 102.)

betrug 6,0 m. Über Verschiebbarkeit einzelner Achsen wird nichts mitgeteilt. Ein Wasserbehälter befand sich über dem Stehkessel, zwei weitere an den Langkesselseiten. Daß man für den Betrieb starker Steigungen T L wählte, um das Tendergewicht zu sparen, ist uns in diesen Blättern häufig begegnet. Milholland hat aber noch ein weiteres einzig dastehendes Mittel angewandt, um Gewicht zu sparen. Seine L hat nämlich überhaupt keinen Kohlenbehälter. Kohlen sollten gar nicht mitgeführt, sondern der Rost nur an den Endpunkten der nur kurzen Steigungsstrecke unmittelbar von einem Kohlenlager aus beschickt werden.

Die F fand nicht nur keine Nachahmung, sondern sie verschwand sogar wieder, wie eben erzählt, durch den Umbau der einzigen ihrer Art. Sechs gekuppelte Achsen anzuwenden wagte man erst wieder, nachdem mehr als ein halbes Jahrhundert verflossen war, und Gölsdorf neue Wege zur Ermöglichung hoher Kupplungsgrade gewiesen hatte. Wir haben seine 1 D und seine E (Abb. 311) kennen gelernt. I. J. 1906 hatte er der E die 1 E folgen lassen. I. J. 1911 tat er nun den letzten

330 Lokomotiven mit sechs und mehr gekuppelten Achsen: 1 F 1.

Schritt. Er stellte auf der Tauernb eine 1 F h v (4 Zyl) mit Adamsachse und 26 mm Seitenspiel der zweiten und fünften, 40 mm der sechsten Achse in Betrieb (Abb. 318). An der Triebachse fehlte der Spurkranz, der Stehkessel ist über Rahmen und Räder weg verbreitert. Die vier Zylinder liegen in einer Querebene und arbeiten auf die gleiche Achse; die Niederdruckzylinder liegen außen. Ein Rohrschieber bedient zwei zusammengehörige Zylinder. Die L hatte auf der Tauernb 300 t schwere S-Züge mit 60 km Höchstgeschwindigkeit zu befördern, wobei aber nur ein Achsdruck von 13,8 t zugelassen wurde. Wieder ist es also der niedrig bemessene Achsdruck, der Anlaß zur Schaffung einer neuen Bauart in Österreich wurde. Es wurde zunächst nur eine ihrer Art gebaut. Da sie sich bewährte, führte die württembergische Staatsb i. J. 1918 eine 1 F (1350) h v (4 Zyl) für die „Geislinger Stiege", die eine Steigung von 22,5 %₀ aufweist, ein[1]). 67 Jahre vorher war auf eben dieser Geislinger Stiege auch ein neues Lokomotiv-Wunder erschienen, die C Alb L (Abb. 206).

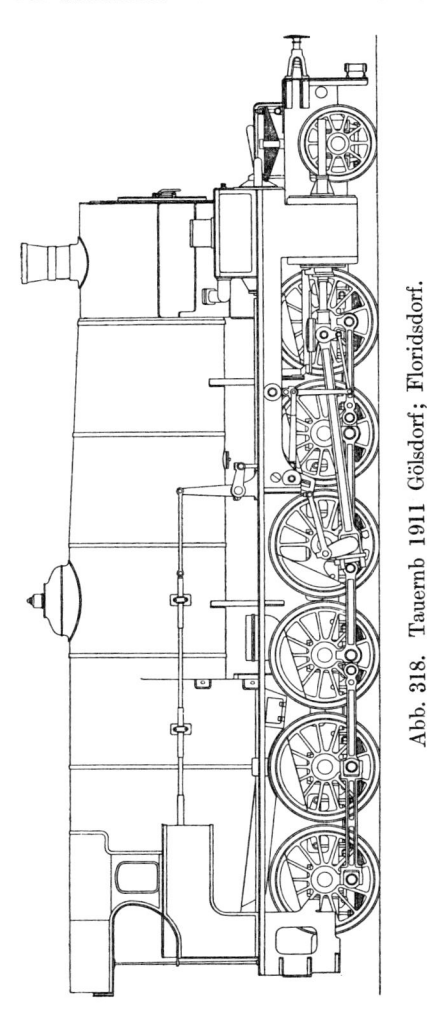

Abb. 318. Tauernb 1911 Gölsdorf; Floridsdorf. 96; 228 + 47 5,0 16; $\frac{2 \cdot 450}{2 \cdot 760} \frac{680\ 1410}{}$. (Nach Lokomotive 1911, S. 241.)

1 F 1. Schon im nächsten Jahre 1912 lieferte die Hanomag ebenfalls eine L mit sechs gekuppelten Achsen in Gestalt einer 1 F 1 Th mit Seitenspiel der äußeren Kuppelachsen und Adamsachsen an beiden Enden für die holländische Staatsb auf Java[2]), die eine Spurweite von 1067 mm hat. Der breit gehaltene Stehkessel liegt über den Rädern. Sie gibt uns Gelegenheit, die gegenseitige Abgrenzung der Verwendungsgebiete von Gelenk- und einfachen L hohen Kupplungsgrades festzulegen. Die holländische

---

[1]) Z. d. V. d. I. 1920, S. 829.
[2]) Z. d. V. d. I. 1912, S. 1885 und Hanomagnachrichten 1915, H. 9.

Lokomotiven mit sechs und mehr gekuppelten Achsen: C + C. 331

Staatsb auf Java hatte seit 1903 1 C + C Mallet-Rimrott L im Betrieb. Die geringsten Krümmungshalbmesser waren aber 150 m, also nicht allzu klein. Man ging unter diesen Umständen mit Erfolg zur beschriebenen L mit seitlich verschiebbaren Achsen über. Das Gegenstück werden wir sogleich in den C + C Fairlie-L auf der mexikanischen B mit 90 m Krümmungshalbmesser kennen lernen.

Als es i. J. 1922 galt, für die bulgarische Staatsb eine L zu entwerfen, die 300 t schwere Züge auf 10 km langen Steigungen von 28°/$_{00}$ befördern sollte, griff die Hanomag auf die F ohne Radialachsen in reiner Gölsdorf-Anordnung zurück. Die erste verließ als F (1340) T v mit der Fabriknummer 10000 am 15. Juli jenes Jahres das Werk[1]).

C + C. In der überwiegenden Mehrzahl der Fälle entschließt man sich heute noch zu einer Teilung des Triebwerks, wenn sechs gekuppelte Achsen ausgeführt werden müssen. In den Abb. 295 bis 297 lernten wir in den Bauarten Fairlie, Meyer und Mallet-Rimrott die hauptsächlichen Vertreterinnen dieser geteilten Bauarten kennen. Die älteste von Fairlie herrührende ist in ziemlich großem Umfang als C + C geliefert worden. Wie früher geschildert, ist sie besonders in Mittel- und Südamerika sehr verbreitet. Aber auch die große luxemburgische B bezog i. J. 1872 eine C + C Fairlie-L aus England, die ungefähr bis 1890 Dienst tat. Solche C + C wurden ferner

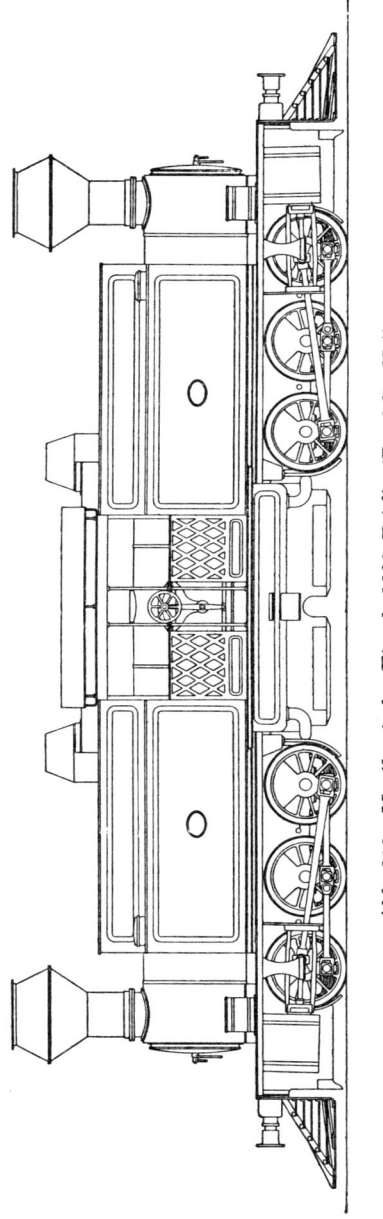

Abb. 319. Mexikanische Eisenb 1890 Fairlie (Rendel); Neilson. 92; 142 3,1 11,6; 4 · 406 559 1067; 13 3,8. (Nach Engg. 1890, I, S. 323.)

---
[1]) Hanomagnachrichten 1922, S. 97 und Organ 1922, S. 217.

i. J. 1873 für die mexikanischen B geliefert. Aus Nachbeschaffungen i. J. 1890 (Abb. 319) muß man schließen, daß sie sich dort gut bewährt haben. Man scheint sie dort als einzig geeignete Bauart für die Gebirgsstrecken des Landes angesehen zu haben. Der Streckenabschnitt, auf dem sie Dienst tun sollen, hat Neigungen von 25 $^0/_{00}$ und Krümmungshalbmesser bis zu 90 m herab. — Die Einwände, die gegen die Bauarten Fairlie und Meyer erhoben werden können, sind bei Besprechung der B + B auseinandergesetzt, sie gelten sinngemäß auch für die C + C. Ihr Verwendungszweck ist also immerhin ein sehr beschränkter. Im übrigen ist es den C + C Meyers und Fairlies wie den B + B gleicher Anordnung ergangen: Seit dem häufigeren Erscheinen der Mallet-Rimrott-L treten sie schnell in den Hintergrund.

Die auf S. 300 erwähnte C + C von Meyer wurde von der Eisenbahnbaugesellschaft in Brüssel i. J. 1873 in Wien ausgestellt. Mit einer Heizfläche von 184 m² und einer Rostfläche von 3,34 m² war sie eine Riesin für ihre Zeit, konnte sich aber nicht durchsetzen. I. J. 1878 benutzte man ihre Bestandteile zur Herstellung zweier T L.

Die Mallet-Rimrott-L erzielte ihre Haupterfolge erst bei höheren Kupplungsgraden und Achszahlen (Abb. 322). Selbst in der Form C + C hat sie noch gewisse Mißerfolge erlebt. Auf der Gotthard-B konnte sich eine C + C T vom Jahre 1891 trotz ihrer größeren Leistung nicht gegenüber der D nach Abb. 287 behaupten. Ihr sparsamer Dampfverbrauch und die Vorzüge ihrer größeren Krümmungsbeweglichkeit wurden nach dortiger Auffassung durch die zu großen Unterhaltungskosten mehr als aufgehoben. Auch die Inbetriebnahme einer sehr leistungsfähigen C + C der belgischen Staatsb vom Jahre 1897 für den Betrieb der schiefen Ebene bei Lüttich führte nur dazu, daß diese Verwaltung die Gelenk-L verließ, obwohl die Bauweise an sich eigentlich an dem Mißerfolge nicht die Schuld trug.

Als die Anforderungen aber unaufhaltsam wuchsen, mußte ihr der Erfolg ganz von selbst zufallen. In einer L der Harzquerb, die eine Spurweite von 1000 mm, Steigungen von 33 $^0/_{00}$ und Krümmungen bis zu 60 m herunter aufweist, können wir gewissermaßen die äußerste Entwicklung der Gattung beobachten — nicht der Größe und der Achszahl, wohl aber dem Ausbau derjenigen Einrichtungen nach, die der Krümmungsbeweglichkeit dienen sollen (Abb. 320). Es sind in ihr nämlich die Gedanken Mallet-Rimrotts und Gölsdorfs vereinigt. Sie zeigt im ganzen die Malletsche Anordnung. Außerdem ist aber die Mittelachse der beiden Achsgruppen seitlich verschiebbar. Unter diesen Umständen mußte natürlich die Endachse jeder Gruppe zur Triebachse gemacht werden. Bei dem langen Gesamtradstand kann nun der Fall eintreten, daß das Vordergestell schon tief in einer scharfen Krümmung, die hintere Achsgruppe noch in der Graden steht. Wegen der starken Überhöhung des äußeren gekrümmten Stranges würde hieraus eine gefährliche Überlastung der außen, eine Entlastung der innen laufenden Räder erfolgen. Querbalanciers würden diesem Übelstande nur unvollkommen steuern, weil die Achslager bei der starken Schrägstellung der Achsen mit ihren Führungsleisten an den Gleitbacken klemmen würden.

Lokomotiven mit sechs und mehr gekuppelten Achsen: C + C. 333

Darum ist aus den Achslagern der letzten und ersten Achse des Drehgestelles je ein Gehäuse gebildet, das sich mit dem Radsatz um eine parallel zur Längsachse der L liegende Achse drehen kann (Abb. 321). Diese wird durch Zapfen gebildet, die an jenem Gehäuse angebracht und in einem zweiten Gehäuse gelagert sind. Dieses zweite Gehäuse schließt

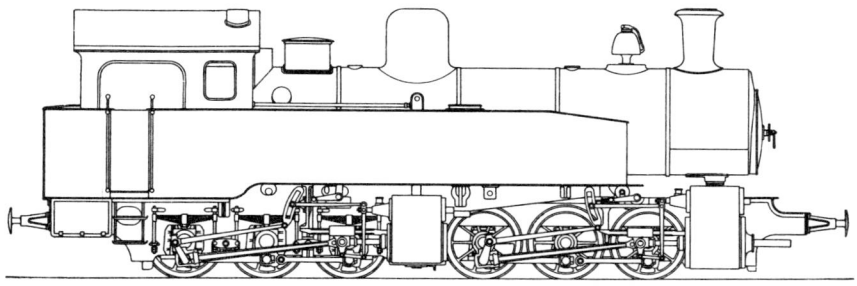

Abb. 320. Harzquerb 1910 Orenstein & Koppel.
54; 110,5 + 20,5 = 131 1,9 12; $\dfrac{2 \cdot 380}{2 \cdot 600}$ 500 1000; Spur: 1000.
(Nach Z. d. V. d. I. 1913, S. 121.)

das erste ein. Erst dieses zweite Gehäuse ist in üblicher Weise an den Gleitbacken geführt, und erst dieses zweite Gehäuse ist von den Längsfedern belastet. Diese ändern ihre Spannung also nicht, wenn die Achsen sich schief stellen. Wir haben es hier also wirklich mit Balancier-

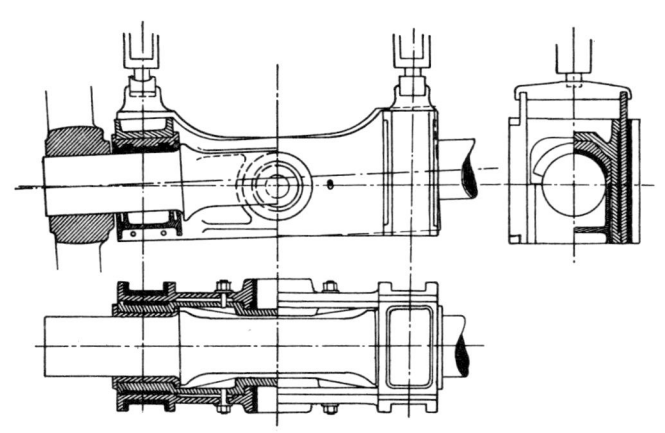

Abb. 321. ($^1/_{20}$) Achsgehäuse der C + C nach Abb. 320.

achsen zu tun, während Haswells Achsen nur dem Namen nach solche waren (Abb. 285). Die Mittelachse des Drehgestelles darf natürlich nicht in dieser Weise eingerichtet sein, denn dann wäre die Anordnung überbeweglich. Um sie an dem Ausgleich teilnehmen zu lassen, sind ihre Federn mit denen der Nachbarachsen durch Längsbalanciers verbunden. Hierdurch wird freilich erneut die Gefahr der Überbeweglichkeit hervorgerufen. Das Drehgestell ist durch eine Ölbremse gegen den Hauptrahmen abgefedert, um es an schlingernden Bewegungen zu hindern, die besonders bei der Rückwärtsfahrt, wenn also das Drehgestell am hinteren Ende läuft, störend werden könnten. Der Hauptrahmen ist ein Außenrahmen. Man gewinnt dadurch etwas Raum für den Stehkessel. Bei einer Schmalspur-L hat die Außenrahmenbauart außerdem einen Vorzug, den man ihr früher wohl, heute aber nicht mehr, auch für Regelspur zuerkannte. Die Entfernung der Federn voneinander, quer zur Bahnachse gemessen, fällt nämlich größer aus und macht den Lauf sicherer. Bei Schmalspur-L machen sich lästige Querschwankungen sonst oft in recht bedenklicher Weise bemerkbar, weil ihre Höhenmaße die Breitenmaße gar zu sehr überwiegen. Die Gelenkigkeit der Dampfzuleitung von den Hoch- zu den Niederdruckzylindern ist nicht durch Kugelgelenke und Stopfbüchsen bewirkt, sondern jene Leitung ist als Panzerschlauch ausgeführt. Die L befördert auf der 8,25 km langen Strecke von der ,,Steinernen Rinne" bis zur ,,Drei Annenhöhe" mit einer Steigung von 27 $^0/_{00}$ und zahlreichen Krümmungen eine Wagenlast von 130 t. Wiederum belehrend für die Abgrenzung der Verwendungsgebiete der einzelnen L gegeneinander (vgl. S. 307 und 330) ist die Tatsache, daß sich die Ausführung einer Klien-Lindner-L für den vorstehenden Zweck als unmöglich erwies, weil sich die Ausschläge der Achswelle innerhalb der Hohlwelle nicht in der erforderlichen Größe hätten ermöglichen lassen.

1 C + C 1. 1 D + D 1. 1 E + E 1. Die Mallet-Rimrott-L in Amerika kommt der dort herrschenden Vorliebe für riesenhafte Abmessungen entgegen. Eigentlich sollte man ja nicht von einer ,,Vorliebe" sprechen. Es ist vielmehr der Zwang rein wirtschaftlicher Erwägungen, dem der Amerikaner folgt, wenn er seine Riesenlokomotiven baut. Aus den gewaltigen Entfernungen, die das amerikanische Eisenbahnnetz überspannt, folgen ebenso gewaltige Gewichte zu befördernder Güter. Nur in Wagen von ungewöhnlicher Tragfähigkeit und nur in Zügen ungewöhnlicher Länge lassen sie sich in wirtschaftlicher Weise befördern. Nur Schienen mit größtem Widerstandsmoment können diese Wagen tragen, nur Riesenlokomotiven die langen Reihen solcher Wagen ziehen. Darum sind für Amerika als G L die Bauformen 1 E 1, 1 C + C 1, 1 D + D 1 mit Achsdrücken von 28 t am Platze. Bezeichnenderweise bauen nämlich die Amerikaner ihre Mallet-L nicht in der Form C + C, D + D usw., sondern, um den Überhang der Zylinder zu vermeiden, in der Form 1 C + C 1, 1 D + D 1. Die Virginian Rd. hatte schon seit längerer Zeit 1 C + C 1 im Dienst. Schwere Züge wurden vielfach auf ihren langen Steigungen von 21 $^0/_{00}$ von einer solchen gezogen und von zwei ebensolchen geschoben. Aber die Zuggewichte wuchsen weiter. Man ging also zur 1 D + D 1 über (Abb. 322), deren vier i. J. 1912 gebaut wurden. Es sollten, wie oben angedeutet, drei von ihnen zur Beförderung eines Zuges dienen, dessen Gewicht man alsdann auf 4230 t steigern zu können hoffte. Der Kessel ist mit einer Verbrennungskammer und riesigem auf Wasserrohren aufgebautem Schamotteschirm ausgerüstet. Im übrigen sprechen ihre Maße für sich.

Die Gangart dieser L mit ihrer großen Achszahl in jeder einzelnen Achsgruppe scheint befriedigt zu haben. So hat man sich denn in Amerika an die Ausführung von Mallet-Rimrott-L für P- und gar S-Züge im Gebirge herangewagt. Die Atchison-Topeka & Santa Fé Rd stellten i. J. 1909 2 B + C 1 (1854) in Dienst[1]). Sie verkehren auf einer Strecke, die mit fast ununterbrochenen Steigungen einen Höhenunterschied von 1500 m überwindet. Die Durchschnittsgeschwindigkeit ist hierbei 42 km. Wenn auch eine S L für so schwierige Strecken noch keine S L im eigentlichen Sinne des Wortes ist, so muß sie sich doch im Gefäll auch bei hohen Geschwindigkeiten bewährt haben. Damit würde sich eine bedeutsame Aussicht auf die Weiterentwicklung der schnellfahrenden L bieten, die als wirkliche S L mit hohem Triebraddurchmesser mit der Form 1 D 1 (Abb. 307) an einer unübersteigbaren Grenze angekommen zu sein schien.

Jede Lokomotivgattung, begonnen mit der 1 A, vorläufig abgeschlossen mit der 1 E + E 1, brachte mit der

---
[1]) Z. d. V. d. I. 1910, S. 532.

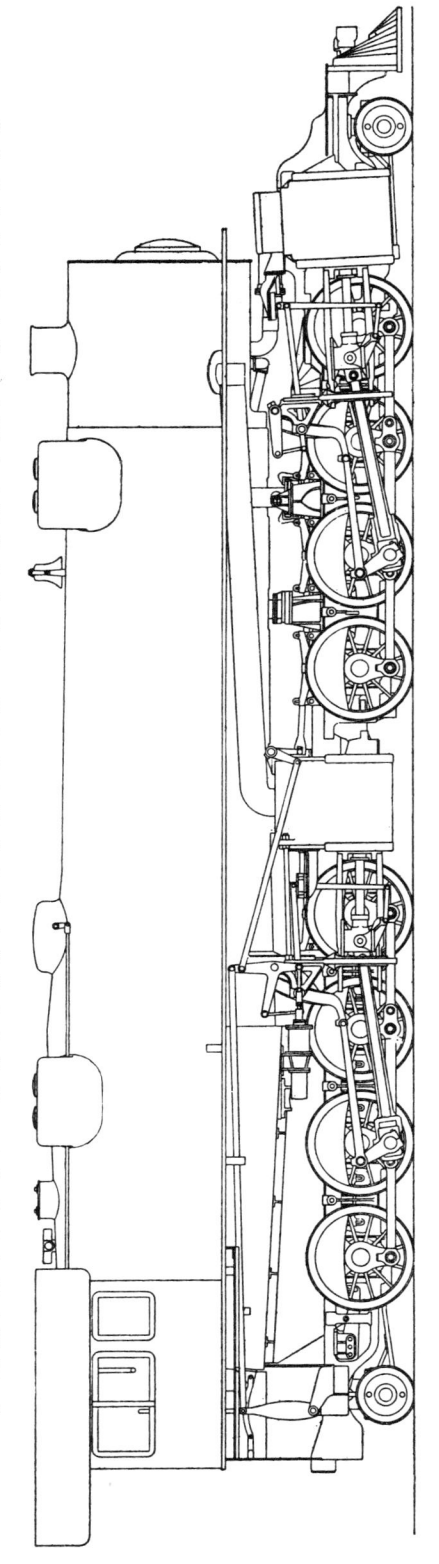

Abb. 322. Virginian Rd 1912 American Loc Co. 245; 560 + 120 = 680 9,1 14; $\frac{2 \cdot 711}{2 \cdot 1118}$ 813 1422. (Nach Eng. 1912, II, S. 282.)

neuen Form auch neue Aufgaben. So gab eine jede von sich aus den Anreiz zum Fortschritt. Dieses Fortschreiten von verschiednen Ausgangspunkten aus in Linien, die sich überschneiden und kreuzen, auch wohl einander beeinflussen, gibt der Lokomotivgeschichte ihr Gepräge und rechtfertigt die Einteilung des Stoffes, wie sie im Hauptteil dieses Werkes vorgenommen wurde. Aber neben dieser Entwicklung geht eine zweite her, die weniger deutlich mit den durch die Zeichen 1 A, A 1 usw. festgelegten Formen zusammenhängt, wenn auch solche Zusammenhänge keineswegs völlig fehlen. Es ist das die Entwicklung der L in wirtschaftlicher Hinsicht als Dampf verbrauchende und Unterhaltung erheischende Maschine.

Der Kohlen- und Dampfverbrauch.

Man ging schon in früher Zeit mit großem Eifer an die Messung des Brennstoffbedarfes und der von der L geleisteten Arbeit, aber dieser Eifer scheint später etwas nachgelassen zu haben. Man begnügte sich dann mit gelegentlichen Feststellungen des auf die Stunde oder die englische Meile bezogenen Brennstoff- und Wasserbedarfs. Solche Ziffern aber, so zweckmäßig sie für die Bedürfnisse des täglichen Betriebes sind, taugen nicht zum Vergleich der Zustände in verschiedenen Jahrzehnten. Hier ist vielmehr die Bezugnahme auf die Arbeitseinheit, die indizierte Pferdekraftstunde, am Platz. Da solche Angaben nicht aus allen Zeitabschnitten vorliegen, schon deshalb nicht, weil man erst später den Indikator auf Lokomotiven anzuwenden lernte, so müssen Umrechnungen vorgenommen werden. Hierbei sind die besten aus dem betreffenden Zeitabschnitt herrührenden Widerstandsformeln für Eisenbahnzüge zu benutzen, denn solche Formeln haben ja keine allgemeine Bedeutung; ihre Beiwerte sind vielmehr von dem, der sie aufstellte, dem Zustand von Gleis und Fahrzeug seiner Zeit angepaßt worden. Jene Umrechnungen geben uns willkommene Gelegenheit, die allmähliche Verringerung des Laufwiderstandes als Folge verbesserten Baues der Eisenbahnfahrzeuge und des Schienenweges zu verfolgen, sowie die Heranbildungen der theoretischen Anschauungen und der Versuchsverfahren auf diesem Gebiete kennen zu lernen. Die Verbrauchswerte, die auf diese Weise festgestellt werden, sind natürlich mit einer gewissen Unsicherheit behaftet, die um so größer ist, je weniger entwickelt in dem gerade betrachteten Zeitabschnitt die Kenntnis der Fahrwiderstände war. Die weiterhin aufgestellten Rechnungen weisen auch da und dort Schätzungen auf, die einspringen mußten, wo genaue Angaben fehlen. Aber immerhin zeigen die Zahlenreihen auf S. 350 mit ihren allmählich sinkenden Werten einen folgerichtigen Aufbau; sie dürften die sich stetig hebende Wirtschaftlichkeit der L im großen und ganzen richtig widerspiegeln.

Es werden folgende Abkürzungen benutzt: p Dampfüberdruck in kg/cm²; H Heizfläche, R Rostfläche, G_l Dienstgewicht von L und Tender, G_w Wagengewicht, W_l und W_w L- und Wagenwiderstand, w_l und w_w desgleichen auf die t des Eigengewichtes bezogen, V Geschwindigkeit in km/st, N indizierte Pferdekräfte, D und K Dampf- und Kohlenverbrauch für die indizierte Pferdekraftstunde. Sämtliche Werte und Gleichungen werden auf die heute gebräuchlichen Einheiten umgerechnet angegeben. Für Vergleiche mit den heutigen Zuständen wird die Formel von Sanzin benutzt werden: $W_l = 0{,}006\, FV^2 + L_1\,(1{,}8 + 0{,}015\,V)$ $+ L_2 \left(a + \dfrac{0{,}1075}{D}\, V \right)$. Hierin bedeutet F die dem Luftdruck ausgesetzte Fläche in m², L_1 das Gewicht auf den Laufachsen der L und des Tenders, L_2 das Gewicht auf den gekuppelten Achsen in t, D den Triebraddurchmesser in m, $a = 5{,}5,\ 7{,}0,\ 8{,}0,\ 8{,}8$ für Zwei, Drei-, Vier-, Fünfkuppler, F wird für neuzeitliche L zu 8 bis 9 angesetzt.

Schon aus der Zeit der L mit stehenden Zylindern und Flammrohrkesseln, die mit einem Dampfdruck $p = 3{,}5$ arbeiteten und von Stephenson seit 1820 für die Killingworth Ry geliefert wurden, sind uns fleißige Versuche über Widerstand und Kohlenverbrauch überliefert[1]. Grimshaw, Palmer und vor allem Wood, Direktor der Steinkohlenwerke zu Killingworth, im Verein mit Georg Stephenson waren in dieser Richtung tätig. Die letztgenannten bedienten sich eines Pendeldynamometers[2], das auf einem Wagen aufgebaut war. Dieser wurde von Menschen gezogen. An dem unteren Ende des mit einem schweren Gewicht versehenen Pendels griff das Seil an, das die Zugkraft an den oder die zu prüfenden Wagen weitergab. Der Ausschlag des Pendels und somit der Widerstand der angehängten Wagen konnte an einem Teilkreis abgelesen werden. Er ergab sich je nach dem Zustand der Schienen und Räder für beladene Wagen zu $w_w = 4{,}4$ bis $7{,}0$. Wood machte auch schon Ablaufversuche auf Gefällen zur Bestimmung von w_l. Die Zylinder wurden mit der Außenluft statt mit dem Dampfraum verbunden, so daß sich der Leerlaufwiderstand der L ergab. Wood war sich auch klar darüber, daß w_l unter Dampf größer sein und mit der Belastung wachsen müsse. Die Streuung all dieser Versuchsergebnisse ist wegen des mangelhaften Zustandes der Betriebsmittel und der gußeisernen Schienen recht bedeutend. Der Widerstand ist natürlich bei ganz geringer Geschwindigkeit gemessen. w_w ist zwei- bis dreimal so groß als für heutige Güterwagen bei geringer Geschwindigkeit anzusetzen wäre. Die Zahlen ermöglichen eine Schätzung des Dampfverbrauches der L um 1820. Wood berichtet nämlich, daß eine solche L der Killingworth Ry, mit dem Tender 10 t wiegend, einen Zug von 40 t mit einer stündlichen Geschwindigkeit von 10 km beförderte und dabei 420 kg Wasser verbrauchte. Benutzt man nun das Mittel der oben mitgeteilten Werte, also $w_w = 5{,}7$ und schätzt man $w_l = 1{,}5 \times 5{,}7 = \sim 8{,}5$, so sind die geleisteten Pferdestärken $= \dfrac{(8{,}5 \times 10 + 5{,}7 \times 40)\, 10}{270} = 11{,}5$ PS. Also $D = \dfrac{420}{11{,}5} = 36{,}5$. Der Kohlenverbrauch kann aus den Angaben berech-

---

[1] Nicholas Wood: A practical treatise on railroads. London 1825, 2. Aufl. London 1832; deutsch von Köhler, Braunschweig 1839.
[2] Tafel VI in der 2. Aufl. des eben genannten Werkes von Wood.

net werden, die Wood über die Flammrohrkessel der Killingworth-L machte. Die Ausnutzung der Kohle in den kurzen Flammrohren war außerordentlich schlecht. Wood gibt die Verdampfung zu 3,3 bis 3,5 fach an[1]), so daß sich ergibt $K = \dfrac{36,5}{3,5} = 10,4$. Diese Zahl zeigt leidliche Übereinstimmung mit den Regeln, die Wood an anderer Stelle für die Ermittlung des Kohlenverbrauchs aufstellt. In heutigen Einheiten ausgedrückt, ergibt diese Regel $K = 9,7$.

Die Jahre 1829 und 1830 brachten den Röhrenkessel, der in der Bauart 1 A der Abb. 5 seine Dauerform fand. Man verdankt ihm mit der besseren Ausnutzung der Kohle eine erhebliche Verminderung des Wertes K, während die Abnahme von D weniger auffallend war. Der Dampfdruck war mit 3,5 kg unverändert übernommen worden, und der Ersatz der unterbrochenen Schieberbewegung mittels Mitnehmer, Daumen od. dgl., wie sie sich z. B. auch bei der bekannten „Puffing Billy" fanden[2]), durch eine ununterbrochene, war mehr eine bauliche als eine Dampf sparende Verbesserung.

Es ist ein großes Glück für den Lokomotivbau gewesen, daß sich in dieser Zeit ein Mann seiner theoretischen Aufgaben annahm, dem es, wie Wood, darauf ankam, dem Betrieb brauchbare Zahlen zu liefern, der aber darüber hinaus wissenschaftliche Durchdringung des bisher rein empirisch betriebenen Lokomotivbaus anstrebte. „Wir haben diesen Gegenstand mit allem Interesse, ja wir können sagen, mit einer gewissen Leidenschaft, die er uns erregte, untersucht." Mit diesen Worten kennzeichnet der Graf de Pambour seinen Standpunkt im Vorwort zur ersten i. J. 1835 erschienenen Auflage seines „Theoretisch praktischen Handbuches über Dampfwagen"[3]). Die von de Pambour mitgeteilten Versuchsergebnisse lassen deren Umrechnung auf die indizierte Pferdekraftstunde aus dem Grunde mit ziemlich großer Genauigkeit zu, weil er sehr sorgfältige Versuche über Lokomotiv- und Wagenwiderstand machte und deren Ergebnisse in Formeln niederlegte. Diese zeigen, daß er alle wesentlichen Einflüsse erkannt hat. Wie man aus der unten angeführten Rechnung ersieht, unterscheidet er verschieden große Reibungsziffern für L und Wagen. Zu diesen fügt er ein Glied, das den nur von der Zahl der Fahrzeuge einschließlich der L, aber nicht vom Gewicht abhängigen Luftwiderstand, steigend mit V^2, enthält. Die Zahl 70 in der Klammer ist in diesem Ausdruck gewissermaßen der Luftwiderstand, der sich ergeben würde, wenn L und Wagen in einem einzigen langen Fahrzeug mit ganz glatten Seitenwänden vereinigt wären. In einem vierten Glied wird die Zunahme berücksichtigt, die w_l infolge wachsenden Druckes in den Lagern usw. erfahren muß, wenn die L nicht nur ihre eigene Reibung zu überwinden hat, sondern auch die der Wagen und den mit V^2 wachsenden Luftwiderstand. Die Ergebnisse wurden in den Jahren 1834 bis 1836 durch Ab-

---

[1]) S. 353 der 2. Aufl. seines Werkes.   [2]) Organ 1907, S. 27.
[3]) Nach der 2. Aufl. deutsch bearbeitet von Dr. C. H. Schnuse, Braunschweig 1841.

Der Kohlen- und Dampfverbrauch.

lauf, mit einem Dynamometer und durch Messung des kleinsten Dampfdruckes, der die L eben in Bewegung setzt, gewonnen. Der Widerstand des Tenders ist mit dem der Wagen zusammengezogen. Abweichend von den späteren Rechnungen ist unter G_l also das Gewicht der L ohne Tender einzusetzen. Die Auswertung der Versuche de Pambours für den vorliegenden Zweck werde an dem folgenden Beispiel gezeigt:

1 A „Vesta" (ähnlich Abb. 5), $p = 3,5$; $\dfrac{H}{R} = 37$, $G_l = 10$, Steuerung mit unveränderlicher Füllung; Schieberüberdeckungen nur etwa $1^1/_2$ mm; Füllungen also groß, etwa 90%; Zug aus 18 Wagen, $G_w = 101$; $V = 28$.

Die Reibung wurde für jede Versuchs-L besonders ermittelt und
ergab sich für Vesta zu 56
Die Reibung für die t Wagengewicht ergab sich durchschnittlich zu 2,67 kg . . . . 2,67 × 101 = 270
Luftwiderstand = 0,00047 (70 + z × 10) V^2, worin z die Anzahl
der Fahrzeuge einschl. L und Tender: 0,00047 (70 + 20 × 10) 28^2 = 100
Zuschlag für w_l (s. oben) = 0,137 (270 + 100) 51
                                                                    ———
                                                                    477

$N = \dfrac{477 \times 28}{270} = 49$. Der stündliche Kohlenverbrauch wurde zu 248 gemessen; also $K = \dfrac{248}{49} = 5,1$. Die Verdampfungsziffern waren wesentlich gegenüber dem Flammrohrkessel verbessert, aber nach heutigen Begriffen immer noch sehr mäßig. De Pambour stellte ihre Abhängigkeit von dem Verhältnis der gesamten Heizfläche zu der in der Feuerkiste fest. Es war ihm also bekannt, daß dieses Verhältnis, das heute meist durch $\dfrac{H}{R}$ ersetzt wird, bei vielen L jener Zeit weit größer hätte sein müssen. Es kann ihm auch nicht entgangen sein, daß es auch bei den besten L seiner Zeit verbesserungsbedürftig war. Stephenson war es vorbehalten, diese Verbesserung bei seiner 1 A 1 (St —) (Abb. 40) durchzuführen. Aus jenen Feststellungen de Pambours folgt, daß die Vesta nur eine 5,7fache Verdampfung erreichte; also $D = \dfrac{5,7 \times 5,1}{49} = 29$.

In ähnlicher Weise sind einige weitere Versuche de Pambours mit L der Liverpool and Manchester Ry ausgewertet worden. Als Durchschnitt ergab sich $K = 5$; $D = 31$. Einen Vergleich dieser Verbrauchsziffern mit denen früherer und späterer Zeit ermöglicht die Zusammenstellung auf S. 350.

Zwei Wege standen offen, um die Verbrauchsziffern zu verbessern. Man konnte den Bewegungswiderstand durch gediegenere Ausführung von Gleis und Fahrzeug vermindern, und man konnte den Wärmewirkungsgrad der L vergrößern. Beide Wege sind beschritten worden. Der erstgenannte häufig fast unbewußt, denn als man das Gleis immer widerstandsfähiger ausgestaltete, dachte man mehr an die Verminderung der Unterhaltungskosten als an die der Widerstände, und bei der

Vergrößerung der Wagen hatte man in erster Linie die Verbilligung der Wagenbeschaffung im ganzen, die Vereinfachung des Verlade- und Verschiebegeschäftes und die Bequemlichkeit der Reisenden im Auge. Gerade die Vermehrung des Achsdruckes ist aber sehr wirksam für die Verminderung von w_l und w_w gewesen. Verbesserungen, die unmittelbar diesem Zweck dienen sollten, sind selten erdacht worden. Ihnen zuzuzählen sind die Schieberentlastungen und aus neuer Zeit die Rollenlager. Wenn man den Krümmungslauf mit in den Kreis der Betrachtungen ziehen wollte, was aber nicht geschehen soll, so wären natürlich Lenkachsen und Drehgestelle zu würdigen.

Für die alten L der Killingworth Ry wurde oben mit freilich nur roher Schätzung $w_l = 8{,}5$ kg bei den damals üblichen ganz geringen Geschwindigkeiten angesetzt. Für die L Vesta wird man mit Hilfe des durchgerechneten Beispiels, wenn man $V = 0$ setzt und das Tendergewicht von 6,5 t in heute üblicher Weise dem G_l zurechnet, finden $W_l = 110$, also $w_l = \dfrac{110}{16{,}5} = 6{,}7$. Für eine L der Neuzeit mit $G_l = 100$ und einem Reibungsgewicht von 36 t auf zwei gekuppelten Achsen ergibt mit $V = 10$ die Sanzinsche Formel $w_l = 3{,}2$.

Die Wagen der Killingworth Ry hatten einen Widerstand $w_w = \sim 5{,}7$ kg; zur Zeit der 1 A Vesta war die Wagenreibung, das ist eben der Widerstand bei ganz geringer Geschwindigkeit, $w_w = 2{,}67$. Heute rechnet man mit 2,5 für zwei- und dreiachsige, mit 1,3 bis 1,6 im Mittel also 1,5 für vierachsige D-Zugwagen. Der Fortschritt ist bei einem Vergleich der Jahre 1820, 1832, 1920 also durch die Zahlen $w_l = 8{,}5,\ 6{,}7,\ 3{,}2$, $w_w = 5{,}7,\ 2{,}67,\ 2{,}5$ bzw. 1,5 ungefähr dargestellt. Er ist bei den L deutlich ausgeprägt, wenn man, wie es die Gerechtigkeit des Vergleichs erfordert, von den neuen L nur solche mit hohen Rädern und höchstens zwei gekuppelten Achsen betrachtet. Dagegen ist er bei den zwei- und dreiachsigen Wagen seit den dreißiger Jahren merkwürdig gering, bei schweren vierachsigen beträchtlicher. Das Bild verschiebt sich für Wagen aber vollständig, wenn man statt einer möglichst geringen eine höhere Geschwindigkeit annimmt, denn die Ladefähigkeit hat im Laufe der Jahrzehnte erheblich zugenommen, also bei gegebenem G_w die Zahl der dem Luftdruck ausgesetzten Stirnwände abgenommen. Die Zeit vor 1830 mit ihren geringen Geschwindigkeiten scheidet für einen solchen Vergleich freilich aus. Auch für den Zug der 1 A Vesta dürfen höchstens $V = 50$ km angenommen werden. Mit diesem Wert ergibt de Pambours Formel für den Zug mit Ausschluß des 6,5 t schweren Tenders und unter Beachtung des Umstandes, daß jetzt nur die Zahl der Wagen, also 18 einzusetzen ist, $w_w = \dfrac{2{,}67 \times (101-6{,}5) + 0{,}00047 \times 18 \times 10 \times 50^2}{101-6{,}5} = 4{,}9$ kg.

Die i. J. 1857 von Polonceau begonnenen und von Forquenot fortgesetzten Versuche auf der Orléansb[1]) führten für ölgeschmierte Wagenzüge von etwas geringerem Gesamtgewicht bei $V = 50$ auf den

---

[1]) Beharme et Pulin: Matériel roulant, Résistance des trains. Traction Paris, ohne Jahresangabe (Band aus der Encyclopédie industrielle) wohl um 1900.

Wert 4,0. Die aus dem Jahre 1880 stammende Franksche Formel gibt für einen aus bedeckten Güterwagen bestehenden Zug, der bei dem Gesamtgewicht von 101 — 6,5 = 94,5 t fünf Wagen stark sein würde, $w_w = 3,4$. Für die D-Zugwagen unserer Tage endlich nimmt man an, $w_w = 2,5 + \dfrac{50^2}{4000} = 3,125$. Hier beginnt freilich der Vergleich zu hinken, denn diese Zahl gilt nur, wenn der Wagen mit anderen zu einem Zuge mittleren Gewichtes vereinigt ist, für höhere Gewichte ist sie sogar noch kleiner. Ein D-Zug von nur drei Wagen würde aber bereits schwerer als 101 t sein. Da diese Zunahme der Zuggewichte aber auch ein Kennzeichen der Entwicklung ist, die der Verminderung von w_w zugute kommt, so hat jene Zahl doch ihren Vergleichswert und man kann die bei $V = 50$ i. J. 1832, um 1860 und in der Neuzeit eintretenden Widerstände darstellen durch die Zahlen 4,9, 4,0 und 3,4 bzw. 3,1.

Der zweite Weg zur Verbesserung der Verbrauchsziffern, der zur Vergrößerung des Wärmewirkungsgrades hinleitet, führt über weit zahlreichere Stufen. De Pambour hatte bereits unter seinen Versuchs-L eine solche mit einer etwas höheren Dampfspannung. Dieses Mittel zur Erhöhung der Wirtschaftlichkeit lag ja nahe, aber zunächst hatte man sich beim Übergang vom Flammrohrkessel zum Heizrohrkessel, der ja des Neuen genug brachte, wohl gescheut, nun auch noch die übliche Dampfspannung von 50 englischen Pfunden = 3,5 at zu steigern. Jene etwas jüngere L wies aber schon $p = 4,2$ auf, und wenn man die Ergebnisse, wie oben, bearbeitet, findet man für sie $K = 4,5; D = 25$. Der Kohlenverbrauch ist also nur halb so groß, als bei den alten Killingworth-L, und die Ersparnis gegenüber der 1 A Vesta ist für D 20%. Das ist auffallend viel; es mögen außer der Erhöhung des Dampfdruckes noch andere Einflüsse mitgewirkt haben.

Bei den alten bisher betrachteten L griff der Schieber in Mittelstellung nach außen und innen nur um $1^1/_2$ mm über jeden Kanal über. Man hatte augenscheinlich nur ein Maß gewählt, das die Dichtung gewährleistete. Die tiefere Bedeutung, die der inneren und äußeren Überdeckung für die Dampfverteilung zukommt, war noch unerkannt. Wohl aber hat man schon früh die Notwendigkeit des Voreilens des Schiebers eingesehen. De Pambour sah ihre Bedeutung in der Bewirkung einer Vorausströmung zur Verhütung von Gegendruck und einer freilich sehr kleinen Expansion. Deren Vorteile erkannte er zwar in allgemeinen Umrissen, ohne aber zu einer klaren Fassung zu gelangen, und, was er von den Vorzügen der Voreinströmung sagt, die „einen Stoß des Kolbens gegen den Boden des Zylinders verhüten soll", klingt verschwommen. Man darf eben nicht vergessen, daß man damals an L keine Diagramme aufnahm, und daß die anschaulichen Verfahren zur Darstellung der Steuerungsvorgänge noch fehlten. Nachdem man sich aber daran gewöhnt hatte, den Schieber voreilen zu lassen, mußte die Bedeutung der äußeren Überdeckung bald klar werden. Dies führte dann ganz von selbst auf ihre Vergrößerung und so auch auf die Verkleinerung der Füllung. Diese Fortbildungen sind fast gleichzeitig von verschiedenen Konstrukteuren vorgenommen worden. Stephensons „La Victorieuse"

(Abb. 83) hatte bereits eine äußere Überdeckung von 18,5 mm, Sharp wandte im gleichen Jahr 1838 schon eine solche von 23 mm an. Dewrance führte auf der Liverpool-Manchester Ry eine Vergrößerung auf 25 mm bei entsprechend vergrößertem Schieberhub allgemein ein und verminderte so die Füllung von etwa 90%, wie sie die L bisher meist aufgewiesen hatte, auf 79% bei 5% Vorausströmung[1]). Flachat und Petiet setzten sich in Frankreich für die Neuerung ein, und Clapeyron verminderte um die gleiche Zeit auf der B Paris—St. Germain durch diese Maßregel die Füllung bereits auf 67%. Er zog aus dieser Verbesserung auch schon die Folgerung vergrößerter Zylinder. So sind wir denn im Zeitalter der festen Expansion angekommen, das aber, wie sich sogleich zeigen wird, nur wenige Jahre andauerte. Aufzeichnungen bei der Liverpool-Manchester Ry aus den Jahren 1840 bis 1843 lassen bei mäßiger Schätzung eine Dampfersparnis von 20% als Folge der größeren Dehnung erkennen. Für den Kohlenverbrauch lauten die Zahlen vielfach noch günstiger. Für diesen sind aber sicher noch andere Umstände geltend gewesen: Das Verhältnis $\dfrac{H}{R}$ wurde, wenn auch nur langsam fortschreitend, größer gewählt; vor allen Dingen aber war es zu jener Zeit üblich geworden, die Lokomotivmannschaft durch Gewährung von Ersparnisanteilen zur wirtschaftlichen Betriebsführung anzuspornen. Von allen Seiten wurde günstig über den Erfolg berichtet. Darum muß für K eine stärkere Abnahme als für D geschätzt werden. Für L um 1840 mit $p = 4,2$, fester Füllung von rund 65% und rund 5% Vorausströmung kann also gesetzt werden: $K = 3,0$; $D = 20$.

In den folgenden Jahren lagerten sich abermals zwei Verbesserungen in ihren Wirkungen über einander, nämlich die Einführung eines sprunghaft stark vergrößerten Verhältnisses $\dfrac{H}{R}$ in der 1 A 1 (St —) Stephensons (Abb. 40) und die der Steuerungen mit veränderlicher und stark verkleinerter Füllung. Die beiden Einflüsse lassen sich aber in befriedigender Weise trennen, wenn man die zur Abb. 40 beschriebenen Versuche hierfür benutzt. Durch die starke Verlängerung der Heizrohre wurde die Rauchkammertemperatur von 412^0 auf 228^0 vermindert. Nimmt man die Temperatur auf dem Rost zu 1650^0 an, so wurde also bei den älteren L ein Temperaturgefäll von $1650^0 - 412^0 = 1238^0$ und nunmehr ein solches von $1650^0 - 228^0 = 1422^0$ ausgenutzt. Die Ersparnis an Brennstoff ergibt sich hieraus für den vorliegenden Fall genau genug zu $\dfrac{1422-1238}{1422} \cdot 100 = 13\%$. Daß man mit diesem Wert so ziemlich das Richtige trifft, erhellt daraus, daß eine auf andere Angaben gestützte Betrachtung auf den gleichen Wert führt. Bei den älteren L war man nämlich mit $\dfrac{H}{R}$ in langsamem Ansteigen bis auf 48 gekommen und hatte dabei mit dem damals benutzten vorzüglichen Koks eine 7,2 fache Ver-

---

[1]) Journal of the Franklin Institute 1844, II, S. 367.

dampfung erzielt. Für die neuen Kessel wird sie zu 8- bis 8,5fach angegeben. Es ist aber $\left(1 - \dfrac{7,2}{8,25}\right) 100 = 13$, wie oben. Diese Ersparnis erstreckt sich natürlich nur auf den Kohlen- und nicht auch auf den Dampfverbrauch. Es kann also für L um 1842 mit $\dfrac{H}{R} = 80$, die aber im übrigen, wie die zuletzt betrachteten, mit Füllungen von 65% arbeiteten, festgestellt werden: $K = 2,6$; $D = 20$.

I. J. 1839 hatte Gray eine Steuerung für veränderlichen Schieberhub entworfen; i. J. 1840 folgte William mit einer Steuerung, die schon das Bild der Stephenson-Steuerung, aber mit gerader Kulisse und ganz kurzen Exzenterstangen bot. I. J. 1841 erzielte Oberingenieur Cabry von der belgischen Staatsb mit einer Umsteuerung für veränderliche Füllung große Erfolge, von denen sogleich zu sprechen sein wird. Eine der ersten Stephensonschen 1 A 1 (St —) endlich vom Jahre 1842 erhielt die bekannte Kulissensteuerung. Die dampfsparende Wirkung all dieser Steuerungen war so auffallend, und ihre Ursache so einleuchtend, daß sich alsbald zahlreiche Erfinder, Meyer, Gonzenbach, Nasmith, Fenton, Borsig ans Werk machten, um auf eigenen Wegen ans gleiche Ziel zu gelangen, vor allem aber, um jene überraschende Wirkung bis zur Neige auszuschöpfen, d. h. den Dampfdruck bis auf den Luftdruck zu entspannen. Dies gelingt bei der Stephensonschen wie überhaupt bei allen einfachen Schiebersteuerungen bekanntlich nicht, weil die Kompression bei kleinen Füllungen zu groß wird. Diesen vermeintlichen Mangel beseitigten z. B. Meyer und Borsig durch Doppelschieber. Es hat lange gedauert, bis man die Gründe, die gegen eine zu weit gehende Dehnung sprechen und damit auch den geringen Nutzen der Doppelschieberumsteuerungen erkannte. I. J. 1861 veröffentlichte Stimers, Oberingenieur der Flotte der Vereinigten Staaten, Versuche, die bewiesen, daß der geringste Dampfverbrauch für die Pferdestärke bei weit größeren Füllungen eintrete, als man bisher angenommen hatte[1]). Er erkannte die Ursache dieser Erscheinung richtig in gewissen schädlichen Folgen des Temperaturgefälles, die uns heute völlig geläufig sind. Seine Versuche sind zwar an Niederdruckmaschinen gemacht worden, aber es war ja einleuchtend, daß sich die Erscheinung bei hohem Druck noch viel stärker geltend machen mußte. Alle jene Steuerungen also, die durch Erzielbarkeit sehr kleiner Füllungen die Stephensonsche überbieten sollten, verschwanden wieder, wenn auch sehr allmählich, denn man trennte sich ungern von der liebgewordenen Vorstellung vollständiger Entspannung des Dampfes. Die Borsigsche Doppelschiebersteuerung ist bis gegen das Jahr 1865 ausgeführt worden. Auf unsere Verbrauchsziffern haben sie keinen merklichen Einfluß genommen.

Die Steuerungen für veränderliche Füllungen ermöglichten weit kleinere Füllungen als bisher üblich und gaben daher den Anreiz zur Verwendung höherer Kesselspannungen. Man ging sofort auf 5 at,

---
[1]) Journal of the Franklin Institute, April 1861.

und der weitere Anstieg hat ja fast bis zur Gegenwart angedauert. Er wirkte natürlich ebenfalls dampfsparend, und ebenso vertiefte sich die Wirkung der der Lokomotivmannschaft gewährten Ersparnisanteile. Das Lokomotivfahren war nun eine Kunst geworden; es galt, sich mit der Wahl der Füllung den wechselnden Anforderungen an die Zugkraft anzupassen. Es galt, herauszufinden, ob und inwieweit eine Drosselung durch den Reglerschieber neben der Verkleinerung der Füllung wirtschaftlich richtig sei. Es ist das Verdienst der Lokomotivführer, die Zweckmäßigkeit einer gewissen Drosselung herausgefunden zu haben. Die Theorie hinkte nach, als sie die Vorzüge der Drosselung in der Überhitzung fand, die der Dampf hierbei erfahre. Die Lokomotivführer waren es auch, die die Verwendbarkeit der Stephensonschen Steuerung in Zwischenlagen erkannten. — Die Zeit der Ersparnisanteile ist vorbei. Was gibt dem Führer heute den Ansporn zum Ersinnen Kohlen ersparender Kunstgriffe?

In Belgien machte man i. J. 1843 Aufzeichnungen über den Kohlenverbrauch einer L, die die alte Steuerung mit unveränderlich großer Füllung, und einer zweiten, die die erwähnte Expansionssteuerung von Cabry besaß[1]). Man stellte 27% Ersparnis fest. Dieses Ergebnis begegnete Mißtrauen. Man wiederholte die Versuche und stellte sogar bei vier Versuchsreihen die Zahlen 30 43 25 37% fest. Den kleineren Wert von 25% erhielt man nur, wenn man den Gesamtverbrauch einschließlich der Stillstände, welch letzterer natürlich bei beiden L gleich war, berechnete. So berichtete der Direktor der belgischen Staatsb an den Minister der öffentlichen Arbeiten. — In Baden stellte man mit der gleichen Steuerung eine Ersparnis von 25% fest. L mit Meyersteuerung ergaben auf der B Paris—Versailles, linkes Ufer, bei ähnlichen vergleichenden Versuchen i. J. 1843 31% und auf der Kaiser-Ferdinands-Nordb 33% Ersparnis. Rechnet man gegenüber den L mit großem $\frac{H}{R}$ und unveränderlich großer Füllung mit nur 25%, so erhält man für die L um 1845 mit Kulissensteuerung und $p = 5$ $K = 1,9$; $D = 15$. Für eine etwas höhere Dampfspannung soll hier das Ergebnis vorweg genommen werden, das Bauschinger an einer 1 A 1 (1524) (St +) mit $p = 5,6$ aus dem Jahre 1847 gewann: $K = \sim 1,75; D = 14,0$.

Inzwischen waren die Untersuchungen über den Widerstand bewegter Eisenbahnzüge fleißig fortgesetzt worden. Im Auftrage der British Association übernahm i. J. 1837 Dr. Lardner im Verein mit anderen Gelehrten die Ermittlung der „Eisenbahn-Konstanten", unter denen natürlich w_l und w_w die wichtigsten waren. Im September 1839 berichtete er vor der Gesellschaft über seine Ergebnisse[2]). Er berücksichtigte bei seinen Ablauf- und Auslaufversuchen bereits die lebendige Kraft der sich drehenden Räder. Ferner untersuchte er den Einfluß des Luftwiderstandes, indem er bei manchen Versuchen den Wagen-

---

[1]) Dingler 1843, Bd. 90, S. 154 und 315 und 1844, Bd. 92, S. 2 und Verhandlungen des Vereins zur Beförderung des Gewerbefleißes in Preußen 1843, S. 153.
[2]) The Athenaeum Nr. 619; deutsch Dingler 1839, Bd. 74, S. 321.

querschnitt durch Holzwände künstlich vergrößerte, bei anderen von Wagen zu Wagen Stoff, ähnlich den Faltenbälgen der heutigen D-Zugwagen, spannte. Endlich machte er Versuche mit einer Schnabelform des an der Spitze laufenden Fahrzeuges. Die Great Western Ry hatte nämlich schon damals einige ihrer L mit einem solchen Schnabel versehen, der ja bekanntlich rd. 60 Jahre später in Frankreich und Deutschland wieder auftauchte. Auf die Anregung einiger Gelehrter hin untersuchte Dr. Lardner auch den Einfluß eines schnabelförmigen Endes des letzten Wagens, das die Bildung einer Luftverdünnung hinter dem Zugschluß verhüten sollte. Es konnte weder eine Wirkung der Schnabelform am Zugvorder- oder -hinterende noch eine solche der Stoffverkleidungen von Wagen zu Wagen festgestellt werden. Die Untersuchungen wurden ständig beeinflußt durch Einwürfe des bekannten Erbauers der breitspurigen Great Western Ry, Brunel, der diese Fragen mit reger Aufmerksamkeit verfolgte. Der Wettstreit zwischen Breit- und Regelspur hat ihre Erörterung lebendig erhalten. Dr. Lardner war in seinen Schlußfolgerungen sehr zurückhaltend. Formeln hat er trotz reicher Versuchsergebnisse nicht aufgestellt. Auf gleichem Gebiet war Wood mit Versuchen auf der Liverpool-Manchester Ry und der Grand Junction Ry[1]) und Scott Russel mit Versuchen auf der Shieffield and Manchester Ry[2]) tätig. Wood stellte bereits die Abnahme von w_w mit der Dauer des Versuches infolge der Erwärmung und besseren Verteilung des Öls fest. Alle diese Versuche brachten wohl manche neue Erkenntnis, aber keine sicherere Begründung der Zahlenwerte gegenüber de Pambour, denn sie arbeiteten mit Wagenzügen, die ungedeckt von der L, also unter unnatürlichen Verhältnissen liefen. Diesen Einwand erhob mit Recht schon Brunel. Ferner wurde die Kenntnis der Widerstände einer unter Dampf laufenden L ganz und gar nicht vertieft.

Nachdem die Kulissensteuerung allgemein eingeführt worden war, war als dampfsparende Maßnahme auf Jahrzehnte hinaus nur die Steigerung des Dampfdruckes wirksam. Die Angaben über die Betriebsergebnisse der Crampton L Abb. 51 gestatten eine Schätzung der Verbrauchsziffern. Für die Crampton-L gibt Couche $w_l = 8$ bei der ihr zukommenden Geschwindigkeit an; er dürfte dabei $V = 65$ angenommen haben, denn auch die eingangs mitgeteilte Sanzinsche Formel ergibt mit den Maßen der Abb. 51, ferner mit $L_1 = 33$, $L_2 = 12$, $F = 7$ und a für eine ungekuppelte L sinngemäß $= 4$ den Widerstand $W_l = 351$, also $w_l = \dfrac{351}{33 + 12} = \sim 8$. Die Sanzinsche Formel wird also mit den gleichen Beiwerten auch für die Geschwindigkeit $V = 75$, für die uns der Kohlenverbrauch überliefert ist, einen richtigen Wert ergeben. Man erhält $w_l = 9,5$. Die erwähnten Versuche von Polonceau und Forquenot ergeben für Wagen mit einer unerheblichen Extrapolation für $V = 75$ $w_w = 7,2$. Bei einer solchen Geschwindigkeit beförderten

---
[1]) Civil Engineers and Architects Journal, Sept. 1841, S. 323; deutsch Dingler 1841, Bd. 82, S. 171.
[2]) Civil Engineers Journal Oct. 1844, S. 103; deutsch Dingler 1845, Bd. 95, S. 153.

die 2 A Crampton-L ein Wagengewicht von 107 t bei einem Koksverbrauch von 8 bis 9, im Mittel also 8,5 kg/km, einschließlich des Abbrandes bei Stillständen, der Fahrt von und zum Schuppen usw. Der Verbrauch während der Fahrt werde gesetzt $= 0,9 \times 8,5 = 7,65$. Kohlenverbrauch in einer Stunde $7,65 \times 75 = 575$ kg. Dampfverbrauch bei achtfacher Verdampfung $8 \times 575 = 4600$ kg. $W = 9,5 \times 45 + 7,2 \times 107 = \sim 1200$ kg; $N = \dfrac{1200 \times 75}{270} = 334$ PS; $K = \dfrac{575}{334} = 1,7$; $D = \dfrac{4600}{334} = 13,75$.

Der Indikator scheint zur Untersuchung von L zum erstenmal an der i. J. 1838 für die B Paris—St. Germain et rive droit gelieferten „La Gironde" benutzt worden zu sein[1]). Zunächst fand das neue Verfahren aber noch keine rechte Aufnahme. Erst im Anfang der fünfziger Jahre begann Gooch genaue Untersuchungen seiner L mit dem Indikator, über die Clark in seinem häufig angezogenen Werke eingehend berichtet. Den Verbrauchsziffern konnte nun eine meßbare, sichere Einheit, die indizierte Pferdestärke statt der verschwommenen Begriffe „Lokomotivmeile, Fahrtstunde" usw. zugrunde gelegt werden. Clark machte genaue Feststellungen über den Dampf- und Kohlenverbrauch, aber seine Betrachtungen leiden noch etwas unter den unklaren Vorstellungen seiner Zeit über Kondensationsverluste. Er stellte zwar aus dem Vergleich der Diagramme bei Beginn der Dehnung und vor Beginn der Ausströmung fest, daß Dampfniederschlag und Nachverdampfung stattgefunden haben müsse, weist dabei aber dem aus dem Kessel mitgerissenen Wasser und der Ausstrahlung des Zylinders eine viel zu große Rolle zu. Er scheint in jenen Verlusten mehr eine Störung des Versuchs, die allenfalls vermeidlich sei, als eine naturnotwendige Erscheinung gesehen zu haben, und so ist die von ihm angegebene Zahl $D = 11$ wohl zu niedrig gegriffen.

In jene Zeit — bei der einen Verwaltung etwas früher, bei der anderen etwas später — fällt der Übergang von der Koks- zur Steinkohlenfeuerung. Über die technische Seite der Sache wurde eingehend berichtet (Abb. 85, 86). Sie war natürlich wirtschaftlich von größter Bedeutung, wenn dies auch nicht in den hier mitgeteilten Werten K und D, sondern in den Kohlenkosten zum Ausdruck kommt. Die Angaben über diese Ergebnisse schwanken von Bahn zu Bahn sehr stark, nämlich zwischen 0 und 50%, bewegen sich aber im allgemeinen um 25% herum. Diese Zahl ist für heutige Verhältnisse natürlich bedeutungslos, denn damals gab es bei der Koksbereitung keine wertvollen Nebenerzeugnisse; ebensowenig können die schlechten Erfahrungen mit Koksfeuerung in der Kriegszeit gegen diese angeführt werden, denn im Kriege mußte man sich mit einem Erzeugnis begnügen, das wenig Ähnlichkeit mit dem hochwertigen, dem Gießereikoks ähnlichen Brennstoff der dreißiger und vierziger Jahre hatte. Außerdem waren Kessel und Feuerung nicht für Koks zugeschnitten. Die seit

---

[1]) Armengaud: Publication industrielle 1847, Bd. V, S. 35; Hallette: Nouvelle Locomotive à cylindres extérieurs et à détente variable. In Beigaben werden andere L und auch „La Gironde" behandelt. Der Aufsatz ist sehr inhaltreich und enthält weitere Quellenangaben.

Der Kohlen- und Dampfverbrauch. 347

1850 sich ausbreitende Steinkohlenfeuerung würde nun einen Vergleich der Verbrauchsziffern mit den Zahlen aus der Zeit der Koksfeuerung unmöglich machen. Auch wären sie unter sich nicht vergleichbar, weil die Beschaffenheit der Kohle gar zu sehr schwankt, da und dort auch Torf gefeuert wurde. Um gleichwohl eine Vorstellung von der allmählichen Abnahme des Brennstoffaufwandes zu geben, soll der Kohlenverbrauch von nun an auf Koks umgerechnet werden. Dabei wird die Verdampfungsziffer 8, die Stephenson mit seiner 1 A 1 (St —) für den Lokomotivbau erkämpft hatte, zugrunde gelegt. — Im gleichen Sinne, wie die Einführung der Steinkohlenfeuerung, wirkten später die Bestrebungen Belpaires in Belgien (S. 207)[1]. und die von Behne und Kool in Deutschland (Abb. 216, 217).

Auf der österreichischen Staatsb untersuchten Büttner und Grimburg i. J. 1860 eine L genau mit dem Indikator[2]. Die österreichische Staatsb war durch Aufnahme von drei Bahnen in den Besitz einer Anzahl älterer L gekommen. Man wünschte, mit ihnen möglichst sparsam zu wirtschaften und sah neben dem schon bewährten und ausgebauten Verfahren der Ersparnisanteile als wirksames Mittel die Bestimmung der Steuerungsabmessungen durch Versuch an. Dieser wurde in sehr gründlicher Weise durch Bremsung der i. J. 1852 von Günther in Wiener Neustadt gelieferten 1 B (1264) (St —) „Leopoldstadt" (ähnlich der Abb. 103) durchgeführt. Die Diagramme wurden mit Indikatoren von Seiß aufgenommen. Grimburg entwickelte klare Anschauungen über die Kondensation als Folge des Temperaturgefälles und kam zu bemerkenswerten Ergebnissen. Seine Arbeit hat sicher die Wirtschaftlichkeit des Lokomotivbetriebes wesentlich gefördert. Deshalb wird ihre Bedeutung hier gewürdigt. Die Verbrauchszahlen sind aber für die hier vorzunehmenden Vergleiche nicht geeignet, weil sie aus den Diagrammen berechnet, also zu klein sind. In Deutschland war es der Professor Bauschinger am Realgymnasium in München, der i. J. 1865 den Indikator in den Lokomotivbetrieb einführte[3]. Er hatte sich wie Grimburg das Ziel gesteckt, die passenden Werte für die einzelnen Steuerungsmaße zu finden und die Meyersche Doppelschiebersteuerung mit der Stephensonschen zu vergleichen. Die erstere schnitt schlecht ab. Das dürfte viel dazu beigetragen haben, daß, wie oben schon für die Borsigsche Doppelschiebersteuerung festgestellt, diese verwickelten Bauarten in der Mitte der sechziger Jahre ihre Rolle ausgespielt hatten. Von den Verbrauchsziffern, die Bauschinger feststellte, sind daher weiter unten nur die an L mit Stephenson-Steuerung mitgeteilt worden. Die Versuche wurden mit großer Sorgfalt im regelrechten Dienst angestellt. Die schädlichen Nebenwirkungen des Temperaturgefälles hat Bauschinger klar erkannt. Die für den vorliegenden Zweck brauchbaren Ergebnisse stammen von zwei L: Die 1 A 1 (1524) (St +) „Lich-

---

[1]) Annales des travaux de Belgique, Bd. XVIII. Deutsch: Der Zivilingenieur 1862, S. 113: Über die Lokomotivheizung von Belpaire.
[2]) Z. öst. Ing.-V. 1862, S. 1.
[3]) Der Zivilingenieur 1867, S. 479 und 1868, S. 1 Bauschinger: Indikatorversuche an L.

tenfels" war von Keßler i. J. 1847 geliefert worden; $p = 5,6$; $\frac{H}{R} = 85$.

Es war das eine jener auf Forresters 1 A 1 der Abb. 18 zurückgehenden Formen, die Abb. 19 in der Gestalt des Jahres 1853 zeigt. Form und Maße der 1 B (1544) (St —) von Maffei aus dem Jahre 1864 „Ampfing" zeigt Abb. 106. Jedoch war $p = 8$; $\frac{H}{R} = 71$. Unter Ausschaltung derjenigen Versuche, die wegen nachweisbarer Einflüsse, z. B. wegen zu geringer Anstrengung bei der Talfahrt zu große Werte gaben, erhält man bei der „Lichtenfels" $D = 14,0$, und wenn man nach eben erläuterten Grundsätzen den Kohlenverbrauch daraus berechnet, $K = 1,75$. Dieses Ergebnis ist, weil nach dem Beschaffungsjahr der Lichtenfels eigentlich zu einer älteren Zeit gehörig, schon bei Besprechung der L um 1845 vorweg genommen worden. Für die Ampfing, die mit einem Gemisch von gutem und minderwertigem Torf geheizt wurde, ergab sich $K = 1,7$, $D = 13,65$. Trotz der höheren Dampfspannung ist der Fortschritt gegenüber der Crampton-L mit ihrem $D = 13,75$ verschwindend gering. Die häufigen Aufenthalte bei den Fahrten mit der Ampfing, die zur Abkühlung der Zylinder führen mußten, sowie überhaupt die ungleichmäßigen Beanspruchungen erklären das zur Genüge.

In den Jahren 1879 und 1880 stellte Frank auf den Reichseisenbahnen Versuche an, die zur Aufstellung seiner bekannten Widerstandsformeln führten. Der Widerstand wurde durch Ablauf auf dem Gefäll und Feststellung der hierbei auftretenden Beharrungsgeschwindigkeit ermittelt. Dieses Verfahren wurde auch auf jede L allein angewandt, um so ihren Widerstand getrennt von dem des Zuges zu erhalten. Es standen zur Verfügung: Drei 1 B (1752) (St +); $p = 9$; $\frac{H}{R} = 67$ aus den Jahren 1873/74 und zwei C (1300) (St —); $p = 9$ und 10 aus den Jahren 1872 bis 1874; von den C sind für die unten mitgeteilten Zahlen die mit dem Dampfdruck von 10 at verwendet worden. Wenn man die von Frank gemessenen Werte D für jede Lokomotivgattung abhängig von N in ein Ordinatennetz einträgt, so zeigt sich natürlich, daß es einen Leistungsbereich gibt, in dem D einen Niedrigstwert annimmt. Von allen hier besprochenen Versuchen sind die von Frank die ersten, bei denen dies in Erscheinung tritt. In seinen Formeln für D, die hier nicht wiedergegeben zu werden brauchen, hat er diese wichtige Tatsache merkwürdigerweise nicht zum Ausdruck gebracht. Der Bereich des geringsten Dampfverbrauches lag bei beiden Gattungen ziemlich tief, nämlich bei $N = 170$. Die Verbrauchsziffern waren für die 1 B mit $p = 9$ und $\frac{H}{R} = 67$ $K = 1,63$; $D = 13$; für die C mit $p = 10$ und $\frac{H}{R} = 83$ $K = 1,33$; $D = 10,6$. Der Wert 10,6 ist auffallend niedrig gegenüber den 13 kg, die für die 1 B festgestellt wurden. Als Erklärung kann man die höhere Dampfspannung anführen und die geringere Geschwindigkeit der G L, bei der die Drosselungsverluste weniger in Erscheinung treten.

Die Dampfspannungen wuchsen weiter. Nebenher aber hatte, um das Ende der fünfziger Jahre beginnend, eine Entwicklung eingesetzt, die der Dampfersparnis entgegenzuarbeiten drohte. I. J. 1857 hatte Cudworth bei seiner 1 B (Abb. 86) statt des bisher üblichen Verhältnisses $\frac{H}{R} = 70$ bis 80 den Wert $\frac{90}{1,95} = 46$ eingeführt. Er hatte das getan, um Steinkohle verfeuern zu können. Bei ihm war es also letzten Endes eine wirtschaftliche Maßnahme. ,,Steinkohlen bedürfen eines größeren Rostes als Koks." Das wurde nun ein anerkannter Lehrsatz, wenn man auch $\frac{H}{R}$ keineswegs allgemein so niedrig wählte, wie Cudworth es getan hatte. Solange als man die Vergrößerung des Rostes als ein Mittel betrachtete, auf dem m² Rostfläche weniger Brennstoff zu verbrennen, war sie als eine Maßnahme zu bewerten, um die mißtrauisch betrachtete Steinkohlenfeuerung der Koksfeuerung gleichwertig zu machen. Aber es ist das Schicksal der L, besonders der S- und P L, daß sie sich, soeben mit neuer stärkerer Rüstung gewappnet, abermals vergrößerten Anforderungen gegenübersieht, denen sie nur mit größter Anstrengung entsprechen kann. So wurde denn der große Rost nicht mehr das Mittel zu einer maßvollen Verbrennung, sondern er wurde im Betriebe als die Möglichkeit begrüßt, der Heizfläche das Äußerste an Dampfentwicklung zuzumuten. Bald machte sich nun auch der Erbauer der L die neue Anschauung zu eigen, indem er ein kleines $\frac{H}{R}$ als wirksames Mittel betrachtete, um das Gewicht der L, bezogen auf die Einheit der Leistung, herabzuziehen. Sinngemäß wandte er es nur auf L für leichte Züge, also für S L und P L an. Diese Verkleinerung von $\frac{H}{R}$ war z. B. bei der von Frank benutzten 1 B, wie oben gezeigt, bei 67 angelangt. Die Entwicklung ging aber weiter, um im Verlauf der Jahre 1875 bis 1885 mit $\frac{H}{R} = 55$ bis 60 abzuschließen. Der Einfluß dieser Verkleinerung auf K dürfte nur bei starker Anstrengung der L merklich werden, denn man ist ja nicht in den Fehler verfallen, auf die Werte der dreißiger Jahre — 39 in Abb. 5, 42 in Abb. 16 — zurückzugreifen. Da unsere Zahlen für mittlere Anstrengung gelten, wurde er nicht in ihnen zum Ausdruck gebracht; er sollte aber nicht unerwähnt bleiben. Bekanntlich bemüht man sich heute da und dort, diese Einbuße an Wirtschaftlichkeit, die sich ja in höheren Rauchkammertemperaturen äußern muß, durch Abgasvorwärmer wettzumachen und ins Gegenteil zu verkehren.

Die Einführung höherer Dampfspannungen bahnte einem anderen bedeutsamen Fortschritt den Weg: Die Verbundwirkung wurde in den Lokomotivbau eingeführt. Die lebhafte Beteiligung vieler Verwaltungen mit Rechnung und Versuch an dem Streit für und wider die Verbund-L hat zur Ansammlung umfangreicher Versuchsergebnisse geführt, die längst überarbeitet und geklärt vorliegen, so daß sie lediglich in die nachfolgende Zusammenstellung, in der die Ergebnisse der soeben angestellten Untersuchungen vereinigt sind, zu übernehmen sind. Das gleiche gilt für den Heißdampf und die Vorwärmer. Für den Vergleich mit Angaben aus anderen Quellen muß daran erinnert werden, daß K auch für neue L Koks bedeutet.

	K	D
1. 1820 bis 1830: L mit Flammrohrkessel und stehenden Zylindern; $p = 3{,}5$; Schieberbewegung unstetig	10	37
2. 1830 bis gegen 1835: Röhrenkessel; $p = 3{,}5$; $\frac{H}{R} = 35$ bis 40; Schieberbewegung stetig; Schieberüberdeckungen 1,5 mm; unveränderliche Füllung von etwa 90% (Abb. 5)	5	31
3. Um 1837: wie zu 2., aber $p = 4{,}2$	4,5	25
4. Um 1839: wie zu 3., aber mit auf etwa 25 mm vergrößerter äußerer Schieberüberdeckung und entsprechender Füllung von 65% bei 5% Vorausströmung	3,0	20
5. 1842: wie zu 4., aber $\frac{H}{R}$ auf etwa 80 vergrößert: long boiler Bauart (Abb. 40)	2,6	20
6. Um 1845: wie zu 5., aber $p = 5$ und Expansionssteuerung	1,9	15
7. Der Zeitraum von 1845 bis 1884 bringt ein langsames Sinken von K und D, das fast nur durch die zunehmende Kesselspannung verursacht wird, von den eben genannten Werten bis auf die für $p = 12$, Naßdampf- und Zwillingswirkung geltenden	1,4	11,2
8. Neuzeit: a) Verbund-L, $p = 12$	1,2[1]	9,6
b) Heißdampf-Zwillings-L, $p = 12$	0,98[1]	7
c) Heißdampf-Verbund-L, $p = 14$	0,93[1]	6,7

[1] Mit Abdampfvorwärmer 10% weniger.

Die Unterhaltungskosten.

Die Untersuchung des Kohlen- und Dampfverbrauches ließ von vornherein eine mit dem Fortschreiten der Zeit fallende Linie erwarten, und eine solche ließ sich auch in der Tat nachweisen. Es hat gewiß Einflüsse gegeben, die diesen Verlauf aufhielten; eines solchen Einflusses, nämlich der Verkleinerung von $\frac{H}{R}$ wurde Erwähnung getan. Ein anderer Einfluß wurde durch den Wechsel der Ansichten und äußerer Umstände geweckt. Es hat Zeiten gegeben, in denen der Ingenieur es ängstlich vermied, die Notwendigkeit der Kohlenersparnis allzusehr in den Vordergrund zu rücken. Nur auf die Leistung kam es an! Wer Verbund-L bevorzugte, der versicherte, es sei ihm nur um die größere Leistung bei unverändertem Gewicht zu tun. Die Zeiten sind

Die Unterhaltungskosten.

andere geworden. Ersparnisse tun bitter not! Hoffentlich hat sich aber auch die Erkenntnis Bahn gebrochen, daß es eine Pflicht der Zukunft gegenüber gibt. Wir sollen und müssen durch vermehrte Arbeit bei Herstellung und Unterhaltung unserer Maschinen deren sparsamen Öl- und Kohlenverbrauch erzwingen, denn Arbeitskräfte wird es immer geben, mögen sie auch in trüben Zeiten unwillig werden oder gar vorübergehend den Dienst versagen, aber für Kohle und Treiböle gibt es ein Ende, und dann wird es kein Trost sein, daß man einst mit Maschinen arbeitete, die ihre Unersättlichkeit im Kohlengenuß mit bescheidenen Ansprüchen an die Ausbesserungswerkstätten lohnten. So wird es denn erklärlich, daß die Unterhaltungskosten in der auf S. 354 gegebenen Zusammenstellung nicht ständig fallen; es gibt vielmehr einen etwa i. J. 1870 liegenden Niedrigstwert. Die Betriebsmittel hatten eine einfache Form gefunden; der Stehkessel wurde als einfache Verlängerung des Langkessels oder mit flacher Decke nach Belpaire, aber ohne Überhöhung ausgeführt. Der Rahmenbau, früher ein Durcheinander von Außen-, Innen-, Mittel- und Teilrahmen war zu einem Paar paralleler Blechwände zusammengeschrumpft, die Zylinderbefestigung war verbessert, das Gestänge vereinfacht, die Doppelschiebersteuerungen ins alte Eisen gewandert. In dem Zeitraum von 1870 bis 1885 steigen die Zahlen langsam an, obwohl sich an der Einfachheit des Aufbaues der L damals noch nichts änderte. Die zunehmenden Dampfspannungen mögen die Schuld tragen und der Umstand, daß nach diesem Zeitpunkt die zahlreichen aus den fünfziger Jahren stammenden L in einen Zustand der Überalterung hinein gerieten, der ihre Unterhaltung verteuerte. Das mußte natürlich auf die Durchschnittswerte abfärben. Seit dem Ende der achtziger Jahre ist Einfachheit nicht mehr Trumpf. Die Verbundwirkung, die Drehgestelle, die Mehrzylinderbauarten, später der Heißdampf und die Vorwärmer sind Zugeständnisse an die Wirtschaftlichkeit, Leistungsfähigkeit und zum Teil auch an die Bedürfnisse des Oberbaues. Es ist ein glänzendes Zeugnis für die Werkstattstechnik jener Zeit, daß zwar die Unterhaltungskosten für die einzelne L, nicht aber die auf die t Leergewicht der L bezogenen stiegen. Das Wort „Werkstattstechnik" will hier in ganz umfassendem Sinne verstanden werden. Nicht nur die Ausstattung der Werkstatt und die richtige Ausnutzung der Werkzeugmaschinen ist gemeint, sondern auch die richtige Wahl des Zeitpunktes für die Ausbesserung, die Fassung der Bestimmungen hierüber, die Grundsätze über die frühere oder spätere Ausmusterung der Betriebsmittel und darüber, ob man umbauen oder ausmustern solle. Hinsichtlich Umbau und Ausmusterung haben die Ansichten ja lange Zeit stark geschwankt. In alten Zeiten nahm man Umbauten vor, die das Bild der L vollständig änderten. In Württemberg war dieses Verfahren bis in die neunziger Jahre hinein sehr beliebt. Andere Verwaltungen begnügten sich mit dem Ersatz des Kessels; wieder andere hielten auch das für zu weitgehend und schieden mit dem Kessel die ganze Maschine aus. In Zeiten stockenden Fortschrittes, der sich ja zeitweise fast auf die langsame Steigerung des Dampfdruckes beschränkte, lag der Gedanke besonders nahe, sich durch einen Umbau, der nun im wesentlichen im Ersatz des Kessels durch einen solchen mit etwas höherer Dampfspannung bestand, eine L zu verschaffen, die einer neuen fast gleichwertig war. Als der Fortschritt wieder einsetzte, wurden Umbauten, die nun weit tiefer greifen mußten, seltener. Die preußische Staatsb entschloß sich im Anfang dieses Jahrhunderts das letzte Mal zu umfassenden Arbeiten dieser Art, indem sie eine größere Zahl von 2 B Erfurter Bauart in 2 B v (v. Borries) umbaute. Seitdem gilt in Deutschland fast überall: ,,Neubau, nicht Umbau!" Im Ausland aber hat in neuester Zeit nicht selten ein Umbau von Naßdampf in Heißdampf stattgefunden. Es ist klar, daß der Wechsel dieser zeitweise lebhaft erörterten Anschauungen[1]) einen gewissen Einfluß auf unsere Zahlen ausübt, denn durch Umbauten werden die Ausbesserungskosten vergrößert, ohne daß die gleichzeitig bei der Beschaffung neuer L bewirkten Ersparnisse in jenen Zahlen sichtbar werden. Es haftet den Zahlen noch manche andere Unsicherheit an, denn der Begriff der Unterhaltungskosten ist etwas dehnbar. Ferner gab es gewisse Schwierigkeiten bei der Umrechnung auf die t Leergewicht der L einschließlich des Tenders; bald fehlten Gewichtsangaben, bald waren sie nur für die betriebsfähige L gegeben. Die Gewichte mußten dann durch Vergleich mit L und Tendern gleichen Alters geschätzt werden. Trotzdem dürften die Zahlen ein hinreichend genaues Bild geben. Die durchschnittlich auf eine L entfallenden Kosten waren leichter aus den Statistiken zu erhalten, würden aber, allein gegeben, im Vergleich verschiedener Zeiten falsche Vorstellungen vermitteln. Am besten werden dem vorliegenden Zweck die auf die t Leergewicht bezogenen Ausbesserungskosten gerecht — trotz gewisser Mängel. In Frage konnten auch die Ausbesserungskosten in $^0/_0$ des Beschaffungspreises kommen. Der Vorteil dieser Angaben wäre der gewesen, daß die Schwankungen des Geldwertes herausgefallen wären. Es sprach aber doch ein gewichtiger Grund dagegen. Die Herstellungsverfahren sind ja auch im Laufe der Jahre verbessert worden. Diese Zahlen könnten also z. B. eine Verteuerung der Unterhaltungskosten vortäuschen, während in Wahrheit eine Verbilligung der Herstellung, vielleicht gar nicht einmal aus technischen, sondern aus Gründen verschärften Wettbewerbes stattgefunden hatte. Eigentlich müßte der Vergleich so durchgeführt werden, daß man die Unterhaltungskosten für L aus den einzelnen Beschaffungsjahren, die jährlich zu verausgaben waren, als eben diese L fünf, zehn, fünfzehn usw. Jahre alt waren, miteinander vergleichen könnte. Das war mangels genügend eingehender Unterlagen undurchführbar, und es sind also z. B. für das Jahr 1880 die Unterhaltungskosten aller damals vorhandenen L vereinigt, von denen einige ganz neu waren, manche aber noch aus dem Jahre 1850 stammten. Hierdurch werden Jahre, in denen wenig beschafft und wenig ausgemustert wurde, etwas zu stark belastet. Es ist schon früher mit etwas anderen Worten darauf hingewiesen worden, daß das Ansteigen der Zahlen zwischen 1870 und 1885 auf diesen Zusammenhang zurückzuführen sein dürfte.

---

[1]) Glasers Annalen 1883, II, S. 230, Eibach: Wann sind L auszurangieren?

Die Unterhaltungskosten.

Gewaltig hoch sind die Unterhaltungskosten sowohl die auf die einzelne L, wie die auf die t Lokomotivgewicht bezogenen im Anfange, also um 1833. Von den Gebrechen dieser alten L, hauptsächlich den Mängeln des Rahmenbaues, ist die Rede gewesen. Die scharfen Kümpelungen mancher Kesselteile, die unvermittelten Übergänge an den Schmiedestücken, die Vielteiligkeit des Gestänges, vor allem die beängstigend hohe Zahl der Kurbelwellenbrüche trugen ein weiteres zur Verteuerung der Unterhaltung bei. Zu würdigen ist aber auch, was de Pambour in dem Abschnitt ,,Unterhaltungskosten der L'' seines mehrfach angezogenen Werkes einleitend hervorhebt: ,,.... muß bemerkt werden, daß unter Reparaturen der Maschinen nichts anderes zu verstehen ist, als ein gänzlicher Neubau derselben, d. h. wenn eine Maschine repariert wird, und zwar nicht bloß wegen irgendeines zufälligen Schadens, so wird sie auseinandergenommen, und eine andere gebaut, welche denselben Namen bekommt, wie die erste, und es werden dabei die noch brauchbaren Teile dieser Maschine benutzt. Demnach ist eine reparierte Maschine eine ganz neue, weswegen auch die Reparaturkosten so beträchtlich sind.'' Man schwelgte also damals förmlich in Umbauten, und manche Widersprüche in alten Quellen finden im Lichte dieser Mitteilung de Pambours ihre Lösung. Eine solche Unsicherheit wurde z. B. bei der Abb. 18 und ihrem Vergleich mit der Abb. 8 erwähnt. Wenn man nun aber damals statt auszubessern umbaute und neubaute, sind denn dann die Zahlen aus jener Zeit mit denen aus späterer überhaupt vergleichbar? Ich meine: Doch! Die L kam damals eben in einem solchen Zustand in die Werkstatt, und das Mißtrauen gegen jeden verborgenen Teil war so gerechtfertigt, daß die Ausbesserung gezwungenermaßen fast zu einem Neubau wurde, und dessen Kosten mit vollem Recht als Ausbesserungskosten gebucht wurden.

In der Zusammenstellung wurden die Kosten für das Jahr 1833/34 nach Angaben de Pambours für die Liverpool-Manchester Ry ermittelt, für die Jahre 1840 bis 43 nach Mathias, ,,Etudes sur les machines locomotives de Sharp et Roberts'', Paris 1844, für die Chemin de fer Versailles (Rive gauche), für die Jahre seit 1853 nach den ,,Statistischen Nachrichten von den preußischen Eisenbahnen'', die nach Gründung des Reiches zur ,,Statistik der im Betrieb befindlichen Eisenbahnen Deutschlands'' erweitert wurden. Nur die Angaben für normalspurige Eisenbahnen wurden benutzt. A bedeutet die durchschnittlichen Ausbesserungskosten der einzelnen L einschließlich des Tenders, und zwar Arbeits- und Materialkosten ohne Zuschläge für die Verwaltung usw. A' bedeutet diese Kosten, berechnet für 1 t des durchschnittlichen Leergewichtes von L und Tender. Jede Angabe bezieht sich auf sämtliche alte und neue L, die in dem betreffenden Jahr vorhanden waren. Eine Umrechnung, die dem sinkenden Geldwerte Rechnung getragen hätte, ist unterlassen worden, weil gar zu willkürliche Annahmen hätten gemacht werden müssen. Vor allem sprach dagegen, daß in der Zeit des sich eben erst entwickelnden Eisenbahnverkehrs der Geldwert auch von Gegend zu Gegend schwankte, ein einheitlicher also noch gar nicht vorhanden war. Es muß also der Hinweis genügen, daß der Geldwert seit 1830 im großen und ganzen stetig, langsam und gleichmäßig gesunken ist, so daß die Verbilligung der Unterhaltung eigentlich noch etwas bedeutender ist, als die Zahlen es erscheinen lassen.

Jahr	A Mark	A' Mark	Jahr	A Mark	A' Mark	Jahr	A Mark	A' Mark
1833/34	10400	750	1860	2895	79	1890	3240	82
1840/41	4230	250	1865	3090	73	1895	2800	70
1841/42	3300	193	1870	2730	63	1900	2960	69
1842/43	3770	222	1875	2970	69	1905	3100	66
1853	3540	124	1880	2780	70	1910	3440	67
1855	3400	101	1885	2820	72			

Schlußwort.

Wir sind am Ende eines langen Weges angelangt, an dessen Anfang Stephensons Rocket stand. Schon steht man im Begriff, diesen Weg noch weiter und höher zu führen. Da und dort in Amerika taucht die 1 E + E 1 auf. Da und dort steigen in eben diesem Land die Mallet-Lokomotiven ins Hügelland herab und betätigen sich im Personenzugdienst. Wir hatten uns aber vorgenommen, die entwicklungsgeschichtlich starr gewordenen Regeln des Lokomotivbaues in ihrer Entstehung an hervorstechenden Beispielen zu beobachten, durften uns also nicht allzu viel ins noch Werdende und Gärende verlieren. Ein Blick zurück aber wird gut tun. Er lehrt uns, daß die Gattungen im einzelnen oder gruppenweise ihren Beitrag zum Aufbau der maßgebenden Grundsätze beigesteuert haben. An den zwei- und dreiachsigen Lokomotiven lernte man auf vielen Umwegen, den Rahmen als Element der Kraftaufnahme, -weiterleitung und -abgabe durchzubilden und ihm seine selbständige Daseinsberechtigung neben dem Kessel einzuräumen. An den gleichen Gattungen, jedoch noch mit Hinzuziehung der vierachsigen, gewann man seine Erfahrungen über den Einfluß des Überhanges auf die Gangsicherheit. An vierachsigen Lokomotiven lernten wir, Drehgestelle und Radialachsen zu bauen; sie bereiteten aber mit ihrer damals unerhört großen Räderzahl dem Lokomotivbauer der dreißiger Jahre viel Kopfzerbrechen. War eine regelrechte, störungsfreie Lastverteilung auf so zahlreiche Stützpunkte überhaupt möglich? Doch! Es ging! Ein verwickeltes Durcheinander von Hilfsrahmen, Hebeln und Gestängen entstand, das sich aber schnell zum Balancier vereinfachte. 50 Jahre später waren eben diese vierachsigen Lokomotiven so weit gewachsen, daß sie die Einführung der Vierzylinderbauart erzwangen und so neue Möglichkeiten zur Verbesserung der Gangart durch den Massenausgleich erschlossen. Vorgearbeitet war diesen Verbesserungen durch die Anpassung der Verbunddampfmaschine an die besonderen Anforderungen des Lokomotivbetriebes, die nach vielen Bemühungen bei den dreiachsigen Lokomotiven gelungen war. Auch die Mallet-Rimrott-L erschien zunächst auf vier Achsen, eröffnete aber mit einem Schlage die Möglichkeit des Baues gewaltigster Lokomotivriesen, wie wir einen solchen als Abschluß unserer Beispielsammlung kennen lernten. Die fünfachsige L mit Kupplung aller Achsen blieb lange Zeit ein verzwicktes kinematisches Spielzeug, bis sie sich urplötzlich in verblüffender Einfachheit mit parallel verschiebbaren Achsen darbot, so daß man ihr äußerlich das Geheimnis ihrer Gelenkigkeit gar nicht ansieht. Die sechsachsige Lokomotive brachte besonders in der Form 2 C 1 neue Schwierigkeiten durch die große Längenentwicklung der fünf unter dem Langkessel liegenden Achsen und mit diesen Schwierigkeiten auch die Lösung in Gestalt neuer Formen des Stehkessels und der Gesamtanordnung von Zylindern und Achsen. So stellt sich das Gebiet der Entwicklung bei einem Rückblick dar, der nicht Einzel-, sondern Gesamteindrücke geben soll, und bei dem man einzelne Abweichungen von den großen Zügen nicht sehen kann und nicht sehen will. Wir wollen es deshalb genug damit sein lassen und uns nicht mit Feststellungen aufhalten etwa derart, daß es auch einzelne dreiachsige Vierzylinder-Lokomotiven gegeben habe, daß die Entwicklung der Zweizylinderverbund-Lokomotive in manchen Einzelheiten erst bei der vierachsigen ihren Abschluß gefunden habe usw. Derartige Feststellungen würden die Erkenntnis der großen Zusammenhänge nur wieder trüben.

Groß ist die Versuchung, nach einem solchen rückwärts gerichteten Blick nun vorwärts zu schauen. Welche Wege wird die Entwicklung weiterhin einschlagen? Oder stehen wir gar schon am Ende? Wir wollen uns damit begnügen, letztere Frage zu verneinen. Im übrigen ist das Prophezeien eine heikle Sache, nicht nur auf technischem Gebiete. Wenn es uns gelungen sein sollte, die Fruchtbarkeit entwicklungsgeschichtlicher Betrachtungen darzulegen, so ist unser Zweck erreicht.